# The Voyage of the Beagle

# 小猎犬号之旅

[英] 达尔文／著　李光玉　孔雀　李嘉兴　周辰亮／译

中国青年出版社　科普编辑室　编校

中国青年出版社

图书在版编目（CIP）数据

“小猎犬”号科学考察记 /［英］达尔文著；李光玉等译；中国青年出版社科普编辑室编校 .— 北京：中国青年出版社，2014.6（2023.4 重印）
（自然科学经典名著）
ISBN 978-7-5153-2493-7

Ⅰ .①小… Ⅱ .①达… ②李… ③中… Ⅲ .①自然科学—科学考察
Ⅳ .① N8

中国版本图书馆 CIP 数据核字（2014）第 116209 号

责任编辑：彭岩
出版发行：中国青年出版社
社　　址：北京市东城区东四十二条 21 号
网　　址：www.cyp.com.cn
编辑中心：010 – 57350407
营销中心：010 – 57350370
经　　销：新华书店
印　　刷：北京科信印刷有限公司
规　　格：787 × 1092mm　1/16
印　　张：36
插　　页：2
字　　数：400 千字
版　　次：2014 年 8 月北京第 1 版
印　　次：2023 年 4 月北京第 3 次印刷
定　　价：108.00 元

如有印装质量问题，请凭购书发票与质检部联系调换
联系电话：010 – 57350337

停泊在麦哲伦海峡的皇家军舰“小猎犬”号，远处为萨缅托山

1832

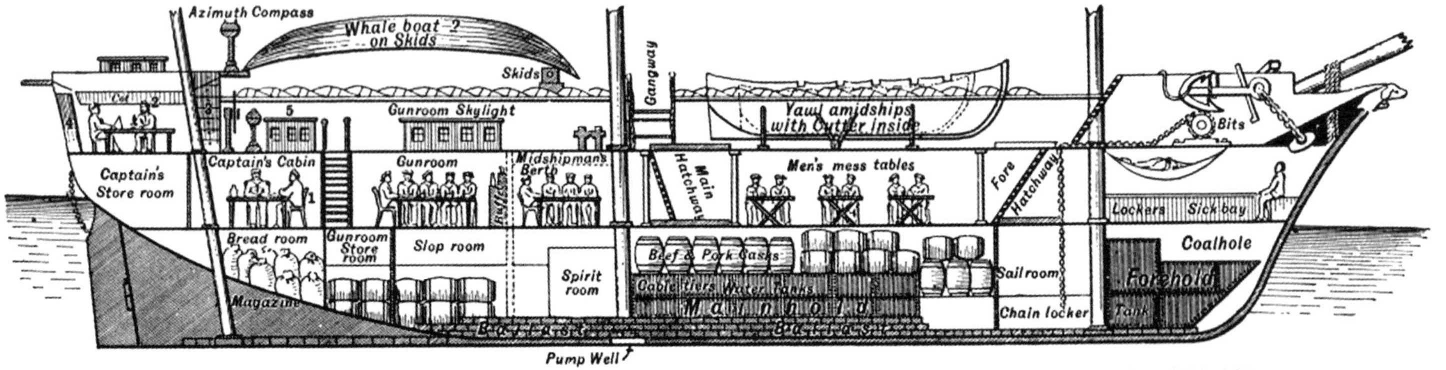

1. Mr. Darwin's Seat in Captain's Cabin
2. Mr. Darwin's Seat in Poop Cabin with Cot slung behind him
3. Mr. Darwin's Chest of Drawers
4. Bookcase
5. Captain's Skylight

UPPER DECK

1832

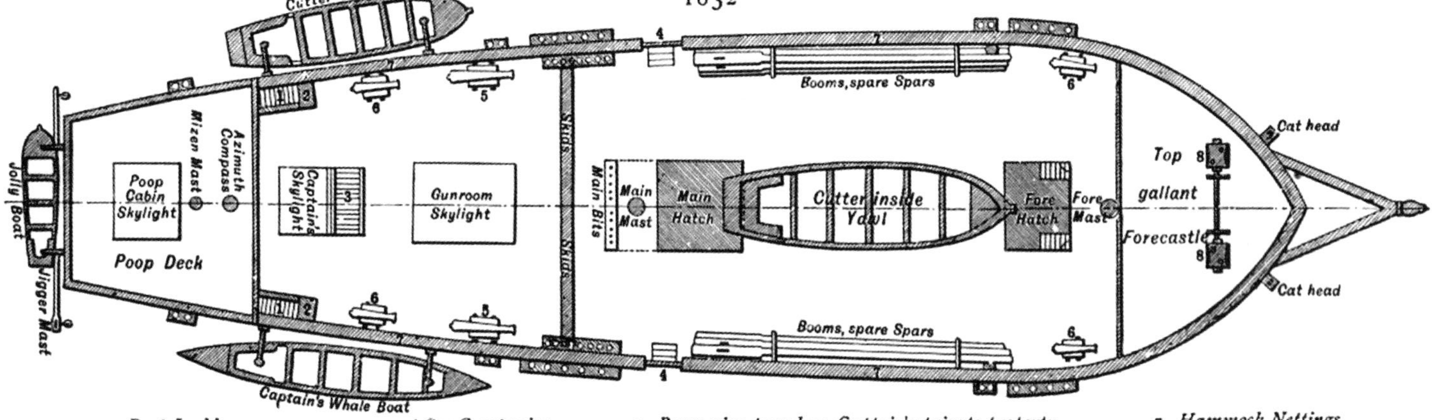

1. Poop Ladders
2. Signal Flag Lockers
3. After Companion
4. Gangways
5. Brass nine pounders, Captain's private property
6. Six pounders
7. Hammock Nettings
8. Patent Windlass

“小猎犬”号：从船头到船尾的正中剖面，上甲板（1832年）

# 插图版序言

本书首次出版之时，《评论季刊》[①]的一位作者便评论："这是最有趣的航海考察记之一，必将在自然科学考察史上荣膺一席。"

这个预言已经在过去的实践中得到了充分的证实；达尔文先生格外详尽和准确的观察、简洁而引人入胜的描述，已经使这本书为各阶层的读者所喜爱——其受欢迎的程度甚至在近年还有所增加。然而到目前为止，还没有人尝试为这部意义非凡的著作绘制插图：书中提到并描述了许多地点和自然事物等，但要确认或获取其真实的原型是非常困难的，所以这一工作始终无法展开。

书中绝大多数风景画，来自普里切特先生对照达尔文先生的书专门绘制的素描；还有少量的图是达尔文先生为了说明他们旅程的趣味性而亲自甄选的版画——这些图都是由他儿子热情提供的。

普里切特先生因为"阳光"号与"流浪者"号的考察记绘制插图而闻名于世，所以我们有充足的理由相信：这些经过仔细核对、精心挑选的插图将极大地增加这部"一个博物学家考察之旅"的价值和趣味性。

约翰·默里

1889年12月

① 《评论季刊》（*Quarterly Review*）1840年第65卷。

# 作者自序

我在本书的第一版序言和《“小猎犬”号科学考察动物志》中提到过，由于菲茨·罗伊船长想找一位科研人员随船参加考察，同时他愿意放弃自己的部分食宿而提供给这个人，因而我就自告奋勇愿意效劳，并在水道测量家兼船长博福特先生的热情推荐下，终于得到了海军部各位大人的同意。我觉得自己能有机会去很多不同的国家考察研究自然历史，这完全归功于菲茨·罗伊船长。并且，在我们朝夕相处的五年间，我得到了他最热情友好和一如既往的帮助。在这里，请允许我再次表达对他的感激之情；对于菲茨·罗伊船长和“小猎犬”号上的所有官员①在我们长期的旅行中给我的深情厚意，致以最衷心的感谢！

本书以日记的形式做记录，包括我们航海的经历以及我们对自然历史和地质学所做观察的简要概述，我想这些都能吸引普通读者的兴趣。为了使这部书更适合普通人阅读，我在这个版本中大幅浓缩和更正了一些章节，并对别的章节做了适当的补充；但我相信，博物学家要了解科学探索的成果，就要研读包含详细情况的更大量的著作。《“小猎犬”号科学考察动物志》由5位专家共同完成：理查德·欧文负责“哺乳动物化石”部分、乔治·罗伯特·沃特豪斯负责“哺乳动物”部分、约翰·古尔德负责“鸟类”部分、伦纳德·詹宁斯负责“鱼类”部分、托马斯·贝尔负责“爬行动物”部分；我对每个物种的习性和分布范围进行了增补和记录。这部著作的能够出版主要归功于上述几位杰出专家高超的才能和大公无私的满腔热情；还要感谢财政部各位大人的慷慨相

① 利用这个机会，我要对比诺埃先生致以最真诚的谢意！他是“小猎犬”号上的外科医生，我在瓦尔帕莱索生病期间，承蒙他的悉心照料。

助——财政大臣阁下特别拨款1000英镑做为部分出版经费。

我自己出版了几部单行本，它们是《珊瑚礁的结构和分布》、《在“小猎犬”号航行期间所访问的火山岛》以及《南美洲的地质》。《地质学会报》第六卷包含了我的两份有关南美洲的漂砾和火山现象的文章。沃特豪斯、沃克、纽曼以及怀特四位先生对所采集到的昆虫进行研究，出版了几篇很有见地的文章，而我相信此后还会有文章陆续发表。对于美洲大陆南部地区的植物学研究，J. 胡克博士会在他的巨著《南半球的植物学》中予以发表。《加拉帕戈斯群岛的植物群》是他的一篇单独的论文，发表在《林奈学报》上。牧师亨斯洛教授为我在基林群岛所采集的植物发表了植物一览表；牧师J. M. 伯克利对我所采集到的隐花植物进行了描述。

我在编著此书和其他著作的过程中，得到了几位博物学家的大力帮助，在此谨表谢意；并请允许我对亨斯洛教授[①]致以最诚挚的感谢，因为，我在剑桥大学求学期间，主要是他引导我对博物学产生了兴趣，而且在我航行期间，他负责保管好我寄回家的标本，并通过书信指导我的研究；在我返航后，他又不断地给予我各方面的帮助。这只有最亲密的朋友才能做得到！

记于肯特郡，布罗姆利，达温

1845年6月

① 约翰·斯蒂文斯·亨斯洛（John Stevens Henslow，1796–1861），英国植物学家、地质学家、牧师。亨斯洛教授是达尔文的良师益友，正是得益于他的帮助和指导，达尔文才成为一位伟大的科学家，后人称其为达尔文的“伯乐”。

# 目　录

费尔南多-迪诺罗尼亚岛

# 第一章

## 佛得角群岛——圣地亚哥

普拉亚港——大里贝拉——充满微小水生动物的大气尘埃——海蛤蝓与乌贼的习性——非火山岛圣保罗岛——奇异的硬壳——岛上的首批殖民者：昆虫——费尔南多-迪诺罗尼亚岛——巴伊亚——磨光的岩石——短刺鲀的习性——浮游黄丝藻与微小水生动物——大海变色的起因

1831年，一艘横帆双桅船在两度被西南狂风吹得退回原处后，终于在英国皇家海军菲茨·罗伊船长的指挥下从达文波特起航了。这艘船配有10门大炮，她就是"小猎犬"号。此次探险的目的是为了完成由金船长于1826年至1830年期间所发起的对巴塔哥尼亚和火地岛的勘察工作，还要勘察智利、秘鲁和太平洋部分小岛的沿海地区以及在世界范围内进行一系列精密计时研究。1月6日，我们抵达特内里费岛，却由于害怕我们会传染霍乱而被禁止登岛。次日早晨我们看到旭日从大加那利岛起伏的轮廓上升起，瞬间照亮了特内里费山顶，山峰的下半部分却还藏在羊毛状的云彩中。这次令人印象深刻的日出叫人永生难忘。1832年1月16日，我们的船停泊在佛得角群岛最大的岛屿——圣地亚哥的普拉亚港。

从海上看过去，普拉亚港附近荒无人烟。往昔喷火的火山，加上热带地区的炎炎烈日，使得这里大部分的地区不适宜植物生长。这是片阶梯状的台地，散布着一些截了顶的锥形小山，靠近地平线的地方是更加高耸的无规律的连绵山脉。在这种气候下，透过朦胧的大气观看这幕景色，别有一番趣味。对于刚从海上来到这里、初次在椰子树丛中散步的人，能够感受到的只有满心的愉快。一般人会觉得这座岛很无趣，然而对于任何只习惯于英国风景的人来说，这片全然贫瘠的新奇土地却有着一种壮阔之美。这里大多数的植物都遭到了破坏，在熔岩平原广阔的土地上几乎找不到一片绿叶，不过还是有几群羊和一些牛在这里艰难求生。这里不怎么下雨，但是一年中有短暂时间会暴雨如注，随后每道岩石的裂缝中便会长出嫩绿的植物，但这些植物没多久就会枯萎，而动物们就以这种天然形成的干草为生。至今整整一年没下雨了。这座岛刚被人们发现的时候，紧邻普拉亚港的地方树木成林①，可由于人们粗暴的破坏，这里已变得寸草不生，这种情况就跟圣赫勒拿岛（St. Helena）和加那利群岛（Canary Islands）的部分地区一样。在宽阔而平坦的河谷里长着无叶的灌木，这些河谷只是在下雨的时节充当几天河道。这些河谷有少量生物栖息。最常见的鸟类是翠鸟（冠翠鸟，Dacelo Iagonensis），它们温顺地立在蓖麻枝上捕食蚱蜢和蜥蜴。它们色彩艳丽，但却不如欧洲的品种漂亮：在飞行方式、生活习性和栖息场所（通常位于最干旱的山谷）等各方面也与欧洲的品种截然不同。

一天，我和两名军官骑马到普拉亚港东边数公里远的大里贝拉去。在我们抵达圣马丁（St. Martin）山谷前，乡间呈现出一如既往的、令人乏味的棕色地貌；然而这里有一条涓涓细流却造就了一片令人神清气爽的茂密植物。历经一个小时的旅程，我们来到大里贝拉，非常吃惊地看到一座废弃的大城堡和教堂。在港口被填塞之前，这座小镇是岛上的中心，而现在只是一处悲伤但却迷人的景色了。我们找到一个黑人牧师做向导，还有一名在半岛战争中担任翻译的西班牙人，一同参观了一系列以古教堂为中心的建筑物。

① 此处陈述是根据本游记第一版迪芬巴赫（E. Dieffenbach）博士的德语译本。

岛上的总督和地方长官就是长眠于此的。有些墓碑上还刻着16世纪的日期。[①]在这片幽僻之处，纹饰是唯一能让我们联想到欧洲的东西。方形庭院的一边是教堂或小礼拜堂，庭院中间长着一大丛香蕉树。另一边是一所医院，里面住了大约12个神情痛苦的病人。

我们回到小旅馆去吃晚餐。众人争相围观，有男有女，还有小孩，个个黑如煤玉。这群人个个都非常高兴，无论我们说什么或做什么，他们都跟着开心地大笑。离开小镇前我们还参观了大教堂。大教堂看起来没有小教堂那么富有，但却吹嘘说有架小风琴，可它发出的音非常不协调。我们赠送了几个先令给黑人牧师，西班牙人拍了拍他的头，十分坦率地说，他觉得肤色无关要紧。然后我们骑马以最快的速度回到了普拉亚港。

有一天，我们骑马来到靠近岛中央的圣多明戈（St. Domingo）村。中途经过一片小平原，平原上长了一些瘦小的金合欢树；树的顶部被持续的信风吹弯了，形成了奇怪的形状，有的甚至与树干呈90°。树枝的朝向为东北偏北和西南偏南，这些天然风向标的指向必然是信风盛行的方向。我们对这片光秃秃的土地印象太浅，于是迷路了，走到富恩特斯（Fuentes）去了。到了那里我们才发现走错路了；但后来我们很高兴自己弄错了路线。富恩特斯是个美丽的村庄，有条小河，一切似乎都欣欣向荣，除了最应当生活得富足的人——这里的居民。这里的黑人小孩赤身裸体、神情沮丧，背着一捆捆柴火，柴火有他们身体的一半大。

我们在富恩特斯附近看到了一大群珍珠鸡，大约有五六十只。它们非常机警，让人无法接近。珍珠鸡如同9月雨天里的鹧鸪一样躲着我们，跑的时候竖着头，若是有人追它，就立刻展翅腾空。

相比于岛上其他地方的普遍阴沉格调，圣多明戈的风景有出人意料的美。这个村庄坐落在谷底，周边是高高耸立、凹凸不平的层层火山岩。清澈的小河岸边，黑色的岩石和亮绿色的植物形成鲜明的对比。那天恰逢一个盛大的节日，村里人山人海。我们在返程时遇上了一群黑人女孩，她们有二十来人，穿着很有品位：彩色头巾和大披肩衬托着黝黑的肌肤和雪白的亚麻布，显得更加美丽。我们一靠近，她们就突然转过身去，用披肩挡路，起劲地唱着热情奔放的歌曲，手拍着大腿打拍子。我们向她们扔铜币，她们就尖声笑着收下了；我们离去时，她们的歌声越来越响亮。

一天早晨，视野异常清晰，远处群山的轮廓在浓密的深蓝色云层的映衬下清晰可见。从这种情形看来，加之在英国时遇到过类似的情况，我推测空气中的水汽已经饱和了。然而，事实却截然相反。湿度计显示气温与露点的温差是16.5℃。这个差值几乎是我前几次早晨观察到的两倍。这种异常干燥的大气伴有持续不断的闪电。在这种天气状况

① 佛得角群岛（Cape de Verd Islands）发现于1449年。那里有一座日期为1571年的主教墓碑，还有一个日期为1479年的手与短剑的徽章。

下要有显著的空气透明度并不是什么难事吧？

因为含有尘土颗粒，这里的大气通常薄雾蒙蒙，而尘土颗粒会轻微损坏天文器材。在普拉亚港停泊的前一天，我收集了一小袋这种棕色尘土颗粒，这些颗粒似乎是经桅顶的风向标过滤而来的。莱尔（Lyell）先生也给了我四包尘土，它们来自岛屿北面数百公里外的一艘船。埃伦伯格（Ehrenberg）教授①发现，这种尘土很大一部分是含硅质外壳的纤毛虫类和植物的硅质组织。他确定我送给他的那五小包中有超过67种不同生命形式！除了两种纤毛虫类是海洋物种外，其余的都居住在淡水环境。我找到了至少15份报告，涉及远在大西洋航行的船只上落下的尘土。根据尘土掉下时的风向，加上时间正好总是在这几个月（众所周知，此时干燥的热风吹得尘土漫天飞扬），可以肯定这些尘土都是借着非洲的热风吹过来的。可奇怪的是，虽然埃伦伯格教授认识很多非洲特有的纤毛虫类物种，但我送他的尘土中却一种也找不到。另一方面，他从中找到了两个物种，可据他所知这两个物种只有南美洲才会有。降落的尘土量多到足以弄脏船上的一切，伤害到人的眼睛；甚至由于尘雾朦胧，会导致船只冲上岸搁浅。远离非洲海岸数百公里，甚至是1600多公里，南北两端相距2560公里的地方常常会有尘土落到船上。在距离陆地480公里处的船只上收集到的部分尘土中，含有颗粒直径大于0.0025厘米的石粉，并混夹着更细小的物质，这令我十分惊讶。有此实据，人们就不必因隐花植物更轻更小的孢子能够扩散而大吃一惊了。

这座岛的地质中最有趣的部分是它的自然历史。一入港口，就可以看到沿海悬崖的表面上有一条与地面完全平行的白带，沿着海岸线蔓延若干公里，离水面高约13.5米。经考查发现，这层白色岩层由钙质组成，嵌有无数贝壳，这些贝类的大部分或全部现在还生活在附近的海边。这个岩层位于古老的火山岩上，它的上面还覆盖了一层玄武岩，那肯定是在白色贝壳岩层在海底形成时就进入海中了。追溯这层松散的岩石因覆盖着的熔岩的热量而造成的变化是一件有趣的事：这层岩石部分已经转变成晶状石灰石，其他部分转变成了坚实的斑点石。在有些地方，石灰岩被熔岩流的下表面的火山渣岩所包围，把石灰岩变成了一簇簇类似文石的纤维，呈现出美丽的辐射状。熔岩的地层在略为倾斜的平原内持续上升，往内部深入，那正是熔岩流的发源地。我认为历史上圣地亚哥没有发生火山运动的迹象，甚至在满是红色火山渣岩的山丘上也几乎见不到火山口；然而岸边较新的熔岩流清晰可辨，形成了一条条不高的悬崖，而且比岁月悠久的熔岩流伸展得更远，因此凭悬崖的高度就可以粗略地推断岩浆流的年代。

我们停留在此地期间，我观察了很多海洋动物的习性。有一种大型海兔很普遍。这

① 我必须借此机会感谢这位检查了我很多标本的杰出的博物学者。我（于1845年6月）将这类尘土的全面报告送至地质学会（Geological Society）。

类海蛞蝓大概有13厘米长；黄土色，有紫色纹理。其身体下面的两侧或脚部有层宽大的膜，似乎有时能起到排风器的作用，使得水流能流过背部的鳃或肺。这种海兔以长在泥泞浅水石头边柔嫩的海草为食；我在它的胃里找到一些小鹅卵石，和鸟的砂囊里找到的一模一样。这类蛞蝓受到打扰的时候会排出少量紫红色液体,能浸染周围30厘米的水域。除了这种保护方式以外，它还会像僧帽水母一样，全身分泌一种酸性分泌物，令其他动物产生强烈的刺痛感。

有几次，我津津有味地观察章鱼（或称乌贼）①的习性。虽然在退潮留下的水坑中常常可以见到这种动物，却难以捕捉。它们可以通过长腕和吸盘把身体拖进狭小的缝隙中；一旦定住了，要想把它们弄出来，就得费很大的劲。在其他情况下，它们甩动尾巴，从水坑的一边冲到另一边，速度快得跟箭一样，瞬间把水染成暗栗褐色。这类动物还有一种变色龙一般的奇特变色能力，使敌人不致发现它们。它们似乎是根据所经过的地方的性质来改变肤色的：在深水的时候，全身呈棕紫色；可放到陆地上或浅水里，原本的暗色就会变成一种黄绿色，仔细观察，就能发现它们是浅灰色，上面有无数嫩黄色小点：灰色的明暗度不同，斑点完全消失后会再交替出现。变化方式就像是云彩（色斑）在不断地通过它们的身体，其色彩从风信子红到栗棕色②的范围之间变化。它们任何部位遭遇电击，都会变得几乎全黑；用一根针去搔划它的皮肤也会得到相同的效果，只是程度较浅。这些浑浊斑（或称红晕），据说是含有各种颜色液体的小囊泡的交替膨胀和收缩作用而产生的。③

在游泳过程中以及在水底保持静止时，这种乌贼展示了它变色龙般的能力。其中一只用尽各种本领避免被我发现，实在逗人，它好像十分清楚我在观察它。它先保持静止一会儿，然后偷偷地前进两到五厘米，像极了正在追老鼠的猫；它有时候会变色，就这样前进，直到体色变得更深后即飞奔而去，留下一道乌黑的墨汁遮住它自己爬进去的那个洞。

当我在寻找海洋生物的时候，我的头离岸边的水面有60厘米高，不止一次有喷上来的水向我致敬，还伴随着一阵轻微的吱嘎声。起初我不知道那是什么，后来才发现是这种躲在洞里的乌贼发出的，可是这暴露了它的藏身之所。它毫无疑问有喷水的能力：我认为它可以通过指挥它身体下部的管子或虹吸管来瞄准目标。这类动物竖起头部来很困难，因此它们在地面上爬行时很不容易。我还观察到被我放在船舱里的那只章鱼在黑暗中能发出微弱的磷光。

---

① 这里原文为“Octopus, or cuttle-fish”，直译即为“章鱼（或称乌贼）”。章鱼和乌贼并不是同一种动物，它们虽同属头足纲（Cephalopoda）鞘亚纲（Coleoidea），但章鱼属于十腕总目（Decapodiformes），乌贼属于八腕总目（Octopoda），二者存在明显差异。此处应为原文错误。——编者注

② 根据帕特里克·赛姆斯（Patrick Symes）的命名法所命的名。

③ 见《解剖学和生物学百科全书》（*Encyclopedia of Anatomy and Physiology*）文章“头足类”。

**圣保罗岛**——1832年2月16日早上，在横渡大西洋的途中，我们在圣保罗岛附近停船。这个由岩石集合而成的岛位于北纬0°58′，西经29°15′，距离美洲海岸870公里，距费尔南多·迪诺罗尼亚岛560公里。其最高点离海平面只有15米高，周长少于1000米。这座小岬角在深海中突兀而出。它的矿物构成并不简单：有的地方的岩石是燧石，有些部分是长石，中间夹杂着薄薄的蛇纹石纹理。我认为，一个显著的事实是，除了塞舌尔群岛（Seychelles）和这座小岬角外，在太平洋、印度洋和大西洋上，远离所有大洲的众多的小岛都是由珊瑚或火山喷发物所组成的。这些海岛多火山的外观显然是这条法则的延伸之物，而在相同起因的作用下（不论是化学方面的还是力学方面的），就导致了大量活火山要么靠近海岸，要么成为海洋中的岛屿。

圣保罗岛从远处看是光亮的白色。部分原因是因为大量的海鸟粪便的反光，还有一部分原因是由于岩石表面涂上了一层带有珍珠光泽的结实而光滑的覆盖物，它与岩石的表面紧密地合为一体了。用放大镜检查，会发现这种物质含有非常多的极薄的薄层，总厚度约0.25厘米。其中含有很多动物性物质，其起源无疑是由于雨水和浪花在鸟粪上的作用。我在阿森松岛的小团鸟粪下面和阿布罗柳斯群岛（Abrolhos Islets）上发现了一些树枝状钟乳石，显然跟岛上的白色薄层形成方式相同。其树枝体的外形非常像某种珊瑚藻（一个包含坚硬的钙质海生植物的科），我最近一次匆匆观看标本时没看出有什么不同。树枝的圆端有种珍珠般的质地，像牙釉质，但比平板玻璃还硬。在此就要提到在阿森松岛积累了大堆贝壳砂的部分海岸地区，那里受潮水拍打的岩石上有一层硬壳沉淀。如下图所示，就像是在潮湿的墙壁上经常看到的某种隐花植物（地钱属，Marchantiæ）。其叶状结构的表面是完全光滑的；它充分暴露在阳光下的那部分呈漆黑色，而那些遮挡在岩石架下的部分则呈灰色。我向几个地质学家展示过这种硬壳的标本，他们都认为是由火山运动形成的！这种硬壳的硬度、半透明度以及光滑度，跟最美的榧螺一样；而这

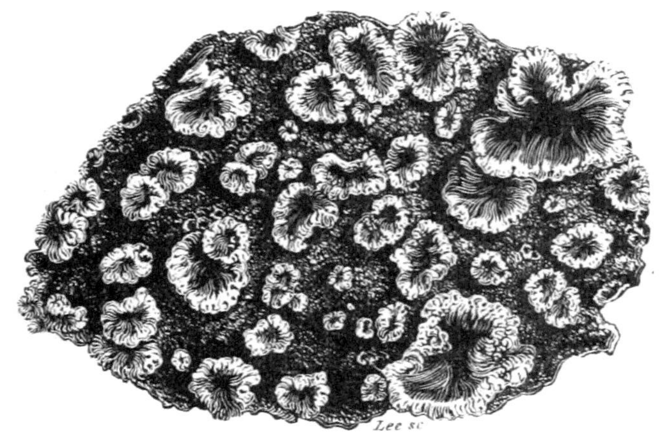

种硬壳散发出来的异味以及在吹管作用下会褪去颜色——则展示了它跟现存的海生贝壳的相似性。此外，众所周知，海生贝壳表面通常被套膜所覆盖或其荫蔽部分的颜色要比完全暴露在阳光下的更苍白，这种情况就跟这层硬壳一样。当我们想起钙盐无论是磷酸钙还是碳酸钙的形式进入动物体内坚硬的部分，比如骨头和贝壳时，就会发现有种十分有趣的生理学现象[①]：世上有种东西比牙釉质更坚硬，其色彩绚丽的表面跟新鲜贝壳的外表一样光亮，它们是通过无机质的方式从死去的有机物重新组成的，而且还模拟着几种低等植物的形状。

我们在圣保罗岛上只看到两种鸟类——鲣鸟和黑燕鸥。鲣鸟是鸬鹚的一种，黑燕鸥是一种燕鸥。这两种鸟性情温顺愚笨，对于游客视若无睹，以致我一把地质锤都可以随便敲死其中任何几只。鲣鸟把卵产在裸露的礁石上；而燕鸥则用海草筑起简单的巢。很多这样的巢边都摆着小飞鱼；我猜这是雄鸟抓给它们的配偶的。趁着我们惊扰成鸟的当儿，栖息在石缝里的一只灵活的大螃蟹（Graspus）就快速地从巢边把鱼偷走了。看到这种情景实在有趣！少数几个曾登上过这座岛的人士之一威廉·西蒙兹爵士（Sir W. Symonds）跟我说，他还看过有螃蟹把雏鸟也拖离鸟巢吃掉呢。这座小岛上没长一株植物，甚至没有一处青苔，不过还是栖息着一些昆虫和蜘蛛。我想，以下便是该岛全部的陆生动物群了：一种靠鲣鸟为生的虱蝇（Olfersia）；一种蜱，它肯定是寄生在鸟身上来到这里的；一种棕色的小蛾，属于一个以羽毛为食的属；一种甲虫（Quedius）以及粪堆下的一种土鳖虫；最后还有大量蜘蛛，我猜它们是以捕食水鸟的寄生虫和食腐动物为生的。经常有人描述，太平洋里的珊瑚岛一形成，就被高大的棕榈树及其他名贵的热带植物所占领，然后是鸟类，最后到人类。这种说法可能并不完全正确！恐怕会破坏这篇文章诗意的是：以羽毛和粪便为食的昆虫，及寄生的昆虫与蜘蛛才应该是在海洋新形成的的土地上的第一批居民。

在热带海洋里，再小的一块岩礁都能为无数海藻和群栖动物的成长提供基础，同时维持了无数鱼类的生活。小船上的船员常常需要与鲨鱼争夺钓鱼线所捕捉到的猎物。我听说靠近百慕大群岛（Bermudas）有一座岛，远在数公里外的海上，入海非常深，就是由于附近有鱼类活动而被发现的。

**费尔南多·迪诺罗尼亚，2月20日**—— 我们停靠在这个地方的几小时内，我能够观察到的是，这座岛是由火山构成的，但可能有一定年头了。其最引人注目的特点是有座圆

① 霍纳（Horner）先生和戴维·布鲁斯特爵士（Sir David Brewster）（《皇家学会自然科学学报》，1836年，第65页）描述到一种奇异的“类似贝壳的人工物质”。这种物质形成精美、透明、光亮的棕色薄片，有罕有的光学性质，附在船的内面；船上的织物起初用糨糊调制，后来用石灰，用于在水中快速旋转。这比阿森松岛（Ascension）上的天然硬壳更柔软更透明，含更多动物有机物；不过我们在此再次看到了碳酸钙和动物有机物表现出了形成类似于贝壳的坚硬物质的强劲趋势。

锥形的山，约300米高，上部非常陡峭，却有一面悬空在底部之上。这座岛上的岩石是响岩，分成不规则的柱状。看到这些独立的石块，人们最初可能会倾向于认为这是在半液体状态的时候被突然推高而形成的。但我在圣赫勒拿岛已经查明，有些形状和构成非常类似的小尖塔，是通过把熔化了的岩石灌入易变形的岩层中而形成的，这样就形成了与这些巨型方尖石塔相似的形状。这座岛上整个覆盖着树木，可是由于气候干燥，这里的植物并没有显得枝繁叶茂。半山腰上有大块的圆柱形岩石，被类似月桂树的树木所覆盖，还有一些植物点缀着粉红色的小花，但是一片叶子也没有，那些柱形岩石把附近的景色变得赏心悦目。

**巴西，巴伊亚，又名圣萨尔瓦多（San Salvador），2月29日**——日子过得很愉快。然而，用来形容一个第一次独自到巴西的森林里漫步的博物学家，愉快本身却是一个无力的词汇。各种草的优雅、寄生植物的奇异、花朵的美丽、叶子的亮绿，最重要的是植物的茂盛，都令我赞叹不已。在树木遮天蔽日的地方，处处渗透着闹与静这对矛盾的结合。昆虫制造的响声很大，即便是停在距离岸边几百米远的船上也听得到；可在森林的幽深之处似乎又有一种统御万物的静。对于一个热爱博物学的人而言，这样的日子带来的是毕生难逢的深刻愉悦。漫步了几个小时之后，我向登陆处走去；可是在抵达那里之前，我遇上了热带暴风雨。我试着躲在树下。这里枝繁叶茂，英国常见的雨不可能穿透；然而几分钟后，一小股急流顺着树干倾注而下。在这最茂密的森林里，地面仍然满是翠绿，我们不能不把这归功于雨水的狂暴了。如果是寒冷地区的阵雨，大部分都会在抵达地面之前被吸收或蒸发掉了。目前我不打算描述这个宏伟的海湾上的亮丽风景，因为在返航的时候，我们再次造访了此地，到时我就有机会再去作一番描述。

沿着巴西至少3200公里长的整个海岸线以及向内陆伸展的一大片空间，凡是坚硬的岩石都是由花岗岩构成的基岩。这片地区引起了各种奇思怪想，大多数地质学家认为这一大片地区是由一种在高压下加热结晶的物质组成的。这种现象在深海之中发生过吗？或者，之前花岗岩上还覆盖着别的岩层，后来这些覆盖的岩层被除去了吗？我们能够相信，有种力量能够在有限时间内使得大面积土地上的花岗岩暴露出来吗？

离城里不远处有一条小溪流入大海，我观察到一件与洪堡（Humboldt）所讨论的主题相关的事。[①]在奥里诺科河、尼罗河和刚果河的急流中，黑花岗岩上覆盖了一层黑色物质，就好像岩石被石墨所打磨过。这层物质非常薄；经伯齐利厄斯（Berzelius）分析，发现其中含有锰和铁的氧化物。在奥里诺科河，这种物质只出现在周期性洪水冲刷的岩石和水流较湍急的部分岩石上；或者如印第安人所说的，"流水泛白的地方就有黑岩"。这里的覆盖物是深棕色而非黑色，似乎仅由含铁物质组成。这种棕色的有光泽的石头在阳光下闪闪发亮，如果只看手头的标本，则难以形成正确的概念。这种物质只出现在浪

① 《个人叙事》（*Personal Narrative*），第五卷，第一部分，第18页。

潮达到的范围内：小溪徐徐流下，拍岸的浪花起到与大河中的急流类似的打磨作用，同样，潮起潮落可能也类似于周期性的浸没，因此在明显迥异但实际上相似的情况下，也会产生相同的效果。然而，这些看似粘着岩石的金属氧化物表层的起源却不得而知。我认为，这层金属氧化物为何能保持不变的厚度，这个原因还很难确定。

一天，我开心地观察到短刺鲀（Diodon antennatus）的生活习性，那条短刺鲀是在游到海岸边的时候被我们捉到的。众所周知，这种长着松弛皮肤的鱼有种奇特的功能：它可以把自己胀成近乎圆形。如果把它取出水面一阵子再浸入水中后，它就用口吸入大量的水和空气，也可能是通过鳃孔吸入水和空气。这个过程是通过两种方法实现的：吞下空气，然后逼到体腔内，通过从外侧看得见的肌肉收缩阻止空气倒流：而水则通过口腔轻轻流进去，口要张得很大并保持不动，所以后面这个动作必须依靠抽吸来完成。它腹部附近的皮肤要比背部松弛得多，因此在膨胀的过程中，下侧比上侧要涨得大得多。因

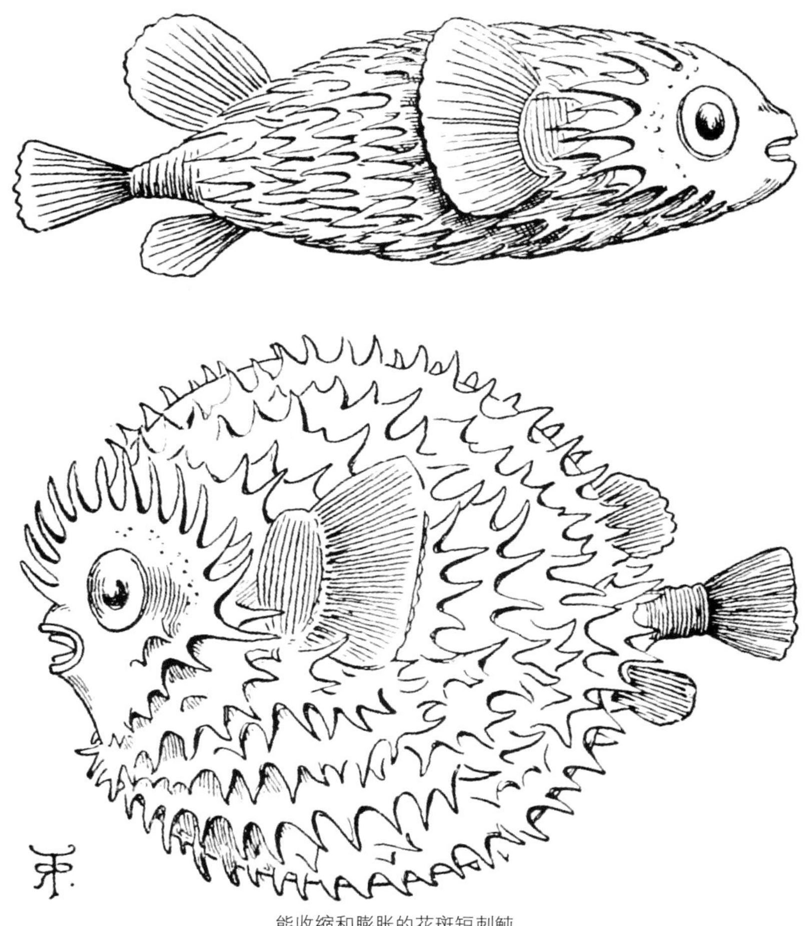

能收缩和膨胀的花斑短刺鲀

此，这种鱼漂浮在水面的时候背部朝下。居维叶[①]怀疑短刺鲀保持这样的姿势能否游泳；可它不仅能这样直线前进，还可以转身。它的转身动作只需要胸鳍的帮助就可以实现；它的尾巴已经萎缩了，没派上用场。由于它的身体在充满大量空气时是浮起来的，因此鳃部露出了水面，不过用嘴吸入的水却是不停地从鳃部流了出来。

这种鱼短时间内保持一会膨胀状态后，一般会通过鳃孔和嘴用很大的力气把空气和水排出体外。它也可以随意排出一定比例的水，因此，它吸入水的部分原因是为了调节比重。这种短刺鲀属有几种防御方式：它可以凶狠地咬对手一口；可以用嘴部把水喷到远处；同时还能通过下巴的运动制造怪声。它身体膨胀的时候，皮肤上所覆盖的刺棘就会竖起变尖。但最奇怪的是，如果用手抓它，它会从肚皮分泌出一些非常漂亮的朱红色纤维状物质。这种物质能把象牙和纸张永久染色，鲜艳的色彩保存至今。这种分泌物的性质和用途我是一无所知。我从福里斯的艾伦（Allan of Forres）博士那里听说，他经常在鲨鱼的胃里发现一种活着的刺鲀，还会漂游和膨胀身体；有几次他发现刺鲀啃咬出了一条路，不仅穿过了鲨鱼的胃壁，还从身体侧面穿出来了，这个庞然大物就这样被咬死了。谁能想象得到这样一条柔软的小鱼可以毁掉庞大而凶猛的鲨鱼呢?

**3月18日**——我们从巴伊亚起航。此后数日，在距离阿布罗柳斯群岛不远的地方，一片红棕色的海面吸引了我的注意力。在弱透镜的观察下，整个海水表面似乎覆盖了一段段切碎的干草，切口参差不齐。这些都是细小的圆柱状黄丝藻，20–60株组成一捆或一堆。伯克利（Berkeley）先生告诉我，它们与红海大面积发现的黄丝藻属于同一个物种（红海束毛藻），红海也是因此而得其名。[②]它们的数量肯定是无穷无尽：我们的船经过好几片这样的水带，其中一片宽约9米；从泥土似的水色可以判断，其长度至少有4公里长。几乎每次远航都会听到一些关于这种黄丝藻的报告。它在澳大利亚附近的海域中尤为常见；我在卢因角（Cape Leeuwin）附近发现了一种类似、但更小而且明显不同的物种。库克船长（Captain Cook）在他的第三次航海中谈及水手们把这种现象称为海上锯屑。

我在印度洋的基林环礁（Keeling Atoll）附近观察到很多面积几平方厘米的黄丝藻小团，由非常薄的圆柱丝状组成，用肉眼难以看到，与其他大点的细胞体重叠在一起，两端是标准的圆锥形。其中有两个结合在一起，如下图所示。它的长度从0.1–0.15厘米

① 居维叶（Georges Cuvier，1769–1832），法国博物学家，他被认为是比较解剖学以及脊椎动物古生物学的创始者。——译注
② 《法兰西科学院周刊》（*Comptes Rendus*）的M.蒙塔涅（M. Montagne）等，1844年7月；与《自然科学纪事》（*Annales des Sciences Naturelles*），1844年12月。

不等，甚至还有0.2厘米长的；而直径则是0.015–0.02厘米。一般可以看到圆柱状部分的一端附近有一片由粒状物质所形成的绿色隔膜，中间部分最厚。我认为这是一个最脆弱的无色囊的底部，由果肉状物质组成，沿着身体的外部伸展，但是不会超过在远端圆锥位置。在有些标本里，小小的正球形褐色颗粒替代了隔膜的位置。我观察到了它们奇特的产生过程。内层的果肉状物质突然分成丝状，有些形成从中心辐射开的形状；然后不规则地快速移动，继续进行自我收缩，在一分钟内整体连接成一个完美的小球体，小球体在一个现在十分空的容器内占住了隔膜的位置。任何突发伤害都会加速粒状球体的形成。我要补充的是，很多时候一对这样的细胞体在隔膜那端相互依附，如上图所示，锥体挨着锥体。

我在此要补充一些有关生物原因造成海水变色的观察报告。一天，在智利海岸离康塞普西翁（Concepcion）北面几里格[①]之处，“小猎犬”号经过了一大片污水带，完全跟涨了水的河流一样；还有一次在瓦尔帕莱索以南1°，在距离陆地15米的地方，又遇到了同样的现象，而且比上次更严重。有些装到玻璃杯里的水呈淡红色；在显微镜下观察能看到挤满了极其微小的动物，它们快速运动，经常爆裂。这种微生物的形状是椭圆形的，有个颤动的弯曲纤毛环在中部束紧。然而，想要仔细地观察它们很难，因为它们几乎在动作停止的瞬间，甚至是越过视野的时候，它们的身体就会涨破。有时两端同时爆裂，有时只有一边，喷射出一定数量的大颗粒的棕色粒状物质。在爆裂前的一瞬间它会膨胀，尺寸会增大一半；加速动作停止后15秒钟就爆裂了：有时会绕着身体长轴旋转，停下来后很快就爆裂了。把任何数量的这种动物放在隔离的一滴水中约两分钟后，就会全部死去。它们一般通过快速的跳跃方式，在颤动的纤毛帮助下向狭窄的尖端前方移动。它们非常小，肉眼看不到，所占面积只有0.006平方厘米。它们数量无穷，我所能分离的那滴最小的水里就有很多个了。有一天，我们路经两处同样受污染的水域，单单其中一处就肯定有几平方公里那么宽。这种微小生物实在不计其数啊！从远处看去，水就像流经红黏土的河流一样的颜色，但是在船侧面的阴影处就黑得跟巧克力似的。红水与蓝水交接处界线非常分明。因为之前几天风平浪静，大洋里的生物就异乎寻常的多了。[②]

在火地岛附近的海里，离陆地不远的地方，我看到几条狭窄的鲜红色海水带，其中含有大量甲壳动物，跟大明虾形状有点像。猎捕海豹者把它们称之为鲸鱼的食物。我不

---

① 1里格约5公里。

② 莱松（M. Lesson）［《贝壳号之旅》（*Voyage de la Coquille*），第一卷，第255页］提到在利马附近的红色海，显然起因相同。杰出博物学家佩龙（Peron）在《南地之旅》（*Voyage aux Terres Australes*）一书中引用了至少12份提及海水变色的水手的资料（第二卷，第239页）。Peron的参考资料还包含洪堡的《个人叙事》，第四卷，第804页；Flinder's Voyage，第一卷，第92页；Labillardière，第一卷，第287页；Ulloa's Voyage，《星盘号与贝壳号之旅》（*Voyage of the Astrolabe and of the Coquille*）；金船长的《澳大利亚概述》（*Captain King's Survey of Australia*）等。

知道鲸鱼是否以此为生，可是在海岸的有些地方，燕鸥、鸬鹚和一大群笨拙的海豹的主要营养都是从这些漂浮的蟹那里获得的。海员们总是把水质变色归因于鱼卵，然而我发现只有一种情况下是这样的。在距离加拉帕戈斯群岛几里格远的地方，我们的船穿过三条暗黄色或土色的带状水域。这三块地方长几公里，宽只有几米，与周边海水的界线蜿蜒而清晰。这种颜色是由直径约0.5厘米的凝胶状小球造成的，内嵌有小型球状卵子：它们是截然不同的两个种类，一种是红色的，且跟另一种形状不同。我猜不到这些卵属于哪两种生物。科内特船长（Captain Colnett）说这种现象在加拉帕戈斯群岛很常见，并且有色水带的方向还表明了洋流的流向；然而在上述情况中，这种水带都是由风引起的。我还要提到的另一种现象是，水面上的一层色彩斑斓的薄油层。我看到大片的巴西海岸都覆盖着这种油层；海员们认为那是因为某种不远处漂浮着的鲸的尸体腐烂而造成的。这里我没提到是凝胶状微粒（以后还要讲到它们）经常在水中四散开来，因为它们数量不够多而不足以造成任何颜色的变化。

在上面的叙述中有两种情况值得注意：第一，界限清晰的那些水带里的各种生物是怎么聚集在一起的？在虾状蟹的情况中，它们的动作跟一个兵团的士兵一样整齐划一，但是卵和黄丝藻之类是不可能有自主运动的，更别说微小水生动物了。第二，是什么让水带长而窄？在急流中，集中在漩涡中的泡沫被拉成长带，形状与这水带类似，我只能认为这些水带也是由于洋流或者气流的类似作用而产生的。据此推测，我们必须相信，是这些生物体产生于各自适宜的地方，然后被风或水流带走了。不过我承认，很难想象有哪个地点是数以百万计的微小生物和黄丝藻的发源地，那么，它们的胚体从何而来？——由于浩瀚大海上的风浪，它们的亲代已被吹得四分五散了。但是没有别的假说能使我理解这些生物为什么会聚集成长条状。我还要补充一点，斯科斯比（Scoresby）说过，北极海的某个地方一定能找到含有大量浮游生物的绿水。

双体船（巴伊亚）

波托佛戈湾，里约热内卢

# 第二章

# 里约热内卢

里约热内卢——弗利奥角北面之行——强烈的蒸发——奴隶制度——波托佛戈湾——陆生涡虫属——科尔科瓦杜山上的云——倾盆大雨——蛙声悠扬——发出磷光的昆虫——叩头虫和它的跳跃能力——碧霭渺渺——蝴蝶发出的声音——昆虫学——蚂蚁——捕杀蜘蛛的黄蜂——寄生的蜘蛛——圆蛛的计谋——群居的蜘蛛——织网不对称的蜘蛛

**1832年4月4日至7月5日**——到这儿的几天里，我跟一个英国人渐渐熟悉了起来，他正准备去自己的庄园待上一段日子。那块庄园位于弗里奥角的北边，距离首都约160公里。他邀请我与他结伴同行，我愉快地接受了。

**1832年4月8日**——我们一行已经增加到了七人。这段旅程一开始就很有意思。那是一个酷热的日子，我们穿过树林，四周万籁俱寂，只有一群色彩艳丽的大蝴蝶，懒洋洋地扑动着翅膀。在攀爬南湾后面的群山时，一路来最美丽的景色就这样展现在我们面前：远处碧波浩渺，诸色争艳，而画面的主色调是一种深邃的蓝色，湾内波平如镜，海天一线，相映成辉。在穿过了几个以耕种为生的乡村后，我们进入了一片极其广袤的森林。正午时分，我们到达了一个叫做伊萨卡伊亚的小村庄。它坐落在一片平原上，黑人们居住的茅屋包围着村中央的一所房屋。这些建筑的形式和其有规则的位置排布令我想起南非霍屯督人聚居区的景象。月亮早早地升了起来，所以我们决定当晚出发到马瑞查湖夜宿。天色渐沉，我们经过一个荒芜陡峭的巨大花岗岩山，这种山丘在这个国家十分常见。这一地区在很长一段时间以来，都是一些逃亡黑奴的藏身之地。这些黑奴靠着耕种山顶附近的小片土地，勉强糊口为生，但最终他们还是被发现了。一伙士兵奉命而来，所有人都被抓了起来，只有一位老妇人，宁死不愿再做奴隶，从山顶一跃而下，摔得粉身碎骨。若这是一位罗马妇人，她的行为会被称为一种热爱自由的高尚情操；而对于一个贫穷可怜的黑人妇女来说，这只是一种残酷的固执。我们继续骑行了几个小时。在最后的几公里，道路变得错综复杂起来。这段路经过一片荒凉的旷野，旷野中分布着沼泽和湖泊。在暗淡的月光下，那场景十分凄清。偶尔有几只萤火虫掠过，一只孤零零的鹬鸟被我们惊起，叫声哀婉凄切。远处传来大海阴沉的轰鸣，也无法打破这夜的寂静。

**1832年4月9日**——太阳升起前，我们离开了那个寒酸的夜宿地。接下来我们途经一个狭窄的沙地平原，夹在两旁的大海和内陆咸水湖之间。许多诸如白鹭和灰鹤这样毛色美丽的食鱼鸟类和千奇百怪的多肉质植物为这片平淡的地区增添了几分趣味。几棵矮小的树木上爬满了寄生植物。在这些树木之中，有几株漂亮的兰科植物，散发出芬芳的气味，令人喜爱。随着太阳升起，天气变得十分炎热，白色的沙石反射着太阳的光热，让人十分难受。我们在曼德提巴停下来吃午餐，当时树荫下的温度是29℃。远处的山丘上树木茂密，倒映在平静无波的湖面上，令人心旷神怡。那里有一家非常好的餐厅“文达”[①]，我在那儿享用了愉快而又难忘的一餐，因此我将把它作为这类餐厅的典型，感激而又愉快地将它描述一番。这种饭店的房间通常很大，由粗大的圆木建成，圆木之间用枝条相连，再涂浆粉刷。这些饭店几乎都不在室内铺设地板，窗口也没有配上玻璃，但它们通常都有着非常漂亮、结实的屋顶。一般来说，这种饭店的正面都是开放式的，

---

① 文达（Vênda），葡萄牙人对酒店的称呼。

形成类似走廊的结构，下面摆放着桌子和长椅。四面直通卧室，卧室里的木床上盖有一层薄薄的草席，旅客可以在那儿舒舒服服地睡上一觉。按照我们的习惯，到达之后第一件事就是卸下马鞍，拿一些玉米喂马，然后对着一位先生深鞠一躬，请他帮忙拿些吃的给我们。“一切都随您挑选，先生，”他通常这样回答。在最初的几次，我总是感谢上天的眷顾，让我们遇到了一位如此善良的人，而事实证明这是白费劲。接下来的对话通常都变得糟糕起来。“请问您能给我们弄些鱼吃吗？”——“噢，没有，先生。”——“汤呢？”——“没有，先生。”——“面包呢？”——“噢，没有，先生。”——“有腊肉吗？”——“噢，没有，先生。”如果幸运的话，再等几个小时后，我们会得到一些野禽、米饭和“法里纳”（木薯粉，farinha，一种巴西的常见主食）。而且我们常常不得不自己用石块把家禽杀掉当晚餐吃。当我们实在筋疲力尽而又饥肠辘辘时，我们会小心翼翼地暗示，如果有东西吃就好了，这时我们就会听到一个傲慢的回答，“该好的时候自然就好了。”尽管说的是实话，但这实在是最难以令人满意的回答了。如果我们胆敢继续啰嗦，就很可能会因为出言不逊而被赶出去。饭店的老板们乖戾无礼；他们的屋子肮脏狼藉，人也蓬头垢面；通常连叉子、餐刀和勺子之类的餐具都很缺乏；我敢肯定英国的任何一个农舍或茅屋都不会缺乏用具到如此寒酸的地步。

而在坎普斯诺乌斯，我们却大吃大喝起来。我们晚餐吃米饭、禽肉、饼干、葡萄酒和白酒，下午喝咖啡，早上有鱼和咖啡作早餐。所有这些，再加上马匹的上等饲料，每个人只要2先令6便士。而当我们问起“文达”的老板，是否知道我们同行人中丢失的马鞭在哪里时，他却粗声粗气地说，“我怎么会知道！你们自己怎么不保管好呢？——我想可能是让狗吃了。”

离开曼德提巴，我们继续穿越道路错综复杂的荒野。荒野上湖泊星罗棋布，一些湖泊中生长着淡水贝类，另一些中则是咸水贝类。前一类中，我见到一种椎实螺属（Lymnaea）的贝类，它们大量地生长在一个被海水倒灌的湖泊中。一个当地人肯定地告诉我，这片湖泊每年都要经历一次海水倒灌，有的年份甚至还不止一次，因此湖水变得非常咸。 我敢肯定，在巴西海岸沿线分布的一连串湖泊里，一定能得到不少关于海洋动物和淡水动物之间联系的有趣发现。盖伊先生①曾说，他在里约热内卢附近发现过海生竹蛏属贝类和贻贝属贝类，还有淡水动物苹果螺属贝类，它们都一起生长在略带咸味的湖水中。在植物园附近的湖泊中，湖水只比海水略淡一点。在那里我时常观察到一个属于水龟虫科的物种，它与英国沟渠中的水甲虫十分相似；在那个湖泊中，只生长着一个种类的贝壳，其种类属于一种在入海口常见的属。

离开海岸线一段时间后，我们又进入了森林地区。那里古木参天，景色非凡，与欧

---

① 《自然科学年鉴》，1833年。

洲的树木相比，这里的树干都呈白色。我在日记本里这样写道，“开放着奇妙而又美丽的花朵的寄生植物”。这片雄伟的景色总是令我新奇不已。我们继续往前走，穿过大片的牧场。这里的牧场被一些高约3.6米的巨大锥形蚁穴严重侵蚀了。这些蚁巢把这片平原的样子变得极像洪堡[①]所绘制的左鲁洛的泥火山那样。夜幕降临，经过了10个小时的骑行，我们到达了英吉胡杜。一路上，我一直惊讶于马类竟能忍受这么繁重的工作量，这些马受伤之后的愈合速度也显得比我们英国马的愈合速度要快得多。吸血蝙蝠总是可恨地咬在马肩隆起的部位。这样一来，由于失血而带来的伤害倒不是很严重，严重的是随后伤口由于马鞍的挤压而发炎。这种现象不久前在英格兰还曾被质疑是否存在，而我则幸运地目睹了一只道比尼蝙蝠[②]（Desmodus d'orbignyi, Wat.）在马背上被人捉住。那天深夜，我们在智利的科金博附近宿营。我的侍从发现我们的一匹马躁动不安，就走过去一探究竟。他觉得好像辨认出什么东西伏在马背上，便急急地伸手一捉，就捉到了那只吸血蝙蝠。第二天早上，蝙蝠咬伤的创口有些轻微的红肿和出血，很轻易地就能辨认出来。第三天我们就能骑着这匹马上路了，这匹马身上也没再产生任何病症。

这是在达尔文的马背上抓到的吸血蝙蝠

① 亚历山大·冯·洪堡，德国地理学家和博物学家，其科学游记对达尔文有很大的启发。——译注

② 阿尔西德·道比尼，法国博物学家，此处的吸血蝙蝠可能是由他命名的。——译注

1832年4月13日——经过三天的旅行，我们到达了索赛格。这里是曼纽尔·菲格雷多先生的庄园，他是我们一位同行者的亲戚。这里的房屋比较简陋，看上去有点像谷仓，但这种房子恰好适应了这种气候条件。起居室中安放着镀金的座椅和沙发，与粉刷成白色的墙面、茅草的屋顶以及没有玻璃的窗户形成了一种奇特的对比，整个房子与谷仓、马厩以及为教授黑人手艺而设的工坊大致形成了一个四边形，中间晾晒着一大堆咖啡豆。这些建筑位于一个小山丘上，那里可以俯瞰下面的农田。山丘的四周，莽莽苍苍的树林构成了一道天然的墙壁。这一地区的主要产物是咖啡豆。每棵树年平均产量约为900克，但有些高产的植株能产约4千克。树薯或木薯也是这样的高产植物。这种植物全身都是宝：它的茎和叶可以作为马的饲料，而它的根可以制浆，这种粉浆经压制、干燥后可以制成“法丽涅”。这种木薯粉就是巴西人的主要粮食。关于木薯，有一个事实非常令人惊奇而又为人们所熟知，那就是这种极富营养的植物的汁液却含有剧毒。几年前，这个农场就有一头奶牛因误饮了木薯汁液而死了。菲格雷多先生告诉我，去年他播种了一袋“费交”，也就是豆子，又播下了三袋稻谷，前者收获了80袋豆子，后者则收获了320袋谷子。牧场里驯养着良种的家畜，树林里有各种野味，前些时候每三天

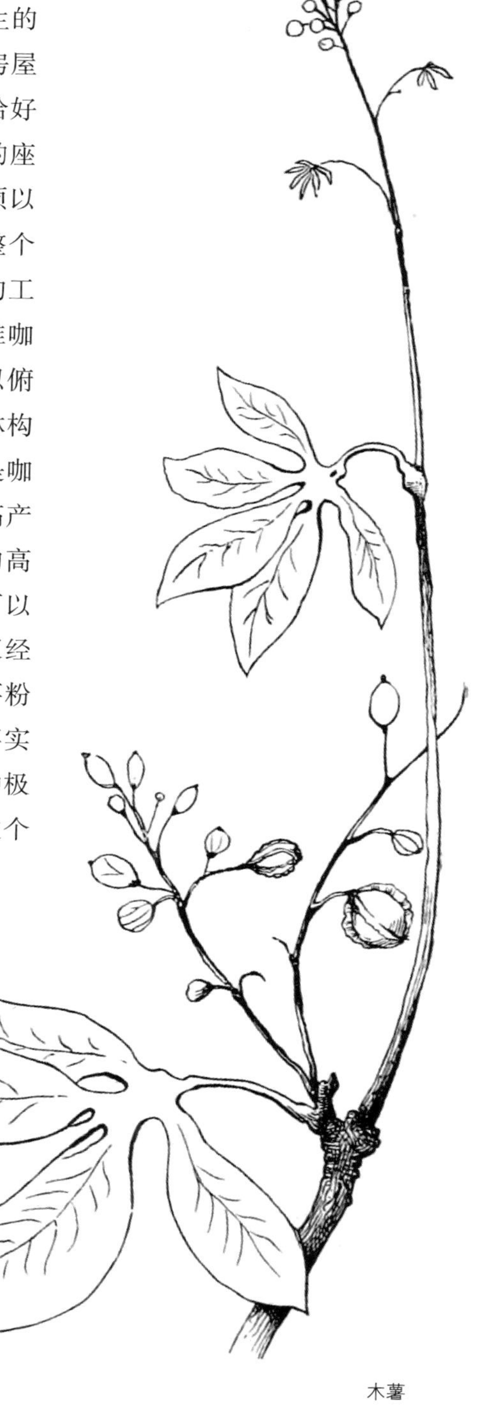

木薯

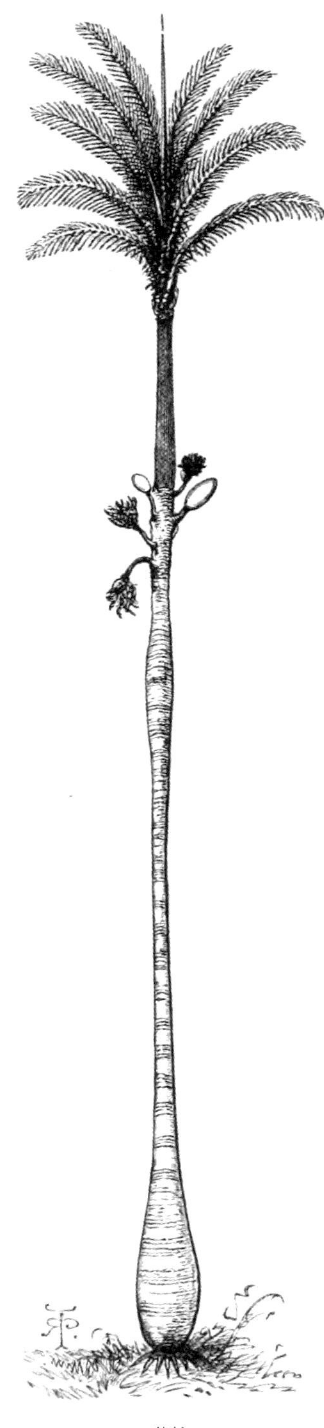
菜棕

就能猎杀一只鹿。食物的丰富直接显示在晚饭上，即使桌子没被各式各样的菜肴压得吱嘎作响，客人们也会撑得捧腹呻吟，因为主人要求客人们吃完每一道菜肴。有一天，我还在仔细盘算着，应该没有不曾尝过的菜了，但令我大为惊愕的是，我的面前又结结实实地摆上了一只烤火鸡和一只烤乳猪。用餐期间，有位仆人负责把屋里的几条老狗和几十个黑人小孩赶出屋去，可他们一有机会就会一起溜进来。奴隶制的观念也许有一天会被破除，但这种简单的、家长式的生活方式也有它的异常迷人之处，它如遗世独立般隐居在一片世外桃源之中。若有陌生人进入，人们就会敲响一座大钟，通常还会燃放几门小礼炮。然而，这不过是向山石和树林宣告这件事，除此之外却没有对象可以宣告了。一天，太阳初升前的一个小时，我漫步出门，欣赏清晨静谧寂寥的美景。不久，这寂静就被黑人们朗朗的晨祷声所打破，他们每天就是这样开始了一天的工作。在这样一个农场中，我毫不怀疑，这些黑奴们过着快乐而满足的生活。在周六和周日，他们可以做自己的事，而这种良好的气候和肥沃的土地使一个人工作两天就可以支撑自己家庭一周的开销了。

**1832年4月14日**——我们离开索赛格，骑马去另一处位于里约玛卡的庄园，那里是我们这次旅行路线上的最后一块开垦过的土地。这个庄园的长度有四公里，宽度是多少，庄园主自己也不记得了。只有一小块土地被清理开垦过，但几乎每一亩地都是适宜种植各种作物的肥沃热带土壤。巴西国土广袤，已开垦的土地面积只占了极小的比例，其他大片的土地都处于自然状态。将来若是这片土地全部开垦出来，能养活多少人口啊！

第二天的路程幽闭难行，必须有人在前面用刀砍断缠绕的藤蔓开路。森林中长满了美丽的植物，其中的树蕨尽管不很粗壮，但其叶子鲜绿，弯曲成优雅的弧度，十分惹人喜爱。到了晚上，下了一场大雨，尽管温度计上显示的气温是18.3℃，我依然感觉十分寒冷。雨一停，人们可以奇妙地观察到，整个森林中的水分开始了强烈的蒸腾，30多米高的山

原始丛林

丘都笼罩在团团浓密的白色雾气之中。这些水蒸气好像一个个烟柱，从树林最茂密的地方，特别是山谷中升了起来。我曾几次观察到这一现象，我想可能是由于巨大的树叶预先受到了阳光的照射，有助水分的急剧蒸发所致。

在这座庄园逗留期间，我目睹了一桩只有在奴隶制国家才会发生的残暴行径。因为一场争吵而兴讼，奴隶主竟想要把奴隶们家中所有的妇孺都带走，只留下男人，然后把那些妇女和儿童在里约公开拍卖。后来出于对利益的衡量，而非对这些奴隶怀有同情心，才停止了这种行为。这些家庭在一起生活了很多年！事实上，我不认为“生生拆散30个家庭这种行为是不人道的”这一想法曾经出现在那个奴隶主的脑海中。但我深信，在人道主义和好心肠方面他要比普通民众高出很多。可以说，奴隶主在盲目地追求利益和私欲方面是没有限度的。我可以讲一桩琐事，当时我深深地为其中蕴含的残酷所震惊。那时我正带着一个黑奴过轮渡，那个黑奴十分的愚笨。为了让他明白我的意思，我提高了声音，还做起了手势，做手势的时候我的手无意间靠近了他的脸。他以为我发起火来要打他，瞬间惊惶失色，半闭着眼睛，垂下双手。我永远也忘不了当时惊讶、厌恶而又羞愧的心情。这么一个体格强壮的男人，在他以为要受一记耳光的时候，竟然不敢躲开。这个人已经被驯服到如此堕落奴化的地步，甚至还不如孤弱无援的动物。

**1832年4月18日**——在回程的路上，我们在索赛格停留了两日。我利用这两天在森林里采集昆虫标本。森林里树木极多，尽管挺拔俊秀，树围却不过0.9–1.2米。当然，也有一些树的直径要大得多。曼纽尔先生用整棵大树挖出了一个21米长的独木舟。这棵树干原来有33米长，树干也很粗壮。棕榈树和其他生长在周围的普通多枝条的树木一对照，马上就呈现出了热带的特色。树林中点缀着一些菜棕——棕榈科最美丽的一种。这种棕榈树树干细得盈盈一握，树冠约有12–15米，在空中优美地摆动着。木本的攀援植物又被其他攀援植物所覆盖，缠绕成粗壮的藤茎。据我测量，有的茎周长达到0.6米。许多老树的大树枝上，藤本植物的枝条像女人的长发那样垂下来，又像是一捆捆干草，使老树呈现出一种奇特的形貌。如果把目光从树冠移到地面，就会看到蕨类和含羞草属的植物，它们的叶片形态极度优美，吸引着人们的视线。在树林的一些地方，含羞草属的植物和一些只有约10厘米高的矮灌木丛覆盖着地表。当有人跨过这些浓密的灌木丛时就会由于色彩的变化而形成一条宽宽的痕迹，这是因为它们敏感的叶柄被触动而下垂了。对这片壮丽的景色一一加以详述并不难，但这些充斥着我们的头脑并在我们的内心升华的奇妙、赞叹和热爱之情却是只可意会、不可言传的啊。

**1832年4月19日**——我们离开了索赛格。最初的两天我们按原路返回。这是一件十分乏味的苦事，因为路两边都是刺眼而又灼热的滨海沙砾平原。我注意到，马蹄每次踏上硅砂都会发出轻轻的窸窸窣窣的声响。第三天，我们换了一条路，路过了一个风景如画的小村落马德里·德迪奥斯。这条路是巴西的一个交通要道，但路况是如此之差，以至于除了笨重的牛车外，没有其他的车辆可以在上面行驶。在我们的整个旅程中，没有见过石头建造的桥，只有圆木搭成的桥梁，年久失修，人们不得不靠一侧走过以免踏空。道路上没有里程碑，距离是多少谁也不知道。路边应该有里程碑的地方经常竖着些十字架，表示这里曾经发生过流血事件。23日的晚上，我们抵达里约热内卢，结束了此次短暂而愉快的旅行。

在里约热内卢逗留期间，我住在波托弗戈港的一个小村庄里。在一个如此风景旖旎的国家度过几个星期确实是再美妙不过的了。在英国，任何一个喜欢博物学的人，在散步时总能发现那些吸引他注意的东西，这会给他带来很大的好处；但在这种山川妖娆、生机勃勃的地方，处处引人入胜，甚至都令人不忍继续前行。

我能够做的少数观察几乎都限于无脊椎动物。一种真涡虫属的分支令我很感兴趣，这种动物生活在干燥的土地上。它的构造极其简单，居维叶把它归入肠道蠕虫一类，但目前在其他动物的体内却从未发现过它。有无数涡虫属的物种生活在咸水或淡水中，但我刚刚提到的那种涡虫却生活在树林的干燥地区，在腐烂的原木下可以见到它们的身影。我认为它们可能是以食腐烂的树木为生。它们的形状一般很像蛞蝓，但身体比蛞蝓瘦小得多，有些种类的身上还长着漂亮的彩色纵纹。它们的身体构造简单：在身体下表面，也就是爬行的那一面的中部有两条细小的横沟，前面的横沟里有一个漏斗形的非常敏感的口器，可以朝外伸出。有时，这种动物身体的其他部位因盐水作用或其他原因彻底死亡了，唯独这个器官还能够存活一段时间。

在南半球的不同地区，我找到了至少12种不同种类的陆栖涡虫[①]。我曾用腐烂的木头喂食几种在范迪门地（塔斯玛尼亚的旧称，位于澳大利亚南面，是澳大利亚最小的州）捉到的涡虫。我把它们喂养了近两个月。我把一条涡虫从中间切开，分成差不多的两段，两周后，这两截涡虫又重新长成了两只完整的涡虫。然而，我又这样切开了一条涡虫，使其中一截含有两个下表面的横沟，另一截则没有横沟。25天后，含有两个横沟的那一半长成了完整的涡虫，与其他涡虫没有区别。另一半的虫体长大了很多，而且在其尾端的薄壁组织中形成了一个空隙，明显能辨认出是一个发育不完全的杯状口器；而在其身体的下表面则没有发现相应的横沟。因为我们接近赤道，越加炎热的天气令所有涡虫纷纷死亡，如果不是这样，这只涡虫一定会迈出完善身体结构的最后一步。尽管这种实验已为人们所熟知，但能够观察一种结构极其简单的动物如何逐渐长出所有的必要器官仍是一件有趣的事。这种真涡虫属的动物很难长时间养活，一旦其自然规律的大限将至，它们的整个身体都会变成一种柔软的液体状。这种变化之迅速是我从未见过的。

---

① 我已在《自然历史编年史》第十四卷第241页中对这些物种进行了描述和命名。

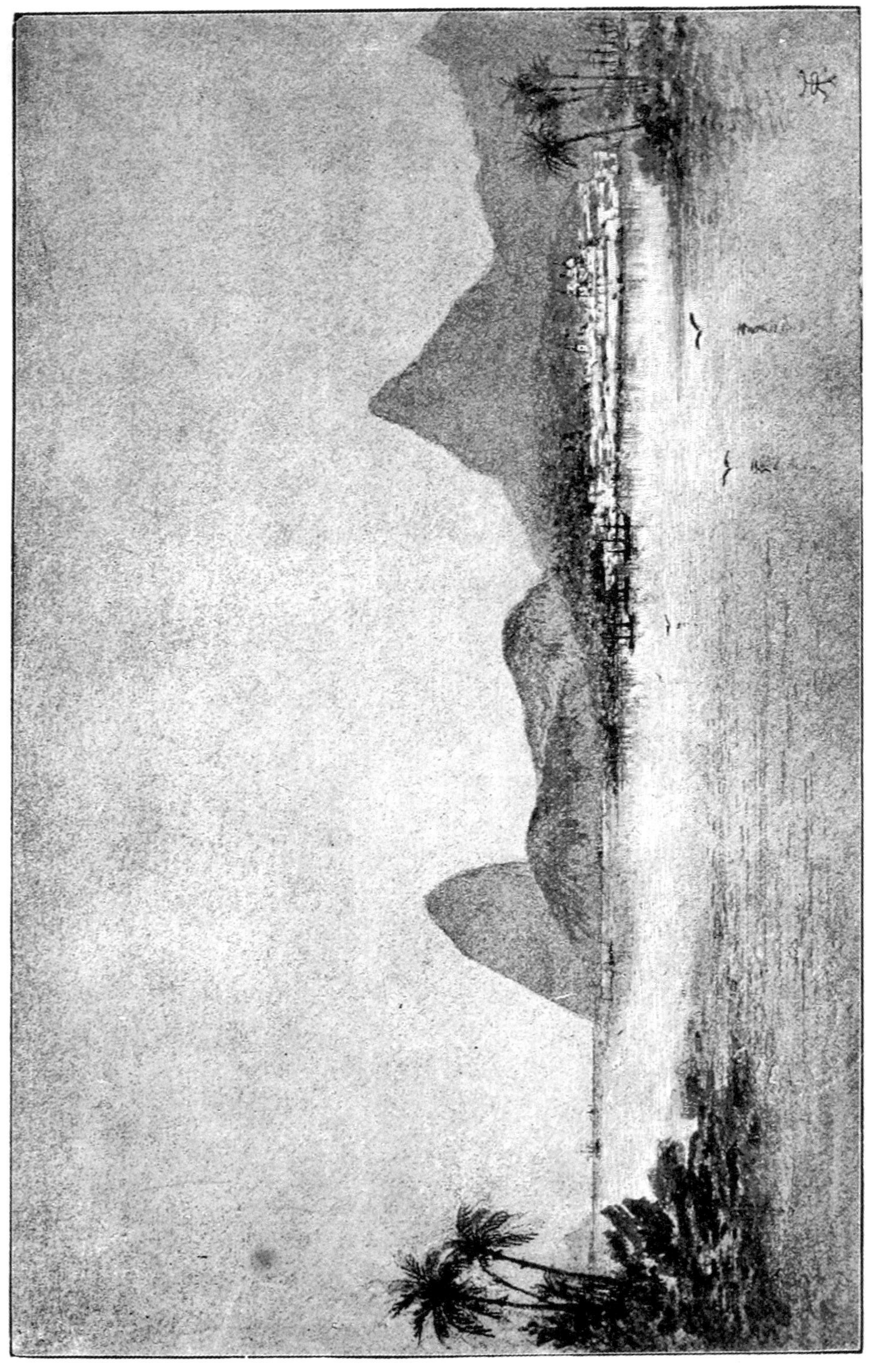

里约热内卢

我头一次造访这片森林并发现这些涡虫的时候，是一位年长的葡萄牙牧师带我去打猎时。我们还带上了几只狗，然后耐心地等待着，一有动物出现就朝它开火。陪伴我们的还有邻居的农夫之子——他是一个典型的狂野巴西青年。他穿着破旧的上衣和裤子，戴着帽子，拿着一支老式的枪和一把大刀。当地人带刀的习惯极其普遍，当人们穿越密林的时候必须要用刀砍断藤蔓。这个习惯也是当地命案频发的部分原因。巴西人使用刀子的技术十分娴熟，隔着很远的距离也能把刀子精准地掷出，其力道足以让对方致死。我曾见过许多小孩把练习这种技术当作游戏，他们可以熟练地命中一根直立的木棍。这种熟练的技术已经足以让他们去干一番大事业了。我的这个同伴，前一天就命中了两只长着胡子的大猴。这种动物长着适于盘卷东西的尾巴，即使死了，尾巴仍能吊在树上支撑身体。有一只猴子就这样牢牢地挂在树枝上，只有把这棵大树砍倒才能把它取下来。砍树的工作很快完成了。随着可怕的断裂声，树和猴子一起倒了下来。我们当日打猎所得，除了猴子，还有各种小绿鹦鹉和几只巨嘴鸟。而我因为与这位葡萄牙牧师结识还另有所获：有一次收到了他送给我的一只良种的细腰猫。

大家都曾听说波托弗戈这一带的风景十分优美。我所住的房子坐落在著名的科尔科瓦杜山山脚附近。有人认为这里拔地而起的圆锥形山丘有着洪堡所指出的那种片麻状花岗岩的形态特征，这是十分正确的。这些光秃秃的巨大圆形岩体从绿油油的茂盛的植被上冒了出来，令人印象十分深刻。

我总是兴致勃勃地观察云朵——从海上飘卷着滚滚而来，然后在科尔科瓦杜山的山巅下方堆成带状。这座山只有海拔690米高，但它与其他的山一样，在云彩的掩映下显得比它真实的高度更高些。丹尼尔先生在他的气象学论文中提到，他曾观察到云朵有时好像被固定到了山顶，风吹不散。而在这里也出现了同一个现象，但表现得有些不同。云朵被吹得卷了起来，迅速地越过峰巅，但既不飘散也不增大。太阳渐渐地落下山去，一阵轻柔的南风吹过，拂过山岩的南部，气流与上层的冷空气融合，凝结成水蒸气，但当轻飘飘的云团越过山脊，受到北坡温暖的空气的影响，就立刻消散了。

这里的气候在五六月间或是初冬之时十分宜人。通过早上9点和晚上9点的观测可以知道，这里的平均气温只有22℃。这时虽然常有大雨，但干燥的南风会使道路马上干爽起来。有天早晨，6个小时的降雨量就达到了40毫米。当暴风雨掠过科尔科瓦杜山四周的树林，雨滴打在无数树叶上发出清脆的响声，即使在400米之外也能听见，那声音好像大股的流水冲刷而过。在较热的白天过后，静静地坐在花园中，注视着渐沉的夜色也是件美事。在这种气候里，大自然选择了她比在欧洲更加谦逊的歌唱家。一只雨蛙属的小青蛙，安坐在离水面约2.5厘米高的叶片上，发出悦耳的鸣叫；当几只小蛙聚集起来时，它们就用不同的音调唱起了和声。捉住这种青蛙做样本曾经令我十分为难。这种雨蛙的趾尖带有小小的吸盘，我发现这种动物即使在竖直的玻璃板上也能爬行。各种各样的蝉与蟋蟀在同一时间没完没了的发出尖锐的叫声，若是远远听去倒是柔和得多，也就没那么讨厌了。每天夜幕降临后，一场宏大的音乐会就开始了，我总是坐在那里静静聆听，直到几只奇特的昆虫掠过身旁，我的注意力才被吸引过去。

在这个时节里，人们总能看到流萤在树篱间飞来飞去。在极黑的夜色中，那闪闪的荧光在两百步外都看得见。值得注意的是，我所观察到的这些不同种类的萤火虫、会发光的叩头虫和其他多种多样的海洋生物（如甲壳纲、水母、沙蚕科动物、美螅属的珊瑚和火体虫），它们所发出的光都带有明显的绿色。我在这里采集到的所有萤火虫都属于萤科昆虫（英国的萤火虫也属于这一科），并且大多数都是西方属萤火虫[①]。我观察到，这种昆虫受到刺激后会发出十分明亮的光来，但不一会儿，其腹部的环形光纹就黯淡了。这两个环形的光纹几乎是同时闪烁，但只有前一个环形纹的闪光先变得容易察觉。这种发光的物质是一种有很大黏性的液体，若是虫体表面撕裂开，漏出的小滴液体依然继续闪烁着微光，而没受伤的部位则变得晦暗无光了。即使身首异处，这种昆虫身上的环形纹依然不断的闪光，但是就不像之前那样明亮了，而用针刺激局部虫体的话，亮度总会有所增强。有一次在昆虫死亡了近24小时后，虫体上的圆环依然保持着发光的能力。这些现象或许可以说明，这些生物具有在短暂的间歇隐藏或熄灭光亮的能力，而在其他的时间则是在不由自主地发光。在泥泞潮湿的砾石路上，我发现了这种萤火虫的大量幼虫，它们与英国普通雌性萤火虫的形态十分相似。这些幼虫具有发光的能力，但发出的光芒十分微弱，与它们的父母不同的是，极小的碰触刺激会使它们呈现假死状态，并停止发光，即使再刺激也不能令它们重新发光。我曾经把几只这种昆虫饲养了一段时间。它们的尾部是十分奇特的器官，可以起到类似吸盘或有附着力的器官的作用，又可以作为储存唾液或是其他液体的仓库。我多次用生肉喂它们，然后每次都观察到，它们尾部的末端总是不时地靠近嘴边，然后渗出一滴液体滴在肉上，然后再把食物咽下。尽管它们的尾部已多次做出这一动作，但似乎总不能顺利地找到它们的嘴巴，至少要先触及一下颈部，再碰触嘴部，显然这是作为一种引导动作。

当我们在巴伊亚时，一种叩头虫或甲虫（发光的枭鸣甲）看起来是最普通的发光昆虫了。这种昆虫也是在遇到刺激后会发出更强的光。我观察这种昆虫的弹跳能力以资消遣，在我看来，还没有人曾适当地描述过这一现象[②]。把叩头虫翻过来使其背部着地，它准备跳起来时，把它的脑袋和胸部后仰，胸部的脊骨就突了出来，抵在翅鞘的边上。然后继续后仰，脊骨在肌肉全力紧张的作用下，弯得像一根弹簧，此时的甲虫全身的重量

① 非常感谢沃特豪斯先生的善举，为我对这个物种和其他的昆虫命名，给了我大量有益的帮助。

② 柯比的《昆虫学》第二卷，第317页。

都倚在头部和翅鞘顶端。绷紧的张力突然松弛，头和胸部就会向上弹起，翅鞘的底部靠着这一股力量击打在地面上，甲虫就因为这一动作的反作用力跳起来约四五厘米高。在跳跃时，胸部突出的点和脊骨的鞘用来稳定整个身体。在我读到的描述中，没有涉及到脊骨的弹性对积蓄压力的作用，但如果没有某种机械的帮助，仅靠简单的肌肉收缩，是无法完成这突然一跳的。

我曾数次到附近的村庄去，享受一段短暂而又非常愉快的远足。一天，我去了植物园。那里有许多植物，因其巨大的利用价值而著名。那里的樟脑、胡椒、肉桂和丁香的叶子芬芳馥郁，而面包树、菠萝蜜树和芒果树则是枝繁叶茂，竞相媲美。后两种树几乎构成了巴伊亚一带的特色。在看到它们之前，我从未想过世上竟有这样的树木，能够遮天蔽日地在地上投下那样大的一片阴影。这两种树在这种气候里变得常年碧绿，这就像月桂树与冬青树在英国的气候条件下变得更像是浅绿的落叶植物一样。人们或许会观察到，热带地区的房屋总是搭建在美丽的植物的环抱内，这是因为许多植物不仅样子美观，对人也有很大的用处。香蕉树、椰子树、各种棕榈树、橘子树和面包树都兼有食用和观赏价值，谁又能否认这一点呢?

这天，我对洪堡教授的一句话特别受触动。他时常讲道："薄薄的水汽没有改变空气的透明度，但却令其色彩变得更加协调，透过它看去，景象也变得更加柔和。"这种现象我在温带地区从未见过。从800米或1200米的短短距离之外看去，空气十分清澈，但再隔远些，所有的颜色就都混成了漂亮朦胧的一团，笼罩着淡灰色和浅蓝的雾霭。早晨到近午这短时间内，大气状况除了干燥度有些不同外，变化极小，这时的视野最为清晰。在这期间，露点和气温的差数增加到4℃-9.5℃。

又有一天，我很早起床，步行去加维亚山——又称上桅帆山。空气凉爽而带着芳香，硕大的百合科植物上，叶子犹挂着闪闪发光的露珠，在清澈的溪水上形成一片浓荫。坐在一块花岗岩上，看着各种昆虫和鸟类掠过身边，让人感觉十分惬意。蜂鸟看起来非常喜欢这样阴凉幽静的地方。这些小东西围绕着一朵花嗡嗡作响，高速震颤的翅膀让人几乎难以看清。每当我看到它们，总会想起天蛾这种昆虫，这两种动物的动作与习性在很多方面均十分相似。

我沿着一条小路，走进了一座壮丽的森林，从150-180米的高处看去，壮美的景观尽收眼底。在里约热内卢四周，这样的美景随处可见。在这样的高度远望，景色非常绚烂夺目，各种形态和色彩交织在一起，其壮丽的程度无法言表，远超欧洲的任何景色。这样的景色常常令我想起伦敦歌剧院或大剧院华丽的舞台布景。在这些短途的旅行中我从会不空手而归。这天，我发现一种奇特的真菌，叫做粉托鬼笔（Hymenophallus）。很多人都知道英国有一种鬼笔属的真菌，它们在秋季时会散发出令人憎恶的臭味，然而，很多昆虫学家都知道，这种恶臭却令许多甲虫如闻芬芳，趋之若鹜。在这里也发生了相同的情形：一只圆线虫被真菌所散发出的气味所吸引，飞落到我手中的真菌上。在这里，我们观察到，在两个相隔遥远的国家中，同一科植物和昆虫，尽管种类不同，但二者间依然有着相似的关系。当人们有意把新的物种引入一个国家后，这种关系常常就被打破了。举个例子，我可能曾提到，在英国，圆白菜和莴笋的叶片是许多蛞蝓和毛虫的食物，但在里约热内卢附近的花园里，它们却对这些植物碰都不碰。

在巴西逗留期间，我采集了大量的昆虫。一些对于不同“目”[①]的生物的总体观察，其重要性可能会引起英国昆虫学家们的兴趣。巨大而颜色鲜艳的鳞翅目昆虫比其他任何种类的动物都更能展示出它们栖息地区的特点。我指的只是蝴蝶，因为蛾类的情况不同。若根据当地植物的繁茂程度来说，飞蛾的种类应该是很多的，但情况却恰恰相反，这里飞蛾的数量比气候温和的英国还要少。凤蝶的习性令我感到十分惊奇。这种蝴蝶并不是常见的品种，经常出现在橘树从中。尽管这种蝴蝶可以飞得很高，但却时常停歇在树干上。这时它们的头部总是朝向下方，双翅平平展开，而不是像我们通常所见的蝴蝶那样把双翅直立的并拢在一起。这是我所见过的唯一的一种用脚奔跑的蝴蝶。以前由于不知道这一点，多次发生过这样的情况：当我小心翼翼地拿着镊子靠近一只凤蝶，正准备合起镊子时，它突然窜到一边，一下就逃走了。这种蝴蝶身上还有一个更为特别的地方，那就是它们飞行时可以发出响声[②]。有几次，当一对蝴蝶，可能是一雄一雌，在距离我几米远的地方翩翩飞过、相互追逐嬉戏时，我清晰地听到一种

1833年命名的达尔文凤蝶

① 目，是生物分类学中的一个名词，即界、门、纲、目、科、属、种中的目。其用途是将该纲内的生物再详细分类。——译注

② 道布尔迪先生最近曾提到过（在1845年3月3日的昆虫学会上）这种蝴蝶的翅膀具有的一种特殊的结构，似乎就是其发出声音的原因。他说：“这种蝴蝶的不寻常之处在于，它的前翼根部有一种类似鼓的结构，位于翅膀前缘脉和肋下之间。而且，这两个翅脉内部有一种特殊的螺旋形隔膜或脉管。”我看到，朗斯多夫的旅行记中（旅行时间为1803年到1807年，该书第74页）写到，在巴西沿岸的圣凯瑟琳岛上，有一种被称为非布鲁霍夫曼斯基的蝴蝶，在飞舞时能发出咔咔的响声。

“咔咔”的响声，很像是齿轮划过弹簧销的声音。声音持续了一小会儿，在约20米外的地方依然清晰可辨。我确信这一观察是准确无误的。

鞘翅目昆虫的外表之普通令我非常失望。体型微小颜色灰暗的甲虫数量极多[①]。欧洲的陈列室直到现在，也只能展出热带的大型物种以自夸。而只要看一看未来的一份完整的甲虫分类目录表的长度，就足以令一位昆虫学家失去冷静了。肉食甲虫，或者叫步甲科昆虫，在热带地区极其少见，而炎热国家总有着数量繁多的四足肉食动物，两相比较，这一情况就更不寻常了。我在进入巴西时所观察到的情况，与我在气候温和的拉普拉塔平原上所见到的许多优美活泼的地甲科昆虫重新出现的情况，这两种截然不同的情况令我惊讶不已。是不是为数众多的蜘蛛和贪食的膜翅目昆虫取代了肉食甲虫的位置呢？食腐甲虫与短鞘翅甲虫在这里并不常见，另一方面，食草的象甲亚目和叶甲亚科昆虫却数量惊人。我在此并非强调不同物种的数量，而是关注个别的的昆虫，因为它们最惊人的特点才是不同国家的昆虫学家所注重的东西。直翅目和半翅目的昆虫数量很多，膜翅目的针尾昆虫也是如此，大概只有蜜蜂是个例外。一个人初次走进一座热带雨林，会对蚂蚁的劳作十分惊讶：被它们踏平的小径四通八达，而从小径上即可看到，在觅食的征程上屡战屡胜的蚂蚁大军来来往往，背上扛着比它们身体还大的一片片绿叶。

一种暗黑色的小蚂蚁有时会成群结队地迁徙。一天，在巴伊亚，我注意到许多蜘蛛、蟑螂，还有一些其他的昆虫和几只蜥蜴急匆匆地冲过一块空地。在它们后面的不远处，每一根草茎、每一片树叶上都密密麻麻布满了小蚂蚁。这个蚂蚁群穿过这块空地后，就自动地分散开来，聚在一堵旧墙下。这样一来，许多虫子就被团团围住，这些可怜的小生灵为拯救自己的生命做出的种种努力令人十分惊叹。当这些蚂蚁走到路上时就变换队形，形成一条狭长的纵队，再爬到墙上。我放了一块小石头来切断它们的队伍，整个蚁群就朝着这块石头发起了进攻，然后又很快退却了。不久，另一队蚂蚁接替了它们的任务，但依然无功而返，整个队伍就此完全放弃。只要绕行2.5厘米的路，这个蚂蚁纵队就能躲开这块石头，若是这块石头本来就在那里，它们毫无疑问会这么做，但一旦遭到侵犯，这些勇猛的小战士就对退让的想法不屑一顾了。

里约热内卢附近有数不清的胡蜂类昆虫，它们在走廊的墙角上修筑泥巢养育幼虫，蜂巢里尽是半死的蜘蛛和毛虫。这些胡蜂似乎奇妙地知道如何恰如其分地刺伤猎物，能使猎物瘫而不死，直到把自己的卵孵出来为止，如此一来，它们的幼虫就以这些大量的

---

① 我可以提到普通的一次采集，那天（6月23日）我并没有特别专注于鞘翅目的昆虫，但却捕到了68种鞘翅目昆虫。在这其中，有两只步行虫，4只短鞘翅，15只象甲和14只叶甲。有37种蛛形纲昆虫被我带回了英国，它们将有效地证明我对这种鞘翅目昆虫的特别关注并不是没有道理的。

毫无抵抗力的濒死牺牲品为食了。这一情形还曾被一位热情的博学家[①]描述为奇妙而令人愉快的景象！一天，我饶有兴致地观察到一只蛛蜂属的胡蜂和一只狼蛛属的大蜘蛛进行了一场殊死搏斗。那只胡蜂猛地冲向它的猎物，接着又飞开了。蜘蛛显然被刺伤了，因为，它试图逃走，滚下一个小坡，但仍有足够的力量爬进一簇茂密的草丛。胡蜂很快又飞了回来，似乎因没有立刻找到它的猎物而感到惊讶。它像追踪狐狸的猎狗一样，做了几次小半圆形的俯冲，并一直快速地震动着翅膀和触须。那只蜘蛛尽管隐藏得很好，还是很快被胡蜂发现了，而胡蜂显然仍对它对手的毒颚心存忌惮，在进行了多次的试探之后，才在蜘蛛胸部的下侧刺了两下。最后，胡蜂小心翼翼地用自己的触须检查已经不再动弹的蜘蛛，准备把蜘蛛的尸体拖走。然而，我走了过去，把这个专制的暴君和它的猎物双双捉住了[②]。

这里的蜘蛛数量和其他的昆虫相比，要比英国的蜘蛛数量多得多，也或许比其他任何节肢动物所占的比例更大。这里跳蛛种类繁多，数量极大。圆蛛属，或更加确切的称为圆蛛科，有许多独特的类型；有几种长着带斑点的皮质硬壳，有的种类胫节粗而多刺。森林中的每条小径上都布满了坚韧的黄色蜘蛛网。这种蜘蛛与络新妇属的蜘蛛同属一个类群。斯隆先生曾经说过，在西印度群岛上，这种蜘蛛织造的网坚韧得可以捕鸟。有一种漂亮的小蜘蛛，长着很长的前足，它的所属还未有人记载，它好像一种寄生动物一样，几乎所有的网上都可以见到它的身影。我想，可能因为它的体型对于巨大的圆蛛来说实在太过渺小，所以允许它捕食落网的细小昆虫，否则，这些小虫也会因为太过无足轻重而被圆蛛弃食。受到惊吓时，这种小蜘蛛不是伸直了前腿装死，就是被吓得突然跌下网去。有一种巨大的圆蛛在这里十分常见，它与瘤蛛和突尾艾蛛属于同一类群，多见于干燥的地区。它的网通常都织在龙舌兰的大叶子间，网的中间有时织有一对甚至两对锯齿形条带来加固，连接起两条相邻的丝线。当任何一种大型昆虫，例如蚱蜢或者胡蜂，被蛛网捕获，蜘蛛就会用一种灵巧的动作把猎物迅速地旋转起来，同时从它的丝腺中分泌出一根丝来，把猎物缚在蚕茧似的袋子中。蜘蛛对这只无力反抗的牺牲品进行检查，然后在后胸处给它致命的一咬，再向后退去，耐心地等待着毒性发作。半分钟内猎物就会毒发身亡，其毒性可见一斑！我拨开罗网，发现那只大胡蜂已经死亡。圆蛛常常把自己的头部朝向下方，靠近蛛网的中央。当蛛网被扰动时，它会根据震颤的情况采取不同的行动：如果下面是灌木丛，它会立刻垂落下去。我曾清楚地看见，在它还安静地

---

① 出自英国博物馆的一份手稿，作者阿伯特先生，他曾在格鲁吉亚考察。见A.怀特先生《自然历史编年史》的文章，卷七，第472页。赫顿中尉曾描述过一只印度的掘土蜂也有着相似的习性，见《亚洲社会杂志》，卷一，第555页。

② 唐·费利克斯·阿萨拉（卷一，第175页）提到一种膜翅目的昆虫，也许和这种昆虫是同属，他说他曾见到那只昆虫把一只死蜘蛛从草丛中拖出来，然后笔直的飞回相距大概163步远的巢穴。他补充说，那只胡蜂为了找到路，不时“做着U形的转弯”。

处于网上时，丝腺内已经分泌出一段蛛丝，为下落做好了准备。如果蛛网下是一片空地，圆蛛就很少采取直接垂落的方法，而是飞快地沿着一条中线从一边转移到另一边去。当它仍感受到蛛网的扰动，就会采取一种非常奇特的策略：站在蛛网中间，猛烈地抖动着结在有弹性的细枝间的蛛网，直到最后整张网都在急速地摇晃，连蜘蛛身体的轮廓都变得模糊不清了。

众所周知，大部分的英国蜘蛛，当蛛网上捕获了一只大型昆虫时，总是竭力设法割断丝线，把猎物放走，这样它们的蛛网才得以保全。然而，我有一次在什罗普郡的温室里看到一只雌性的大胡蜂，被一只非常小的蜘蛛所结的不规则的网粘住，而这只蜘蛛，非但没有把网割断，而是坚持不懈地把那只胡蜂缠了起来，双翼的部分更是缠得紧紧的。起初胡蜂还徒劳地不停刺向它的小敌人。出于对胡蜂的怜悯，在它继续挣扎了超过一个小时后，我杀死了它，然后把它放回了蛛网。蜘蛛很快就回来了。一个小时后，我惊讶地发现，蜘蛛的双颚埋进了胡蜂生前伸出毒刺的尾孔中。我把那只蜘蛛赶走了两三次，但在接下来的24小时里，我总是看到它在同一个位置上吮吸着。这只蜘蛛吞食了比自己大许多倍的猎物的肉汁后，身体膨胀了许多。

这里我要顺便提一下，在圣菲巴加达附近，我发现了许多黑色的大蜘蛛，背上长着红宝石色的斑点，并且具有群居的习性。它们的蛛网成垂直的状态；圆蛛属蜘蛛的网总是这样。这些蛛网相互分离，彼此相隔约半米远，但所有的网都附在特定的几根公共蛛丝上。这些公共蛛丝很长，延伸到整个蛛网共同体的所有部分。这样一来，一些大灌木丛的顶部四周都被这些连接起来的蛛网围住了。阿萨拉先生曾描述过一种巴拉圭的群居蜘蛛[①]，沃尔康奈尔先生认为它肯定是球蛛属的昆虫，但我认为它可能是圆蛛属，甚至可能与我上面所说的蜘蛛是一个物种。然而，我回想不起来是否见过网中心像帽子那么大的蛛网。阿萨拉说，在秋季，当蜘蛛死去，它们产下的卵会留在网上。因为我见过的所有蜘蛛都是一样大小，那它们应该也有着相同的年龄。在昆虫中，圆蛛这样一个典型的属中出现这种群居的习性，是非常独特的现象，因为蜘蛛是一般都嗜血而孤独，即使是雌雄之间也会互相攻击。

在门多萨附近，安第斯山脉的一个深谷中，我发现另一种蜘蛛，它的蛛网形状十分独特。在一个垂直平面内，从一个共同的中心辐射出坚韧的蛛丝，蜘蛛就处在这个中心，但只有两条线被一个对称的网连接着，因此这个蛛网不是一般情况下的圆形，而是由楔形的网片组成。所有的网都是照着这个样子建造起来的。

---

① 《阿萨拉旅行记》，第一卷，第213页。

水豚，或称水猪

# 第三章

## 马尔多纳多

蒙得维的亚——马尔多纳多——游览波兰科河——套索与流星套索——鹧鸪——无木无林——鹿——水豚，又称水猪——栉鼠——习性如杜鹃般的牛鹂属——霸鹟——嘲鸫——食腐鹰——闪电管石——受雷击的房屋

**1832年7月5日**——一早，我们即扬帆起航，离开了壮丽的里约热内卢海港。在前往拉普拉塔河（Plata）的路上，一路平淡无奇，只是有一天我们见到了一大群鼠海豚，数量达数百只。那时，整个海面被这些鼠海豚犁成畦沟一样的浪迹；最壮观的景象是数百只鼠海豚同时跃进，整个身体跃出水面。我们的船以9节的航速前进，而这群鼠海豚却能几次三番、毫不费劲地越过船头，然后直冲前方。我们一进入拉普拉塔河河口，天气骤变。一个漆黑的夜晚，无数海豹和企鹅把我们包围起来了。它们制造出奇怪的噪音，害得值班军官报告说，听到牛群在岸边咆哮。第二天晚上我们见证了大自然烟火璀璨的一幕——桅顶和帆桁两端闪烁着水手守护神圣埃尔莫之光[①]：风向标如同被抹了磷粉般，轮廓清晰。海面闪闪发光，企鹅们留下了一道道似火的水痕，漆黑的夜空瞬间被耀眼的闪电照得通亮。

在河口内，海水与河水慢慢混合，令我兴趣盎然。河水泥泞而混浊，由于比重较低，浮在海水上面。船只留下的航迹中，有一片蓝色的水与邻近的流体混在小漩涡之中。

**7月26日**——我们在蒙得维的亚抛了锚。“小猎犬”号的使命是在随后两年里在美洲最南端和东海岸地区、拉普拉塔河南面进行测量工作。为了避免无谓的重复叙述，涉及相同地区的部分我将抽出来放在一起，内容也不是处处依据参观顺序排列。

马尔多纳多位于拉普拉塔河北岸，距离入海口并不远。那是一个非常宁静、凄凉的小镇，建筑方式跟这些地方的普遍情形一样，街道成直角纵横交错，镇中央有个大广场，从它的大小就能体现这里人口的稀少。这里没进行什么交易活动，出口商品仅限于一些兽皮和活家畜。居民大都是地主，还有一些店主和不可或缺的手艺人，如铁匠和木匠，他们几乎包揽了方圆80公里内的生意。一座1600米宽的小沙丘把小镇和拉普拉塔河分开了。小镇的四面八方围绕着开阔而略微起伏的旷野，上面覆盖着一层一成不变的翠绿草皮，上面有无数的牛羊和马群在吃草。即便接近小镇的地方也没有什么耕地。由仙人掌和龙舌兰组成的树篱表明这里栽种着小麦和玉米。这个地方的特色与拉普拉塔河北岸处的非常相似，唯一不同的是，这里的花岗岩小山略微有点陡峭。此处的风景索然无味——很少见到有座房子，也见不到一块围起来的田地，甚至一棵树都见不到，这里没有丝毫使人愉悦的气氛。不过，在船上困了一段时间后，行走在无边无际的草原上，有种无拘无束的感觉。此外，如果你把视线定在一小块地方，就可以看到很多东西都有它的美丽之处。有些较小的鸟长得色彩艳丽；亮绿色的草皮被家畜吃矮了，点缀着矮小的花朵，其中有一株看似雏菊的植物，好似相识的故人。即使从远处眺望，覆盖着浓密马鞭草的大片土地依然呈现出非常华丽的猩红色，花卉研究家会作何感慨呢？

---

① 起源于3世纪时一位意大利圣人——圣伊拉斯莫。传统上，圣埃尔莫是海员的守护圣人，因此早期人们在狂暴的雷雨中看到船桅上的发光现象，都归为神灵庇佑。——译注

我在马尔多纳多待了10周，期间采集了一套几近完美的动物标本，从兽类、鸟类到爬行动物，应有尽有。在讲述这些之前，我会先谈谈一次前往北面约110公里远的波兰科河的小远足。要证实这个国家的物价有多么低，我得说说雇佣两个人和总共12匹马，我一天只需付两个西班牙银元（合8个先令）。与我随行的人配有手枪和军刀，全副武装——我觉得这样的预防措施有点多余；可是我们听到的第一条骇人听闻的消息，就是前天有人发现一个来自蒙得维的亚的游人被人割了喉咙，死在路边；命案就发生在一个十字架的附近——这个十字架表明这里之前已经发生过一次凶杀案了。

第一晚，我们在一处偏僻的小农庄借宿。不久，我就发现我带着的两三件物品引起了居民们的好奇心，尤其是那个袖珍指南针。家家户户都让我展示这个指南针，我用它加上地图指示各处的方向。人们最钦佩的是，我这个十足的外地人竟然知道以前没走过的路（因为在这片开阔的土地上，方向和路的意思相同）。有一户人家有个年轻妇女卧病在床，他们请我给她展示一下指南针。如果说他们十分惊讶的话，我就更为惊讶了：这里的人拥有上千头家畜和如此规模的“大庄园”，可又为何会如此无知呢？出现他们这种情况的唯一解释，就是这个偏僻的地方鲜有外国人来访。他们还问我地球和太阳是否会运动；北方是比这里热还是比这里冷；西班牙位于何处，诸如此类的问题。大多数居民有个模糊的概念，认为英格兰、伦敦和北美洲是同一个地方；有些知识丰富点的人，认为伦敦和北美洲是紧邻的不同国家，英格兰是伦敦的一个大城市！我随身带了些普罗米修斯牌火柴，用牙咬的方法把它们点燃；用牙可以点火，这是多么神奇的事啊，得召集全家人来围观！有一次有人出价一个西班牙银元买一根火柴。早上，我在拉斯米纳斯（Las Minas）村洗脸的时候还引来连连猜测。一位上等商人仔细询问我为什么会有这种奇怪的习惯，同时还问到为什么在船上的时候要蓄胡须，会这样询问是因为他从我的向导处了解到我们是这样做的。他疑惑地看着我：可能是听说伊斯兰教徒有沐浴斋戒的礼俗，而且知道我是异教徒，他很可能就断定所有异教徒都是土耳其人了。这个地方有个普遍的习俗，就是要在最方便的屋舍借宿一宿。指南针的“神奇”以及我的一些小杂耍，一定程度上拉近了我们的关系，接着向导们又讲起了我如何敲石、辨别毒蛇、收集昆虫等大段的故事，以回报他们的热情。我这样写好像自己置身于中非地区的居民家中——这里的当地人可能不赞同这种比较，但这的确是我当时的切身感受。

次日，我们骑马来到拉斯米纳斯村。这个村庄的丘陵此起彼伏，除此之外没有什么不同之处，而潘帕斯草原（Pampas）的居民毫无疑问会认为那样的丘陵就是真正的高山。拉斯米纳斯村人口稀少，我们一整天都没见到一个人影。这个村比马尔多纳多要小得多，它坐落在一处小平原之上，周围是由岩石构成的低山。村庄是常见的对称形，中间伫立着教堂，墙用石灰水粉刷，外观相当漂亮。村子外面的屋舍有如孤独的巨人在平原上突兀而起，周围没有花园或庭院相伴。这种情形在这里司空见惯，因此，房屋看起来很不顺眼。晚上，我们在一处酒栈过夜。夜间有很多高乔人来喝酒吸烟。他们的相貌引人注目，一般是高大帅气，可是有着一副傲慢和放荡的神情。他们经常蓄着胡子，长长的黑卷发留在背后，穿着艳丽的大衣，鞋后跟的马刺叮当作响，腰间还系着诸如匕首一类的小刀（通常也就用作匕首）。高乔人这个名字意为朴素的乡下人，而他们看起来根本不像人们所期望的高乔人，反而像是一些外族人。高乔人过于讲究礼仪：要是你不先品尝，他们就不会喝下自己的酒；然而，在极其优雅的鞠躬姿态之下，又像是准备就绪，时机一到要就割断你的喉咙。

第三天，我们沿着一条蜿蜒曲折的路前进，沿途我沉迷于考查一些大理石石层。在美丽的草原上，我们见到很多鸵鸟（美洲鸵鸟，Struthio rhea），有的一群就有二三十只那么多。这些鸟站在小山丘上，在湛蓝的天空下显得高雅脱俗。在这一带附近其他地方，我从未见过如此温顺的鸵鸟：我们骑马接近它们时，它们轻而易举就可以飞奔起来，然后展开翅膀，像张满了的帆一样迎风前进，不一会儿就把我们的马儿远远抛在后头。

晚上我们来到胡安·富恩特斯先生（Don Juan Fuentes）的宅邸。他是个富有的地主，不过我的同伴没一个人认识他。靠近陌生人的处所时，通常要遵循一些小礼节：骑着马，慢慢走到门口去，口诵圣母经，直到有人走出来让你下马为止，否则按惯例是不能下马的。主人家给予的正式答复是："sin pecado concebida"——意思是，想来没有罪过。进屋后，先寒暄几分钟，接着请求在那里过夜，依惯例自然能得到应允。接着客人会和主人的家人一起就餐，然后会分到一间房间，客人就用自己马具中的马衣铺床。离奇的是，无独有偶，在好望角也经常可以看到相同的殷勤好客，同时以相同的礼节相待。然而，西班牙人和荷兰乡下人性格上的不同之处在于，前者不会问客人任何超越礼节的问题，而诚实的荷兰人却会问客人来自哪里、要到何处去、从事什么工作，甚至他还会问你有多少兄弟、姐妹和孩子。

抵达胡安先生家不久后，主人将一大群牛赶进屋内，挑出三头来宰掉款待宾客。这些半野性的牛非常灵活，它们对会要它们命的套索很了解，这时就得骑马在背后追逐好一阵子，劳累一番。看到这些由牛群、人类和马匹的数量所展示出来的原始财富后，胡安那卑微的房子就显得十分奇异了：地板是由硬泥铺成的，窗上没安玻璃，客厅里值得夸耀的东西只有几张粗糙的椅子和凳子，还有一对桌子。尽管来了几个陌生访客，晚餐也只有两大堆食物，一堆是烤牛肉，一堆是煮牛肉，外加几片南瓜——除了南瓜没有别的蔬菜，连一小块面包也没有。至于饮料，只有一大陶壶水是供全屋的人饮用的。这个人竟然还是拥有几平方千米土地的大地主，几乎每一亩地都产谷物，稍微折腾一点就能出产各种普通蔬菜！晚上，我们吸烟打发时间，还举行了一个小小的即兴歌唱会，用吉

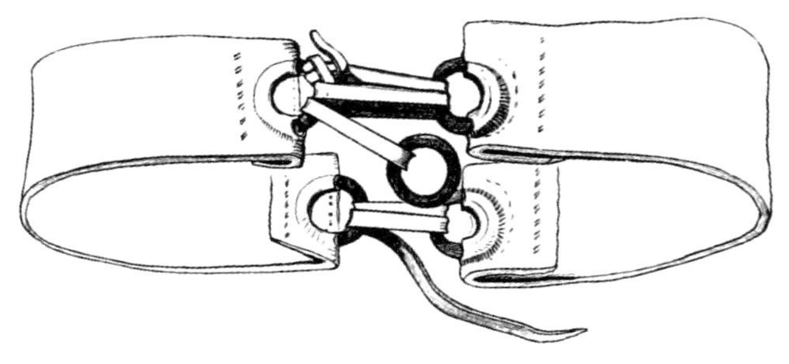

高乔人的腰带

他来伴奏。小姐们都齐齐坐在房子的一角，没和男性一起饮酒。

已经有太多的作品描述过这片区域了，以致再描述套索或流星套索都有些多余了。套索是用生皮精心编织的绳索，细而结实。套索一端系在宽宽的肚带上，肚带紧紧地连着复杂的潘帕斯马鞍；另一端末端有一个小铁环或铜环，可以打一个活结圈。高乔人准备使用套索的时候，左手握着一小圈，右手握着可滑动的活结，活结很大，一般直径达2.5米。人在头顶上旋转套索，通过腕部灵活的动作让活结保持松开的状态；然后往外投，落到选定的任何一点上。不用的时候，就把套索盘成一小圈系在马鞍后部。流星套索有两种：最简单的那种主要用来捕捉鸵鸟，由两块圆石组成，外面包裹皮革，靠一条大约2.5米长的细皮条编成的绳子连接；另一种流星套索的不同点，仅在于皮条把三个球连在同一个中心点。高乔人把最小的那个球握着手上，在头顶上飞速旋转另外两颗球；然后找准目标，投出去，让它们像锁链弹般在空中来回旋转。球立刻就能击中任何目标，然后绕住，相互交叉缠绕，牢牢地拴住目标。根据不同的使用目的，球的大小和重量各不相同：石制的球尽管没比苹果大多少，投出去的力道却足以打断一匹马的腿。我见过木制的，和芜青一般大小，用来捕捉动物却又不伤它们分毫。有时候是铁制的球，可投掷距离最远。不管是使用套索还是流星套索，最困难的是骑术要相当娴熟，要在全速前进、急速转向的时候可以在头顶上稳定地旋转，以瞄准目标——任何站在地上的人都能很快掌握这门技艺。一天，我乘马疾驰，在头顶上旋转着投球以自娱，这时候，未固定的那端意外击中了一处灌木，旋转运动因此受阻，球立刻掉在地上，着魔般地缠住了我的马的一条后腿；另一个球猛然一动脱离了我的手，我的马被捆得结结实实。幸运的是，这是一匹经验丰富的老马，知道这是什么状况；否则它可能会乱蹬脚，直到把自己摔倒方才罢休。高乔人放声大笑。他们大喊大叫着说，他们见过用流星套索捕捉各种各样的动物，却从没见过有人用来捕捉自己的。

接下来两天，我到了最远的勘察点，这是我心仪的目的地。乡间风景如出一辙，直到最后，连翠绿的草皮都比尘土飞扬的收费道路还要乏味。沿途所见，到处是数目众多的鹧鸪（大拟鴂，Nothura major）。这类鸟不像英国的同类那样结伴而行，也不会隐藏自己，似乎是一种很笨的鸟。一个骑马的人只要不停地绕圈，或者不如说是走螺旋形圈子，就能接近它们，这样就能敲打它们的头，喜欢打多少只就可以打多少只。要抓它们，最常见的办法是用滑动的活结或小套索。小套索是由鸵鸟羽毛柄固定在长棍的末端而制成的。骑着温顺老马的小男孩一天也可以抓三四十只鹧鸪。在北美洲北极地区[①]，印第安人就是以螺旋式绕圈的方法来抓变色野兔的：最佳时间是在中午，其时烈日当空，猎人的影子不是很长。

我们在返回马尔多纳多的时候，走了另一条路线。凡是航行到过拉普拉塔的人都知道糖面包山（Pan de Azucar）这个地标，那附近有个好客的西班牙老人。我在他那里待了一天。一大早，我们就登上了阿尼玛斯山（Sierra de las Animas）。旭日东升，一片风景如诗如画。西边是一大片草原，延伸至蒙得维的亚的绿山；东至高低起伏的马尔多纳多丘陵。山峰上有一小堆石头，显然已经搁在那里许多年了。我的同伴向我保证说，那是古时候印第安人的杰作。这些石堆和威尔士山头上常见的石堆很相似，但它们要小得多。想要在附近的最高点用纪念物标明某个大事件，似乎是人类共有的情结。如今，这片地区一个印第安人也没有了，无论是开化的还是未开化的。我也不知道，除了在阿尼玛斯山峰上留下这些不起眼的石堆外，这里昔日的居民还留下过什么更永恒持久的纪念物。

乌拉圭河东岸地区最引人注目的就是几乎普遍不长树木。一些乱石横生的小山高处长着灌木丛。在比较大的河流的两岸，尤其是在拉斯米纳斯北面，最常见的是柳树。我听说在塔佩斯河（Arroyo Tapes）附近有一片棕榈林。我在南纬35°、糖面包山附近见到有棵棕榈树，树身相当大。除了这些棕榈树和西班牙人栽种的那些林木之外，别处基本见不到树木。在引进的树种中，有白杨树、橄榄树、桃树以及其他果树。桃树引进得很成功，是布宜诺斯艾利斯城的主要木柴来源。在十分平坦的地区，例如潘帕斯草原，不是很适合种这些树，可能是因为风力太大，也可能是排水性质不同。然而，马尔多纳多附近土地的性质显然不属于这一类——这里的石山起到了保护性作用：土壤种类也是五花八门，几乎每座山谷底部都可以看到涓涓细流——粘土质的土地似乎很适合保持水分。人们素来认为，树木的存在与否很可能主要取决于年降雨量，而这里冬日雨水充沛，[②]夏日虽干燥，但也不会太干燥。[③]我们知道，几乎整个澳大利亚树木干霄蔽日，然而那里的气候却比这里要干燥得多。因此，我们得探究一下其他未知的原因。

受到我们在南美洲所见的局限，肯定会认为树木只有在非常湿润的气候下才可能枝

① 赫恩《旅行记》第383页。

② 麦克拉伦（Maclaren），文章《美洲》，大英百科全书。

③ 阿萨拉（Azara）讲到，“我认为，所有这些地方的年降雨量都要比西班牙大。”——第一卷，第36页。

繁叶茂，因为林地的边缘和潮湿气流的走向吻合程度显然是非常高的啊。美洲大陆的南部盛行西风，携带着来自太平洋的水汽，因此从南纬38°直到火地岛的最南端，大陆西海岸每个地形崎岖的岛屿上都是无法穿越的密林。在安第斯山脉的东面，相同范围的纬度地区，蔚蓝的天空和温和的气候显示，早在穿山越岭的时候大气就已经失去了所携带的水分，干旱的巴塔哥尼亚平原就只有贫瘠的植被了。在更北面的大陆，在亘古不变的东南信风到达的范围内，东边是壮观的雨林，而从南纬4°–32°的西海岸地区就只能称得上是沙漠了。在西海岸，南纬4°以北的地区信风不规律，周期性暴雨如注，秘鲁境内的太平洋沿岸则完全是沙漠，但布兰科角（Cape Blanco）附近却像瓜亚基尔和巴拿马般树木葱郁、美名远播。因此大陆的南部和北部，以安第斯山脉为界，森林和沙漠地带所处的位置全然相反，这样的位置显然是由盛行风的方向所决定的。大陆中部有一段宽阔的中间地带，包括了智利中部、拉普拉塔各省，这里孕育雨水的风不用经过巍峨的群山，因此此地既非沙漠地区亦无森林。可是，如果仅限于南美洲的话，只有带雨云的湿润气候才能造就繁茂森林的这种规律显然不适用于福克兰群岛。那里与火地岛处于同一纬度，相距仅三四百公里，气候相仿，地质构成几乎相同，地理条件优越，同样含有泥炭土，可是却只有几株称得上灌木的植物；然而在火地岛，没有一亩地不是覆盖着浓密的森林。独木舟和树干时常从火地岛漂流到福克兰群岛西海岸。根据这种情形可以知道，狂风和洋流的方向都有利于从火地岛运来种子。因此，这两个地区很可能植物相同，可是要想把火地岛上的树移种到福克兰群岛却不能成功。

逗留在马尔多纳多期间，我收集了一些四足动物、80种鸟类、还有很多爬行动物的标本，其中包括九种蛇。本地的大小哺乳动物中，现存的只有草原鹿（Cervus campestris）最常见。这种鹿数目丰富，经常聚成一小群，出没在拉普拉塔河沿岸和巴塔哥尼亚北部地区。要是有人匍匐在地，缓缓接近一群鹿，它们出于好奇，通常会靠过来看个究竟。我就用这个方法在同一个地点猎杀了同一群鹿中的三只鹿。尽管草原鹿性格温顺、生性好奇，但要是骑在马背上接近它们，它们就会变得异常警惕。这个地方的人外出时不会步行，因而人只有骑着马配有流星套索的时候，鹿才知道那是敌人。在巴塔哥尼亚北部新建的布兰卡港（Bahia Blanca），我很惊奇地发现鹿对枪声漠不关心。一天我在70米范围内对着一只鹿开了10枪。比起步枪的响声，落入地面的流星套索更令它们惊慌。我的火药耗尽了，被迫站起身来（尽管我很擅长猎杀飞鸟，但这件事对我这个猎人来说还真是奇耻大辱），发出嘿嘿喊声直到把鹿赶走为止。

这种动物最令人感到新奇的是雄鹿身上的那股气味，非常浓烈难闻。这种气味难以形容。我在给动物博物馆里展览的那份标本去皮的时候，恶心到想吐。我把鹿皮包在丝手绢里带回家，这条手绢洗得干干净净之后我一直在用，当然也反复被洗来洗去，可每次隔一年半载后一打开来，都还能清楚地察觉到那股气味。这个惊人的例子说明，虽然有些物质按照其特性必定是非常难以捉摸、容易挥发的，但仍能保持经久不散的现象。每当经过鹿群下风处0.8公里的地方，我就屡次察觉到整个空气中充满恶臭。雄鹿的角发育完全或从皮毛钻出的时候，我想那气味会更重。在这种情况之下，鹿肉自然不适宜食用了，可是高乔人坚称，把鹿肉埋在新鲜土壤下，过段时间就可以除去异味。我在某处读到过，苏格兰北部的岛民也用同样的方法处理食鱼鸟的发臭尸体。

这里的啮齿目种类繁多：单是老鼠就不下8种。[①]世界上最大的啮齿动物水豚（又称水猪，Hydrochærus capybara）在这里也很常见。我在蒙得维的亚射杀的一只水豚重45千克，从鼻尖到根株般的尾巴长1米，腰围1.2米。这些巨大的啮齿动物偶尔会到拉普拉塔河口处的岛上去，那儿的水很咸，而在淡水湖泊与河岸边，它们的数量更丰富了。在马尔多纳多附近，一般三四只水豚生活在一起。白天，它们要么躺在水生植物中，要么在平原草地上公然啃草。[②]从远处望去，它们走路的姿势和肤色都很像猪，但它们蹲坐着单眼仔细观察物体的时候又会重现豚鼠和兔子这些同类的模样。由于颚部很深，它们头部的正面和侧面看起来都很滑稽。在马尔多纳多，这类动物很温顺。我曾小心翼翼地走近四只老水豚，距离在3米以内。它们温顺的原因可能是，美洲虎早已被驱离多年，而高乔人也认为不值得浪费时间去猎捕这些水豚。我靠得越来越近，它们频繁制造怪音，那是种低沉、不流畅的哼声，没什么确实的音调，由突然送出的气体产生。我所知道的唯一与之相似的声音，就是一只大狗最初发出的嘶哑吠声。观察着四只水豚（它们也这样观察我）的时候，我几乎保持在一臂距离范围内。几分钟后，它们才非常急躁地飞速潜入水中，同时发出吠叫声，潜水一小段距离后又冒出水面，但是只露出头的上部。据说雌性水豚带着幼仔在水里游泳的时候，幼仔是坐在她背上的。要大量猎杀这类动物很容易，不过它们的毛皮价值甚微，肉也索然无味。在巴拉那河（Rio Parana）的岛上，水豚的数量非常充足，为美洲豹提供了普通猎物。

栉鼠（*Ctenomys Brasiliensis*）是种非常奇特的小动物，简单地说是种啮齿动物，习性与鼹鼠相似。这里有些地方栉鼠数量惊人，但是很难捕捉，而且我觉得它们从不钻出地面。它们像鼹鼠一样把土块抛出洞口，不过土块要小一些。这里大片地区的泥土都被这些动物掘空了，以至马匹经过的时候经常陷进肢关节深的地里。某种程度而言，栉鼠

---

① 在南美洲期间我总共收集了27种老鼠，另有13种是从阿萨拉和其他作者的作品中得知的。我自己收集的那些已由沃特豪斯（Waterhouse）先生于动物学会会议上进行命名及描述。我得借此机会对沃特豪斯先生以及心系学会的各位绅士表达真诚的谢意，感谢他们时刻热心慷慨相助。

② 我在一只解剖的水豚的胃和十二指肠内发现了大量稀薄黄色液体，几乎一条纤维也没辨别出来。欧文（Owen）先生告知我有一部分食道结构阻止比乌鸦羽毛大点的东西通过。当然，这种动物宽大的牙齿和有劲的下巴很适合将吃下的水生植物磨碎。

似乎是群居动物，因为帮我弄到标本的那个人一次就抓了6只栉鼠，他说这都司空见惯了。它们习惯夜间活动，主要食物是植物的根，这也是在它们那又长又浅的洞穴里经常能见到的东西。大家都知道，这种动物在地下的时候会发出一种异常怪声。因为很难判断声音来自哪里，也就猜不出这种声音是什么生物发出来的，所以第一次听到这种声音的人会感到非常诧异。那是一种短促却不刺耳、带有鼻音的哼声，大约单调地重复四次，快速无间断。[①]栉鼠的名字（土库土科，Tucutuco）就是模仿它们的叫声而得来的。栉鼠数量很多的地方，它们的叫声可能一整天连续不断，有时就从脚底下传来。把栉鼠放在室内的时候，它们的移动速度非常缓慢，动作笨拙，似乎是因为后腿经常向外侧拨动而造成的；而且，因为它们的股骨窝处没有韧带，所以做不了一丁点的垂直跳。它们会笨拙地企图逃跑，在生气和害怕的时候会发出"土库——土科"的声音。我曾饲养过这种动物，有几只在第一天就很温顺了，不咬人，也不企图逃跑；其余的几只还有点野性。

捕捉它们的人觉得，肯定有很多栉鼠是双目失明的。我用酒精保存的一只标本就是这样的。里德（Reid）先生认为这是瞬膜发炎造成的。这只失明的栉鼠活着的时候，我把手指放在它头顶一两厘米范围内，它却察觉不到丝毫；但是，它在屋里走路的样子几乎跟别的栉鼠无异。鉴于栉鼠完全在地下活动，虽然失明很普遍，但是对它来说也不是什么大问题。令人感到奇怪的是，任何动物都会保留经常受到伤害的器官。拉马克（Lamarck）曾经推测过（可能在他看来更贴近真理）一种居住在地下的啮齿动物鼢鼠（Aspalax）和另一种居住在灌满水的黑暗洞穴里的爬行动物洞螈（Proteus）渐渐失明的原因，要是他知道了这种情况，肯定会眉飞色舞，即这两种动物的眼睛几乎都退化了，为腱膜和皮肤所覆盖。[②]鼹鼠的眼睛虽小，但结构完整，不过许多解剖学家怀疑，眼睛是否与真正的视神经相连。虽然离开洞穴的时候可能会派上用处，但它们的视力肯定是不完整的。我相信从未冒出地面的栉鼠眼睛要大些，虽然它的眼睛通常看不见东西、派不上用场，但并没有对它造成什么明显的不便。毫无疑问，拉马克会说栉鼠现在正在过渡到草原鼢鼠和洞螈的状态。

马尔多纳多附近连绵起伏的草原上有各种非常丰富的鸟类。有一个科的几个物种跟我们的椋鸟（starling）在构造和习性方面很像。其中一种黑色牛鹂（Molothrus niger）的习性非常引人注目：经常可以看到好几只牛鹂一起站在牛背和马背上；当它们停在树篱上、在太阳下梳理羽毛的时候，有时候会唱歌，或确切地说是发出嘶声；它们发出的声音很奇特，像是气泡快速从水底下的洞口冒出来，发出一种尖锐的声音。据阿萨拉所

---

① 在北巴塔哥尼亚内格罗河，有一种动物习性相若，可能是一种非常相近的物种，但我从未见过。它们制造出来的噪音跟在马尔多纳多的种类不同，只会重复两声，而非三四声，声音更清晰、圆润低沉，从远处传来时很像用斧头砍伐小树的声音。我数次对没看到此物种而感到遗憾。

② 《动物学哲学》（*Philosoph. Zoolog*）。第一卷，第242页。

言，这种鸟跟杜鹃一样，把自己的蛋下在其他鸟的巢穴里。当地的人数次告诉我，肯定有一种鸟具有这种习性。帮我搜集标本的助手是个做事非常细心的人，他在收集标本的时候发现这里的一种雀类（红领带鹀，zonotrichia matutina）的巢里，有一颗蛋比其他的蛋都要大，颜色、形状也不相同。北美洲有另一牛鹂属物种（褐头牛鹂，molothrus pecoris），跟杜鹃习性相若，从各方面来讲均与拉普拉塔的物种十分相似，甚至是站在家畜背上的这种小怪癖也一样；唯一的区别就是个子比较小、羽毛和蛋的色度略微不同。在一个大陆上反方向的代表性物种在构造和习性方面的高度一致，尽管非常常见，却总是令人为之震惊、引人注目。

斯温森（Swainson）先生曾详细谈及，[①]除了牛鹂属物种之外（此处还要补充黑色牛鹂），杜鹃是唯一可以真正称得上是寄生动物的鸟类，即这种“在某种程度上，将自己与另一种活生物牢牢固定在一起，靠它们的体热孵化自己的幼体，幼鸟靠它们提供的食物为生；如果饲养它们的鸟死亡，会使自己的幼体也死亡”的动物。值得注意的是杜鹃和牛鹂的部分物种（并非全部）在寄生性繁殖这种奇特的习性方面是一致的，可是在其他所有习性上几乎均相反：牛鹂属像我们的椋鸟，十分好交际，生活在宽阔的草原上，没有半点诡计或伪装；而如众人所知，杜鹃却是一种非常害羞的动物，时常在非常偏僻的丛林出没，以果实和毛毛虫为生。在构造方面这两个属也相距甚远。人们提出了很多理论——甚至颅相学理论——来解释杜鹃把自己的蛋放到其他鸟巢中的起源。我认为，只有普雷沃（Prévost）先生通过观察[②]充分解释了这个谜题：大多数观察者都说，雌杜鹃要下四至六枚蛋，而普雷沃观察到，雌杜鹃每下一两枚蛋后都要和雄杜鹃再交配一次。那么，如果杜鹃必须自己孵蛋，它要么把蛋下完一起孵，这样的话先产下的蛋就会放得太久，可能会腐烂；要么每产一次蛋就分开一两枚来孵。然而，由于和其他的候鸟相比，杜鹃在这片地区停留的时间更短，自然没有足够的时间一枚一枚慢慢孵。因此，从杜鹃多次交配、不时产蛋的事实中，我们就找到了为什么它们把蛋放到其他鸟的巢穴里以及让养父母照顾它们的后代的原因。我独自得出关于南美洲的鸵鸟的相似结论后，强烈相信这种观点是正确的：雌鸵鸟是相互寄生的动物——要是可以这样说的话；每只雌鸵鸟会在其他几只雌鸵鸟的巢穴里产下几枚蛋，雄鸵鸟跟杜鹃的陌生养父母一样负责孵蛋。

我想再谈一谈另外两种很常见的鸟，它们因为生活习性特别而引人注目。大食蝇霸鹟（Saurophagus sulphuratus）是霸鹟中庞大的美洲族的典型代表。它在结构上与伯劳鸟非常接近，不过它的习性可以跟很多鸟相提并论。我经常看到它在田野狩猎，如同鹰一般在一个地点的上空盘旋，继而前往另一个地点的上空盘旋。当看到它悬挂在空中的

① 《动物学与植物学杂志》（*Magazine of Zoology and Botany*）第一卷，第217页。

② 在法国科学院宣读。《法国科学院学报》，1834年，第418页。

时候，即使相隔较短的距离也会误以为是一种食肉鸟；然而，它在俯冲的力道和速度方面还是远远逊于老鹰。平时，大食蝇霸鹟常出没于临近的水边，跟翠鸟一样定着不动，靠近水边的任何小鱼都抓。这类鸟也有不少被人剪短翅膀，养在笼子里或庭院里。它们很快就变得听人使唤，狡猾而奇怪的举止引人发笑。有人对我描述说，它跟普通喜鹊很像。因为它的头和喙相对于身体太重，所以它飞行的时候是上下起伏波浪式的。夜晚，大食蝇霸鹟通常停歇在路边的灌木丛，而且持续不断地发出一种尖锐但却悦耳的叫声，有点像发音清晰的话语：西班牙人说像是“Bien te veo”（我能清楚地看见你）的单词，因此得其名。

一种嘲鸫（Mimus orpheus）有种非凡的能力。当地居民称这种鸟为百灵（Calandria），它比起该地区任何一种鸟都要擅长唱歌。事实上，它几乎是我在南美洲所观察到的唯一一种靠唱歌立足的鸟类。它的歌可以跟水蒲苇莺（Sedge warbler）相媲美，但更有力量：刺耳的音符和一些非常高的高音中混夹着一种动听的颤音。只有春天的时候，才听得到这种美妙的声音，其他的时候它发出的叫声刺耳，毫无协调感。在马尔多纳多附近，这种鸟非常温顺、大胆。它们经常扎堆出现在农舍，啄食悬挂在柱子上或墙上的肉。要是有别的小鸟加入这场盛宴，百灵鸟很快就会把它们赶走。在无人居住、广袤无垠的巴塔哥尼亚平原上，有另一种相似的物种（多尔比尼先生把它命名为南美小嘲鸫，Orpheus patagonica），它们常在长满荆棘的山谷出入。那种鸟更加桀骜不驯，嗓音略微不同。我有过奇特的经历，显示它们的区别非常细微。当我第一次看到南美小嘲鸫时，仅从嗓音来判断，我认为它与马尔多纳多的百灵是不同的。我后来制作了一个标本，两者随便一比较，甚为相似，以致我改变了初衷，可现在古尔德（Gould）先生说它们肯定是截然不同的物种。然而与结论相符的是，它们在习性方面仅有小差异，但他却没意识到这一点。

对于仅习惯于北欧地区的鸟类的人来说，南美地区以腐肉为食的鹰在数量、温顺性以及令人厌恶的习性上，都异常引人瞩目。食腐鸟包括四个物种：长腿兀鹫（Caracara或 Polyborus）、红头美洲鹫（Turkey buzzard）、黑头美洲鹫（Gallinazo）以及安第斯兀鹫（Condor）。长腿兀鹫构造上属鹰类。很快，我们就能知道将它列入这个高贵的种类有多么令人作呕了。它们在习性方面跟小嘴乌鸦、喜鹊和渡鸦相仿；后三种鸟族遍布世界，但唯独南美洲没有。先讲讲巴西长腿兀鹫（Polyborus Brasiliensis）吧！这种鸟很普遍，地理分布范围广，在拉普拉塔河的大草原上数量最多（当地人管它叫卡朗察鹰，Carrancha），在巴塔哥尼亚荒芜的平原上也很常见。在内格罗河和科罗拉多河（Colorado）之间的沙漠处，常有巴西长腿兀鹫成群结队地出现在路边，吞食那些偶尔因疲乏和干渴衰竭而死的动物尸体。尽管在这些干旱和广阔的地区，这种鸟很普遍，在太平洋干旱的海岸边亦如此，但它们也栖息在巴塔哥尼亚西部和火地岛阴暗潮湿、密不透风的丛林里。卡朗察鹰和奇曼戈鹰（Chimango）时常一起扎堆出现在大牧场和屠宰场。一有动物死在平原上，黑头美洲鹫首先开始盛宴，然后两种长脚兀鹫把骨头啄食得一干二净。虽然这些鸟经常一起觅食，却远非朋友。当卡朗察鹰静坐在树桠或站在地上的时候，奇曼戈鹰经常以半圆形状久久地飞前飞后、飞上飞下，每次都想在飞行曲线的底部攻击比它大的近亲。不撞到头部，卡朗察鹰是不怎么察觉这件事的。虽然卡朗察鹰会经常成群相聚，却不属群居动物；在一些荒漠地区，经常可以看到它们孤身只影，或更常见的是成双成对。

据说卡朗察鹰狡猾多端，会偷食大量的鸟蛋。它们还企图和奇曼戈鹰一起啄食驴马后背上的伤口上的痂。黑德（Head）船长以他独特的笔调和准确性描述了这样的一幅画面：一边是一匹可怜的畜牲两耳耷拉、弓着背；另一边是在一米外盘旋着的鸟儿注视着一小口令人作呕的碎皮。这类伪鹰最不可能猎杀活着的鸟兽。任何曾经在巴塔哥尼亚荒芜的平原上露宿的人都知道它们跟秃鹫很像，喜欢吃腐尸，因为当人睡醒的时候，就会看到周围的每座小山丘上都有一种鸟正用邪恶的双眼不厌其烦地观察着他。这是一道独特的风景线，凡是在那里漫步过的人都会赞同这种说法。要是一群人带着狗和马去狩猎，白天，这些跟班总会如影相随。饱食后它们裸露在外的嗉囊就会突起；这个时候，卡朗察鹰是一种懒散、温顺而胆怯的鸟。事实上，一般情况下也是如此。它们的飞行动作沉重而缓慢，像英国秃鼻乌鸦似的。它们很少展翅高飞；不过我两次见到一只卡朗察鹰飞得老高的，轻而易举地划过天空。它们会奔跑（有别于跳跃），不过不像某些同类那么快速。卡朗察鹰有时很聒噪，但并非经常如此。它们叫得响亮、刺耳、怪异，可比作西班牙语的喉音g后面跟着刺耳的两个rr。发出这种叫声的时候，它们会把头抬得越来越高，直到最后喙完全张开，头顶都快够到背的下半部了。这件事虽然被人怀疑过，但却是真真切切的事实；好几次，我看到它们的头部以完全倒转过来的姿势往后倒。根据阿萨拉高度权威的说法，我想补充的是：卡朗察鹰吃蠕虫、贝壳、蛞蝓、蚱蜢和青蛙；会撕破脐带杀害小羊羔；会对黑头美洲鹫穷追猛打，直到它把最近吞食的腐肉吐出来为止。最后，阿萨拉叙述了五六只卡朗察鹰会联合起来追赶大鸟，就连苍鹭也不放过。种种事实表明这是一种适应性强、智慧出众的鸟。

奇曼戈长腿兀鹫比起卡朗察鹰要小得多了。它确实是一种杂食性动物，甚至面包也吃。我确信智鲁岛（Chiloe）上的马铃薯作物在很大程度上就是被它毁了的，因为人们一把马铃薯种下去，它就会把根部给贮藏起来。在所有食腐鸟中它一般是最后离开动物骸骨的，还常常可以看到它站在牛或马的肋骨架里，犹如笼中之鸟。另一个物种是新西兰长腿兀鹫（Polyborus Novae Zelandiae），它们在福克兰群岛相当常见。这类鸟在很多习性上与卡朗察鹰相仿，以动物死尸的肉以及海产品为食；在拉米雷斯岛（Ramirez rocks）上，它们的一切食物都来自大海。这类鸟异常温顺，一点也不怕人，经常在屠宰场外逗留，等待动物内脏。要是有一只动物被一群猎人杀死了，很快就会有一群新西兰长腿兀鹫从四面八方聚集起来，站在四周耐心等待。饱食过后，它们裸露的嗉囊凸显而出，导致样子看起来很令人厌恶。它们时刻准备着攻击受伤的鸟类：一只被水流飘上岸边、受了伤的鸬鹚，立马就被好几只新西兰长腿兀鹫逮住了，遭受各种致命攻击。只有在夏季的时候，“小猎犬”号才待在福克兰群岛，不过，在“冒险”号上服役的军官冬季时曾在那里待过，他们说，这类鸟胆大包天、掠食动物，各种例子不胜枚举。一只狗在一群人旁边睡熟了，它们竟然猛扑到这只狗身上；还有，猎人很难让眼前受了伤的鹅免于被它们夺走。据说，好几只新西兰长腿兀鹫会聚在一起（这方面跟卡朗察鹰很像）在兔子洞外守株待兔，兔子一跑出来就合力逮住。船只停在港口的时候，它们经常飞上船；船员必须要打起十二分精神，避免索具上的皮革和船尾的肉块与野味被衔走。这类鸟淘气而好奇，地上的任何东西它都会衔起来：一顶光滑的黑色帽子被带到将近1.5公里远；一对用来捉牛的沉重的流星球也被它们衔走了。厄斯本（Usborne）先生在考察过程中经历了更惨重的损失：它们偷走了他放在红色仿摩洛哥羊皮箱子里的一个小型凯氏指南针，一去不复返。然而，这类鸟也易怒好斗，愤怒的时候会用喙把草都拔掉。它们并非真正的群居动物，不会直冲云霄，因为它们飞行时又沉重又笨拙；在地面的时候跑得特快，像极了野鸡。它们生性聒噪，发出数种刺耳的声音，其中一种很像英国的秃鼻乌鸦的声音，所以海豹捕猎者一直把它们称作秃鼻乌鸦。奇怪的是，它们发出叫声的时候，会跟卡朗察鹰一样把头往上抬、往后倒。它的巢筑在海岸上的岩石悬崖上，但是只限于相毗邻的小岛，而非两座主岛。对于这种驯服、无所畏惧的鸟来说，这样做真是警惕得出奇。海豹捕猎者说这些鸟的肉煮熟后是白白的，相当美味，但要想吃上这么一顿美食的人一定得非常勇敢。

现在，我们还要谈论的只剩下红头美洲鹫和黑头美洲鹫了。从合恩角到北美洲，哪里比较潮湿哪里就能看到红头美洲鹫。它跟巴西长腿兀鹫和奇曼戈鹰不一样，一路想方设法来到福克兰群岛。红头美洲鹫是种独行鸟，最多也就成对而行。它飞得高，直冲云霄，飞行姿势优美，是出了名的食腐鸟。在巴塔哥尼亚西海岸，枝繁叶茂的小岛和凹凸不平的陆地上，它完全靠海水抛上岸的一切食物以及死海豹的尸体为生。只要这些海豹聚集在哪里的岩石上，哪里就有这种秃鹫出没。黑头美洲鹫的地理分布跟红头美洲鹫不同，它从不会出现在南纬41°以南的地区。阿萨拉陈述道，有这么一个传说，在征服年代，蒙得维的亚附近还见不到这种鸟，后来它们跟着人类从北方迁移而来。现在，在蒙得维的亚正南方480公里远处的科罗拉多河河谷里，有数量可观的黑头美洲鹫，可能这种移居从阿萨拉的那个年代就已经开始了。一般情况下，黑头美洲鹫比较喜欢湿润的气候，确切来说是淡水湖畔，因此在巴西和拉普拉塔河数目非常可观，而在北巴塔哥尼亚的荒漠和干旱的平原上却从未见过。这类鸟常常出没于整个潘帕斯草原到安第斯山脉山脚处的地方，可我在智利一只也没见过或听说过。在秘鲁，人们把它当作清理腐尸的清道夫来保护。当然，这些黑头美洲鹫可以称作群居动物，因为它们似乎以交际为乐，并不只是因为同一只猎物的诱惑而聚在一起的。阳光明媚的时候，可以看到一群鸟在高空上，每只都以最优美的姿态展翅盘旋，不断地划着圆圈。这显然是出于锻炼的乐趣，也可能是跟交配有关。

除了安第斯兀鹫外，所有食腐鸟我目前都已经提过了，当我们拜访那个比拉普拉塔平原更适合安第斯兀鹫栖息的地方时，我会一一道来。

离马尔多纳多数公里之外，有一段宽阔的小沙丘，把德波特雷罗湖（Laguna del Potrero）和拉普拉塔河分隔开来。在这里，我发现了一批由闪电击中松散的沙堆而形成的、玻璃化了的硅酸管石。这些管石在方方面面跟《地质学报》（*Geological Transactions*）所描述的坎伯兰郡（Cumberland）的德里格（Drigg）那里的管石很相似。[①] 马尔多纳多的小沙丘没有植被保护，位置变化无常，因此管石凸显在表面，无数碎片搁在附近，这表明先前要埋得更深些。有四根管石垂直立入沙中，我用手挖到0.6米深。有些碎片显然是属于同一根管石的，把它们接到另一段上，量起来共有1.6米长。整根管石的直径几乎相同，因此我们必然猜测它原本是更深入地下的，但比起德里格的长度不少于9米的管石来，这样的长度和直径则要小得多了。

这些管石的内表面已完全玻璃化，非常平滑、富有光泽。在显微镜下检测的一小段形成了很多纠缠的空气泡或者也许是水汽泡，像是在吹管尖端熔化了的样品。这种沙土全部是硅酸质的或大部分是硅酸质的，但有一些黑色的点，它们光滑的表面具有一种金属的光泽。管壁的厚薄不一，从0.6–1毫米，偶尔还有0.3毫米厚的。在管石的外部，有沙粒环绕附着，外貌有点类似玻璃，但我看不出任何结晶的迹象。和《地质学报》中所描述的那样，管石一般是压缩的，有深深的纵向皱纹，非常像干枯的植物茎干或者是榆木和栎树的树皮。它们的周长约为7厘米，不过有的片段呈圆筒状，不含皱纹，周长达13厘米。当管石被高温烤得发软的时候，周围松散的沙砾起到挤压作用，造成明显褶皱或皱纹。从那些没有被挤压过的片段可以判断，闪电的尺寸或它钻成的口径（要是可以用这样的术语的话）肯定有4厘米左右。在巴黎，阿谢特（Hachette）先生和伯当（Beudant）

① 《地质学报》（*Geological Transactions*），卷ii，第528页。见《皇家学会自然科学学报》（*Philosophical Transactions*），1790年，第294页，普里斯特利（Priestley）博士已记述了树底下挖到的一些不完美的硅管以及熔化了的石英石，还有个人被雷电击毙在树下。

先生[①]用强大的电流通过粉状玻璃成功地做出一些管子，各方面特征与闪电管都很相似；如果加上盐使其更容易熔化的话，则管石的尺寸会更大。他们用长石粉和石英粉来制造管子，结果都失败了。有一根用粉碎的玻璃做成的管石大约长3厘米，确切来说是3.27厘米，内直径为0.16厘米。当我们听说人们在巴黎用了最强的电池，而且是在玻璃粉那样容易熔化的物质上施加电力才能形成这么微型的玻璃管时，我们必然会为雷电的闪击力量而震惊：这股力量击中数个地方的沙土，形成了圆筒状之物，其中一个圆筒至少有9米长，内部有未被压扁、整整5厘米的钻孔，而受击物竟然是像石英那么难以熔化的材料！

我所谈到的管石几乎都垂直插入沙中。然而，其中有一根却没有别的管石那么有规律性，它偏离直线的角度最大达到33°。同一根管石的两根旁支往外张开约30厘米远，一根往下、一根往上。这种情况非常引人注目，这说明带电液体与主要流向相比，肯定转了个26° 锐角。除了我看到的、深挖的这四根垂直的管石外，还有其他几堆片段，毫无疑问，它们的初始生成地点就在附近。这些管石在一片55 × 20平方米的平坦流沙地上，流沙四周是高高的小山丘，离一条120–150米高的山脉约800米。对我而言，这里以及德里格，还有里宾特洛甫先生（Ribbentrop）所描写的在德国的一处地方，能在这么一处有

在潘帕斯草原的一家客栈歇脚

① 《化学与物理年刊》（*Annales de Chimie et de Physique*），第三十七卷，第319页

限的空间看到这些管石，尤其引人注目。在德里格，13米见方的范围内可以看到三根管石，德国也有同样的数量。我所叙述的55×20平方米范围空间内不止四根。这些管石不可能是连续清晰的电击所造成的，我们定然认为闪电在落地前一瞬间把自己分成了几股。

拉普拉塔河附近似乎特别容易出现雷电现象。1793年的时候，[①]布宜诺斯艾利斯下了一场雷暴雨，兴许是有记录以来毁灭性最大的：在这个城里有37个地方遭遇闪电，19人遇难。根据好几本游记所记载的事实，我猜想大河的入口处普遍都有雷暴雨。难道是由淡水和咸水混合而成的大面积液体干扰了电平衡吗？即便是我们偶尔拜访南美洲的这片地区期间，也听说过有一艘船、两间教堂和一间房子被闪电击中了。事发不久后，我去看了教堂和房子，那是蒙得维的亚总领事胡德（Hood）先生的房子。电击后有几处地方很奇怪：靠近电铃线两侧各30厘米范围内的墙纸都烤得漆黑；电线金属熔化了，虽然房间高约5米，但是掉在椅子和家具上的金属滴钻出了一串小洞；部分墙好像是被火药炸毁的一样，碎片被炸飞出去，力道足以在房间对面的墙上留下凹痕；镜子的框架也烤黑了，上面的镀金材料肯定都挥发了，因为放在壁炉架上的香水瓶被涂上了一层闪闪发光的金属颗粒，紧紧黏住，犹如上过釉似的。

① 阿萨拉《航行日记》，第一卷，第36页。

内格罗河省，埃尔卡门或巴塔哥内斯

# 第四章

# 从内格罗河到布兰卡港

内格罗河——遭印第安人攻击的庄园——盐湖——火烈鸟——从内格罗河到科罗拉多河[1]——圣树——巴塔哥尼亚豚鼠——印第安家庭——罗萨斯将军[2]——前往布兰卡港——沙丘——黑人中尉——布兰卡港——盐壳——蓬塔阿尔塔——臭鼬

① 科罗拉多河（Rio Colorado）：阿根廷南部的河流，发源于安第斯山脉，全长约1000公里。这条河常被认为是潘帕斯草原和巴塔哥尼亚的分界线。——译注

② 胡安·曼努埃尔·德·罗萨斯（Juan Manuel de Rosas，1793-1877），1835年任布宜诺斯艾利斯省省长、独裁者。1839年入侵乌拉圭，1852年战败倒台后流亡英国。——译注

**1833年7月24日**——“小猎犬”号驶离马尔多纳多，8月3日到达内格罗河口。内格罗河是从麦哲伦海峡直到拉普拉塔之间的一条大河，其入海口在拉普拉塔河口以南约80公里。大约50年前，在西班牙旧政府的统治下，这里建立了一片小殖民地，到现在为止，这里仍然是美洲东海岸有文明人定居的最南端（南纬41°）。

河口附近的土地实在糟透了！南岸是一长段垂直的悬崖，崖壁展示着这里地理特征的一个切面。其岩层主要由砂岩构成，其中一层很特别，是由小块浮石紧实地堆积的砾岩，这些岩石来自超过640公里以外的安第斯山脉。开阔的平原表面到处覆盖着一层厚厚的碎石，向四周延伸。这里非常缺水，能找到的水也总是偏咸。这里的植物总量也不多，虽然有各种灌木丛，但无一例外都带有可怕的刺，似乎在警告陌生人不要踏入这个不受人欢迎的区域。

定居点位于河口上游30公里处。道路就在河北岸倾斜的岩壁下方，这个岩壁也是内格罗大河谷的北界。我们路过了一些精美的乡下庄园的废墟，这些庄园几年前被印第安人摧毁了。庄园经历了数次攻击。我们在其中一片废墟遇到了一个人，他向我们生动地描述了一次防御作战。这里的居民有足够的时间把牛马赶回围在房子周围的畜栏[①]，并准备了几门小炮。

进攻的印第安人是来自智利南部的阿劳卡尼亚人[②]（Araucanian）。他们有几百人，训练有素。最初他们分成两队从附近的一座小山出现，在那里下马，脱掉毛皮斗篷，赤身裸体地发起了冲锋。他们装备的唯一武器是很长的竹子长矛（Chuzo），用鸵鸟羽毛作装饰，一头装着锋利的矛尖。这位讲述者说到看着矛尖颤抖着接近时，我们能看得出来，他现在还心有余悸。酋长平切拉（Pincheira）要求被包围者立刻投降，否则他会切开他们所有人的喉咙。因为如果让印第安人进来，无论如何结局都很可能是如此，所以回应他的是一次火枪齐射。印第安人非常有韧劲，一直冲到畜栏的篱笆处，却惊讶地发现柱子是用铁钉而非皮带加固的，因此他们无法用小刀切断。这也救了天主教徒们的命：许多受伤的印第安人被同伴抬走了，最终，一个低级酋长也负了伤，印第安人吹响了撤退号。他们回到他们的马那边，开起了战争会议。对西班牙人来说，这是个可怕的停顿，因为他们的全部弹药只剩下几箱火药了。很快，印第安人骑上马，飞速消失在视野中。另一次进攻击退得更快，因为有一个冷静的法国人充当了炮手。他等着印第安人靠近，然后把葡萄弹打进了他们的队列。他一下子就放倒了39个敌人，如此重大的伤亡让对方一下子就溃败了。

这个小镇有两个名字，即：埃尔卡门（El Carmen）和巴塔哥内斯（Patagones）[③]。

① 畜栏是一圈由高大粗壮的柱子构成的篱笆。每个庄园周围都有畜栏。——译注

② 阿劳卡尼亚（Araucania）：智利中南部的一个地区，当地原住民为马普切人（Mapuche）。——译注

③ 今卡门-德巴塔哥内斯市（Carmen de Patagones）。——译注

小镇建在面向河流的岩壁上，有的房子甚至是在砂岩中挖掘出来的。河宽两三百米，水流又深又急。河中有一个接一个的小岛，排列在宽阔的绿色河谷北界，岛上柳树摇曳，还有平坦的岬角，在明亮的日光照耀下，美丽如画。这里的居民不超过几百，因为这些西班牙殖民地不像英国殖民地那样惯于扩张。许多纯种印第安人也住在这里：酋长卢卡尼（Lucanee）的部落的小屋大多位于小镇的外围。本地政府供给他们一些食物，比如老而不堪用的马。他们则做些马衣之类的马具来赚一点钱。这些印第安人被当作开化了的人，他们虽不那么野蛮，却完全不具道德。不过有的年轻人正在变好，他们愿意工作，前几天一群人出海去捕海豹时表现得也很不错。他们现在正享受着工作的报酬，穿着干净而色彩鲜艳的衣服，无所事事。他们在服装上表现出不错的品位。如果把哪个年轻印第安人变成一座铜像，他的衣服也足够得体的了。

一天，我骑马去了一个盐湖，或盐田，它距离小镇24公里。冬天这里是一个浅咸水湖，到了夏天，就成了一大片雪白的盐田，边缘的盐层就厚达十多厘米，越往中间越厚。盐湖长4公里，宽约1公里半。附近有的盐湖还要大几倍，就算到了冬季，水底下的盐层仍然有七八十厘米厚。这些白得眩目的平坦区域镶嵌在荒无人烟的棕色平原中间，别有一番风景。每年从盐湖都会运出大量的盐，还有千百吨的盐堆成了山，随时准备运走。

从盐田采盐的时节，就是巴塔哥内斯的收获季节，因为盐便是当地财富的来源。几乎所有居民都跑到河岸宿营，把盐运上牛车。这里的盐结晶成很大的立方体，含量非常纯。特伦汉姆·里克斯[①]先生曾友好地为我分析了一些样品，结果他发现里面只混有0.26%的石膏矿和0.22%的泥土。奇怪的是，这种盐用来保存肉类却不如佛得角群岛出产的海盐。一个布宜诺斯艾利斯的商人也告诉我，他觉得这种盐的价值要低一半。因此，这里常常会进口佛得角盐，并和本地盐田的盐混合。巴塔哥内斯盐的这一弱点，唯一可能的原因，正是因为太纯，或者说缺少海盐从海水中带来的某些物质，我想没有人会怀疑这个结论。不过，最近才有研究证明[②]，用来保存奶酪最好的盐中含有最多的易潮解的氯化物。

湖岸上满是淤泥，其中有无数大块的石膏矿晶体，有的达到七八厘米长，表面则散落着硫酸钠晶体。当地的高乔人[③]称石膏矿晶体为“盐之父”（Padre del sal），硫酸钠晶体则为“盐之母”（Matre）。他们说，每当盐湖的水蒸发时，这对“父母”就在盐田边上出现。淤泥是黑色的，散发恶臭。一开始我想不到恶臭的来源，但后来发现风吹到岸上的泡沫是绿色的，就好像其中有绿藻一样。我尝试带走一些这种绿色物质，但出了

① 特伦汉姆·里克斯（Trenham Reeks，1823–1879），英国地质学家，曾任伦敦地质博物馆馆长、英国地质调查局图书馆馆长。

② 农业化学协会（Agricultural Chemistry Association）的报告，载《农业杂志》（*Agricultural Gazette*）1845年，93页。

③ 高乔人（Gaucho）：生活在潘帕斯草原、大查科地区和巴塔哥尼亚草原，是外来人种（主要是西班牙人）与当地人种的混血后代的统称。——译注

点意外，没有带成。湖的一部分从近距离看过去颜色略有点红，或许是因为其中有些微小动物。多处的淤泥因为许多动物的活动而飞溅起来，可能是某种小虫子或环节动物。生物居然能在如此咸的环境中生存，竟然能在硫酸钠和硫酸钙的晶体之间蠕动，这多么令人惊讶！另外，在长长的夏天，淤泥的表面都硬化成了固态盐层，这些虫子又会怎么样呢？

这个湖栖息、繁殖着相当多的火烈鸟（Flamingo）。在整个巴塔哥尼亚、智利北部和加拉帕戈斯群岛，凡有咸水湖的地方，我都能见到火烈鸟。在这里，它们在湖中走来走去觅食，或许是在寻找隐藏在淤泥中的小蠕虫，这些小蠕虫大概是以微小动物和绿藻为食。这样，这里的生物就组成了一个小世界，适应于内陆咸水湖的环境。据说[①]，在利明顿（Lymington）的盐田里，生活着一种微小的甲壳类动物卤虫（Cancer salinus），数量极多，但只在浓度因蒸发而变得相当高的水体中生存。具体地说，大概相当于每升水中溶解250克的盐。好吧，或许我们能断言，地球上任何地方都能让生物生存！不管是咸水湖，还是火山底下的地下暗湖、富含矿物质的温泉、最广最深的海洋、高层大气，甚至不化的雪原表面，都能支持生命体的生存。

内格罗河再往北，在河流与布宜诺斯艾利斯附近有人定居的乡村之间，西班牙人只建立了一个小定居点，最近建立于布兰卡港。从那里到布宜诺斯艾利斯，直线距离接近800公里。游荡的印第安骑马部落总是占据着这个国家的大部分地区，一段时间以来常常袭扰偏远的庄园。那以后不久，布宜诺斯艾利斯省政府武装了一支军队，由罗萨斯将军率领，企图彻底消灭这些印第安人。这支军队现在驻扎在科罗拉多河岸，这条河在内格罗河以北约130公里。罗萨斯将军离开布宜诺斯艾利斯之后，直线地进入了未经探索的平原，把这个地方的印第安人都清除了。于是，他每隔一大段距离，就在身后留下一小队士兵以及一些马充当驿马，以保持他们与首都间的联系。“小猎犬”号将要停泊布兰卡港，所以我决定走陆路去那里。最终，我把计划扩展到了乘驿马直达布宜诺斯艾利斯。

**1833年8月11日**——住在巴塔哥内斯的英国人哈里斯先生（Mr. Harris）、一位向导和五个因公务前往军队的高乔人，他们是我这一段行程的旅伴。我说过，到科罗拉多河有近130公里远，我们又走得慢，所以一共在路上走了两天半。一路所见的土地比沙漠好不了多少。只有两处水井里能见到水，人们称之为淡水，但即便现在是雨季，水还是很

---

① 《伦敦林奈学会学报》（*Linnaean Transactions*），第11卷205页。西伯利亚和巴塔哥尼亚的盐水湖的环境是如何相似的，值得注意。西伯利亚与巴塔哥尼亚类似，似乎是最近才升起到海平面之上的。在两地，咸水湖都位于平原上的凹陷处；湖边的淤泥都是黑色、散发恶臭；在食盐层之下，都出现有瑕疵的硫酸钠或硫酸镁晶体；同样地，淤泥化的沙滩中混有小粒的石膏矿。西伯利亚的咸水湖中有小型甲壳类动物生活，同样常见火烈鸟［《爱丁堡新哲学期刊》（*Edinburgh New Philosophical Journal*），1830年1月号］。由于这些表面上很琐碎的细节在两个相距遥远的大陆同时出现，因此我们可以确定，它们是类似原因的必然结果。——参见《帕拉斯游记》（*Pallas's Travels*），1793–1794年，129页至134页。

咸。要是在夏天，这段路途一定很让人痛苦，但就是现在也已经足够凄凉的了。

内格罗河谷虽宽，但也只是在砂岩平原上冲刷出来的。小镇所坐落的河岸上方，紧接着就是一片平原，地形平整，只有一些零落的峡谷和洼地。不管哪里，看上去都是一样荒凉：干燥的沙土地、长着几丛棕色的枯草，还有些多刺的灌木。

走过第一处泉水后不久，我们见到了一棵著名的树，印第安人尊它为神灵“瓦里楚”（Walleechu）的祭坛。大树位于平原的较高处，因此是个远远就能看见的地标。每个印第安部落看见它，都会大喊着表达他们的崇敬。这棵树并不高，长着很多枝丫和尖刺，靠近根部的直径大约有1米。它孤独地立在那里，实际上这是我们一路上见到的第一棵树，后来我们又看到了同类的几棵，但实在不算多见。因为是冬天，树叶都掉光了，树上系着无数根线，线上挂着各种祭品，比如雪茄、面包、肉、布之类。印第安人中的穷人，拿不出更好的东西，只能从斗篷上抽出线来，绑在树上。更富裕的印第安人，会把烈酒和马黛茶[①]倒进一个洞里，类似地点上烟，认为这样就给瓦里楚献上了一切会令他高兴的东西了。为了完成祭祀仪式，他们接着把变白了的马骨围在树边，这些马骨来自之前为献祭杀死的马匹。无论男女老幼，每一个印第安人都会献出祭品，他们认为这样他们的马就不会累，他们的生活就能兴旺起来。告诉我这一切的高乔人还说，他在和平时期曾看过祭祀的场景，他和同伴一直等到印第安人走远了，才偷走了献给瓦里楚的祭品。

高乔人认为印第安人把这树本身当作神。不过，看上去更有可能的是，他们把树当作了祭坛。这种行为的原因，我能想到的只有它是危险路途中的地标这一点。本塔纳山[②]同样从很远处就能看到。一个高乔人曾告诉我，他有一次与一个印第安人在科罗拉多河以北几英里的地方骑马，印第安人突然发出了和看到圣树时一样的喊声，双手放在头上，然后指向本塔纳山的方向。当问到这样做的原因时，印第安人用结结巴巴的西班牙语说：“第一次看到山。”

走过这棵神奇的树大约两里格路程，我们停下来宿营。这时，眼尖的高乔人发现了一头可怜的母牛，他们于是全力冲了出去，几分钟后就用套索把母牛拖了回来屠宰了。这样我们就集齐了宿营生活的四样必备物品：马的饲料、水（只有一个混浊的水坑）、肉和柴火。高乔人因为找到了这些奢侈品而情绪高涨。不久，我们就去收拾那头可怜的母牛。这是我第一次在露天过夜，马具就是我的床。高乔人自由自在的生活让我很向往——他们能在任何时候勒住你的马，说：“今天我们就在这里过夜了。”原野上死一般的寂静，几条狗在放哨，像吉卜赛人一样流浪惯了的高乔人把床铺围在火堆旁。这一夜

---

① 马黛茶（maté）：南美洲特产饮料，茶叶用巴拉圭冬青的叶和嫩芽制作。——译注

② 本塔纳山（Sierra de la Ventana）：位于布宜诺斯艾利斯省的山脉，是潘帕斯草原内仅有的两道山脉之一，最高峰海拔1239米。——译注

的情景在我脑中留下了深刻的印象，永远不会磨灭。

第二天，原野还是与之前描述的很相似。这里有鸟类和动物栖息，但数量非常少。有时能看见一只鹿或一头原驼（Guanaco），但最常见的四足动物还是巴塔哥尼亚豚鼠（Cavia Patagonica）。这种生物与我国的野兔类似；但它与兔属动物在许多重要方面还有差别。例如，巴塔哥尼亚豚鼠的后腿只有三个脚趾，另外，它的体型接近于兔子的两倍，达到9–12千克重。巴塔哥尼亚豚鼠很喜欢沙漠，常常能看见两三只豚鼠一个接一个敏捷地跳着穿越荒野。它分布的北界是塔帕尔肯山（Sierra Tapalquen，位于南纬37°30′），那里的原野突然变得更绿、更潮湿；南界是盼望港①与圣胡利安港②之间，这一侧的自然情况没有什么改变。

奇怪的是，虽然现在巴塔哥尼亚豚鼠在南至圣胡利安港的地方已经看不见了，但伍德船长③说，他们1670年航行到此地时，那里还有无数的巴塔哥尼亚豚鼠。是什么原因改变了这种动物在一片无人居住、人迹罕至的广阔平原上的分布范围呢？另外，就伍德船长某一天在盼望港猎获的数目来看，它们的数量过去要比现在多很多。在有毛丝鼠（Bizcacha）生活的地区，它们会利用毛丝鼠挖掘的地洞，但在像布兰卡港这样没有毛丝鼠生活的地方，巴塔哥尼亚豚鼠会自己挖掘地洞。这种情形与生活在潘帕斯草原的穴鸮（一种小型猫头鹰）类似，穴鸮常被描述成像个哨兵一样站在洞口。乌拉圭河东岸地区④没有毛丝鼠分布，穴鸮不得不自己挖洞作为栖息地。

第二天早晨，随着我们渐渐接近科罗拉多河，地表的外观有了变化：我们很快来到一块草原，草原上的花卉、高大的三叶草和小小的猫头鹰，都是潘帕斯草原的特征。我们还经过了一片泥泞的沼泽，沼泽面积相当大，在夏季会变干，表面覆盖着多种盐的结晶，因此被称为"盐壳沼"（salitral）。沼泽表面覆盖着低矮的多肉植物，与海边生长的是同一个种类。我们渡过了科罗拉多河，渡河处的河面只有55米宽，一般情况下河宽大概是这里的两倍。河道非常蜿蜒曲折，两岸生长着柳树和一丛丛的芦苇。从这里到入海口，直线距离据说是9里格，而水路有25里格。我们想要坐独木舟过河的时候，正好有大群母马在河里游泳，跟着一队士兵深入内陆，因此我们拖延了一段时间。这是我见过最滑稽的场景了：成百上千个马头朝同一方向，耳朵尖尖的，鼻孔膨大，不停喷着鼻息，

---

① 盼望港（Port Desire），现名德塞阿多港（Puerto Deseado），由英国航海家托马斯·卡文迪什（Thomas Cavendish）于1586年初次到达，并以其旗舰名称命名，后改为西班牙语名称。——译注

② 圣胡利安港（Port St. Julian），现名Puerto San Juli á n，由葡萄牙航海家麦哲伦于1520年初次到达并命名。——译注

③ 约翰·伍德船长（Captain John Wood）：英国探险家，1670年在约翰·纳伯勒（John Narborough）指挥下来到盼望港。——译注

④ 乌拉圭河东岸地区（Banda Oriental），全称Banda Oriental del Uruguay，是乌拉圭河以东、拉普拉塔河以北的地区，包含现乌拉圭、巴西的南里奥格兰德州和圣卡塔琳娜州一部。——译注

恰好露出水面，就好像一大群两栖动物。马肉是士兵们远行时唯一的食物。这让他们拥有了很强的移动力，因为在这样的平原上，马能跑的距离相当惊人。有人肯定地对我说，一匹卸了马具的马，连续几天里每天都能跑一两百公里。

罗萨斯将军的军营离河很近，四四方方，有畜力四轮车，有大炮，有稻草屋。士兵基本上都是骑兵。我认为之前从来没有哪支军队有这么邪恶，匪气这么重。大多数士兵都是混血儿，有黑人、印第安人或西班牙人的血统。我不知道是什么原因，但这种血统的人很少露出友好的表情。我去拜访将军的书记官，向他展示我的护照，他开始威严而神秘地盘问我。幸好我有一份布宜诺斯艾利斯省政府[1]发给巴塔哥内斯的长官的推荐信。推荐信递到罗萨斯将军那里，得到了将军热情的回应：书记官满脸殷勤地回来了。我们住在一个有趣的西班牙老人的小屋里，他曾经在拿破仑东征俄罗斯时在法国军队服役过。

我们在科罗拉多待了两天。我基本无事可做，因为周围是个沼泽，夏天（12月）安第斯山脉上的雪融化后，这个沼泽会被河水淹没。我的主要娱乐就是观察印第安家庭来我们的小屋买些小物品。据说，罗萨斯将军有大概600个印第安人同盟。他们个子很高，面容英俊，可是我们后来在火地岛见到的野蛮人，虽然他们与这些印第安人外表一样，却因为寒冷、缺乏食物、不够开化而形容丑陋。

有的作者在定义人类的主要种族时，把印第安人分为两类，这无疑是错误的。印第安的年轻女性（称为china），有的甚至算得上漂亮。她们的头发很粗糙，但是乌黑光亮，编成两条发辫，一直垂到腰际。她们面色红润，双眼闪耀着光芒，腿脚和手臂小巧优雅，脚踝上装饰着蓝色小物件编成的镯子，有时手腕上也有。有几个印第安家属让人觉得非常有趣：一个母亲会带着一两个女儿同骑一匹马来到我们的小屋。她们像男人一样骑马，不过膝盖的位置向上推得更高。这种习惯，或许是因为她们在旅行时常骑在运货的马背上。女性的职责是给马装卸货物和铺过夜的帐篷，简而言之，与所有野蛮人的妻子相同，是好用的奴隶。男人的职责则是打仗、捕猎、照顾马和制作马具。他们在室内主要所做的事，就是把两颗石头互相撞击，直到撞圆，用来制作流星套索[2]。印第安人使用这种重要的武器，不仅可以捕猎，也能捉回乱跑的马。在打仗时，他首先扔出流星套索，试图把对手砸下马，然后用长矛杀死落马的敌人。如果石球只绕在猎物的脖子或身体上，那么多半会被猎物带走。由于把石头撞圆需要两天的工时，所以制造石球是很普遍的工作。有些男女会把脸涂成红色，但我从没见过过那种在火地岛人中很普遍的横

① 布宜诺斯艾利斯省政府向我这个“小猎犬”号上的博物学家发放护照，让我在全国各地自由通行。在此，我对布宜诺斯艾利斯省政府致以最诚挚的谢意。

② 流星套索（Bola）：绳子两端系着石球的投掷武器，打猎时主要用于缠绕猎物的腿。——译注

向条纹。他们的身份象征主要来自一切银制品。我曾见过一个酋长，他的马刺、马镫、小刀柄和马辔都是银质的，其中笼头和缰绳都是银线制成，不比马鞭绳更粗；一匹火红的马在这样轻的链子操控下奔跑，足见骑手的优雅啊！

罗萨斯将军暗示要见我，这次会面后来让我很高兴。他是个气度不凡的人，在国内有巨大的影响力，看起来他也很可能会利用这影响力来推动国家的发展[①]。据说他拥有74平方里格的土地，有30万头牛。他的庄园管理得井井有条，玉米产量比别人的庄园要高得多。他最初赢得声望，是因为他在自己的领地中实行的法律，也因为他训练了几百人，成功抵挡了印第安人的多次攻击。现在，关于他的法律的严格程度有许多传说。其中就有一条禁止在星期天携带刀具的法律，违者要套上固定的足枷拘禁起来，因为星期天主要是用来赌博和喝酒的，经常会导致冲突，如果持刀打斗，就会发生命案。

一个星期天，省长兴致高昂地访问他的庄园。罗萨斯将军急匆匆地前来迎接，像平时一样，腰带上别着佩刀。管家拉了拉他的手臂，提醒他那条法律，于是罗萨斯将军转向省长解释道，他非常抱歉，他得把自己套上足枷关起来，而直到放出来之前，即便在自己家里也没有任何权力。过了一会儿，有人劝说管家打开足枷，把他放了出来，但他出来后，立刻告诉管家："现在你触犯了法律，你必须代替我套上足枷。"这类行为让高度重视平等和尊严的高乔人很满意。

罗萨斯将军还是个完美的骑手。这个国家的军队用以下的程序来选择它的将军：把一队没有驯服的马赶到兽栏里，从一个门放出来，门上有一条横梁。无论是谁，只要能从横梁上跳到马背上，不仅能骑无鞍无辔的马，还能把马骑回兽栏的门，就能被选为将军，能做到的人也无疑能胜任将军职务。罗萨斯将军漂亮地完成了这一连串超常规的动作，这丝毫不是偶然。

他不仅有这些手段，还穿高乔人的服装，遵守他们的习惯，因此在国内获得了广泛的拥护，于是拥有了巨大的权力。一个英国商人信誓旦旦地告诉我，曾有个杀人犯，当被抓起来问到杀人动机时，他说："那家伙说了对

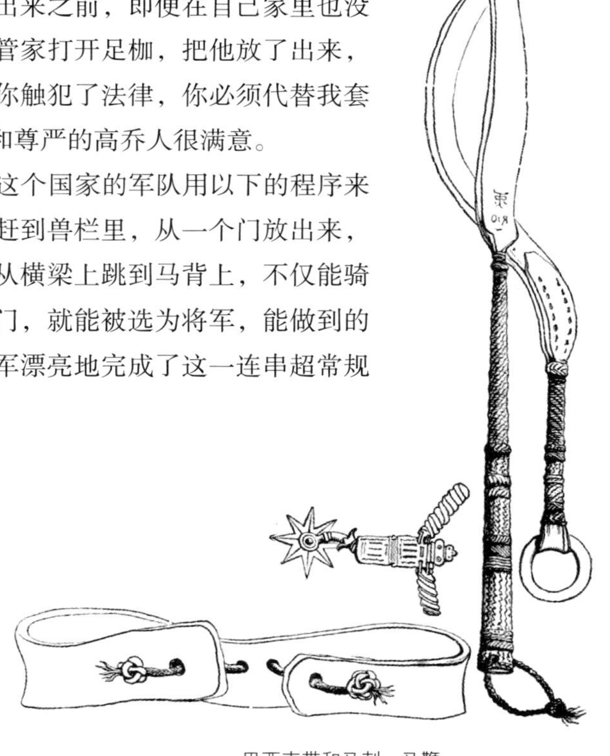

巴西束带和马刺、马鞭

① 这一预言现在看来，是个悲剧性的巨大错误。1845。

罗萨斯将军不敬的话，所以我杀了他。”一周后，这个杀人犯就自由了。毫无疑问，这不是罗萨斯将军自己的行为，而是他的支持者做的。

我们谈话时，他热心、通情达理，也很严肃。他的严肃也是名声在外的。我听他的一个小丑（他像古时候的贵族那样，豢养了两个小丑）说到这样一则轶事：“我很想听一段音乐，所以我再三去向他请求。他对我说：‘去做你自己的事，我有事要忙。’我第二次去的时候，他说：‘你要是还敢再来，我会处罚你。’第三次我去请求时，他笑了。我赶紧跑出了帐篷，但为时已晚——他命令两个士兵抓住我，把我绑在柱子上。我以天堂的每一位圣人之名祈求他能放我一马，但也没有效果，将军只要一笑起来，就不会宽恕任何人。”这个可怜的轻浮男人回想起当时情景，脸上浮现出痛苦的神情。这是一种很重的惩罚：地上插着四根杆子，他的四肢就绑在柱子上拉成水平，一直绑几个小时不放开。这种刑罚的灵感，明显是来自晒干兽皮的方法。在与我的谈话中，罗萨斯将军没有笑过一次。我从他那里得到了护照以及一份调用政府驿马的命令。他非常乐于帮助我。

早晨，我们向布兰卡港进发，这段旅途为时两天。离开军营，我们路过了印第安人的棚屋。棚屋像烤炉一样是圆形的，用兽皮覆盖，在开口处有长矛插在地上。棚屋分成几组，分别属于不同酋长的部落，每组内又依照棚屋主人的关系而分小组。我们沿着科罗拉多河河谷走了几公里，河岸的冲积平原看上去很肥沃，适合种植玉米。

我们离开河谷转向北方，迅速进入了一片不同于河以南地区的原野。土地仍然干燥贫瘠，但长着多种植物。草仍然是棕色的枯萎状，但分布更广，而多刺的灌木丛则更少见。再往前走，很快草和灌木都不见了踪影，土地完全裸露着。这种植被的变化显示，我们进入了富含石灰质和黏土沉积的土地。这种土壤遍布广阔的潘帕斯草原，也覆盖在乌拉圭河东岸地区的花岗岩表面。从麦哲伦海峡直到科罗拉多河，长约1300公里的空间内，土地的外观大致相同，覆盖着主要成分为斑岩的小圆石，这些圆石很有可能来自安第斯山脉。在科罗拉多河以北，岩层变得更细，圆石更小，因此巴塔哥尼亚的典型植被到这里就消失了。

骑行了约40公里，我们遇见了一连串宽阔的沙丘，目力所及之处，一直向东西两方延伸。起伏的沙丘覆盖在黏土层上，让小水塘能汇聚到一起，成为这个干燥的地区宝贵的清水来源。土壤的隆起和下陷带来的巨大好处，是人们常常视而不见的。从内格罗河到科罗拉多河那两处状况糟糕的泉水，是因为地形还有那么一点起伏；如果一点起伏都没有的话，那也就不会有泉水了。沙丘带大约宽13公里。在历史上的某个时段，这个沙丘带曾位于现在科罗拉多河流过的地方，形成一个巨大河口的边缘部分。在这个地区，近期地壳隆起的证据确凿无疑，因此任何人只要考虑到这里的自然地理情况，就很可能这样猜想。越过沙丘区域后，我们于当晚来到一个驿站。此时，驿站的马正在远处吃草，于是我们决定就在这里过夜。

驿站的房子就建在一个四五十米高的山岭脚下，这种山岭是这里典型的地貌特征。驿站的指挥官是个出生于非洲的黑人中尉。据说，从科罗拉多河直到布宜诺斯艾利斯，没有一个屋子能收拾得像他这里那么干净，这点真让人很称道。他有个小房间给陌生人住，也有个小马厩都是用树枝和芦苇做成。他还在房子周围挖了条沟，作为防御手段，但如果印第安人真的来进攻了，这恐怕起不到什么作用。他主要的宽慰似乎只能是想着给对方多造成点损失而已。不久前，就有一队印第安人在黑暗中路过这里。如果他们注意到了这个驿站，我们的黑人朋友和他部下的四个士兵恐怕就凶多吉少了。他是我见过的最礼貌、最友善的黑人。因此，当我知道他不会与我们坐下一起吃饭时，我心里就更加痛苦了。

早晨，我们早早地要来了马，开始了又一段令人兴奋的旅途。我们走过了卡韦萨-德尔布埃（Cabeza del Buey），那是一大片沼泽起点的旧地名，这片沼泽是从布兰卡港一直延伸过来的。在这里，我们换了马，走过了绵延几里格的湿地和盐沼。接着，我们换了最后一次马，继续在泥地里跋涉。这时我的马摔倒了，我全身都沾满了黑色的烂泥，这对我这个没有衣服可替换的人来说，可真是件非常不愉快的事故。离堡垒还有几公里的地方，我们遇到一个人。他告诉我们，刚刚有一门大炮响了，这表示印第安人接近了。我们立刻离开了道路，沿着一片湿地的边缘走，如果被追击的话，这样做最有可能逃掉。我们终于到了城墙之内，安下心来，却发现其实只是一场虚惊，原来这些印第安人是友军，他们希望加入罗萨斯将军的部队。

布兰卡港几乎还算不上是一个村庄，只是深沟高墙围绕着几间房屋和军营罢了。这里不久前才建起来（1828年），它的发展一直是个问题。布宜诺斯艾利斯省政府非正义地用武力占据了这里，而没有仿效西班牙总督的高明先例：西班牙人当年从印第安人手中购买了位于内格罗河的定居点周围的土地。如此一来，现在就有建立要塞的必要了。因此，在要塞墙外就很少有房屋和耕地，甚至在要塞所在的平原边界以外，连牲畜都不能避免受到印第安人的攻击。

“小猎犬”号计划停泊的码头位于40公里以外。我从要塞指挥官那里要了一位向导和几匹马，去看看船有没有到达。我们经过一片沿一条小溪两岸延伸的绿色草原，进入了一大片平整的荒野，除了沙地、盐沼，就是裸露的泥土。有些部分有低矮的灌木丛，此外就只有富盐的地方生长着多肉植物。虽然环境如此恶劣，但还能常见到美洲鸵鸟、鹿、豚鼠和犰狳。向导告诉我，两个月前他曾差点死于非命：他和另外两个人到离这儿不远的地方打猎，却遇到了一队印第安人。印第安人追击他们，很快追上了他的两个朋友，把他们杀了。他的马腿也被流星套索缠住，但他跳下马来割断了套索。割套索时，他不得不绕过马以便躲避印第安人的矛头，但还是受了两处重伤。他又奋力跳上马鞍，拼着老命设法跑在印第安人的长矛之前，直到跑到看得见要塞的地方，印第安人才放弃了。从那以后，就有一条命令，任何人不准远离要塞。我出发时还不知道有这事，我很惊讶地发现，向导在非常认真地观察着一只在其他地方受了惊吓的鹿。

我们发现"小猎犬"号没有到达，只好走上归途，但马匹很快就走不动了，我们不得不在原野上露营。第二天早晨，我们抓住了一只犰狳，尽管把它连壳烤了，不失为一道美味佳肴，但远不足以充当两个饥肠辘辘的男人的早餐和午餐。我们过夜的地方，地面覆盖着一层结晶的硫酸钠外壳，因此没有一点水。即便如此，有的小型啮齿类动物竟然能在这里生活，半夜里，栉鼠就在我脑袋下方发出咕噜咕噜的声音。我们的马体力很差，早晨就因为没有饮水而筋疲力尽，我们不得不徒步前进。中午，我们的几条狗杀死了一头小山羊。我们烤了它。我吃了点羊肉，却让我更无法忍受口渴了。更让我痛苦的是，虽然最近下过雨，路上到处是水坑，里面满是清水，却没有一滴是能喝的。我罕见地20个小时没喝一口水，其中只有一部分时间是在烈日下行走，但口渴让我非常虚弱了。我无法想象一个人如果连续两三天陷入这种情况，要怎么才能活下来？同时我也必须承认，我的向导看上去一点也不痛苦，还对我一天没喝水就这么严重很是惊讶。

我曾好几次提及地面结了一层盐壳。这种现象与盐田有很大区别，也更不寻常。在南美洲的许多地方，只要气候较为干燥，就会出现盐壳，但依我所见，这种情况就数布兰卡港附近最为普遍。这里的盐，以及巴塔哥尼亚其他一些地方的盐，主要成分是硫酸钠，也有少量食盐。只要这种盐地（西班牙语"salitral"，因为西班牙人把硫酸钠误认为俗称"saltpeter"的硝酸钠）还潮湿，就会呈现黑色泥泞的土壤的样子，上面还散布着一些多肉植物，但只要经过一星期的炎热天气，就会令人惊讶地变成以平方公里计的白色原野，就像刚下了一场小雪，到处被风吹成小堆。这主要是因为随着水分的缓慢蒸发，盐在枯萎的草叶、树桩和裂开破碎的泥土周围析出，这与水池底下结晶盐的形成方式不同。

盐地通常出现在两种地形：一是海拔仅数米的平整地面；一是河边的冲积土地。帕尔沙佩先生（M. Parchappe）[①]发现，距离海边几公里的盐壳，主要成分是硫酸钠，只有7%的食盐；更接近海边时，食盐比例增加到37%。这种情况使人容易相信，硫酸钠来自土地，最近这个干燥地区的地壳缓慢抬升时，氯化物留在地表，转化成了硫酸钠。这种现象非常值得博物学家注意。喜盐的多肉植物，体内能储存大量钠盐，但它能分解氯化物吗？包含有机物、散发恶臭的黑色淤泥，能产生硫，最终生成硫酸吗？

---

① 纳西斯·帕尔沙佩（Narcisse Parchappe）：法国探险家。载A. 多尔比尼（A. d'Orbigny）先生《南美洲旅行记》（*Voyage dans l'Amérique Mérid*），第1卷664页。

两天后，我又骑马去了码头。离目的地不远时，我的同伴，也就是上次的同一个向导，发现有三个人正骑着马打猎。他立刻下了马，仔细观察他们，说：“他们骑马的姿态不像基督徒，而且现在没有人能离开要塞。”那三个人会合了，也下了马！最后，其中一个上了马，越过山丘消失在视野中。同伴说：“我们必须立刻上马！给你的手枪上好子弹。”他瞧了瞧自己的剑。我问：“是印第安人吗？”——“谁知道？如果他们不超过三个人，就没有问题。”我立刻想到，那个走掉的人可能是去请整个部落的人过来，这个念头让我心惊肉跳。我说了我的想法，但换来的还是一句“谁知道”。他的双眼始终缓慢扫视着遥远的地平线。我觉得他异常地镇静，要是在开玩笑，那也太逼真了。问他为什么不返回，他的回答又让我吃了一惊：“我们正在返回，不过我们要走的线路靠近一个沼泽，进去以后就纵马全速飞奔，能跑多远跑多远，然后用自己的双腿跑，这样就没有危险了。”我不太自信能做到这个方案，提议加速。他说：“不，他们不加速我们也不加速。”当有地形遮蔽，他们看不见我们时，我们就加速，但能看见时还是慢慢走。最终我们到了一条山谷，向左转，快速跑到一个山丘脚下。他让我牵着他的马，让狗趴下，自己徒手爬上去侦察。他停住了一会，然后大笑着叫道：“是女人！”他认出来了，她们是少校儿子的妻子和小姨子，来找鸵鸟蛋的。

我描述这个人的行为，是因为他完全把她们当作印第安人来行事了。但是，他发现自己搞错了以后，立刻给了我一大堆理由说明为什么她们不可能是印第安人，不过我都忘了。然后，我们平安无事地骑着马到了一个称作蓬塔阿尔塔（Punta Alta）的地方。这里地势较低，不过基本上能看到布兰卡大海港的全貌。

广阔的水面被无数巨大的淤泥堆分割开了，当地人把这些淤泥堆叫做“蟹居”，因为其中居住着很多小蟹。淤泥太软了，根本没法在上面行走，一步都不行。许多淤泥堆的表面长着高高的灯芯草，在高水位时还能看见顶端。有一次，我们在坐船时陷入了这种浅水区，好不容易才找到一条出路，除了平坦的淤泥床，什么都看不到；这天的天色也不太亮，大气出现了海市蜃楼，或者用水手们的话说，“什么都在高处若隐若现”。我们视野内唯一不是水平的物体就是地平线了，灯芯草看上去就像浮在空中的灌木丛，水面像淤泥堆，淤泥堆又像水面。

我们在蓬塔阿尔塔过夜，我忙于寻找化石。这里是已灭绝的古代巨兽绝佳的地下墓穴。夜晚宁静无云，景色极端单调，看着淤泥堆和海鸥、小沙丘和独行的秃鹫，也别有趣味。骑马返回的路上，我们发现了很新鲜的美洲狮踪迹，但没能找到它。我们还看到了一对臭鼬（Zorillo），这种讨人厌的动物也很常见。通常臭鼬长得很像鼬猫，不过更大一些，分布密集得多。它很清楚自己的能力，因此敢于白天在开阔的平原上游荡，不怕狗，也不怕人。如果猎狗被人驱赶着攻击臭鼬，臭鼬就会放出几滴带恶臭的油，让狗勇气尽失。这种气味会让猎犬极度恶心，鼻水直流。不管什么东西，只要被这种油污染，就再也没有用了。阿萨拉[1]说这种臭味在一里格外都能闻得到。有好几次，当我们的船驶入蒙得维的亚（Monte Video）的码头，风吹向海上时，臭味就传到了“小猎犬”号上。理所当然，一切动物都很愿意为臭鼬让路了。

押送囚犯

① 费利克斯·德·阿萨拉（Félix de Azara，1746–1821）：西班牙将军、博物学家、工程师，曾在南美停留20年，进行各种考察。——译注

非正规军

# 第五章

# 布兰卡港

布兰卡港——地质学——无数已灭绝的巨大四足动物——近期的灭绝——物种存在时间——大型动物不需要茂盛的植被——南部非洲——西伯利亚的化石——两种美洲鸵鸟——灶鸟的习性——犰狳——毒蛇、蟾蜍、蜥蜴——动物的冬眠——海鳃的习性——印第安人战争和大屠杀——箭头，历史遗物

"小猎犬"号于8月24日抵达布兰卡港，一周后出航驶向拉普拉塔河。我得到了菲茨·罗伊船长的许可，走陆路前往布宜诺斯艾利斯。在这里，我会添加一些考察内容，是我这次和前一次前往布宜诺斯艾利斯时做的，上一次"小猎犬"号正在考查港口。

距离海岸数公里处的平原属于大潘帕斯草原构造，部分由红色黏土组成，部分由富含钙质的泥灰岩组成。接近海岸处，部分土壤是平原高处的土壤粉碎后形成的，含有淤泥、砾石和沙粒。沙粒是地壳缓慢隆起过程中大海的力量运送上来的。对于这次隆起运动，我们有抬升的地层中所保存的近期贝壳，以及随处可见的卵形浮石为证。在蓬塔阿尔塔，有一片这种后来形成的小平原，其中含有巨大的陆地动物的化石，数目众多、特色各异，让人产生浓厚的兴趣。欧文教授在《"小猎犬"号科学考察动物志》（*Zoology of the Voyage of the Beagle*）中完整地描述了这些化石，这本书现藏于英格兰皇家外科医学院（College of Surgeons）。现在，我只能简明扼要地提一下化石的情况。

首先，是三具大地獭（Megatherium）的部分头骨和其他骨头的化石。化石的尺寸巨大，这从名字就能看得出来。第二，巨爪地懒（Megalonyx），体型巨大，和前者有亲缘关系。第三，伏地懒（Scelidotherium），同样与大地獭有亲缘关系，我获得了几乎完整的一具骨架。伏地懒的大小应该与犀牛相当。按欧文先生的说法，它头骨的形状与土豚（Cape ant-eater，学名*Orycteropus afer*）类似，也有一些方面接近犰狳。第四，达氏磨齿兽（Mylodon Darwinii），是与前者亲缘关系很近的一个属，体型略小。第五，另一种贫齿四足动物。第六，一种大型动物，有分块的骨状甲，与犰狳的甲类似。第七，一种已灭绝的马，我后面会提到。第八，一种厚皮动物（Pachydermata）的牙齿，很可能来自长颈驼（Macrauchenia），这是一种巨大的野兽，颈很长，形似骆驼，我后面也会提到。最后，箭齿兽（Toxodon）。箭齿兽或许是有史以来所发现的动物中最奇怪的一种：它的体形与象或大地獭相当，但是按照欧文先生的说法，它的牙齿的结构无可置疑地显示，它与啮齿动物的亲缘关系很近，而啮齿动物今天包括大多数最小的四足动物。从许多细节上看，箭齿兽类似厚皮动物；从眼耳鼻的位置上看，它很可能是水栖的，类似儒艮和海牛。现在距离如此遥远的几个目，竟能在箭齿兽身上分别找到类似的特征，多么神奇！

这九种巨大的四足动物的化石以及许多单独的骨头都是在沙滩里发现的，分布在约200米见方的区域内。如此众多的动物化石在同一个地方发现，这种情况很值得注意，也证明了当时在这个区域内，这些动物的数量一定很多。离蓬塔阿尔塔50公里的一片红土峭壁上，我发现了一些骨化石的碎片，有的尺寸相当大。其中有一只啮齿动物的牙齿，大小相当于水豚（Capybara）的牙齿，形状也非常相似。水豚的习性之前有描述，因此这种动物很可能是水栖的。还有一只栉鼠属（Ctenomys）动物，与现代的栉鼠不同种，不过整体上很相似。埋着这些化石的红土与潘帕斯草原上类似。埃伦伯格教授[①]说，其中含有8种淡水微型动物和1种咸水微型动物。因此，这里可能是当年的河口冲积层。

蓬塔阿尔塔的化石埋在成层的砾石和红色淤泥之间，这里海水会漫过低矮的岸边，冲刷上来。与化石一起发现的还有23个物种的贝类动物，其中13种是现有的物种，4种很接近现有的物种[②]。伏地懒的化石基本按照原来的相对位置分布[③]，甚至包括膝盖骨；类似犰狳的大型动物，其骨质甲和一条腿也保存得很好，我们可以基本确定，这些骨化石当时与贝壳一起埋在砾岩层中时。还很新鲜，通过韧带连接在一起。因此我们有充足的证据说明，上述这些巨大的四足动物，相比今天的动物，反而与欧洲第三纪最古老的四足动物更接近。在这些动物生活的年代，海生动物中已有许多与当代相同的种。我们还确定了莱尔先生[④]一直坚持的一条特别的法则："哺乳动物的物种，存在时间要远远少于有壳目动物。"[⑤]

包括大地懒、巨爪地懒、伏地懒和磨齿兽在内，这些披毛动物骨化石的巨大尺寸，非常令人惊奇。这些动物的习性对博物学家来说曾是个彻底的谜，直到欧文博士[⑥]天才地解决了这个问题。它们的牙齿结构简单，因此它们是草食的，很可能吃树叶和小嫩枝。它们体态笨重，巨爪弯曲而有力，都不适合移动，因此有些杰出的博物学家曾相信，它们与亲缘关系很近的树懒类似，能背朝下地在树上爬行，吃树叶为生。即便是史前的巨大树木，要设想有树枝能承受和大象一样大的动物的体重，这想法即便不算荒谬，也够大胆了。欧文教授的观点可行性大得多。他认为，这些巨大的披毛动物不爬树，而是抓住树枝，从根部折断其中较细的，然后吃叶子。它们的后肢极粗极重，令人难以想象，不过从这个角度看，粗壮的后肢并不是累赘，反而有重要的作用，让它们不像看上去那么笨拙。它们有力的粗大尾巴和巨大的后腿牢牢地固定在地面，就像个三脚架，因此可

---

① 克利斯蒂安·戈特弗里德·埃伦伯格（Christian Gottfried Ehrenberg，1795–1876）：德国博物学家、动物学家、微生物学家。——译注

② 本书写成后，阿尔西德·多尔比尼先生（Alcide d'Orbigny，法国著名博物学家）检验了所有的贝壳，宣布它们全都是现存的物种。

③ 奥古斯特·布拉瓦尔先生（Autuste Bravard，法国古生物学家）曾在一本西班牙语书籍（《Observaciones Geologicas》，1857）中描述了这个区域。他相信这些已灭绝的哺乳动物的化石是从潘帕斯沉积层中被冲刷而出现的，最终与现在仍存在的贝类动物化石埋在一起，但我觉得不能信服。布拉瓦尔相信潘帕斯沉积层是个地表结构，与沙丘类似，我认为这种说法站不住脚。

④ 查尔斯·莱尔（Charles Lyell，1797–1875）：英国著名地理学家，著有《地质学原理》，渐变论的重要推广者。——译注

⑤ 《地质学原理》第4卷第40页。

⑥ 这种理论最初提出于《"小猎犬"号科学考察动物志》，随后于欧文教授的《论强壮磨齿兽》（*Memoir on Mylodon robustos*）中得到完善。

以自由运用粗壮前臂和巨爪的力量。就算树根扎得再稳，又怎能抵抗它们的神力！另外，磨齿兽还有类似长颈鹿的可伸长的舌头，这是自然的美妙赠礼，再加上长脖子的帮助，让它们够得着爱吃的树叶。我注意到，在阿比西尼亚[①]，按照布鲁斯[②]的说法，大象在用鼻子也够不着树枝时，会用长牙在树干上下四周刻出深深的沟痕，直到树干足够脆弱，能够推倒。

埋藏上述化石的地层只比高潮位高出4.5–6米，也就是说自从那些巨大的四足动物在四周的平原生活以来，地壳的隆起并不明显（除非陆地在某段时期下沉了，不过我们没有这方面的证据），那么当时的地形地貌一定也与现在的非常接近。自然有人会问，当时这里的植被情况如何？像现在这样极度荒凉吗？由于埋藏在一起的贝类动物与附近现存的物种相同，我最初也倾向于认同当时的植被情况与现在相近，但这是一种错误的推断，不仅因为其中有些贝类动物实际上生活在植物生长茂盛的巴西海岸，也因为总体上海生生物的组成对于判断陆生生物种类没有什么作用。虽然如此，考虑到下述的一些因素，我仍然认为，曾有很多巨大的四足动物生存在布兰卡港附近的平原上，并不意味着当时这里的植被很茂盛。我毫不怀疑，南面不远，即内格罗河附近只散布着多刺植物的荒凉原野，也适合许多巨大的四足动物生活。

有一种假设一直为人所广泛接受，并在各种著作中出现，即巨大的四足动物需要茂盛的植被才能生活，但我坚决认为，这是完全错误的，而且它会削弱地质学家关于古代历史上一些重要事实的论证可信度。这一偏见或许来自印度和东印度群岛[③]，因为在那里，每个人的印象中都交织着象群、茂密的树林和人类无法进入的丛林。但是，如果我们读一读任何穿越南部非洲的游记，我们就会发现，几乎每一页都暗示着那里土地的沙漠特征，或其中生活的大型动物的数量。南部非洲内陆地区已经出版的各种版画作品，同样也说明了这一点。“小猎犬”号停泊于开普敦时，我曾花了几天时间深入内陆旅行，旅行所见让我对所读到的内容理解得更加明确了。

安德鲁·史密斯博士[④]最近刚刚率领一群富有冒险精神的同伴越过了南回归线。他告诉我，考虑到南部非洲的整体情况，毫无疑问那里的土地是贫瘠的。虽然在南部和东南部的海边有一些茂密的森林，但除此之外，旅行者可能连续几天行走在植被缺乏的空旷平原上。那里的土地肥沃程度很难用准确的概念进行表达，但可以有把握地说，在任

① 阿比西尼亚（Abyssinia）：非洲东部的一个地区，大致相当于今天的埃塞俄比亚和厄立特里亚。——译注

② 詹姆斯·布鲁斯（James Bruce，1730–1794）：苏格兰旅行家、游记作家，曾长时间游历北非和埃塞俄比亚。——译注

③ 东印度群岛（East Indies）：历史上欧洲人对东南亚诸岛屿的称呼。——译注

④ 安德鲁·史密斯（Andrew Smith，1797–1872）：苏格兰外科医生、探险家、动物学家，在南部非洲动物学方面做出开创性的贡献。——译注

何一个季节[①]，英国拥有的植物甚至要比南部非洲相同面积的植物多十倍以上。事实上，在南部非洲，除了海边，牛拉的车均可以朝任何方向行驶，根本不用停下来超过半小时来砍伐拦路的灌木，或许这样说对南部非洲的荒凉情况是个更精确的描述。现在，看一看南部非洲广阔的平原上生活的动物，我们就会发现动物数量非常多，体型也很大。其中有非洲象，三个物种的犀牛（按史密斯博士所说，还有两种），河马，长颈鹿，与成年公牛一样大的非洲野牛，略小一些的大羚羊（伊兰羚羊），两种斑马，斑驴[②]，两种角马，以及比上述最后几种动物体型还要大的几种羚羊。或许有人会说，虽然物种数量很多，但每个物种的个体数量可能很少，但在史密斯博士的支持下，我能够说事实并非如此。他告诉我，在南纬24°乘牛车前进的一天中，他没有向两侧迂回多远就发现了100-150头犀牛，属于三个种；他还看到了几群长颈鹿，加起来接近100只。虽然他们没有见到大象，但确实在这个地区发现过大象。距离史密斯博士等人前一晚的宿营地一个多小时路程的地方，他的同伴在一处就猎杀了8头河马，而看见的则要多得多。同一条河里还有鳄鱼。当然，有这么多大型动物聚集在一起是很不寻常的，但这有力地证明，这些大型动物的数量一定很多。史密斯博士把那天经过的草原描述为"草稀疏地生长着，灌木丛大约1米多高，含羞草更加少见"。这一天，牛车基本沿一直线行驶，没有受到阻碍。

除了这些大型动物，任何对开普省的自然历史有所了解的人，都应该读过关于羚羊群的故事。羚羊群的规模只有迁徙中的候鸟群能与之相比。实际上，非洲狮、豹和鬣狗以及大群猛禽的数量，就能够说明较小的四足动物之多了。一个夜晚，在史密斯博士的营地附近同时发现有7头狮子正在徘徊。正如这位杰出的博物学家对我说的，在南部非洲，每天都发生着骇人的杀戮！我承认，这么多的动物要如何在物资如此匮乏的地区生存，是很令人惊讶的。无疑，较大的四足动物会在原野上游荡、觅食，它们的主要食物是低层树丛，一小丛植物就很可能含有相当多的营养。史密斯博士还告诉我，植被生长得很快，食草动物消费的速度还赶不上草生长的速度。但是，我们对巨大的四足动物所需食物的量无疑估计过高了！应该记住，骆驼这种一点也不算小的动物，就正是沙漠的代表啊！

认为四足动物生存的地方必须有茂盛的植被的想法更加值得注意，因为这种想法反过来也完全是错的。伯切尔先生[③]对我说，他去巴西时，最让他惊讶的是，南美洲的植物如此壮观，但与南部非洲大相径庭的是却没有大型的四足动物。在他的《游记》[④]中，他提出，比较一下这两个区域内相等数量的大型食草四足动物各自的体重（如果有足够数

---

① 我这样的表达方式，是为了排除在一个时期内先后生存和消失的总数。

② 斑驴：斑马的亚种，已在19世纪后期灭绝。——译注

③ 威廉·伯切尔（William Burchell，1781-1863）：英国探险家、博物学家、作家。——译注

④ 《南部非洲内陆游记》（*Travels in the Interior of South Africa*），第2卷207页。

据的话），结果会相当奇特。看非洲一边，是象[①]、河马、长颈鹿、非洲野牛、伊兰羚羊以及至少有三种或许有五种的犀牛；美洲一边，是两种貘、原驼、三种鹿、小羊驼、西貒[②]、水豚（之后我们就要从猴子当中选一种来配齐两组完整的数据），然后把这两组动物依次排列好，恐怕很难让人想象出这两组动物在体型大小上这么不相称。从以上的事实中我们不得不得出以下结论：与之前的想法[③]相反，在哺乳动物中，物种的体形大小与栖息地的植物数量没有什么紧密的联系。

说到大型四足动物的数量，世界上没有哪个地方能与南部非洲相比。根据上述各种说明，南部非洲的极端沙漠特征是毫无疑问的。在欧洲，我们必须回溯到第三纪[④]，才能找到哺乳动物的情况与如今好望角地区的情况相似的年代。我们通常认为，第三纪中存在的大型动物数量非常惊人，因为我们在一些特定的地点找到了许多不同年代的化石，但数量仍然很难超越当今南部非洲生存的大型动物。如果我们要推测第三纪的植被状况，我们自然应该以当前的情况来类推，而不是绝对需要假设植被非常茂盛，因为我们在好望角地区所观察到的与此非常不同。

我们知道[⑤]，在北美洲一些极北的地区，地下一米多的泥土永久冰冻，但在超越永冻线纬度以北好几度的地方，还有高大的树木和森林。类似地，在西伯利亚，北纬64°[⑥]，平均气温低于冰点，土壤永久冰冻，但这片区域却完好地保存着动物尸体，也生长着桦树、冷杉、白杨和落叶松。有了这些事实，我们必须认同，如果只考虑植物数量的话，在第三纪晚期，欧亚大陆北部的大部分地区，大型四足动物生活在当今发现它们

① 在埃克塞特交易所（Exeter Change）被杀的大象估计（分块称量）重5.5吨。就我所知，作马戏团表演动物的母象有4.5吨重，因此我们可以认为成年象的平均体重约为5吨。我在萨里花园（Surry Gardens）听说，运到英格兰的一头河马被杀后分块称重，重3.5吨，这里我们以3吨计。有了这些依据，我们估计五种犀牛每种重3.5吨；长颈鹿应重1吨，非洲野牛和伊兰羚羊估计为0.5吨（一头大公牛重540–680公斤）。按照以上的估计，南部非洲十种最重的食草动物平均体重2.7吨。再看南美这边，两种貘加起来约500多公斤，原驼和小羊驼加起来250公斤，三种鹿一共230公斤，西貒、水豚和一种猴子一共140公斤。于是，平均体重为110公斤，而我认为这一结果还是偏高。这样，两个大陆最大的十种动物体重之比为6048：250，大约24：1。

② 西貒（Pecari）：生活在美洲大陆的猪形亚目动物，形似猪但体型略小。——译注

③ 假设我们发现了一具鲸的骨架化石，发现是与已知鲸目动物都不同的格陵兰鲸，怎样的博物学家会敢于猜测，这种鲸是以极北的冰海中微小的甲壳动物和软体动物为食的呢?

④ 第三纪：古近纪及新近纪的旧称，现已不再正式使用，时间为距今6500万年至260万年。——译注

⑤ 参见《贝克船长探险中的动物学评述》（*Zoological Remarks to Captain Back's Expedition*），理查德森博士（John Richardson，北极探险家、博物学家）著。他说："北纬56° 处的底土已经永远冻结，海岸边的表面融化层只有1米厚；在北纬64° 的熊湖畔，融化层不到0.5米厚。下层的冻土并没有摧毁植被，因为离海岸一段距离的地方，就有树林在表面生长繁荣。"

⑥ 参见洪堡（Alexander von Homboldt，德国著名自然科学家）《亚洲地质气候杂记》（*Fragmens Asiatiques*）386页；巴顿（Benjamin Smith Barton，美国植物学家）的《植物地理学》（*Geography of Plants*），以及马尔特–布戎（Conrad Malte–Brun，丹麦裔法国地理学家）。后一篇中提到，在西伯利亚，树能够生长的界线最北可能达到北纬70° 以北。

化石遗迹的地方。这里我没有提到它们食用的植物种类，但因为有证据表明动物的体型变化，也因为这些动物早已灭绝，所以我们可以假设，涉及的植物物种也类似地发生了变化。

我还要补充的是，以上的论述，是与在西伯利亚保存在冰层下的动物遗体直接相关的。由于人们坚信大型动物的生存必须依赖热带雨林繁茂的植物，这又与西伯利亚近乎永久冻土的环境无法调和，因此出现了一些理论，说是气候急剧变化或无法抵挡的大灾难导致了这些动物被埋在冻土中。我并不认为从这些动物生存的时代至今，气候完全没有变化，但现在我只是想说明，如果只考虑食物数量，那么古代犀牛可以在西伯利亚中部（北部当时很可能还在水面之下）的干草原，甚至现代的西伯利亚生活，与现存的犀牛和大象生活于南非的干旱台地高原上类似。

在巴塔哥尼亚北部的无人平原上，栖息着一些非常有趣的常见鸟类。接下来，我会详细描述其中几种鸟的习性。首先是最大的一种：美洲鸵鸟。美洲鸵鸟的普通习性，每个人都很熟悉。它们主要吃植物类食物，比如草和植物的根，但在布兰卡港，我曾多次见过三四只美洲鸵鸟在低潮位时走到快要晒干的大片泥滩上，高乔人说它们是在找小鱼吃。虽然美洲鸵鸟的习性是容易受惊、警觉、好独居、跑得很快，但印第安人和高乔人只要有流星套索在手，就很容易捕捉它。几个骑手组成半圆阵出现，就能迷惑它，让它不知往哪里逃跑。美洲鸵鸟一般喜欢逆风跑，一开始先张开翅膀，好像船张起满帆一样。一个炎热的晴天，我看见几只鸵鸟走进了一片高高的灯芯草地，蹲下来躲着，直到我离它很近时才跑开。大多数人不知道，美洲鸵鸟会游泳。金先生[①]告诉我，他在巴塔哥尼亚的圣布拉斯湾（Bay of San Blas）和瓦尔德斯港（Port Valdes），曾好几次见到鸵鸟从一个岛游到另一个岛。它们不管是被驱赶到角落，还是在没有受惊时，都冲进水里，游泳的距离大约是200米。游泳时，它们身体只有很小一部分露出水面，脖子向前伸长一点，游得很慢。我曾两次看见鸵鸟游过圣克鲁斯河（Santa Cruz river），在急流中游了约350米。斯特尔特船长[②]在澳大利亚的马兰比吉河（Murrumbidgee）顺流而下时，也看到过两只鸸鹋在游泳。

本地人从远处就能轻易分辨出美洲鸵鸟的雌雄。雄鸟体型更大，颜色更深[③]，头也较大。美洲鸵鸟发出单调低沉的嘶鸣声，我认为是来自雄鸟。我第一次听到这种叫声时正站在几个沙丘中间，不知道那声音是从哪个方向传来的，也不知道声源有多远，还以

① 菲利普·帕克·金（Phillip Parker King，1791–1856）：英国海军军官、探险家，澳大利亚和巴塔哥尼亚海岸的早期探险者。——译注

② 斯特尔特《游记》（*Travels*），第2卷第74页。——原注。查尔斯·斯特尔特船长（Captain Charles Sturt，1795–1869），英国探险家，曾探索澳大利亚。——译注

③ 一个高乔人告诉我，他曾看到过一只雪白的美洲鸵鸟，可能是得了白化病的，美丽无比。

为是来自某种野兽。我们在九、十月间待在布兰卡港时，曾在野外各处发现了非常多的美洲鸵鸟蛋。有的美洲鸵鸟蛋不在鸟窝里，而是散落着或单独出现，西班牙人称其为“haucho”；也有的蛋一起放在一个浅浅的坑里，这就是鸟巢。我一共看到过四处鸵鸟巢，其中三处各有22枚蛋，另一处有27个。有一天我骑马出去打猎，一共发现了64个美洲鸵鸟蛋，其中44个在两个巢中，剩下的20个是散落的（haucho）。高乔人一致肯定，雄鸵鸟单独孵蛋，并且照顾幼鸟一段时间，我也没有理由怀疑这种说法。雄鸵鸟在巢里孵蛋时会紧贴地面，我有次差点骑上了一只。有人告诉我，这个时候雄鸵鸟有时很具攻击性，甚至很危险，曾有雄鸵鸟攻击骑马的人，试图踢他、跳到他身上。告诉我这件事的人指着一位老人说，他曾经看到这位老人被美洲鸵鸟追逐，老人当时吓得不轻。我在伯切尔的《南部非洲旅游记》中读到，他“杀了一只雄鸵鸟，羽毛很脏，霍屯督人说这是一只居巢孵蛋的鸟”。我知道，动物园里的雄鸸鹋也伏在巢中孵蛋，所以这种习性是整个鸵科[①]共同拥有的。

高乔人还一致肯定，常有几只雌鸟在同一个巢中生蛋。有人明确地告诉我，曾看到有四五只雌鸟在一天中午一只接一只地跑到同一个巢中。我还要补充，在非洲有两只以上的雌鸵鸟居住在同一个巢中的情况[②]。虽然这种习性初看很奇怪，但我认为可以简单地解释为什么一个巢中的蛋多达20–40个，甚至有达到50个的，依照阿萨拉的说法，有时还会达到70–80个。那么，考虑到在一片区域内所发现的鸵鸟蛋的数目与成鸟的数目相比实在多得不成比例，又考虑到雌鸟卵巢的情况，我们可以认为，一只雌鸟在一段时间内生很多蛋的可能性很大，但是生蛋的过程一定拖得很长。阿萨拉说[③]，一只驯化的雌鸟生了17枚蛋，每两枚蛋的间隔是三天。如果雌鸟不得不自己孵蛋，那么最后一枚蛋生下来之前第一枚蛋很可能已经变质了；但如果每只雌鸟连续生几枚蛋在不同的巢里，又有好几只雌鸟都是如此，那么一处的蛋就可能大约是同时生下的。如果每个巢里的蛋如我相信的一样，不多于这个时期一只雌鸟平均生的蛋，那么鸟巢数就应该与雌鸟的数目一样多，雄鸟也就需要先后去几个巢来孵蛋，因为这段时间雌鸟没有生完蛋，不能坐下来孵蛋[④]。我之前提到过，被放弃的蛋（huacho）的数量也非常多，所以一天的打猎过程中能发现20枚蛋。有这么多蛋被放弃，看起来是很奇怪的事。这是因为雌鸟找不到同伴来合作生蛋或者找不到雄鸟来孵化吗？显然，最初至少该有两只雌鸟进行某种程度的合作，

---

① 今天的分类与此有所区别，鸵鸟、美洲鸵鸟、鸸鹋分别属于鸵鸟目、美洲鸵目和鹤鸵目，同属鸟纲古颚总目。——译注

② 伯切尔《游记》，第1卷第280页。

③ 阿萨拉，第4卷第173页。

④ 利希滕斯坦（Martin Lichtenstein，德国探险家、动物学家）却坚信［《游记》（*Travels*）第2卷第25页］，雌鸟下了10到12枚蛋后就能坐，然后接着下蛋，我推测是下在别的巢里。但我认为这种可能性不大。他还坚持认为，四到五只雌鸟与一只雄鸟合作孵蛋，而雄鸟只是在晚上孵。

否则蛋就会散落在开阔的原野上，相距太远，让雄鸟无法把蛋都捡回同一个巢。有些作者认为，散落的蛋是让幼鸟来吃的。在美洲，这种可能性很小，因为散落的蛋虽然常常变质甚至腐败，却基本都是完整的。

在巴塔哥尼亚北部的内格罗河地区时，我反复听到高乔人说起一种很少见的鸟，他们称之为“Avestruz Petise”（美洲小鸵，或称达尔文鸵鸟）。他们说，这种鸟比美洲鸵鸟罕见（美洲鸵鸟在当地非常常见），看上去两种鸟很相像。他们说，这种鸟颜色偏暗，有斑点，腿更短，羽毛覆盖的位置比美洲鸵鸟的更低。用流星套索抓这种鸟，比抓美洲鸵鸟更容易。有几个高乔人看见过这种鸟也看见过美洲鸵鸟，他们确定，能够从远处分辨出这两种鸟。知道这种鸟蛋的人似乎更多。他们说，这种蛋只比鸵鸟蛋小一点点——这有些意外，形状略有区别，带一点浅蓝色。这种鸟在内格罗河两岸的平原上出现得很少，但往南走1.5°，就比较多见。在巴塔哥尼亚的盼望港（南纬48°），马滕斯先生①猎杀了一只鸵鸟。当时我不可思议地完全忘了还有这种小鸵鸟，还观察了它一会，以为是一只普通的美洲鸵鸟，就是还没有完全发育成熟。我想起这回事的时候，它早就被煮熟吃掉了。幸运的是，我还保存了这只鸟的头、颈、双腿、双翅、许多较大的羽毛和一大块皮肤。后来，就用这些材料，制作了一具接近完整的标本，标本现在展示于伦敦动物学会的博物馆。古尔德先生②在描述这个新物种的时候，用我的名字命名了它，让我十分荣幸。

在麦哲伦海峡的巴塔哥尼亚印第安人中间，我们遇到了一个混血印第安人。他出生在北部省份，已经在这个部落里生活了许多年。我问他知不知道有“Avestruz Petise”这种鸟，他回答道：“哟，在这样的南方地区是基本上看不到别的鸟的。”他告诉我，这种鸟的巢里，蛋的数目要比美洲鸵鸟巢里少很多，平均不超过15枚。但他也说，有不止一只雌鸟在一个巢里下蛋。在圣克鲁斯河，我们看到了几只这种鸟。它们极度警觉，我认为在人还离它们很远、还看不清的时候，它们就能发现人的接近。逆流而上时，很少看见它们，但安静而迅速地顺流而下时，我们发现了成对的和四五只一群的这种鸟。我们注意到，这种鸟并不像北方的美洲鸵鸟那样，在开始全速奔跑时张开双翅。因此，我的结论是，从拉普拉塔到南纬41°的内格罗河略往南，是美洲鸵鸟的栖息地；美洲小鸵③（Struthio Darwinii）则生活在巴塔哥尼亚南部，内格罗河附近则是交界地带。阿尔西德·

---

① 康拉德·马滕斯（Conrad Martens，1801–1878）：英国风景画家，1833年作为随船制图员登上“小猎犬”号。——译注

② 约翰·古尔德（John Gould，1804–1881）：英国鸟类学家、鸟类艺术家。达尔文回伦敦后，携带的鸟类标本都由古尔德鉴定。——译注

③ 美洲小鸵现学名为*Pterocnemia Pennata*。——译注

美洲小鸵

多尔比尼[①]在内格罗河地区旅行时，费尽心力想要捕捉一只这种鸟，但终究没有成功。多布里茨霍费尔[②]很久以前就注意到存在两种美洲鸵鸟。他说："另外，你应该知道，鸸鹋

① 在内格罗河地区，我们听说了这位博物学家阿尔西德·多尔比尼的不懈努力，他自1825年至1833年穿越了南美洲的大部分，收集了许多标本，现在正出版自己的大量成果，这些成果让他跻身最伟大的美洲旅行家之列，仅次于洪堡。

② 马丁·多布里茨霍费尔（Martin Dobrizhoffer，耶稣会传教士，长时间在南美洲传教）《阿比庞人记》（*Account of the Abipones*），公元1749年，第一卷（英译本）第314页。阿比庞人，巴拉圭的美洲原住民民族，已消失。

在不同的地区体型和习性都不同，布宜诺斯艾利斯与图库曼[①]野外的鸸鹋体型就更大，有黑、白、灰色三种羽毛；而麦哲伦海峡附近的鸸鹋体型更小、更漂亮，白色羽毛的尖端是黑色的，而黑色羽毛的尖端是白色的。”

有一种非常奇特的小鸟在这里很常见：小籽鹬[②]（Tinochorus rumicivorus）。从习性和外观上看，它们基本上兼有鹌鹑（quail）和沙锥（snipe）的不同性状，尽管鹌鹑和沙锥本身区别就不小。小籽鹬在整个南美洲南部都有分布，不管是在贫瘠的平原，还是开阔的干燥牧场。它们常成对或小群出现在最荒芜、几乎没有其他生物能生存的地方。当有人接近时，小籽鹬就缩起身子，这样就很难从地面上分辨出它来。它们在觅食时走得很慢，两脚分开。它们在道路上和多沙的地方，会把灰尘洒到自己身上；它们常常出没于特定的地方，在这些地方可能每天都看得到它们。另外，小籽鹬常成群起飞，就像山鹑一样。以上这些特征，再加上它们发达的肌肉、适合植物性食物的砂囊、弯曲的喙、多肉的鼻孔、短小的腿以及爪的形状，都说明小籽鹬与鹌鹑很相似。但是，如果你看到它在飞翔，那外观就完全不同了：翅膀长而尖，与鸡形目不同，飞行姿态不合常规，上升时还会发出悲哀的叫声，这都让人想起沙锥。“小猎犬”号上的猎人们都把它称作“短嘴沙锥”。比较骨架结构可以发现，它与沙锥属，或者说与涉禽（Wader）的关系确实很密切。

小籽鹬与南美洲另一些鸟的关系也很近。籽鹬科另一属阿塔其鸟属[③]（Attagis）的两个种，几乎所有的习性都与雷鸟相同：一种生活在火地岛森林的界限以上；另一种生活在智利中部安第斯山脉的雪线以下的地方。另一个关系很接近的属中，有一个种白鞘嘴鸥（Chionis Alba），生活在南极地区，以海藻和受潮礁上的贝类为食。虽然它的趾间没有蹼，但出于某种我们尚不清楚的习性，常常能在遥远的海上看见它们。这个小小的科，从它们与其他科的不同关系来看，虽然现在只会给致力于生物分类的博物学家带来麻烦，但在未来，则有助于揭示古往今来一切生物是如何创造出来的宏伟架构。

灶鸟属（Furnarius）包含几个种，体型都很小，地栖，栖息在干燥的开阔原野上。从身体结构来说，它们不与欧洲的任何鸟类接近。鸟类学家大致将它们分入旋木雀科[④]（Creeper，学名*Certhiidae*），但灶鸟的一切习性与这个科都格格不入。灶鸟科最为人熟知的一个种是拉普拉塔的灶鸟[⑤]，西班牙人称之为“Casara”，意为“筑巢鸟”。它因自

---

① 图库曼（Tucuman）：阿根廷西北部省份。——译注

② 其现学名*Thinocious rumicivorus*。——译注

③ 籽鹬科另一属：籽鹬科分为两个属（Attagis 与 Thinocorus），前述的小籽鹬属于后者；这里提到的是前者，包含两种体型较大的籽鹬。——译注

④ 现在分入灶鸟科。——译注

⑤ 其现学名棕灶鸟（Furnarius rufus），阿根廷国鸟。——译注

己筑的巢而得名。它的巢常置于最引人注意的地方，比如柱子顶上、裸露的岩石上、仙人掌上。巢由淤泥和一点稻草做成，巢壁厚而坚固，形状很像烤箱，或者是压平了的蜂巢。巢的开口很大，弧形，在巢内部的前侧，接近顶部的地方有个隔板，形成了通向真正的巢的通道。

灶鸟属另一个体型小一点的种[①]（F. cunicularius），羽毛总体上色调偏红，类似灶鸟，反复发出少见的尖锐叫声，奔跑时惊跳的姿态很特别。根据它的特点，西班牙人称它“Casarita”，意为“小筑巢鸟”，不过它与灶鸟筑巢的方式很不同。这种鸟的巢筑在狭窄的圆柱形洞的底部，据说洞在地下能水平延伸将近1.8米。有几个当地人告诉我，当他们还是小孩子的时候，就试图把巢挖出来，但从来没有挖到通道的尽头。这种鸟筑巢的位置，是路边或溪边砂土坚实的地方。在这里（布兰卡港），房子四周的墙是用硬化的淤泥做的。有一次我发现，我住的院子的围墙上有几十个圆形小洞，内外凿通。我问房主怎么回事时，他痛苦地抱怨说，是这种“小筑巢鸟”干的。后来，我观察到有几只筑巢鸟正在墙上钻洞。奇特的是，我发现这种鸟一定没什么厚度的概念，因为它们虽然经常在墙的两边飞来飞去，却还是徒劳地在墙上钻洞，以为这里是适合做巢的坡地。我毫不怀疑，当鸟把墙钻通，见到墙另一端的阳光时，会对这一神奇的事实非常惊讶。

我之前差不多已经提到了这里常见的全部哺乳动物。犰狳科中有三个种分布在布兰卡港地区：小犰狳[②]（Dasypus minutus，西班牙语称pichy）、毛犰狳[③]（D. villosus，西班牙语称peludo）和懒犰狳[④]（西班牙语称Apar），其中小犰狳的分布纬度比另两个种更靠南10°。另一种七带犰狳[⑤]（西班牙语称mulita），分布区域的南界还在布兰卡港以北。这四个种的习性都类似，不过毛犰狳是夜行性动物，而另外三种都是在白天活动，它们在开阔的平原上游荡，以甲虫、幼虫、植物的根甚至小蛇为食。懒犰狳又称作“mataco”，其身体只有三条可活动的甲带，其余的甲片基本都是固定的。它能够把自己团成一个几乎完全规则的球，好像英格兰的某种潮虫一样。这样，它就能免遭狗的攻击，因为狗没法把整个球放入口中，只能从一边咬，球就滑走了。懒犰狳光滑的硬甲，能够提供比刺猬的尖刺更好的防御。小犰狳偏爱非常干燥的土壤，海岸附近的沙丘是小犰狳最喜爱的栖息地，在那里它几个月都不需要喝水。小犰狳常常缩在地上，以避免天敌的注意。一天，我骑马在布兰卡港附近走动时发现了几只小犰狳。如果想抓到一只，看到它后第一件事就必须是几乎连滚带爬地从马背上下来，因为它在松软的土壤里钻洞的速度非

① 实际上应是普通矿雀（Geositta cunicularia），属于灶鸟科矿雀属。——译注

② 小犰狳，现学名*Zaedyus Pichiy*。——译注

③ 毛犰狳，现学名*Chaetophractus villosus*。——译注

④ 懒犰狳别称拉河三带犰狳，现学名*Tolypeutes tricinctus*。——译注

⑤ 七带犰狳，现学名*Dasypus septemcinctus*。——译注

常快，如果按部就班地下马的话，等你站稳，它早已钻到洞里看不见了。这种可爱的小动物让人几乎不忍心杀死。一个高乔人说，当他在一只小犰狳背上磨刀时，“Son tan mansos（它真安静）”。

这里爬行动物的种类很多。有一种蛇（巨蝮[①]，Trigonocephalus，别称Cophias，比布龙[②]后来将其称为“T. crepitans”），从毒牙上毒槽的尺寸来看，肯定是能致命的。居维叶与其他一些博物学家意见不同，把巨蝮分为响尾蛇类的亚属，认为它介于响尾蛇和蝮蛇之间。在验证这种看法的过程中，我发现了一件很奇特、很有意义的事实：生物的每一种特征，在不同生物身上会呈现缓慢变异的倾向，即便是相对整体结构比较独立的特征，也是如此。这种巨蝮的尾部尖端略微膨大，当它滑行时，尾端的最后几厘米不停地振动，打在干草地和树枝上，发出一连串短促的响声，在2米之内都能听见。当巨蝮被激怒或受惊时，尾巴会摇动，尖端的振动速度变得极快。只要蛇的身体还保持受惊的姿态，这种振动就不会停止。因此，巨蝮拥有蝰蛇的某些结构以及响尾蛇的某些习性，只是发出声音的器官更简单。巨蝮的面貌丑陋狰狞，瞳孔是一条竖直的缝，虹膜铜色有斑纹，颌部关节处宽，鼻尖三角状。我认为，或许除了某些吸血蝙蝠以外，我就从没见过比巨蝮更丑陋的动物了。在我看来，我们认为它丑陋，是因为它的面部器官排列和人脸有些相似。

关于无尾的两栖动物，我只发现了一种小蟾蜍[③]（Phryniscus nigricans），它的颜色很特别。让我们想象一下，先把蟾蜍浸在最黑的墨水当中，拿出来等它干了以后再让它在涂满朱红色颜料的板上爬行，让红色染上它的脚底和肚子，这就很接近它的形象了。如果它是个没定名的物种，我想它应该命名为恶魔蟾蜍（Diabolicus），因为它的外观甚至足够诱惑夏娃。其他蟾蜍都是夜行的，生活在阴暗潮湿的地方，但这种蟾蜍正相反，在炎热的白天爬行于干燥得找不到一滴水的沙丘和荒原上。它一定是从露水中获取水分，很可能是用皮肤吸收水分，因为这类动物的皮肤具有很强的吸收能力。在马尔多纳多一个与布兰卡港地区差不多干燥的地方，我发现了一只小蟾蜍。我想着为它做点大好事，把它放进一个水池里。结果这只小动物不仅不会游泳，甚至如果没有人帮忙的话，都快要淹死了。

这里有许多种蜥蜴，但只有一个物种[④]（Proctotretus multimaculatus）由于习性特殊值得一说。这种蜥蜴生活在海边的裸露沙地，鳞片是褐色，有白色、橙红和灰蓝色斑点，因此很难把它们与所处的环境区分开。它们受惊后会装死来避免被发现，伸直腿，松弛身体，紧闭双眼。如果进一步受到骚扰的话，它就会飞快地挖洞躲进松软的沙地里。这

① 巨蝮，学名*Lachesis Mutus*。——译注

② 加布里埃尔·比布龙（Gabriel Bibron，1805–1848）：法国动物学家、爬虫两栖类学家。——译注

③ 即细刺蟾蜍，现学名*Rhinella spinulosa*。——译注

④ 即多斑平咽蜥，现学名*Liolaemus multimaculatus*。——译注

种蜥蜴的身体扁平，腿短，跑得不快。

我再补充一些关于布兰卡港地区动物冬眠情况的内容。我们第一次到布兰卡港是1832年9月7日，当时我们以为在这片多沙的干燥区域没有什么生物能够生存。但是，经过挖掘，我们发现了处于半清醒状态的一些昆虫、大蜘蛛和蜥蜴。15日，少数动物开始出现，到18日（春分前三日），万物宣告春天来临了。原野上点缀着粉红色酢浆草（wood-sorrel）、野豌豆（wild pea）、月见草（Oenothera）和老鹳草（geranium）的花朵，鸟类也开始下蛋了。无数金龟子类（Lamellicorn）和异跗节类（Heteromerous）昆虫爬来爬去，后者看上去好像被深深地雕刻过，非常独特。常居住在砂土中的蜥蜴，也开始到处快速乱爬。"小猎犬"号上每隔两小时测量一次气温。在前11天，万物蛰伏的时候，平均温度是约10.5℃，而且白天的气温也很少超越13℃；接下来万物开始活动的11天里，平均气温是约14.5℃，中午的气温在约16℃-21℃。因此，平均气温提高了约4℃，而最高气温提高得更多，这就足以唤醒沉睡的生命机能了。在我们之前所在的蒙得维的亚，从7月26日到8月19日的23天间，276次观测得到的平均气温约14.7℃，平均最高气温约18.6℃，平均最低气温约8℃。观测到的最低气温达到约5.3℃，最高气温在约20.5℃-21℃。虽然温度这么高，但几乎全部的甲虫、几个属的蜘蛛、蜗牛、陆生软体动物、蟾蜍和蜥蜴，都还在岩石之下沉睡。但是，在往南4°的布兰卡港地区，略微冷一点的天气——平均温度差不多，最高温度要低一些，就足以让万物复苏了。这就表明，唤醒冬眠的动物所需要的刺激是精确地依赖于所处地区的气候，而不是绝对热量。众所周知，在热带，动物的冬眠，准确地说应该是夏眠，并不取决于温度，而是由干旱时间来决定的。在里约热内卢附近，我最初惊讶地观察到，在一些小洼地灌满了水后不久，里面就满是之前还在沉睡的成年贝类和甲虫。洪堡曾提到过一次奇怪的事故：一个印第安人的茅屋建造在变硬的淤泥上，而淤泥中正好沉睡着一条年轻的鳄鱼。他还补充："印第安人经常发现处于萎靡不振状态的巨蟒（他们称之为Uji）或水蛇。要让它们恢复活力，就需要给它们泼水或者沾湿。"

我会提到的最后一种动物，是一种形似植物的海生动物（我认为是巴塔哥尼亚海箸[①]），海鳃（sea pen）的一种。它的茎部细而直，多肉，两侧交替排列着水螅体（polypus），围绕着有弹性的石质中轴，中轴长度从20-60厘米不等。它的一端像是被截断了，另一端有肉质的蠕虫状附加物。从这一端看去，支撑身体的石质中轴，实际上就是填满了小颗粒状物质的管子。在低水位时，能看到成百上千只海箸，好像谷物收割后的残茎一样直立着，好像被截断的那一端朝上，露出泥沙表面几英寸。如果有人想碰或拉它，它就会用力缩进泥沙当中，几乎消失无踪。它富有弹性的的中轴底端平时就有些

① 巴塔哥尼亚海箸，现学名*Virgularia Patagonica*。——译注

剥取水蛇皮

弧度，做这个动作时，那端一定非常弯曲了。我想，只依赖轴的弹性，它也能够重新回到泥沙的表面上。两侧的水螅体虽然相距很近，但各自有口、体和多条触手。一个巨大的海箸身体上，肯定有成千上万条水螅体，不过我看到它们的动作是一致的。水螅体也有中轴，围绕中轴的有隐蔽的循环系统，而卵细胞则在相互分离的个体①的不同器官中产生出来。这时候有的人可能会问了，怎样算是一个个体呢？去发现老航海家口中的神奇

① 尖端肉质部分中间的腔洞里填满了一种黄色的黏稠物质，在显微镜下发现它的外观非常与众不同。这种物质由球状、半透明的不规律小微粒组成，小颗粒聚集在一起形成大小不一的颗粒。不管是聚合的颗粒还是单独的微粒，都在快速运动，大多数绕不同的轴转动，但有的也在向前移动。从较小的放大倍数就能观察到这种运动，但放到最大，也看不出运动的原因。这种运动与弹性袋内的液体的旋转非常不同，包含转轴的细小尖端。在显微镜下解剖微小的水生动物时，我曾见过一些黏稠物质的颗粒，一旦分开后就开始旋转。我之前有一种想法，不清楚对不对，就是这种颗粒状的黏稠物质正在形成卵细胞。显然，在这种动物身上，这应该是正确的。

传说的真相总是让人兴味盎然，而我毫不怀疑，这种海箸的习性可以解释一则传说。兰开斯特船长[①]在1601年的《航行记》[②]中提到，他在东印度群岛中的松布雷罗岛[③]的海滩上，“发现了一根像小树一样的‘树枝’长在地上，每次想要把它摘起来，只要不紧紧抓住，它就会缩进地面消失。把它拔起来时，发现它的根部是一条巨大的虫子，树越长大虫子就越小，等到虫子完全变成树，它就扎根在地上，长得很大。这种变形物可以说是我在航海生涯中看到的最奇特的东西。如果我们把这棵还是幼苗的树拔出来，去掉枝叶，等它干燥后，它就变成了一块坚硬的石头，很像白珊瑚。也就是说，这种虫子能变成两种不同的形状。我们收集了不少这种东西，带了回去。”

我在布兰卡港等待“小猎犬”号时，这里的空气中弥漫着激动的气氛，因为传来了罗萨斯将军与未开化的印第安人作战并且取得胜利的消息。一天，一条流言说，到布宜诺斯艾利斯的其中一个驿站的士兵全都被杀了。第二天，有300人在指挥官米兰达（Miranda）的率领下，从科罗拉多河过来。这些士兵当中，一大部分是归顺的（西班牙语mansos）印第安人，来自酋长贝尔南迪奥（Bernantio）的部落。他们在此地过夜，营地的混乱和野蛮的情况让人难以想象。有的人喝酒喝得烂醉如泥，有的人痛饮冒着热气的牛血，这头牛是宰杀了给他们当晚餐用的，然后因为喝醉酒不舒服，又都吐了出来，全身沾满了泥巴和血污。

有诗为证：

他饱餐佳肴，喝足美酒
仰卧着鼾声如雷
口中吐出血沫
还有小块的生肉。[④]

第二天早晨，这支军队向出了人命的驿站出发，想要寻找凶手的踪迹，即便追查到

---

① 詹姆斯·兰开斯特（James Lancaster，卒于1618年）：英国著名商人、海盗，是东印度公司建立过程中的关键人物。——译注

② 罗伯特·克尔（Robert Kerr，苏格兰作家）《航海与旅行简史》（*Collection of Voyages*），第8卷第119页。

③ 松布雷罗岛（Island of Sombrero）：马来群岛中苏门答腊岛附近的一个岛屿。——译注

④ 古罗马诗人维吉尔（Virgil，前70年–前19年）《埃涅阿斯纪》片断，描述独眼巨人波吕斐摩斯饱餐人肉和美酒之后熟睡时的场景，随后奥德修斯刺瞎了巨人的眼睛。原诗：

Nam simul expletus dapibus, vinoque sepultus
Cervicem inflexam posuit, jacuitque per antrum
Immensus, saniem eructans, ac frusta cruenta
Per somnum commixta mero. ——译注

智利也要追下去。后来我们听说，这些野蛮的印第安人逃进了广阔的潘帕斯草原，由于某种原因踪迹也断了。印第安人看一看脚印，就能知道很多东西。他们看1000匹马的脚印，只要数一数有多少马是在慢跑，就知道有多少人骑在马上；看其他脚印的深浅，就知道马有没有载着货物；看脚印零乱不规律的程度，就知道马有多疲惫；看烧煮食物的方式，就知道是不是被追得很急；看总体的情况，就知道这些人过去多久。他们认为，10–14天以内的蹄印，都足够追踪。我们还听说，米兰达率众从本塔纳山西麓一直冲到内格罗河距河口70里格处的乔勒切尔岛（Island of Cholechel），穿越了四五百公里的未知原野。这世界上还有别的军队能如此独立行动吗？他们以太阳为向导，以母马肉为食，以马鞍布为床。只要有一点水，这些人就能一直跑到天涯海角。

几天后，我又看到另一股像土匪一样的军队出发远征小盐田附近的印第安部落，这个部落的一个酋长被俘后叛变了。传令进行这次行动的西班牙人是个很聪明的人，他向我描述了他参加的上一次战斗。一些被俘的印第安人供称，在科罗拉多河以北居住着一个部落。于是，两百士兵出发了，碰巧这个部落的印第安人正在迁移，这些士兵先发现了印第安人的马掀起的尘土。那片区域起伏不平，荒无人烟，而且一定深入到内陆很远了，因为视野范围内都能看到安第斯山脉了。印第安男女和小孩共有约110人，基本全部被掠走或杀死了，因为士兵们见人就砍。那时，印第安人已经非常害怕了，所以他们没有集合起来进行抵抗，只得不顾妻儿，各自逃命；但一旦被追上，就会像头野兽一样战斗到最后一刻。一个濒死的印第安人咬住了西班牙人的拇指，眼睛被挖出来也不松口。另一个受了伤装死的印第安人，藏了一把刀，准备随时再捅死一个敌人。讲述者告诉我，他追逐一个印第安人的时候，那人一边大喊着求饶，一边从腰上偷偷解下流星套索，想要在头上挥舞，撞击敌人。“不过，我用我的军刀把他砍倒在地，跳下马用匕首割断了他的喉咙。”这是极其黑暗的一幕；但是，更加骇人听闻的是，所有看上去超过20岁的女性都被冷血地杀害了。我喊道这太惨无人道了，他回答道：“怎么了？那该怎么办？这是她们自找的！”

这里的每个人都坚信战争就该如此，因为对手是野蛮人。现在的人有谁会相信，如此暴行就是由一群文明的基督徒犯下的？印第安小孩倒是没有被杀，而是抓起来准备卖掉或者送人，充当仆人，或者不如说是奴隶，直到他们不再被主人蒙骗、发现自己不该是奴隶为止；但我相信，对于这种做法已经没什么好抱怨的了。

在这次战斗中，有四个印第安人一起逃命。士兵们追上了他们，杀了一个，抓回了另三个。军队发现，他们实际上是一大群印第安人派出的信使或者使节。这群印第安人为了自保，聚集在安第斯山脉附近。派出他们的部落正要召开大会，准备好了马肉和舞会，到早晨他们几个就该回去了。他们都是很优秀的人，长相端正，超过1.8米高，都不到30岁。他们手中掌握着很重要的信息。为了逼供，士兵把他们排成一列，先问前两个人，他们回答“No sé（我不知道）”，然后先后被枪杀。第三个同样说“No sé”，还说：“开枪吧，我是个男人，不怕死！”要他伤害他们的联盟，他一个字都不肯说！而之前所提到的酋长就完全不同了，他供出了他们的作战计划和在安第斯山脉间的集合地点，以保全生命。据推测，那里已经聚集了六七百印第安人，到夏天数目还会加倍。这几个使节是派去布兰卡港附近小盐田间的印第安部落的，也就是之前提到的那个酋长背叛的部落。因此，印第安人之间的交流，从安第斯山脉直到大西洋沿岸。

罗萨斯将军的计划是杀光所有落单的印第安人，然后把剩余的赶到一起，到了夏天再联合智利人把他们一网打尽。这一行动还要在未来三年里反复进行。我认为主攻的时间是夏天，因为到时候平原上就没有水，印第安人只能沿特定的方向行动。内格罗河以南有一大片荒无人烟的原野，印第安人原本跑到那里就安全了，但罗萨斯的军队和那里的特维尔切人[①]达成了协议，堵死了这条路。罗萨斯将军要求他们杀死每一个渡过内格罗河的印第安人，报酬非常丰厚；但如果他们做不到，罗萨斯将军就要消灭他们。这次作战主要针对的是安第斯山脉附近的印第安人，许多居住在安第斯山脉东面的部落都加入了罗萨斯将军一方。但是，罗萨斯将军也像切斯特菲尔德伯爵[②]一样，认为朋友总有一天会背叛，所以把这些印第安人放在最前线以便削弱他们的实力。离开南美洲之后，我们听说，这次歼灭战彻底失败了。

在这次作战俘获的女孩中，有两个很漂亮的西班牙女孩，她们很小的时候被印第安人掠走，现在只会说印第安土话。从她们的讲述中可以判断，她们一定来自萨尔塔[③]，距这里直线距离接近1600公里。这也让人对印第安人游荡的范围之巨大有了大致的概念。但是，尽管如此，我还是认为，半个世纪以后，内格罗河以北将看不到一个未开化的印第安人了。战争实在太血腥了，不可能长久！基督徒杀死每一个印第安人，印第安人也杀死每一个基督徒。探究印第安人屈服于西班牙入侵者的历史，会让人感到悲伤。席尔德尔[④]说，在1535年布宜诺斯艾利斯建立时，有的印第安村庄里有两三千村民。即便在福克纳[⑤]的时代（1750），印第安人的袭击范围远到卢汉、阿雷科和阿雷西费[⑥]，但现在他

① 特维尔切人（Tehuelche）：巴塔哥尼亚和潘帕斯草原南部居住的美洲原住民的统称。——译注

② 切斯特菲尔德伯爵（Lord Chesterfield）：指第四代切斯特菲尔德伯爵菲利普·多默·斯坦胡（Philip Dormer Stanhope），英国政治家，以自私、精明、傲慢的个性而知名。——译注

③ 萨尔塔（Salta）：阿根廷西北部城市，萨尔塔省首府。——译注

④ 珀切斯（Samuel Purchas）的《Collection of Voyages》。我认为准确的时间是1537年。

⑤ 托马斯·福克纳（Thomas Falkner，又作Falconer，1707-1784）：英国耶稣会传教士，活跃于巴塔哥尼亚。——译注

⑥ 卢汉（Lujan）、阿雷科（San Antonio de Areco）：阿根廷布宜诺斯艾利斯省北部城市。阿雷西费斯（Arrecifes），布宜诺斯艾利斯省西北部城市。——译注

们已经被驱逐到萨拉多河[①]以南去了。不只是整个部落被屠灭，剩下的印第安人也变得更加野蛮：他们再也无法生活在村子里捕鱼和打猎，现在只能在开阔的平原上游荡，居无定所。

我还听说了一些消息，在之前提到的乔勒切尔岛上，几个星期前发生过一次战斗。乔勒切尔岛是马队必须经过的一个战略要地，因此之前有段时间曾是一支部队的指挥部所在地。这支部队来到乔勒切尔岛时，发现有一个印第安部落盘踞在这里，于是发生了战斗。他们杀死了二三十个印第安人，但印第安酋长用一种让所有人目瞪口呆的方式逃跑了。酋长身边总是有一两匹好马以应付紧急情况。当时这位酋长就带着小儿子跳上了这样一匹老年白马，马既没有鞍也没有辔。为了防止中弹，酋长用他们自己的一种奇特方式骑着马：一条手臂环在马脖子上，只有一条腿搭在马背上。他就这样挂在一侧，拍着马的头对马说话。追赶者尽了全力，指挥官换了三次马，还是没有追上。这个印第安老人和他的儿子就这样逃过了一劫，重获自由。想象一下，这是多么壮观的图景——一个赤身裸体的古铜色皮肤老人带着自己的孩子，像马泽帕[②]一样骑在白马背上，把大群追赶着远远甩在身后！

有一天，我看见一个士兵用一块火石打火，我一下就认出来那块火石是箭头的一部分。他告诉我，这是他在乔勒切尔岛附近找到的，那里还有很多，经常能捡到。箭头长5至8厘米之间，也就是火地岛人现在使用的箭头的两倍大。箭头是用奶油色的不透明燧石做的，尖头和倒钩已经敲掉了。众所周知，潘帕斯草原的印第安人现在不用弓箭了。我相信，这箭头来自一个乌拉圭河东岸地区的小印第安部落，但他们离潘帕斯草原的印第安人的距离太远了，却和住在森林里、徒步的部落相邻。所以，看起来这些箭头是印第安人的历史遗物[③]。自从马引进到南美洲以后，印第安人的生活习性就发生了巨大变化。

---

① 萨拉多河（Rio Salado）：布宜诺斯艾利斯省中北部河流，流经上述三座城市以北。——译注

② 伊万·马泽帕（Ivan Mazeppa，1639–1709）：乌克兰哥萨克酋长，传说其马术出众。——译注

③ 阿萨拉甚至怀疑，潘帕斯草原的印第安人是不是从来没有用过弓。

（几个类似的玛瑙箭头后来陆续在丘布特河挖掘出土，我访问那里时，省长送给我两个。——R. T. 普里切特）

在布宜诺斯艾利斯登岸

# 第六章

# 从布兰卡港到布宜诺斯艾利斯

出发前往布宜诺斯艾利斯——绍塞河——本塔纳山——第三个驿站——驱赶马匹——流星套索——山鹑和狐狸——地形——长脚鹬——麦鸡——冰雹风暴——塔帕尔肯山的自然台地——美洲狮肉——肉食——瓜尔迪亚-德尔蒙特——牲畜对植被的作用——刺菜蓟——布宜诺斯艾利斯——屠宰牛的大畜栏

**9月8日**——在前往布宜诺斯艾利斯的路上，我雇佣了一个高乔人。雇佣的过程费了不少劲：一个人的父亲不敢放他跟我走；另一个人虽然愿意，但别人说他太胆小了，让我不敢雇他。据说，他就算是远远地看见一只鸵鸟，也会以为是印第安人，然后像风一样跑掉。到布宜诺斯艾利斯的路大约有450公里，几乎全程都在无人的荒野上。我们在早晨出发。布兰卡港是一个绿草如茵的盆地，沿坡而上一两百米，我们就来到了一片宽广的荒凉平原。这里的土壤由细碎的黏土—石灰质岩石组成，由于气候干燥，只分散地丛生着一些枯草，没有一丛灌木或一棵树能打破这一成不变的单调。这天天气很好，但空气中有非常浓重的雾。我认为这预示着大风即将来临，但高乔人说，这是因为内陆方向远处的平原着了火。我们疾驰了一段时间，换了两次马，来到了绍塞河边（Rio Sauce）。这是一条水深流急的小河，但河面不宽，河宽还不到8米。到布宜诺斯艾利斯的第二个驿站就在这条河的岸边。在它的上游不远处是供马涉水过河的地点，那里的水深还不到马腹。但是，从这里直到入海口，没有一个地方可以渡河，所以这条河是个阻挡印第安人的有效屏障。

虽然这条小河微不足道，但在耶稣会会士福克纳绘制的地图中，绍塞河是条相当大的河，发源于安第斯山脉脚下。福克纳提供的信息总是很准确，我也不怀疑这一点，因为高乔人告诉我，在干燥的夏季，这条河会定期地泛滥，与科罗拉多河泛滥的周期相同，这只可能是因为安第斯山上的积雪融化了。如果总是这么小的水流，也不太可能横越整个大洲；如果这是一条大河的残留，那么按照其他河的情况，河水应该是咸的。冬季，纯净透明的河水一定是来自本塔纳山附近的泉水。我怀疑，巴塔哥尼亚高原和澳大利亚高原类似，有很多河流横穿而过，但只有特定季节才有正常的水流。或许在盼望港入海的河流就是这种情况，丘布特河也是如此。在丘布特河两岸，参与那次勘查的军官发现了大量高度蜂窝状的火山渣块。

时间刚过中午不久，我们就带上了新的马，请一位士兵当向导，向本塔纳山出发。从布兰卡港的锚地就看得见本塔纳山。根据菲茨·罗伊船长的计算，这座山高约1020米，这一海拔在南美洲东部非常显眼。在我这次旅程之前，我不知道有哪位外国人曾攀登过本塔纳山，实际上布兰卡港的士兵里也没有几位了解它。因此，我们之前听说过山里埋藏着煤、黄金和白银，听说有洞穴和森林，每一样都激起了我的好奇心，最终却都让我失望。从驿站到本塔纳山距离有6里格，一路上都是和之前并无二致的平原。但是，随着山的真实面目越来越清晰，旅途也越来越有趣了。我们到了山的主脊下，发现很难找到水，我们以为不得不滴水不沾地过夜了。但最终，我们还是在更靠近山边的地方找到了水。这些小溪甚至还只流过几百米远，其水流就完全消失在易碎的石灰石和松散的岩石碎屑之下了。我认为，大自然再没有创造过比本塔纳山更孤单、荒凉的岩石堆了。

它有“Hurtado”（乌尔塔多）之名，意为“孤立的岩石”，完全名实相符。山坡崎岖陡峭，光秃秃的，不用说树，连灌木都很少见。我们甚至很难找到一根合适的串肉扦，用来把肉穿在上面，放在蓟的枝条[①]点起的火堆上烤。这座山的奇特面貌与平坦得像海面一样的平原形成了鲜明的对照。平原不仅与陡峭的山壁相邻，也镶嵌在走向平行的山岭之间，视野内色彩单调宁静，除了石英石的灰白和原野上覆盖着的枯草的浅褐色，没有什么更明亮的色调了。传统上，一个人看到光秃秃的高山，会觉得有许多巨大的碎石块，表面应该凹凸不平。在这里，大自然就向我们展示出，在海床变成干燥的陆地之前，最后一次地壳运动可能停止了。因此，我很好奇，到底离这些母岩多远的地方能找到卵石？在布兰卡港的海边和定居点附近，有一些石英石，无疑来自本塔纳山，两地的距离达到了72公里。

前半夜，露水沾湿了我们当作被子的马鞍布，到了早晨，马鞍布上就结冰了。这块平原看上去很平坦，但实际上有点难以察觉的坡度，高处的海拔达到250–300米。早晨（9月9日），向导告诉我，应该爬上最近的山脊，他认为从那里可以抵达本塔纳山的四个峰顶。在如此粗糙的岩石上攀爬非常累人，岩石的表面呈锯齿状，前五分钟爬上一段，后五分钟又常常不得不往后退。最终，我爬上了山脊，但大失所望地发现，面前出现了一条陡峭的山谷，谷底的高度和平原差不多，它把山岭一分为二，我在这边，那四座山峰在那边。山谷很窄，但是底部平整，连通山的南北两侧，是供印第安人骑马通行的绝好通道。下了山，走过这条通道时，我突然发现有两匹马正在吃草。我立刻跳下马，躲进长草丛里仔细观察情况，但我没发现有印第安人的迹象，于是我小心翼翼地继续第二次攀登。天色不早了，这边的山坡也跟另一侧一样陡峭崎岖。到了下午两点，我克服了各种艰难险阻，才爬上了第二座山的峰顶。我每走20米，都能感到大腿上部一阵痉挛，所以担心自己没法下山。另外，也必须换条路回去，不能再翻越一次之前那马鞍背一样的山脊了。所以我不得不放弃了更高的两座山峰。它们的海拔只比这里高一点，所有地质学的目的也都已经达到，所以已经不值得冒险再向上爬了。我认为，肌肉的痉挛是因为从费力地骑马到更费力地爬山，使肌肉的运动方式发生了巨大改变。这是值得铭记的一课，因为这个问题在某些情况下可能会给我带来大麻烦。

我之前说过，本塔纳山是由白色的石英石构成的，其中还夹杂着少量有光泽的粘土质板岩。在高出平原以上一两百米的地方，有几个地方在坚硬的岩石上黏附着砾岩。它们的硬度和黏合性都和我们日常所看到的一些海岸形成的大量物质很相似。我毫不怀疑，这些砾岩正是以类似的方式，在那个巨大的石灰质地层正在周围的海面以下不断沉积的时期堆积起来的。坚硬的石英石的外表有深深的缺口和撞击所留下的痕迹，我们相

① 我没法确定准确的物种名称，所以这么表述。我认为，是刺芹属（Eryngium）的一种。——译注

信这正是来自汪洋大海的浪涛的威力。

我对这次登山过程相当失望，连景色都没有什么特别之处：原野看上去就像海一样平静，但没有海的美丽色彩和清晰的边界。不过，这景色很新奇，又有一些危险，就像煮肉时放的盐，增加了一点滋味。当然，可以确定的是危险很小，因为我的两个同伴点燃了一堆明亮的篝火，如果怀疑印第安人正在接近，他们是不可能这么做的。日落时，我们到达了宿营地。我喝了许多马黛茶，抽了几根雪茄，很快铺了床。风很强，吹在身上寒冷刺骨，但我从没睡得像今天这样香甜。

**9月10日**——早晨，我们顺着大风一阵急驰，在中午到达了绍塞河驿站。一路上，我们看到了很多的鹿，在山附近还发现了一只原驼。邻接本塔纳山的平原上横贯着几条古怪的沟壑，其中一条有近6米宽，至少9米深，因此我们为了找路，不得不绕了个大圈。我们在驿站过了夜，谈话的主题一如往常，还是印第安人。本塔纳山本来是印第安人聚会的大场所，三四年前那里发生了很多战斗。我的向导曾参与这些战斗，当时有很多印第安人被杀。印第安女性逃到山脊的顶上，拼死用巨石战斗，其中很多因此而保住了性命。

**9月11日**——我们继续向第三个驿站前进。陪伴我们的是那个驿站的指挥官，他是个中尉。据说这段路程有15里格，但这只是大致的估计，这种估计总体上有点夸大。一路上没有什么令人感兴趣的景色，平原上长着干草，左手边或远或近地分布着一些低矮的山丘。接近驿站时我们接连翻过了几座小山。到达驿站前我们遇到了15个士兵，他们看护着一大群牛马，但他们说有很多牛马都丢失了。在平原上驱赶这些牲畜真是困难重重，如果在夜里有美洲狮甚至狐狸接近的话，没人能阻止马群四散奔逃，一场暴风雨也有同样的效果。不久前，一个军官赶着500匹马离开了布宜诺斯艾利斯，而当他到达军队驻地时，他的身边只剩下不到20匹马了。

很快，前方掀起一阵沙尘。我们发现，有一队骑手正朝我们这边奔来。还离得相当远时，我的同伴就从他们披在背上的长发确定他们是印第安人了。印第安人一般会戴着一条束发带，但是没有什么东西盖住头发，任风吹动他们的黑发，在黝黑的脸上飘散，使他们的面容显得更加野蛮。原来，他们是来自贝尔南蒂奥酋长的友方部落，这次是前往一个盐田挖盐的。印第安人吃很多盐，小孩会像吃糖一样吮吸盐。这种习惯与西班牙人属下的高乔人不同，虽然他们生活习惯很相似，但基本不吃盐。据芒戈·帕克①所说，主要吃素食的人会不可抑制地渴望吃盐。印第安人心情愉快地向我们点了点头，全速飞驰而去。他们把一群马赶在前方，身后还跟着一列体形瘦长的狗。

**9月12日、13日**——我在驿站停留了两天。罗萨斯将军曾亲切地通知我，有一队士

---

①《非洲旅行记》（*Travels in Africa*）第233页。芒戈·帕克（Mungo Park，1771–1806），苏格兰探险家，一般认为他是第一个考察尼日尔河的西方人。

兵近期将前往布宜诺斯艾利斯，他建议我让他们护送。早晨，我们骑马到附近的山丘去游览，并且做些地质学的调查。午饭后，士兵们分成两组，测试他们使用流星套索的技巧。两支长矛插在23米外的地上，士兵们大概每四至五次投掷，才能成功命中和缠绕一次。流星套索可以扔到50米左右，但到那个距离就没什么准头可言了。不过，骑在马上就不一样了：借着马的速度，据说有效的投掷距离可以达到70多米远。为了验证流星套索的威力，我再举个例子。在福克兰群岛（Falkland Islands），西班牙人有一次杀死了一些自己的同胞和所有英国人。一个对英国人友好的年轻西班牙男子正在逃跑，一个名叫卢西亚诺（Luciano）的高个子壮汉在身后骑着马全速追赶，喊叫着让年轻男子停下，说他只想和他谈一谈。年轻男子快要逃上船时，卢西亚诺掷出了流星套索，击中了年轻男子的双腿，套索立刻缠成一团，把他绊倒在地。他一时间失去了知觉。等他苏醒过来后，卢西亚诺和年轻男子谈完话就放他走了。年轻男子告诉我，他腿上被流星套索缠绕的地方现在留下了大片的伤痕，就好像被鞭打了一样。中午，来了两个人，他们从下一个驿站带来了一个要交给罗萨斯将军的包裹。因此，这天晚上，我们的队伍除了这两人以外，还有我和向导、中尉和他部下的四个士兵。四个士兵都有些奇怪。第一个是个友善的年轻黑人，第二个是印第安人和黑人的混血，另两个没有太明显的特征。其中一个是个智利老矿工，有着红褐色的皮肤；还有一个有穆拉托人[①]的血统。但是，我从没见过表情如此可憎的两个混血人。晚上，他们围坐在火堆旁玩牌。我在一旁休息，看到他们就像一幅萨尔瓦托·罗萨[②]画中的场景。他们坐在一段矮悬崖下，所以我可以俯视他们。他们的周围躺着几条狗，地上摆放着武器，还有丢弃的鹿骨和美洲鸵鸟的残骸。他们的长枪插在草地上。在远处黑暗的背景中，他们的马拴在一边，用来应付任何突发的危险。每当一只狗的叫声打破了原野上的平静，就会有个士兵离开火堆，把头贴近地面，缓慢地扫视着地平线。如果烦人的麦鸡（teru-tero）尖叫起来，他们的谈话就会停下来，每个人都侧耳倾听。

在我们看来，这些人过的生活是多么悲惨！两处驿站离绍塞河驿站至少各有10里格路程，由于印第安人的杀戮，两处驿站之间变成了20里格的路程。据推测，印第安人在半夜发动了攻击，因为杀戮过后的那个早晨，他们就向这个驿站进发；幸运的是有人发现了。不过，这里所有的人都带着马群逃脱了。每个人自顾自地逃命，还尽自己所能带走了尽可能多的马。

他们睡觉的小屋是用蓟的茎搭起来的，既不能挡风，也不能遮雨。实际上，下雨的时候，屋顶仅有的作用，只是让水滴汇聚在一起，变得更大。他们除了自己动手去抓鸵

① 穆拉托人（Mulatto）：指黑人和白人的混血人种。——译注

② 萨尔瓦托·罗萨（Salvator Rosa，1615-1673）：意大利画家、诗人。——译注

马黛茶壶和吸管

鸟、鹿和犰狳等动物来吃，再没有别的东西可吃了。他们仅有的燃料是一种矮小植物的干燥枝条，这种植物某种程度上有些像芦荟。他们仅有的享受，就是抽小纸烟与喝马黛茶。我时常想到，在这片单调的原野上，食腐的秃鹫是人们经常的伙伴，它们就静坐在附近的低矮悬崖上，好像耐心地说："啊！等印第安人来了，我们就有一顿大餐了。"

早晨，我们全体出发去打猎，虽然没有猎获太多的东西，但有好几次我们追逐得很欢。打猎开始不久，大家分头行动，按照计划将在一个特定的时间（大家在计算时间方面都有很强的本领）从不同的方向会合，用这个方式把猎物赶到一起。一天，我在布兰卡港打猎时，那里的人只是排成新月形，相邻的人相距约400米。一只健壮的美洲雄鸵鸟被领头的几个骑手驱赶着转了个方向，试图从一侧逃跑。高乔人不顾一切地高速追赶，用绝妙的技术控制着马，每个人都拿出流星套索，在头上挥舞。跑在最前面的一个终于扔出了流星套索，套索在空中旋转着，一瞬间鸵鸟就跌倒了，连滚好几圈，双腿被套索缠在一起。

这里的平原上有三种山鹑[①]繁殖得很兴旺，其中两种和雉鸡（pheasant）一样大。它们的天敌是一种漂亮的小个狐狸，数目也意外地多，一天的行程中至少能看见四五十只

① 这里指的是两种鴂属（Tinamus）的鸟和A. 多尔比尼的凤头鴂（*Eudromia elegans*），它们从习性上看只能算是山鹑。——译注

狐狸。它们一般只在自己的巢穴附近活动，但我们的狗还是捕杀了一只。我们回到驿站时，发现同伴中两个单独去打猎的人也回来了。他们杀死了一只美洲狮，还发现了一个美洲鸵鸟的巢，里面有27只鸵鸟蛋。据说每个鸵鸟蛋的重量相当于11个鸡蛋，那么我们从这一个巢里就获得了相当于297个鸡蛋的食物。

**9月14日**——由于来自下一个驿站的士兵要返回原地，于是我们就着手组成了五个人的队伍，并给每个人都配备了武器，因此我就决定不等后面的军队了。这里的主人，那位中尉，极力劝说我留下。由于他招待得非常周到，不仅给我准备食物，还把他自己的马借给我，我想要给他点酬金。我问向导是不是该这么做，但他告诉我绝对不可以，因为我得到的回答很可能是“我们这里狗都有肉吃，自然对一个基督教徒也不会吝惜的”。显然，在这样一支军队里，中尉的军衔不是阻止他收钱的理由，这只是因为他非常好客。在这些省份里，每个旅行者不管到哪里都能感受到这一点。我们疾驰了几里格的路程，到了一片低洼而多沼泽的地区，向北绵延近130公里，直到塔帕尔肯山（Sierra Tapalquen）。有些地方是良好的潮湿平原，覆盖着绿草，而其他区域，地表是黑而软的泥炭土，也有不少广阔但水浅的湖以及大片的芦苇。这里整体上很像剑桥郡（Cambridgeshire）的沼泽。夜晚，我们在沼泽间费了不少劲，才找到一块干燥的地面来宿营。

**9月15日**——早上，我们起得很早，很快路过了之前被印第安人袭击、死了五个士兵的驿站。指挥官身上有18处长矛刺伤。经过一段长距离疾驰后，我们于中午抵达了第五个驿站。由于一时难以得到马，我们就在这里过了夜。这里是整条路上地形最开阔的地方，所以配置了21个士兵。日落时他们打猎归来，带回来了7只鹿、3只美洲鸵鸟，还有许多犰狳和山鹑。这里有一个惯例，在原野中骑行时，要在平原上放几把火，所以到了夜晚，几处明亮的大火照亮了地平线。这么做，部分原因是为了迷惑任何离群游荡的印第安人，而主要原因是为了改进牧场。在多草而没有大型反刍动物的平原上，需要用火来除去过多的植被，以便来年的草长得更好。

这里的小茅屋甚至没有屋顶，只围着一圈蓟茎，能挡挡风而已。茅屋位于一个宽阔而水浅的湖边，湖中聚集着大群的野鸟，其中黑颈天鹅格外显眼。

这里有种珩科鸟（黑颈长脚鹬[①]，Hipantopus nigricollis）看上去好像踩着高跷，在这里常大群地出现。人们之前错误地以为它的姿态很笨拙，其实它最喜欢在浅水中漫步，从动作上看，它的步态并不算糟糕。黑颈长脚鹬成群时会发出一种声音，很奇特，像一群小狗全力追逐猎物时所发出的叫声。夜里醒来时，我不止一次被远处传来的这种声音吓一跳。斑麦鸡（teru-tero，学名*Vanellus cayanus*）是另一种常常打破夜晚寂静的鸟。它

① 黑颈长脚鹬现学名*Himantopus mexicanus*。——译注

的外表和习性在许多方面与凤头麦鸡（peewit）相似，但翅膀上长着尖锐的刺，就像公鸡腿上的刺一样。麦鸡的俗名因其叫声而得，斑麦鸡也是如此。在草原上骑马行进时，常有这种鸟追赶着人，似乎它厌恶人类。由于它从不停歇、毫无变化的刺耳尖叫声，人们一定也厌恶它。它最让猎人头痛，因为它不停地乱叫，使得所有鸟兽都知道有猎人接近了；对旅行者来说，按莫利纳[①]所说，它或许还有些用，比如警告他警惕夜间的强盗。在繁殖季节，它与我国的凤头麦鸡一样，会假装受伤，把狗和其他动物引离它的巢。它的蛋是一种美味佳肴。

**9月16日**——我们到达了塔帕尔肯山下的第七个驿站。这里的原野相当平整，松软的泥炭土上长着一种粗壮的野草。这里的茅屋非常整洁，柱子和椽是由一打干燥的蓟茎用兽皮带捆在一起制成的，这些形似爱奥尼亚式的柱子，支撑着芦苇做成的房顶和墙壁。在这里，我们听说了一件离奇的事，如果不是亲眼见到部分事实真相，我是一定不会相信的：就在前一天晚上，下了一场像小苹果一样大小的冰雹，砸死了许多野生动物。我到达时有一个人已经发现了13只鹿[②]（Cervus campestris）的尸体，而我也看到了新鲜的皮。我到这里几分钟后，另一个人又带来了七只死鹿。现在我很清楚，一个人如果没有猎犬的帮助，一星期都很难猎到7只鹿。这个人说他看到了15只死去的鸵鸟（一部分后来成了我们的美餐），还有几只鸵鸟在到处乱跑，显然它们有一只眼睛已经瞎了。大量更小的鸟被砸死了，比如鸭子、鹰和山鹑。我看到了一只山鹑，背上有一块黑色伤痕，就好像被铺路的石块击中了一样。小屋周围一圈用蓟枝条做的篱笆也几乎被冰雹砸倒了。告诉我这件事的人当时探头出去看发生了什么，头上也受了重伤，现在还绑着绷带。据说这次冰雹的影响范围很小。我们前一天晚上在宿营地确实看到这个方向有一团乌云，还不时有闪电。像鹿那么大的动物怎么会被这样砸死？虽然看似不可思议，但我见到了足够的证据，所以毫不怀疑，整个故事没有一丝一毫的夸大。不过，我很高兴地发现，耶稣会会士多布里茨霍费尔[③]的话也支持这种可能性。他在谈到远在北方的一个地点时说，巨大的冰雹从天而降，砸死了许多的牛。印第安人因此把这个地方叫作拉勒格雷卡瓦尔卡（Lalegraicavalca），意思是“白色的小玩意”。马尔科姆森博士[④]也告诉我，他曾于1831年在印度目击了一次冰雹风暴，砸死了许多大鸟，重伤了牛群。这些冰雹是扁平状的，有一块周长达到25厘米，另一块重50多克。冰雹像火枪弹一样翻起了石子路，打穿了玻璃窗，在上面留下了圆形的洞，但没有打碎。

我们吃过冰雹打过的肉，翻越了塔帕尔肯山。这是一连串低矮的山岭，起始于科连

① 胡安·伊尼亚齐奥·莫利纳（Juan Ignacio Molina，1740–1829）：智利博物学家、鸟类学家、地理学家。——译注

② 应为草原鹿，学名*Ozotoceros bezoarticus*。——译注

③ 《阿比庞人记》（*History of the Abipones*）第二卷第6页。

④ 约翰·马尔科姆森（John Malcomson，1803–1844）：苏格兰外科医生、地理学家。——译注

特斯角[①]，高数百米。这里的岩石是纯粹的石英石，据我了解，东面远处是花岗岩。这些山丘的形状很特别，一些较低的垂直悬崖围绕着平整的台地，就好像一个沉积层的外延。我们攀登的山丘很小，直径不到200米，不过视野内还有更大的。其中一个被称为"corral"（畜栏）的，据说直径有3–5公里，周围的垂直悬崖大约十一二米高，只有台地的入口处没有悬崖。福克纳[②]曾描述了印第安人把野马群驱赶到台地里面，然后把守住入口不让它们逃跑的奇事。我之前从未听说过哪里的台地是由石英石构成的，我在攀登时检查了脚下的山丘，既没有裂纹也没有分层。听说"Corral"的岩石是白色的，能够用来打火。

直到入夜后，我们才到达塔帕尔肯河畔的驿站。晚饭时，听着谈话，我突然恐惧地觉得我正在吃的可能是当地的名菜：远在出生前还没完全长成形的牛犊。实际上那是美洲狮的肉，颜色很白，味道很像小牛肉。肖博士（Dr. Shaw）曾说，"狮子的肉广受好评，不管颜色、口感，还是风味都跟小牛肉很相似"。这话经常遭到人们嘲笑。显然，美洲狮正满足这一描述。高乔人对美洲虎肉是否好吃有不同的看法，但一致认为美洲狮肉很好吃。

**9月17日**——我们沿着塔帕尔肯河，走过一片肥沃的土地，来到了第九个驿站。塔帕尔肯这个地方，本身就是塔帕尔镇——如果能够这样称呼的话。它坐落在一片十分平坦的原野上，目力所及之处散布着印第安人的"托尔多"，即外观像烤炉的棚屋。站在罗萨斯将军一方、跟他一起并肩作战的印第安人的家庭，就在这里生活。我们遇到了许多年轻的印第安女性，与她们擦肩而过。她们两三个人同骑一匹马，和许多年轻男性一样，她们长相都很标致。她们脸颊红润，非常健康。除了"托尔多"，还有三座小屋，其中一座住着指挥官，另两座里是开店的印第安人。

在这里，我们买到了一些烤饼。我已经几天时间没有吃到肉以外的东西了。我不是完全讨厌这种新的食谱，但我觉得这种吃法只在进行了剧烈运动时才适宜。我听说在英国，病人如果要完全食用肉食，就算是为了活命，也很少有人能忍受。但是，潘帕斯的高乔人经常几个月只吃牛肉。不过据我观察，他们吃的脂肪比例相当大，这样，所含的动物性物质就少了。他们很不喜欢肉干，比如刺豚鼠肉干。理查德森博士[③]也说，"当人们不得不长期只食用少脂肪的动物性食物时，对脂肪的渴望就无法抑制；让他们能够吃下大量纯粹的甚至油状的脂肪，他们也毫不感觉恶心。"我觉得，这是一种有趣的心理学现象。或许这是因为，高乔人的肉食食谱，能让他们和其他肉食动物一样长期不进

---

① 科连特斯角（Cape Corrientes）：地名，在布宜诺斯艾利斯省东部沿海城市马德普拉塔（Mal der Plata）境内。——译注

② 福克纳《巴塔哥尼亚》第70页。

③ 《英属美洲北部动物学》（*Fauna Boreali-Americana*）第一卷第35页。

食。我听说，在坦迪尔[①]，有些士兵自愿追赶一群印第安人，不吃不喝达三天之久。

我们在店里看到了许多物品，比如印第安女性编织的马衣、腰带和吊袜带。这些东西的花纹很漂亮，颜色明亮。其中吊袜带的手艺非常之高，以致于一个布宜诺斯艾利斯的英国商人在发现流苏是由撕开的肌腱系牢的之前，还一直断言这是在英国制造的。

**9月18日**——我们今天骑马走了很久。在萨拉多河[②]以南7里格的第12个驿站，我们遇到了路上第一个庄园。庄园里有牛，有白人女性。之后，我们不得不经过一段洪水泛滥、水深直到马膝的地区，长达好几英里。我们把马镫交叉放在马背上，像阿拉伯人一样把腿弯起来骑马，这样才勉强没有打得太湿。来到萨拉多河时，天色已晚。河水很深，大约35米宽。不过到了夏天，萨拉多河的河床基本会干涸，只剩下一点点河水，水几乎和海水一样咸。我们在罗萨斯将军的一个大庄园里过夜。庄园的防御加固过，又非常大，在黑夜中到达时我还以为这是个小镇和要塞。早晨，我们见到了大群大群的牛，将军在这里有74平方里格的土地。以前，这个庄园的雇工接近300人，他们成功防御了印第安人的每一次进攻。

**9月19日**——我们经过了瓜尔迪亚·德尔蒙特[③]（Guardia del Monte）。这是个精巧的小镇，房屋分散，有许多果园，种满了桃树和榅桲[④]树。这里的平原和布宜诺斯艾利斯附近的相似，草较短，呈亮绿色，生长着大片大片的车轴草和蓟，还有很多平原鹁的洞穴。渡过萨拉多河后，地表的形态有了巨大的变化，这让我非常吃惊。之前地上长的全是低质量的牧草，而现在却绿草如茵。我起初以为这是因为土壤性质的不同，但当地人提醒我，这是因为牛群放牧和牛粪肥沃土地的缘故，就像在乌拉圭河东岸地区一样。在那里，蒙得维的亚周围的土地和科洛尼亚[⑤]附近少人居住的亚热带草原就大不相同。相同的现象在北美的大草原[⑥]同样存在。原本长着近两米高的粗草的土地，在放牧之后，就成了普通的牧场。我在植物学上的知识还不足以让我断言，这里的改变是由于新物种的引进还是由于同类物种的轮流生长，抑或是各种植物比例的变化。阿萨拉也观察到了这一惊人的现象。他发现，通向一间新建茅屋的每一条道路的两侧，突然出现附近地区所没有的植物，他对此感到困惑不已。在书的另一章中，他说[⑦]：“野马喜欢在路边排泄，因此路边经常堆着马粪。”这句话不是部分地解释了原因吗？这样，我们就有了一条条施

---

① 坦迪尔（Tandil）：布宜诺斯艾利斯省中部城市。——译注

② 萨拉多河（Rio Salado）：布宜诺斯艾利斯省北部的河流，在布宜诺斯艾利斯市东南方注入拉普拉塔河口。——译注

③ 瓜尔迪亚-德尔蒙特（Guardia del Monte）：布宜诺斯艾利斯省北部的一个区，位于萨拉多河北岸。——译注

④ 榅桲：属于苹果亚科，原产中亚和高加索山区，果实是金黄色水果。——译注

⑤ 科洛尼亚（Colonia）：乌拉圭西南部的省份，毗邻拉普拉塔河口。——译注

⑥ 参见阿特沃特先生（Caleb Atwater，美国考古学家、历史学家）的《北美大草原记》（*Account of the Prairies*），载于《美国科学杂志》（*Silliman's North American Journal*）第1卷117页。

⑦ 阿萨拉《1781年至1801年南美洲旅行记》（*Voyage*）第一卷373页。

了大量肥的土地，正是沟通相隔遥远的区域的通道。

我们发现，瓜尔迪亚-德尔蒙特附近是两种欧洲植物的南方分布界线，这两种植物现在极为常见。不论是布宜诺斯艾利斯、蒙得维的亚，还是其他城镇，附近的沟壑两边都长满了大丛的小茴香。不过，刺菜蓟[①]（学名*Cynara cardunculus*）的分布范围更广：在纬度相近的地区，它在科迪勒拉山脉两边都有分布，范围横贯整个大陆。在智利、恩特雷里奥斯[②]和乌拉圭河东岸地区，我在人迹罕至的地方都发现过刺菜蓟。在乌拉圭河东岸地区，很可能达数百平方公里的地面上，都密密麻麻地覆盖着这种多刺的植物，无论是人还是野兽都无法进入。在起伏的平原上，现在只要刺菜蓟成片存在，就没有其他生物生存。但是，在刺菜蓟引进到南美之前，这些区域肯定和其他地方一样，生长着茂盛的牧草。我很好奇，是不是还有其他物种能像刺菜蓟一样如此大规模地入侵。我之前说过，从来没有在萨拉多河以南看见过刺菜蓟，但是随着原野中有人居住的地方逐渐增多，刺菜蓟的分布也可能向南扩展。这情况与潘帕斯的大蓟（叶上有斑）又不同，我在绍塞河谷见到过大蓟。按照莱尔先生所确定的原理，自从1535年第一个殖民者从拉普拉塔带着72匹马上岸以来，没有什么地方比这里的变化更加明显的了。无以计数的马、牛和羊群，不仅彻底改变了植被的情况，也使得原驼、鹿和美洲鸵鸟几乎绝迹了。无数其他变化一定也类似的发生了。有些地方，野猪很可能取代了西貒；野狗可能正在森林中很少有人来往的河流两岸咆哮；家猫变成了一种更大更凶猛的动物，在多岩石的丘陵地带生活。正如多尔比尼提出的，自从家养动物进入以后，秃鹫的数目增长得非常快，我们也有理由相信它们的分布范围向南扩展了。毫无疑问，除了刺菜蓟和小茴香以外，还有许多植物适应了这里的环境：巴拉那河口附近的小岛上长满了桃树和橘子树，它们的种子是被河水冲下来的。

在瓜迪亚换马时，几个人问了我们关于军队的很多事——我从没见过任何事能引起人们对罗萨斯将军的热情关注。他们说罗萨斯将军的胜利是“最正义的战争，因为他所讨伐的都是一些野蛮人”。这种表达，不能不说是很自然的，因为直到最近，无论男人、女人还是马匹，在印第安人的攻击面前都不能保证安全。这天，我们在一成不变的富饶的绿色草原上骑马走了很久，周围是一群群的牲畜，不时有单独的庄园进入视野，

① A. 多尔比尼（vol. i, p. 474）说，刺菜蓟和洋蓟（artichoke）都发现有野生的。胡克博士（Dr. William Hooker，英国植物学家，皇家植物园首任园长）（《植物学杂志》第4卷2862页）把这片区域几种菜蓟属植物用inermis的名称统一描述。他说，植物学家现在基本认可，刺菜蓟和洋蓟是同一种植物的不同形态。我要补充的是，一个聪明的农民告诉我，他曾在一个荒废的花园里观察到，洋蓟变成了普通的刺菜蓟。胡克博士相信，黑德船长对潘帕斯的蓟类的生动描述适用于刺菜蓟，但这是错的。海德博士所指的植物是我几行后提到的大蓟。我不知道大蓟是不是蓟类，但它与刺菜蓟区别较大，更像蓟，所以这么称呼它。

② 恩特雷里奥斯（Entre Rios）：阿根廷东北部省份，东邻乌拉圭。——译注

潘帕斯的大蓟　　　　刺菜蓟

夜间宿营，布宜诺斯艾利斯

庄园里种着商陆树。晚上，下了场大雨，我们来到一个驿站。主人说，如果我们没有合法的护照，就不能在此停留，因为强盗太多，他不相信任何人。但是，当他读我的护照时，才读到头几个字“尊敬的博物学家卡洛斯”[①]，他的怀疑就消失了，取而代之的是尊敬和礼貌。我怀疑，无论是他还是他的同胞对博物学家是什么根本就一无所知，但即便如此，我的头衔很可能一点也不会失去价值。

**9月20日**——中午，我们到达了布宜诺斯艾利斯。郊区很漂亮，有龙舌兰构成的树篱，也有橄榄树、桃树和柳树构成的小树林，这些树才刚长出嫩叶。我骑马去了英国商人卢姆先生（Edward Lumb）的家，在此期间，对于他的热情好客令我万分的感激。

布宜诺斯艾利斯市区很大[②]，我认为这是世界上最规整的城市之一了。交叉的街道都互相垂直，平行的街道都等距，房子都是正方形，称为“quadras”。另外，房子自身就是中空的方形结构，所有房间的门都朝向一个整洁的小庭院。房子通常只有一层，屋顶是平的，适合放置椅子，夏天通常有很多居民跑到房顶上。市中心是广场，四周坐落着

① 卡洛斯（Carlos）：达尔文的名查尔斯（Charles）的西班牙语化形式。——译注

② 据说布宜诺斯艾利斯的人口达到6万。蒙得维的亚是拉普拉塔河畔第二重要的城市，人口1.5万。

政府部门、要塞和教堂等等。革命前，旧总督府也设在这里。建筑物的总体组合富有建筑学的美感，不过说到单独的房子，就没有一座能这么夸口了。

这里的大畜栏是值得一看的。这个喜好牛肉的城市，就在这里屠杀牲畜，供市民食用。与阉牛对比，马的力量令人吃惊：一个骑手把套索套在牛的两角之间，就能把牛随便拉去哪里。牛的四条腿刨着地，徒劳地抵抗着马的拉力。通常牛会向一侧全速冲刺，但马立刻转向减轻了冲击，站得很稳，牛反而差点摔倒。牛脖子没有被拉断，倒是让人惊讶。不过，这场角力不是公平的较量：是马的肚带对抗牛伸长的脖子！类似地，人只要把套索套在马的耳后，就能制服最烈的野马。牛被拖到屠宰处后，屠夫就小心地切断它的腿筋。于是，牛发出了临死前的哀嚎，这是我所听过的最痛苦的声音。我常常在远处就能分辨出这种哀嚎，也就知道宰牛马上就要完成了。宰牛的场景非常可怕，令人作呕，地面几乎铺满了骨头，马匹和骑手身上都沾满了血污。

罗萨里奥

# 第七章

# 布宜诺斯艾利斯与圣菲

前往圣菲考察——蓟原——兔鼠的习性——穴鸮——咸水溪——平坦的原野——乳齿象——圣菲——地形变动——地质学——已灭绝的马的牙齿——南北美洲现存的四足动物与化石的关系——大干旱的影响——巴拉那河——美洲虎的习性——黑剪嘴鸥——绿翠鸟、和尚鹦哥、叉尾霸鹟——革命——布宜诺斯艾利斯政府的状况

**9月27日**——晚上，我开始了一次短途旅行，目的地是圣菲——位于巴拉那河畔，距布宜诺斯艾利斯近500公里。雨后，城郊的道路状况非常糟糕。我没有想到，牛车还能艰难前行。实际上，牛车的速度每小时才1公里左右，还要有一个人总是走在车前，寻找最适合车通行的路线。拉车的牛精疲力竭。假设路况良好，牛车能以更快的速度前进的话，牛所承受的痛苦决不会按比例放大。在路上，我们遇到一队牛车和一大群牛，他们正前往门多萨（Mendoza），路程有580地理里[①]，一般要走50天。这些牛车长而窄，用芦苇做车顶。车只有两个轮子，有的轮子直径能达到3米。每辆车由六头阉牛拉着，赶车人用手上至少6米长的尖头棒驱赶着牛，尖头棒挂在车顶上。对靠近车轮的一对牛，用的是一根短些的尖头棒；而中间那一对牛，用长棒中间垂直突出的横枝来驱赶。整套赶牛装备看上去就像兵器。

**9月28日**——我们路过了小镇卢汉（Lujan）。在这里有一座木桥架在河上，这是这个国家少见的便民设施了。接着我们又经过了阿雷科（Areco），这里的原野看似平坦，但实际上不是如此，因为一些地方的地平线相距很远。这里的庄园相距遥远，因为优质牧草很少，地面上生长的不是一种带苦味的车轴草，就是大蓟（后者因F. 黑德爵士的生动描述而知名）。在这个季节，它已长到了全高的2/3。大蓟在一些地方已经和马背一样高，

巴拉那河

① 地理里（Geographical mile）：沿赤道走1角分的长度，即赤道长的1/21600，约合1855.4米。——译注

不过在别的地方还没有发芽，因此地面裸露，多沙尘，就像收费公路[①]一样。蓟丛绿得发亮，就好像一幅幅高低起伏的森林的缩影，令人赏心悦目。等到大蓟完全长成，那里就无法穿行了，除了一些区域以外，就好像迷宫一样错综复杂。这些地方只有强盗熟悉。到了那个季节，他们就住在那里，每到夜晚，他们就窜出来抢劫、杀人，然后逃之夭夭。在一间房子里，我问主人，强盗是不是很多，却得到了这样的回答："蓟还没长起来呢。"这句话的意思一开始还不是那么让人明白。穿越这些区域相当乏味，因为除了一些兔鼠（vizcacha）和它们的朋友穴鸮以外，其中几乎没有鸟兽生活。

众所周知，兔鼠[②]是潘帕斯草原动物组成中一个引人注意的特征。它的分布南至内格罗河，位于南纬41°，再往南就没有了。它无法像刺豚鼠一样生活在巴塔哥尼亚多砂石的荒凉平原上，而更喜欢黏土或沙土，因为黏土和沙土上的植被要更茂盛些。在门多萨附近，安第斯山脉脚下，兔鼠的栖息地常与它的一种生活在高山上的近亲[③]相邻。很有趣的是，兔鼠的地理分布范围不包括乌拉圭河东岸地区，而那里的平原状况却是非常适合它的生存。乌拉圭河是兔鼠迁徙时无法越过的障碍，但它却能够越过巴拉那河，而位于两条河之间的恩特雷里奥斯省[④]，兔鼠也非常常见。兔鼠最喜欢的栖息地，似乎是一年中有一半时间长满了大蓟、没有其他植物的地方。高乔人确认，它以植物的根为食。考虑到它啮齿的强劲力量和常生活的区域，这是非常可能的。到了夜里，大量的兔鼠会跑出洞穴，静静地蹲坐在洞口。这时候，它们非常温顺，就算有人骑马路过，它们也不过是面无表情地盯着看而已。兔鼠跑起来非常笨拙，在全力逃命时，它们高举的尾巴和短小的前腿看起来很像大老鼠。兔鼠的肉熟后色白而美味，不过很少有人会去吃。

兔鼠有种奇怪的习性：把所有硬物都拖到自己的洞口。因此，每组洞穴附近，都会有很多牛骨、石头、蓟的茎、硬土块、干燥的粪便等等。这些东西不规则地堆放着，常常达到一辆手推车能装下的量。有人肯定地告诉我，一位绅士在黑暗的夜间骑马赶路时不小心丢了块表。早晨，他回来搜索了沿路每个兔鼠的洞口，不出意料，很快就找到了。这种捡走栖息地附近地上一切物品的习惯，一定会给居民带来很大麻烦。至于它们为什么要这样做，我找不到一点头绪。这不可能是用来防御的，因为这些东西主要堆在洞口的上方，而洞穴本身则以较平缓的角度通向地下。这一定有什么理由，不过当地人对此也一无所知。我所知道的唯一与之类似的，就是一种来自澳大利亚的奇特鸟类：点

---

① 收费公路：在17–19世纪的英国，一些道路上设置了路障，只有缴纳通行费后才能通过。——译注

② 兔鼠（Lagostomus trichodactylus，现学名*Lagostomus maximus*）某种程度上说很像大型的兔子，不过啮齿更大，尾巴也长；后脚只有三趾，与刺豚鼠相同。最近三四年间，有大量的兔鼠皮运到英国，用来制作毛皮。

③ 指山兔鼠（Lagidium viscacia），与兔鼠同属毛丝鼠科（Chinchillidae）。——译注

④ 恩特雷里奥斯省（Entre Rios Province）：阿根廷东北部省份，位于巴拉那河与乌拉圭河之间，东邻乌拉圭，首府巴拉那。其名称在西班牙语中意为"河流之间"。——译注

斑大亭鸟（Calodera maculata[①]）。这种鸟会用嫩枝制作优美的拱形通道供自己玩耍，还会收集附近的陆生和水生贝类、鸟的羽毛和骨头，特别是颜色明亮的。曾描述过这些事实的古尔德先生也告诉我，当地人一旦丢失了什么硬物，都会到这种通道里去寻找，就他所知，有一只烟斗就是这么找到的。

我之前多次提到的穴鸮（Athene cunicularia），在布宜诺斯艾利斯附近的平原上会占据兔鼠的洞穴生活，但在乌拉圭河东岸地区，它们会自己挖掘洞穴。在晴朗的白天，尤其是在晚上，到处都能见到穴鸮成对地站在洞穴附近的山丘上。如果受到惊扰，它们要么钻进洞里，要么一声尖叫后呈明显的波浪形飞过一段不远的距离，然后转过身来，镇静地盯着追赶者。有时，在晚上也能听见它们像猫头鹰一样的“呼呼”声。在我解剖过的穴鸮中，有两只的胃里留着老鼠的残骸。一天我还看见一条小蛇被穴鸮杀死后拖走。据说，在白天，蛇是穴鸮的主要猎物。我还要补充几个例子来说明鸮类的食谱有多么广泛。在潮恩斯群岛被杀死的一种猫头鹰，胃里满是巨大的螃蟹。在印度[②]，有一种捕鱼的猫头鹰，同样也会抓螃蟹。

夜晚，乘着几只由桶子绑在一起做成的筏子，我们渡过了阿雷希费河（Rio Arrecife），然后就在河对岸的驿站中过夜。今天，我按照31里格的路程付了马匹租金。尽管一路上烈日当空，但我只是略感疲惫。海德船长说到一天能骑马走50里格时，我无法想象这个距离等于240公里。无论如何，今天这31里格从直线距离上看只有122公里，而且由于一路上走在开阔的平原上，我想算上拐弯的话，再加6公里也就足够了。

**29日和30日**——我们继续骑马穿过一成不变的原野。在圣尼古拉斯[③]，我第一次看到了宏大的巴拉那河。圣尼古拉斯城就建在悬崖的脚下，岸边停泊着几艘大船。到达罗萨里奥[④]之前，我们渡过了萨拉迪约溪[⑤]。溪水清澈，流速很快，但非常咸，无法饮用。罗萨里奥是个大城镇，建造在非常平坦的平原上。在这个平原上形成的一道峭壁，高出巴拉那河面约20米。在这里，河面很宽，河中有许多小岛，地势低矮，长满了树木，和对岸类似。如果不是这些线形的小岛让人能感觉到水还在流动的话，该河整体上看起来就像一个湖。河岸的峭壁是最迷人的：有些地方，峭壁几乎垂直挺立，呈现红色；有的地方又堆着大石块，生长着仙人掌和含羞草树（mimosa-tree）。不过，巴拉那河这样一

---

① 点斑大亭鸟现学名*Chlamydera maculata*。——译注

② 《皇家亚洲学会杂志》（*Journal of Asiatic soc.*）第五卷第263页。

③ 圣尼古拉斯（San Nicolas）：布宜诺斯艾利斯省最北端的城市，位于巴拉那河西岸，布宜诺斯艾利斯省、圣菲省与恩特雷里奥斯省三省交界处。——译注

④ 罗萨里奥（Rosario）：圣菲省南部城市，全省最大的城市，位于巴拉那河西岸。——译注

⑤ 萨拉迪约溪（Saladillo Stream）：巴拉那河的支流，在罗萨里奥都市圈南部注入巴拉那河，是圣菲省南部重要的灌溉用河流。不是阿根廷南部的萨拉迪约河（Saladillo River）。——译注

条大河真正的壮观之处，是在于它在两个国家间的交流和贸易中有多么重要，在于它有多么长，也在于要集中多么广阔区域的水才能汇成流过你脚下的宽阔河流。

圣尼古拉斯和罗萨里奥南北许多里格的土地，都非常平坦。以往的旅行者关于这里有多么平坦的描述，几乎一点都没有夸大。然而，我却找不到哪一个地方是这样。我缓慢转动身体时，不同方向上的最大可见距离并不发生改变，这便明确地说明，这里也不是完全平坦的。在海上，人眼高于海平面1.8米，最远能看到4.5公里远的东西。类似地，地面越平坦，最大可见距离就越被限制在这个值附近。我认为，人们想象中广阔平原的壮观，就被这样的视野限制完全破坏了。

**10月1日**——我们乘着月光出发，日出时到达了特塞罗河[①]。这条河也被称为萨拉迪约河（River Saladillo），河水非常咸，名副其实[②]。今天大部分时间我都停留在这里，寻找化石。除了箭齿兽（Toxodon）的一颗完整牙齿和许多零散的骨化石以外，我还发现了两具巨大的骨架，彼此距离很近，明显地突出在巴拉那河岸的垂直峭壁上。不过这些骨架已经完全腐化了，我能带走的只有一只巨大臼齿的一些碎片。不过这些碎片就足够证明，这是乳齿象（Mastodon）的化石。有种乳齿象曾大量生活在高地秘鲁地区[③]安第斯山脉中，很可能与这里发现的是同一物种。带我乘小船的人说，他们早就知道有这些骨架了，他们也常感到好奇它们是怎么跑到那里去的。他们觉得需要一个理论来解释，于是便得出了这样一个结论：乳齿象曾像兔鼠一样，是穴居动物！晚上，我们又骑马赶了一段路，渡过了另一条咸水溪流——蒙赫河（Monge），河水中带着潘帕斯草原上冲刷下来的沉积物。

**10月2日**——我们经过科龙达[④]。这里的果园非常茂盛，是个非常美丽的村庄。从这里到圣菲，路上不大太平。再往北走，巴拉那河西岸就不再有人居住了，因此印第安人有时会深入到这里，抢劫旅行者。这一带的自然环境也有利于抢劫者，因为这里不再是宽广的草原，而是开阔的树林，生长着低矮多刺的合欢树。我们路过一些遭劫掠后废弃的房子，还看到了一种令我的向导大加赞赏的景象：一具印第安人的骷髅挂在树枝上，只有干燥的皮肤覆盖在骨架上。

上午，我们到了圣菲。我惊讶地发现，这里和布宜诺斯艾利斯的纬度只相差3°，但气候的差别却这么大。这从人们的穿着和肤色、商陆树更大的尺寸、新生仙人掌和其他植物的数量，特别是鸟类的种类来看，都显示着两地气候的明显不同。考虑到圣菲和布

---

① 特塞罗河（Rio Tercero）：现为卡卡拉尼亚河（Carcarañá River），巴拉那河支流，在罗萨里奥以北注入巴拉那河。卡卡拉尼亚河由两条河流汇合而成，其中一条是特塞罗河。——译注

② “saladillo”一词在西班牙语中是“咸的”之意。——译注

③ 高地秘鲁地区（Upper Peru）：西班牙统治时期的地理区划名称，大致相当于今天的玻利维亚。——译注

④ 科龙达（Coronda）：阿根廷圣菲省中部城镇，距离圣菲47公里。——译注

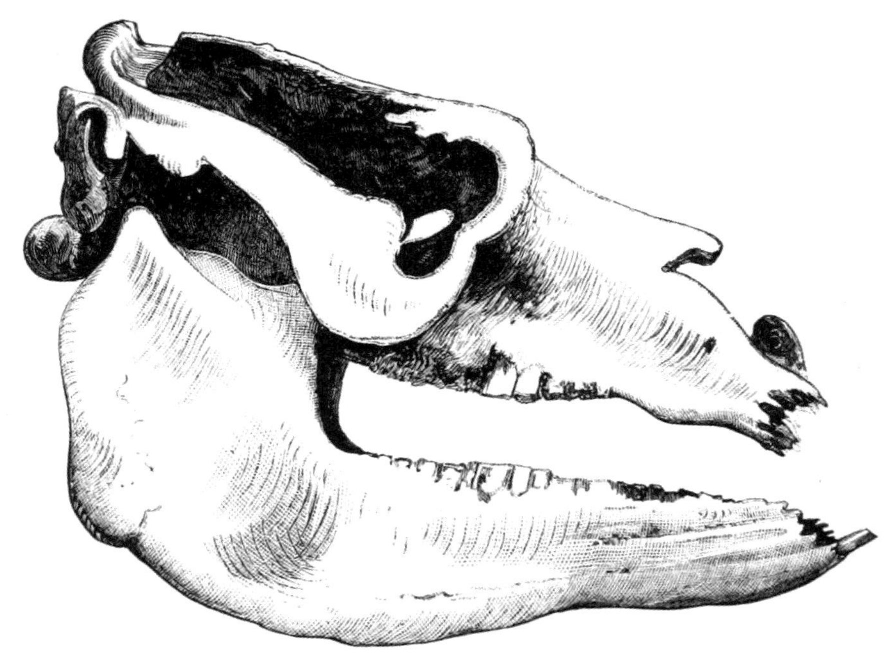

在萨拉迪约发现的箭齿兽

宜诺斯艾利斯之间没有什么地理屏障，两地原野的情况也相当接近，那气候的差别则比我预想的要大得多了。

**10月3日、4日**——由于头痛，这两天我一直卧床休息。一个和善的老妇人照料我，她建议我尝试许多古老的疗法。有种常见的做法，是在两侧太阳穴处贴上橘子叶或一点黑膏药；还有一种更常见的做法，把豆子分成两半，沾湿，然后放在两侧太阳穴处，很容易就能粘住。一般认为，主动拿掉豆子或膏药都是不好的，应该等它们自行掉落。有时候如果人脑袋上贴着点什么东西，别人问他怎么了，他会回答："我前天有点头痛。"当地人使用的许多疗法都非常荒唐可笑，而且太过恶心，让人不愿提及。有种最令人作呕的做法，是杀掉两只幼犬，开膛破肚，绑在骨折的肢体两侧。无毛的小狗很受欢迎，它们常被放在起不了床的病人脚边睡着。

圣菲是个宁静的小镇，清洁有序。省长洛佩斯[①]在革命时期还是个普通士兵，但现在已经掌握权力长达17年。政权之稳固，依赖于他的专制作风。在这些地区，专制似乎比共和制还要受欢迎。省长最喜欢干的事是狩猎印第安人。不久前他刚刚屠杀了48个印第安人，把印第安小孩以每个3–4英镑的价格卖掉。

① 埃斯塔尼斯劳·洛佩斯（Estanislao López，1786–1838）：圣菲省省长、独裁者，于1818年直到去世一直任省长。——译注

**10月5日**——我们渡过巴拉那河，到了河对岸的城镇圣菲巴哈达[①]。这段路程我们走了几个小时，因为这里的河道分成了许多小溪，中间有长满低矮树木的小岛作为分割，错综复杂，好似迷宫。我有封介绍信给这里一位来自加泰罗尼亚的西班牙老人，他非常热情地招待了我。巴哈达是恩特雷里奥斯省的首府。1825年，这个小镇有6000人口，全省则有30000人。尽管人口如此之少，但血腥而令人绝望的革命此起彼伏，它遭受的创伤在各省中最为严重。这个省以拥有议员、政府官员、常备军和政府首脑为荣，无怪乎要发动革命了。未来的某一天，这里一定会变成拉普拉塔河流域最富裕的地方。这里的土壤多样而肥沃，巴拉那河与乌拉圭河使这个省形成了一个近乎大岛的形状，并提供了两条对外交流的要道。

我在这里逗留了5天，在附近作地质学考察，这些考察充满乐趣。我们发现，在这里的峭壁底下，地层中有鲨鱼牙齿和已经灭绝的海生贝类的化石；这之上，是硬结的泥灰岩层；再往上，是潘帕斯草原常见的红色黏土层，其中包含着石灰质固结物和陆生四足动物的骨头。这个纵向剖面清晰地向我们展示了这里曾是个巨大的咸水海湾，逐渐被陆地侵蚀，最终成了一大片满是淤泥的河口，河中漂浮的动物尸体也随之陷入淤泥当中。在乌拉圭河东岸地区的蓬塔戈尔达[②]，我发现了一种类似潘帕斯草原的河口沉积层，石灰石中含有几种已灭绝的海生贝类化石，种类与这里的相同。这就表示，有可能是过去的河流走向发生了变化，但更有可能的是，古老河口的河床高度发生过上下波动。直到最近，我认为潘帕斯草原的地质构造是河口沉积的产物。我的证据是：它的整体外观、它在现存的大河——拉普拉塔河的河口的位置，以及其中包含的大量陆生四足动物的骨头。不过现在，埃伦伯格教授[③]热心地为我分析了一点红土。这些红土取自较深的地层，靠近乳齿象的骨架处。他在其中发现了大量微小的水生生物，既有咸水的，也有淡水的，而淡水的居多。因此，他说，这里的水一定曾经是咸水。A·多尔比尼先生曾在巴拉那河岸30米高处的地层当中发现过含有大量生活在河口的贝类，这些贝类现在生活在下游160公里处，更接近海边。在乌拉圭河岸，我也曾在地势较低的地层中发现过同样的贝类。这表示，在潘帕斯地区缓慢地抬升为陆地之前，覆盖在它上面的水是咸水。在布宜诺斯艾利斯的下游，抬升的地层中有现存的海生贝类，这也表明，潘帕斯地区的抬升发生在不久以前。

在巴哈达附近的潘帕斯沉积地层中，我发现了一片骨质鳞甲，来自一种形似犰狳的

① 圣菲巴哈达（St. Fe Bajada）：今称巴拉那（Parana），恩特雷里奥斯省首府。——译注

② 蓬塔戈尔达（Punta Gorda）：地名，位于乌拉圭西南部科洛尼亚省新帕尔米拉市南部，一般认为这是乌拉圭河的起点、拉普拉塔河的源头。——译注

③ 克里斯蒂安·格特弗里德·埃伦伯格（Christian Gottfried Ehrenberg，1795-1876）：德国著名博物学家、动物学家、地质学家、微生物学家，提出了“细菌”这个名词。——译注

巨大动物。除去泥土后，鳞甲看上去就像一口锅。我还发现了箭齿兽和乳齿象的牙齿化石，以及一颗马的牙齿化石，污损和腐化的程度相同。这颗马的牙齿让我大感兴趣①。我非常仔细地确认，它与其他化石的年代相同，因为当时我还没有发现，我在布兰卡港附近发现的化石中有一颗从基岩中发现的马的牙齿，另外当时也还并不清楚马的化石在北美很常见。赖尔先生最近从美国带来一颗马的牙齿化石。有意思的是，这种牙齿的特征是有一个微小但特殊的弯曲。欧文教授认为它不属于任何化石中或现存的物种，直到他发现与我在这里发现的样本吻合。于是，他把这种美洲马命名为弯齿马（Equus curvidens）。在哺乳动物史上，这是不可思议的事实：在南美洲曾有一种本地马在此繁衍，然后绝迹了，但后来西班牙殖民者带入的少量马，它们的后裔在这里却无穷无尽！

在南美洲存在有马的化石、乳齿象化石，还有一种化石可能来自某种象②，另外伦德先生③和克劳森先生④在巴西的洞穴中发现了一种反刍（牛科）动物。这些事实对于动物的地理分布研究非常有意义。现在，如果我们不用巴拿马地峡作为南北美洲的分界线，而是用墨西哥南部⑤的北纬20°作为分界线的话，那么这里一片广阔的台地不仅能影响了气候，除了几条山谷和沿海的边缘低地外，它在地理上也形成了屏障，因此阻断了物种的迁徙。这样，我们就可以发现，南美洲和北美洲的动物学特征形成了鲜明的对照。只有少数几种动物能够越过这一屏障，例如美洲狮、负鼠、蜜熊和西貒等，一般认为它们是从南面游荡过来的。南美洲特有的物种，有许多特别的啮齿动物、灵长目的一个科⑥、羊驼、西貒、貘、蜜熊，特别是贫齿目的几个属⑦，贫齿目包含树懒、食蚁兽和犰狳。另

① 不用说，在哥伦布时代，有可信的证据表明，在美洲没有任何马生活。

② 居维叶《骨化石研究》（*Recherches sur les ossemens fossils*），第一卷第158页。

③ 彼得·威廉·伦德（Peter Wilhelm Lund，1801–1880）：丹麦古生物学家、动物学家、考古学家，大部分时间在巴西生活和工作，被认为是巴西古生物学和考古学之父。——译注

④ 彼得·克劳森（Peter Claussen，1804–1855）：丹麦博物收藏家，曾长时间居住巴西，与人合作探索他自己农场内的洞穴，获得了大量发现。——译注

⑤ 利希滕斯坦、斯温森（William Swainson，英国动物学家）、埃里克松（Wilhelm Ferdinand Erichson，德国动物学家）和理查德森都使用这一地理分界。洪堡在《新西班牙王国政治论文》（*Political essay on the kingdom of New Spain*）中提到了一个区域：从韦拉克鲁斯（Veracruz，墨西哥湾沿岸城市，在墨西哥城以东约300公里）直到阿卡普尔科（Acapulco，墨西哥太平洋沿岸城市，在墨西哥城西南约300公里），墨西哥高原形成的屏障就是如此广阔。理查德森博士有一篇出色的《北美洲动物学报告》（*Report on the Zoology of N. America*），于1836年在英国科学促进会年会宣读（157页），其中在将一种墨西哥动物与巴西卷尾豪猪（Synetheres prehensilis，现学名*Coendou prehensilis*）相比较时说："我们不知道是不是恰当，不过如果没有搞错的话，这种啮齿动物在北美和南美都很常见，即便不是特例，这样的例子也很稀少。"

⑥ 现为灵长目剪鼻亚目类人猿下目阔鼻小目（Platyrrhini），包含4个科：卷尾猴科（Cebidae）、青猴科（Aotidae）、僧面猴（Pitheciidae）和蛛猴科（Atelidae）。——译注

⑦ 当时贫齿目还包括土豚和穿山甲，但后来土豚和穿山甲分别分入管齿目和鳞甲目。现在贫齿目一般上升为贫齿总目，这类动物全都分布在美洲。——译注

一方面，北美洲特有的动物（少数从南方游荡过来的动物除外）有大量特有的啮齿动物和牛科反刍动物的四个属（牛、绵羊、山羊、羚羊）[①]，而这些动物在整个南美洲根本找不到任何一个物种。以前，也就是在已经有大多数现今贝类生存的时期，北美洲除了牛科反刍动物之外，还有象、乳齿象、马和贫齿目的三个属：大地懒属、巨爪地懒属、磨齿兽属。几乎同一时期（有布兰卡港附近发现的贝壳化石为证），正如我们刚刚看到的，南美洲有乳齿象、马、牛科反刍动物和贫齿目的同样三个属（还有其他几个属）。因此，这就很明显了，在一个位于近期的地质年代中，南北美洲在陆生动物上的关系要比现在紧密得多。我越是思考这件事，就越觉得有趣：我找不出其他例子，一个大区域分裂成两个各有特征的动物学区域，而在时间和方式上都能如此近乎准确地断定！一个地质学家如果深信，近期地球表面受到大规模地层变动的影响，那他就可以大胆地推论，可能是墨西哥高原在近期的抬升，或者更有可能的是西印度群岛地区在近期的下沉，才是造成南北美洲的动物之间被隔离的原因。西印度群岛的

马牙齿的化石，来自布兰卡港

① 北美洲现存的牛科动物有美洲野牛（牛亚科美洲野牛属，同属还有欧洲野牛）、石山羊（羊亚科石山羊属）、麝牛（羊亚科麝牛属）、加拿大盘羊、戴氏盘羊（均为羊亚科盘羊属）。——译注

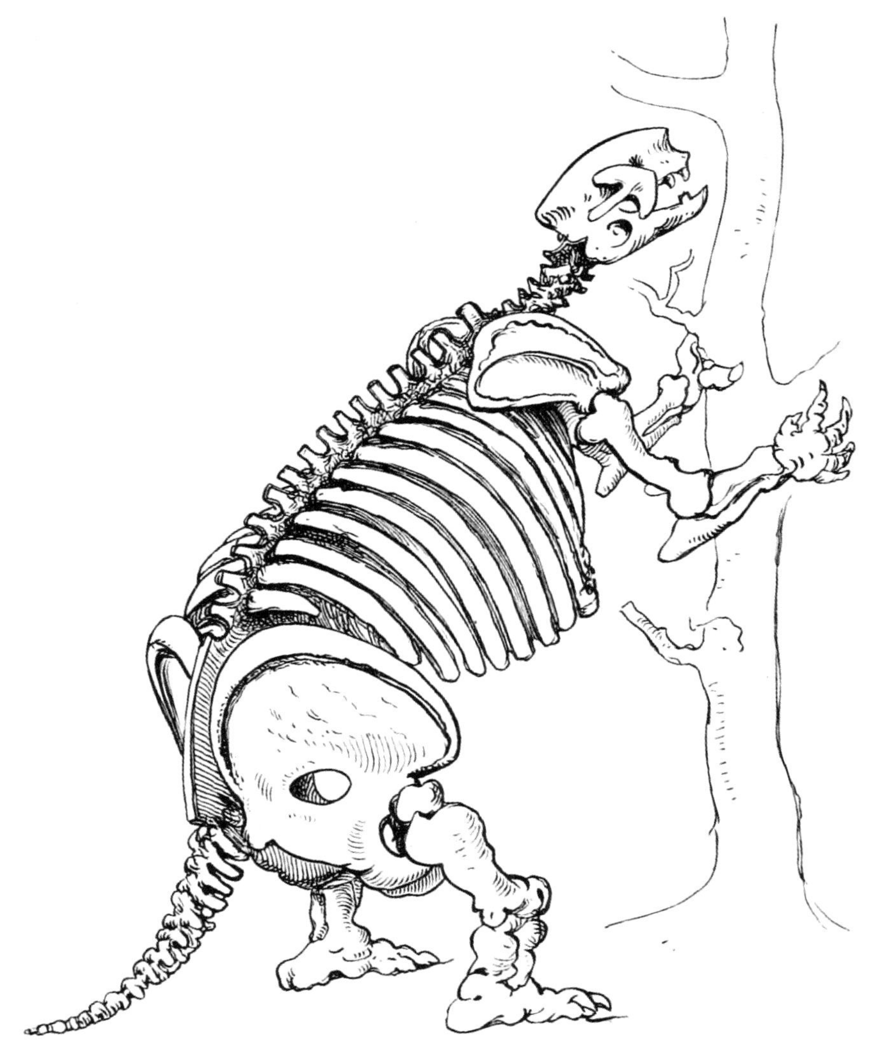

磨齿兽

高2.28米，胸围1.98米，骨盆最宽处宽1.09米

哺乳动物[①]呈现南美洲的特征，这似乎正表明，这个群岛之前是与南美洲连在一起，后来才下沉成为现在的状况。

在北美洲存在象、乳齿象、马和牛科反刍动物的时期，它和欧亚大陆的温带地区相

① 参见理查德森博士的《报告》，157页；另见《法国科学院学报》，1837年253页。居维叶说，在大安的列斯群岛发现过蜜熊，不过这一点存疑。热尔韦先生（Paul Gervais，法国古生物学家、昆虫学家）说，在大安的列斯群岛存在黑耳负鼠（Didelphis cancricora，现学名*Didelphis marsupialis*）。可以确定的是，西印度群岛上存在一些特有的哺乳动物。有一颗乳齿象的牙齿是在巴哈马发现的：《爱丁堡新哲学期刊》（*Edin. New Phil. Journ.*），1826年395页。

比较，动物学特征的联系要比现在近得多。由于这几个属的动物遗迹在白令海峡两侧[1]和西伯利亚平原都有发现，因此我们认为，在过去，北美洲西北部是连接旧世界和所谓新世界的通道。因为有大量同属这几个属的动物物种，无论现存的或已灭绝的，现在或过去生活在旧世界，所以北美洲的象、乳齿象、马和牛科反刍动物很可能是通过白令海峡附近当时还存在、现在却已沉没在水下的通道，从西伯利亚迁移到北美洲；再从北美洲，通过西印度群岛附近当时还存在、现在也已沉没在水下的陆地，进入南美洲；随后与南美洲特有的动物在一段时间内共同生存，后来灭绝了。

经过这一带时，关于最近发生的一次严重干旱，我听到了好几种生动的描述。这些描述也许能让人们了解有多得数不清的各种动物被埋在一起了。这段时期从1827年直到1830年，称为“大旱灾”。这段时期，降雨稀少，植物枯死，就算蓟也不能例外；溪水干涸，整片原野看上去就像沙尘飞扬的公路。受灾最严重的是布宜诺斯艾利斯省北部和圣菲省南部。无数的鸟类、野生动物和牛马饥渴而死。有个人告诉我，他为解决自家人的水源问题，不得不在庭院里挖了口井，而鹿[2]就常常跑进来喝井水；山鹑饥渴得即使有人捕捉，也无力飞走。仅布宜诺斯艾利斯一省，最保守地估计，就损失了100万头牛。在圣佩德罗[3]，有个牧场主在那几年之前拥有2万头牛，而经过这几年，一头都没有了。圣佩德罗正处于最肥沃的地区当中，尽管现在已经再次有大量动物出没了，但在“大旱灾”的后期还要从外地用船运来牲畜，以供当地人食用。当时牲畜从农庄中逃离，向南方移动，在那里集结成了大群，以至于布宜诺斯艾利斯不得不派出一个委员会，来解决农庄主人之间的纠纷。伍德拜恩·帕里什爵士[4]还告诉我另一起很有趣的纠纷：由于地面太过干燥，大量尘土被吹走，使得开阔平原上的地标都消失了，大家都没法确定自己庄园的边界在哪里。

我听一个目击者说，成千上万头牛一群群地冲进巴拉那河，却因为太饥饿，无力爬上满是淤泥的河岸，就在那里溺死了。流经圣佩德罗的河道里满是腐烂的动物尸体。有

---

① 参见巴克兰博士（William Buckland，英国神学家、地理学家、古生物学家）为比奇的《旅行记》所作的出色附录；另见科策比的《旅行记》中关于沙米索（Adelbert von Chamisso，德国诗人、植物学家，曾参与一次前往白令海的探险）的描述。关于比奇和科策比，参见第18章注释。

② 欧文船长（William Fitzwilliam Owen，英国海军将领、探险家）的《考察航海记》（*Surveying Voyage*）（第2卷第274页）中记载，在本格拉（现属安哥拉，在非洲中南部西海岸），干旱对大象的行为产生了奇特的影响。“一大群这种动物进入城镇后，集体在井边停留了很久，因为它们在野外喝不到水。居民们集中到一起，接着就和象群发生了激烈的冲突。最终，入侵者狼狈逃跑，但已经有一个人被杀，数人受伤。”据说这个城镇的人口接近3 000！马尔科姆森博士告诉我，在印度的一次严重干旱中，野生动物侵入了驻扎在韦洛尔（印度东南部城市）的军队营帐，部队副官的水桶被一只野兔喝干了。

③ 圣佩德罗（San Pedro）：布宜诺斯艾利斯省北部城镇，在巴拉那河畔。——译注

④ 伍德拜因·帕里什爵士（Sir Woodbine Parish）：英国外交家、旅行家、科学家，曾于1825年至1832年任驻布宜诺斯艾利斯临时代办。——译注

个船长告诉我，那里臭气熏天，无法通行。毫无疑问，有数十万头动物就这样死在巴拉那河中。它们的尸体腐烂后随河水冲向下游，许多尸体很可能就堆在拉普拉塔河口。所有小河都变得非常咸，这在一些特定地点，也造成了大量动物的死亡，因为动物喝下这种水，就无法恢复健康。阿萨拉描述过[①]在类似的干旱情况下野马发狂的情形：它们冲进沼泽里，最先跑去的马很快就被后面的马群挤压、踩踏而死。他还补充道，他曾不止一次看到上千匹马的尸体堆在一起，它们都是这样死的。我还注意到，潘帕斯草原上一些小河的河床上铺满了骨质的角砾岩，不过这很可能是长期沉积的结果，而不是短期内动物大量死亡造成的。1827年至1832年的大干旱之后，紧接着就是一个雨水过多的雨季，又造成了洪水泛滥。因此，几乎可以确定，有成千上万具骨架就这样在第二年被掩埋在沉积物当中。一个地质学家看到如此大规模的动物骨头，而且还是来自不同种类、不同年龄的动物埋在这样一个厚地层里，他会怎么看呢？他是否并不认为这是因为大洪水横扫地面，而是常规的原因造成的呢[②]？

**10月12日**——我原本打算继续前行，但身体状况不佳，不得不乘一艘载重约100吨的单桅船返回，这艘船正要开往布宜诺斯艾利斯。这天天气不太好，我们早早地就把船系在河中小岛上的一根树枝上。巴拉那河中有许多小岛，这些岛常常交替着消失和重新出现。船长还记得，有几个较大的岛已经消失，又出现了几个小岛，岛上还满是植物。这些小岛都由泥沙构成，即使最小的卵石都没有，高过水面约1.2米，不过到了汛期，就会淹没在水下。所有小岛的外观都很类似：岛上有无数的柳树，还有一些其他树木，树干上缠绕着各种各样的匍匐植物，看上去就像茂密的丛林。这样的低矮密林，为水豚和美洲虎提供了良好的隐蔽地。出于对美洲虎的恐惧，在穿越这些丛林时，我完全失去了兴致。这一晚，我还没走到100米，就发现了美洲虎的痕迹，它无疑是最近留下的，因此我不得不返回。每个岛上都有美洲虎留下的踪迹。我在前几次的旅行中，谈话的主题总是印第安人的踪迹，而在这里，话题就成了美洲虎的踪迹。

大河两岸满是树木，似乎是美洲虎喜欢出没的场所。不过我听说，在拉普拉塔河以南，美洲虎常出没于湖边的芦苇丛中。无论在哪里，它们似乎都离不开水。美洲虎常吃水豚，因此人们都说，在水豚很多的地方，美洲虎就不对人构成威胁。福克纳说，接近拉普拉塔河口南侧的地方有许多美洲虎，这些美洲虎主要吃鱼为生。这样的描述，我也听过许多次。在巴拉那河，美洲虎已杀死了许多伐木工人，甚至有美洲虎在晚上跑到船上来。有个现在居住在巴哈达的人，曾有一次在夜里从船舱里上来，被美洲虎抓住了；他付出了一只手臂的代价，拼命逃脱了。当洪水把美洲虎赶离岛上时，这时，它们是最

① 《旅行记》（*Travels*）第一卷第374页。

② 这种干旱某种程度上几乎是周期性的。我听说了另外多次干旱的时间，间隔约15年。

危险的。我听说几年前，有一只非常巨大的美洲虎不知怎么跑进了圣菲的一个教堂里。两个神父先后进入教堂，都丧身虎口；第三个神父前来察看情况，结果好不容易才成功逃生。后来，有人爬上房顶，从一个没有铺顶的角落开枪，才把它打死。这段时间，美洲虎还大量地捕杀牛马。据说它们用折断脖子的方法来杀死猎物。美洲虎一旦被驱离猎物的尸体，就很少再回来。高乔人说，美洲虎在夜间游荡时，常受狐群的困扰，因为狐狸总是跟在美洲虎身后不停地尖叫。非常离奇巧合而且得到证实的是，在东印度群岛，胡狼也以类似的方式骚扰老虎。美洲虎是种喜欢吼叫的动物，常在夜间吼叫，特别是坏天气之前吼叫得更频繁。

有一天，我在乌拉圭河畔打猎时，有人指着几棵树让我看，说美洲虎经常来这里，据说是为了在这些树上把爪子磨锋利。我看见了三棵著名的树，正面的树皮已经磨得光滑了，似乎动物的胸口磨的，树干两侧则都有深深的划痕，甚至成了沟槽，斜向延伸着，长度接近一米。一种判断附近是否有美洲虎的常见方法，就是查看这些树。我想，美洲虎的这一习惯，与日常生活中常见的家猫的行为完全类似：家猫常张开四肢，在椅子腿上磨爪子。我曾听说，在英国有个果园，其中的幼龄果树就饱受猫爪之苦。美洲狮一定也有这种习性，因为我在巴塔哥尼亚裸露的坚硬土地上常常能看见深深的凹痕，绝非其他动物的能力所能造成的。我认为，这种行为的目的就是要把锯齿状的爪子边缘磨去，而不是如高乔人说的把爪子磨锋利。要杀死美洲虎很容易，只需要放出猎狗把美洲虎赶到树上，然后开枪打死。

由于天气恶劣，我们又在停泊处停留了两天。我们仅有的娱乐就是抓鱼吃。河里有好几种鱼，味道都很鲜美。有种鱼名叫“阿马多”（armado，是鲇鱼属的鱼），其特点是在上钩时会发出尖锐刺耳的噪声，鱼还在水面下时就能清晰地听到。这种鱼能用胸鳍和背鳍强有力的刺紧紧抓住任何东西，比如桨叶和钓鱼线等。晚上天气相当热，温度计显示气温是26℃。萤火虫四处飞舞，蚊子非常恼人。我把手暴露在外才5分钟，手上就覆盖了厚厚的一层蚊子，我想至少得有50只，都在吸血。

**10月15日**——我们终于出发了，经过蓬塔戈尔达[①]。在这里居住着一群归顺的印第安人，他们来自米西奥内斯省[②]。我们顺流而下，速度相当快。不过，在日落前因为对坏天气愚蠢的恐惧，我们进入了一条支流小溪停泊。我另划一条小船，沿着小溪逆流而上一段距离。这条小溪很窄，河道蜿蜒曲折，水很深，两岸都是高大的树木，缠绕着匍匐植物，组成十来米高的绿墙，让整条河道看上去异常阴暗。在这里，我看见了一种非常特殊的鸟，称为黑剪嘴鸥（*Rhynchops nigra*）。这种鸟的腿短，趾间有蹼，双翅极长而

---

① 蓬塔戈尔达（Punta Gorda）：地名，现属恩特雷里奥斯省迪亚曼特市，在巴拉那市以南约40公里。——译注

② 米西奥内斯省（Misiones Province）：阿根廷最东北部的一个省，与巴拉圭、巴西接壤。——译注

尖，大小与燕鸥相当。

黑剪嘴鸥的喙越向侧面越扁平，也就是说它与琵鹭或鸭的喙相比，正好成直角。它的喙平整而有弹性，就像象牙制的裁纸刀，下喙比上喙长3.8厘米，这一点与其他鸟都不同。马尔多纳多附近的一个湖，湖水快要干枯，因此水里满是小鱼。我看见一些黑剪嘴鸥组成几个小群，贴近水面来回快速飞行。它们大张着嘴，下喙深入水中，一边掠过，一边划开水面。水面光滑如镜，每有一群黑剪嘴鸥飞过，就在水面上留下一条条悦目的波纹。在飞行时，黑剪嘴鸥常常高速急转弯，灵巧地用伸长的下喙捞起小鱼，然后用较短的剪刀状上喙夹住。我多次看见黑剪嘴鸥像燕子一样，在我面前来回飞行。偶尔离开水面时，黑剪嘴鸥的飞行轨迹奇特而无规律，非常迅速，同时它们会发出刺耳的大叫声。黑剪嘴鸥捕鱼时，翼尖的长羽毛就明显地展现出优势，能让它们保持干燥。它们这样的飞行姿态，很像许多画家笔下的海鸟。在不规则地飞行时，黑剪嘴鸥的尾巴用来控制方向。

沿巴拉那河深入内陆，黑剪嘴鸥都很常见。据说，这种鸟一整年都生活在这里，并在沼泽中繁殖后代。白天，它们在离河道有一定距离的草地上成群休息。我之前说过，我们的小船停泊在巴拉那河中小岛间的一条深水小溪里。夜幕快要降临的时候，出现了

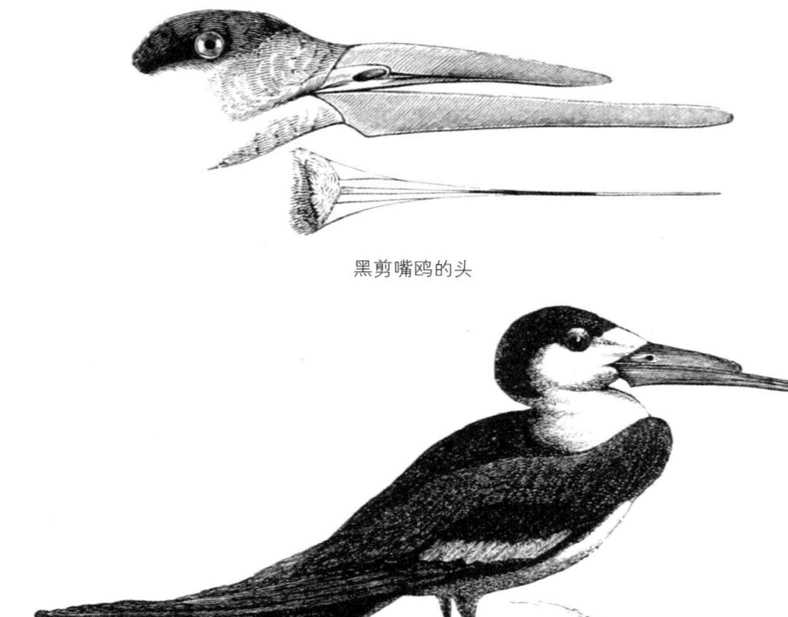

黑剪嘴鸥的头

黑剪嘴鸥

一只黑剪嘴鸥。河水流速很慢，许多小鱼正在上浮。这只鸟长时间地在水面上飞行，在这条狭窄的小溪上方上下翻飞，姿态奇特而不规律。这时夜色越来越浓，河面又笼罩在树影中，已经非常阴暗了。在蒙德维的亚，我发现在白天有几大群的黑剪嘴鸥停在港口出口处的淤泥浅滩上，和在巴拉那河附近的草原上的情况相似；每天晚上，它们都飞向大海。根据这些事实，我推测黑剪嘴鸥一般在晚上捕鱼，因为这时会有更多的鱼类上浮到水面。莱松先生[①]说，在智利的海边，他见过黑剪嘴鸥打开埋在沙滩里的蛤蜊的贝壳。考虑到它们的喙很无力，下喙又长出这么多，腿短而翅长，这极不可能是它们的常规捕食习惯。

我们沿巴拉那河顺流而下的途中，我只观察到另外3种鸟，它们的习性值得一提。第一，是一种小型翠鸟（绿翠鸟，学名*Chloroceryle Americana*），它的尾部比欧洲的同类要长，因此无法保持直立不动的姿势。绿翠鸟在飞行时速度缓慢，一起一伏，就像软喙鸟类一样，因而不像欧洲的同类那样飞得又快又直，就好像射出的箭。绿翠鸟的叫声低沉，好像两块小石头相碰发出的声音。第二种鸟是一种小绿鹦鹉（和尚鹦哥，学名*Conurus murinus*[②]），胸口灰色，似乎最喜欢把巢做在河中小岛的高大树木上。许多个和尚鹦哥的巢紧贴在一起，成了一个大柴堆。这些鹦鹉总是成群生活，对玉米田带来严重破坏。我听说，在科洛尼亚附近，一年里有2500只小绿鹦鹉被捕杀了。第三种鸟的尾巴交叉，末端是两片长羽毛（叉尾霸鹟，学名*Tyrannus savana*），西班牙人称之剪尾鸟，在布宜诺斯艾利斯附近很常见。它常停在房子附近商陆树的树枝上，飞出一段较短的距离以捕捉飞虫，然后又飞回到原位。飞行时，叉尾霸鹟的姿态和外观很像经过夸张的普通燕子。叉尾霸鹟能在空中以非常小的半径转弯，转弯时尾巴一开一闭，有时沿水平方向，有时沿竖直方向，就好像一把剪刀。

**10月16日**——在罗萨里奥下游几里格的地方，巴拉那河西岸尽是直立的峭壁，一直延伸到圣尼古拉斯下游，因此这里更像海岸，而非淡水河的河岸。巴拉那河两岸泥土柔软，因此河水非常浑浊，使得巴拉那河的风景大为失色。乌拉圭河流经富含花岗岩的地区，所以河水要清得多。这两条河汇聚成拉普拉塔河时，很长一段距离内这两股水流颜色一黑一红，很容易分辨。到了晚上，由于风有些大，我们如前几天一样立刻找地方停泊。第二天，风还是很大，虽是顺风，但船长也懒得开船。在巴哈达，人们说他是个“hombre muy aflicto”，也就是很不好相处的人，不过他显然非常能忍耐因停船而带来的抱怨。他是个西班牙老人，已经在这里居住了很多年。他对英国人很有好感，不过他

① 勒内·普里梅韦勒·莱松（René Primevère Lesson，1794-1849）：法国外科医生、博物学家、鸟类学家、爬虫两栖学家。——译注

② 和尚鹦哥现学名*Myiopsitta monachus*。

总是顽固地认为，英国人赢得特拉法加海战是因为所有的西班牙船长都被收买了；在交战双方当中，只有西班牙舰队司令表现出了真正的勇气。这种非常独特的看法让我很惊讶，他宁可他的同胞被当成最低劣的卖国贼，也不愿他们被人说无能懦弱。

**18日与19日**——我们继续慢慢沿着这条著名的河向下游驶去。水流对我们有一些帮助，不过帮助不大。一路上，我们很少遇到船只。大自然赐予这片四通八达的土地的赠礼：一条河与一片土壤似乎都被故意放弃了。这条河，可以使船只能从温带地区（这里的某些物产极度丰富，另一些物产又非常缺乏）航行到具有热带气候的地区。这里的土壤，据最具慧眼的邦普朗先生[①]所说，很可能是世界上最肥沃的。假如英国殖民者能够有率先驶入拉普拉塔河的好运的话，这条河沿岸的景色将会多么不同！如果是这样的话，现在河的两岸早该建起多么美丽的城市了！在巴拉圭的独裁者弗朗西亚[②]死去之前，这两片区域都不会有任何来往，就好像彼此位于地球的两端一样。等这个残暴的老独裁者终于死了，革命的烈火一定会撕裂巴拉圭，相对于之前反常的平静，暴力将会成比例地回到世间。像其他南美国家一样，这个国家必须知道，只有国民心怀正义和荣誉的原则，共和政体才能成功。

**10月20日**——到达了巴拉那河口后，我由于要急于赶到布宜诺斯艾利斯去，就在拉斯孔查斯[③]上了岸，打算骑马赶到城里。但我一上岸，就大吃一惊：我在某种程度上已经成了个囚犯。一场暴力革命已经爆发，所有港口都禁止通行。我没法回到船上，要走陆路去布宜诺斯艾利斯更是不可能。我跟当地革命军的司令官进行了一番长谈后，终于获准在第二天与罗洛尔（Rolor）将军见面。这位将军指挥着首都这一侧革命军的一部分。就我看来，将军、他手下的军官和士兵，都是十足的恶棍。将军本人在离开城市的前夜，还自愿跑去见省长；他把手放在胸口，用自己的名誉起誓说，他会效忠到底。将军告诉我，整个城市已经被严密封锁了，他能做的只是给我一张通行证，让我去见革命军总司令，总司令驻扎在基尔梅斯[④]。于是我们费尽力气雇了马，不得不绕城市一大圈赶到那里。在基尔梅斯的军营，我受到了友好的对待，但还是被告知不可能允许我进城。我预测“小猎犬”号离开拉普拉塔河的时间比实际情况要早，因此我非常焦急。但是，当我一提到在科罗拉多河的营地时罗萨斯将军对我亲切友好的态度，整个事态立刻峰回路

---

① 艾梅·邦普朗（Aimé Bonpland，1773–1858）：法国探险家、植物学家，当时居住于科连特斯省（同样位于巴拉那河与乌拉圭河之间），从事马黛茶种植和贸易。——译注

② 何塞·加斯帕尔·罗德里格斯·德·弗朗西亚（José Gaspar Rodríguez de Francia，1766–1840）：巴拉圭独立后的早期领导人之一，1814–1840年间为巴拉圭的独裁者。——译注

③ 拉斯孔查斯（Las Conchas）：地名，在今天布宜诺斯艾利斯市西北郊的埃斯科巴区，距布宜诺斯艾利斯市约30公里。——译注

④ 基尔梅斯（Quilmes）：地名，今天大布宜诺斯艾利斯都市圈的一个区，在布宜诺斯艾利斯市东南17公里。——译注

转，真如魔法一般。他们立刻告诉我，虽然不能给我通行证，但如果我自愿放弃向导和马匹，我就能通过他们的岗哨。我非常高兴地接受了这一条件，于是革命军派来一个军官陪同我，这样我就不会在桥上被拦下了。整整一里格的路上都相当荒凉。我遇到了一群士兵，他们面无表情地看了看旧护照，就放我通过了。最后我终于到了城里，这让我无比喜悦。

这次革命并非以什么公愤为借口而爆发的。从1820年2月到10月的9个月间，政府改组了15次之多，而依照宪法，每个省长任期是三年。有了这种情况，还需要什么借口反而是不合情理的了。这一次，有一群忠于罗萨斯的人，大约有70人，由于反感巴尔卡塞省长①而离开了城市，以罗萨斯之名登高一呼，顿时各地都扬起了革命之旗。于是，布宜诺斯艾利斯市遭到了封锁，不准任何食品或牛马进城。除此以外，只发生过一些小规模冲突，每天只死几个人。围城的革命军很清楚，只要阻止肉类的供给，他们就一定能够胜利。罗萨斯将军事先肯定不清楚这次革命，不过事态显然和他的势力及利益相一致。一年前，他被选举为省长，但他拒绝就任，声称要“萨拉”（立法代表会）授予他至高的权利，他才会接受。“萨拉”拒绝了。这次罗萨斯就是要让他们看看，除了他以外，没有任何人能坐得稳省长的位置。在得到罗萨斯的决定之前，双方都按兵不动。我离开布宜诺斯艾利斯几天后，传来了消息，罗萨斯将军说他不赞成破坏和平，但他认为围城的一派是正义的。一听到这一消息，省长、政府官员和部分军队共几百人，灰溜溜地逃出了城。革命军进城后，选举了新的省长，共有5500人获得奖赏。经过这一系列事件，显然罗萨斯最后会成为独裁者，因为这里的人民和其他共和国的人民一样，对“国王”这个头衔有着特别的厌恶。离开南美洲后，我听说罗萨斯已经成功当选，获取了权力，并且在一段时期内完全违反了共和国的宪章。

布宜诺斯艾利斯的牛车

① 胡安·拉蒙·巴尔卡塞（Juan Ramón Balcarce，1773−1836）：阿根廷军事领袖、政治家，三度担任布宜诺斯艾利斯省省长，其中最后一次为1832年12月17日至1833年11月4日，在这次革命中下台后被捕，后死于流放地。——译注

火地岛人和小屋

# 第八章

# 乌拉圭河东岸地区与巴塔哥尼亚

前往科洛尼亚-德尔萨克拉门托的短途旅行——庄园的价格——如何清点牛的数目——奇特的牛种——穿孔的圆石——牧羊犬——驯马，高乔人骑马——住民的特征——拉普拉塔河——大群蝴蝶——飞行蜘蛛——海中的磷光——盼望港——原驼——圣胡利安港——巴塔哥尼亚的地质学——巨型动物化石——动物的形态不变——美洲动物的变化——灭绝的原因在城里耽搁了将近两周后，我很高兴能够乘邮船逃离布宜诺斯艾利斯，前往蒙得维的亚。住在一个被封锁的城市，总是一件令人不快的事，更不用说时常还要担心有人在城内抢劫。岗哨的纪律极坏，他们以公务为名义，手里又有武器，因此可以肆意抢劫，别人远远比不上他们。

我们在船上的时间又长又单调。从地图上看，拉普拉塔河口是个壮观的河口，但实际上却要差得多。河水宽阔而非常浑浊，既不壮观也感觉不到美。这一天只有一次能从甲板上同时望见地势极低的两岸。到了蒙得维的亚，我发现"小猎犬"号还要过一段时间才出航，所以我开始准备深入乌拉圭河东岸的部分地区来一次短途旅行。之前我对马尔多纳多的原野的一切描述，都适用于蒙得维的亚，不过，这里的地势还要平坦得多，除了一个例外：绿山[①]高132米，城市也因此山而得名。在它的周围，起伏的草原很少，不过，在城市的附近有几段树篱海岸，上面生长着龙舌兰、仙人掌和小茴香。

**11月14日**——下午，我们离开了蒙得维的亚。我的计划是先到科洛尼亚-德尔萨克拉门托[②]。这个城市位于拉普拉塔河北岸，与布宜诺斯艾利斯隔河相对；然后，我想沿乌拉圭河上行，直到内格罗河[③]（南美洲有许多河流都叫这个名字）畔的梅塞德斯村[④]。晚上，我们睡在卡内洛内斯镇[⑤]上我的向导的家里。第二天早晨，我们早早地起床，希望能骑马多赶点路，但由于各条河流涨水，这个计划落空了。我们乘船渡过了卡内洛内斯河、圣卢西亚河[⑥]与圣何塞河，这样就浪费了许多时间。前一次短途旅行时，我是从圣卢西亚河河口附近过的河，那时我惊讶地发现，我们的马虽然不习惯游泳，但还是轻松地游过了这条宽度至少550米的河。我在蒙得维的亚提到这件事时，有人告诉我，曾经有一艘船在拉普拉塔河里遇险，船上是几个江湖艺人和他们的马匹，结果有一匹马游了足足11公里的路程，成功上了岸。这一天，我为高乔人驱赶一匹烈马下河游泳的技巧着迷。他先脱掉衣服，跳到马背上，骑马直冲进河里，直到马腿碰不到河底，然后从马屁股上滑下马背，紧紧抓住马尾巴。每当马想要回头，他就向马脸上泼水，让马转回去。当马腿够得着另一边的河底时，他立刻跳上马背。在马踏上河岸之前，他早就手持缰绳安稳地坐在马背上了。一个赤身裸体的男人骑在光背马上，真是一幅美妙的景象！之前我从来也不知道，人和马这两种动物能够相互配合得如此密切。马尾巴真是一件非常有用的

① 绿山（Green Mount）：现名蒙得维的亚山（Cerro de Montevideo），与市中心隔蒙得维的亚湾相望。——译注

② 科洛尼亚-德尔萨克拉门托（Colonia del Sacramento）：乌拉圭西南部城市，科洛尼亚省首府，是全国最古老的城市，建立于1680年。——译注

③ 内格罗河（Rio Negro）：乌拉圭最重要的河流，发源于巴西南部高原，横穿乌拉圭领土后汇入乌拉圭河。——译注

④ 梅塞德斯（Mercedes）：乌拉圭西部城市，索里亚诺省首府，在内格罗河南岸。当时还是个镇。——译注

⑤ 卡内洛内斯（Canelones）：乌拉圭南部城市，卡内洛内斯省首府，在蒙得维的亚以北约50公里。——译注

⑥ 圣卢西亚河（River Santa Lucia）：乌拉圭南部重要河流，是佛罗里达省、圣何塞省与卡内洛内斯省、蒙得维的亚省的分界河，注入拉普拉塔河。卡内洛内斯河与圣何塞河都是它的支流。——译注

附属品。有次我乘船过河时，船上有4个人，过河的方法正和上述那位高乔人相同。如果一个人和一匹马要渡过一条大河，那个人最好的方法就是一手抓住马鞍头或马鬃毛，另一手划水。

这天我们在库弗雷河[①]畔的驿站过夜，第二天也停留在这里。傍晚，邮递员到了。由于罗萨里奥河[②]的河水泛滥，他晚到了一天。不过这也不会造成什么严重后果，因为他经过了乌拉圭河东岸地区的几个主要城镇，邮包里却只有两封信！从驿站的房子看出去，四周风景宜人：地面呈现绿色，上下起伏，极目远眺，还能看见拉普拉塔河。我发现，自我第一次到这里以来，我的眼光就大大地改变了。我还记得，之前我觉得这里地势异常平坦，但现在当我在潘帕斯草原上纵马奔驰过后，我就会感到惊讶，当时我为什么会认为这里是平坦的地方呢？原野起伏连绵不绝，虽然幅度不大，但和圣菲的平原比较起来真可以称作大山了。正因为有这样的起伏，才使得到处都有小溪，草原颜色碧绿，长得非常茂盛。

**11月17日**——我们渡过了罗萨里奥河，河水又深又急；接着我们路过了科拉村[③]，在中午到达了科洛尼亚-德尔萨克拉门托。这段路程有20里格，一路上草原长势良好，但牛和居民都很少。一位绅士邀请我在当地住下，第二天再陪他去他的庄园，那里有些石灰石。这个城市和蒙得维的亚相同，都建在石质的海角上。城市四周设有大规模的防御工事，不过在巴西战争[④]期间，城市本身和防御工事都遭受了严重破坏。城市很古老，街道排列不规则，四周种着古老的橘树和桃树，别有一番景致。教堂成了一片奇特的废墟：当年教堂用来充当火药库，然后遭到雷击而摧毁。在拉普拉塔河，一年有上万次雷击。整个教堂建筑的2/3，自地基以上完全炸飞了，剩下的也已粉碎，成了雷霆和火药结合起来的巨大威力的奇特纪念碑。入夜时，我游荡在城里的断壁残垣之间。这个城市正是巴西战争的主战场。这场战争对这个国家的伤害非常巨大，不只是直接影响，更严重的是，战争制造了大量将军和各级军官。拉普拉塔联合省[⑤]的将军数量比英国的还要多（不过没有俸禄）。这些人学会了追逐权力，不反对小冲突。因此，许多人都随时准备着起来制造混乱，推翻尚未获得稳固基础的政府。不过我还注意到，不仅在这里，也在其他地方，人们对即将到来的总统选举都非常关心，这对于这个小国家的未来，应该是个良好的信号。当地居民并不要求代表们受过多少教育。我曾听说几个人谈论科洛尼亚

① 库弗雷河（Cufre）：乌拉圭科洛尼亚省和圣何塞省交界处的河流，注入拉普拉塔河。——译注

② 罗萨里奥河（Rio Rozario）：乌拉圭科洛尼亚省的河流，注入拉普拉塔河。——译注

③ 科拉（Colla）：即罗萨里奥（Rosario），科洛尼亚省东部小城，距科洛尼亚-德尔萨克拉门托约50公里。——译注

④ 巴西战争：1825年，由于乌拉圭河东岸省（相当于今天的乌拉圭）宣布独立，巴西帝国与拉普拉塔联合省爆发战争，战场主要在乌拉圭境内。双方都无法取得优势，最终在英国调停下议和，乌拉圭因此正式获得独立。——译注

⑤ 拉普拉塔联合省（United Provinces of La Plata）：阿根廷五月革命后最初成立的政权，大致包含拉普拉塔河流域各省，是今天阿根廷的前身。——译注

的代表，有人说：“虽然他们不是商业人士，但至少都能签好自己的名字。”他们似乎认为，有了这一点，所有明理的人都应该满意了。

18日——我与主人骑马一起到了他的庄园。这个庄园位于圣胡安河（Arroyo de San Juan）畔。傍晚，我们骑马绕庄园走了一圈。庄园的面积有2.5平方里格，位于半岛状地形中，一面对着拉普拉塔河，两边是无法通行人的小溪。庄园有个停泊小船用的优良港口，还有大量低矮的树木，可以给布宜诺斯艾利斯当作燃料供应，价值很高。我对这样完善的庄园的价值很好奇。庄园里有大约3000头牛，而这里的资源足够供养这个数目的三四倍；还有800匹母马、150匹驯服的马、600只羊。这里有足够的水和石灰石，一间粗陋的房屋，高质量的畜栏和桃树园。有人曾向主人出价2000英镑购买他所有的财产，主人回应说只要再多500英镑他就同意卖，或许还能减点价。每个庄园的主要麻烦事，就是每周都要有两次把所有的牛赶到一个中心地点，使它们变得温顺，然后来清点牛的数目。如果有上万头甚至15000头牛的话，清点牛的数目一定会很困难。点数时，牛群自己会分为固定的小群，每个小群的数目在40–100头之间。这样，只要在每个小群中找到几头有特殊记号的牛，就能知道数目了。因此，只要看看每个小群的数目，就能知道这上万头牛当中有没有哪头丢失了。在雷雨的夜晚，所有的牛群都会混在一起，不过第二天早晨，又会分成同样的小群，所以每头牛肯定能从上万头牛中分辨出自己的同伴。

在这里，我曾两次见到一种奇特的牛，称为“尼亚塔牛”。从外表来看，这种牛与其他牛的关系就好像斗牛犬或巴哥犬与其他犬的关系一样。尼亚塔牛的前额扁而宽，鼻部突出，上唇明显向后缩，下颚伸出上颚之外，并形成和上颚相符的弧度，这样它的牙齿就始终露在外面。它的鼻孔位置很高，张得很大，眼睛向外凸出。尼亚塔牛的脖子很短，行走时低着头；和前腿相比，后腿比普通的牛要长。它们裸露的牙齿、短缩的头和上翘的鼻孔，让它们看起来带着一股极端自负、蔑视一切的表情，非常滑稽。

我回国以后，在我的朋友、皇家海军萨利文舰长的善意帮助下，我得到了尼亚塔牛的一具头骨，现在放置在外科学院[①]。关于尼亚塔牛，卢汉的F. 穆尼斯先生[②]为我热心收集了他能找到的一切信息。从他所收集的信息中，在80–90年前，尼亚塔牛就非常少见，在布宜诺斯艾利斯有人把它们当奇兽饲养。一般认为，尼亚塔牛来自拉普拉塔地区以南的印第安人居住区，在那里它是最常见的种类。即便到了今天，饲养在拉普拉塔地区附近的尼亚塔牛身上仍然找得到驯化程度更低的证据，它比普通的牛更凶猛，母牛第一次

① 关于这具头骨，沃特豪斯先生（George Robert Waterhouse，英国博物学家）撰写了一份详细描述，我期待他将这份描述发布在期刊上。

② 弗朗西斯科·哈维尔·穆尼斯（Francisco Javier Muñiz，1795–1871）：阿根廷医师、博物学家、古生物学家，被认为是阿根廷第一个博物学家。——译注

产下牛犊之后，如果受到过多的打扰，就会放弃牛犊不管。尼亚塔牛身上有种反常的[①]结构。按照福克纳博士的描述，在印度的一种已灭绝的大型反刍动物——西洼鹿[②]身上，也能看到非常类似的结构。这一点让人觉得奇怪。尼亚塔牛这一品种很纯粹，尼亚塔公牛和母牛交配总是产下尼亚塔小牛。尼亚塔公牛和普通母牛杂交，或普通公牛和尼亚塔母牛杂交，产下的小牛介于两者之间，不过尼亚塔牛的特征表现得很明显。按照穆尼斯先生的说法，有明显证据证明，与尼亚塔公牛和普通母牛杂交的后代相比，尼亚塔母牛和普通公牛杂交的后代身上，尼亚塔牛的特征要更加明显，这与农学家在类似情况下的普遍认识相反。当牧草足够长时，尼亚塔牛和普通牛一样，能够用舌头和颚部来吃草；但到了许多动物死去的大干旱时期，尼亚塔牛就处在巨大的劣势之下了，如果不加仔细照料的话，就会灭绝。因为普通的牛和马一样，能够吃嫩枝和芦苇而活下来，而尼亚塔牛则不行，因为它们上下嘴唇无法合拢，所以一定会比普通牛先死去。这一事实让我生动地认识到，只有经过长期的间隔期，才能决定一个物种稀少或灭绝的条件，而这一点我们很却难从它们的日常生活习性加以判断。

**11月19日**——我们路过拉斯巴卡斯河谷[③]，在一个北美人家里过夜，这个人在比沃拉斯河[④]畔一个石灰窑中做工。第二天早晨，我们骑马来到河岸上一个突出的海角，称为蓬塔戈尔达（Punta Gorda）。一路上，我们在追踪一只美洲虎。路上有大量美洲虎的新鲜痕迹。我们还见到了据说是美洲虎常磨爪子的树，不过没有发现一只美洲虎。到了这里，水量充沛的乌拉圭河终于出现在我们眼前。乌拉圭河河水清澈，流速相当快，因此它与相邻的巴拉那河相比要壮美得多。在河的另一边，巴拉那河有几条分支汇入乌拉圭河。在阳光照耀下，两条河的不同颜色区别很明显。

傍晚，我们继续上路，前往内格罗河畔的梅塞德斯。晚上，我们恰好到了一个农庄，就请求在那里借住。这是个非常大的农庄，面积达到10平方里格，主人是这个国家最大的地主之一。管理这个农庄的是主人的侄子，还有个前几天从布宜诺斯艾利斯逃亡而来的上尉。考虑到他们的社会地位，他们的谈话内容相当有趣。和一般人一样，他们非常震惊于地球是圆的。听说如果往下打个足够深的洞就能通到地球的另一边，他们感到无法接受。不过，他们却曾听说过有个地方，一年里有6个月是黑夜、6个月是白天，那里的人都又高又瘦！他们对英国的牛马的价格很感兴趣。他们一听说我们不用套索来

---

① 几乎同一种反常结构（不过我不知道是否会遗传）能在鲤鱼及恒河的鳄身上看到：见伊西多尔·若弗鲁瓦·圣伊莱尔（Isidore Geoffroy Saint-Hilaire，法国动物学家）《异常特征史》（*Histoire des Anomalies*），第1卷第244页。

② 西洼鹿（Sivatherium）：偶蹄目长颈鹿科一个已灭绝的属，体形巨大，重可达500千克。——译注

③ 拉斯巴卡斯河（Las Vacas）：乌拉圭科洛尼亚省的河流，在该省西部的卡梅洛市注入拉普拉塔河。——译注

④ 比沃拉斯河（Arroyo de las Viboras）：乌拉圭科洛尼亚省的河流，注入拉普拉塔河，河口在卡梅洛市西北约10公里。——译注

捉回牲畜，就感叹道："那么你们只有扔流星套索了吧。"把地圈起来的概念，似乎对他们来说相当新奇。最后，上尉说他有个问题要问我，如果我能好好地回答的话，他会非常高兴。我以为他的问题一定非常深奥，有些不安，结果这问题是："布宜诺斯艾利斯的女人，是不是全世界最漂亮的？"我用一股流氓语调说："当然，可美了。"他又问道："我还有个问题，其他地方的女人也戴这么大的梳子吗？"我严肃地向他保证，不是这样。他们非常高兴。上尉喊道："看看！一个走过半个世界的人都这么说。我们一直这么想，到现在终于确定了。"我关于梳子的出色判断让我得到了最热情的招待，上尉一定要让我睡他的床，而他自己去睡马鞍。

**21日**——太阳升起时，我们出发了，一整天都骑马缓慢前行。在这里，土地的地质特征与其他地方都不同，却与潘帕斯草原很类似。也就是说，这里有大片的蓟和刺苞菜蓟。实际上，就算说这里是蓟原和刺苞菜蓟原，也不为过。这两种植物各自分开生长，同种植物聚集在一起。刺苞菜蓟的高度可达马背，而潘帕斯的蓟则常常能高过骑手的头顶。离开道路走不了一码远就会被挡住去路，甚至路上都长着这两种植物，有些地方路完全被堵住了。当然，这里没有一点牧草。如果牛马误入蓟丛的话，就一定会走失。因此，在这个季节，赶牛是很危险的，因为牛群太疲倦时发现蓟丛就会冲进去，再也找不到了。这片区域很少见到庄园，仅有的一些都位于潮湿的谷地，幸好这两种势不可挡的植物在那里都无法生存。由于入夜时我们还没有到目的地，所以我们只好睡在一间最穷苦的人住的破旧小屋里。考虑到屋主夫妇的生活水平，他们非常友好的对待即便有些形式化，也非常让人高兴。

**11月22日**——抵达了位于贝凯洛河①的庄园。主人是个很好客的英国人，我从朋友卢姆先生那里得到了一封给他的介绍信。我在这里逗留了三天。一天早晨，我和主人一起骑马沿内格罗河上行约32公里，抵达了佩德罗弗拉科丘陵②（Sierra del Pedro Flaco）。这里的草粗而长，长势良好，有马腹那么高。不过，许多平方里格的土地中，却看不到一头牛。乌拉圭河东岸地区的土地，如果好好放牧的话，能够供养数量惊人的牲畜。现在，每年从蒙得维的亚出口的兽皮就达到30万张，而由于浪费造成的损耗量也非常大。一个农场主告诉我，他经常需要赶大群牛去腌肉场，路途遥远，疲劳的牛不得不当场杀掉剥皮。但是怎样都说服不了高乔人吃这种牛肉，所以每天都必须杀一头健康的牛给他们当晚餐！从山顶上欣赏的内格罗河是整个乌拉圭河东岸地区最美丽的风景。河水又宽又深，水流湍急，在陡峭的岩壁脚下转了个弯；沿着河的两岸各有一大片树木，远方起伏不定的草原消失在地平线的尽头。

---

① 贝凯洛河（Arroyo bequeló）：乌拉圭索里亚诺省的河流，在梅塞德斯北侧注入内格罗河。——译注

② 当地现在立有一块纪念碑以纪念达尔文访问此地，附近一个村庄萨卡奇斯帕斯村也有"达尔文村"的别名。——译注

在这附近，我常听人提到库恩塔斯山（Sierra de las Cuentas）。这座山位于北面，距此处许多公里。山的名字意为串珠山。当地人告诉我，山上有无数小圆石，颜色各异，中间都有一个圆形小孔。之前，印第安人常捡这些石头，拿来制作项链和手链——这种爱美的特性，我认为是所有民族共有的，无论是最野蛮的还是最文明的。我不知道这件事意味着什么，不过当我在好望角向安德鲁・史密斯博士提起这件事时，他告诉我，他想起了在非洲东南部海岸圣约翰河（St. Johns river）以东约160公里的地方发现了一些石英晶体，边缘都已经磨钝，和海滩上的沙砾混在一起。每块石英晶体的直径约1厘米，长2.5–4厘米。许多石英晶体中都有一个圆形小洞，尺寸正好能穿过较粗的缝衣线或一段优质的羊肠线。石英呈红色或无光泽的白色。当地人很熟悉石英晶体的这一结构。我提到这些，是想要吸引后来的旅行家的注意，去研究一下这种石头的真正结构，虽然现在还没有一种晶体符合这一结构。

我待在这个农庄时，关于这里的牧羊犬的所见所闻，都饶有趣味[①]。当我骑马路过时，常常能遇到庞大的羊群，只有一两只牧羊犬看守，距离任何房屋或牧民都有数公里远。对于羊和犬之间如何能构筑如此深厚的友谊，常令我惊讶。培养牧羊犬的方法在于，在小狗还很小的时候就把它和母狗分开，让它和未来的同伴在一起。找一头母羊，每天让小狗吸三至四次羊奶；再在羊圈里搭一个羊毛窝让小狗住；同时，不允许小狗和其他的狗或家里的小孩有来往。另外，通常还要把小狗阉割了，这样它长大以后与同类就几乎没有任何认同感。在这样的教育下，牧羊犬不会离开羊群，还会像其他的狗保护主人一样保护羊。有趣的是，人一接近羊群，牧羊犬立刻冲上前去，开始吠叫，所有羊都聚集到牧羊犬的背后，就好像躲在老公羊背后一样。牧羊犬也很容易学会在傍晚的固定时间把羊群带回家。但它们有一个最讨厌的缺点，就是它们年幼时喜欢和羊玩耍。一旦玩兴大发，它们在追逐可怜的羊时可以毫不留情。

每天，牧羊犬都会跑到屋子里来吃肉，一旦得到肉，立刻偷偷摸摸地跑走，好像受之有愧的样子。这时，家里的狗总是对它很蛮横，就算最小的家狗也会跑出去追赶牧羊犬。但是，牧羊犬一回到羊群身边，就转过身开始吠叫，于是，家狗们立刻掉头逃跑。类似地，只要有一只忠诚的牧羊犬守护羊群，再饥饿的一群野狗也几乎不会（有人说是完全不会）发动攻击。我认为这是一个不寻常的事例，这件事说明了狗的内心情感的可塑性；而且，不管是野狗还是受过驯养的狗，对体现出集群本能的动物都会有尊敬或畏惧的感情。一群野狗会被带着羊群的一只牧羊犬赶走，应该是因为野狗出于某种混乱的认识，认为和大群的羊在一起的狗就好像有一群狗在身边一样有力。如果不这么想的

① A. 多尔比尼先生曾写有关于这种犬的一份很类似的描述，第一卷，第175页。

话，就很难理解这一事实了。小居维叶[1]曾观察到，任何驯养的动物都把人当作其同类社会的一分子，并在人身上满足集群的本能。在上述的例子中，牧羊犬就把羊当作同伴，因此有了自信；野狗虽然清楚单只的羊不是狗，还很好吃，但看到牧羊犬领头的羊群时也就部分地认同了。

一天晚上，一个驯马人前来驯服几匹小雄马。我相信还没有哪位旅行家提到过驯马时的准备步骤，所以我将在这里描述一下。他们将一群年轻的野马赶进兽栏或是大围栏，关上门。我们现在假设，有一个人要单独抓住并骑上从来没有套过马具的马。我想，除了高乔人，没有人能够完成这样的动作了。高乔人选中了一匹完全长成的马，正当马高速绕圈奔跑时，高乔人投出套索，套住了马的两条前腿。马立刻轰然倒地、还在地面上挣扎时，高乔人握紧套索，做了个绳圈，把绳圈从球节[2]下方绕过一条后腿，把这条后腿拉向前腿，再把套索打结，这样三条腿就捆在一起了。接着高乔人坐在马脖子上，用一条皮制窄带穿过缰绳末端的环，又在马的下颌和舌头上绕几圈，就这样把不带嚼子的牢固辔头固定在马的下颌。然后，用一根牢固的皮带把两条前腿紧紧绑在一起，打个活结。然后，松开绑住三条腿的套索，这样马就能艰难地站起来。高乔人手中抓紧绑在下颌的辔头，把马拉出兽栏。如果还有第二个人在场（否则就要困难得多），第二个人就会按住马头，让第一个人放上马衣和马鞍，绑上肚带。在整个过程中，马由于腰部被绑住的恐惧和震惊，会反复在地上打滚，直到筋疲力尽，才愿意站起来。最后，等装完马鞍时，马由于恐惧而几乎无法呼吸，口吐白沫，浑身是汗。于是，这个人用力压紧马镫使马不至于失去平衡，接着飞身跨坐在马背上，松开绑着前腿的活结，这样马就能自由奔跑了。有的驯马人在马还躺在地上时，直接松开活结，站在马鞍上方，让马在自己身下站起来。这时，马由于畏惧，就会先全力跳跃几次，随着就开始飞奔。等马累了，这个人再耐心地把它带回兽栏。这时，全身湿透、冒着热气、筋疲力尽的马终于获得了自由。有的马不愿意奔跑，只是不停在地上打滚，这种马最难驯服。这种驯马过程非常严厉，但只要两到三次，马就驯服了。不过，要装上铁制马嚼子和硬环，还得等几个星期，因为马必须学会通过缰绳感觉骑手的意愿，否则再强硬的辔头也是没有用的。

这里的马太多，因此人们不会兼顾对马的仁慈和自己的利益，我甚至都觉得这里的人不知道仁慈是什么了。有一天，在潘帕斯与一位声名远播的农场主骑马时，我的马累了，落在后面。农场主不断喊着要我用马刺多刺它几下。我说马已经累了，这样太可怜了，他大喊道："为什么不？——没关系——刺下去好了——这是我的马。"我费了

① 弗雷德里克·居维叶（Frédéric Cuvier，1773–1838）：法国动物学家，小熊猫的命名者，著名博物学家乔治·居维叶的弟弟。——译注

② 球节：马腿后部长距毛的部位，接近马蹄。——译注

很多口舌才让他知道，我是为了马的利益，而不是考虑到他才不用马刺的。他惊讶地叫道："啊，卡洛斯先生，真难以置信！"显然，他之前从来没有过这种念头。

众所周知，高乔人是优秀的骑手，他们从来没有想过从马背上被甩下来，让马为所欲为这种事。他们评价一个好骑手的标准是，能够骑一匹从没驯服过的年轻雄马，或者当马摔倒时能稳稳地站住，或者有其他类似的本领。我听过一个人打赌说，如果他把自己的马弄倒20次，有19次他自己都不会摔倒。我还记得，曾见过一个高乔人骑一匹非常顽固的马，这匹马直立得太猛，连续三次重重地向后摔倒。但是这个人却极其冷静地判断好了跳下马的时机，分毫不差。马刚刚站起来，他立刻跳上马背，最后马终于肯跑了。高乔人看上去从不使蛮力。有一天，我和一位好骑手一起骑马高速奔驰。我看着他，心里想道："你骑得太漫不经心了，要是马一受惊，你肯定得掉下来。"说时迟那时快，一只雄美洲鸵鸟从窝里冲了出来，眼看就要冲到马鼻子底下了，这匹年轻的马立刻像鹿一样朝侧面跳去。这个骑手嘛，我只能说，他只不过随着马惊跳了一下而已。

智利和秘鲁受驯的马要比拉普拉塔地区受训的马吃更多的苦头，显然这是因为那里的地形更为复杂。在智利，一匹马要学会在全速奔跑时任意情况下都能立刻直立起来，比如说，面前的地上扔了件斗篷时；或者让马直冲向墙、马上要撞墙时直立起来，前蹄恰好擦到墙面，这样才能算驯服了。我曾见过一匹精神饱满的马在院子里疾驰，骑手只用一个食指和一个大拇指控制缰绳，随后又让马绕着一根廊柱绕圈，速度很快，马到柱子的距离也始终不变：骑手伸直手臂，一个手指总能碰到柱子。然后，骑手让马在空中掉个头，伸出另一条手臂，还是一样用惊人的力量绕着廊柱反方向跑。

这样的马，就算是训练得足够了。这样的训练看上去没什么用，但实际上不是如此，这只不过是把日常需要用到的动作练到最好而已。用套索抓牛时，牛有时会绕着圈狂奔，马就会受到巨大的拉力。马如果训练得不够，就没法像轮子的轴一样旋转，就会有许多人因此而死：如果套索在人身上绕上整整一圈的话，牛和马的巨大力量合在一起，几乎能够立刻把他切成两半。赛马也是基于同样的原则而举办的。赛道长不过两三百码，不过需要马高速急转弯。参赛的马经过训练，不但要用前蹄站在起跑线上，还要能够把四条腿并在一起，这样第一步冲刺就能让后腿使出全力。在智利我听说了一则轶事，我相信是真实的，生动地描述了训练有素的马的作用。一天，一位有名望的人骑马出行，遇见了两个人。这位有名望的人认出了其中一个人骑的马就是从他家里偷走的。他要那两个人还马，而那两个人立刻就拔出刀来追赶他。他的马又快又灵活，一直跑在前面。在跑进一片茂密的灌木丛时，他绕了个圈，来了个急停，那两个人措手不及，只得从一旁冲过去。他立刻加速冲到他们背后，把刀子插进其中一个人的后背，也刺伤了另一个人。他从那个垂死的盗贼手里夺回了马，骑着回了家。要完成这样的动作，需要两件东西：首先要配个最重的马嚼子，比如马穆鲁克人的马嚼子[①]，它的力量虽然很少用到，但马却十分清楚；其次要有大而钝的马刺，可以轻触，也可以刺出极剧烈的疼痛。我想，像英国马刺这样一碰就刺痛皮肤的，根本无法用来按南美洲的方式训练马。

在拉斯巴卡斯河附近的一个农庄，每周要杀死大量母马来剥皮，不过每张母马皮只值纸币[②]5元，合半个英国克朗[③]。为了这样的低价杀死大量的马，初看很奇怪，但在这片土地上，驯服母马和骑母马都是很可笑的事，那么母马除了繁殖后代以外，也就没什么价值了。我见过母马的唯一用处，就是让它们把麦粒从穗里踩出来，具体地说，就是把小麦撒满圆形围栏的中间，然后把母马赶进去。宰杀母马的人恰好也因使用套索的技巧而知名。他站在距兽栏门口11米的地方，打赌说他能够套中每一匹跑过他身边的马的腿，一次都不会失手。还有一个人说，他能走进兽栏，抓住一匹母马，捆住其前腿，赶出兽栏，推倒在地，宰杀，剥皮，把皮摊在木桩上晒干（这最后一步是件很烦琐的事）。他保证，一整天时间，他能够完成22次这样完整的过程，或者他能同时宰杀和剥取50张马皮。这一定是个很艰巨的任务，因为一般来说，一天能剥制和摊开十五六张皮，就已经很不错了。

**11月26日**——我走上了一直线返回蒙得维的亚的道路。之前我听说，在尼格罗河的一条小支流萨兰迪河畔一处农舍附近发现了某种巨大动物的骨头。我和主人结伴前行，花18便士买下了箭齿兽的一具头骨[④]。最初发现时这具头骨相当完整，但是被几个小孩用石头敲掉了几颗牙齿后又拿来当投掷石头的目标。非常幸运的是，在距此地290公里的特塞罗河畔，我发现了一颗箭齿兽的完整牙齿[⑤]，与这具头骨的牙床上的空洞完全符合。我还在另外两个地方发现过这种巨大动物的遗骨，所以箭齿兽的分布一定曾很广。在这里，我还发现了一只形似犰狳的巨大动物的大半片鳞甲，还有磨齿兽巨大头骨的一部分。这具头骨很新鲜，按照T·里克斯先生的分析，其中含有7%的动物性物质；用酒精灯点燃，会带着小火焰燃烧。这个组成潘帕斯草原、覆盖在乌拉圭河东岸地区的花岗岩层之上的巨大河口沉积地层，其中含有的化石数量一定多得惊人。我相信，在潘帕斯草原上随便画一条直线，都会遇到一些骨头或整个骨架。除了我在几次考察中发现了这些化石以外，我还听说过有许多别的化石，另外“动物溪”、“巨兽山”这样的名字的

---

① 马穆鲁克马嚼子：一种环状马嚼子，环绕在马的下巴上，非常紧。马穆鲁克（Mameluke），中世纪埃及的非阿拉伯人奴隶组成的部队，其骑兵非常著名。——译注

② 纸币面值与实际价值常不符合。——译注

③ 英国克朗（Crown）：英国一种旧银币，于1971年停止流通，合5先令，即四分之一英镑。——译注

④ 我必须向贝凯洛河畔庄园的基恩先生和布宜诺斯艾利斯的卢姆先生表达感谢，没有他们的帮助，这些珍贵的化石不可能到得了英国。

⑤ 1833年10月1日。参见第7章。——译注

来源也很明显。我还听说，有几条河有神奇的性质，能将小骨头变大——有人甚至坚持说，骨头自己会长大。就我所知，应该不是之前猜测的那样动物死在今天的沼泽和多淤泥的河床上，而是由于河水的冲刷才从它原本埋藏的地层中重见天日。因此我们可以下结论，整个潘帕斯地区，正是这些已灭绝的巨大四足动物的坟场。

28日中午，我们到达了蒙得维的亚。我们在路上走了两天半。一路上，四周原野一成不变，有几处比拉普拉塔河附近的岩石更多，起伏也更明显。离蒙得维的亚不远时，我们经过了拉斯彼德拉斯村①，这个村因几块巨大的圆形正长岩而得名。该村的外观相当漂亮。在这里，无花果树环绕着一群房屋，该地的位置又比周围高出30米，足够称得上风景如画了。

过去6个月，我有机会一窥这几个省居民的性格。居住在乡村的高乔人，要比城里人出色得多。高乔人总是热情好客、亲切礼貌，我甚至从没遇见一个粗鲁或冷淡的高乔人。高乔人都相当谦逊、自尊、爱国，不过也同样精神饱满、自信大胆。另一方面，也经常发生抢劫和流血伤亡事件，就后者来说，很重要的原因是他们习惯佩刀。听说有很多人因为一点小争执而丧命，总是令人叹息。打斗时，双方都朝对方的眼鼻挥刀，证据就是他们脸上常有骇人的深刻疤痕。抢劫多发，是因为高乔人普遍好赌、好酒、懒惰。在梅塞德斯，我问两个人为什么不工作。一个人冷冷地说，干活的时间太长；另一个人说，他太穷了。这里有大量的马和丰富的食物，这个理由足够让任何产业都没法发展了。另外，这里还有很多节日；还有一种说法，任何事如果不在阴历上半月开始去做就不可能成功，由于这两个原因，每个月都要浪费掉一半的时间。

警察和司法机关效率很低。如果一个穷人杀了人被抓了，他一定会入狱，甚至可能被处决。但如果杀人者有钱有人脉，他恐怕就不会受到什么严厉惩罚。值得注意的是，在乡村中，德高望重的人一般都会帮助杀人者逃跑，因为他们似乎认为，杀人者是对政府犯罪，而不是对人民犯罪。一个旅行者能用来自保的只有手中的武器，携带武器的习惯是阻止更频繁的抢劫的主要手段。那些住在城里、地位更高、受过更多教育的阶层，也具有高乔人的美德，不过也许还不如高乔人；但我认为，他们却有许多恶劣行径而不用受处罚。他们纵欲、嘲笑一切宗教、毫无节制的腐败，这都是家常便饭。几乎每个警官都受贿；邮局长官出售伪造的免邮费印章；省长们和政府首脑联手掠夺国家财富。在能用金钱行贿的地方，谁都不会指望法院系统的公平判决。我知道一个英国人前往审判长那里（他告诉我，当时他还不知道那里的情况，踏入房间时还心里发慌，身体颤抖）说："先生，我会给您两百银元（纸币，价值大约相当于5英镑），请您在某个时间之前

① 拉斯彼德拉斯（Las Piedras）：乌拉圭南部卡内洛内斯省城市，与蒙得维的亚省相邻，全国人口第五多的城市。当时还是个村。其名称在西班牙语中意为"岩石"。——译注

逮捕一个欺骗我的人。我知道这样违反法律，但我的律师（提到律师的名字）推荐我这样做。”审判长微笑着收下了钱，还向他道了谢。于是，不到晚上，那个骗子就被投入了监狱。领导人都这样缺乏原则，大量薪水低微的官员违法乱纪，人民却还在盼望一个民主政府能够成功吗?

一个人初次踏入这里的社会时，有几件事实可能让人非常惊奇：无论什么阶层的人都显得礼貌而高雅，妇女的衣装体现出她们的品位，各阶层间也显得很平等。在科罗拉多河畔，最简陋的小店的店主都常和罗萨斯将军一同吃饭；在布兰卡港，有个少校的儿子以做纸烟为生，他自愿陪伴我充当向导或仆人，陪我到布宜诺斯艾利斯去，不过他的父亲怕他出危险，没有让他成行；军队中许多军官既不识文，也不会写字，不过他们在社会中都互相平等；在恩特雷里奥斯，立法代表会的会员只有6个人，其中一个开一家杂货店，显然在议会里也不受歧视。在一个新生国家里，这一切都很正常；即便如此，没有一个绅士阶层，对一个英国人来说总是件奇怪的事。

谈到这些地方时，需要记住的是，养育了他们的是个不同寻常的母亲——西班牙。总体上来说，西班牙应得的赞美要多过批评。无可置疑，这些地方的极端自由主义精神最终一定会带来良好的结果。每个访问西班牙治下的南美洲的人，都应该带着感激的心情想起这里对外来宗教的容忍、对教育的重视、媒体的自由，尤其是我必须要提到一件事：他们对所有从事不起眼的科学事业的外国人都提供便利。

**12月6日**——“小猎犬”号驶离拉普拉塔河，此后我们再也没有回到这条浑浊的大河。我们的航向直指巴塔哥尼亚海岸的盼望港。在继续旅程之前，我要先说一下在海上的一些观察所得。

当我们的船距离拉普拉塔河口几公里、并且距巴塔哥尼亚北部的岸边不远时，我们好几次被昆虫包围。一天晚上，当我们距离圣布拉斯湾[①]口16公里时，无数蝴蝶成群结队地出现，目力所及之处全是蝴蝶，就算用望远镜看，在蝴蝶群当中也找不到空隙。船员们喊着“天上下蝴蝶了”，确实如此。这里有多个物种的蝴蝶，其中大部分与英国常见的红点豆粉蝶（Colias edusa[②]）很相似，不过不完全一样。混在蝶群当中的还有一些飞蛾和膜翅目昆虫，一种漂亮的甲虫（星步甲属，Calosoma）飞到了船上。另外还有几次，人们在远离陆地的海上捉到了这种甲虫。这件事很引人注意，因为步甲科昆虫很少飞行，甚至完全不飞。这天天气晴好，风平浪静，之前一天也是，只有些微风，风向不定。因此，这种星步甲应该不是被风吹离陆地的，我们只能推断它是自行飞过来的。如此大群的豆粉蝶，起初让人想起另一种有记录的蝴蝶迁徙的状况，就是小红蛱蝶（Vanessa

① 圣布拉斯湾（Bay of San Blas）：布宜诺斯艾利斯省东南部的海湾，接近内格罗河口，是著名的渔场。——译注

② 红点豆粉蝶现学名*Colias Croceus*。——译注

cardui）[①]，不过现在出现了其他的昆虫，就说明这种情况与迁徙完全不同了，而且也更让人费解了。日落前，一阵强风从北面吹来，这阵风一定杀死了数以万计的蝴蝶和其他昆虫。

还有一次，在距离科连特斯角27公里时，我用一面渔网来捕捉浮游动物。收网时，我惊讶地发现网中有相当多的甲虫，虽然是在外海中，但甲虫看上去没有受到咸水的太大伤害。我丢失了一部分标本，保存下来的标本分别属于龙虱科切眼龙虱属（Colymbetes）、龙虱科平基龙虱属（Hydroporus）、牙甲科毛跗牙甲属（Hydrobius）（两个物种）、步甲科锥须步甲属（Notaphus，现名*Bembidion*）、Cynucus属、叶甲科小萤叶甲属（Adimonia，现名*galerucella*）和金龟子科金龟子属（Scarabaeus）。起初我认为，这些甲虫是被风吹过来的，但我发现这8个物种当中有4个是水生的，另两个从习性上看很接近水生，所以我认为，最有可能的是，它们来自一条小河，而这条小河的水来自科连特斯角附近的湖。无论如何，发现活着的昆虫在距离最近的陆地27公里以外的海上游泳，是很有趣的事。另外，还有几份昆虫被风吹离巴塔哥尼亚海岸的记录。库克船长就观察到了这一现象，不久前，金船长在“冒险”号[②]上也遇到过。出现这种现象的原因，很可能是因为既没有树也没有山丘，昆虫在风中缺乏遮蔽，在飞行时一遇到吹离岸边的风，就很可能被吹到海上。关于在远离陆地的地方被发现的昆虫，我知道的最独特的例子就是一只蚱蜢（乌饰蝗属，Acrydium，现名*Psophus*）。它飞到船上时，“小猎犬”号正顺风驶往佛得角群岛，距离最近的陆地是非洲海岸的布兰科角[③]，而它的方向并不正对信风的方向，距离我们的船有600公里[④]。

“小猎犬”号还在拉普拉塔河口范围内时，曾有好几次帆索上挂满了游丝蜘蛛的网。有一天（1832年11月1日），我特地留意了这件事。这天的天气很好，早晨，空中就挂满了这种毛茸茸的网，就好像英国的秋天时一样。船离岸有96公里，顺着稳定的微风。蛛网上挂着许多游丝蜘蛛，每只2.5毫米长，呈暗红色。我想，船上肯定有几千只这种小蜘蛛。这种小蜘蛛刚靠上帆索时，只附在一根蛛丝上，而不是在大团的绒毛状蛛网上。蛛网似乎也只是由单根的蛛丝互相交叉织成的。这些蜘蛛是同一个物种，雌雄都有，还有幼体。幼体的体型更小，颜色更暗，能够分辨出来。我不想详细描述这种蜘蛛，不过我要说，依我看来，它不属于拉特雷耶[⑤]所命名的任何一个属。这些小小的飞行

① 赖尔《地质学原理》，第三卷第63页。

② “冒险”号（HMS Adventure）：英国海军考察船，1826年至1830年在金船长指挥下考察了巴塔哥尼亚，当时“小猎犬”号也随行。——译注

③ 布兰科角（Cape Blanco）：即努瓦迪布半岛，位于非洲西部海岸，西撒哈拉和毛里塔尼亚交界处。——译注

④ 船只在港口间航行时，常有苍蝇在船上停几天；但它们一旦飞离船，很快就会失去踪迹，全都消失不见。

⑤ 皮埃尔·安德烈·拉特雷耶（Pierre André Latreille，1762–1833）：法国动物学家，专长于节肢动物，被认为是同时代最前沿的昆虫学家。——译注

者刚落到船上时非常活跃，四处跑动，有时候故意落下，然后抓住同一根蛛丝向上爬，有时候又在绳索间的角落中织一张很小但很不规则的网。这种蜘蛛有能力在水面上跑动。受到惊扰时，它高举靠前面的几条腿以示注意。刚来到船上时，它似乎非常口渴，用突出的口器拼命喝着水，斯特拉克（Strack）也观察到了同样的情形。这是因为它经过了一片干燥而稀薄的空气吗？它的蛛丝储备似乎无穷无尽。在观察同一根蛛丝上附着的好几只蜘蛛时，我好几次发现，只要有一点极微弱的风就能把它们横着吹出我的视野之外。还有一次（25日），在同样的情况下，我又多次观察了同一种小蜘蛛。当这种小蜘蛛被放到或自己爬到相对高处时就会鼓起腹部，吐出一根蛛丝，随后横向飘走，速度非常快，难以解释。我原以为，我能观察到小蜘蛛进行这些准备步骤之前曾用最细的蛛丝缠住自己的腿，不过我现在不能肯定这一观察是否正确了。

在圣菲时，有一天，我得到了观察这种现象的更好机会。有一只大约8毫米长的蜘蛛，外观总体上说很像跑蜘蛛（Citigrade）（也就是说和之前的游丝蜘蛛区别很大），站在一根柱子顶上，从吐丝器中吐出四五根丝，蛛丝在阳光照耀下闪着光，就好像几束分开的光线。不过，蛛丝并不是直的，而是好像风中的一层丝绸那样有起有伏。蛛丝长达1米以上，从吐丝口开始向上方分叉。接着，蜘蛛突然放开柱子，快速从空中离开了我的视野。那天天气很热，空气十分平静，不过就算如此，空气也不可能平静到像风向标那样灵敏的蛛丝都纹丝不动。在一个温暖的天气里，我们如果观察任何物体在斜坡上的影子或者遥望平坦原野上远处的显眼物体时，热空气上升的效果常常非常明显。同一种上升气流据说在肥皂泡的上升中也有体现，在室内肥皂泡就不会向上飞。因此我认为，蜘蛛从腹部的吐丝器中吐出的精美的丝会上升，接着蜘蛛自己也跟着上升，这都不难理解；人们尝试对蜘蛛丝分岔的情况提出了多种解释，我相信默里先生①的解释，他说这种互相排斥是因为蛛丝带有相同的电荷。有很多次，有人在距离陆地很多里格的海上发现了同种但不同性别、年龄的蜘蛛，它们成群地挂在蛛网上。这表明这类蜘蛛有可能具有在空中飘行的习性。这种习性之典型，正如水蛛（Argyroneta）的潜水习性。因此，我们可以拒绝拉特雷耶的假说，他认为游丝蜘蛛的起源与某几个属蜘蛛的幼体一致，尽管我们已经知道，其他蜘蛛的幼体也具有在空中航行的能力②。

在我们几次走不同的航线经过拉普拉塔河以南时，我经常用一个旗布制作的网在船尾拖着，网中抓到过许多奇特的动物。在抓到的甲壳类动物中，有许多外形奇怪的个

① 安德鲁·迪克森·默里（Andrew Dickson Murray，1812–1878）：苏格兰律师、植物学家、动物学家、昆虫学家。——译注

② 布莱克沃尔（John Blackwall，英国博物学家）在他的《动物学研究》（*Researches in Zoology*）一书中，有对于蜘蛛习性的许多出色观察记录。

体，来自之前无人描述过的属。其中有一种在某些方面形似背足蟹[①]（这类蟹的最后一对足几乎位于背部，方便附着在岩石背面），最后一对足的结构很特别，末段不是简单的爪，而是三条硬毛状的附属物，长度不一，最长的一条相当于整个足的长度。它们的爪毛很细，向后长着很细的锯齿；弯曲的尖端很平滑，有五个极小的杯状结构，似乎与乌贼触手上的吸盘功能类似。由于这种蟹生活在外海中，很可能想找一个休息的场所，所以我认为这种美丽而怪异的结构正适合于抓住漂浮的海生动物。

在远离陆地的深水区域，生物的数量非常少：在南纬35°，除了瓜水母（Beroid）和几种微小的切甲类甲壳动物[②]以外，我再也没有捕到过别的动物。在离岸边几公里的更浅的水域，生活着多种甲壳类动物，数量也非常多，不过它们只在夜间活动。在合恩角以南，南纬56°–57°的地方，我曾几次撒下网，但只捕到了几只非常小的属于两个物种的切甲类动物。虽然如此，但在这些区域的大洋中，海水中常见鲸、海豹，海面上也常见海燕和信天翁。我一直不太清楚，生活区域远离陆地的信天翁是以什么食物为生的。我猜想，信天翁和安第斯兀鹫（Condor）类似，能够长时间忍饥挨饿，在腐烂的鲸尸体上饱餐一顿，就能够坚持很久。大西洋中部热带地区生活着大量的翼足目动物（Pteropoda）、甲壳动物和辐射对称动物，还有以它们为食的飞鱼，以及以飞鱼为食的几种鲣鱼（Bonito）[③]和长鳍金枪鱼。我认为，较低等的浮游动物都以水生的微小生物为食，按照埃伦伯格的研究，这些微小生物在外海中大量存在，不过在清澈的海水中，它们又是依靠什么食物来生存的呢?

在一个非常黑暗的夜晚，我们航行于拉普拉塔河口以南不远的海域，此时的大海美得令人惊讶。清新的海风吹来，白天浮着泡沫的海面现在泛着淡淡的光芒。船头推动着两道闪着磷光的波浪，船尾留下乳白色的航迹。极目远眺，每个浪头都闪闪发光，地平线上的天空在这些青白色的光芒映照下，显得没有头顶上的穹窿那么黑暗。

当我们再向南航行时，海水中就很少看见磷光，离开合恩角以后，我记得只见到过一次磷光，而且还远远称不上明亮。这种情况，很可能与海水中的生物稀少有密切的关系。关于海水中的磷光，埃伦伯格有一篇内容详细的论文[④]，因此我也就没有什么必要再考察这种现象了。我要补充的是，埃伦伯格所描述的胶状物质的破碎而不规则的微

① 背足蟹（Notopoda）：拉特雷耶提出的一类蟹，大致分属今天甲壳亚门软甲纲十足目的四个科：人面蟹科（Homolidae）、关公蟹科（Dorippidae）、绵蟹科（Dromiidae）和蛙蟹科（Raninidae）。——译注

② 切甲类（Entomostraca）：曾为甲壳纲两个亚纲之一的名称，由拉特雷耶提出，其下包含现在的鳃足纲（Branchiopoda）、头虾纲（Cephalocarida）、介形纲（Ostracoda）、颚足纲（Maxillopoda）等，现已不再使用。——译注

③ Bonito：指鲭科（Scombridae）鲭亚科的一个族（Sardini），包含四个属：跃鲣属（Cybiosarda）、裸狐鲣属（Gymnosarda）、平鲣属（Orcynopsis）和狐鲣属（Sarda）。——译注

④ 在《动植物学杂志》（*Magazine of Zoology and Botany*）第4期中有一份摘要。

粒，不只在北半球是磷光的原因，在南半球也是如此。这些微粒非常微小，能够穿过细纱布，但用肉眼也能看得清楚。把这样的水放在玻璃杯里搅动的话，水中会发出闪光，但倒一点水在表面皿上，就很难看见发光。埃伦伯格说，这种微粒具有一定程度的应激性。但我的观察给出了不同的结果，其中一些观察是在取出海水后立刻进行的。我还要提到，一天晚上我用过渔网后，把网晾得半干，12个小时后再次拿出渔网时，我发现网的表面和刚从水里捞出来时一样亮。这种颗粒能够存活这么久的可能性不大。有一次，我捉到了一只瘤手水母属（Dianaea[①]）的水母。在它死去后，盛放它的水开始发光。当水闪着绿光时，我认为绿光的来源主要是微小的甲壳动物。但是毫无疑问，还有大量浮游动物在活着时能够发出磷光。

我曾两次观察到相当深的海水下面在发光。在拉普拉塔河口附近，有几片海面发出稳定而暗淡的光芒，发光区域呈圆形或椭圆形，直径2–4米，轮廓清晰，而周围的海水只是偶尔闪一下光。发光区域形似月亮或是什么发光体的倒影，因为边缘随海面波浪的起伏而弯曲。我们的船的吃水达到4米，但船从这些发光区域上面驶过时，对它们也没有任何影响。因此，我们可以推断，有一些动物聚集在比船底更深的海里。

在费尔南多·迪诺罗尼亚群岛[②]附近的海域，海水中常出现闪光。闪光看起来很像是一条大鱼快速游过一片发光的海水时造成的，因此，水手们正是这么认为的，不过我考虑到闪光发生的频率和持续时间之短，对此有所怀疑。我之前已经提到，这种现象在温暖的海域比寒冷的海域更常见。我有时会想，大气的带电情况受到扰动时，可能就容易发出这种闪光。当然，我认为比起普通天气，风平浪静的几天之后海水发光更明显，因为这样的天气适合各种动物的聚集。我观察到，含有胶状微粒的海水是浑浊的，而发光现象是由于海水和空气接触的部分受到搅动所致，因此我想，海水的磷光现象是由于有机微粒的分解，在此过程中（甚至几乎可以把它称作呼吸作用）海水变得清澈了。

**12月23日**——我们抵达了盼望港。这个港位于南纬47° 的巴塔哥尼亚海岸。有条小河从这里入海，全长32公里，时宽时窄。“小猎犬”号停泊在码头内几公里的地方，正对着一个西班牙人定居点的废墟。

这天傍晚，我离船登岸。在任何陌生土地上，第一次登岸都充满趣味，特别是一切景物都带着鲜明的特色时——这次也正是如此。在七八十米高处，一些斑岩块的上方是一大片开阔的台地。这正是典型的巴塔哥尼亚式平原。地面很平坦，由形状相当规则的圆石和白色泥土混合组成。地面上散布着棕色的坚韧草丛，偶尔有些低矮多刺的灌木。

---

① 现学名*Tima*，属于刺胞水母门水螅纲软水母目。——译注

② 费尔南多·迪诺罗尼亚群岛（Fernando de Noronha）：属于巴西伯南布哥州的一个群岛，由21个岛组成，位于太平洋上，距离巴西最近的海岸354公里。——译注

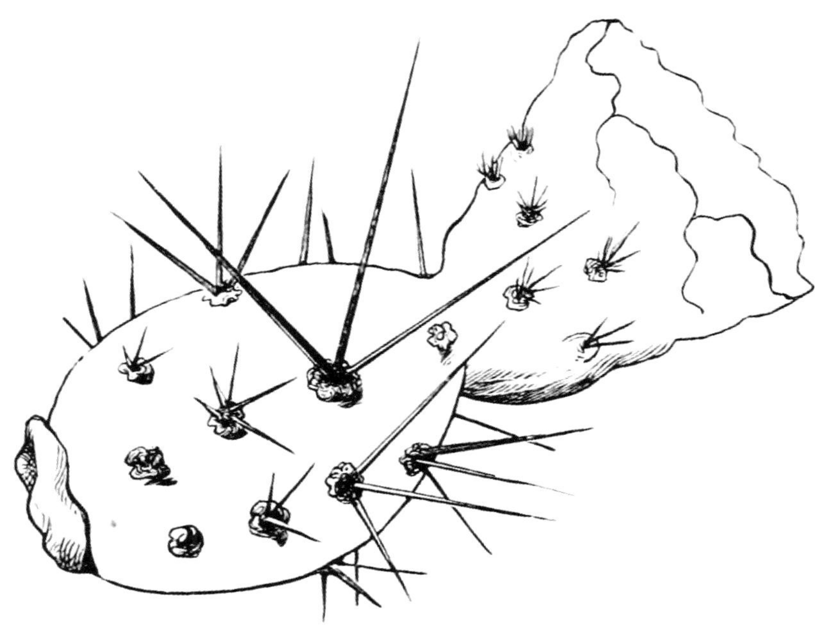

达氏仙人掌

天气干燥晴朗，蓝天透明澄清，少有云朵。站在这样的荒凉台地上眺望内陆，总能望见另一片台地边缘的陡坡。那些台地的高度要更高，不过同样平坦荒凉；其余方向的地平线模糊不清，似乎有气流从受热的地面上腾起，让景物摇摆不定。

在这样的地方，西班牙定居点的命运很快就确定了：全年大部分的时间气候都很干燥，不时有敌对的游牧印第安人前来攻击，殖民者们不得不放弃了尚未完工的建筑。不过，他们开创的风格展示着旧时西班牙人的强大和坚韧。他们在南美洲南纬41°以南的地方所进行的全部殖民努力，都以悲剧告终。饥荒港[①]这一名称背后，是几百个命运悲惨的人的苟延残喘和极度痛苦，最终只有一个人幸存下来，讲述他们的苦难。在巴塔哥尼亚海岸的圣约瑟夫湾[②]，西班牙人曾建立了一个小定居点，但在一个星期日，印第安人发动了攻击，几乎屠杀了所有人，只有两人幸存，但也做了许多年俘虏。我在内格罗河曾和其中一人交谈，他现在已经非常老了。

① 饥荒港（Port Famine）：现名安夫雷港（Puerto Hambre），位于麦哲伦海峡西岸，智利麦哲伦-智利南极大区首府蓬塔阿瑞纳斯以南约58公里。1584年，约300西班牙人尝试在此建立殖民地；1587年英国航海家卡文迪什到达此地，只见到遍地尸体，于是将此地命名为饥荒港。——译注

② 圣约瑟夫湾（St. Joseph's Bay）：即圣何塞湾（Golfo San José），阿根廷丘布特省瓦尔德斯半岛北侧陆地包围的海湾。——译注

巴塔哥尼亚的动物也像植物一样稀少[①]。在干燥的台地上，有时能看到一些小黑甲虫（异跗节类，Heteromera）缓慢地爬行，有时会看到一只蜥蜴飞快地跑过。关于鸟类，这里有三种食腐的卡拉鹰，在山谷中有几种雀科的鸟和食昆虫的鸟。有一种朱鹭（黑脸鹮，学名*Theristicus melanopis*，据说在中部非洲也有分布），在最荒凉的地方也不少见。我在它的胃里发现了蚱蜢、蝉、小蜥蜴甚至是蝎子[②]。在一年中的一段时间，黑脸鹮会成群生活，另外一段时间则成对生活。它的叫声响亮而奇特，类似原驼的嘶鸣。

原驼，或者说野生美洲驼，是巴塔哥尼亚高原的典型四足动物，也是东方的骆驼在南美洲的远亲。原驼外形优雅，脖子修长，四肢美观。在南美洲的整个温带区域，南至合恩角附近的岛屿，原驼都很常见。原驼常以几头至30头的小群为单位生活，不过在圣克鲁斯河岸，我们见过一个原驼群，其中至少有500头原驼。

原驼一般很具野性，非常警觉。斯托克斯先生告诉我，他有一次透过望远镜看到一群原驼，虽然距离太远，无法用肉眼分辨清楚，但显然它们已经受惊了，正在全速逃跑。猎人经常远远地听到它们那独特的尖锐嘶鸣声，也就是原驼示警的叫声，从而注意到它们在什么地方。如果这时他仔细地观察，通常会发现原驼在远处的山坡上站成一列。当猎人再接近时，伴着另外几声嘶鸣，原驼群沿着狭窄的道路跑到附近的另一座山丘上。它们奔跑的速度虽然看上去比较慢，实际上却很快。不过，如果猎人偶然遇到落单的或几头在一起的原驼，它们一般都会站住不动，并且专心地盯着他，随后可能会往前走几米远，再回头盯着猎人。为什么原驼的胆怯程度会有这么大的区别？在远处它们会把人误认为主要天敌——美洲狮吗？还是好奇心战胜了胆怯？原驼的好奇心确实很旺盛，如果一个人躺在地上摆出奇怪的动作，比如双腿伸向空中，它们几乎总会走近来观察。我们的猎人用这个技巧总是成功，甚至还能放几枪，原驼认为这也是奇怪动作的一部分。在火地岛的山上，我曾不止一次看到，一只原驼发现有人接近时，不只反复嘶鸣，还用很滑稽的动作跳来跳去，似乎是在挑衅。原驼很容易驯化。在巴塔哥尼亚北部一间房子附近我曾见过几只驯化了的原驼，不过没有任何东西束缚。驯化了的原驼很勇猛，会毫不迟疑地飞起双膝从背后攻击人。据说，这种攻击的动机是因为雌性原驼而产生的嫉妒。不过，野生原驼却没有任何防御行为，就算一条猎狗也足够看住一头原驼而等着猎人赶上来。从许多方面的习性看，原驼类似羊群中的羊。因此，几个人骑马从不同方向接近原驼时，它们就会陷入混乱，不知道向哪里跑。这一习性，使得印第安人的

---

① 我在这里发现了一种仙人掌，亨斯洛教授将其命名为达氏仙人掌（Opuntia Darwinii，《动植物学杂志》第1卷第466页），当我将一根棍子或手指伸入它的花朵中时，雄蕊的反应非常特别。花被的各部分同样会收缩到雌蕊旁边，不过比雄蕊要慢。这一科的植物通常认为是在热带生长，不过在北美洲（刘易斯和克拉克的《旅行记》第221页），与这里纬度的绝对值相同的高纬度地区——北纬47°，也发现过。

② 在岩石之下，这些昆虫并不少见。我见过一只蝎子静静地吃着另一只同类。

打猎方法大显神威，因为很容易把它们赶到一个中心点，然后包围起来。

原驼爱好游泳。在巴尔德斯港，我曾看见原驼好几次在岛屿间游泳。拜伦[①]说，他在航行中见过原驼喝咸水。我们船上的几位军官也看见了类似的情形：在布兰科角[②]附近，一群原驼似乎正在喝盐湖里的咸水。我想，在某些地方，如果它们不喝咸水的话，就根本一点水都不喝。中午的时候，原驼常去碟形的洼地，在尘土中打滚。雄性原驼常打架。有一次两头原驼来到离我相当近的地方，嘶叫着想要互相撕咬。有些原驼被射杀后，猎人发现皮上还有深深的咬伤痕。有时候，原驼群会集体出发探索。在布兰卡港地区，离岸48公里以内，很少能见到原驼。有一天，我发现了30–40头原驼的痕迹，一条直线地通向一条浑浊的咸水溪，接着它们肯定是发现自己正在接近大海，于是又像骑兵队一样整齐地转了个弯，一条直线地沿着原路返回了。原驼有种奇特的习性，我认为相当难以解释：它们会连续多日把粪便拉在同一个地方，形成明显的一堆。我见过一个粪堆的直径达到2.4米，量非常大。多尔比尼先生说，这一习性是原驼属[③]内所有物种共有的。对秘鲁的印第安人来说，这是件好事，因为他们用原驼的粪作燃料，这样一来收集时就能省去很多麻烦。

原驼似乎对自己的葬身之地也有偏好。在圣克鲁斯河两岸，有些特定的区域内，地面上全是骨头，一片白色。这些地方通常就在河边，灌木丛生。在其中一个地方，我数出了十多具头骨。我特地检查了这些骨头。我之前见过一些散落的原驼骨头，上面有咬痕甚至已经断裂，看上去像是被肉食动物拖到一起；但这些骨头则不是这样。原驼在死前一定是躺在灌木丛之间。拜诺先生告诉我，在之前的一次航行中，他在加耶戈斯河[④]畔也见过相同的情形。我完全不知道这种习性的原因，不过我观察到，在圣克鲁斯河区域，受伤的原驼无一例外都会走向河边。在佛得角群岛的圣地亚哥，我曾在山谷中一个偏僻的角落，见到地上满是山羊骨。当时我们惊叫道，这大概是岛上所有山羊的墓地了。我提到这些无足轻重的情况，是因为在特定情况下可以拿它来解释洞穴里或冲积层中一堆完好骨头的来源，或解释一些动物化石在沉积层中比其他动物更常见的原因。

一天，我们由查弗斯先生率领，乘一艘小船，带着三天的粮食，去考察港湾的上游。早晨，我们凭一张旧西班牙地图去寻找几个淡水水源。我们找到了一个小湾，其上

① 约翰·拜伦（John Byron，1723–1786）：英国海军军官、将军，曾指挥“海豚”号（HMS Dolphin）完成环球航行。著名诗人拜伦的祖父。——译注

② 布兰科角（Cape Blanco）：现名Cabo Blanco，阿根廷圣克鲁斯省东海岸北部的海角，在盼望港（德塞阿多港）以北约60公里。——译注

③ 以前羊驼属中包括原驼（Lama guanicoe）、大羊驼（Lama glama）、羊驼（Vicugna pacos，前Lama pacos）三个物种。现在羊驼分入小羊驼属，同属还有小羊驼（Vicugna vicugna）。两个属同属于骆驼科。——译注

④ 加耶戈斯河（Rio Gallegos）：阿根廷圣克鲁斯省南部的河流，在里奥加耶戈斯市附近汇入大西洋。——译注

游是一小股不停地流淌的咸水（这是我们第一次见到）。在这里，因为退潮，我们不得不停留了几个小时。在这段时间里，我向内陆方向走了几公里。地表一如往常，覆盖着砾岩，其中混杂的泥土看上去很像白垩，但性质大不相同。由于这些成分都比较柔软，因而地面上有很多被水冲刷形成的沟壑。这里看不到一棵树，除了原驼站在山丘顶上为驼群放哨以外，也几乎见不到任何鸟兽。四周一片寂静，满目荒凉。不过，走在这样四周没有任何鲜明颜色的景色中间，我的心中却升起一种怪异但强烈的愉悦感觉。有人问，这个平原经历多少年代了，它还要继续存在多久呢？有首诗说：

——没有人知道，一切仿佛永恒。
这荒原有种神秘的语言，
诉说着可畏的疑问。[①]

傍晚，我们又上行了几公里，随后搭起帐篷过夜。第二天中午，小船搁浅了，因水太浅，我们无法继续前进。这里的水不那么咸了，因此查弗斯先生独自划着小划艇又上行了三至五公里，接着小划艇也搁浅了，不过是搁浅在淡水里。这里河水浑浊，河面也很狭窄，但是河水的来源却不难判断：除了安第斯山脉的融雪以外，不太可能有别的了。从我们宿营的地方看去，四周是光秃秃的悬崖峭壁和斑岩组成的陡峭山峰。我想，这个世界上恐怕再也找不到什么地方比这个位于开阔平原上的岩石裂缝更与世隔绝的了。

我们回到停泊处后第二天，我随一群军官前去探索一处印第安人坟墓。这座坟墓是我在附近一座山丘顶上发现的。两块看上去至少各两吨重的巨石，放在一块约2米高的突出岩石前面。在坟墓底下、坚硬岩石之上，有一层约30厘米厚的泥土，一定是从下方的平原上挖来的。泥土层之上铺着一层扁平的石板，上面又堆着其他岩石，以填充突出的岩石和两块巨石间的空隙。为了完成整座坟墓，印第安人设法从突出的岩石上取下一大块，越过岩石堆，放在两块巨石顶上。我们从坟墓的两侧向下挖掘，但没有挖出任何遗物甚至骨头。骨头或许早就腐化了（如果真是如此，那这座坟墓的历史也很悠久），因为在另一个地方——几小堆岩石下面，我发现了极少量的一些细小的碎片，不过还能辨认出是属于人类的。福克纳说，印第安人死后就地埋葬，不过最终他的遗骨还要被挖出来，无论距离多么遥远，总要把遗骨移葬到大海附近。我想，这种习俗可能是因为，在马引进之前，印第安人的生活一定很接近火地岛人，也就是说他们通常住在沿海地区。印第安人有葬在祖先坟墓所在之处的奇特习俗，因此现在游荡的印第安人会把同伴尸体上较不易腐烂的部分带到海岸边祖先的坟墓处。

---

① 雪莱《勃朗峰》（*Mont Blanc*）节选。

**1834年1月9日**——天黑前，“小猎犬”号在圣胡利安港宽敞的码头停泊，此地位于盼望港以南180公里。我们在这里停留了8天。这一带的景色与盼望港相似，不过可能要更贫瘠一些。一天，一队人随着舰长菲茨·罗伊沿港口的海角走了一大圈。我们在11个小时里滴水未沾，有些人筋疲力尽。在附近一个山丘（从此将这里命名为渴山，Thirsty Hill）的顶上，我们望见了一个美丽的湖，于是我们派了两个人前去探索，以约定的信号来表示湖水是不是淡水。让我们无比失望的是，这是一大片雪白的盐，结成了巨大的立方形晶体！我们认为让大家如此口渴的原因是空气太干燥，不过无论什么原因，当我们最终在晚上回到船上时，我们都非常高兴。虽然我们一路上没有找到一滴淡水，但这里一定还是有淡水的，因为我偶然发现，在海角附近咸水的表面上，有一只切眼龙虱（Colymbetes）还没有完全死去，它一定生活在附近的淡水当中。另外还有三种昆虫［一种虎甲（Cincindela），似乎是杂色虎甲（Cicindela Hybrida）；一种猛步甲（Cymindis）；一种婪步甲（Harpalus），全都生活在偶尔被海水淹没的泥泞平地］以及一种在平原上发现的已死的昆虫，就是这里全部的甲虫了。一种体型相当大的蝇类（虻属，Tabanus）数量非常多，人若被它叮咬后，会疼痛难忍。在英国，常于树荫小道中扰人的马蝇和这种虻属于同一个属。关于这些吸血昆虫，我们常有个疑问：它们是吸什么动物的血为生的呢？原驼是这里几乎唯一的温血四足动物，其数目相比虻来说，相当微不足道。

巴塔哥尼亚的地质学特征让人很感兴趣。与欧洲不同的是，欧洲的第三纪地层似乎是在海湾处积累的，而这里，一连几百公里的海岸，我们都见到同一个巨大的沉积层，其中包含大量第三纪时的贝类化石，很明显这些物种现在都已灭绝了。最常见的贝类是一种巨型牡蛎，有时直径可达30厘米。覆盖在这些地层之上的是一层松软的白色岩石，其中含有大量石膏，形似白垩，不过实际上是一种浮岩。这种岩石有个重要的特点：其体积的10%，是由微小的水生生物组成的。埃伦伯格教授已经在其中确定了30个海生物种。这个地层沿着海岸线分布长达800公里，很可能实际上还要伸展得更远。在圣胡利安港，它的厚度超过240米！这一白色地层到处都被砾岩所覆盖，形成了很可能是世界上最大的砾岩层：自科罗拉多河向南绵延600-700海里，在圣克鲁斯河（圣胡利安港以南不远）一线一直延伸到安第斯山脉脚下。在圣克鲁斯河的中游，砾岩层厚度达到60米。这一砾岩层很可能无论在哪里都能延伸到安第斯山脉，斑岩就是在那里风化而成为形状规则的小圆石。我们可以认为，砾岩层的平均宽度达到320公里，平均厚度有15米。如果如此巨大的砾岩层堆在一起，就算不包括它本身风化而形成的泥土，也能组成雄伟的山脉！当我们想到，是旧时海岸和河边巨大的石块缓慢地落下来，被波浪拍打成小块，再缓慢地滚动、变圆、移动到各处，才形成了这如沙漠中的沙粒一般无穷无尽的砾岩，这当中必须经过极其长久的时间的流逝，这时我们的思绪不得不为之震撼。而所有这些可能已经滚圆的沙砾，后来被转运到白色的沉积层里，再经过长久的时间，后来又转运到下面一层的第三纪贝壳地层里！

在这片南方的大陆，似乎一切事物都受到大规模的现象的影响：从拉普拉塔河到火地岛，近2000公里的距离，在现存的海生贝类生活的时期里都已经抬升了不少（在巴塔哥尼亚，抬升的高度达到90–120米）。抬升后的平原表面上，古老的贝壳受到日晒雨淋，还部分保持着原来的颜色。在抬升过程当中，至少有8个长久的间断期。在间断期当中，海水又深深地侵蚀着陆地，在不同高度形成连续不断的悬崖或陡坡，分隔开不同高度的平原，看上去就好像一级级的台阶一样。整个抬升过程以及间断期海水侵蚀的力量，在海岸线一带都相当温和，因为我惊讶地发现，台阶状的平原的高度与很远处几乎相当。高度最低的平原，高27米；我在海边爬上的最高的平原有300米高，在那里，这些地质活动只留下了砾岩覆盖的平缓山丘这样的遗迹。圣克鲁斯河上游的高原，在安第斯山脉脚下高达900米。我说过，在现存的海生贝类生活的时期内，巴塔哥尼亚抬升了90–120米；我还要补充的是，在冰山将巨大的岩石运送到圣克鲁斯河上游的高原上的时期抬升高度至少有450米。巴塔哥尼亚不只受到过抬升运动的作用。据E. 福布斯教授[①]所说，在圣胡利安和圣克鲁斯所发现的现已灭绝的第三纪贝类，只能在15–75米深的水中生活。但是，这些化石现在已经埋在厚250–300米的海底沉积层之下，也就是说，这些贝类曾生活的海床一定曾下沉过数百米，才能积累起现在覆盖其上的地层。巴塔哥尼亚海岸如此简单的地质构造，背后却蕴含着多么复杂的历史！

在圣胡利安港[②]27米高的平原上，在砾岩层上覆盖着的红色淤泥中，我发现了一种奇异的四足动物长颈驼（Macrauchenia Patagonica）的半具骨架。长颈驼的大小与骆驼相当，它与犀牛、貘和古兽马一样，都属于厚皮动物[③]，不过它长颈的骨架结构显示，它与骆驼的亲缘关系接近，或者更确切地说，它和原驼、羊驼的亲缘关系很接近。现存的海生贝类能在阶梯状平原更高的两级上找到，这表示这两级的形成和抬升一定早于长颈驼所埋藏的淤泥层沉积的时间，也就是说这种奇特的四足动物生活的年代，要大大晚于海洋里现存的贝类出现的年代。这个位于南纬49°15′的荒芜砾岩平原，植被非常稀疏，如此

---

① 爱德华·福布斯（Edward Forbes，1815–1854）：英国博物学家、地质学家，生于马恩岛，晚年曾任英国地质学会主席。——译注

② 我最近听说，在南纬51° 4′，加耶戈斯河两岸，皇家海军沙利文上校（Bartholomew Sulivan）发现无数骨化石埋藏在常规地层中，有些骨头较大，其他的较小，看上去像是犰狳的。这是一件很有趣且很重要的发现。

③ 厚皮动物（Pachydermata）：曾是哺乳动物的一个目，现已不再使用。长颈驼分入滑距骨目（Litopterna）后弓兽科（Macraucheniidae）；犀牛、貘和古兽马都属于奇蹄目（Perissodactyla），犀牛属犀科（Rhinocerotidae），貘属于貘科（Tapiridae），古兽马属古兽马科（Palaeotherium）。——译注

巴塔哥尼亚，抬升的海岸

巨大的四足动物要如何生存，起初令我大为惊讶。不过它和原驼的关系以及原驼在无论多贫瘠的地区都能生活的事实，可以部分地解释这个问题了。

长颈驼和原驼之间，箭齿兽和水豚之间，都存在一定的亲缘关系，不过略为遥远些，而许多已灭绝的贫齿动物和现存南美洲动物的标志——树懒、食蚁兽和犰狳之间的亲缘关系就要接近一些，栉鼠属和水豚属在化石中的物种和现存的物种的亲缘关系更加接近。这些事实非常引人注意。伦德先生和克劳森先生将最近从巴西的洞穴中找到的大量化石带到欧洲。这些化石绝妙地展现了这种关系，正像澳大利亚有袋类（Marsupial）动物中，在化石中的物种和已灭绝的物种间的绝妙关系一样。那些洞穴所在的省份生活着32个属的陆生四足动物，而它们的化石当中几乎包含了每个属的已灭绝物种，只缺4个属，而且灭绝物种的个体数目要比现存的多得多，其中有食蚁兽、犰狳、貘、西貒、原驼、负鼠的化石，还有无数南美洲啮齿动物和猴类的化石以及许多其他动物。同一片大陆上，灭绝的和现存的物种间的这种绝妙关系，在未来必将成为揭开物种出现和消失之迷雾的最亮的一束光，我对此毫不怀疑。

回顾美洲大陆上天翻地覆的变化，不能不让人深深地感到惊讶。从前，这片大地上一定游荡着无数巨兽。现在的物种和它们的祖先及古老的亲戚相比，只能说是小矮种了。如果布丰[①]知道这些巨大的树懒和犰狳状动物，知道这些已经灭绝的厚皮动物，或许他就不会认为美洲是一片从来没有过活力的大陆，而会说美洲的创造活力已经丧失了。后者显然更接近事实。这些已灭绝的巨型四足动物，就算不是全部，但大多数都生活在较近的时期，与现存的海生贝类同时生存。自那个时期以来，地形上应该不可能有太大的变化。那么，是什么原因让这么多物种甚至多个属灭绝了呢？我们的第一反应是，可能发生过什么大灾难。但是，从南巴塔哥尼亚，到巴西，到秘鲁境内的安第斯山脉，到北美洲，直到白令海峡，都有大小不同的物种灭绝，要一次性做到这些事，恐怕必须摇动整个地球的结构了。此外，对拉普拉塔和巴塔哥尼亚地区的地质学考察让我相信，一切地质特征都是缓慢而漫长的过程造成的。无论是欧洲、亚洲、澳大利亚还是南北美洲的化石都表明，在近期，全世界各地的条件都适宜大型四足动物生活。至于这些条件具体是什么，还没有人能够推断出来。这绝不可能是气温变化，因为气候变化会同时毁灭南北两个半球上热带、温带和寒带的生物。莱尔先生告诉我们，在北美洲，大型四足动物生活的年代之前是冰山把巨石运送到低纬度的时期，而现在，冰山已经不可能到达这些地方了。依据虽不直接但确凿无疑的证据，我们应可确定，在南半球，长颈驼生活的年代也要大大晚于冰山运送巨石的时期。是不是如同有人所推想的，人类进入南美洲

① 乔治·路易斯·勒克莱尔·布丰（Georges Louis Leclerc Buffon，1707-1788）：法国博物学家、数学家、宇宙学家，对后世有重大影响。——译注

后，摧毁了笨拙的大地獭和其他贫齿动物呢？至少我们还得给布兰卡港附近小型栉鼠的灭绝以及巴西的化石中许多鼠类和其他较小的四足动物的灭绝，另找别的理由。没有人会认为一次干旱就足够摧毁从南巴塔哥尼亚到白令海峡的所有物种的每个个体，就算这干旱比拉普拉塔地区诸省的大干旱还要严重得多。我们又怎么看待马的灭绝呢？西班牙人引进的马，其后代现在成千上万，遍布整个大平原，而当时这片平原上却缺乏牧草吗？后来引进的马种与它巨大的古老亲戚吃同样的食物吗？我们能否相信，水豚吃箭齿兽的食物，原驼吃长颈驼的食物，而现存的小型贫齿动物吃它们无数巨大原型祖先的食物吗？在世界的漫长历史中，没有什么比物种的大范围反复灭绝更令人吃惊了。

尽管如此，如果我们换个角度来看的话，这就没那么令人困惑了。我们总记不住，我们对每种动物生存所需要的条件是多么无知；而且也总是忘记，有些机制能够防止任何生物种群在自然中过快地繁殖。食物的供应量平均而言是保持不变的，但动物繁殖的数量却是以几何级数增长的，这些事实将带来出人意料的影响。这一影响在引进美洲并野化的欧洲动物中，体现得最为奇妙。在自然情况下，动物有规律地繁殖。一个长期存在的物种，其数量不可能太大幅度地增加，而必定会受到某些因素的抑制。虽然如此，我们还是几乎无法精确判断，对于每个给定的物种来说，在生命的什么时期或一年中的什么时间，这个因素会起作用，或者两次起作用的间隔是不是很长？换句话说，我们不知道这个因素的准确内容。因此，如果两个习性类似的物种在同一片区域里，其中一种很罕见而另一种很常见，我们会习以为常；或者，一片区域内一个物种很常见，而在另一片自然条件很类似的区域内，扮演着同样角色的是另一个物种，我们也会习以为常。如果有人问这是为什么，我们会立即回答这是由一些细小的差别造成的，比如气候、食物或天敌的数量，但我们却很少能够，甚至完全不能指出精确的原因和作用机制！因此，我们不得不得出结论，决定一个物种常见还是罕见的原因，我们通常还不能掌握得很清楚。

有时，我们能够通过人力记录世界范围内或一个地区内一个物种灭绝的过程。我们知道它越来越少，最终消失，但我们还是很难分辨[①]这个物种的灭绝是因为人类的活动，还是因为天敌的增加。正如几位优秀的观察者所指出的，从稀少到灭绝的证据，在连续的第三纪地层中表现得最为显著。我们经常发现，一种贝类在第三纪地层里很常见，但现在非常罕见，长久以来认为已经灭绝了。如果物种正如看上去的那样先变得稀少再灭绝，也就是说正如我们所知的，任何物种无论多么适应环境，其高速增长都会受到抑制，虽然抑制发生的时间和方式尚不明确。如果我们发现，两种亲缘关系很近的物种，在同一片区域内一种很常见，一种很罕见，虽然无法给出准确原因，但我们也习以为常了，那么如果罕见物种之后又进一步灭绝了，那我们又有什么好吃惊的呢？一种在我们

① 参见赖尔先生关于这一问题的精彩评述，载于他的《地质学原理》。

日常生活中不断发生的、我们却很少察觉的现象，如果再进一步的话，我们也是不会注意到的。知道从前巨爪地懒要比大地懒少得多，知道化石中的一种猴子和现存的一种猴子相比要少得多，谁又会感到哪怕是一点点的惊讶呢？对于这种相对的稀少性，我们还能给出最直接的证据，以证明环境相对较不适合它的生存。承认物种要先稀少再灭绝，并对一个物种相对另一个物种的个体数目很少习以为常，却又因为物种灭绝而大惊失色。对我来说，这就好像"承认人死前要生病，因而对人会生病感到习以为常，却在人因病死去时，又感到不可思议，认为这个人一定是遭到暴力而死的"一样啊！

乌拉圭河东岸地区女士们的头饰

安第斯兀鹫[1]

# 第九章

# 圣克鲁斯、巴塔哥尼亚与福克兰群岛

圣克鲁斯——沿河而上的探险——印第安人——大片玄武岩流——非河流搬运而得的碎岩——河谷的地表层——安第斯兀鹫的习性——安第斯山脉——巨大的漂砾——印第安人的遗址——回到船上——福克兰群岛——野马、野牛和野兔——像狼的狐狸——用骨头生火——捕野牛的方法——地质状况——石流——猛烈运动的场景——企鹅——雁属动物——海牛卵——群栖动物

① 安第斯兀鹫：学名康多兀鹫（*Vultur gryphus*），红头美洲鹫科，分布在安第斯山脉及太平洋沿岸。——译注

1834年4月13日——“小猎犬”号在圣克鲁斯入口处抛锚。这条河位于圣胡利安港南面大概100公里处。上一次航行，斯托克斯（Stokes）船长逆流而上48公里，随后由于缺乏食物，被迫返回。除了那次所发现的情况以外，我们对这条大河一无所知。菲茨·罗伊船长现在决心只要时间允许，就一直沿河而上。18日，三艘划艇带着三周的食物出发；一行共25人——这是一支足以对抗一大群印第安人的力量。潮水澎湃、风和日丽，航程一路顺利，没多久我们就喝上了淡水，到晚上就差不多摆脱了潮水的影响。

这条河流的大小和外形，即便是到我们最后抵达的目的地，也没有丝毫改变。河面总体上三、四百米宽，中间深5米。河水流速很快，达四到六节（海里每小时），这或许是它最显著的特点。河水是靓丽的蓝色，略微夹着乳白色，没有第一眼看到的那么清澈透明，流经的鹅卵石地跟沙滩以及周边平原的鹅卵石很相似。河道蜿蜒曲折，穿过往正西方向直线延伸的山谷。山谷的宽度不一，有5到16公里不等；山谷的边缘是阶梯状的台地，大多数地方层层递增，高达150米，两侧显著对称。

4月19日——要在这样的急流中逆行而上，自然不可能靠划船或扬帆前进，因此，我们把三艘船首尾紧紧地连接在一起，每艘船留下两名船员，其余的上岸拉纤。我认为菲茨·罗伊船长的总策划非常得当，每个人的负担都得以减轻，同时人人都有事做，因此我会描述一下分工。我们整队人员分成两班，每班人轮流拉纤一个半小时。每艘船的军官与该船船员同住、同食、同眠，因此船与船之间相互独立。日落后，我们选择在长满灌木丛的第一处平地夜宿。每组中每个船员轮流做饭。当船一拖上岸，厨师就立刻生火，另外两个人扎营，舵手从船上把东西取出来，其余的人把东西搬到帐篷里去、收拾柴火。按照这样的分工，过夜的东西半个小时内就能一切就绪。大家一直保持有两名船员和一名军官值班，他们的职责是看守船只、守着火不灭以及防备印第安人。每人每晚轮流值班一小时。

这天，因为一路上是荆棘丛生的小岛，岛与岛之间的水道很浅，所以我们只走了一段较短的路程。

4月20日——我们穿过形形色色的小岛，着手开始工作。虽然我们的日常行程非常艰难，但是每天平均能行进16公里的直线距离，总路程可能有25到30公里。我们远离昨晚的宿营地，这里完全是一片未知的领域，因为斯托克斯船长就是到达这里后返航的。我们看到远方升起了浓烟，还有一匹马的骸骨，因此知道附近有印第安人。第二天（21日）早上，我们发现地上有一群马走过的脚印，还有长矛在地上拖曳留下的痕迹。大家都认为，印第安人在夜间侦查过我们。不久后我们来到一处地方，从那里刚刚留下的大人、小孩和马匹的脚印可以推断，那伙人显然已经过了河。

4月22日——这片地区的景色没什么变化、索然无味。巴塔哥尼亚最显著的特征之一，就是各地的物产都完全相同。在小圆石组成的干旱平原上，长了同样瘦弱矮小的植物。山谷里长的是同一种带刺灌木。目之所及都是一样的鸟类、一样的昆虫，即便河流两岸和汇进河中的清澈溪流，也极少有更亮的绿色来点缀。大地被施了贫瘠的诅咒，而流经鹅卵石的河水也同样被施了咒，因此水禽的数量寥寥无几——因为这条贫瘠的河流里没什么东西可以借以维生。

巴塔哥尼亚虽然在某些方面很贫瘠，但它却因拥有的小型啮齿动物[①]数量居世界之最而值得夸耀。有几个种类的老鼠长着大大的薄耳朵和非常细的毛发。这些小动物聚集在山谷里的灌木丛中，数月尝不到一滴水，只有露珠。它们似乎都是会吃同类的动物，因为老鼠一掉入我的陷阱，就被别的老鼠吞食了。有一种娇小、玲珑且肥美的狐狸，可能就是完全靠这些小动物为生的。这里的原驼也在自己的地盘上，一般是50或100为一群，而且正如我所提到的，我们还见过一群原驼，肯定至少有500只。美洲狮和安第斯兀鹫及其他食腐鹰紧随在原驼身后，捕食原驼。河岸四处可见美洲狮的足迹，还有几只原驼的骸骨，它们脖子脱臼、骨头破碎，可见是如何死去的了。

**4月24日**——我们就像是古时候的航海探险家一样，每到一处陌生之地,哪怕是最琐碎的变化迹象我们也会查看。看到漂在水面上的树干或者是原始岩石漂砾，我们就满心欢喜，就像是我们看到了安第斯山脉两侧的森林似的。不过，最充满希望的信号就是大片浓云的顶端差不多总是保持在同一个位置，最终也确证无误。最初，我们误以为这些云层就是山脉本身，而没想到那都是寒冷的山峰所凝结的大片水蒸气。

**4月26日**——今天，平原上的地质构造发生了显著变化。一开始的时候我就仔细地检查了河里的石子。最近两天，我们注意到河里出现了一些蜂窝状的玄武岩小鹅卵石。这种鹅卵石的数目在逐渐增加，体积也逐渐变大，但是没有一颗有人头那么大的。然而，今天早上更坚实的玄武岩鹅卵石突然数量变多了。我们沿河走了半个小时，看到了八九公里远处巨大的玄武岩台地棱角分明的边沿。抵达台地底部的时候，我们看到零散的石块间溪流汩汩。在接下来的45公里河道中，总有大块的玄武岩挡道。这个界线以外，是来自周边漂砾岩层的巨大原始岩石碎块，数量同样是数不胜数。没有一块巨大的碎石块被冲往远离石源超过五六公里远的地方。考虑到圣克鲁斯河的大量水流异常湍急，又没有任何平静的河段，这个例子最清楚地证实了河流连搬运中等大小的碎石的能力都没有。

虽然这片玄武岩不过是流到海底的熔岩，但是火山爆发的规模肯定不小。我们初次见到这种岩层处，它只有36米厚；顺着河道而上，地面不知不觉地升高了，岩层也变得更厚了，距离那个位置64公里处就达到了100米厚。安第斯山脉附近的厚度达到多少

---

① 据沃尔尼（Volney）（第一卷，第351页）所言，叙利亚沙漠的特征是灌木丛生和大量大鼠、瞪羚和野兔。巴塔哥尼亚的风景是由原驼取代瞪羚，刺豚鼠取代野兔。

呢？我无法得知，但是那里的台地海拔高约900米。因此，我们必须把雄伟的安第斯山脉看作是玄武岩的源头，而让这源头名副其实的，是流过略为倾斜的高原，直到160公里以外的熔岩流。第一眼看到山谷另一侧的玄武岩悬崖时，显然能够发现，两边的地层一度是连在一起的。那么，到底是什么力量把这样一整列平均厚度近90米、宽度从3公里以下到6公里不等、非常坚硬的岩石移开的呢？虽然河流力量微弱，连小石块也搬不动，但是斗转星移，就能累积起难以估量的冲蚀效果。但是在这种情况之下，单单就这种作用的微不足道而言，我们有充分的理由相信这座山谷以前为海湾所占有。从山谷两侧阶梯状的台地形状和性质、靠近安第斯山脉的谷底张成如河口般的巨大平原，其上还堆积着沙丘，以及河床上出现的一些海生贝类，就可以得出结论，在此无须一一道尽。如果在此篇幅有多，我会证明以前南美洲在此被一条海峡切断，太平洋与大西洋在此连通，就像麦哲伦海峡一样。但是有人会问，这些牢固的玄武岩是怎么搬走的呢？以前，地质学家会用某种激烈的变动来解释，但是在这种案例中，这类推测却非常不可靠，因为在圣克鲁斯河谷的两侧伸展着同样的阶梯状平原，其上覆盖着现代海生贝类，这些平原面对着漫长的巴塔哥尼亚海岸线。无论是在河谷里，还是开阔的海岸上,都不可能有任何洪水能塑造出这样的陆地，因为形成这样的阶梯状平原或台地的时候河谷自身就已被掏空了。尽管我们知道在麦哲伦海峡，狭窄水道内潮水的流速达到8节，但我们必须承认，要是没有巨浪的帮助，潮水要侵蚀这么宽阔、这么厚实的玄武岩，就要历经一个世纪又一个世纪，一想到要经过无数的年代，不禁使人头晕目眩。不过，我不得不相信这个古老的海峡里的水冲刷着地层，将其击碎成巨大的石块；散落在沙滩上的岩石，先碎成小块，随后变成卵石，最后成了无比微细的泥土，随着潮水进入东西两面的大洋。

随着平原的地质构造发生了变化，风景地貌也同样发生了改变。我在某些狭窄而布满岩石的隘道上信步行走的时候，几乎可以幻想自己又回到了圣地亚哥岛那贫瘠的山谷。我在玄武岩悬崖上看到了在别处没有见过的植物，另外有一些我认得是从火地岛漂泊过来的。这种充满细孔的岩石可以用来贮存稀缺的雨水，因此在火成岩与沉积构成物的交接线处涌出了几股小泉水（这在巴塔哥尼亚是非常稀有的现象），从远处看去，泉水四周是一块块亮绿色的草地。

4月27日——河床越来越窄，因此河流变得越来越湍急，此处流速为6节。出于此缘由，加上许多有棱有角的大岩块，拉纤变得既危险又艰苦。

今天我射杀了一只安第斯兀鹫。它双翼末端的距离是2.5米，喙到尾巴长1.2米。众所周知，这种鸟的地理分布范围很广，整个南美洲西海岸，从麦哲伦海峡沿安第斯山脉直到北纬8°，都能见到它们的身影。在巴塔哥尼亚海岸，安第斯兀鹫分布的北界是内格罗

内格罗河，玄武岩峡谷

河口，那里离它们位于安第斯山脉的栖息地中线已经偏离了大概600公里。再往南，在盼望港海角处裸露的绝壁处安第斯兀鹫也很常见。不过只有一些零散的鹰会来到海岸上。圣克鲁斯河口的一排悬崖上经常有这类鸟出没。沿河而上130公里，由玄武岩所形成的河谷两侧的陡峭悬崖又重新出现了安第斯兀鹫。种种证据显示，这种安第斯兀鹫似乎偏爱直立的峭壁。在智利，安第斯兀鹫一年中大部分时间都在太平洋海岸附近地势较低的地区盘旋，夜间，几只鹰会聚一起在一棵树上栖息；初夏时，它们会退居安第斯山脉内部最荒僻的地方，在那里静静地哺育后代。

关于它们的繁殖方面，智利的当地人告诉我，安第斯兀鹫从不筑巢，而在11月和12月在裸露、突出的岩石上产下两枚白色的大鸟蛋。据说幼小的安第斯兀鹫一整年都不会飞翔，会飞以后很长时间会与双亲一起，夜间栖息、白天猎食。成年的安第斯兀鹫一般成对生活，不过我在圣克鲁斯内陆的玄武岩峭壁上发现有一个地方经常有许多安第斯兀鹫出没。当我们意外走到悬崖峭壁的边缘时，我见到了一幅壮观的景象：二三十只雄鹰从栖息地猛然起飞，威严地盘旋开来。由岩石上粪便的数量可以猜测，它们必定在这座悬崖上栖息、繁殖了很长时间。安第斯兀鹫在山崖下的平原饱食腐肉之后，就会回到这处钟爱的岩石上消化食物。根据这些证据，安第斯兀鹫和黑头美洲鹫一样，在一定程度上可以视为群居鸟类。在这里，它们完全以自然死亡（或者更普遍的是被美洲狮杀死）的原驼为生。根据我在巴塔哥尼亚见到的情况，我相信它们一般不会跑到离固定的栖息地很远的地方。

安第斯兀鹫时常在高空出没，在某一地点的上空以极其优雅的姿势盘旋。有时候，我确定它们这么做不过是为了寻欢作乐，但有时候智利人告诉我它们是在观察垂死的动物或者观察吞食猎物的美洲狮。要是安第斯兀鹫一起俯冲，然后突然快速飞起，智利人就知道是有盯着猎物尸体的美洲狮跳出来赶这些强盗了。除了以腐肉为食，安第斯兀鹫经常会攻击幼年的山羊或羊羔。牧羊犬受过训练，只要有安第斯兀鹫经过，就会跑过去朝上空狂吠。智利人可以杀死和抓住大量安第斯兀鹫。他们可以用两种方法捕捉：一种是把腐肉放在平地上，用树枝围住，留一个缺口，当安第斯兀鹫狼吞虎咽的时候，他们就骑在马背上奔向入口，然后关上入口。这只鸟就无处可逃，身体缺乏充足的动力起飞了。第二种方法就是在经常有五六只安第斯兀鹫一起栖息的树上做标记，等到天黑，就爬上树用活套套住它们。我发现，它们晚上睡得沉，要执行这一任务并不难。在瓦尔帕莱索，我见过一只活安第斯兀鹫售价6便士，不过一般价格是8–10先令。我看到他们带来的一只安第斯兀鹫被绳索套住了，伤得很重，可是即便是在众人围观的情况下，在系住喙的绳子一剪断的瞬间，安第斯兀鹫就开始大口大口地撕扯腐肉了。就在同一个地方的一处花园里大概养了二三十只安第斯兀鹫。它们一个星期只喂食一次，可看起来相当健康。[①]智利人断言安第斯兀鹫五到六周不进食也不会死，甚至精力充沛——我无法回答真相是什么，但是这种实验确实很残忍，不过可能已经有人做过实验了。

要是这里死了一只动物，众所周知，安第斯兀鹫就会像其他食腐鹫那样，能迅速获悉这个信息，而且会以一种令人费解的方式聚集在一起。大多数情况下，不可忽视的是，一旦鹰发现了猎物，在肉开始变腐烂前就会把骸骨上的肉啄食得干干净净。我想起奥特朋（Audubon）先生曾做过食腐鹰的嗅觉能力很差的实验，于是我就在上面所提到的花园里进行了下列实验：每只安第斯兀鹫用一根绳索系在墙边，呈一排；把一片肉用白纸包住，我在距它们3米远处前后走动，手里拿着肉，但是没有一只鹰注意到里面有什么东西。我把肉扔到距离一只老雄鹰一米范围内的地面上，它仔细地盯了一会儿后，就不再放在心上了。我用一根棍子把肉往前挪，直到它的喙可以够得着，它立刻激动地撕开纸张，同一瞬间，这一长排的鹰都开始挣扎，拍打着翅膀。同样的情况是不可能瞒得过一只狗的。支持或反对食腐鹫嗅觉敏锐的证据不可思议地平分秋色。欧文教授已证明兀鹫（红头美洲鹫）的嗅觉神经非常发达，欧文先生的论文在动物学学会宣读的当晚，一位先生提到，他在西印度群岛两度见到食腐鹰聚集在屋顶的情况，那时有具尸体没埋起来而发出了恶臭：在这种情况下，它们难以通过视力获得这一情报。另一方面，除了奥特朋和我自己做的一个实验以外，巴赫曼先生在美国也试过各种方案，证明红头美洲鹫（欧文教授所剖析过的物种）和黑头美洲鹫都没办法通过嗅觉寻找食物。他把一些腐烂发臭的动物内脏用帆布盖住，然后在上面撒些肉片。这些食腐鹫吃光肉片后就静静在站着，喙都深入腐肉0.3厘米处了，也没能发现；把腐肉换成新鲜的肉，上面也是放了些肉片，鹫还是照吃，但是没发现踩在脚下藏匿起来的肉团。这一实事除去巴赫曼先生外，还经六位先生签名作证。[②]

躺在开阔的大平原上，抬头往上看的时候，我常看到食腐鹰在高空翱翔。在平地上，我不相信步行或骑马的人会特别注意比地平线高15°以上的天空。如果抬头看的话，秃鹫在900–1200米的高空展翅飞翔，那么在它进入视野范围内之前，它离观察者的眼睛的距离会超过3公里。是不是它不容易俯视这里呢？当一只动物在偏僻的山岭被猎人猎杀的时候，就不会被眼光尖锐的鸟从高处尽收眼底吗？它那种下降的方式不就是向这个区域的所有食腐鸟宣布猎物就要到手了吗？

安第斯兀鹫在围着任何地点一圈又一圈地盘旋的时候，飞行姿势是最优美的。除了从地上起飞的时候，我不记得见过有一只扑翅膀的。在利马附近，我花了差不多半个小时，目不转睛地观察几只安第斯兀鹫：他们转的弯度很大，以圆圈状掠过天空，上升下

---

① 我注意到任何一只安第斯兀鹫死去的前几个小时内，虱子就会爬到外面的羽毛上。我肯定情况一直都是这样的。

② 《伦敦自然历史杂志》（*Loudon's Magazine of Natural History*）第七卷。

降的时候也没拍打一下翅膀。渐渐滑近我头顶的时候，我倾斜着身子仔细观察双翅末端分开的巨大羽毛。这些分开的羽毛要是有一丁点震动，看起来就会混合在一起，但是在蓝天下每一根羽毛看起来都十分清晰。它的头部和脖子经常移动，显然是用了力的；展开的翅膀似乎成为了颈部、头部和尾巴动作的支点。这种鸟下降时，翅膀马上就会折叠起来，然后再次以调整过的斜度展开，急速下降所带来的动力似乎催促着它以纸风筝般的平稳动作上升。任何鸟翱翔的时候，动作一定要够快，这样身体的斜表面对空气所产生的作用力才能与重力平衡。要在空气中保持水平运动（摩擦力非常小）不需要用太大的力，只要用这么一点点力就足够了。我们不得不推测，安第斯兀鹫颈部和身体的动作就足够提供这个力了。不管如何，能看到这么大的鸟不费吹灰之力一个小时接一个小时地在山头与江河上空盘旋、滑翔，真是美妙至极。

**4月29日**——我们站在一个高地上，看到安第斯山脉雪白的山峰。山峰在浓云的遮盖下若隐若现，我们不禁欢呼起来。接下来几天，由于河道极其曲折，其中还散落着各种古老的板岩和花岗岩大碎块，所以我们只能继续慢慢前进。与河谷接壤的平原比河面高约335米，特征变化明显。圆滑的斑岩鹅卵石、有棱角的巨大玄武岩和火山原岩碎块混夹在一起。我初次发现这些漂砾是在距离最近的山108公里远处；另一块漂砾经测量有4米见方，比砂石高出1.5米，棱角分明，体积很大；一开始我还误以为是原地的岩石，拿出指南针来想查看其劈理的方向。这里的平原没有附近的海岸处那么平坦，但是也看不出发生过什么剧烈运动的迹象。我认为在这种情况下，很难解释这些巨型石块是怎么从发源地搬运到这么远的地方来的，能够说得通的理论只有漂浮的冰山了。

前两天我们看到地上有马留下的痕迹，还有一些属于印第安人的小用品——像是斗篷的部分和一束鸵鸟羽毛——不过它们似乎搁在地上很久了。印第安人最近过河的那处地方和这里相隔遥远，这片地区似乎人迹罕至。起初，考虑到这里有很多原驼，我对此感到很惊讶，但是铺着无数岩石的地面可以解释一切，没打铁蹄的马想在这里追逐原驼，不消一刻就会撑不住的。尽管如此，我还发现在内陆地区有两个地方布满了小石堆，我认为这些石堆不是偶然扔在那里的。石堆位于最高的火山岩峭壁突出来的边缘上，和盼望港那里的很像，但是规模较小。

**5月4日**——菲茨·罗伊船长决定船不再往上游前进了。这里的河道蜿蜒曲折，水流湍急，而且旷野的景色也令人没兴趣继续走下去了。目之所及是一样的物产、一样的枯燥风景。现在我们距离大西洋230公里，距离太平洋最近的海湾约100公里。河谷的上端是一个宽阔的盆地，北面和南面有玄武岩台地为界，前面是一列长长的、覆盖着积雪的安第斯山脉。可是，看着这些宏伟的山岭，我们心中却感到十分遗憾，因为我们不能如愿站在山峰上，而只能靠想象猜测它的秉性和物产。如果我们再试图继续沿河而上，只能是浪费时间了，除此之外，我们有好几天都只能吃半份面包了。这对从事脑力劳动的人来说已经足够了，但对成天跋涉的人来说，确实有点少。说到胃里负担小、更容易消化是件好事，但是实践起来却没人乐意了。

5日——日出之前，我们开始往下游驶去，基本上以10节的速度快速地顺流而下。这一天，我们走了相当于上行时五天半的路程。8日，我们历经21天探险后抵达了“小猎犬”号。除了我之外，每个人都有不满意的理由。不过，对我而言，这次登山为我呈现了巴塔哥尼亚非常有趣的巨大第三纪剖面层。

1833年3月1日和1834年3月16日，“小猎犬”号两次停泊在东福克兰群岛的伯克利湾。这座群岛与麦哲伦海峡入口几乎位于同一纬度，面积为120×60地理里，比半个爱尔兰岛稍大一点。这些不幸的岛屿被法国、西班牙和英国争相抢夺所有权后又被遗弃，变得荒无人烟。后来布宜诺斯艾利斯政府把它们出售给私人，但同时又仿效以前西班牙的做法，把这些岛屿用作罪犯的流放地。英国曾宣称对其拥有主权并且强取豪夺，不过领军的英国人最终被谋杀了。接下来又派了一位英国官员过来，但他背后无权无势。我们抵达的时候，发现他所管辖的过半数人口是潜逃的造反者或杀人凶手。

在这座舞台上，各种剧情甚为般配。山峦起伏、荒芜悲凉的大地，到处可见泥炭土和坚韧而单调的棕色野草。平坦的地表被这里一座、那里一座的灰色石英岩山峰或山脊所打断。人人皆听说过这里的气候，它大概可以和北威尔士山上五六百米高处的气候相提并论，不过这里少了几分阳光、几分霜露，而多了几分风和雨。①

16日——现在，我要描述一下我围绕岛上部分地方所进行的短途旅行。早晨，我带着6匹马、两个高乔人出发。高乔人是出行的最佳人选，他们非常熟悉如何靠自身的资源生存。天下着大冰雹，风吹得猛烈，天气严寒，但是我们一路进展得很顺利，可是除了地质考察以外，白天的行程非常枯燥乏味。这里一律是起伏的荒地，地表覆盖着浅棕色的枯草和一些矮小的灌木，它们都从松软的泥炭土中长了出来。山谷四处可见小群的大雁，泥土到处都是松软的，因此沙锥能找到食物。除了这两种鸟外，很少有别的鸟类。这里有条主山脉，高约600米，由石英岩构成，崎岖而贫瘠的山顶为我们翻山带来很多困难。我们沿着南边山坡来到一个最适宜野牛生存的地区，但是我们没见到大群的野牛，那是因为它们最近受到了人类的严重侵扰。

晚上，我们遇到了一小群野牛。我的一个名叫圣杰戈的同伴一会儿就把一只肥牛分离出队伍；他抛出流星套索，击中了牛的腿部，但没能缠住。接着，他摘下帽子放在

① 根据我们的航行以来所发布的报告，尤其是根据参与调查的皇家海军成员沙利文（Sulivan）上校写的几封有趣的信件来看，我们似乎将这座群岛上的恶劣气候夸大其词了。但是当我回顾普遍覆盖着泥煤的地，还有根据这里的麦子基本长不熟的证据，我无法相信夏天的气候会如后来所述的那么怡人和干燥。

球落下的地方做标记，同时全速飞驰，解开套索，经过一番猛追后他又靠近了野牛，然后套住牛角抓住了它。因为另一个高乔人带着备用的马走到前面去了，所以圣杰戈想猎杀这只狂暴的野牛就有点难度。他设法利用牛每次冲向他的机会，把它引到平地。牛不动的时候，我那匹受过训练的马就会慢跑上前，用胸部狠狠推它一把。但是，在平地上要杀死一只恐惧的疯狂野兽不是件容易的事。要是马没了骑马的人，它不会迅速知道把套索拉紧对自己的安全有好处；这样，要是牛往前移动，马也会以同样速度前进，否则会纹丝不动地站在一旁。但是这是一匹幼马，不会静静地站着，只要牛一挣扎，它就让开。我敬佩地看到圣杰戈灵活地躲到这只野兽的背后，最后他给野牛的后腿主肌腱致命一击，随后，他轻而易举地用刀刺中牛脊髓上端，牛便如同被雷电击中般倒下了。他切下连着皮、但是没有骨头的肉块，这些肉足以供我们远行所需了。接着我们骑马来到夜宿之地，晚餐就吃带皮的烤肉。这种肉和普通牛肉相比，其美味程度有如鹿肉相对于羊肉。从背部取下来的一大片圆肉片，以牛皮向下成碟状在余烬上烘烤，这样才不会流失肉汁。要是哪位尊贵的高级市政官和我们一起享用晚餐，“连皮肉”毫无疑问在伦敦很快就会变得妇孺皆知了。

晚上下了场雨，第二天（17日）狂风暴雨来袭，伴有冰雹与雪。我们骑马穿过这座岛，来到连接着林孔德尔托罗（Rincon del Tor）（在西南端的大半岛）和岛屿剩余部分的狭长地峡。由于大量的母牛被猎杀了，这里的公牛占很大的比例。公牛独自或两三只结伴一起闲晃，性情凶猛。我以前从没见过这么壮的动物，他们巨大的头部和颈部跟古希腊的大理石雕塑大小一样。沙利文上校告诉我，中等大小的牛皮重达20千克。在蒙得维的亚，一张没完全晒干的牛皮有这样重，就已经非常可观了。幼小的公牛一般跑得不远，但是年长的公牛除了冲向人或马的时候以外，是一步也不动的，很多马就是让老牛给冲撞死了。一只年老的公牛跨过一条泥泞的河流，站在我们对面。我们想把它赶走，却徒劳无功，不得不绕了一个大圈。高乔人为了报复它，决心把它阉掉以免将来会造成威胁。看到高乔人的技艺如何彻底制服野牛的力量，实在是一件有趣的事。当公牛向高乔人的马冲过来的时候，一根套索套住了它的角，另一根绕着后腿，不一会儿这只怪物就瘫在地上，无力反抗了。一旦把套索牢牢套住猛兽的角后，如果不把它杀死，但又想取下套索，决不是一个件容易的事。我也理解单枪匹马不好办事，但是有另一个人帮忙抛套索抓住两只后腿，就能快速解决了：牛的后腿一拉开，它就会无依无靠了。第一个人可以用手松开角上的套索，悄悄骑上马；但是第二个人只要往后退一点点，松了手，套索就会从挣扎的野牛腿下滑开，牛立刻就会自由地站起来，抖抖身子，蛮横地冲向对手。

在整个行程中，我们只见到一大群野马。这些野马和野牛都是1764年由法国人引进的，从此以后它们数量剧增。奇怪的是，虽然没有天然边界阻止野马漫游，而且岛东部地区还不如岛上其他地区诱人，可它们却从未离开东部。我问过的那些高乔人虽然很肯定事实如此，但却说不清原因，只是认为马对一处熟悉的地方有强烈的依附感。考虑到这座岛似乎还有空间供它们生存，又没有食肉动物，我很好奇到底是什么抑制了它们原本的迅速增长趋势。在一座有限的岛屿上，生长速度迟早会受到抑制，这是不可避免的，但是马的繁殖所受到的抑制为什么要比牛的繁殖更早地受到抑制呢？沙利文上校费尽心力地为我调查了这一问题。这里雇用的高乔人认为主要是公马不断地到处闲晃，不管幼驹跟不跟得上都强迫母马相随。一个高乔人告诉沙利文上校，他曾经观察了一匹公马整整一个小时。这匹公马凶猛地对母马又踢又咬，直到逼迫母马离开幼驹任其自生自灭为止。迄今为止，沙利文上校已经好几次发现死掉了的幼驹，但是却没见过死掉的小牛，足可以证实这一奇特说法。此外，成年马的尸体更常见，它们似乎比牛更容易生病或遇上事故。由于这里土质松软，所以马蹄常常无规则地长得很长，这就导致瘸腿。这些马的主要颜色是杂色和铁灰色。这里养的所有马，不管是驯服了的还是野生的，身躯都很小，不过一般都很健康。它们没什么力气，不适合用来骑着抛套索抓牛，因此就有必要用高价从拉普拉塔进口新的马匹。南半球将来可能会有福克兰矮种马，就像北半球有设得兰群岛（Shetland）矮种马一样。

这里的牛倒没像马那样退化，反而如之前所提到的似乎个子变大了，并且数量比马的多得多。沙利文上校告诉我说，这里的牛的一般体型和角的形状与英国的相差不大，颜色却截然不同。引人瞩目的情况是，这个小岛不同地方的牛由不同的颜色占主导力量。绕过厄斯本山（Mount Usborne），海拔高300–450米处，半数牛群呈鼠色或铅色，这种色调在岛上其他地方非常罕见。普莱曾特港（Port Pleasant）附近流行深棕色，而舒瓦瑟尔湾（Choiseul Sound）（几乎将整座岛一分为二）以南最常见的是黑头黑脚的白色畜生，到处都可见带斑点的黑色动物。沙利文上校评论说主导色调的区别非常明显，如果要寻找普莱曾特港附近的牛群，远处看起来它们就像黑点，而舒瓦瑟尔湾以南的牛群看起来就像是山边的白点。沙利文上校认为这些牛群不会混合在一起，可奇怪的是鼠色的牛虽然居于高地，却比地势较低的其他颜色的牛早一个月生小牛。曾经家养的牛现在分成了三种颜色，而且要是这些牛群在未来数百年不受干扰，那么其中一种极有可能最终战胜另外两种。这实在是一件有趣的事！

兔子是另一种外来动物，而且繁殖得非常好，因此在岛上大部分地方数量丰富。不过跟马一样，兔子栖息地只限于某些地域，因为它们还没有越过中央山脉，就像高乔人告诉我的，要是没有把小群兔子运送到山脚下的话，那里也不会有。我之前认为，这些非洲北部的本土动物在如此潮湿、阳光少得只能偶尔让小麦成熟的气候下不能生存。可以肯定的是，在瑞典，任何人都认为那里的气候更宜人，可是兔子却不在户外生存。况且，这里最初的几对兔子还要和之前已经存在的敌人——即狐狸和一些巨鹰进行竞争。法国博物学家认为黑色变种是一种独立的物种，所以称之为麦哲伦兔（Lepus Magellanicus）。[①]当讨论到麦哲伦海峡一种名为“康内霍斯”的动物时，他们误认为麦哲伦指的是就这个物种，然而麦哲伦指的是一种豚鼠，现在西班牙人就是这么称呼这种动物的。高乔人认为把黑色兔子与灰色兔子分成不同的物种，这种想法很可笑。他们说，黑色兔子的生存区域从没有超过灰色兔子，人们从未见过这两种兔子分开过，而且它们经常杂交，后代是花斑的。我现在有一个花斑的兔子标本，头部和法国人具体描述的不同。这种情况说明博物学家在划分物种的时候应当多么小心谨慎，因为就算是居维叶在见到这种兔子的一颗头颅时也认为这可能是不同的物种！

岛上唯一的本土四足动物[②]是一种长得像狼的大型狐狸（福克兰狼，Canis antarcticus），它们在福克兰岛的东西两端都很普遍。我确定这是一种特别的物种，只限于这个群岛才有，因为有很多登过这些岛屿的海豹捕猎者、高乔人和印第安人都坚称在南美洲的其他任何地方都没见过这种动物。莫利纳（Molina）根据习性上的一点共性认为它们跟“山狼（culpeu）”是一样的；[③]但是这两种动物我都见过，它们属于不同的种类。根据拜伦的叙述可以知道，这种狼生性温顺，好奇心强，水手们却将好奇心误判为攻击性，跳水逃生。现在，它们的习性依旧如昔。有人见过它们走入一个帐篷，竟然从一个熟睡的海员头下拉出一些肉来。高乔人经常会在夜间用一只手拿着一块肉、另一只手拿着刀准备刺杀它们。就我所知，世界上任何地方都没有这么一块远离大陆的崎岖的小地方独自拥有这么大的一种性情奇特的土著四足动物。它们的数目已经锐减了；在圣萨尔瓦多湾（St. Salvador Bay）和伯克利湾之间的地狭以东的半个岛屿，它们已消失了。不用几年这些岛屿就会有人定期居住，而这种狐狸很有可能就会和渡渡鸟一样，被划分为地球上的灭绝物种了。

晚上（17日）我们在舒瓦瑟尔海峡末端的地峡处过夜，这个地峡形成了一个南北走向的半岛。这里的山谷恰好挡住了冷风，但是没有什么灌木可以生火。不过，令我惊讶的是，高乔人很快就找到一些可以跟煤一样生火的东西：那是刚死的阉牛的骸骨，身上的肉都被食腐鹰啄食光了。他们告诉我，在冬天，他们经常会捕杀一头野兽，用小刀把

---

① 莱松《“科居耶”号科学考察动物志》（*Zoology of the Voyage of the Coquille*），第一卷，第168页。所有早期的航海家，尤其是布甘维尔（Bougainville），明确描述到外貌似狼的狐狸是岛上唯一的本土动物。把这种兔子区分为一种物种，是根据毛发的特征、头的形状，还有短耳来判断的。我在此想评论爱尔兰和英格兰野兔的不同之处基本上就是这些特征，不过两者的差别更加显著。

② 不过，我有理由怀疑这里有一种田鼠。普通的欧洲大鼠和老鼠远离居民的居住地。普通的猪在小岛上会变得不受控制，都是黑色的。野猪非常凶猛，长了结实的獠牙。

③ “山狼”是金船长从麦哲伦海峡带回国的福克兰狼，在智利非常普遍。

骨上的肉都清理干净，然后就用这些骨头烧烤当晚餐的肉。

**18日**——几乎一整天都在下雨。不过，晚上的时候我们设法用鞍褥让自己保持干燥和温暖，可是我们睡的地方却几乎时刻都处于沼泽状态，骑了一天马之后也没有一处干地可以坐下来！我在另一章中讲到，这个群岛上完全没有树木，而火地岛上却覆盖着大片森林，这实在是件奇怪的事。这个岛上最大的灌木丛（属于菊科）还没我们的荆豆长得高。最好的燃料当属普通石楠大小的绿色小灌木，还是鲜绿的时候都可以用来烧火。天下着雨，一切都湿透了，看到高乔人只用一个取火盒和一片碎布就能立刻生火，我倍感惊讶。他们在草丛和灌木丛中寻找一些干了的小枝，搓成纤维；然后用较粗的树枝围起来，有点像鸟巢，把带火星的碎布放在中间盖住，然后把巢举向风口处，慢慢地，烟越来越浓，最后燃起了火焰。我认为再没有别的办法可以用这么潮湿的材料生火了。

**19日**——每天早晨，如果之前我有一段时间没骑马，身体就会非常僵硬。听说高乔人自婴儿时起就几乎都在马背上生活，如果遇到同样的情况，他们也会感到痛苦，这使我非常惊讶。圣杰戈告诉我，他因病卧床三个月后，出去捕野牛，结果接下来两天大腿僵硬，不得不在床上躺着。这表明高乔人虽然看起来没怎么使劲，但是在骑马的时候肌肉肯定很用力。要在这种难以穿越的、湿软的地上猎捕野牛肯定十分费劲。高乔人说，在这种步子慢点就过不去的地方，他们通常会全速前进，就像是人要滑过薄冰那样。打猎的时候，整群人竭尽全力在不被发现的情况下接近牛群。每个人带着四五副流星套索，把流星套索一个接一个抛向尽可能多的牛。牛一旦被缠住了，就会被缠上几天，直到它们因饥饿和挣扎变得精疲力竭，然后再把它们放开，再赶到一小群驯服的牛群里，这群牛是有意带到这里来的。由于之前这些野牛受过教训，就非常害怕，不敢离开牛群，要是它们还有余力，就很容易被驱赶到居民地。

天气依然十分恶劣，我们决定尽最大努力在夜幕降临之前赶到船上。由于雨量太多，整个地面泥泞不堪。我估计我的马起码摔倒了12次，有时候六匹马都在泥潭里一起挣扎。整个小溪岸边都是柔软的泥煤，所以马很难在不摔倒的情况下跳过去。为了结束这场痛苦，我们不得不跨过一处小海湾的海角，那里的水深可以够到马背。大风肆虐，浪花飞溅，拍打到我们身上，让我们又湿又冷。就算是铁打的高乔人也坦陈，他们经过这段旅途，抵达居住地的时候也欣喜若狂。

这些岛屿大多数地方的地理构造很简单。地势较低的地区由黏土板岩和砂岩组成，其中含有的化石跟欧洲志留纪地层所发现的化石很接近，但并不完全一致。岛上的山丘则由颗粒状的白色石英石形成。石英石岩层常常完美对称地拱起，因此有些岩石奇形怪状。佩尔内蒂（Pernety）[①]花了几页纸来描述废墟之山（Hill of Ruins），他把连续的岩层

① 佩尔内蒂，《马尔维纳斯群岛考察记》（*Voyage aux Isles Malouines*），第526页。

和圆形露天竞技场上的座位进行了恰当的对比。石英石历经如此明显的弯曲却没有裂成碎片，肯定是糊状的。因为石英石可以缓缓地渗入到砂岩中，因此石英石极有可能来自于砂岩，砂岩受到高热而变成黏性物质，冷却后就结晶了。石英石还柔软的时候，似乎曾被推到穿过上面覆盖的岩层。

岛上大部分地方的谷底都奇怪地覆盖着无数石英石碎块，碎块松散而棱角分明，形成“石流”。自佩尔内蒂的年代以来，每个航海者一提到这些就惊讶不已。这些石块还没有受到水流的冲蚀，棱角只是稍微有点磨损。它们大小不一，直径从0.5-3米的都有，甚至还有大20倍的。它们没有凌乱地堆成一堆，而是铺得平平的或形成条状。我们无法确定石层的厚度，但是可以听见地表下数尺深处细流潺潺的流水声。实际深度可能很深，因为较低处的碎岩的缝隙肯定很早以前就填满了沙子。这一片片的岩石宽度从几百米到1.5公里不等；不过泥炭土日复一日地侵蚀边缘，甚至在一些碰巧紧密地合在一起的碎岩处形成了小岛。在伯克利海峡的南面有一个山谷，我们一行人中有人称之为“碎石大山谷”，要横过这片连续不断、800米宽的地带，必须从一块尖石跳到另一块尖石。这里的碎岩非常巨大，因为阵雨袭来之际，我很容易就可以在其中一块石头下面避雨。

“石流”最显著的状态是坡度小。在山边，我看到石板表面与水平线呈10°，但是在平坦的平底山谷里，坡度只到刚能察觉倾斜的程度。在如此崎岖不平的地面上无法测量角度。但是，举一个常见的例子，我想说坡度不足以令英国的邮政马车减速。有些地方源源不断的碎岩流沿着河谷伸展，甚至延伸到山的最顶端。山顶上，个头比任何小房子都要大的巨石似乎在它们急速前进的过程中突然停了下来一样：这里还有弯曲的拱形地层一个叠着一个，好像某些巨大的古教堂的废墟。当我们竭力描述这种猛烈运动场面的时候，往往倾向于借用一个接一个的比喻。我们可以想象白色的熔岩流流经山上众多的地方，再向地势低的地方流去，凝固之后被某种巨震分裂成无数碎块。立刻出现在每个人脑子里的词“石流”，传递着同样的意思。眼下的场景与邻近圆形的矮山形成鲜明对比。

在一座山脉的最顶峰（海拔约210米）处，我发现了一大块拱形的碎岩。碎岩的凸面也就是背面朝下，这引起了我浓厚的兴趣。是不是我们得相信它是被抛到空中，就这样调过头来的？或者，更大的可能性是，这标志着之前一次巨大的震动，这条山脉当时比现在更高。由于山谷里的碎岩不圆，而裂缝里也没有塞满沙子，我们推断震动时间是发生在陆地从海面之下升起来以后。根据山谷的横断面来看，底部基本是平坦的，或者各边只是稍微升高，因此碎岩似乎是来自山谷顶部，但事实上它更可能是从最近的山坡上滚落下来的。因此，在一股巨大力量的震动下，[①]碎岩就铺平成了一层连续的岩层。1835

① “看到无数大小不一的石头，我们无不震惊。它们摆成一排一排，相互之间纵横交错，像是被人非常随意地堆放在山谷中一样，我们不得不佩服大自然的巨大影响力。”——佩尔内蒂，第526页。

年，在智利的康塞普西翁（Concepcion）发生了天崩地裂的地震[①]。那时小件的物体都抛离地面好几寸，我们觉得实在神奇，实在不敢想象一场震动会导致重达数吨的碎岩像摇摆的板子上的沙子那样往前移动，铺成平地。我在安第斯山脉见过一种明显的痕迹，就是巨大的山体像薄壳那样支离破碎、岩层裸露在垂直的边缘上；但是并没有像“石流”那样的场景可以强而有力地向我传达震动的概念，在历史记录中我们可能找不到任何副本。不过随着知识的发展，也许某一天对这种现象能有简单的解释，正如散落在欧洲平原上的漂砾移动过程，长久以来都被认为匪夷所思，但是现在已经可以解释得通了。

对这些岛屿上的动物学，我叙述得不多。前面已经描述过食腐鸟——长腿兀鹫。还有其他的鹰、猫头鹰，以及一些陆栖小鸟。这里的水鸟数量异常多，根据以前的航海家的报告，之前它们的数量肯定更多。一天，我观察到一只鸬鹚在玩弄捕到的一条鱼。鸬鹚八次把猎物放生，然后在后面潜水追踪，虽然是在深水中，每次都能把它叼出水面。我在伦敦动物园见过水獭以同种的方式捉弄一条鱼，就像是猫捉弄老鼠一样，但我还没有见过大自然母亲有表现得如此肆意残酷的时候。还有一天，我站在一只企鹅（麦氏环企鹅，Aptenodytes demersa）和海水之间观看企鹅的习性，令人趣味无穷。这是一种英勇的鸟类：在走到大海之前，它不断地与我对抗，让我往后退。除非重重地殴打它一顿，否则没什么能阻止它前进的步伐！它每前进一寸都死死严守，笔直地站在我面前，神情决然。

与人对抗的时候它会一直以一种诡异的方式左右转头，似乎只有每只眼的前部和底部才有清晰的视野。这种鸟一般称作公驴企鹅，因为它有一种习性，在海岸边时它的头会往后仰，大声发出像驴叫的怪音，而在海里不受干扰的时候，它的音调低沉，夜间可常听到。它在潜水的时候，用小翅膀做鳍，但是在陆地时候就用小翅膀做前腿。爬行的时候据说四肢并用，穿过草丛或长满草的悬崖边，爬行速度快，很容易被误认为四足爬行动物。在海底捕鱼的时候，它会跳出水面呼吸空气，然后继续潜行，动作突如其来。因此，我敢向任何人打赌，乍看之下，他肯定会以为这是进行跳跃运动的鱼。

有两种雁时常在福克兰群岛出没。高地物种（斑肋草雁，Anas Magellanica）普遍成对或成一小群在岛上四处溜达。它们不迁徙，在偏远小岛筑巢。可能是因为害怕狐狸，也许出于同样的缘由，这些鸟类白天虽然很温顺，傍晚的时候就会怕生、野性大发。它们完全以植物为食。另一种是岩雁（白草雁，Anas antarctica），因为它们只住在海滩而得名，在这里和美洲西海岸（向北远至智利）都很常见。在火地岛幽僻的海峡，雪白的雄雁身边必然有颜色较深的配偶相随，彼此相互挨着站在有点远的岩石上，这是一道常

① 一位居住在门多萨（Mendoza）、有良好的判断能力的居民向我保证，过去数年他都是住在这座群岛上的，没感受到过丝毫地震。

见的风景线。

在这些岛屿上，有一种重达10千克的大笨鸭或雁（福克兰船鸭，Anas brachyptera）数量非常丰富。这种鸟类由于在水面上划水、溅起水花这种不一般的方式，以前被称为“赛马”，但是现在更贴切的叫法是船鸭。它们的翅膀太小太弱，飞不起来，但是在水面上半游泳半划水有翅膀协助的时候，可以快速前进。它们的前进方式有点像家鸭逃离狗的追赶的方式，不过我很肯定船鸭的两个翅膀是交互使用的，而不是像其他鸟类那样同时使用。这种笨拙、呆头呆脑的鸭子制造噪音和溅水带给人的印象非常奇特。

如此一来，我们在南美洲已经找到了三种鸟，它们的翅膀除了用来飞行，还有别的用途：企鹅的翅膀用作鳍，船鸭的翅膀用作桨，鸵鸟的翅膀用作帆；而新西兰的几维鸟及其已经灭绝了的巨大原型鸟——恐鸟（Deinornis）只有未完全发育的翼。船鸭只能短距离潜行，完全靠褐藻和潮汐岩石上的贝类为生。为了能够戳破贝壳，它的喙和头都出奇的厚实和强硬：它的头骨很硬，我用地质锤基本上敲不碎。我们所有猎人很快就发现，这种鸟的生命有多坚韧了。船鸭夜间群聚、梳理羽毛的时候，它们制造的混合音和热带地方的牛蛙一样。

我在火地岛和福克兰群岛多次观察过较为低等的海洋生物，[①]但它们的普遍意义不大。我只会提到有关某种高度组织的植虫类分类的实际情形。有几个属，如藻苔虫属（Flustra）、壳苔藓虫属（Eschara）、胞苔虫属（Cellaria）、栉苔虫属（Crisia），等等)的细胞都附有一些怪异的可移动器官（与在欧洲海域找到的鸟头藻苔虫（Flustra avicularia）类似）。大部分情况下，这种器官很像鹫的头部，但是下颚能张得比鸟喙大。头部借助短小的脖子拥有巨大的移动力。一种植虫类的头是固定的，但是下颚可以自由活动；另一种取而代之的是三角形的罩子，带着一扇很适合的活板门，显然与下颚相合。大多数物种的细胞有一个头，其余的有两个头。

珊瑚虫末梢新长的细胞含很多幼嫩的水螅体，不过，上面附有的秃鹰头状器官尽管很小，却方方面面都很齐全。用针把水螅体从细胞上移除，这些器官似乎毫发无损。要是把一个秃鹰头状体从细胞上切掉，它的下颚仍然保持着张合的能力。它们的构造的最怪异之处也许在于，当一段分枝有超过两层细胞时，中间的细胞层附属物大小只有外层附属物的1/4。不同物种的移动方式不同，但是我见过有的物种一动不动；有的物种下颚通常张得大大的，每次以5秒的速度前后摇摆；还有的移动迅速、借助外力前进。用针一碰，口部通常会紧紧抓住针端，整个珊瑚分枝都会晃动。

---

① 我在数白色的海兔（Doris）（这种海蛞蝓长8l厘米）的卵时，很惊讶地发现它们数量繁多。2–5只卵（每只直径0.008厘米）装在一个小圆箱。把卵列出两列横队就可形成一条长带。长带成尖椭圆形，边缘紧紧挨着岩石。我见到的一条量得50厘米长、1.3厘米宽。通过等长的带子里有多少排，每排每多少颗，粗略计算得60万颗卵。这种海兔并不常见，虽然我经常翻弄石头，也只找到7只。博物学家常持有这样的谬论，单个物种的数量取决于繁殖力量。

无论是产卵或是发芽，都和动物体没有什么关系，因为动物体在分枝生长末端长出新细胞之前就已经形成了。它们不仅运动不依靠水螅体，而且似乎在任何方面都与水螅体没有关联。由于外层和内层的细胞大小不同，我确定它们的功能和分枝的角质中轴相似，而非细胞中的水螅体。海鳃（在布兰卡港已有描述）下肢的肉质附着物还形成了植虫类的部分，融为一体，方法和树根组成整棵树的一部分相同，而不是一片叶子或花芽。

另一种优雅的小珊瑚虫(不确定是不是栉苔虫属)的每个细胞都饰有长齿状刚毛，这种刚毛能够快速移动。每条刚毛和每个秃鹰头状体一般是相互独立移动的，但是有时候在分枝两侧，有时候都在一侧，同进同退；有时一个接一个有规律地移动。从这些运动情况来看，我们显然知道，植虫类虽然由成千上万不同的水螅体组成，却能像单一动物那样完美地传递意志。这种情况实际上和布兰卡港的海鳃无异，有人碰它时，它自己会缩进沙里。关于动作整齐方面，我还要再列举一个机理不同的例子，即来自类似美螅属的生物，因此机理很简单。我把一大簇这种植虫放在一盘盐水里，天黑的时候，我发现每次摩擦一段分枝的任何部分时，整个分枝都会发出耀眼的绿色磷光。我认为我以前从未

福克兰群岛，伯克利湾

见过比这更美丽的物体。但是引人注意的是，闪光总是从底部向末端在分枝上递进的。

对于研究这些群栖动物，我一直都很感兴趣。看到像植物的生物体可以产卵，能四处游泳，选择一处适当的地方来依附，然后长出分枝，每段分枝上覆满无数不同的动物，通常组织复杂——没什么能比这更不凡的了。此外，正如我们所见，分枝有一些可以移动而独立于水螅体的器官。即使大量独立个体总是集中到一起，每棵“树”还是展现同一个现象：每个芽都是一个独立个体。不过，把有口、肠和其他器官的水螅体视为单一个体是很自然的事，而单个的叶芽就很难这么看待了，所以珊瑚虫的不同个体在共同的动物体中连接比起树木来更加引人注目。我们还没有完整的理解群栖动物每个个体独立性的某些方面，不过可以这样帮助思考：设想用一把刀把一个个体一分为二，或者由大自然承担这一任务，就得到了两个个体。我们可以把植虫类的水螅体或树上的芽视为没有完全分割个体的例子。当然，在树的例子中，根据和珊瑚的类似性来判断，芽所繁殖的个体与母体的关系似乎比卵或种子与母体的关系更加紧密。似乎现在可以很好地确定由芽繁殖的植物与树寿命相同了。众所周知，用芽、压条和嫁接方法繁殖的个体能够传递一切奇特的特性，而用种子繁殖的就不能或者很少能传递这种特性。

位于南纬66°的约克·明斯特山

# 第十章

## 火地岛

第一次到达火地岛——大成湾——记叙几个生活在船上的火地岛人——与野蛮人交谈——丛林景色——合恩角——威瓜姆湾——野蛮人的不幸状况——饥荒——食人族——弑母——宗教情感——大风——比格尔海峡——庞森比海峡——建造棚屋、安置火地岛人——比格尔湾的分叉——冰川——回到舰上——回看安置地——土著人中的平等状况

1832年12月17日——在完成对巴塔哥尼亚和福克兰岛的考察之后，我要说一说首次到达火地岛的情况。午后不久我们绕过了圣地亚哥角，进入了著名的勒梅尔海峡。我们向火地岛海岸靠近，但是那乱石纵横、人迹罕至的斯塔藤岛的轮廓却出现在了云雾中。下午，我们在大成湾抛了锚。我们进入海湾时受到了当地人的热烈欢迎，他们是把我们当作这片未开化地的居民来欢迎的。一群火地岛人部分身子藏在茂密的树丛中，坐在海岸边一处悬空的高地上。当我们的船经过的时候，他们手舞足蹈、挥舞着破外衣，向我们大声喊叫。这些土著人跟着我们的船一起走。傍晚时分，我们看到了他们的火堆，随后又听到了他们狂野的呐喊。这里的海港风平浪静，由黏土—板岩构造的低矮小山围成半圆形，山上覆盖着浓密、幽深的丛林一直延伸到水边。一眼望去就知道这里的景色与我以前在其他地方看到的大不一样。晚上刮起了狂风，从山上吹来的阵阵狂风呼啸着向我们横扫过来。要是我们还在外海的话那就糟了，因此，我们和别人一样都要把此地叫做大成湾。

第二天早上，船长派人与火地岛人联络。当我们走过去向他们打招呼时，四个土著中的一个人快速向我们迎来，非常热切地向我们喊叫，表示愿意指点我们登陆的地方。我们上岸后对方看起来似乎很害怕的样子，但仍然不停地、快速地说着话，打着手势。毫无疑问，这是我所见过的最奇怪、最有趣的场景了！我简直难以相信野蛮人与文明人之间的差异如此之大，它比野生动物与家养动物之间的差异还要大，因为人类有着更大的进化力。那个带头说话的人是个老头，很显然是家族的头领。另外三个人是身强力壮的小伙子，大约有一米八高。妇女和儿童都被打发走了。这些火地岛人完全不像遥远的、西部边缘的瘦弱可怜的人种。他们看起来更接近于著名的麦哲伦海峡的巴塔哥尼亚人。他们唯一的衣服是由原驼皮做的披风，外层是骆毛。他们只是把它随便披在肩上，让身子半遮半露。他们的皮肤呈暗淡的赤铜色。

这个老人的头上缠上一圈白羽毛，把他那又黑、又粗、杂乱的头发束在一起。他的脸上横过两条宽阔的横纹：一条画成亮红色，从左耳直达右耳，中间还包括上嘴唇；另一条像条白粉笔线，在前一条线之上，并与之平行，因而他的眼睑上都涂了颜色。另两个汉子的脸上涂上黑碳粉制作的条纹。他们活像舞台上演出的魔鬼——魔弹射手。

他们态度卑微，面部带有怀疑、吃惊、恐惧的表情。我们送给他们一些红布做礼物，他们马上围在脖子上，于是大家成了好朋友。友谊是这样表达的：老人过来拍着我们的胸部，发出一种咯咯的声音，就像人们喂食小鸡一样。我和老人一起走着。这种表达友谊的方法还重复了几次，最后他在我的前胸和后背又同时重重地拍了三下。然后他向我露出胸部，让我也这样答礼，我这样做了之后他就非常高兴了。按我们的看法，这些人的语言根本算不上发音清晰的语言。库克船长把它比做一个人在清理喉咙时发出的声音，可并没有哪一个欧洲人在清理喉咙时发出这么多粗哑、刺耳、卡嗒卡嗒的声音。

他们是优秀的模仿者：只要我们一咳嗽、打哈欠或是做出任何奇怪的动作，他们立刻就模仿起来。我们中有人开始斜视侧目，一个年轻的火地岛人（他的整张脸都涂满了黑色，只在眼部留下一条白带）就成功地做出更加吓人的鬼脸来。我们对他们说的话中的每个字他们都能惟妙惟肖、分毫不差地复述出来，而且还能记住这些词汇一段时间。然而我们欧洲人都知道区分一种外语的发音是多么不易，比如说，我们中谁能模仿美洲印第安人说出超过三个字的句子吗？所有的未开发的人似乎都具有这种非凡的模仿力。有人用几乎同样的话告诉我说，南非的卡非人中也有这种相似的荒唐的模仿习惯，而澳大利亚人同样很久以来就以能够模仿和描绘任何他所认识的人的走路姿态而出名。这种天赋如何解释？这是不是因为比起那些长期处于文明社会的人来说，所有未开发的人通常都具有更强的洞察力和更敏锐的感知力，结果就形成了更熟练的习性？

当我们唱起歌来，我想火地岛人恐怕会吓倒吧？看我们跳舞的时候，他们也同样露出了吃惊的表情。只有一个小伙子，当我们邀请他时，他并不拒绝，与我们跳了一曲小华尔兹。他们似乎很不习惯与欧洲人打交道，但是他们知道我们有武器，也害怕我们的武器，却没有什么能诱使他们去拿一支枪在手。他们乞求我们给些刀子，并用西班牙语称这些刀为“库奇亚”。他们还用做动作来表达他们想要的东西：好像嘴里有一块鲸脂，然后装作用刀去切而不是用手撕开。

直到现在我还没有说到跟我们一起在船上的火地岛人。在之前1826–1830年的“小猎犬”号探险之旅中，菲茨·罗伊船长抓住了一群土著人，把他们当作一条丢失了小船的人质。这条船被人偷走了，这对勘察人员可是极大的灾难！他把这些土著人以及他用一颗珍珠纽扣买来的一个小孩一起带到了英格兰，决定自己出钱去让他们接受教育，并让他们接受宗教的熏陶。现在要把这些土著人送回他们自己的国家，是菲茨·罗伊船长此次航行的主要动机之一。而在英国海军部决定本次探险之前，菲茨·罗伊船长就已经慷慨地租了一条船，原本是要亲自把他们送回来的。一个叫R·马修的传教士陪着这些土著人一起去。针对马修和这些土著人的情况，菲茨·罗伊船长发表了一篇全面而精彩的报告。当初带到英格兰去的有两个男人，其中一个在英格兰死于天花，另外还有一个男孩和一个女孩。现在在我们船上的有约克·明斯特（York Minster）、杰米·巴顿（Jemmy Button）（他的名字表达了购买他的金钱用的是纽扣），还有菲吉亚·巴斯克特（Fuegia Basket）三人。约克·明斯特是一个完全成熟的男人，身材矮小、粗壮有力、性格内向、沉默寡言、为人乖僻，每当激动的时候就狂暴不安、怒不可遏，但他对船上少数几个朋友却情深义重。他是一个才智超群的人。杰米·巴顿是一个大家都喜欢的人，但也同样容易感情用事，从他的面部表情一下就能看出他性格温和。他成天乐颠颠的，还经常哈哈大笑，对任何人的痛苦他都表示极大的同情。每当海浪汹涌，我经常有点晕船，他总是来到我身边用哀伤的语气说道：“可怜……可怜的人啊！”但他是一个靠海为生的人，对一个人晕船总是冒出难以置信的念头，因此他通常都迫使自己转过头去掩饰止不住的笑，然后他又重复那句“可怜……可怜的人啊！”他有着爱国的天性。他喜欢赞扬自己的部落和国家。他忠诚地说那里有“很多很多的树林”。他还咒骂其他所有的部落。他坚定地宣布他的国家没有任何魔鬼。杰米是一个矮壮、肥胖的人，但他对自己的外貌很是自负。他总是戴着手套，头发剪得整整齐齐。他对擦得锃亮的皮鞋被弄脏了会伤心不已。他喜欢在镜子中欣赏自己，我们几个月前从里奥内格罗带来的一个满脸快乐的印第安小男孩很快就觉察到了这一点，并且经常嘲笑他。杰米对别人关注这个小男孩非常忌妒，一点都不喜欢他。他总是转过头去轻蔑地说，“太胡闹了”。然而当我想起他的诸多好品质、想起他本应跟我们第一次在这里遇到的可怜而低人一等的野蛮人是同一个种族，而且毫无疑问具有相同的性格时，我就觉得是一件很惊奇的事了。三人中的最后一个人是菲吉亚·巴斯克特，她是一个漂亮、谦恭、矜持的姑娘。她总是快乐活泼，但有时也闷闷不乐。她学什么都很快，尤其是在语言方面。她在短期离船上岸到里约热内卢和蒙得维的亚之后，很快就学会了一些葡萄牙语和西班牙语，而且她还通晓英语。约克·明斯特对任何人对她的关心都非常忌妒，因为很明显他决定一旦他们上岸定居他就娶她为妻。

尽管他们三人既能说英语，也能听懂很多英语，但却很难从他们那里获得有关他们同胞的生活习惯的信息。这有一部分原因是他们很难理解最简单的另类生活方式。每个人都知道，问那些很小的孩子很简单的问题，比如哪个东西是黑的、哪个东西是白的，小孩们都难以回答。要么是黑、要么是白的想法似乎不断地在他们的脑海里变换。所以，对这些火地岛人也是一样，因此如果通过反复询问他们的办法，我们是否真的明白他们所声称的问题，一般是办不到的。他们的视力极其敏锐。大家都知道水手经过长期的实践能比陆地上生活的人更能发现远处的物体，但约克和杰米两人比船上的所有水手都要优秀得多：有好多次他们都宣称发现了远处的物体，而其他人都表示怀疑，但他们通过望远镜的检验得到了证明。他们对这种能力非常有意识：当杰米只要与值班的军官发生小争吵时总会说，“我看见轮船了，我不再说了”。

观察这些未开化的人的举止是一件有很趣的事。当我们登陆后接近杰米·巴顿时，他们马上就觉察到我们与他之间的不同，并就这个问题相互之间谈论开来。那个老人对杰米做了一番洋洋洒洒的长篇宏论，似乎是要邀请他与他们待在一起，但杰米对他们的语言却知之甚少，更何况他完全不好意思与他的同胞在一起。约克·明斯特此后也上了岸，他们用同样的方式打量他，并告诉他该刮胡子了，而其实他的脸上还没有20根络腮胡，可我们都蓄着修剪过的胡须呢。他们察看他的肤色并与我们的肤色进行对比。我们中有个人的手臂露了出来，他们表现出最狂热的好奇，并对手臂的洁白赞赏不已，就像我在动物园看到的猩猩所做的一样。我们一行人中有两三名军官个子要矮一些，容貌更漂亮一些，尽管是留着大胡子，然而我们认为他们错将这两三名军官当作我们这伙人里的女士了。火地岛人里面个子最高的那个人甚至对有人注意他的身高极为高兴。当他与我们船上个子最高的船员背靠背站着时，他还踮着脚尽力站在更高的地方。他张开嘴露出牙齿，偏转脸来让人看他的侧面。他非常轻快地做着这些动作，我猜想他把自己当作火地岛最英俊的男子了。一俟我们最初的震惊感消失了，就没有比这些野蛮人每时每刻表现出来的奇特的、出人意料的做事方式和模仿行为还要滑稽的了。

第二天，我尝试着找条路深入这个地方。火地岛可以被描绘成一个山地，它的一部分已淹没在海水里，这样深水海口和海湾就占据了原本的山谷之地。除了西海岸暴露的山坡，其他地方从水边到山顶上全部覆盖着莽莽丛林。那些乔木生长在海拔300米到450米之间的高度，继之是一条泥煤带，这里很少有高山植物，再往上就是终年的积雪了。据金船长说，在麦哲伦海峡，雪线要下降到900–1200米之间。要在这个国家的任何地方找一块一英亩宽的平地是极其罕见的事。我记得只有在饥荒港附近有一小块平地，另一块更大的地在胡雷罗德附近。这两个地方和其他任何地方的地表都覆盖着一层厚厚的沼泥煤。即使在丛林里面，地表也被大量的腐植性物质覆盖了，它们浸满了水分,一脚踏去就会陷入其中。

我发现再往丛林深处走没多大指望，于是就沿着山涧急流的水道走。起初，瀑布飞流、枯木横道，我几乎是寸步难行，但很快溪流的河床变宽了一些，这是由于大水冲刷两岸的结果。我继续沿着凹凸不平、乱石纵横的岸边慢慢前行了一个小时，大自然的壮观景色让我不虚此行。幽深的峡谷显示了无处不在的暴力迹象：峡谷两边横七竖八地躺着一些不规则的巨石和撕裂的树木，而其他树木尽管还是直立的，但已烂到树心，很快就会倒下了。这里大量交错缠绕的植物兴盛繁茂，而倒下的植物也无处不在，这使我想起了热带雨林——但还是有些不同，因为在这个荒僻的地方，是死亡而不是生存，似乎占据着主导氛围。我沿着水流的方向走，直到山边一个大滑坡处，这里形成了一个垂直的空地。沿着这条路我爬上一个相当高的地方，从这里就能很好地观看四周的丛林了。这些树都属于一个种类—— 桦叶假山毛榉（壳斗科），因为其他种类的山毛榉数量和林仙树数量很少，可能忽略不计。这种山毛榉的树叶终年不落，而其树叶则是一种特别的棕绿色，略微带一点黄色。由于这里的整个景色都是这种颜色，这就有了一种昏暗、压抑的景色，即使在阳光的照射下也常常显不出活力来。

**12月20日**——海港的一边由一座高约450米的小山形成，它被菲茨·罗伊船长命名为J. 班克斯爵士山，以纪念班克斯在一次短途旅行中的遇难。与他同时丧命的还有同行的两位同伴，而索兰德博士也差点送了命。暴风雪是他们遭遇不幸的主要原因，它发生于1月中旬，与我们7月份的达拉姆纬度相当。我急着要到达山顶去采集高山植物，因为地势低的地方什么花儿都少。我们沿着前一天的相同水道前进，直到它逐渐变小，然后我们就被迫盲目地在树丛中缓慢行进。这些树木由于海拔高度和疾风的影响变得低矮、稠密、弯曲了。最后，我们到达了一个从远处看来像是一块绿草坪的地方，可是让人恼火的是，它原来是一些挤挤挨挨的小山毛榉，高度约1.2–1.5米。它们密集得像花园边的灌木丛，使得我们不得不想尽办法穿过这块枯燥乏味、以貌骗人的地方。经过一番努力，我们先是到达了一个有泥煤的地方，然后到了一个裸露着板岩的地方。

几公里远处一道山梁把这座山与另一座山连接起来，而更高的地方一片片的积雪覆盖在山梁上。因为天色还不太晚，我决定步行去那里，沿途采集一些植物。要不是原驼严严实实地踩踏出一条直路，到那里去还真是一件苦差事，因为这些动物像绵羊一样总是沿着相同的路线行进。我们到达那座山时发现这是周围最高的山了，水流沿相反的方向往大海流去。此处视野开阔，四周的乡村风景尽在眼前：往北，广袤的沼泽地一望无边；而向南，则是一片壮丽的原始风光，它就是火地岛的精华所在。山峦之后的山峦带有某种神秘的雄伟，其间山谷幽深，全部覆盖着一种浓密、昏暗的丛林。这里的气候也是一样，一阵风接着一阵风狂刮，其间带着雨水、冰雹和冻雨，这种天气看起来比其他

合恩角

从另一个视角看合恩角

任何地方的都要暗一些。在麦哲伦海峡，从饥荒港向南望去，远处群山之间的海峡从幽暗的山中显现出来，摆脱了这个世界的束缚。

**12月21日**——“小猎犬”号船继续往前航行。接下来的这一天，我们享受着难得的微微东风。我们离巴内费尔特越来越近了，随后又经过了乱石纵横的欺骗角，大约3点钟，我们加速赶往饱受风雨侵蚀的合恩角。傍晚，风平浪静、月明星稀，我们好好地欣赏了一番海岛周围的景色。然而合恩角接着给了我们一个下马威，临睡之前一阵狂风向我们猛扑。我们坚守在海上。第二天再登陆，这时我们在船艄看到，这个臭名昭著的海角隐藏在薄雾里去了，它那若隐若现的轮廓被暴风和海浪包围着。大块大块的乌云翻卷着横过天空，瓢泼的大雨夹着冰雹猛烈地向我们横扫。船长决定，我们的船驶进威瓜姆海湾。这是一个温暖而舒适的小海港，离合恩角不远。在这里，在圣诞节的前夕，我们在风平浪静中抛了锚。现在唯一还让我们想起外面有大风的就是时不时从山上刮来的阵风，它使得锚泊中的船舶不断地上下起伏。

**12月25日**——紧邻着威瓜姆海湾有一座尖尖的山，叫作凯特峰，海拔高度约510米。周围的岛屿都由大量的圆锥形绿岩所组成，它们有时也与不太规则的烤硬了的、变形的黏土—板岩山有关联。火地岛的这块地方可以认为是前文已经提到过的没入水中的山脉的端点。这个小海湾所取的名字“威瓜姆”来自一些火地岛人的住宅名（即：棚屋），但每个相邻的海湾也可能用同样的命名法称呼它。这些当地居民主要以甲壳类动物为食。他们被迫不断改变居住地，但他们也不定时回到原先的地点。这一点从那些成堆的旧贝壳中可以得到证明，这些旧贝壳想必经常有数吨之多。从很远的地方都能辨认出这些成堆的贝壳，因为一些亮绿色的植物总是长在上面。举例说，这些植物里就有野芹菜和辣根菜，这是两种非常有用的植物，但当地人没有发现它们的用处。

火地岛人的棚屋在尺寸大小上都很相似，就像一个圆锥形的干草堆。它只是把一些断树枝插进地里，然后很不完整地在屋顶的一边盖上一束一束的茅草和灯芯草，整个棚屋盖起来还不用一个小时，而且也只使用那么几天。在胡雷罗德，我看到一个光着身子的男人睡觉的地方，绝对是什么都没有盖，还不如一个兔窝。那个人很明显是孤身一人住在那里。约克·明斯特说他是一个“很坏的男人”，很可能是他偷了别人的什么东西。而在西海岸，那些“威瓜姆”就好多了，因为上面还盖着海豹皮。由于天气很糟糕，我们在这里耽搁了好几天时间。这里的气候真的很恶劣：现在已经过了夏至，然而山上每天还下雪，而山谷中则下着雨，并伴有雨夹雪。白天温度通常在7℃，而到了夜晚就下降到了3.5℃-4.5℃。由于空气潮湿、风力猛烈，得不到一丝阳光，人们把这里的气候想的比实际的还要糟。

一天，我们在沃拉斯顿岛附近上岸时，遇见了相向而行的一条装有六个火地岛人的独木舟。他们是我所见过的最卑贱、最悲惨的人了。我们所见过的东海岸的土著人穿着原驼皮做的披风，而西海岸的土著有海豹皮。这个岛中央的部落，男人通常穿水獭皮，或是一些手绢大小的小碎片，刚好盖住他们的背部、下摆及腰。胸部用细绳系上一些透孔的织品，如果有风吹过，它就两边摇摆。但这条独木舟上的火地岛人个个光着身子，甚至一个发育成熟的妇女也完全是这样。天下着很大的雨，雨水和浪花合在一起沿着她的身子往下淌。有一天，另一个不远处的港口，一个女人给一个出生不久的孩子喂奶，她沿着轮船走过来，待在那里只是因为好奇。同时，雨夹着雪落在她裸露的乳房上并且溶化，而且还落在光着身子的婴儿的皮肤上！这些可怜的人发育缓慢，丑陋的脸上涂着白漆，皮肤又肮脏又油腻，头发杂乱地缠绕着，声音也不着调，而且举止粗鲁。看到这些人，我们几乎不能相信他们还是人类中的一员，是同一个世界的居民。推测低等动物享受什么样的生命乐趣是一个普遍的课题，而一个更加理性的同样的问题涉及到未开化的人就更要提及了！晚上，五六个人光着身子，在这种暴风雨雪的天气里几乎不能防护风雨，睡在潮湿的地面上，像动物一样蜷缩成一团。不管海水是不是低潮，时间是冬还是夏、是白天还是晚上，他们都要起床，从岩石缝中采集贝壳，而女人们要么潜水采集海胆，要么耐心地坐在独木舟里用一根没有钩子的细线拴上鱼饵，有小鱼咬食就猛拉出水面。如果宰杀了一只海豹，或是发现了一头腐烂的鲸鱼浮尸，那就像过节一样：这些贫乏的食物辅以少量无味的浆果和山菌就是他们的一切！

他们经常忍饥挨饿。我听说一个专捕海豹的行家洛先生与这个国家的土著关系非常密切。他描述了西海岸一群150名土著的奇怪状况：他们瘦骨嶙峋、生活窘迫；持续的大风阻碍了女人们到岩石堆去抓贝壳，她们也不能坐独木舟去猎捕海豹。一少部分男人中有几个早上还是出发了，其他的印第安人对他解释说，他们要出去四天寻找食物。他们回来时，洛先生去接他们，发现他们已经疲惫不堪了，每个人都带回一大块已经发臭腐烂的鲸脂，鲸脂中间穿了一个洞，头从洞中穿过去，鲸脂挂在脖子上，就像南美牛仔高乔人把头穿过斗篷一样。鲸脂一带到棚屋，一个老人就把它切成薄片，然后对着它念念有词，再用火烤一会，就把它分给饥饿不堪的众人，这时他们保持着深深的沉默。洛先生相信，只要有鲸鱼被海水冲到岸上，这些土著人就会割下大块大块的鲸肉埋进沙子里，作为饥荒时的食物来源。一个在船上干活的土著男孩就曾经发现过这些埋起来的储粮。不同的部落在发生战争时就会发生吃人的事。从洛先生所雇请的男孩与杰米·巴顿两人同时提供的、但又各自非常独立的证据来看，可以认为这件事是非常真实的，那就是当冬天食物稀少时，饥饿的人会在杀狗之前把他们的老年妇女杀死，并狼吞虎咽地吃掉她们。当洛先生问这个男孩他们为什么要这样做时，他回答道："狗狗会抓水獭，老女人不会。"男孩描述她们被杀的方法是用烟熏，直到窒息而亡。他以玩笑的口气模仿她们的尖叫声，并且描绘说她们身上的哪些部位应当是最好吃的部位。这些老年妇女一想到她们一定会死在朋友和亲属的手上就感到害怕，当饥饿逼人的时候她们就会更加痛苦地想起这种事。据说她们经常跑到山里去，但她们又被男人追了回来，带到她们自己炉火旁的屠宰场！

菲茨·罗伊船长永远都弄不明白火地岛人对未来的生活会有什么清晰的信念。他们有时把死去的人埋在山洞里，有时又埋在山上的丛林里。我们不知道他们要举行什么仪式。杰米·巴顿不愿意吃陆栖鸟类，因为那是"吃死人"。他们甚至不愿意提及死去的朋友。我们没有理由相信他们会有丁点的宗教崇拜，尽管那个老头在分配腐烂的鲸脂给那些饿坏了的人时口里念念有词，可能带有宗教的性质。他们每个家族或部落都有一个男巫或巫医，这些人的职责永远都分不清楚。杰米相信梦想，尽管如我所说，他还没有着魔。我认为我们船上的几个火地岛人还远没有一些水手迷信，因为一个老舵手坚定地认为我们在合恩角所遭遇到的连续不断的大风是因为我们把几个火地岛人带到船上引起的。我所听到的最接近宗教情感的事是约克·明斯特说出来的，其时拜诺先生射杀了一些小鸭做标本，约克用最庄重的表情宣布道："哦，拜诺先生，大雨、大雪、大风都会来的。"这很明显是对浪费粮食的人的一种报应性惩罚。他还狂热而兴奋地说道，有一天他的兄弟把他放在岸上的几只死鸟带了回来，并发现被风刮来了一些羽毛。他兄弟说（约克模仿着他的样子）："那是什么？"然后爬了上去。他瞄了一眼悬崖，看到一个"野人"在拿他的鸟。他又爬近一点，然后用一块大石头猛砸，把他砸死了。约克宣称后来很久都是狂风大作、雨雪交加。就我们所理解的而言，他似乎把这些内在的自然因素当作报应的动因了。很明显，在这个事例中，在文化稍有进步的种族里，原本非常自然的因素顺理成章地变得拟人化了。一直让我感到最神秘的是那个“坏野人”！按着约克所说，我们找到了那个像野兔窝一样的地方，一个单身男人前天晚上还在这里睡过觉。我本以为他是被部落赶出来的小偷，但是其他模糊的说法使我对此又很怀疑。我有时想，最可能的解释是：他是精神病人。

不同的部落没有共同的政府或首领，而每一个部落又被其他敌对的部落包围着。他们说着不同的方言，只靠一片无人居住的地带或是中立的土地来相互分开。战争的起因源于他们的生活方式。他们的国家有着大量的乱石、高耸的山峰和没什么用处的森林，这些还只能透过薄雾和无尽的暴风而眺望。适合居住的地方已经沦落到只能住海滩的石头上了。为了寻找食物，他们被迫从一个地方到另一个地方不停地漫游，海岸又是这样陡峭，他们只能靠可怜的独木舟来迁移。他们不知道家的感觉，也缺少家的情感：丈夫对待妻子就像粗暴的主人对待勤劳的奴隶一样。还有比拜伦在西海岸所见过的更恐怖的罪行吗？他看到一个不幸的母亲抱起一个流血不止、即将死去的男婴，只是因为她丈夫看到男婴打翻了一篮海胆而残忍地把男婴摔死在石头上！更高的精神力量很难得以实现，哪里还有什么想象力、比较推理能力和决断力？把帽贝从石头上敲下来甚至并不需要机智，这是最低等的智力活动。他们的技巧在某些方面可以跟动物的本能进行比较，因为它还没有经过经验的改良。独木舟是他们最独特的创造，我们从250年之前的德雷克那里就知道它了，但它还是保持着同样的模子，真是不幸啊！

看着这些未开化的人，人们会问，他们是从哪里来的？是什么诱使，或是什么变化迫使人类的一个部落离开舒适的北部地区，沿着安迪斯山脉这个美洲的脊梁南下，发明并制造出独木舟（这些独木舟是秘鲁、智利、巴西的部落不会使用的），然后进入到这个有限的星球上一片最不适宜居住的地方？尽管这种想法灵光一闪，但我们觉得是他们犯了部分错误。我们没有理由相信火地岛人的数量下降了，因此我们就猜想他们应当享受着充足的乐趣，不管那是一种什么样的乐趣，它是值得报答生活的。大自然能让习惯变得万能，而且它的效果还会遗传，因而这些火地岛人适应了这里的气候和这个贫乏地区的物产。

由于天气恶劣，我们在威瓜姆海湾耽搁了6天之后于12月30日又驶往大海。菲茨·罗伊船长希望向西走，在约克和菲吉亚的故乡登陆。在海上的时候，大风不断地刮来，而洋流的方向又与我们相反：我们偏移到了南纬57°23′。1833年1月11日，在风帆的驱动下，我们到达离崎岖的约克·明斯特山几公里的地方（这个名字源于火地岛先民，是库克船长命名的）。这时，一股猛烈的狂飑迫使我们缩短风帆，然后准备抵御海浪。海浪可怕地拍打着海岸，浪花被风带到了一座约60米高的悬崖上。1月12日，狂风大作，我们

麦哲伦海峡的恶劣天气

不知道自己的确切位置，一个最难受的声音不断地重复听到："仔细注意下风！"1月13日，暴风肆虐，我们的活动范围被大风刮起的浪花局限在了狭小的地方。大海看起来像凶神恶煞，也如一片沉闷的、起伏的平原，其间到处是一块块漂移的雪堆。与此同时，轮船吃力地前行，信天翁伸展着翅膀迎风滑翔。中午，一个大浪劈头向我们盖了过来，并且把一条捕鲸船灌满了水，我们不得已割断缆绳立刻把它放弃了。可怜的"小猎犬"号也受到冲击颤抖起来，好几分钟都控制不住，好在不久它显示出了一艘好船的本来面目，它又调整了方向，迎着风驶去。如果刚才又遭受另一个大浪的话，我们都会没命了，永远再见了。我们现在一无所获地向西航行了24天；船员们的工作服都磨破了，有好多个日日夜夜他们身上没有一根干纱。菲茨·罗伊船长放弃了往西航行的打算，转向外海岸驶去。傍晚，我们到达了假合恩角的后面，把锚放入水中47英寻处，卷扬机带着锚链转动，火花四溅。在经过这么久的乱战一样的喧闹后，过一个平静的夜晚是多么的惬意啊！

**1833年1月15日——**"小猎犬"号在胡雷罗德抛了锚。菲茨·罗伊船长已决定把这几个火地岛人安置好：按照他们的意愿，在庞森比海峡，四条装备完好的小船带着他们穿过比格尔海峡。这条海峡是菲茨·罗伊船长上一个航次发现的，在地貌上与其他任何地方相比都具有最不寻常的特征，人们可以把它与苏格兰的尼斯湖大峡谷进行比较，拥有着一连串的湖泊和河口。它长约192公里，宽度没有大的变动幅度，平均宽度约为3公里。这条海峡大部分地方成一条笔直的线贯穿而过，两边以山脉为界线，慢慢地在远处模糊消失。它以东西方向穿过了火地岛的南部，并在靠中间位置的南边与一个不规则的海峡成直角相连，这个海峡就叫庞森比海峡。这里就是杰米·巴顿所在的部落和家族的居住地。

1月19日——三艘捕鲸船和一条快艇，加上一支28人的队伍，在菲茨·罗伊船长的指挥下出发了。下午，我们进入了海峡东部的入口，不久就发现一个非常舒适的小港湾隐藏在环抱的小岛中。我们在这里搭起帐篷、燃起篝火。没有比这里的景色更舒适的了。小港里的海水像玻璃一样光滑平静，树枝从海滩上的乱石中伸展出来，几条小船锚泊在岸边，交叉的船桨把帐篷支撑起来，几缕轻烟在树木茂密的山谷中袅袅升起，这一切形成了一幅静谧的、隐居生活的优美画卷。第二天（20日），我们的小船队平稳地往前滑行，来到了一个有较多人居住的地方。这些土著人中只怕没几个见过白人，四条船的出现当然让他们惊讶不已。每个地点都燃起了火把（因此才有火地岛这个名字，也就是火把之地），这些火把既吸引了我们的注意力，又把相关的消息四处传播，一些人沿着海岸从数公里远处跑来。我永远不会忘记这群人是如此的疯狂与野蛮：突然有四五个汉子来到向外伸出的悬崖边，他们全裸着身子，长长的头发在两颊飘荡，手里拿着粗壮的棍棒，在地上跳来跳去，头顶上挥舞着武器，向我们发出最恐怖的呐喊。

中餐时分，我们在一群火地岛人中间登陆了。起初，他们还不太友好，因为船长还没有把其他几条船拉到面前的时候他们手里还拿着投石器。然而我们很快就用一些微不足道的小礼品让他们高兴起来了，比如说用红带子系在他们的头上。他们喜欢我们的饼干，但有一个野蛮人用手指摸了摸我正在吃的保存在锡罐里的肉块，觉得又软又冷，就做出很厌恶的样子，好像我应该做一些腐烂的鲸脂就好了。杰米为他的同胞很害臊，并且宣称他自己的部落是十分不一样的，但在这一点上他是不幸错误了。取悦这些野蛮人容易，但要满足他们就难了。他们男女老少总是不停地重复着一个词“耶默斯库纳”，意思是“给我吧”。他们指着几乎每件东西，一件接一件，甚至还指着我们衣服上的扣子，用尽可能多的语调说出他们最喜爱的词汇，然后他们会用一种中性的情感空洞地重复着“耶默斯库纳”。在非常渴望想得到某样东西时，他们会耍小聪明，指着年轻妇女或小孩，相当于在说：“要是你不给我，总得给他们吧。”

晚上，我们想尽量找一个无人居住的小港湾宿营，结果却无功而返，最后我们只得在离一群野蛮人不远的地方露营。由于他们人数不多，不会伤人，但第二天早上（21日）他们与其他人集合在一起后就露出了敌意，我们原以为会发生一场小规模的战斗。一个欧洲人在面对这些一点都不知道火枪威力的野蛮人时，会处于极为不利的地位，

火地岛人的篮子与骨质武器

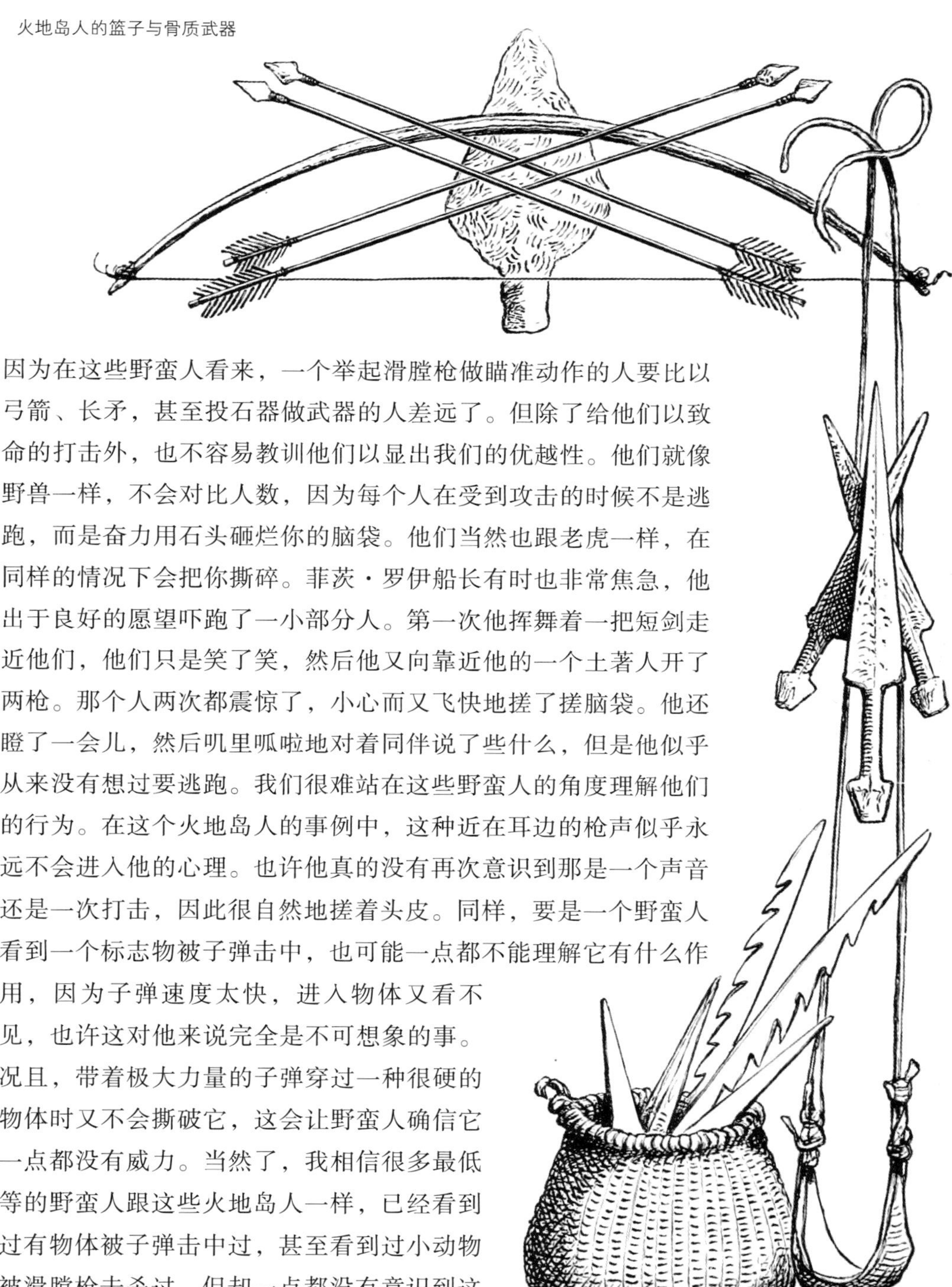

因为在这些野蛮人看来，一个举起滑膛枪做瞄准动作的人要比以弓箭、长矛，甚至投石器做武器的人差远了。但除了给他们以致命的打击外，也不容易教训他们以显出我们的优越性。他们就像野兽一样，不会对比人数，因为每个人在受到攻击的时候不是逃跑，而是奋力用石头砸烂你的脑袋。他们当然也跟老虎一样，在同样的情况下会把你撕碎。菲茨·罗伊船长有时也非常焦急，他出于良好的愿望吓跑了一小部分人。第一次他挥舞着一把短剑走近他们，他们只是笑了笑，然后他又向靠近他的一个土著人开了两枪。那个人两次都震惊了，小心而又飞快地搓了搓脑袋。他还瞪了一会儿，然后叽里呱啦地对着同伴说了些什么，但是他似乎从来没有想过要逃跑。我们很难站在这些野蛮人的角度理解他们的行为。在这个火地岛人的事例中，这种近在耳边的枪声似乎永远不会进入他的心理。也许他真的没有再次意识到那是一个声音还是一次打击，因此很自然地搓着头皮。同样，要是一个野蛮人看到一个标志物被子弹击中，也可能一点都不能理解它有什么作用，因为子弹速度太快，进入物体又看不见，也许这对他来说完全是不可想象的事。况且，带着极大力量的子弹穿过一种很硬的物体时又不会撕破它，这会让野蛮人确信它一点都没有威力。当然了，我相信很多最低等的野蛮人跟这些火地岛人一样，已经看到过有物体被子弹击中过，甚至看到过小动物被滑膛枪击杀过，但却一点都没有意识到这种武器是这样致命。

**1月22日**——我们待的地方位于杰米的部落和我们昨天所见过的那群人之间，是一块中立地，我们度过了一个无忧烦的夜晚之后，继续愉快地沿海岸航行。我认为没有比这些宽广的边疆或是中立的大片土地更能凸显各个部落间的敌对状况了。尽管杰米·巴顿很清楚我们的实力，他最初还是不愿意在靠近他自己部落的那些有敌意的部落中登陆。他经常告诉我们“当叶子变红的时候”，这些野蛮的奥恩人是如何从火地岛的东海岸越过山峦来侵袭本地的这些土著人。当他谈论这些的时候，你会奇怪地看到他眼睛发亮，整张脸做出从未见过的、疯狂的表情。随着我们继续沿着比格尔海峡前进，这里的景色呈现出奇特而壮丽的特色，但从船舱的较低点的视角看去，其效果已大打折扣，而且从峡谷望去已经失去了山峦连绵起伏的一切壮美。这里的山峰大约有900米高，峰顶成尖状，有如锯齿。它们从水边高高耸起、连绵不断，直到420–450米高处都覆盖着黝暗的丛林。视力所及，人们会非常奇怪地看到，在山边成水平线的方向，同一高度的树木都停止了生长。它极象海滩上高水位标记的漂浮海藻！

晚上，我们在庞森比海峡和比格尔海峡的交汇处附近过夜。一个住在海湾的火地岛人小家族非常平静，也没有害人的意图。他们很快就加入到我们的队伍中来，围着一堆熊熊烈火烤火。我们都穿着衣服，尽管坐得离火很近，但一点都感觉不到温暖，可这些光着身子的野蛮人尽管离得更远，但我们吃惊地看到，他们在烤火的过程中汗水直淌。然而他们看起来非常高兴，都加入到海员的队伍中合唱起歌来，但可笑的是，他们的节拍总是有点拖后。一个晚上的时间，我们在这里的消息就传了出去。第二天清早（23日）又新来了一队人马，他们属于特肯尼卡部族，也就是杰米所在的部落。他们有几个人跑得太快了，使得鼻子直流血，而且他们飞快地说话，嘴里也尽是些泡沫。他们裸露的身体上全部涂满了黑、白、[①]红三种颜色，整个就像一群张牙舞爪的恶魔。我们然后带着12条独木舟，每条独木舟装四五个人沿庞森比海峡继续前往可怜的杰米期望寻找他母亲和亲人的地方。他听说他父亲已经死了，但他对这种感受早已在“在脑海中梦想”了，所以他似乎对此并不十分在意。他用非常朴素的想法不断地安慰自己——“我无能为力啊。”他得不到他父亲死亡的任何详细情况，因为他的亲属们都不会说出来。

杰米现在来到了他非常熟悉的地区，指挥着船舶进入一个名叫伍尔亚的平静、漂亮的小港湾。它的四周都是小岛，每个小岛及每个地点都有合适的本地名字。我们在这里发现了杰米部落的一个家族，但不是他的亲戚。我们与他们交上了朋友。到了晚上，他

① 这种物质在干燥的时候非常紧密而又特别轻巧。埃伦伯格教授经过检验后指出，它是由纤毛虫组成的，包括14种多胃纤毛虫（polygastrica）和4种植物硅质（four phytolitharia）。他说，它们栖居于淡水中，这是埃伦伯格教授通过显微研究获得的精彩结果，因为杰米·巴顿告诉我，这些物质都是从山间溪底收集到的。而且，一个惊人的事实是，我们所知的纤毛虫的地理分布非常广泛，尽管这些物质都是从火地岛的最南端带来的，但其中的所有的纤毛虫种类都是古老、已知的形状。

们派了一条独木舟去通知杰米的母亲和兄弟。这个小港湾的边上是数英亩宽的斜坡，既没有覆盖着泥煤（像别的地方都是这样），也没有长着丛林。菲茨·罗伊船长起初的意图是（前面已经说过）前往西海岸，带着约克·明斯特和菲吉亚回到他们自己的部落，但他们表达了要留在这里的希望，而且这里又特别宜人，菲茨·罗伊船长就决定整个队伍在这里安顿下来，包括马修传教士。大家花了五天的时间为他们建起了三个大棚屋，卸下了一些货物，开挖了两个花园，播下了一些种子。

我们到达后的第二天早上（24日），火地岛人开始蜂拥而来。杰米的母亲和兄弟也来了。杰米隔着惊人的距离就认出了他一个兄弟的洪亮的声音。他们的见面比起一匹马放到野外去再与旧伙伴相见时还要少些兴趣，没有感情的流露。他们只是相互凝视了一会，他母亲就立刻照看她的独木舟去了。然而我们从约克那儿听到，他母亲对杰米的失踪极度悲痛，曾经到处找遍了他，以为他被船带走后应该被遗弃了。这些妇女对菲吉亚非常关注，也非常友善。我们已经觉察到杰米几乎已经忘记了自己的语言。我想，再也找不到第二个人像他这样只掌握这么一点词汇了，因为他的英语也非常不熟练。听到他用英语跟他那未开化的兄弟说话，然后他还用西班牙语（no sabe?“不知道”？）问他兄弟，是不是没听懂他的话。见到这种情形，让人觉得既非常可笑，又极其可怜。

接下来的三天一切平安无事，同时花园还在开挖中，棚屋也在建设当中。我们估计当地的土著人有120名左右。妇女们干起活来非常卖力，而男人们则成天游手好闲，看着我们。他们看到什么东西都要向我们要，而且只要有可能就会去偷。看到我们唱歌、跳舞时他们很高兴，他们尤其对观看我们在一个相邻的小溪洗涤东西感兴趣。他们对别的事都不在意，甚至也不在意我们的船。由于约克有一段时间不在他的家乡，所以在靠近马尔多纳多时他所看到的一切事物似乎没有一样比鸵鸟更让他惊讶的了：他非常吃惊、气喘吁吁地跑到拜诺那儿。其时，拜诺正在外面散步——“哦，拜诺先生，哦，鸟都跟马一样大！”尽管我们的白皮肤已经让土著人吃惊了，但根据洛先生的叙说，一个派往猎捕海豹的船上的黑人厨师却让他们更加惊讶不已了。他们把这个可怜的家伙包围起来、大喊大叫，吓得他再也不敢上岸了。一切都平静地过去，我和船上的一些官员走很远的路到周围的山林中去。然而在27日这天突然每个妇女和孩子都消失了。对此我们很不安，因为连约克和杰米都不能说出一个所以然来。一些人认为，前一天晚上我们在清洁滑膛枪并开了火，他们受到了惊吓；另一些人则说那是因为一个老野蛮人做了一件无礼的事，一个哨兵告诉他离远一点，他却冷冷地往哨兵的脸上吐痰，接着的过程很简单，他对一个正在睡觉的火地岛人做着手势，说他要砍碎并吃掉我们的人。菲茨·罗伊船长为了避免发生冲突，认为让我们到数公里远的一个小港湾去过夜是明智之举，如果发生冲突肯定会使很多火地岛人遭难。马修传教士带着他一贯的坚韧沉着决定与这些火地岛人待在一起，他们表示这事没有什么可害怕的。这样我们就离开了他们，让他们度过了头一个可怕的夜晚。

翌日早上（28日）我们回来的时候高兴地发现一切平安无事，那些男人驾着自己的独木舟在用鱼叉叉鱼。菲茨·罗伊船长决定把快艇和一艘捕鲸船送回到轮船处，而用另外两条船继续考察比格尔海峡的西部地区，然后再回来并在定居点住宿。这两条船一条由他自己指挥（他非常友好地允许我跟他在一起），另一条由哈蒙德先生指挥。让我们惊讶不已的是，这一天热得让人难以忍受，我们的皮肤都灼伤了。在这个悦目的季节里，比格尔海峡中部的景色真是不同凡响。朝左右两边望去，山峦间的这条长长的运河毫无阻挡地消失成一个点。几条巨大的鲸①从不同方向喷水而来，更说明了这里是大海的一条狭长港湾的事实。有一次我看到两个庞然大物，有可能是一雌一雄，前后相伴慢慢游来，离岸边不过一箭之遥。岸上茂密的山毛榉伸展着枝丫。

我们的船一直航行到天黑，然后大家在一个静静的小港湾搭起帐篷。最大的奢侈是找一处海滩上的卵石做我们的睡床，因为它们又干燥又使身子舒适，而泥煤土太潮湿，岩石又硬又不平，要是以船上的方式做饭、吃东西，沙子就会飞入肉菜里，而以平滑的卵石做精美的睡床，我们在睡袋里度过了最舒适的夜晚。

1点之前是我值班。夜色中我有某种非常庄重的感觉，当你意识清醒的时候你决不会有这种强烈的想法：你现在就站在世界的一个遥远的角落。每件事往往有这种效果：夜晚的宁静只是被睡在帐篷下的水手的粗重呼吸声所打断，有时也被夜鸟的鸣叫声所打破；偶尔的犬吠声从远处传来，让人想起这是野蛮人的地盘。

**1月29日**——清早，我们到达了比格尔海峡的分叉点，从这里它分成了两条狭长的港湾。我们进入了北边的一个。这里的风景比前面所见的更壮观了。北面高耸的山峰以花岗岩为核心所组成，它们是这个地方的脊梁，以900-1200米的高度拔地而起，山上到处覆盖着终年的积雪，数量众多的小瀑布飞流而下，穿过丛林，流进山下狭窄的海峡。在许多地方，壮丽的冰川从山边一直伸展到水边。人们简直不能想象还有比这些蓝宝石一样的冰川更漂亮的东西了，尤其是在山上大范围的白雪的衬托下，就更显漂亮了。那些从冰川上掉下的碎片落入水中漂走了。海峡中的冰山有一两公里长，就像缩小版的北冰洋。我们吃饭的时候就把小船拖到了岸上。我们从大约一公里远的地方一直在欣赏一座垂直的冰崖，还希望有些碎片会落下来。终于，随着一声巨大的轰鸣，一块东西落了下来，我们立刻看到连续的波浪朝我们涌来。大家飞快地跑到船上，要不有可能把他们砸成碎片。一个海员刚刚抓住船头，翻卷的浪花就已经到了。他一次又一次的受到了撞击，但没有受伤，而小

① 一天，我在火地岛东岸不远的地方看到很多巨大的抹香鲸垂直跃出水面，只留下尾鳍在水中。当它们从空中落下来的时候，溅起了高高的水花，其响声有如远处的舷炮齐射，轰鸣回响。

船呢，尽管抛得很高又跌落下来，但也没有受损。我们这次是最幸运的了，因为我们距离轮船有160公里远，而且我们离开轮船时原本是不带粮食和武器的。我先前观察到海滩上一些石头的大碎片不久前已经移走了，但我直到这次见到这种波浪时才清楚移走的原因。小港湾的一边是由云母板岩构造的山嘴所形成，冰崖的顶部大约有12米高，而港湾的另一边是一个海角，有15米高，由巨大的圆形花岗石块和云母板岩所构成，上面生长着一些古树。这个海角很明显是个冰碛，当冰川的规模变大时就堆积了起来。

当我们到达比格尔海峡的北面分支的西海口时，我们从很多不知名的荒凉小岛中间驶过，而天气又极为恶劣。我们没有遇到一个土著人。海岸到处都很陡峭，有好几次我们不得不走好几公里才能发现一处足够宽的空地来搭起两顶帐篷。一个晚上，我们睡在又大又圆的卵石上，卵石间是腐烂的海藻，当海潮升起来的时候我们不得不起身移动睡袋。我们到达的最西端是斯图尔特岛，离我们的轮船有240公里远。我们从南边的狭长港湾回到比格尔海峡，然后继续前进，不做探险，回到庞森比海峡。

**2月6日**——我们到达伍尔亚。马修说，火地岛人的行为太恶劣了，因此菲茨·罗伊船长决定把他带回“小猎犬”号船。他最终留在了新西兰，他的哥哥在那里传教。从我们上次离开这里的时候起，一个经常性的掠夺就开始了。土著人的新成员们不断地到来，约克和杰米丢失了很多东西，而马修的东西除非藏在地下，其余的都丢光了。每样东西好像都要被土著人撕破、分掉。马修描述说，他为了保存一块手表而不断地受到土著人的侵扰。土著人不分昼夜地把他包围起来，不停地在他耳边弄出声响，让他疲惫不堪。有一天，马修让一个老人离开他的棚屋，那人很快又回来了，手里还拿着一块大石头。还有一天，一群人带着石块和棍棒来了，一些年轻人和杰米的哥哥也在大声喊叫，马修只得给他们送些礼物。另一队则打着手势表示，他们要扒光马修的衣服，让他一丝不挂，还要拔掉他脸上和身上的毛发。我想我们来得及时，救了他一命。杰米的亲戚太自负、太愚蠢，他们在生人面前展示抢劫来的东西，还告诉他们获得这些东西的方法。把这三个火地岛人留在他们野蛮的同胞里真是一件十分悲伤的事，但他们的个人安危无忧，还是令人非常欣慰的。约克是一个勇武刚毅的人，大家相信他和他的妻子菲吉亚一起，会很好地相处下去。可怜的杰米看起来闷闷不乐，我一点都不怀疑，他要是回到我们这里会非常开心的。他自己的亲兄弟偷了他很多东西。正如他所说：“这是什么世道！”他大骂他的同胞：“都是些坏蛋，什么事都不知道！”还有我以前从来没听说过的咒骂“该死的傻瓜”！我们的三个火地岛人尽管只同文明人在一起生活三年，我敢肯定，他们会很高兴保持他们的新习惯，但这显然是不可能的。我担心，更值得怀疑的是，他们在文明世界里逗留的几年是否对他们有任何用处。

晚上，在马修上船后，我们扬帆起航回到轮船，但不是通过比格尔海峡，而是沿南部海岸绕过去的。小船装了很重的东西，海浪又非常汹涌，我们的航程充满危险。到7日晚上，在离别了20天后我们又登上了“小猎犬”号，这段时间我们在几叶扁舟中行驶了480公里。2月11日，菲茨·罗伊船长又亲自探望了那几个火地岛人，看到他们过得很好，而且他们也很少丢失东西了。

随后一年（1834年）的2月份的最后一天，“小猎犬”号在比格尔海峡东部入口处的一个漂亮的小港湾抛了锚。因为以前的做法已经证明是成功的，所以菲茨·罗伊船长大胆地决定，我们沿着以前相同的路线，迎着西风，乘小船到伍尔亚居民地去。我们在靠近庞森比海峡前还没有看到很多土著人，而在这里有10–12条独木舟跟着我们。这些土著人一点都不明白我们抢风行驶的原因，为了不在每次转向时与我们相碰，他们只能徒劳地用“之”字形航线尽力跟在我们后面走。为了观察这些野蛮人，我非常有趣地发现，因为我们的实力超出他们一大截，所以现实情况是如此不同！以前在小船上时，我有些憎恨他们发出的任何声音，他们给我们造成的麻烦太多了！他们的第一句话是“耶默斯库纳”（给我），最后一句话还是“耶默斯库纳”。当我们进入这些安静的小港湾时，我们已经四周看了看，还以为会度过一个安静的夜晚，这时，可恶的语句“耶默斯库纳”从一些阴暗的角落尖声地响了起来，然后可恶的信号烟缭绕着升起，把我们到来的消息到处传播。离开某地的时候，我们相互说道：“感谢上天，我们终于可以彻底离开这些混蛋了！”这时，一个更微弱的、无所不能的呼叫声从很远的地方传到我们的耳边，我们能清楚地分辨出来——“耶默斯库纳”。但现在，火地岛人越多我们越高兴，这是很值得高兴的事。两边人马相互大笑着、惊奇着、打量着。我们同情他们，他们用鲜美的鱼类、螃蟹来换我们的破旧衣服等。他们抓住机会找那些够傻的人，以便用一顿美餐换取精美的饰品。最好笑的是看到一个年轻妇女，脸上涂得黑漆，头上系着几片红布，带着满足的、不加掩饰的笑容匆匆跑开。她的丈夫在这个地方享有普遍的特权，可以拥有两个妻子。他看到大家关注他那年轻的妻子就明显有了醋意。他在与两个赤裸的美人商量后，就由她们划着船一起走了。

一些火地岛人清楚地表示，他们有一种公平的物物交换的概念。我给了一个男人一颗大钉子（一件很有价值的礼物），没有做出任何要回报的意思，但他立刻挑出两条鱼来，把它们挂在鱼叉尖上。如果有件礼物是给指定的一条独木舟上的人，但却落在了旁边的另一条独木舟上，那就总会给指定的主人。与洛先生在一条船上干活的那个火地岛男孩曾愤怒地说，他让人称之为撒谎者。他很清楚别人的批评，因为他确实撒谎了。我们这次非常惊讶于没受什么关注，甚至可以说秋毫无犯，要是在以前的所有场合就要让人拿走很多东西了。对土著人来说，他们非常清楚那些东西是有用的。他们对我们一些简单的情形非常兴奋和羡慕——例如，漂亮的红布或蓝色的珠子、轮船上没有妇女、我们很在意洗澡——而那些宏大的或复杂的东西，比如我们的轮船，他们却毫不在意。法国航海家布干维尔曾经很恰当地评论过这些人，他说，他们看待"人类工业的杰作，就如同他们看待自然法则与现象一样"。

3月5日，我们在伍尔亚的一个小港湾抛了锚，但那里不见一个人影。我们对此有点担心，因为庞森比海峡的土著人给我们打手势说这里在打仗，我们后来听说可怕的奥恩人已经下山了。不久，我们看到一条独木舟，上面插着一面飞扬的小旗，正向我们靠近，其中有个汉子在清洗脸上的涂料。这个人就是可怜的杰米——他现在是一个单瘦、憔悴的野蛮人了。他的头发又长又乱，赤身裸体，只有腰部系着一片厚布。他没有靠近我们时我们还没认出他来，因为他自己不好意思，只把背对着我们的轮船。他离开我们时还是胖乎乎、圆滚滚的，干净整洁，穿戴齐整——我从来没有见过一个人会发生如此完全彻底、痛心的变化。随着他穿上了衣服，起初的激动平息了下来，事情有了良好的迹象。他和菲茨·罗伊船长一起吃饭，又跟以前一样整洁了。他告诉我们，他有"很多"吃的，身上不冷。他的亲人都是些好人。他也不希望再回到英格兰去了。晚上，我们发现了杰米的情感发生巨大变化的原因——他那年轻漂亮的妻子也来了。他带着一如既往的好感情，为他两个最好的朋友带了两件漂亮的水獭皮，还亲手为船长做了一些矛尖及箭头。他说，他替自己造了一条独木舟，还吹嘘说他能讲一点自己部落的语言了！而最突出的事情是，他开始教部落里所有的人说点英语。一个老人情不自禁地用英语宣布"Jemmy Button's wife"（杰米·巴顿的妻子）。杰米把所有的财产都丢失了。他告诉我们说约克·明斯特造了一条大独木舟，和他的妻子菲吉亚[①]一起到他们自己的家乡去了几个月了，以一种彻底罪恶的行为进行了告别：他劝说杰米和母亲跟他一起去，在半途中趁天黑把他们抛弃了，把他们的所有财物偷盗一空。

杰米到岸上去睡觉，早上又回来，待在轮船上直到它开航，这可把他妻子吓坏了，她疯狂地大喊大叫，直到他踏进独木舟。他又装了些宝贵的财物回来，船上每个人的内心都感到难过，大家最后一次跟他握手。我现在一点都不怀疑，如果他永远都不离开自己的家乡，他会一样过得幸福，甚至更幸福。每个人都真诚地希望菲茨·罗伊船长的高贵期望会得到实现，他对这些火地岛人所做出的许多慷慨牺牲会得到回报，遇到海难的水手会得到杰米·巴顿的后代及其部落的保护！杰米到了岸上后燃起了信号火把，烟雾袅袅而上，向我们做出永久的告别。轮船沿着既定的航线驶往外海。

由完美的个人平等所组成的火地岛人部落肯定会长久地推迟他们的文明。就像我们

① 沙利文上校在"小猎犬"号服役期间测量福克兰群岛时，听一个捕海豹的人（在1842年？）说，当他在麦哲伦海峡西部的时候，对一个来到船上的土著妇女会说英语感到非常吃惊。毫无疑问，这个人就是菲吉亚·巴斯克特。她在船上住了些日子。

看到的那些动物，它们的本能迫使它们生活在社会里，并服从一个首领的领导，这样最能得到进化。人类的种族也是这样。不管我们看到的是原因还是结果，越文明的人越有人为的政府管理。例如，塔希提岛上的居民最初发现这个岛的时候是由世袭制的国王所统治的，他们比另一个分支的相同人类新西兰人发达程度要高得多。这些新西兰人尽管被迫把他们的注意力转向农业并从中得到了好处，但他们从绝对意义上来说是最共和的民众了。在火地岛，除非一些酋长获得了足够的权力来占有任何一份可以获得的财产，例如家养动物，否则这个地方的政治状态要得到提升简直是不可能的。现在，甚至要给一个人一块布都要撕成细条再平均分配下去，不会有哪个人比另一个人更富有。另一方面，很难理解一个首领如果没有某种财产，以此表现他的优越性和权力的扩张，这个领袖又如何兴起呢?

我相信，在这个南美最末端的地方的人们，相比于世界其他任何地方的人，他们的进化状态都是最低等的。居住于太平洋的两个种族中的南海岛人相对他们也要文明些。爱斯基摩人住在地下的棚屋里，享受着舒服的生活，要是装备齐全，划起独木舟来会显现出娴熟的技巧。非洲南部的一些部落寻找树根时悄然潜行，在野外和干旱的平原隐秘生活，他们是够不幸的了。从简单的生活方式来看，澳大利亚人与火地岛人最接近，他们会吹嘘自己有回飞镖、长矛和掷棒，还有爬树、跟踪动物和打猎的方法。尽管澳大利亚人在习得性能力上更胜一筹，但一点也不能说明他们在智能上同样要高人一等。事实上，从我对火地岛人在船上时的观察和从我在书中阅读到的澳大利亚人来看，我要认为这种情况正好是相反的。

假合恩角以及合恩角

伍拉斯顿岛，火地岛

# 第十一章

# 麦哲伦海峡：南部海岸的气候

麦哲伦海峡——饥荒港——攀登塔恩山——丛林——可以吃的真菌——动物学——大海藻——离开火地岛——气候——南海岸的水果树和物产——科迪勒拉山脉的雪线高度——冰川的下降入海——冰山的形成——漂砾的转移——南极岛的气候和物产——冷冻动物尸体的保存——摘要重述

1834年5月末，我们第二次进入麦哲伦海峡的东部入口。海峡的这一部分地区两边都由几乎水平的平原所组成，这一点跟巴塔哥尼亚很类似。在靠近第二个海峡里面一点的内格罗角可以被视为该地的起点，它具有火地岛标志性的特征。在海峡南部的东海岸，断断续续的公园一样的景色以相似的方式把这两个地方连接起来，而这两个地区的几乎每个风貌都各不相同。在一个32公里的地带里，能看到这样一幅变化如此之大的景色，真是令人惊讶不已。如果我们取一段更长的距离，例如在饥荒港与格雷戈里之间，距离约有96公里，其景色的差别之大就更加惊人了。在饥荒港，那里有一座座圆形的山峦，隐藏在密不透风的丛林里，无休无止的连续的大风带来的雨水不断地浇灌着山林，而在格雷戈里角，清澈、明亮的蓝天高悬于干旱、贫瘠的平原上。尽管大气的对流①急速、汹涌、无遮无挡，不受任何明显的限制，但它似乎像河流要沿河床流动一样，还是遵循着有规律的、固定的线路。

在我们以前的探访中（1月），我们在格雷戈里角与著名的巴塔哥尼亚巨人进行过交谈，他们热情地接待了我们。从他们穿着宽大的原驼皮披风来看，他们的身高显然要比实际的高得多。他们一袭长发，外形粗犷，平均起来身高有1米8，一些男人还要高些，只有少数的人要矮些，而女人也很高。总的来说，他们肯定是我们在所有地方见过的最高的种族。在容貌上，他们明显更像我在罗萨斯那里见过的北部印第安人，但他们的外表更狂放、更加令人敬畏——他们的脸上都涂着红色和黑色的涂料，有一个人的脸上还画着白色的圆圈和白点，就像一个火地岛人。菲茨·罗伊船长主动提出随意带三个人上船。他们好像都很想成为三人中的一员，我们花了很长时间才把随小船来的其他人赶开，最后我们与三个巨人上了轮船。他们与船长一起吃饭，用刀、叉、汤匙招呼着自己，行为举止就像是绅士一样。他们认为蔗糖比任何东西都要有滋味。这个部落的人与捕海豹的人和捕鲸人都有很多联系，因此，他们中大多数人都能说一点英语和法语。他们已经是半文明化的人了，但相应地他们的道德还是半堕落的。

第二天早上，一大队人来到海滩上交换动物皮毛和鸵鸟羽毛。他们不要我们的枪支，烟草的需求量远比斧头和工具的需求量大。整个托尔多的人口，男女老少都排列在海岸边，这是一个很有趣的景象。他们秉性极为良善，对别人不存戒心，因此不由得我们不喜欢这些称之为巨人的人们——他们还要我们下次再来。他们似乎喜欢与欧洲人住在一起。有一次，部落里的一个有地位女人老玛丽亚还央求洛先生任意留下一个水手给他们。他们一年中大部分的时间都在这里，但夏季时他们会沿着科迪勒拉山脚去打猎，

① 西南方向的微风一般总是特别干燥。1月29日，我们在格雷戈里角抛了锚，一阵从西往南的大风吹过，晴朗的天空中只有少量积层云，温度14℃，露点2℃——相差12℃。1月15日，在圣朱利安港，早上轻风大雨，接着是雨点夹杂着猛烈的飑子——然后变成狂风大作，浓云滚滚——天空放晴，吹着强劲的南偏西南风。温度15℃，露点6℃——相差9℃。

格雷戈里角的巴塔哥尼亚人

有时他们会行进到远在北方1200公里的里奥内格罗。据洛先生说，他们储备了足够的马匹，每个男人有六七匹马，甚至所有的妇女和儿童都有各自的马。在萨缅托时代（1580年），这些印第安人就有弓箭，但现在很久都不用了。他们那时也拥有一些马匹。这个非常奇特的事实说明了南美的马匹繁殖得异常迅速。马匹在布宜诺斯艾利斯首次登陆是在1537年，但这块殖民地有段时间荒弃了，这些马就成了野马[①]。1580年，仅仅43年之后，我们听说它们就出现在了麦哲伦海峡！洛先生告诉我，一个相邻的靠脚行走的印第安人部落现在变成马背上的印第安人了——格雷戈里海湾的部落把淘汰掉的马匹给了他们，还在冬天的时候派遣一些最棒的猎手帮他们打猎。

**6月1日**——我们在条件优良的饥荒港海湾抛了锚。现在是初冬，我从未见过比这更了无生趣的景象了。透过烟雨朦胧的天空，只能模糊地看到黝暗的丛林斑驳地夹杂着积雪，然而我们非常幸运地获得了两个晴天。其中有个晴天，我们可以看到远处的一座萨缅托峰，海拔2040米，显得非常壮观。在火地岛的景色中，我经常惊异于那些高度一点都不显眼的山峰，却是真正的高耸入云。我怀疑其原因在于不能凭最初的印象，也就是

① 伦格（Rengger），《巴拉圭的哺乳动物种类》，第334页。

说，它们的整体，从山顶到水边一般都是尽收眼底了。我记得曾经看到过一座山，第一次看到它是从比格尔海峡看，其绵延起伏的整个山峦从山顶到山脚一览无余；后来一次是从庞森比海峡越过几座连续的山脊看。很奇怪的是，后面一次观察时看到每座新的山脊提供了新的判断距离的方法，山峰就是这样挺拔耸立的。

快到饥荒港时，我们看到有两个人沿海岸跑来，向轮船打着手势。我们派了条小船去接他们。他们原来是从猎捕海豹的船上逃走的两个水手，后来成了巴塔哥尼亚人中的一员。这些印第安人以他们一贯无私的殷勤好客对待他们。他们由于遭遇意外而与伙伴分散了，然后向饥荒港走来，希望找到些船舶。我猜想他们是一无是处的流浪汉，但我从没见过比他们还狼狈的人了。他们有好些天都是靠贻贝和浆果为生。由于睡觉时太靠近篝火而把破衣服也烧了，他们日日夜夜都暴露在野外，没有任何庇护，直到最近还受到连续不断的大风和雨雪的侵袭，不过他们的身体状况还非常不错。

在我们逗留饥荒港期间，火地岛人两次来侵扰我们。因为我们有很多器械、衣服和人在岸上，所以我们认为把他们吓跑很有必要。最初，在他们还离得很远时，我们开了

麦哲伦海峡，饥荒港

几炮，最可笑的是，我们通过望远镜看到，只要我们的炮弹落到水里，这些印第安人就拿起石头，然后还大胆地反击，向我们的轮船扔石头，尽管我们相距有近2.5公里远！后来我们就派条小船离他们远远的，用滑膛枪开了几枪，这些火地岛人就躲在树后，每当枪声响起就向我们射箭，但他们所有的箭总是在离我们的小船不远的地方就落下来了。船上的军官指着他们哈哈大笑，这使得火地岛人抓了狂，他们徒劳地挥舞着斗篷，暴怒不已。最后，他们看到枪弹把树木都击倒了，就吓得逃跑了，而我们也平安、清静了。以前我们航行到这里的时候，这些火地岛人给我们添了很多麻烦，我们就在晚上对着他们的棚屋上面放火箭来吓唬他们。结果很奏效，有个军官告诉我，最初喧闹声大起，群狗乱吠，但几分钟过去，一片沉寂。这两种完全相反的效果让人觉得非常可笑。第二天早上，邻近地区的火地岛人一个都不见了。

当“小猎犬”号2月份在这里的时候，有天早上，我于早上4点钟开始攀登塔恩山，该山高780米，在这个地区是最高点了。我们乘小船到达山脚（但不幸的是，不是最佳处），然后开始了我们的攀登。山上的森林从海水高潮的水线处开始生长。头两个小时我就放弃了到达山顶的所有希望。山上的丛林太茂密了，必须得不断依靠指南针，而且每个地标尽管是在山地上，还是完全障蔽了。在幽深的山谷里，死寂般的荒凉景象无法用语言描述。山谷外是怒吼的狂风，但是在这些山洼处，甚至没有一丝风拂动着高大树木的叶子。这里到处都是阴暗、寒冷、潮湿，甚至连真菌、苔藓和蕨类植物都不能生长。在山谷里，简直不可能爬着向前，它们完全被横七竖八的巨大烂树干挡住了。要是从这些自然的桥上经过，一不小心会掉进烂木，深深地下陷到膝盖，使得行进常常受阻；别的时候如果想靠着一棵结实的树木，却发现那是一堆腐烂的东西，若即若离，即将倒下，因而惊出一身冷汗。我们终于发现自己已经到了低矮的树丛中，不久就到了裸露的山脊，它引领着我们通向山顶。这里的景色具有火地岛的特点：一条条不规则的山脉夹杂着一块块的积雪，下面是黄绿色的幽深的山谷，还有大海的狭长港湾从四面八方在陆地相互交叉。强劲的山风冷得刺骨，空气雾蒙蒙的一片，所以我们在山顶上没呆多久。我们下山就没有上山费劲了，因为体重为我们

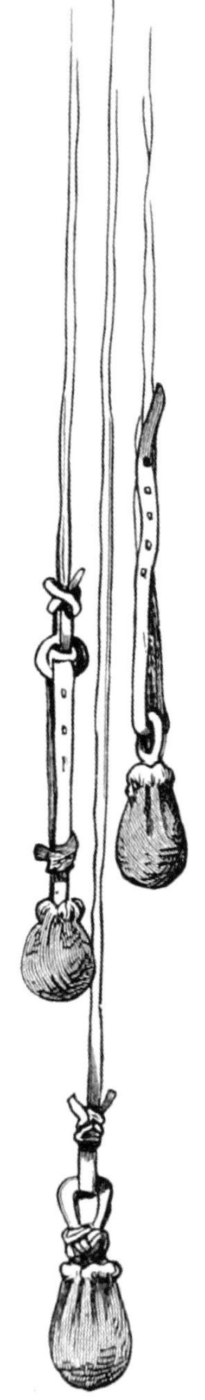

巴塔哥尼亚流星套索

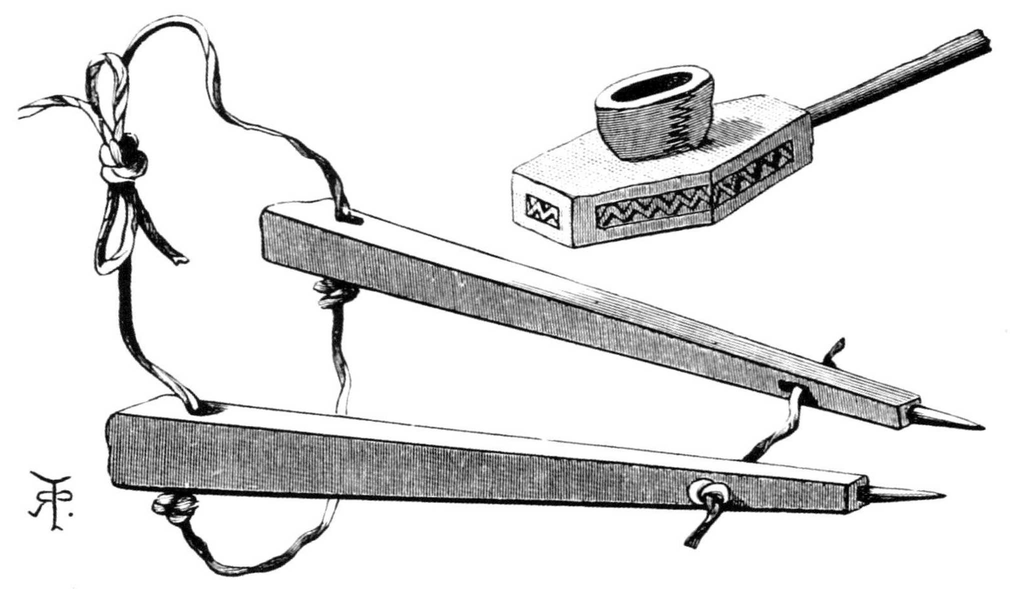

巴塔哥尼亚人的马刺和烟斗

开辟了一条通道，我们都是朝着正确的方向滑落下去的。

我已经提到过，这座山上的四季常青的丛林①总是那么阴暗、朦胧，只有两三种树木在这里生长，别的植物都被排除在外了。丛林之上有很多矮小的高山植物，它们都从泥煤堆里生长出来，也是形成泥煤的物质——这些植物很显然与生长在欧洲山上的物种是近亲，尽管它们相距千里。火地岛的中心部分由黏土—板岩所构成，最适宜树木的生长；外部海岸的植物则是长在更贫瘠的花岗岩土壤中，它们所处的位置更加暴露于暴风之中，因此不允许长得更高大。在饥荒港附近，我看到过的大树比其他地方都要多——我测量了一棵冬青树，其树干的周长有135厘米，有些山毛榉的周长达到约4米。金船长也提到过，一棵山毛榉的直径有2.1米，根部以上的高度有5.1米。

作为火地岛人的一种重要食物来源，有一种植物产品值得我们的注意。它是一种球状的、明黄色的真菌，数量繁多地长在山毛榉树上。当它没成熟时，它具有弹性、胀鼓鼓的、表面光滑，但成熟后就萎缩了，变得坚硬，整个表面深陷下去如蜂窝一样，

① 菲茨·罗伊船长告诉我，在4月份（相当于我们的10月份），靠近山脚下的树叶改变了颜色，但地势更高的地方的树叶则没有。我记得读到过一些有关的观察记录。记录显示，在英格兰，温暖、晴朗时的秋天的树叶要比寒冷、晚秋的树叶落得早。这里海拔更高地方的树叶由于处于更寒冷的环境中颜色变化很慢，这肯定是遵循了相同的植物界的一般法则。火地岛的树木不会在一年中的任何时候把叶子全掉光。

如右图所示。

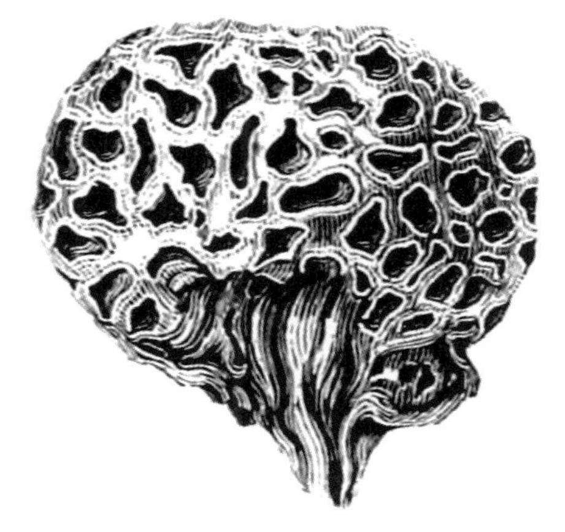

达尔文菌

这种真菌属于一种新的、奇怪的种类[1]。我在智利的另一种榉树上发现了第二个物种——而虎克博士告诉我，他最近在范迪门地（塔斯马尼亚）的第三种榉树上发现了第三个物种。世界上距离遥远的不同地方的寄生菌与其所生长的植物之间的关系是多么奇特啊！在火地岛，真菌成熟变硬后，妇女、儿童就大量采集，不用煮熟就可以吃。它黏黏的，味道有点甜，闻起来略微有点像蘑菇。这里的土著人除了吃以矮种野草莓为主的浆果，还有这种真菌，此外就不吃别的蔬菜食物了。在新西兰，土豆引进之前他们大量食用羊齿蕨的根；而现在，我相信火地岛是世界上唯一的以隐花植物为主食的国家。

从火地岛的气候与植物特性来看，我们可以想象得到，这里的动物应该是非常贫乏的。在哺乳动物中，除了鲸鱼和海豹，还有一种蝙蝠，是鼠类的一种（ 沟齿沙鼠属）；两种真正的鼠类，是一种博氏栉鼠的同源物种或与土古鼠相似；两种狐狸（麦哲伦犬属与阿扎犬属）；一种海獭；一种原驼；一种鹿。这些动物大多仅栖息在这座岛东部的干旱地区，而且从未在麦哲伦海峡南部看到过鹿。在海峡相对的两边和其间的一些岛屿上，观察到悬崖上柔软的砂岩、泥土，与小圆石具有普遍相似性，人们会强烈地相信这块陆地曾经是连在一起的，这样就使得土古鼠和沟齿沙鼠这些脆弱、无助的动物能从两地的连接处通过了。但这些悬崖的相似性远不能证明任何陆地的连接，因为这些悬崖一般是由斜坡积层截断而形成的，它在地面上升前就在当时已经存在的海岸边累积起来了。然而这种不同寻常的巧合，即这两个大岛被比格尔海峡从火地岛的其余地方分割开来，一个岛的悬崖由一种叫作成层冲积层的物质组成，与海峡对面小岛前面的物质是相同的——而另一个岛的四周全是古老的水晶石。前一个岛叫拿瓦伦岛，上面有狐狸和原驼出没，而后一个岛叫霍斯特岛，尽管各方面都很相似，也只被一条不到一公里的海峡所分开，但杰米·巴顿告诉我说，这两种动物都找不到。

阴暗的丛林里很少有鸟儿栖息，偶尔也能听到一只白头霸鹟哀怨的叫声，它们隐藏在最高大的树顶上，也还有更稀少的叫声洪亮而怪异的黑色啄木鸟，其头顶上有一个精致的红冠。一种暗灰色的小鷦鷯偷偷地在纵横交错的、倒伏、腐烂的树干间跳来跳去；

① J. M. 伯克利牧士在《林奈学报》（第十九卷，第37页）中对我的标本所做的记录和描述，他把这种真菌命名为达尔文菌（Cyttaria Darwinii），而智利的一个菌种则被称做C. Berteroii，这个属与保加利亚属（Bulgaria）相近。

而旋木雀则是这里最常见的鸟类，不管是山顶还是洼地，是在最阴暗潮湿的地方、还是行人不能通过的深山峡谷，都能在山毛榉丛林中遇到这种鸟。这种小鸟有个习惯，似乎对任何进入这些静寂的丛林中的行人都会好奇地跟随着，因此显得比实际的数量要多得多。它们不断地发出一种刺耳的喳喳叫声，从一棵树飞到另一棵树，离闯入它们领地的人的脸只有几米远。它远不是人们所希望见到的性情温和、行事隐秘的真正的旋木雀，它也不像这种鸟会沿树干往上跑，而是像只鹪鹩，不辞辛劳地跳来跳去，在每个枝丫间搜寻着昆虫。在空旷些的地方可以遇到三四种雀科鸣禽，一种画眉鸟，一种八哥，两种克洛雀，还有几种鹰和猫头鹰。

缺失整个爬行动物纲中的任何一个物种是福克兰岛和火地岛的动物体系中最显著的特点。我得出这一结论不仅仅是凭自己的观察，还从福克兰岛的西班牙居民和火地岛的杰米·巴顿那儿听说了这件事。在圣克鲁什沿岸（南纬50°），我看到一种蛙类，这种动物和蜥蜴一样，说不定远在南边的麦哲海峡都能看到，因为那里还保留着巴塔哥尼亚的特点，但是在潮湿、阴冷的火地岛地界内却看不到一只。这里的气候可能不适合爬行动物的一些目，如蜥蜴目，这点可以预见得到，但至于蛙类也不能适应，就不太容易理解了。

这里的甲壳类昆虫数目很少。我很久都不相信，这个地方有苏格兰那样大，覆盖着植物和各种各样的大型草场，却很少出产甲虫。我所发现的少量甲虫是栖居在石头下的高山种类。具有热带特性的吃草叶的叶甲科在这里几乎没有[①]；我只看到过极少量的苍蝇、蝴蝶和蜜蜂，但没见到过蟋蟀或直翅目昆虫。在水坑中，我只发现过极少量的水生甲虫，没发现任何淡水贝类——琥珀贝的首次出现是个例外，但在这里它得称为陆地贝，因为它栖居在离水源很远的潮湿的草地上。陆地贝只能与甲虫一样，在同处高山的环境下才能获得到。我已经把火地岛与巴塔哥尼亚的一般外观和气候做了对比，它们的区别在昆虫学方面非常典型。我认为它们在物种上没有一点共同性，因为很显然，昆虫的一般特性是十分不一样的。

但要是我们把目光从陆地转向大海，我们就会发现大海的生物是如此丰富多彩，而相比而言陆地上的生物就太贫乏了。在一定的空间里，世界各地的一块石质的并且部分受到保护的海滨都要比任何别的陆地都能供养数量多得多的动物个体。有一种海产品，因为其重要性，值得在这里做一个特别的说明。它就是海带，或者说是巨藻。这种植物能从潮水的低水位到很深的海底在每个岩石上生长。它既能在海边生长，也能在海峡里

① 我认为，我得把一种高山跳甲属排除在外。沃特豪斯先生告诉我，地甲科有八九种——大量具有奇特的外形；异附节科有四五种；象虫科有六七种；以下的属各有一种：隐翅虫、叩头虫、栉角虫、鳃角金龟。其他的目中种类更少。在所有的目中，个体稀少的目比别的种类更突出。大多数的鞘翅目在沃特豪斯先生的《自然历史编年史》（*Annals of Nat. Hist*）中都做了详细的描述。

生长[①]。我相信，在探险号和“小猎犬”号的航行期间，一定发现过靠近海面的每个岩礁上都有这种海藻在飘浮着。因此，行驶在暴风骤雨中的船只，常常得到这种海藻的帮助，它确实拯救了很多船舶使之免于沉没。在大洋西部的大浪中，无论多大的石块，不管它有多么硬，都不能抵挡海水的冲击，但我却惊奇地发现这种植物能在这里生长繁盛。它的茎是圆形的，黏滑光溜，其直径很少能达到三厘米，把几根合在一起，其强度能承受几块分散的大石头的重量，在那些深入内地的海峡里，它们正是附着在这些石块上面生长的，但有些石块太重了，如拔出水面后，一个人几乎是不可能把它们抬到船里的。库克船长在其《第二次航行记》中曾经说过，在凯尔盖朗岛，这种植物能从深达44米以上的海底向上伸展到海面来：“它们并不是垂直向上生长的，而是与海底成一个很小的锐角，而且还要在海面上伸展很多米。我敢担保说它们有些长到了110米以上。”按照库克船长的记载，这种植物能长到110米长，我一点都不怀疑，恐怕再没有比它更长的植物了。而且，菲茨·罗伊船长也发现它们长在82米深的地方。这种海藻生长的海底地带即使宽度不大，也能形成非常良好的天然的漂浮防波堤。在一个面对着大洋的海港里，人们会非常惊奇地看到，当巨浪从外海滚滚而来，并且经过这些四处漫延的海藻的茎干的时候，巨浪的高度就会立刻减小，从而变成平静的水面。

与这种海藻的生存关系密切的各纲目动物，其数量之多令人惊讶。要描述栖居在这种海藻丛生的地区的动物，就可以写成一本鸿篇巨著。这种海藻的几乎所有叶片，除了浮在海面上的以外，都被珊瑚类动物覆盖而结成一层厚厚的白硬壳。我们发现它们的结构非常精致：在它们表面上，有一部分栖居着简单的水螅一样的珊瑚虫，而另一部分则栖居着器官更发达的物种和漂亮的群居海鞘。此外，叶片上还附着有各种各样的小盘状的贝类、马蹄螺、无壳软体动物以及一些蚌类。无数的甲壳纲动物经常栖居在这种植物的各个部位。如果要把互相缠绕、纵横交错的根部摇动一下，就有大批小鱼、贝类、乌贼、所有纲目的螃蟹、海胆、海星、漂亮的管海参、三角涡虫以及各种形状不同的爬行沙蚕科动物同时从它身上纷纷落下。我每次遇到一枝这种海藻，总会发现它的上面有一些结构新奇的动物。在智鲁岛，这种海藻长得不是很茂盛，所以大量的贝类、珊瑚类动物和甲壳纲动物都见不到，但仍保留着少量的板枝介科动物和几种群栖的海鞘纲动物，不过这里的海鞘纲动物与火地岛的物种不同。我们在这里看到的这种黑角菜属海藻要比寄宿在它那里的动物分布范围更加广泛。我只能把南半球的这些巨大的水生丛林与热带地区的陆地森林作个比较。然而，如果陆地上的任何一个地区里有一片森林遭到了毁

① 其地理分布范围惊人地宽，有人发现从靠近合恩角极南端的岛屿到远至南纬43° 的东海岸北部（由斯托克斯先生给我提供的资料）——但胡克博士告诉我，在西海岸，它的分布延伸到加利福尼亚的旧金山，甚至有可能到达堪察加半岛。因此，其在纬度的分布范围是极其广阔的，而库克先生肯定对这些物种非常熟悉，他在不少于西经140° 的凯尔盖朗岛还发现过这个物种。

坏，我相信，那些跟着它同时被毁灭的动物的物种数决不会比由于这种海藻的毁灭而引起死亡的动物物种数多。在这种植物的叶片之间栖居着无数的鱼类，它们在别的地方不能找到食物和庇护所；要是它们都灭亡的话，那么就会有很多鸬鹚和其他食鱼的鸟类、海獭、海豹和鼠海豚也会跟着灭亡。最后，火地岛的野蛮人——这个不幸的地方的不幸的主人，就会加倍自相残食，人口减少，说不定也会绝种了。

**6月8日**——我们清早就起了锚，离开了饥荒港。菲茨·罗伊船长决定离开麦哲伦海峡而循着前不久才发现的马格达伦海峡驶去。我们的航线朝向南方，沿着我前面已经说过的那种阴暗的航程，好像要下驶到另一个更糟的世界去。一路风平浪静，但空气很不清朗，所以我们错过了很多奇异的景色。一块块乌云飞快地越过山峰，从山顶上几乎下降到山脚。我们从乌云的空隙中看到那些隐现出来的景物，感到非常有趣：参差不齐的山尖、圆锥一样的雪堆、湛蓝湛蓝的冰川、对比明显的轮廓，使天边景色各异，看上去远近不同、高低不一。在这样的景色中，我们在云遮雾罩的萨缅托峰附近的土尔恩角抛了锚。在这个小港湾里，在几乎直立的高耸的山脚下，有一个没有人居住的小棚屋，它孤独地直立在那儿，使我们想起了曾经有人漂泊到这个荒凉的地方。但是难以想象的情形是，他只需要很少的生活要求或者很小的权力？！大自然所创造的没有生命力的作品——岩石、冰雪、风、水，相互之间各自交战，但它们又联合起来对付人类——在这里，它们都拥有了绝对的统治权。

**6月9日**——早上，我们非常高兴地看到缕缕轻雾从萨缅托山缓缓地升腾起来，向我们展示出它的真面目。这座山是火地岛的最高峰之一，海拔2040米。在相当于它的全部高度1/8的山基覆盖着幽暗的丛林，其上即是一片白雪向山顶延伸。这些巨大的雪堆从不融化，好像注定要跟这个世界一起长久地存在下去，显示出一幅高贵、甚而壮丽的景色。这座山的轮廓非常清晰、分明。由于从白色闪亮的山表反射来的光线非常充足，因而到处都没有阴影，而且这座山上只有被雪线所切断的天空可以清晰辨别，所以整个山体的浮纹非常显著地凸现出来。有几条冰川蜿蜒曲折地从山上的大片雪地下降到海边，真可以把它们比做冰冻的尼亚加拉大瀑布，而且这种蓝色冰块的瀑布和流动的瀑布一样美丽。晚上，我们到达海峡的西部，但这里的水太深，我们找不到锚地，结果我们不得不在长达14个小时的漆黑的夜里仍然在这个狭长的海湾里与岸边保持着一定的距离不断前行。

**6月10日**——早上，我们尽力向前行驶进入宽阔的太平洋。这些西部海岸一般都由低矮的、圆形的、非常贫瘠的花岗岩和绿岩所组成。纳伯勒爵士把这里的一个地方叫作南荒，因为“这块地方看来是多么荒凉”！他所说的名副其实。在主岛外面的海里，散布着无数的岩礁，汹涌的海浪不断地冲击着它们。我们从东、西符里岛之间驶出，稍向北行，这里浪花滚滚，因此这片海面被人称之为“银河”。一个居住在陆地上的人只要看一眼海边的这种情形，就会在整个星期里都梦见沉船、危险和死亡的情景。带着这样的印象，我们从此就和火地岛永远再见了。

下文要探讨的是南美洲南部的气候与其物产的关系，还要对雪线、冰川下降特别低的现象以及南极各岛屿的永冻地带加以说明。如果你对这些奇妙的课题不感兴趣，可以略去不看或只看最后的摘要重述。然而，我在这里只给出一个概要，如果要知道详情，可以参考本书的前一个版本的第十三章和附录。

关于火地岛与西南海岸的气候和物产——下表列出了火地岛、福克兰岛、都柏林的平均气温及对比：

| | 纬度 | 夏季平均气温 | 冬季平均气温 | 夏冬平均气温 |
|---|---|---|---|---|
| 火地岛 | 南纬53°38′ | 10℃ | 0.56℃ | 5.3℃ |
| 福克兰岛 | 南纬51°30′ | 10.5℃ | — | — |
| 都柏林 | 北纬53°21′ | 15.3℃ | 4.0℃ | 9.6℃ |

从上表我们可以看出，火地岛的中部在冬天时要比都柏林冷，而在夏天，其温度比都柏林不会低过5.3℃。根据冯・布赫所提供的资料，挪威的萨尔顿福德在7月份的平均气温（并不是全年最热的月份）高达14.4℃，而实际上相比于饥荒港[①]离南极的纬度而言，这里离北极还近13°！尽管火地岛的气候给我们的感觉是那么不适宜居住，可那些常绿树木仍然在这里旺盛地生长着。在南纬55°，人们可以看到蜂鸟在吮吸花蜜，鹦鹉在啄食温特树的种子。我曾经说过，这里的海洋生物非常繁多。根据G・B・索尔比先生提供的资料，这里的贝类（例如帽贝科、钥孔蝛科、石鳖科和巴纳克科）比北半球的相似物种的个体大得多，而且长得更快。在火地岛南部和福克兰群岛，生长着大量的个头很大的涡螺。位于南纬39°的巴伊亚・布兰卡港，数量最多的贝类是榧螺属的三个物种（其中一个物种的个体很大）、涡螺属的一、二两个物种和笋螺属的一个物种。这些贝类体现了热带类型的最佳典型。在欧洲南部的海滨，是否还存在着榧螺属的一个小型物种，还是一个疑问；至于另外两个属（涡螺属和笋螺属），是一个物种也没有了。如果有个地质学家在北纬39°的葡萄牙海滨发现榧螺属的三个物种、涡螺属和笋螺属的各一个物种，那么他很可能会断定，在这些贝类的生存期间，这个地方的气候一定是热带性气候，但是根据南美洲的情况来判断，这种推论很可能是错误的。

火地岛的气候温和、潮湿、多风。在北美大陆西岸的很大一段纬度地区也是这样，

① 至于火地岛，其结论是从金船长的观察（《地理杂志》，1830年）和从“小猎犬”号上的观察推论出来的。而福克兰群岛的情况，我要万分感谢沙利文上校提供的最热的三个月（即12月、1月、2月）的平均气温。都柏林的气温由巴顿提供。

只不过那里的气温稍为增高一些罢了。在合恩角以北960公里的丛林情况也极为相似。为了证明甚至再往北五六百公里气候同样温和，我可以提到智鲁岛（这里的纬度与西班牙北部的纬度相当），那里的桃树极少结果，可是草莓和苹果却长得非常茂盛，甚至是收割后的大麦和小麦①也要经常运到屋里去，让它们干燥、成熟。在智利的瓦尔迪维亚，（与马德里一样，纬度也是40°），葡萄和无花果能够成熟，但在这里并不多见；橄榄很少能成熟甚至不能部分成熟，而橘子则完全不能成熟。大家都很清楚地知道，在纬度相当的欧洲地区，这些水果都长得非常好。即使在美洲大陆的里奥内格罗，其纬度与瓦尔迪维亚的纬度几乎相同，这里种植着红薯（旋花植物），而葡萄、无花果、橄榄、橘子、西瓜和香瓜这些植物则结着非常丰硕的果实。虽然智鲁岛及其南北海岸的潮湿、温和的气候对欧洲的果树很不适宜，但是本地的森林却在南纬45°–38°之间生长得非常茂盛，几乎和热带地方的森林不相上下。各种高大挺拔的树木，树皮光滑、颜色鲜艳，其上长满了寄生的单子叶植物，又大又漂亮的羊齿蕨多得不可胜数，树木状的草类和树木互相缠绕在一起，在地上9–12米的空间里形成了一个交错的植物群体。棕榈树生长在南纬37°的地方。有一种树木状的草类，很像是一种竹子，生长在南纬40°的地方；还有一种与它很近似的植物，树身很高，但不直立，甚至在遥远的南纬45°的地方也生长得很茂盛。

很显然，由于海洋的面积比陆地的面积大而形成了温和的气候，南半球的大部分地区都是如此。因而，这里的植物带有半热带的性质。在范迪门地（南纬45°）茂盛地生长着树蕨。我曾经量过一棵树蕨的树干，其周长不少于1.8米。在新西兰的南纬46°的一个地方，福斯特发现了一种树状蕨类，其上寄生着兰科植物。据迪芬巴赫博士②的资料显示，在奥克兰群岛，有种蕨类植物的树干又粗又高，甚至可以把它们叫作树蕨了。在这些岛屿上，甚至在更南方的南纬55°的麦夸里群岛上，大量的鹦鹉栖息在这里。

南美洲的雪线高度和冰川的下降——如果读者要知道这张表的来源的详情，请参照本书的前一个版本：

| 纬度 | 雪线高度（米） | 观测者 |
|---|---|---|
| 赤道地区（平均数） | 4724 | 洪堡 |
| 玻利维亚（南纬16°–18°） | 5100 | 彭特兰 |
| 中智利（南纬33°） | 4350–4500 | 吉列斯、本书作者（达尔文） |
| 智鲁岛（南纬41°–43°） | 1800 | “小猎犬”号上的军官们及本人 |
| 火地岛（南纬54°） | 1050–1200 | 金 |

① Agüeros，《智鲁岛省简史》，1791年，第94页。

② 参看该杂志的德语翻译以及布朗先生的《弗林德斯航行记》（*Flinders's Voyage*）附录中的其他论据。

因为永久雪线的高度主要是根据夏季的最高气温来决定，而不是全年的平均气温，我们就不必对它下降到麦哲伦海峡感到奇怪，因为这里夏季凉爽，它的高度也只有海拔1050–1200米之间；而在挪威，我们得航行到北纬67°–70°之间，也就是更接近北极14度，这样才能在这种极低的高度下遇到永久雪线。从上表可以看出，智鲁岛后面的科迪勒拉山脉上的雪线的高度（它的最高点的高度范围只有1680–2250米），比它在中智利的高度相差2700米左右①，这真的是令人不可思议的（这两个地方的距离只不过相差9个纬度）。从智鲁岛的南面起向北到康塞普西翁（南纬37°）为止的陆地上生长着大片茂密的森林，森林中雾气弥漫，凝结成水滴，天空中时常云遮雾罩。我们已经看到了，把南欧的果树种植到这里会是怎样糟糕的结果啊！但在中智利却恰恰相反，在离康塞普西翁以北不远的地方，天空一般都是晴朗的；在一年里，夏季的7个月里是不下雨的，因此，南欧的果树在这里种植以后，就会结出让人称羡的果实；甚至甘蔗②也能在这里种植了。毫无疑问，在离开康塞普西翁的纬度不远的地方，永久雪线发生了前面所说的显著转折，上升了2700米。这种情形在世界上任何其他地方都是独一无二的。在离康塞普西翁不远处的同纬度地方不再有森林生长，而南美洲的树木正是多雨气候的特征，而多雨又是多云的天空和夏季凉爽的特征。

关于冰川下降入海，我想这主要是由于（当然，在山顶区域里，一定要适量的积雪供应给冰川）在靠近海岸边的陡峭山峰上，永久雪线的位置很低。因为火地岛的雪线位置很低，我们想必已经推测得到，会有很多冰川到达了海里。然而，当我第一次看到一条只有900–1200米高的山脉，其纬度和（英格兰西北的）坎伯兰相同，但它的每个山谷里都填满了冰流，一直下降到海边，我惊讶不已。一位勘察过冰川的军官描写道，不仅是在火地岛，而且远在北边1040公里的海岸，每条伸进到内陆的稍高些的山脉下面的狭长海湾的尽头都有着“巨大的、让人吃惊的冰川”。大块大块的冰块经常从这些冰冻的悬崖上落下来，其碎裂声有如人类发生战争时军舰上舷炮齐发的声音，久久地在孤独的海峡回响。上一章已经讲到，这些冰块降落到水里的时候，会产生巨浪，冲击邻近的河岸。众所周知，地震时常会引起大块的泥土从海边的悬崖上崩落下来；因此，如果有一个严重的冲击力（这里③就发生了这种冲击力），对一个沿狭长的裂缝成“之”字形运

---

① 在智利中部的科迪勒拉山，我相信雪线的高度在不同的夏季范围相差很大。我确信，在一个非常干旱、漫长的夏季，所有的积雪在阿空加瓜山消失了，尽管它的高度达到了惊人的6900米。很有可能这么高地方的大部分积雪蒸发了，而不是溶化了。

② 迈尔斯（Miers）的《智利》，第一卷，第415页。据说在南纬 32°到33°的因赫尼奥（Ingenio）有甘蔗生长，但数量不够多，不能生产创利。在因赫尼奥南部的基约塔山谷，我看到过一些很大的枣树。

③ 巴尔克利与卡明的《赌注的损失的真实故事》（*Faithful Narrative of the Loss of the Wager*）。这场地震发生于1741年，8月25日。

艾尔海峡

动着的冰川发生作用，其效果该是多么可怕啊！我会很容易想到，海峡最深处的水会被激起回流，随后在势不可挡的冲击力下，像卷稻草堆一样卷走大块大块的巨石。艾尔海峡和巴黎有相同的纬度，那里有几条巨大的冰川，而它附近最高的山只有1860米。在这条海峡里，曾经有人看到同时有近50座冰山向外漂流，其中有座冰山的整个高度至少有50米。有几座冰山上还载运着一些体积不算小的花岗岩石块和其他石块，它们和附近山上的黏土—板岩石块不同。

在探险号和"小猎犬"号两次航行期间，曾经测量过一条离南极最远的冰川，它位于南纬46°50′的佩纳斯湾。这条冰川长24公里，有一段的宽度是11公里，一直下降到海岸边。可是，甚至在这条冰川以北数公里的圣拉菲尔湖，在一个相当于日内瓦湖的纬度的一条狭长的海湾里，本月（相当于欧洲的6月）22日，有几个西班牙传教士[①]曾遇到过"很多的冰山，一些很大，一些比较小，其他的是中等大小！"

根据冯·布赫的说法，大多数南欧的冰川下降到海里会在北纬67°的挪威海岸相遇，而现在它离北极的距离比圣拉菲尔湖离南极的距离要近纬度20°，相当于近1970公里。这

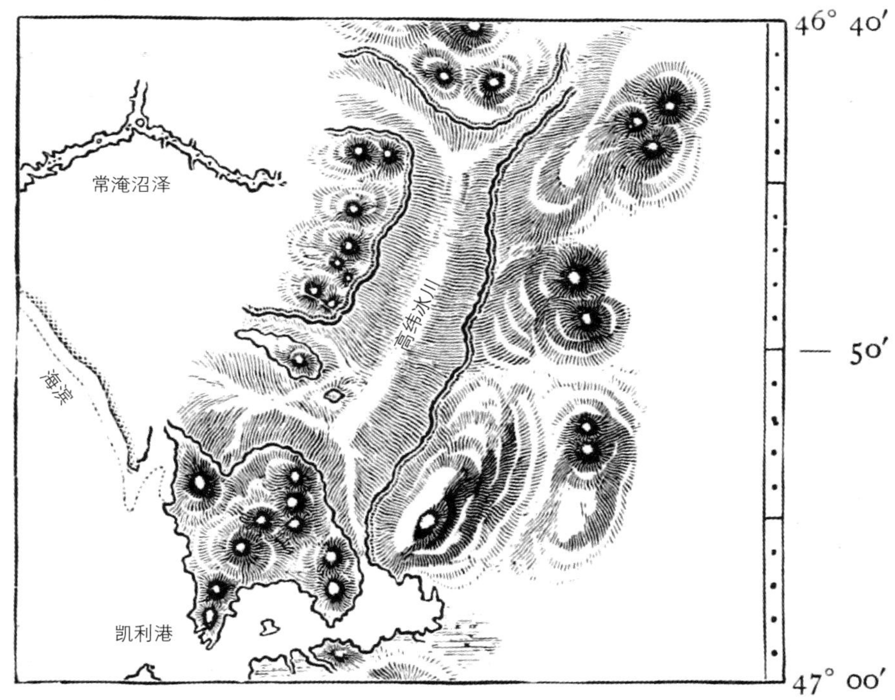


佩纳斯湾的冰川

① Agüeros，《智鲁岛省简史》，第227页。

个位置的冰川与佩纳斯湾的冰川相比甚至更能得出引人注目的观点，因为它们下降到海里的地点离生长着最多的贝类——榧螺属的三个物种和涡螺属及笋螺属的各一个物种的海港不到7.5°的纬度数，也就是720公里；离棕榈树生长的地方不到9°；离美洲虎和美洲狮漫步的平原不到4.5°；离树状草类生长的地方不到2.5°；而且离兰科的寄生植物生长的地方不到2°；还有，离树蕨生长的地方只有1°!

这些事实在地质学上具有很重要的意义，它们和北半球在漂砾转移时期的气候有关。在这里，我不详细说明冰山是怎样承担着运输岩石碎块的理论，而只是简单地说明火地岛的东部、圣克鲁什高原和智鲁岛等地的巨大漂砾的来源和位置。在火地岛，大多数的漂砾位于原来的海峡一线。这些海峡因为陆地的上升，现在已经变成了干涸的河谷。这些漂砾与大量不成层的泥沙结合在一起，包含着各种大小的、圆形的、有棱角的岩石碎块。这种地层，是由于冰山的滞留使海底不断地翻开，而冰山运来的物质不断地落在海底而形成的①。现在有少数地质学家怀疑这些高山附近的漂砾是不是由冰川本身运来的，还有，那些离高山很远的和嵌入到水下沉积层里的漂砾是否也是由冰川载运过来的或者是由那些冻结它们的海岸冰载运过来的。漂砾在地球上的地理分布，可以明显地阐明漂砾的转移与冰块存在的形式之间的关系。在南美洲，漂砾要在南纬48°以上才看不到；在北美洲，它们分布的极限是达到北极53.5°的地方；但是在欧洲，它们不会超过北纬40°。另一方面，我们还从来没有观察到美洲、亚洲和非洲的热带地区有漂砾，好望角没有看到过，澳大利亚也没有看到过②。

关于南极各岛屿的气候与物产——就火地岛及其北部沿海的植物繁茂情形来看，则美洲南部各岛和西南诸岛的状况确实会让人感到惊奇。库克发现，与苏格兰北部的纬度相当的南桑威奇群岛，在一年中最热的一个月份里却“覆盖着厚达数米的永不融化的积雪”，这里似乎不可能有任何植物生长。南佐治亚岛是一个长154公里、宽16公里的岛，和约克郡的纬度相当。这个岛“在夏季最热的时候，也完全被冰雪所覆盖”。在这里，可以引以为荣的植物只有苔藓、一些草丛和一种野地榆；动物方面只有一种陆鸟（科雷鹨）。可是更靠近北极10°的冰岛，根据麦肯齐的统计，却有15种陆栖鸟类。南设得兰群岛和挪威的南半部纬度相当，可是在这里却只有几种地衣、苔藓和一些草类。海军上尉肯德尔③曾看到，在相当于欧洲9月8日的那段时期，他停泊军舰的一个海湾已经开始结冰了。这里的土壤由冰块和火山灰互相堆叠而成；在地表下面不深处，肯定是永冻层，因为海军上尉肯德尔在其中发现过一个已经埋葬了很久的外国水手的尸体，他身上的肌肉

① 《地理学报》第四卷，第415页。

② 我对这一课题在本书第一版的附录中进行了详细的说明。我已指出，由于错误的观测，在有些炎热的地方有明显的缺少漂砾的例外情况。我发现有几处叙述得到了不同的作者的确认。

③ 《地理杂志》，1830年，65-66页。

和容貌仍然保存完好。一个奇怪的事实是，在北半球的两大洲（但不包括欧洲的破碎陆地），低纬度的地方有一个底土永久冰冻的地带——在北美洲，这个地带是在北纬56°附近，永久冰冻的底土深度是1米左右；在西伯利亚，永冻地是在北纬62°，深度在3.6–4.5米之间——其结果与南半球的情况完全相反。在北方大陆的冬天，由于广阔的陆地表面的热量都散发到晴朗的天空中，而且它的寒冷没有受到温暖的洋流的减弱，所以显得非常冷。另一方面，在短短的夏季里，天气却很热。而在南方的海洋里，冬季不是特别的冷，夏季也一点都不热——因为多云的天空很少让太阳晒暖海洋，而空气本身又不容易吸热，因此控制底土永冻地带的年平均气温也就很低了。很显然，一种长势很快的植物对热量的需求比不上对寒冷保护的需求，所以植物能够在靠近底土永久冻结、气候温和的南半球繁茂地生长，却不能在气候条件极端的北方大陆生长。

肯德尔上尉所发现的水手尸体能够很好地保存在南设得兰群岛的冰冻土壤中，这一事实引起了人们的兴趣，因为那里的纬度（南纬62°–63°）比帕拉斯所发现的西伯利亚地下冰冻的犀牛所在的纬度（北纬64°）还要低得多。虽然我在前一章力图证明，认为大型四足动物需要茂盛的植物来维持生存的说法是错误的，但是在南设得兰群岛上找到冻结的底土这件事却是很重要的。这个群岛离合恩角附近有森林覆盖的岛屿还不到580公里。就这些岛屿上的大量植物而言，它一定可以维持任何数量的四足动物的生存。西伯利亚大象和犀牛的尸体能够完好地保存下来，毫无疑问是地质学方面最惊人的事实。但是，只要单独想一下从邻近地区供应食物是那样困难，那么整个情形就不会像通常所想的那样让人困惑了。西伯利亚平原像南美洲的潘帕斯大草原一样，似乎也是在海底形成的，河流把很多动物尸体运到这个海里。这些尸体的大多数只剩下了骨架，但也有一些完整的尸体保存了下来。现在大家都知道，在北美洲的北极圈海岸边的浅海里，海底也是冻结的①，而且在春天时没有陆地表面融化得那样快；还有，在海水较深的地方，海底是没有冻结的，离表层以下一两米深的泥土的温度甚至在夏季还在冰点以下。这种情形与陆地上一两米深的土壤永久冻结时一样。在更加深的海底，泥土和海水的温度很可能还没有低到足够保存肉体的程度，因此那些被载运到北极圈海岸附近的浅海里的尸体就只剩下了骨架。现在西伯利亚的最北面有数不清的动物骨骼，据说甚至有些小岛差不多全是由骨骼构成的②。这些小岛的位置，离帕拉斯发现冰冻犀牛的地方以北还不到10° 的纬度。另一方面，要是有一个尸体被洪水冲到北冰洋的浅水区，如果它很快被足够厚的泥土所覆盖以防止夏季的海水热量渗入到尸体，而且如果这个海底上升为陆地，则覆盖的厚泥层足可以防止夏季的空气和太阳的热量，并使它不致融化和腐烂。

① 迪斯先生与辛普森先生，《地理杂志》第八卷，第218页，220页。

② 居维叶（《关于化石骨骼的研究》，第一卷，第151页），摘自比林的《航行记》。

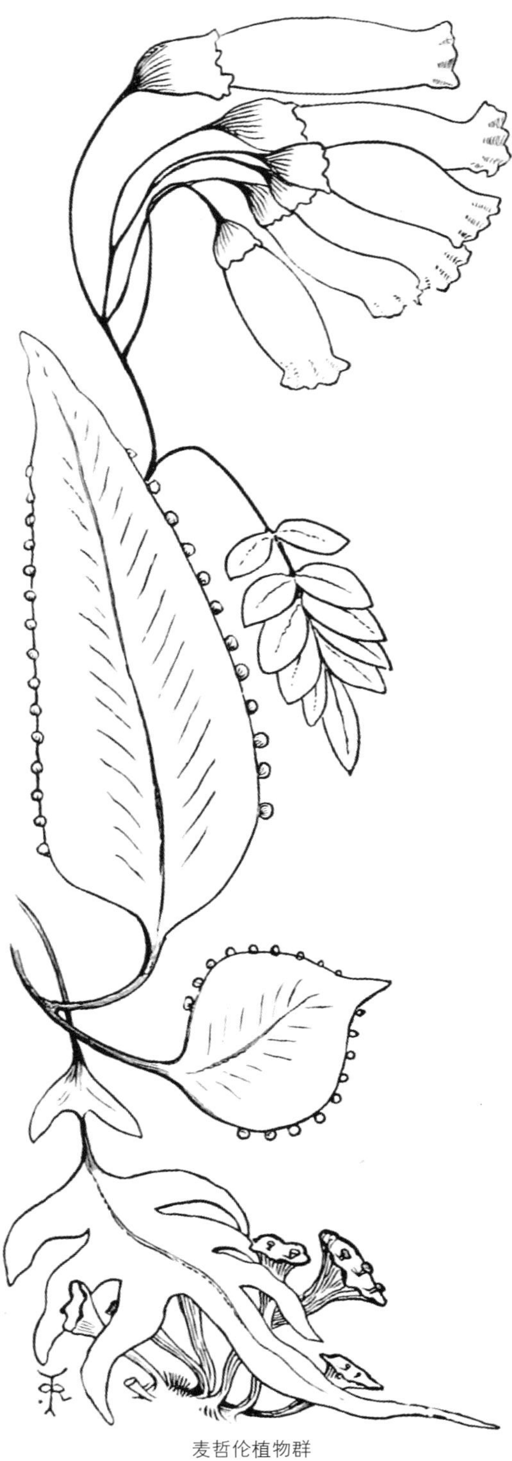
麦哲伦植物群

**摘要重述**——我要对气候、冰川运动、南半球的物产等主要事实做一个摘要说明，同时，因为我们对欧洲的情况更熟悉，我就以假想的方式把本章中的各个地方移调到欧洲作为对照。于是，在里斯本附近，最常见的海生贝类就是榧螺属的三个物种、涡螺属和笋螺属的各一个物种，并且具有热带的特征。在法国南部各省，则有规模宏大的森林，其中树状草类与树上长满寄生植物的树木交错生长在一起，它们把地面都遮住了。美洲狮和美洲虎将在比利牛斯山脉出没。在相当于勃朗峰的纬度、但是在远达中北美洲西部的一个岛上，树蕨和寄生的兰科类植物将会在茂密的丛林中繁茂地生长。甚至远在北面的丹麦中部，也会看到蜂鸟在精美的花朵周围翩翩飞舞，鹦鹉在常绿林里寻找食物，而在那里的海中，我们会看到涡螺属以及体型硕大的所有贝类迅速地生长。然而，在离丹麦的新合恩角以北只有580公里的一些岛屿上，一具尸体会埋在土壤里（如果它被冲到浅海里，就会被沉积的泥土所覆盖），因为土壤永久冻结，所以保存得非常完好。要是有个大胆的航海家想要深入到这些岛屿的北面去，他就要在这些巨大的冰山中经历千难万险，而且他会看到有些冰山载运着大块大块的岩石远离它们原来的位置。还有一个大岛，与苏格兰南部的纬度相当，但在两倍远的西部，将会“几乎全部都被终年不化的积雪所覆盖”。它的每个海湾的尽头都是冰冻的悬崖，每年都有大量的冰块分裂崩塌——这个岛上值得夸耀的植物，只有一些苔藓、草类和地榆而已。此外，还有一种云雀是这个岛上唯一的居民。从我们丹麦的新合恩角起将有一条山脉，高度还没有阿尔卑斯山脉的一半，笔直地向南伸展。在这条山脉的西侧，每条深深的海湾的尽头都有着“巨大无比的、惊人的冰川”。在这些孤寂的河道上，经常有冰山崩落的声音在回响，并且经常有巨浪冲击着两岸。数不清的冰山中，有些跟教堂一样高，偶尔会载运着“一点都不算小的岩石”搁浅在小岛的外海滩上，不时还有猛烈的地震，把巨大的冰块震落到山下的水里去。最后，有几位传教士想进入一条狭长的海湾里去，他们就会看到在四周不高的山上有很多巨大的冰川一直下降到海边。如果要他们坐在小船上向前行驶，他们就会被无数的浮冰所阻挡，这些冰山有的比较小，有的巨大无比，而这件事情的发生日期是我们的6月22日，就是现在的日内瓦湖所伸展开的地方①！

① 在本书的前一版及附录中，我已对北冰洋的漂砾和冰山位移说明了一些事实。这一主题已由海耶斯先生最近在《波斯顿杂志》（第四卷，第426页）中做了杰出的加工。作者似乎并不知道我所发表的一个论据（《地理杂志》第四卷，第528页），其中就有关于一个镶嵌在北冰洋冰山中的巨大漂砾，几乎肯定离任何陆地160公里之远，或许还要远得多。在附录中，我详细地讨论了冰山在搁浅、开槽以及像冰川一样抛光岩石的可能性（那时难以想到）。现在已经是大家都接受的观点了，而我还不免怀疑它甚至在侏罗纪时期的事例的适当性。理查森博士向我肯定，北美的冰山在他们之前推动着沙石，使海底的岩石留下了非常光滑的平地。几乎不容怀疑，这种突出的地势肯定会沿着冰山势不可挡的前进的方向被磨光、刮伤。在写作了该附录后，我已在北威尔士看到过冰川和漂浮的冰山间相邻的运动（《伦敦哲学杂志》，第二十一卷，第180页）。

巨藻，或称麦哲伦海带

智利蜂鸟

# 第十二章

# 智利中部

瓦尔帕莱索——到安第斯山脚旅行——地形结构——登上基约塔的钟山——大量四散的绿岩——大峡谷——矿石——矿工的生活状况——圣地亚哥——考古内斯温泉——金矿——磨坊——穿孔的石头——美洲狮的习性——土耳其鸟与塔帕科洛鸟——蜂鸟

**7月23日**——“小猎犬”号于深夜在瓦尔帕莱索抛了锚，这是智利最大的海港。早上，一切欣欣向荣。离开火地岛后，这里的气候非常宜人——空气是如此的干爽，天空一片洁净、湛蓝，阳光明媚照人，大自然的一切似乎都被生命点亮了。从锚地看去，景色美丽极了。这座城镇建在一片山脚下，这里的山峰大约有480米高，而且非常陡峭。

这个城镇由一条长长的、建筑零散的街道所形成，与海滩成平行线，一条幽深的峡谷向前方伸展，房子就依山堆砌两旁。这里圆形的山头由于只得到极少的植被的部分保护，已经被雨水冲刷成无数的沟壑，把一种奇特的明红色的土壤暴露了出来。由于这个原因，也因为看到这些低矮的白墙瓦顶的房子，这些景象让我想起了特内里费的圣克鲁兹。从东北方向看去，可以看到安第斯山脉的数处美景，但从邻近的山头望去，这些山峰又要显得巍峨得多——它们所产生的距离感更容易感觉得到。阿空加瓜火山尤其显得壮丽。这座巨大的、不规则的圆锥体比钦博腊索山要高得多。根据“小猎犬”号船上的官员测量，它的高度不低于6900米。从这点来看，科迪勒拉山脉要把它大部分的秀美归于通透的大气。当太阳从太平洋落下，人们就能清楚地看到那让人赞不绝口的山石嶙峋的轮廓，而它们那颜色的变幻又是多姿多彩、精美绝伦。

我非常幸运地发现理查德·科菲尔德先生就住在这儿，他是我的一个老校友、好朋友。承蒙他的热情好客和殷勤招待，在“小猎犬”号停在智利的这段时期，他为我提供了最舒心的食宿。对我这个博物学家来说，我觉得瓦尔帕莱索的邻近地区并不十分富饶。在长长的夏季里，从海岸不远处来的北风不停地刮着，因此这时从来不会下雨，而在冬季的三个月里，雨水则非常丰沛。结果这里的植被非常稀少——除了深山峡谷，这里没有树木，只有少量的草皮和一些低矮的灌木零散地分布在不太陡峭的山坡上。与远在560公里之外的安第斯南坡进行对比，那边山坡完全被密不透风的丛林所遮蔽，对比的效果非常突出。我在采集自然标本时做过几次长途步行。在这里做运动是件很开心的事：这里有很多漂亮的花朵，而在大部分干旱季节，植物与灌木丛更具浓烈而奇异的气味——甚至当我们穿过这些林木时，衣服上都会沾上气味。当我看到始终如一的晴好天气时，我止不住的赞叹不已。气候的变化对生活的享受会产生多么大的差异啊！当我们遥望黝黑的山峦在云雾中半遮半露，又看到别的山脉掩映在晴日的蓝色雾霭中，我们的感触是多么的不同啊！前一种景色让人产生崇敬之情，后一种景色又使人的生活充满快乐和幸福。

**8月14日**——为了研究安第斯山脚部分的地质，我骑马出发做了一次短途旅行，因为一年中只有这段时间才不会被冬天的大雪所阻断。我们第一天的骑行是沿着海岸线向北。天黑后，我们到达了金特罗的种植园，这个庄园以前是科克伦领主的财产。我来这里的目的是看一看目前已上升到海平面几码处的大量的海底贝壳，它们准备要烧成石灰。这里的整个海岸线上升的证据是确凿无疑的：在100多米高处有着大量的古老贝壳，

庄园、安第斯兀鹫、仙人掌

我还发现在390米高处都有一些贝壳。这些贝壳要么处于松软的地表，要么嵌入到了一种红黑色的腐殖土里。我在显微镜下非常吃惊地发现，这种腐殖土是真正的海洋泥土，充满了微小的有机体颗粒。

**8月15日**——我们回到了基约塔山谷。这个地方极其令人舒心，诗人们会把这里称之为田园风光：一片片绿色的草地被小河谷分割开来，山坡上四散的小村庄让人想起牧羊人来。我们不得不横过了契利高昆山的山脊。在这座山的山脚下长着很多茂盛的常绿树木，但它们只在流水淙淙的幽深山谷中茁壮成长。任何只要看过瓦尔帕莱索邻近地方的人，可能永远都想象不到，在智利还有如此风景如画的地方。我们一到达山脊的高处，基约塔山谷立刻出现在了我们的脚下。这里的景色是最引人注目的人造胜景。这个山谷非常宽阔，也非常平坦，因而在每个角落都易于灌溉耕种。小小的方形花园里挤满了橘子树和橄榄树以及各种蔬菜。山谷的两边，巨大的、光秃秃的山峰直插云天，这样的对比使得错落有致的山谷更加显得赏心悦目。以前有人把瓦尔帕莱索称做“伊甸园河谷”，想必指的就是基约塔。这一天，我们横过了位于钟山脚下的圣伊西德罗庄园。

从地图上看去，智利是一个位于安第斯山脉与太平洋之间的狭长地带。这条地带本身就是由几条山脉成“之”字形走势，它们相互平行，形成了一条大山脉。在安第斯山主脉与外围的山脉之间是一片连续不断的平原，一般都为狭长的通道所相互连接，一直伸展到遥远的南方——在这片地带里坐落着如圣费利佩、圣地亚哥、圣费尔南多等主要城镇。这些盆地或平原与成“之”字形走势的平坦的山谷（如基约塔等）一起连接着海岸线。我一点都不怀疑它们就是古代水湾和深海湾的海底，就跟现在的火地岛和西海岸相交的各处一样。智利以前肯定也跟火地岛那边的水陆地质构造相类似。当一层水平的雾障像一件披风一样覆盖住这个地方的所有较低的地势，这种相似性就偶尔醒目地显示出来——白色的水汽袅袅升起，进入到幽深的山谷，小海湾呈现出一片静美；到处都有孤独的小山丘，它们悄悄地探出身子，表明它们以前就作为小岛直立在那儿了。这些平坦的山谷与盆地与不规则的山峰形成了对比，使我觉得这里的景色完全具有新奇、有趣的特性。

这些平原向大海的方向形成一个自然的坡度，因此非常便于灌溉耕种，也使这里异常地富饶。如果没有这种灌溉的方法，这块土地就几乎不能出产任何东西，因为整个夏季天空都是晴朗无云的。这里的山峦与土丘上点缀着灌木和低矮的小树，除此之外，整个植物都非常稀少。山谷里的每个土地所有者都拥有一部分山地。在这里，他们可以对可观数量的牲口进行半放养式管理，以设法寻找充足的牧草。这里每年都要举行一次规模宏大的“放牧竞技会”。这时，所有的牲口都要赶下山来，记好数目，做上标记，然后把一部分牲口隔开，放进灌溉好的地里养肥。这里种植着大量小麦，也有很多玉米——这是一种豆科植物，然而却是普通劳动者的主要食物。果园里盛产桃子、无花果和葡萄。由于有这种优势，这个地方的居民应该比他们目前的生活要富足得多才是。

**8月16日**——大庄园的管家非常友好地给我派了一位向导和几匹精神饱满的马匹。早上，我们出发攀登海拔1920米的坎帕纳山或者叫钟山。上山的路非常难走，但沿途的地质情况和优美景色充分补偿了我们爬山的辛苦。晚上，我们到达了山上一个较高处的名叫阿瓜德尔原驼的温泉。它肯定是个老名字了，因为原驼在此饮水是在很多年之前的事了。在我们上山的过程中，我注意到山的北坡除了长有灌木外什么都没有长，而山的南坡长着一种高约四米半的竹子。一些地方还长着棕榈树，而且我奇怪地看到，在海拔至少1050米的地方我还看到过一棵棕榈树。这种棕榈树在它们家族里算是长得丑陋的了。它们的茎干非常粗大，形状奇特，中间粗、两头细。在智利，它们的数量多得无法胜数，而且因为能从树液中提取一种糖浆极具经济价值。在佩托尔卡附近的一个庄园，他们曾试图数一数有多少棵棕榈树，但是没有成功，因为它们的数目有数十万。在每年8月份的早春，很多很多的棕榈树被砍了下来，在树干倒地的时候，树梢上的叶子就要被削掉，于是树液立刻就从顶端流了出来，而且还要继续流好几个月。然而，每天早上把树顶端的一层薄片刮掉是很有必要的，这样就能暴露出新鲜的表面。一棵好树能产400升的树液，而所有的树液都必须储存在明显干燥的树干容器里。据说，在太阳强烈的那几天里，这些树液要流得快很多。同样，绝对有必要注意的是，把这些树砍倒后要把树头向上靠在山边，因为如果沿山坡向下躺倒就几乎不会有任何树液流出来；尽管在这种情形下人们很可能会想到，地球的引力作用会促进树液流出，而非抑制树液流出。通过煮沸，树液就会浓缩，随后就做成了叫作糖浆的东西。这种东西的味道跟真正的糖浆非常相似。

我们在泉水附近解下马鞍，然后准备在此过夜。夜晚的天气非常好，空气非常清澈，停泊在瓦尔帕莱索港湾锚地的船桅离这里的地理距离尽管不下于48公里，但都能清楚地分辨出来，它就像小小的黑条纹一样，而一艘张满帆的轮船在绕过海角时就像一个明亮的小白点。安森在航行中，对于岸上的人能在这么远的距离发现他的船舶表示非常吃惊，但他并没有充分考虑到陆地的高度和空气的极端透明度。

日落的景色极其壮丽：山谷是幽暗的，而安第斯山的雪峰则保持着红宝石一样的色彩。当天色暗下来的时候，我们带上伙伴，非常舒服地在一个小竹架下生了一堆火煎牛肉干、喝马太茶。住在这样一个敞开的空间真有一种说不出来的魅力。这里的夜晚非常宁静——只是偶尔能听到山兔鼠尖锐的叫声和夜鹰微弱的啼叫声。除了这些动物，还有几种鸟类，甚至还有昆虫时常光顾这些干燥、被太阳炙烤的山里。

**8月17日**——早上，我们爬上了山顶上的粗糙的绿岩。这种石头经常出现，分散在各处，碎成很大一颗的成角的碎片。我观察到了一种引人注目的情况，也就是说很多石头的表面都具有不同程度的新鲜度——有些好像是两天前才破裂的，而另一些要么刚刚长上了地衣，要么很久就依附长满了地衣。因此我完全相信，这是由于频繁的地震而造成的。一想到这里，我就想赶紧从下面松散的石头堆旁走开。由于人们很容易会受到这种情况的蒙骗，因而在我登上范迪门地的惠灵顿峰之前，我就怀疑这种想法的准确性了：那里并没有发生过地震，而且我在那里看到山峰的构造相似，石头分散的程度也相似，但所有的石块都显示出来好像它们在几千年之前就已经崩裂成现在的样子了。

我们在山顶上花了一天的时间，我还从来没有像今天这样彻底地享受了一回。从地图上看去，智利是以安第斯山脉和太平洋为界的一个国家。一看到坎帕纳山脉与其他蜿蜒曲折的山脉，还有宽阔的基约塔山谷在它们之间纵横交错，其优美的风光就越发加深了我们的印象。无论是谁都难免会疑惑，是什么力量使这些山峰隆起的？更为惊奇的是，为何经过无数的年代，这些石头必定会破裂、移动，最后全部化为平地？这种情况会让人很容易想起巴塔哥尼亚的大量小圆石和沉积层，如果把它们堆积在安第斯山上，就会增加上千米的高度。当我还巴塔哥尼亚的时候，我就想，任何一座山脉是如何能提供这么巨量的物质却不会彻底地破坏掉？我们现在不必把这个疑惑反过来想，而去怀疑万能的时间能不能把山峰磨去了——哪怕是巨大的安第斯山——也要把它变成沙砾和泥土。

安第斯山的外观与我期望的不一样。下面的这条雪线当然是水平的，而山脉的平坦的顶峰似乎也与这条线十分平行，只是相隔很长的距离，有一群山峰或是一个单独的圆锥体显示出来那里曾经有火山存在过或是现在还存在着。因此，这些山脉就像一堵巨大的坚固的城墙，或这或那地耸起一座高塔，为这个国家建起了最完美的屏障。

这座山的几乎每个地方都被打了钻孔以期用来开发金矿：疯狂的淘金使得智利几乎没有一个地方没有被钻过井。跟以前一样，晚上我与两个伙伴围在火堆旁说话以打发时间。智利的古阿索人相当于潘帕斯大草原的高乔人，然而，这是完全不同的一个种族。智利在这两个国家中更加文明开化，结果这里的居民就失去了很多个性。社会的等级观念更加强烈地显示出来：古阿索人一点都不关心人人平等的问题，而我也非常惊奇地发现，我们两个伙伴不喜欢与我一起吃饭。不平等的意识是掌握财富的权贵存在的必然结果。据说有些大地主每年拥有5000-10000英镑收入。我相信，在安第斯山东部以畜牧养殖为主的地方，财富不平等的现象根本就不会出现。在这里，一个游客不会遇到盛情的食宿招待却分文不收的事，但他们还是会非常友好地提供食宿，并且会接受一些不会让人良心不安的付款。在智利，几乎每家都会接受你过夜，但是在第二天早上，他们还是希望你给些小费，即使是富人也会接受二三个先令的付费。尽管南美高乔人可能是一个凶手，但他也会表现得像个绅士一样，而古阿索人在少数方面表现得更好，可同时也是一个庸俗、普通的俗人。这两种人尽管在很多方面行为方式一样，但实际上他们的习性和服装是不同的，而且这两个地方的独特性在各自的国家是很普遍的。高乔人似乎是马的一部分，除了马背上的工作，他们会对别的辛苦活计很轻视，而古阿索人则可以作为劳动力雇来在田地里干活。前者完全以动物为食，后者几乎全部以蔬菜为食。在这里我们看不到白靴子、宽大的内裤和鲜红的“奇里帕”——也就是那种南美大草原上最漂亮的服装。这里普通的裤子会被黑色和绿色的保护性色剂做成精纺打底裤，然而披巾在这两个地方都很普通。古阿索人的主要骄傲在于他们的马刺，这种马刺出奇地大。我量过一个马刺的小齿轮，直径有15厘米，而小齿轮本身含有30个向上的尖刺。马镫的尺寸也很大，每个马镫都由一个方形的木块雕刻而成，中间掏空，重达一两公斤。古阿索人也许比高乔人在套索方面更内行，但是由于这个地方的自然特点不同，他们并不知道如何使用流星锤。

**8月18日**——我们下山时经过了一些漂亮的小景点，这里流水淙淙、绿树成荫。我们跟以前一样住在同一个庄园里。在随后的两天骑马上山，经过了基约塔。这个地方更像是一个苗圃集合地而不像是一个城镇。这里的果园都非常漂亮，夭夭桃花竞相开放。我还在一两个地方看到了椰枣，这是一种非常高贵的树。我想，一片这样的树林要是长在它们的故乡亚洲或是非洲的沙漠里，就该是极为华美吧！我们还经过了圣费利佩，这是跟基约塔一样非常落后的城镇。这里的山谷伸展到其中一个最大的海湾或平原，直达科迪勒拉山脚，就是前面所提到过的，它形成了智利最奇特的那部分景色。晚上，我们到达了查求尔矿区，它位于这个大山系的幽深峡谷的一侧。我在这里住了五天。我的房东是这个矿区的监管人，他是一个非常精明而又十分无知的康沃尔矿工。他与一个西班女人结了婚，不想回英国的康沃尔郡了。他对康沃尔矿区赞叹不已。他向我提出很多问题，其中一个是："既然乔治·雷克斯已经死了，在雷克斯的家族里还有多少人活着呢？"他问的这个雷克斯，一定是指那位写过各种书的大作家菲尼斯的亲戚吧！

这里的矿都是铜矿，这些开采出来的矿石全部用船运到斯旺西去熔炼。因此，这里的矿区比英国的矿区要安静得多。这里没有烟尘，没有熔炉，也没有巨大的蒸汽机的嘈杂破坏周边山区的宁静。

智利政府，或者更准确地说是旧西班牙法律，千方百计地鼓励人们去寻找矿石。找到矿石的人，只要缴纳五先令给政府，就可以在任何地方进行开采，甚至在没有缴款以前，也允许到别人的果园里去试掘20天。

智利矿工

众所周知，智利的采矿方法是最廉价的。我的房东说，外国人介绍过下面两种主要的改进方法。第一种方法是初步烘烧把黄铜矿还原——这种矿在康沃尔很普遍，当英国矿工来到这里的时候，看到当地人把它当作废物丢掉，感到非常奇怪。第二种方法是把老式熔炉里取出的矿渣进行冲压、洗涤——用这个方法可以提取到大量金属颗粒。我确实看到过有人用骡子把这些矿渣驮运到海边，然后再运到英国去。但是第一种情形最为奇特的。智利的矿工总是非常肯定在黄铜矿里一颗铜粒都没有。他们嘲笑英国人的无知，现在英国人回过头来嘲笑他们了。英国人只花了几块钱就买到了那些最丰富的矿脉。非常奇怪的是，在这个广泛采矿已有多年的国家却没有发现这种简单的炼铜方法——在熔炼之前先用小火烧烤矿石，以除去硫黄。虽然他们已应用几种简单的机器来做类似的改进工作，但是直到现在还有一些矿区把矿井里的积水装入皮袋，由人工运出矿井！

这些矿工的工作非常辛苦，他们只许在很短的时间内用餐。在夏冬季节，他们天亮就开始干活，天黑才能收工。他们得到的报酬是每个月一英镑外加一先令。伙食由矿主提供：早餐是16个无花果加两小片面包；中餐是煮熟的豆子；晚餐是打碎了的烤麦粒。他们几乎没尝过肉味，因为他们每年只拿12英镑的工钱，还要用来购买衣服，维持一家人的生活。在矿井里工作的矿工每月可得工钱25先令，另外还可以得到少量的牛肉干。但是这些人要每隔两三个星期才能够离开阴冷的矿井，下山回家一次 。

我住在这里的日子，彻底享受了攀爬这些大山的乐趣。正如我应该预料的那样，这里的地质情况引人入胜。这些碎裂、烘烤过的岩石被无数绿岩的沟壑弄得弯弯曲曲，表明这些地层以前曾经发生过多次剧烈的变动。这里的风景极像基约塔河谷钟山附近的景色——都是些贫瘠的山地，间或点缀着一些树叶稀少的灌木。这里生长着很多仙人球类植物，或者更确切地说就是仙人掌。我曾量过一棵圆球形的仙人掌，连同刺毛在内，它的周长是1.9米。普通圆柱形分支的仙人掌的高度从3.6–4.5米不等，而每个分支（包括刺毛在内）的周长有0.9–1.2米。

最后两天，由于山上的一场暴雪阻止了我的有趣考察。我试着到达了一个湖泊。当地的人出于某种莫名其妙的理由，认为这是大海的一个狭长港湾。一次在干旱期间，为了引水，有人提出要从海边挖一条水渠引水到湖里，但是教士们在商讨后宣布说这样

仙人掌

做太危险了，因为要是照大家所想的去做，把这个湖和太平洋连结起来，那么整个智利就要被海水淹没了。我们爬到了很高的地方，但由于积雪很厚，行动困难，难以走到这个奇妙的湖边，就连走回来也有些困难了。我原以为这一次我们一定会失去自己的马匹了，因为我们一点都无法估计积雪的深浅，马匹只能跳着前进。漆黑的天空表明一场新的暴风雪正在聚集，我们有幸逃过了一劫，真是无比欣慰。我们达到山脚时，暴风雪就开始袭来了。它没有发生在3个小时之前已经是我们的运气了。

**8月26日**——我们离开了查求尔矿区，并再一次横过了圣费利佩盆地。今天的天气是典型的智利天气，阳光耀眼、空气洁净。又厚又均匀的一层新雪覆盖在阿空加瓜火山和主山脉上，呈现出一派壮丽的景象。我们现在已经在前往智利首都圣地亚哥的路上。我们越过达尔根山，晚上住在一个大牧场中原本是工人住的小棚屋里。主人向我们谈到智利的情况，并且与其他国家进行比较时很谦逊地说道："有的人用两眼看东西，有的人用一只眼睛看东西。但我认为，智利人不用眼睛看东西。"

**8月27日**——在翻过很多低矮的小山后，我们下山到了古伊德隆的一个内陆平原。跟这个平原一样，这里的盆地海拔高度都在300–600米之间。在这些盆地里，有两种金合欢树从它们的形状看来都发育不良，相互之间隔得很远，长得数量极多。这些树从没在海岸附近见过，因而它们使这些盆地的景色具有与众不同的特色。我们又翻过了一道低山梁，它把古伊德隆平原和圣地亚哥所在的大平原分隔开来。这里的景色显得额外与众不同：地表平坦整齐，时不时地长着几丛金合欢，远处的城市在安第斯山脚下与山基平行，山峰上积雪与落日交相辉映。第一眼看到这幅景色，就可以十分明显地看出这个平原是古时候内海的延伸部分。我们一走上平坦的大路，就立刻跃马飞奔，在天黑之前赶到了城里。

我在圣地亚哥住了一个星期，享受了一段美好的时光。每天早上，我骑马到平原的各处走走，晚上与几个英国商人共进晚餐。他们的殷勤好客在这里是非常有名的。我每次都乐此不疲地爬上城市中央的一座小石山（叫作圣卢西亚山）。这里的景色肯定是最为引人注目的，就如我之前所说的，是非常的与众不同。有人告诉我说，在宽阔的墨西哥高原上，所有的城市都具有同样的特质。至于这座城市，我却没有什么需要详述的。它既不如布宜诺斯艾利斯那样漂亮，也没有那样宏大，但是它们的建筑模式却是相同的。我到这里来绕了一圈到达城北，因此我打算向南走笔直的路，作一次更长的旅行，再回到瓦尔帕莱索去。

**9月5日**—— 这天的中午，我们到达了一座用兽皮做的吊桥，它横跨梅普河。这条汹涌的大河离圣地亚哥城以南只有几里格。这种兽皮桥都非常简陋。它用成捆的木棍彼此贴紧在一起制作而成，桥面依照着吊索的形状向下凹曲。这种桥面到处是窟窿，即使一个人牵着马过去，加在一起的重量也会使它左右摆动，非常恐怖。晚上，我们到了一处舒适的农舍，这里有几位非常漂亮的女士。由于好奇，我走进她们的教堂去观望。她们见我来，感到非常害怕。她们问我，“你为什么不做一个基督教徒呢？——因为我们的宗教是确实可信的。”我向她们保证，我就是基督教的一个派别的教徒，但她们不愿意听我的。顺着我的话，她们问道：“你们的教士，你们主教本人，也不结婚吗？”主教有妻子的荒谬事情使她们更加惊讶不已。对于这样一种弥天大罪，她们简直不知道是该非常可笑还是该非常可怕。

**9月6日**——今天，我们向着正南方向前进，晚上在兰卡瓜过夜。我们经过的路通过平展、狭窄的平原，一边是高耸的山丘，另一边是科迪勒拉山。第二天，我们绕行到里约卡查普阿尔河河谷，这里有久负盛名的考古内斯疗养温泉。冬天水位下降时，使用不频繁的吊桥通常会被拆去，因此，这个河谷的吊桥就被拆掉了，我们只好骑马过河。这是令人非常难以接受的事情，因为白沫翻滚的河水尽管不是很深，但是激流飞快地冲击着圆形卵石的河床，令人头晕眼发，甚至难以感觉马是前进了还是站在那儿不动。夏天，当冰雪融化，因河床狭小，激流无法通过，它们的力量就变得特别大，就像发了疯一样，这一点从我们刚才经过的地方的痕迹就可以清楚地看得出来。晚上，我们到达了温泉疗养地，其后就在那儿待了五天，最后两天因为下大雨而无法动身。我们住的房子是几间四方的简陋小屋，每间屋里只有一张桌子和一条板凳。这些房子正好位于科迪勒拉山脉中心线外侧的幽深峡谷里。这是一个幽静的偏僻之地，有很多漂亮的山野风景可以欣赏。

考古内斯矿物温泉穿过大量的断层岩喷流而出，整个岩层都显出受到高温的作用。大量气体也随着温泉一起从石缝逸出。尽管这几口温泉相距不过数米，但它们的温度却相差很大。这似乎是由于混合进去的冷水量不同而造成的，因为温度最低的温泉几乎没有矿物质的味道。1822年大地震以后，泉水停止了出水，差不多整整一年没有水流出来。它们受1835年的地震的影响也很大，泉水的温度突然从48℃变成了33℃[①]。看来那些从地球内部上升的矿泉水受到的干扰总比那些接近地面的地下水起着更加剧烈的影响。一个负责管理温泉的人向我确定说，这里的泉水在夏季要比冬季更热、更充沛。我料想，夏季泉水更热些的原因，是因为在旱季混合到矿物泉水里去的冷水量要少，但是那时的水量反而更充沛的说法，就非常奇怪和矛盾了。在泉水周期性增加的夏季是从来不下雨的，所以我认为，只有山上积雪的融化才能解释这个现象了。然而在这个季节，那些积雪覆盖的高山都在离泉水三四里格远的地方。这个告诉我泉水变化的人已经在这个度假胜地住了几年了，一定很熟悉这里的环境，所以我没有理由去怀疑他的话不准确。

① 考尔德克拉夫，《哲学学报》（*Philosoph. Transact*），1836年。

如果真是这样，这就确实非常奇怪了：因为我们必须假定，雪水穿过疏松的地层而渗流到高热区，然后又从考古内斯的岩层裂隙喷出地面。这种有规律的现象似乎说明了这个地区的高热的岩层离地面并不很深。

一天，我沿着河谷骑马到最远处的有人居住点。就在这个地点的上游不远处，卡查普阿尔河分成了两个深深的巨大峡谷，直接穿过了大山脉。我爬上了一座可能有1800多米高的尖尖的高山。这里实际上也像其他各处一样，展现了自身最迷人的景色。大土匪平切拉就是从这两条峡谷中的一条进入智利并抢劫邻国的。我前面已经描写过了，同样是这个人袭击了位于里奥内格罗的一个大农庄。他是一个变节的西班牙混血，搜罗了一大群印第安人，盘踞在潘帕斯的一条小河边，派来抓他的部队没有一个人能发现他的行踪。他经常能从这个据点向外突击，经过从来没人走过的山路越过安第斯山脉，抢劫农场、把牲口赶入他的秘密巢穴。平切拉是个一流的骑士，他把手下的人都训练成同样高明的骑手。他对那些对他怀有二心的人总是毫不留情地射杀。为了对付他和其他印第安游牧部落，罗萨斯发动了一场歼灭战。

**9月13日**——我们离开了考古内斯温泉，沿着大路返回，晚上在里奥克拉鲁过夜。我们从这里骑马到圣费尔南多镇。在到达那里之前，绵延的内陆盆地一直伸展到远在南方的大平原，而更远处的安第斯山顶上的积雪就像从海平面上浮出一样清晰可见。圣费尔南多离圣地亚哥有40里格。这里是我到达过的最南端，我们从这里转了一个直角再往海滨。晚上，我们在亚基金矿过夜。这个金矿由一个美国绅士尼克松先生经营。承蒙他的好心，在这四天里我就住在他的屋里。第二天早上，我们骑马去金矿。这个金矿在一座高耸的山顶附近，离此地有好几里格。半路上，我们顺便看了看塔瓜塔瓜湖。这个湖以其浮岛而闻名，盖伊先生[①]对此曾有描述。这些浮岛是由各种死去的植物茎干交织堆积而成，其表面上已有别的植物在上面生长。它们一般成圆形，厚约1.2–1.8米，大部分浸没在水里。当有风吹来的时候，它们就从湖的一边飘移到另一边，还经常可以把牛马当乘客载运过去。

当我们到达金矿时，被很多工人的苍白脸色惊呆了，就向尼克松先生问了一些有关他们生产、生活状况的事。这个金矿有105米深，每个人都要把重达90公斤的矿石运上来。他们要背着这么重的矿石沿着“之”字形井道，从树干上刻成的V形台阶一级一级爬上来。甚至还有一些18–20岁的年轻人，胡子都没有长，肌肉也没长结实（他们除了穿件内裤，其他部位都是赤裸的）也要背着这么重的东西从差不多同样深的矿井里爬上来。一个身强力壮的汉子，如果没有干过这种力气活，就是独身一人爬出来都会汗流浃背。在这

① 《自然科学年鉴》，1833年3月。盖伊先生是一个非常热心而又能干的博物学家，其时正专注于研究智利王国的各个自然历史的分支。

智利圣地亚哥的安第斯山

种高强度的劳作下，他们只能吃点煮熟的豆子和面包。他们更愿意只吃面包，但他们的老板发现光吃面包不能干这么重的活，因此就把他们当马一样对待，让他们吃豆子。他们的工钱比查求尔矿区高多了，达到每月24–28先令。他们每三个星期才能离开矿区回次家，在家只能待两天。这个矿区有条规矩听起来非常严苛，但对老板却大为有利。要把金子偷出去的唯一办法就是把一块金矿隐藏起来，时机合适时再带出去。只要监管人员发现一块金矿让人掩埋了，就要把这块金矿的所有价值作罚金，从每个工人的工钱中扣出来。因此，除非他们所有的人都联合起来，否则他们不得不相互监视了。

金矿运到磨坊后，先磨成细粉，再用水洗去所有比较轻的颗粒，再用汞齐法得到金末。根据记述，水洗法似乎是一种非常简单的方法。不过，更美妙的是，看到水流正好适合于金子的比重，就能把金末从其他金属里很容易地分离出来。从磨粉机里出来的矿泥收集到水池里，使之沉淀，再不断地把沉淀物掏取出来倒成一堆。然后开始一系列的化学作用，各种盐类在表面风化成粉壳，剩下的物质就变成了硬块。在放置一两年以后，再次冲洗就可以产生金属金。这个过程可能要重复六七次，不过每次得到的金子数量会越来越少，而且每次的间隔时间（也就是当地人所说的产生金属的时间）也较长。毫无疑问，上面所说的化学作用每次都能够从某种化合物里释放出新的金子来。要是能够找到一种方法可以使矿石在第一次磨碎之前就释放出金子来，那么毫无疑问会把金矿的价值提高很多倍。非常奇妙的是，这些四散的微细金粒没有受到腐蚀，最后竟能积聚成相当的数量。前不久有几个矿工因为休假，获准刮取房屋和磨坊四周的泥土。他们把收集的泥土淘洗以后，居然获得了价值30美元的金子。在自然界中这种淘金的方法也是一样的。高山受到剥蚀而逐渐崩溃破裂，而它们所含的金属矿脉也随之剥蚀。最坚硬的岩石也会风化成微细的泥土。普通的金属氧化了，这两种东西都会被水冲走，但是金、铂和少数其他金属几乎不受破坏，而且由于它们比重大，会下沉到底部，留了下来。当整座大山经过这种磨粉机磨细，并且经过大自然的手淘洗以后，剩余的残渣就变成了含金属的矿砂，于是人类认为完成这项分离金属的工作值得一干。

尽管上面提到的矿工待遇很差，但他们还是乐于接受，因为从事苦力劳动的雇农的生活条件还要糟得多。雇农的工钱更低，他们几乎只能靠吃豆子为生。这种贫穷肯定是由于封建主义制度造成的。在这种制度下，土地是这样耕种的：地主把一小块土地给雇农，让他在上面建房子、耕种作物。作为回报，他（或者他的代理人）得一辈子日复一日为地主做工，而且没有任何报酬。直到有一天雇农的儿子长大了，靠自己的劳动付清租金之后，才能打理自己的一块土地，但除了偶尔几天这样做以外，没有人会去管自己的地。因此，在这个国家中，极度贫穷在劳动阶层里是非常普遍的事。

在这里的邻近地区有一些古印第安人的遗物。我曾经看到过一种穿孔的石头。莫利纳提到过，在很多地方都能找到这种数量可观的石头。它们成圆环扁平状，直径13厘米到15厘米之间，一个小孔从正中穿过。一般认为它们是用来做棍棒的头部的，但它们的形状似乎一点都不适合做这种用途。伯切尔[①]指出，在非洲的南部有一些部落会用一根一头削尖的木棍来帮助挖树根，把一个中间有孔的石头穿过木棍，与木棍的另一端牢固地套在一起就能增加力量和重力。以前智利的印第安人很可能也用过这种粗糙的农具。

一天，一个叫雷努斯的德国博物标本采集家来看我。几乎与此同时，一个西班牙老律师也来了。发生在他们两人之间的一场对话让我觉得乐不可支。雷努斯的西班牙语说得很好，老律师误以为他是智利人。雷努斯暗指着我问他，对英国国王派一个博物收集家到他们国家来采集蜥蜴和甲虫标本、并且敲开一些石头，他有什么想法？这个老绅士认真地想了会，然后答道："这不是好事——但里面有说不出的原因。决没有这么富有的人，钱太多了就派人去捡这样的垃圾。我不喜欢这种事，如果我们有谁到英国去干这种事，你难道不会认为英国国王很快就会派人把我们赶出他的国家？"而这位老绅士从他的职业来看还是属于最受教育的知识阶层哩！雷努斯本人在两三年之前在圣费尔南多的一间屋子里放了一些毛虫，让一个女孩来照看饲养，好让它们变成蝴蝶。结果全城谣言四起，最后牧士和总督一起开会商讨，他们达成一致，说这肯定是某种邪教。于是，当雷努斯回家的时候就被逮捕了。

**9月19日**——我们离开了亚基，沿着跟基约塔地形相似的平坦河谷前行，在这个河谷里，廷德里迪卡河贯穿而出。即使在离此地只有十来公里的圣地亚哥南部，气候都要潮湿得多，因此这里有很多无须灌溉的良好牧场。

**9月20日**——我们沿着这个河谷走，直到它伸入到一个大平原，这个大平原从大海直达兰卡瓜西面的群山。我们走了没多久就看不到树木了，甚至连灌木也看不到了。因此，这里的居民几乎跟潘帕斯草原的人一样找不到柴火。我以前还从没遇见过这种平原，这次在智利见到这种景观真是让我惊讶不已。这种平原属于不同海拔高度的不止一个系列的平原，由宽阔、平坦的谷底横贯而过。它和巴塔哥尼亚一样，两个地方的环境显然都表明了海水对于逐渐上升的陆地的作用。在河谷两侧的陡峭悬崖上有一些很大的山洞，毫无疑问，它们当初是由海波冲击形成的，其中有一个非常著名的洞叫作奎瓦·欧，以前一直被人奉为神明。今天我一天都感觉不舒服，从这时起到10月底身体都没有恢复。

**9月22日**——我们继续沿着没有一棵树的绿色平原前进。第二天，我们到了纳维达德附近的一幢房屋，它坐落于海边。一个非常富有的庄园主给我们提供了食宿。我在这里连续住了两天，尽管身体很不舒服，还是设法从第三纪地层里采集了一些海洋贝壳标本。

---

① 伯切尔的《旅行记》，第二卷，第45页。

**9月24日**——我们现在的路线直指瓦尔帕莱索，我是克服了很大的困难才于27日抵达那里的。一到那里我就卧床不起，直至10月底。在此期间，我住在科菲尔德先生家里，他待我像家里人一样，我对他的好心简直无以言表。

我在这里要附带说一说我对智利的一些野兽和鸟类的观察结果。彪马，或称南美狮，在这里经常可以遇到。这种动物在地理分布上很广泛，从赤道附近的森林起，通过巴塔哥尼亚沙漠，向南直到潮湿而寒冷的火地岛（53°–54°），都能找它们的足迹。我曾经在至少海拔3000米以上的智利中部的科迪勒拉山脉上发现过它们的足迹。在拉普拉塔省，美洲狮主要捕食鹿、鸵鸟、齿类动物和其他小型四足动物；那里的美洲狮很少攻击牛、马，更很少攻击人。可是在智利，它们会咬死很多年幼的马和牛，这可能是由于其他四足动物稀少的缘故。我听说有两个男人和一个妇女也被美洲狮咬死了。据说，美洲狮总是跳到猎物的肩上来杀死猎物，然后用一只爪子把猎物的头扭转过来，直至脊椎骨折断。我曾在巴塔哥尼亚看到几具原驼的骨骼，它们的脖子就是这样关节错位的。

美洲狮在美餐一顿之后就用很多大灌木把动物的尸体遮盖起来，然后躺在旁边看守。它们的这种习性使得人们常常能够发现它们，因为安第斯兀鹫在天空中盘旋，时不时地从空中俯冲下来分享狮子的美味盛宴，狮子被惹怒了就会驱赶安第斯兀鹫，于是它们都会振翅飞起。然后，智利的古阿索人就会知道有只狮子在看守自己的猎物，于是发出信号，一群人和猎狗就急忙去追赶狮子。F·黑德爵士说，一个潘帕斯高原的高乔人只要看到一些安第斯兀鹫在空中盘旋，就会喊出“有狮子”！我自己还没有遇见过任何声称有这种辨别力的人。据说，如果一只美洲狮在看守动物尸体的时候暴露了行踪被人追杀，它就不再保持这种习性，而是在饱餐一顿之后远远地走开。美洲狮很容易被捕杀。在空旷的地方，人们先用流星套索缚住它，再用套绳套住，然后在地上拖，直到它失去知觉。在汤第尔（普拉塔的南边），有人告诉我，在三个月之内有100只美洲狮遭到了捕杀。在智利，它们一般被赶上灌木或大树，然后要么被射杀，要么被猎狗咬死。这种用来追捕狮子的狗属于一种特殊的品种，叫作猎狮犬。它们是一种瘦小、纤弱的动物，就像长腿的梗犬，但是天生具有猎狮的特殊本能。据说，美洲狮非常狡猾，当它被人、狗追捕的时候，常常循着原来的足迹往回跑，然后突然跃到一旁，等着这些猎狗追过去。这是一种非常安静的动物，即使受了伤都不会哼一声，只是在繁殖季节偶尔吼叫一下。

对于鸟类，窜鸟属的两个物种（须隐窜鸟和白喉窜鸟）也许是最为引人注意的。前者被智利人称做“土耳其鸟”，它和北欧鸫的体形相似，甚至还与鸫有点血缘关系，但它的腿要长得多，尾巴更短，鸟嘴更强壮，羽毛呈红棕色。这种土耳其鸟比较普遍，它们栖居在地面上，干燥、贫瘠的山坡上、稀稀拉拉的灌木丛里常能看到它们躲闪的身影。它们的尾巴直立起来，两条长腿像高跷一样，人们常能看到它们时不时地从一棵灌木非常机敏地跳到另一棵灌木。实际上，我们只需花很小的想象力就可以相信，这种鸟在为自己感到害羞，因为它好像意识到自己的外形是非常可笑的。第一次看到它，人们就忍不住想大喊："一只讨厌的填充好的标本从某个博物馆逃出来，又活过来了！"它如果不使尽力气就飞不起来。它也不会奔跑，只能跳跃。它躲在灌木丛里发出各种响亮的叫声，这种叫声跟它的外表一样让人感到奇怪。据说，它们能在地下很深的洞里筑巢。我解剖过好多个标本。它们的砂囊肌肉非常发达，里面有甲虫、植物纤维，还有小石子。根据它的这个特征，还有根据它的双腿的长度、喜欢抓挠的脚爪、鼻孔上的覆膜和又短又弯曲的翅膀等等这些特征看来，这种鸟似乎在某种程度上与鸡形目的鹑科鸟类有亲缘关系。

第二种鸟（或白喉窜鸟）与第一种鸟的外形大体相似。当地人叫它塔帕科洛鸟，意思是"遮住背部"的鸟，对于这种不知道害羞的小鸟，这个名称非常相配，因为它们不仅把尾巴竖起来，还向头部倒遮过来。它们经常栖息在灌木篱墙的底部和贫瘠山坡上稀稀拉拉的灌木丛里。这种地方换成别的鸟几乎不能生存。它们寻找食物的一般习性和从灌木丛里飞快地跳去又跳回的方式，喜欢躲藏、不愿飞行和在地洞里筑巢的习性，都和土耳其鸟极为相似，但它们的外形没有这么可笑。这种窜鸟非常狡猾，只要受了任何人的惊吓，它就会待在灌木丛底保持不动，过一会儿，它就非常机智地爬到对面灌木丛里去了。这也是一种非常活跃的鸟，不断地发出叫声。这些叫声各不相同，也非常奇怪，有些像鸽子的咕咕声，有些像滚水的鼓泡声，还有很多声音简直无法比喻。当地的乡下人说，它们在一年中会变换五种叫声——我猜想，它们会根据季节的转换来变换声音①。

这里有两种蜂鸟非常普遍 。叉尾蜂鸟能在4000公里远的西海岸出现，从干旱、燥热的秘鲁首都利马到火地岛的丛林都能看到它们的身影——在火地岛，人们可以看到它在暴风雪里轻快地掠过。在智鲁岛特别潮湿的丛林里，这种小鸟在水淋淋的树叶间从一边窜到另一边，它们的数量可能比其他任何鸟的数量都要丰富得多。我在南美洲的不同地方射杀过几种不同的蜂鸟，然后解剖它们的胃部，结果看到它们的胃里跟旋木雀的胃一样还保留着无数的昆虫残肢。当这种蜂鸟在夏季迁往南方时，就会有一种从北方来的蜂鸟替代它们。第二种蜂鸟（大蜂鸟）与它所属的娇小蜂鸟家族比较起来可以算是一种很大的鸟了。它在飞行时外形很特别。和蜂鸟属的其他种类一样，它能极快地从一个地方飞到另一个地方，这种飞行速度可以和蝇类中的食蚜蝇以及蛾类中的天蛾相提并论，可

① 一个惊人的事实是，尽管莫利纳对智利的所有鸟类和动物进行了详细的描述，却从来没有提起过这个属的物种。这些物种非常普通，它们的习性也非常突出。难道他对它们如何分类不知所措了，因此他就认为沉默是更审慎之道？有关这些课题，让人预料不到的是，这是一个经常被作者遗漏的事例。

是当它在花丛上盘旋时，它拍打翅膀的速率却非常慢而强劲有力，与大多数蜂鸟通常急速振动双翅、发出嗡嗡的蜂鸣声完全不一样。我从来没见过别的鸟的翅膀相对于它本身的体重来说能展现这么大的力量（就跟蝴蝶一样）。当它在花朵周围绕飞时，它的尾巴不停地张合，就像一面扇子，身体保持着几乎直立的位置。这种动作似乎是为了在双翅缓慢扇动时能保持稳定并支撑它的重量。尽管它们为了寻找食物，从一朵花飞到另一朵花，但它们的胃里留存着大量的昆虫残骸，因此我怀疑它们寻找食物的目标是昆虫，而不是花蜜。这种蜂鸟的叫声与整个蜂鸟家族的叫声几乎一样，特别尖锐。

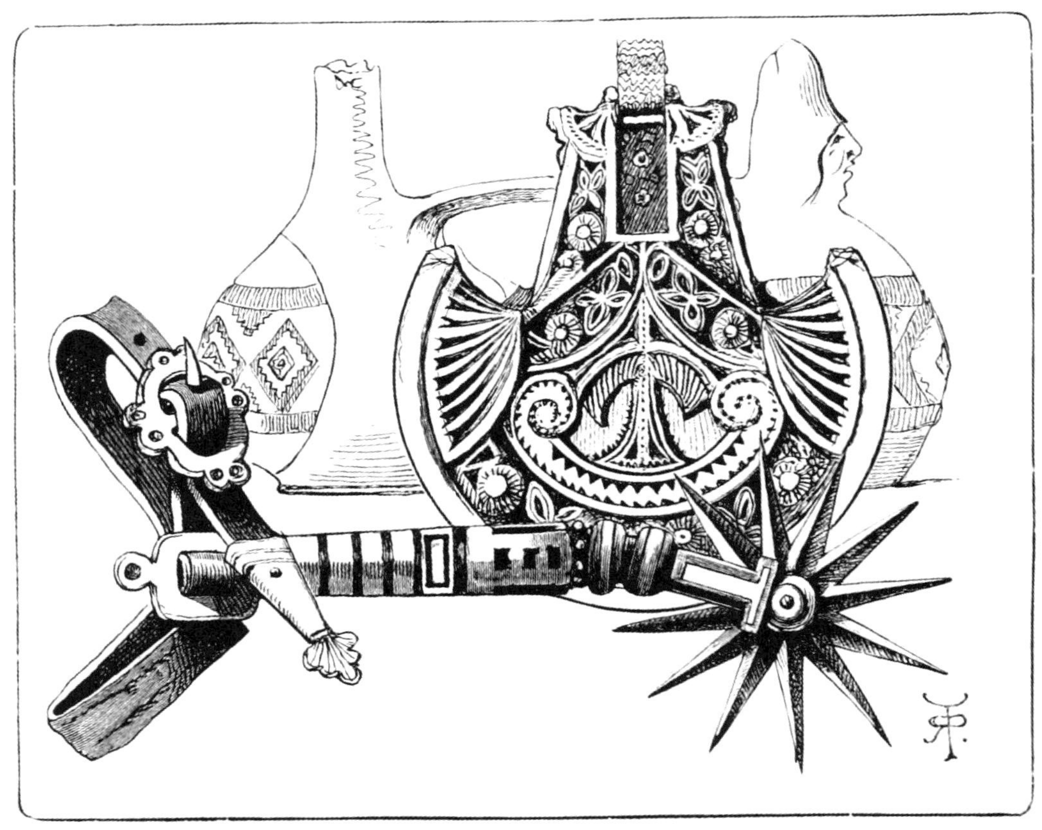

智利人的马刺、马镫等

智鲁岛上卡斯特罗的古老教堂

# 第十三章

# 智鲁岛与潮恩斯群岛

智鲁岛——总貌——乘小船探险——土著印第安人——卡斯特罗——温顺的狐狸——攀登圣佩德罗山——潮恩斯群岛——特雷斯蒙茨半岛——花岗岩山脉——遭遇船难的水手——洛港——野生土豆——泥煤的形成——海狸鼠、水獭及老鼠——丘考鸟及吠鸟——克洛雀——鸟类学的奇异特性——海燕类

**11月10日**——为了勘查智利的南部地区、智鲁岛以及潮恩斯群岛被海水断断续续分开的土地，“小猎犬”号从瓦尔帕莱索往南行驶，直达特雷斯蒙茨半岛。11月21日，我们在智鲁岛的首府圣卡洛斯湾抛了锚。

这座岛大约有144公里长，宽度还不到48公里。该岛属于丘陵地区，但没有高山，除了被人砍去林木后的茅草屋周围有少块绿草地，岛上覆盖着的全是茂密的丛林。远远望去，这里的景色有点像火地岛，但走近一些看，这里的树木则漂亮得多。这里有多种长势茂盛的常绿树以及具有热带特征的林木取代了南部海岸暗淡的山毛榉。这里冬天的气候令人嫌恶，夏天则略好一点。我该想到全世界的温带地区应该没有几处像这里一样有这么多的降水。这里的风刮得非常猛，天空总是云遮雾罩，要是连续有一个星期的晴天就是不可思议的事了。我们甚至很难瞥见科迪勒拉山：在我们第一次到访的时候，曾经只见到过奥索尔诺火山在太阳升起前高高耸立、显出壮美的模样，而随着太阳的升起，我们惊奇地看到，它的轮廓在东方天空的光耀中慢慢地消失了。

从外表和矮小的身材来看，这里的居民似乎有四分之三的印第安血统。他们是一群谦逊、安静、勤劳的人。尽管这里由于火山岩的分解腐烂而土地肥沃，维持着植被的快速生长，但这里的气候不适合任何要靠吸收大量阳光才能成熟的农作物生产。这里的牧场很少，无法供养大型四足动物，因此这里的主食是生猪、土豆和鱼类。这里的人都穿着结实的羊毛衣，这都是每个家庭自己做的，然后用溶靛素染成深蓝色。这里的手艺还停留在最原始的状态——这一点从他们奇怪的耕地方式，纺纱、磨玉米的方法，以及修造的船只就可以看得出来。这里的丛林长得密不透风，因此除了靠近海岸的地方和邻近的小岛外，没有地方可以耕作。甚至已有的小路由于土质松软、低洼而几乎不能过人。这里的居民与火地岛人一样，主要在海滩或小船上活动。尽管他们吃的东西很丰富，但这里的人却很贫穷：因为不需要劳动力，所以底层社会的人挣不到足够的钱来购买哪怕是最小的奢侈品。这里的流通货币也极其缺乏。我曾经看到一个人背上扛着一袋木炭，以此来买些小物品，而另一个人拿着一块厚木板来交换一瓶酒。因此，每个手艺人还必须同时是一个商人，他要把交换来的商品再次卖给别人。

**11月24日**——在沙利文先生（现在是船长了）的指挥下，我们派出了快艇和捕鲸船到智鲁岛的东部或沿海内陆去考察，并且得到命令与“小猎犬”号在该岛的最南端会合。那时“小猎犬”号就沿着岛的外围航行到这个地点，因此它环岛航行了一周。我也参加了这次考察，但我第一天不是坐船去的，而是雇了几匹马把我送到该岛最北端的查考。这条路沿着海岸，时不时地要穿过覆盖着茂密丛林的海角。这些绿荫蔽日的小径由一根根的原木铺成是很有必要的。这些原木被削成四方形，一根接一根地排放着。因为阳光永远穿不透这些常绿树叶，地面又潮湿又松软，除了用这种办法，不管是人还是马都不能从这里通过。我们小船上的人刚搭好露宿的帐篷不久，我也到达了查考村。

查考村周围的树木被大片大片地砍伐了，在丛林中有很多静谧如画的角落。查考最初是该岛的主要港口，但由于海峡中有危险的洋流和岩石，很多船舶都失事了，西班牙政府就烧毁了这里的教堂，并专横地强迫大量的居民迁移到了圣卡洛斯。我们还没露营多久，总督的儿子就打着赤脚来察看我们的动静。他看到快艇桅顶上悬挂着英国国旗后，就极其冷漠地问我们的旗子是不是一直要在查考飘扬。有好几个地方的居民一看到战舰的外观就非常吃惊。他们希望并相信这是西班牙舰队的先驱，到这里来是为了从智利的爱国政府手中收复这个岛的。然而，当地所有政要已经得到我们要到这里来访问的通知，他们都显得特别客气。我们在吃晚餐的时候，总督来拜访我们。他以前是西班牙军队的一个陆军中尉，但现在穷困潦倒了。他送给我们两只绵羊，并接受了我们回赠的两块棉手帕、一些铜饰品以及一点烟草。

**11月25日**——瓢泼大雨。但我们还是设法沿着海岸跑到了很远处的华比列诺。智鲁岛的整个东面都是一个模样。这是一个平原，被河谷分割成了很多小岛，而且全部被密不透风的暗绿色丛林所覆盖。在丛林的边缘，有一些砍伐树木后留下的空地，周围是高屋顶的小村舍。

**11月26日**——今天天气阳光灿烂。我们看到奥索尔诺火山喷出了大股的浓烟。这座极其漂亮的山峰就像一座白雪覆盖的、完美的圆锥体，耸立在科迪勒拉山前。另一座有着马鞍形山顶的大火山也从巨大的火山口散发出少量的蒸汽。随后我们看到了山峰高耸的科尔科瓦杜山——它配得上“著名的科尔科瓦杜山”这个称号。因此，我们从一个观测点看到了三座高大的活火山，每座都有约2100米高。除了这几座火山，我们还看到离这里很远的南方有其他高耸入云的圆锥形山，上面覆盖着积雪，尽管不知道它们现在是不是活跃的，但最初肯定是火山。而相邻的安第斯山脉则没有智利的山脉那样高，在它们的各地区间也没有形成这样完美的屏障。这座大山脉尽管是从北到南的直线走向，但由于视力的错觉，它显得或多或少有些弯曲，因为从每座山峰引到观察者眼里的直线必然会像半圆的半径一样汇聚拢来，而且无法判断离最远的山峰到底有多远（这是由于空气是透明的，而且又缺少起媒介作用的物体），所以它们就像是耸立在一个平面上的半圆形里一样。

我们中午上岸，看到一家纯印第安血统的人。这个家庭的父亲特别像约克·明斯特，而他的几个年轻男孩面色红润，很可能会让人误以为他们是帕潘斯印第安人。我看到的每件事都使我相信：不同的美洲印第安部落间尽管说着不同的语言，但他们有着密切的血缘关系。这个部落的人只能讲一点西班牙语，他们相互交谈还是用自己的语言。我们非常高兴地看到这些印第安土著自从被白人征服以来，尽管文明程度还不高，但已经超越了他们本身的文明程度。

越往南走，我们看到了更多的纯种印第安人。事实上，一些小岛上的所有居民都保留着他们的印第安姓氏。在1832年的一次人口普查中，智鲁岛及其附属岛屿共有42,000名居民，其中大部分是混血人。有1.1万人保持着印第安姓名氏，但很有可能并不是所有保留印第安姓氏的人就是纯正的印第安人。他们的生活习性与其他贫穷的居民是一样的，而且他们都信奉基督教，但据说他们还保留着某种奇怪的迷信仪式，而且他们还在一些山洞里装模作样地与魔鬼进行交流。以前凡是犯了这种罪的人都要送到利马的宗教法庭去受审。除了这1.1万名有着印第安姓氏的人外，还有很多居民并不能仅凭外貌就能把他们与印第安人区分开。列穆岛的总督戈麦斯，从其父母双方来看是西班牙贵族的后裔，但由于他的上辈不断地与当地人通婚，现在他已经是一个印第安人了。另一方面，昆乔的总督则不断地吹嘘说他还完全保留着西班牙血统。

晚上，我们到达了一个漂亮的小海湾，它位于考考埃岛的北面。这里的人都在抱怨缺少土地，部分原因是他们自己疏于清除周围的林木，还有一部分原因是政府对土地的严格限制：任何人要买一小块土地都要付给测量员每“夸德拉”（约125平方米）两个先令的费用，再加上土地测量员所测定的土地价格。经过他的土地估价后还得进行三次拍卖，如果没有人以更高的价格竞买，购买人才能以原有的价格拥有这块土地。所有这些苛刻的条件必然严重阻碍人们去开垦土地，因此这里的居民特别贫穷。在大多数地方，人们都能靠放火烧山，不用费多大困难就能清除这些林木，但在智鲁岛，由于这里潮湿的自然气候及树木的种类不易着火，首先必须要把它们砍倒才行。这就严重阻碍了智鲁岛的繁荣发展。在西班牙统治时代，印第安人不能拥有土地，如果有一个家庭开垦了一片土地，他们就要被赶走，而且财产要被政府没收。现在的智利政府正在推行一项公平的法令，给这些穷苦的印第安人做些补偿，根据各自不同的生活状况分给每个人一定量的土地。未开垦的土地价格非常低廉。政府在圣卡洛斯附近分给了道格拉斯先生（他现在是测量员，上面这些情况就是他告诉我的）22平方公里的森林来代替债务。他把这块土地以350美元的价格卖了，约合70英镑。

接下来的两天都是晴天。晚上，我们到达了昆乔岛。这个邻近的岛屿是潮恩斯群岛中开垦最彻底的地方，因为沿着主岛的海岸边一条很宽的地带以及很多相邻的小岛几乎全开垦出来了。一些农舍看起来非常温馨。我好奇地想弄清楚这里的人的经济收入如何，但道格拉斯先生说，没有一个人有正常的收入。一个最富有的地主经过长期的勤俭生活有可能积累差不多1000英镑的财富，但即使是这样，这笔财富也会储藏在某个秘密的角落，因为用一个坛子或宝物箱把这笔钱财埋在地里，几乎是每个家庭都有的习惯。

**11月30日**——星期天清晨，我们到达了智鲁岛的古都卡斯特罗，但它现在已成了非常荒凉、偏僻的地方。这里还能看出西班牙城市常有的方形布局的痕迹，但街道和广场已长满了茂盛的绿草皮，一些羊儿正在上面啃草。广场中央直立的教堂完全是由木板建造的，显示出如画的风光和威严的形象。尽管这里拥有数百居民，但这里的贫穷却能从以下的事实中想象得出来：我们同行的一个人想买点东西，可无论走到哪里，既买不到一斤糖，也买不到一把普通的水果刀。这里没有一个人有块表或一个闹钟，据说有个老人能准确地知道时间，因此被教堂雇来用猜测的办法撞钟。我们小船的到来，在这个世界的偏僻角落里是一件非常稀罕的事，几乎所有的居民都到海滩来看我们支帐篷。他们非常好客，给我们提供了一间房子，还有一个人甚至送了一桶苹果酒给我们作礼物。下午，我们去拜访了总督。他是一个非常安静的老人，从他的外表和生活方式来看，几乎和一个英国的佃农差不多。晚上下起了大雨，这样也不能把一大群围观我们帐篷的看客赶走。有一家印第安人，坐独木舟从开伦到这里来做贸易，就露宿在我们附近。他们在大雨中没有任何遮蔽物。第二天早上，我问一个浑身湿透的印第安青年昨晚过得怎样。他似乎非常满足，答道，“挺好的，先生。”

12月1日——今天，我们乘船前往列穆伊岛。我急于想考察一个别人报告的煤矿，它原来是一个没有多少价值的褐煤矿，埋藏在构成这些岛屿的砂岩中（很可能是古代第三纪的产物）。当我们到达列穆伊岛时，却很难找到一处搭帐篷的地方，因为现在正值潮汛期，陆生树木直达水边。不一会儿，我们被一大群近乎纯血统的印第安居民包围了。他们对我们的到来非常吃惊，相互说道：“怪不得我们最近看到这么多鹦鹉。丘考鸟（一种奇怪的红襟小鸟，栖居在茂密的丛林中，发出一种特别怪异的叫声）也不会无缘无故地叫着‘要当心’。”他们很快就急着要与我们做生意。金钱在这里几乎毫无价值，但他们对于烟草的渴望却非同一般。排在烟草后面值钱的东西依次是靛蓝素、辣椒、旧衣服及火药。他们对火药的需求完全不是为了害人，因为每个教区都有一支公共火枪，这些火药就是用来为他们的圣人节或其他宗教节日鸣枪致敬而制造响声的。

这里的人主要以贝壳和土豆为食。在有些季节，他们也靠“畜栏”来捕鱼，也就是在水下设置篱笆，当海水退潮的时候，很多鱼就留在了泥栏里。他们偶尔也饲养家禽、绵羊、山羊、猪、马和牛。这里所提到的动物是按照它们各自数量的多少而进行排序的。我还从来没有见过比他们还要乐于助人及态度谦虚的人。他们开始总是先说自己是这个地方可怜的土著人，并不是西班牙人，他们急需要烟草和其他的生活用品。在最南端的开伦岛，水手们用一支价值3.5便士的烟草换来两只家禽。据印第安人说，其中有一只家禽的脚趾间有皮肤，原来它就是一只漂亮的鸭子。有人用价值三先令的棉手帕换来三只绵羊及一大捆洋葱。我们把快艇停泊在离岸边较远的地方，因为我们担心在夜间会有强盗危及它的安全。我们的引航员道格拉斯先生因此告诉该地区的警察说，我们经常

智鲁岛上的根乃拉草

布置荷枪实弹的哨兵，是因为我们不懂西班牙语，要是在黑夜里看到任何人，就一定要向他开枪。这个警察非常谦恭地同意了这种十分正确的措施，并且答应我们任何人在晚上不能离家外出。

在接下来的四天里，我们继续向南行驶。这个地方的总体特征还是保持不变，但是居住的人口更加稀少了。在汤基这个大岛上很少有开垦的地块，四周的树木向海岸伸展着枝丫。有一天我注意到，在砂岩峭壁上生长着一些茂盛的“庞克”植物（根乃拉草科），枝叶非常庞大，长得很像大黄。这里的居民就吃它那略带酸味的茎干，并用它的根来削制皮革，还能制成一种黑色的染料。它的叶片接近于圆形，但边缘有很深的锯齿。我测量过一片叶子，它的直径差不多有2.4米，因此它的周长至少有7.2米！它的茎干超过一米高，每棵树长出四五片这样巨大的树叶，显得十分壮观。

**12月6日**——我们到达了开伦岛，它又叫“基督教的尽头”。早上，我们在莱列克北端的一间房子前停留了几分钟，它是南美基督教世界的最末端，是一间可怜的茅草屋。这里是南纬43°10′，比大西洋沿岸的里奥内格罗还要偏南两纬度。这些最遥远的基督教徒非常穷苦，他们经常以这点为理由向我们讨点烟草。为了证明这些印第安人的贫穷，我会提到一个不久前遇到的人，他步行了三天半去向人要回一把不值钱的小斧头和几条鱼，然后再步行三天半回来。可见要买到这些微小的物品该有多么困难，为了讨回这么小的一笔债务要克服多大的困难。

晚上，我们到达了圣佩德罗岛，“小猎犬”号已经停泊在这里了。为了绕过海角，我们派了两个人上岸用经纬仪测定四周的方位角。这时有一只狐狸（犬属，黄腿狐）正坐在岩石上。据说这种狐狸是这个岛上所特有的，非常稀少，是一个新物种。它正聚精会神地看着我们的船员在工作。我就悄悄地走到它的后面，用一把地质锤朝它的脑袋上猛的一击。这只狐狸太好奇，也太有科学精神了，但它不太聪明，现在它已陈列在大英动物学会的博物馆里了。

我们在这个港口逗留了三天。有一天菲茨·罗伊船长带着一队人试图爬到圣佩德罗山顶上去。这里的树木与该岛北面的树木有很大的不同，岩石也不同，是云母板岩。这里没有沙滩，只有陡峭的悬崖笔直地深入到水底。这里总的特征更像火地岛而不像智鲁岛。我们登顶的愿望落空了：这里的森林太茂密了，没有亲眼见过的人简直不能想象，这是一团死树干与快要死的植物纠缠在一起的物质。我敢保证，有十几分钟的时间，我们的双脚根本接触不到地面，我们经常离地有三米到四米半高，因此有水手开玩笑说我们是在探测水深。有时候，我们要手脚并用，从腐烂的树干下一个接一个地爬过去。在这座山的较低处生长着珍贵的文特尔玉桂树，还有一种叶子散发香味的像月桂树一样的檫木以及别的我不知道名字的树，它们被拖曳着尾巴的竹子或藤蔓纠缠在一起。相比其他动物，我们在这里更像是渔网中挣扎的鱼。在山坡更高一些的地方，低矮的灌木取代了高大的乔木，红雪松或称山达木松东一棵西一棵的生长着。我很高兴地看到，在不到海拔300米处，生长着我们的老朋友南方山毛榉树，但它们已成了可怜的发育不良的树。因此我认为，这里肯定就是它们能生长的最靠北的地方了。我们最终绝望地放弃了登上山顶的企图。

**12月10日**——我们的一艘快艇和捕鲸船在沙利文先生的指挥下继续着他们的考察，但我待在了“小猎犬”号上面。第二天“小猎犬”号就离开了圣佩德罗向南驶去。12月13日，我们进入了瓜雅特卡斯岛南部的海峡，也就是潮恩斯群岛的一条海峡。幸好我们这样做了，因为第二天，这里就下起了一场我们在火地岛遇到过的那种狂风暴雨。一团团巨大的白云堆积在暗蓝色的天空中，一块块黑破布一样的乌云从白云旁边飞快地飘过。连续不断的山脉好像是朦胧的黑影，落日的金黄光芒投射在树林上，就像酒精燃烧产生的火焰。飞溅的水花把水面变成了白色；海风一会儿平静，一会儿又怒吼地吹过帆缆。这是一个凶险却又壮丽的景色。几分钟过后，天空出现了一道鲜亮的彩虹，看到浪花对它所产生的影响，使人感到非常惊奇，因为浪花在水面上散开时，就把普通的半圆

潮恩斯群岛的内景

形彩虹变成了圆形。这条七彩的带子继续贯穿海湾，从人们常见的弧形两端一直到延伸到我们的船边，这样就形成了一个扭曲的、但几近完整的圆环。

我们在这里逗留了三天。天气还是很恶劣，但这点还算不了什么，因为整个岛屿都寸步难行。这里的海岸崎岖不平，如果想沿海岸方向步行则要在云母—板岩构造的尖利石头上爬上爬下，而且我们还只不过试图穿过这里的密林禁地，每个人的脸上、手上、胫骨上就留下了遭受折磨的印证。

**12月18日**——我们朝大海驶去。到了20日，我们就和南方说再见了，然后顺着风向把船调头向北。我们高兴地从特雷斯蒙茨角沿着高耸的、饱经风雨侵蚀的海岸行驶。这里的山峰轮廓分明、不同寻常，即使险峻的悬崖边上都覆盖着浓密的丛林。第二天，我们发现了一个海港，在这么危险的海岸边，它应该对遇险的船只有很大的帮助。它紧靠一座480米高的山下，很容易就能看出来。这座山比里约热内卢著名的棒棒糖山的圆锥形状还要周正得多。第二天，船舶抛锚停泊后，我成功地登上这座山顶。这真是一次艰苦的爬山，因为山坡太过陡峭，有些地方要用树作梯子才能爬上去。山上有几个地方还遍布着倒挂金钟属植物，其上挂满了漂亮的向下开放的花朵，但我们很难从这些植物中爬过去。在这些荒山野岭，能爬上任何山峰都会让人非常高兴。人们对于能看到一些非常奇妙的东西总是充满着无穷的期望，但是又常常畏缩不前，然而经过继续努力之后，就不会再让人失望。每个人想必都知道，“一览众山小”带给我们的视觉冲击会在我们心里都产生一种胜利和自豪的感觉。在这些人迹罕至的地方，还会夹杂着一种虚荣心，说不定你就是站上高山之巅并欣赏这片美景的第一人。

我一直有一种强烈的渴望，想弄清以前是否有人来过这个荒僻的地方。我捡起一块上面附有钉子的木片，然后进行研究，就好像它上面布满了象形文字。带着这种感觉，我非常高兴地发现，在海岸的一处荒僻的岩壁下有一张铺着野草的床，附近还有用火的痕迹，这里的主人还用过斧头。这里的火堆、床铺以及周围的情形都显示了印第安人的灵巧，但是他很可能不是印第安人，这是因为这个地方的天主教徒渴望把基督教徒和奴隶一举改造成天主教徒，印第安种族就此灭绝了。这时我产生了一些疑虑，认为这个在荒野地点铺床的孤独人，一定是一个遇难船只上的可怜的水手。他在试图沿着海岸行走的时候，在这里睡下，度过了令人沮丧的夜晚。

12月28日——天气还是很不好，但总算能让我们继续考察了。日复一日的连续大风把我们的时间都耽搁了，让我们觉得时间过得很慢很慢。晚上，我们又发现了另一个港口，我们就在这里停靠了。我们停好船不久就看到一个人挥舞着衣衫。于是，我们派了一条小艇过去，接了两个水手过来。他们一行有六个人从一艘美国捕鲸船上逃了出来，就坐小船在离南边不远的一个地点登了陆，可是不久小船就被拍岸的浪花冲得粉碎。直到今日，他们已经沿着海岸来来回回徘徊了15个月了，不知道要到哪里去，也不知道自己身处何地。现在我们发现了这个港口，这对他们来说是一件多么幸运的事啊！如果不是这次机会，只怕他们要在这里徘徊到老，并最终死在这个荒野的海岸了。他们所受的痛苦是巨大的，其中一人就从悬崖掉下而送了命。他们有时不得不分头寻找食物，这也解释了我们上次见到的孤独草床的来源。考虑到他们这段时间的经历，我想他们对时间的计算还是很准确的，因为他们计算的时间只和实际的时间差了四天。

12月30日——我们在特雷斯蒙茨最北端的大山脚下一个温暖的小港湾抛了锚。第二天早上，我们吃过早餐后就派一队人员去爬一座720米高的大山。这里的景色异于寻常。山脉的主要部分是由巨大、坚固而突兀的花岗岩组成，它们好像从这个世界产生的时候就已经同时存在了。花岗岩的上面盖着一层云母板岩，而随着时间的流逝，这些云母板岩已经腐蚀成奇怪的手指一样的凸起物。这两种岩石虽然外形很不一样，但它们上面几乎都没有生长任何植物。因为我们长久以来已经看惯了到处存在的深绿色树木，现在看到寸草不生的景象，就有一种非常奇怪的感觉。我非常高兴地查看着这些山峰的构造。这些复杂而高耸的山脉具有一种高贵而经久不变的模样，可是它对于人类和其他所有的动物都没有益处。花岗岩对于地质学家而言是经典的母岩，因为它们分布范围广，又有漂亮而密致的质感，很少有岩石像它们那样在古代就被人类认识了。花岗岩的起源问题，可能比任何其他岩层的起源问题所引起的争论都要多。我们一般认为它构成了岩石的基础，然而它是怎样形成的，我们只知道这是人类所能钻探到的地壳里的最深的岩层。人类对任何认知的局限性都有很高的兴致，当认知与所幻想的领域更加接近的时候，这种兴致可能会随之增加。

**1835年1月1日**——这些地区的人以其固有的欢迎仪式迎来了新年。这天的天气展现了真实的希望：一股猛烈的西北风携带着连续不断的大雨，预示着来年的景象。感谢上帝，我们不会在这里待到年尾，我们只希望很快就到达太平洋，那里的蓝天会告诉我们——我们的头顶上有一个真正万里无云的天空。

接下来的四天，西北风还是长驱直入，我们只能设法横过一个大海湾，然后在另一个安全的港口抛了锚。我陪同船长乘坐一条小船到了一条深水的小河尽头。一路上，我们看到了数量多得惊人的海豹：每一块平整的岩石上以及沙滩的每个地方都布满了海豹。它们似乎表现出了互爱的天性，横七竖八地躺在一起，像很多肥猪一样呼呼大睡，但即便是肥猪也会对他们的肮脏、对他们身上散发出来的臭味而感到羞愧。美洲兀鹫瞪着耐性而又恶毒的眼睛，观察着每一群海豹的动静。这种令人厌恶的、长着猩红色秃头的鸟，养成了喜好食腐的特性。它们在西海岸很常见，它们追逐海豹的习性显示出它们是以什么食物为生的了。我们发现这里的水（可能只是水面）比较洁净，这是由于数量众多的小瀑布所形成的激流从险峻的花岗岩山上倾泻而下，注入大海而造成的。清澈的流水吸引了鱼类，而鱼类又引来了众多的燕鸥、海鸥以及两种鸬鹚。我们还看到了一对美丽的黑颈天鹅，还有一些小海獭，这种海獭的皮毛价值很高。我们划船返回的时候，看到大大小小的海豹。当我们的小船划过它们身边的时候，它们就急忙钻进水里，这种情形让我们觉得非常有趣。它们在水下没呆多久，就浮上了水面，伸长着头颈跟随着我们，露出惊讶而好奇的表情。

**1月7日**—— 我们沿海岸北上，在潮恩斯群岛北端附近的洛氏港抛了锚，并在这里逗留了一个星期。这些岛屿跟智鲁岛一样，由分层的、柔软的海岸沉积物所构成，这里的植物长得郁郁葱葱、非常漂亮。这里的树木一直长到了海滩上，就像砾石路两旁的常绿灌木一样。我们还能从锚泊地欣赏到科迪勒拉山脉的四座圆锥形雪山的壮丽景色，其中包括"著名的科尔科瓦杜山"。这个纬度的山脉很少有高山，因此也就很少有山峰能超出邻近岛屿的顶部而出现在人们的视野中。我们发现这里有五个从"基督教的尽头"开伦岛来的人。他们几乎是冒着生命危险，划着他们那可怜的独木舟，横过潮恩斯与智鲁岛之间的开放海域，到这里来捕鱼。这些岛屿很有可能跟智鲁岛海岸邻近的岛屿一样，在不久的将来成为人们的居住地。

这些岛屿上生长着十分丰富的野生土豆，它们长在靠近海滩的沙质的、多贝壳的土壤中。最高的植株有1.2米。它们的块茎一般比较小，但是我发现一个椭圆形的块茎直径有5厘米。它们在各个方面都跟英国的土豆很像，味道也跟英国的土豆一个样，但是把它们煮开后，体积就缩小了很多，而且多水寡味，但没有任何苦味。它们毫无疑问是这里土生土长的植物。据洛先生说，它们生长的地方最南端达到了南纬50°，那一带未开化的印第安人把它们称之为“阿奎奈”，而智鲁岛的印第安人又用另一个不同的名称来称呼它们。亨斯洛教授在研究了我带回家的干缩土豆标本后说，它们和萨拜因先生[①]在瓦尔帕莱索记录的是同一个品种，但它们是不同的变种，一些植物学家则认为它们是特有的物种。在六个多月的时间里滴雨不下的智利中部贫瘠的山里和这些南部岛屿的潮湿森林里，居然会生长同样的植物，真让人觉得不可思议！

潮恩斯群岛的中心地带（南纬45°）的森林与离合恩角以南960公里远的整个西海岸的森林具有十分相似的特性。这里没有发现过智鲁岛那种树状草，而火地岛的山毛榉却长得很高大，而且它们在整个森林中占据着相当大的比例，不过，它们并不像在遥远的南方那样独霸一方。隐花植物在这里找到了它们最适宜的气候。在麦哲伦海峡，如我之前所说，那里太寒冷、潮湿，不能让隐花植物完全发育成熟，但在这些岛屿的丛林中，物种的数量以及苔藓、地衣、小羊齿蕨的丰富程度，真是让人意想不到。[②]在火地岛，树木只生长在山坡上，而每一块平坦的土地上总是一成不变地覆满着一层厚厚的泥煤；但是在智鲁岛，平坦的地面上却生长着最茂盛的森林。在潮恩斯群岛的范围内，气候的性质与火地岛更加接近，但却同智鲁岛北部的气候不一样，因为每小一块平坦的地面上都覆盖着两种植物（芳香草和花柱草），它们混合在一起腐烂后，就形成了一层富有弹性的泥煤。

在火地岛，林地以上的地带所产生的泥煤，主要是由这两种分布广泛的植物里的第一种（芳香草）所形成的。这种植物的主根四周，经常不断地长出新叶，而下面的老叶很快就腐烂。如果沿着根部向下追溯到泥煤层，就可以观察到，还保留在原来位置上的叶子正处在各个分解阶段，直到完全变成一堆混杂不清的物质。只有少数别的植物能和这种芳香草生长在一起，例如到处生长着的一种小型蔓生的香桃木属植物，它就像我们英国的越橘一样具有木质的茎，并且结出有甜味的浆果。还有一种岩高兰属植物，跟我们的石南有点像，另外有一种灯芯草（灯芯草属），它们是仅有的几种生长在潮湿地表

① 《园艺学报》第五卷，第249页。卡德龙先生寄了两块土豆茎回国，得到了很好的施肥培植，头一个季节还长出了很多土豆和茂盛的叶子。参看洪堡对这种植物的有趣讨论，当时这种植物在墨西哥城还不为人所知。《论新西班牙》，第四卷，第九章。

② 我用捕虫网一扫，就从这些地方获得了相当多的小昆虫，有隐翅虫科，有和饰蚁甲类似的甲虫，还有极小的膜翅目昆虫。但是在智鲁岛和潮恩斯群岛的广大地区中，个体和种类数量最多、最具共同特性的科是花萤科。

上的植物。这些植物虽然与同属的英国物种从整体来看非常接近，但却并不相同。这里更平坦的地方，泥煤的表层被分割成很多小水坑。这些小水坑处在不同的高度，就像是人工挖掘出来的。一小股一小股的水流在地下不停地流动，完成了植物性物质的分解，然后整个固结在一起。

美洲南部的气候好像特别适合泥煤的形成。在福克兰岛，几乎每一种植物，甚至覆盖着整个地表的粗硬的草，都会转变成这种物质：几乎没有任何地方可以阻碍它的产生。有些泥煤层厚达3.6米，而其底部在干燥后变得非常坚硬，几乎不能燃烧。尽管每种植物都在促进泥煤的形成，但大多数情况下还是芳香草在起最主要的作用。这是一种十分奇特的现象，与欧洲发生的情况完全不同，我从来没有在南美的哪个地方看到苔藓植物腐烂后会形成泥煤。至于气候所允许的这种奇特的物质延缓分解的最北极限，我认为就在智鲁岛（即：南纬41°–42°），这是泥煤产生的必要条件。尽管这里有很多潮湿的土壤，但没有真正的泥煤产生；可是在它南面三度的潮恩斯群岛，我们就看到有十分丰富的泥煤。在拉普拉塔的东海岸（南纬 35°），一个曾经去过爱尔兰的西班牙居民告诉我，他以前经常寻找这种物质，但一直找不到一点。他只找到一种最接近泥煤的物质，并且把它拿给我看，这是一种黑色的泥煤土，还有植物的根深深地从里面穿过，所以只能发生非常缓慢而不完全的氧化作用。

潮恩斯群岛中那些零落的小岛里动物种群非常稀少，这是可以预料得到的。在四足动物中，有两种水生动物非常普遍。沼地河狸（形似海狸，但尾巴是圆的）以其精美的皮毛而出名，这种皮毛成了拉普拉塔各支流的贸易物品。但是此地的沼地河狸专门待在咸水里，它的特性与我之前提到过的一种大型啮齿动物水豚很相似。还有一种小海獭数量很多，这种动物并不专门靠吃鱼为生，而是像海豹一样，捕食大量的游到浅水滩来的小红蟹。比诺埃先生曾经在火地岛看到过一只小海獭在吃墨鱼；在洛氏港，另一只小海獭在抓住一只大型涡螺贝搬到洞里去的时候被夹死了。我在一个地方用陷阱抓到一只奇特的小老鼠。它似乎在这里的几个小岛上很普遍，但是到洛氏港来捕鱼的智鲁岛人说，这种小老鼠并不是在所有的岛屿上都能见到。这种小动物要分布到这些零星的群岛上，不知道要经过多少巧合，[①]或者要发生多少质的变化，才能够做得到！

在智鲁岛和潮恩斯群岛的所有地方，有两种非常奇怪的鸟类，它们和智利中部的土耳其鸟和窜鸟有亲缘关系，但在这里已取代了它们。一种鸟被当地人称做“丘考”（智利窜鸟），它经常光顾潮湿森林中最阴暗、最偏僻的地点。有时候，尽管它的叫声好像就在身边，但是要让你仔细去寻找的话，就是找不到它；有时候，要是你站着不动，这

① 据说有些贪婪的鸟会把它们的活猎物带到巢穴中来。如果是这样，在很多世纪的过程中，经常会有猎物逃脱幼鸟之口。这种情形就能解释相互离得不是很近的岛上的小啮齿动物的分布了。

种胸毛呈红色的小鸟就会以最熟悉的方式出现在你面前一二米远的地方。它会在腐烂的藤蔓与树枝纵横交错的地方忙碌地跳来跳去，小尾巴高高地翘起。由于它那怪异的、变化不一的叫声，智鲁岛人对丘考鸟有一种迷信的恐惧。它有三种完全不同的叫声：一种叫作“奇杜科”，据说是吉祥的预兆；第二种叫“惠丘”，是特别凶险的预兆；还有第三种，不过我忘记了。这几个词都是模仿它们的叫声而写出来的，而当地人的日常生活竟然完全被它们的叫声控制了。智鲁岛的居民肯定已经把这种滑稽可笑的动物当作自己的预言家了。另一种是与前者有亲缘关系的鸟，但体型要大得多，被当地人称做“吉德-吉德”（黑喉隐窜鸟），英国人把它称做吠鸟。后面这个名字很恰当，因为我敢说任何人第一次听到这种叫声后，还以为在森林的某个地方有只小狗在“汪汪汪”的叫。像丘考鸟一样，有时候你也会听到吠鸟就在近旁吠叫，但是无论怎样努力寻找都白费功夫，即使敲打灌木丛也很少有机会能看到这种鸟，然而有时候，这种吉德—吉德鸟又大胆地在你面前出现了。它们的捕食方式和一般习性与丘考鸟极为相似。

在海岸边，[①]经常可以看到一种小型的暗灰色的克洛雀，它那安静的习性非常突出。它们像矶鹞一样全部栖居在海滩上。除了这种鸟类，其他只有几种鸟栖居在这断断续续被水分开的岛上。在我粗略的记录里，我描述过这些奇怪的鸣叫声，尽管经常听到它们从阴暗的丛林间传来叫声，但很少能打破这里原有的寂静。吉德—吉德鸟的吠叫声和丘考鸟突然的“咻咻”声，有时从远处传来，有时就近在身旁。火地岛的一种小巧的黑鵪鹑偶尔也加入到这种叫声里，接着还不时能听到旋木雀的尖叫声和喳喳声，时而还能看到蜂鸟急速地从一边闪到另一边，像昆虫一样发出尖锐的鸣叫声。最后，从一些高耸的树顶上还能注意到一种白色冠毛的大鶲的叫声，虽然模糊不清，但很平和。在大多数地方看惯了某种数量上占绝对优势的普通的鸟类，例如雀科鸟类，我们就会最初看到上述所列举的特殊种类的鸟时很惊讶，但习惯后就把它作为任何地区最普通的鸟了。在智利中部，也有其中的两种鸟，也就是旋木雀和黑鵪鹑，不过数量很稀少。在这种情况下，我们发现这些动物在大自然的伟大计划里似乎只起着无足轻重的作用，可我们就想知道，为什么大自然还要创造它们？但是我们又该想到，在别的地方它们又是社会的主要成员，或者在以前的一段时间里它们很可能起着这样的作用。如果美洲37°以南的地区沉入到大洋的水底，这两种鸟就有可能在智利中部继续生存一段很长的时间，但它们的数量不可能增长。我们稍后就会看到，这对很多动物来说都是不可避免的。

在南方的海洋里经常有几种海燕光顾：其中最大的一种是大海燕（西班牙人把它叫断骨鸟）。这种鸟不但在内陆海峡，而且在外海都很常见。它们飞行的习性和方式与

---

① 我要提一下，有证据证明不同季节时丛林与沿海开阔地区间有着巨大的差异，也就是在9月20日，南纬34°，这些鸟在巢中哺育幼鸟了；而在潮恩斯群岛，三个月后的夏天，它们才开始孵蛋，这两个不同纬度的地方相距1120公里。

信天翁极为相似。至于信天翁，有人曾数小时观察它们，但看不到它们吃什么东西。而“断骨”鸟则是一种贪婪的鸟，因为有几个军官在圣安东尼奥港观察到它追逐一只潜水鸟，这只潜水鸟试图以潜水和高飞逃脱追捕，但却不断地受到打击，最后在头上受到重重一击而被捕杀了。在圣朱利安港，人们看到这些大型海燕在猎杀、吞噬幼海鸥。第二种海燕（灰鹱属）在欧洲、合恩角和秘鲁的海岸都很常见。它的体型比大海燕要小得多，但它跟大海燕一样都长着泥灰色的羽毛。它们通常成群结队光顾内海峡。我有一次在智鲁岛的后面看到过这些鸟。我认为自己还从来没看见过如此众多的鸟聚集在一起呢。它们成千上万地排着不规则的队伍往一个方向连续飞行了几个小时。这时有一部分灰鹱落在水面上休息，成了黑压压的一片。它们传来的鸣叫声，好像是远处人群的谈话声。

这里还有几种海燕，但我只会提到其中的一种，它就是别拉德氏海燕。它为那些特殊的情形提供了一个例子，也就是一种鸟很明显属于一个识别清楚的种族，但是它的习性和构造又与截然不同的种族有着亲缘关系。这种鸟从来不会离开安静的内海峡。如果受到了打扰，它就潜入水下一段距离，然后又从另一头冒出水面，然后以同样的动作飞起来。它用短小的翅膀快速地扑打着飞过一段直线距离后，好像被打死了一样直落下来，然后又钻到水里去了。它那鸟嘴和鼻孔的形状、脚爪的长度，甚至羽毛的颜色都显示这种鸟就是一种海燕，可另一方面，它那短小的翅膀以及由此而产生的弱小的飞行力量、身体的形状及尾巴的外形、脚爪上缺少一个后趾、它的生活习性以及对居住环境的选择，又使人最初怀疑它是不是与海雀有着密切的关系。在火地岛静僻的海峡，如果你从远处看它，无论是它的翅膀，还是它潜水的姿态以及安静地游泳的样子，你都会毫不迟疑地误认为它就是海雀。

塔尔卡瓦诺附近的安图科火山

# 第十四章

# 智鲁岛与康塞普西翁：大地震

智鲁岛，圣卡洛斯——奥索尔诺火山与阿空加瓜山、科西圭纳火山同时喷发——骑马去库考——无法通行的森林——瓦尔迪维亚——印第安人——地震——康塞普西翁——大地震——出现裂缝的岩石——城镇的情况——海水变黑沸腾——震动的方向——石头旋转——巨浪——陆地永远抬升——火山现象的范围——抬升力量与火山喷发力量的关系——地震的原因——山脉的缓慢抬升

海岸全景

奥索尔诺火山　　凯亚伊波火山

1835年1月15日，我们从洛氏港出发，三天后，第二次停泊在智鲁岛的圣卡洛斯①湾。19日夜，奥索尔诺火山②开始活动。半夜，岗哨观测到了一个像巨大的星星一样的物体，逐渐变大，直到3时，成了非常奇特的景观。我们借助望远镜可以看到，在巨大的、明亮的红色闪光中，一团团的黑色物体不断被掀上天空，随后落下。在安第斯山脉的这个部分，似乎常有大块熔化物质从火山口喷发出来。我听说，在科尔科瓦多火山③喷发时，大量物质被抛向空中，在空中爆开，呈现各种奇妙的形状，比如树形。这些东西一定非常巨大，因为从圣卡洛斯背后的高地都能看得清楚，而这里距离科尔科瓦多火山有超过150公里远。早晨，火山平静了下来。

后来我听到了一个让我惊讶的消息：往北770公里，智利的阿空加瓜山④在同一个晚上也喷发了。还有个让我更惊讶的消息：阿空加瓜山再往北4300公里，科西圭纳火山⑤也在此后6小时内喷发了，还伴随着一次在1600公里内都能感觉到的地震。科西圭纳火山已经休眠了26年，而阿空加瓜山的活动迹象更罕见，这种巧合非常引人注目。很难说这到底是纯粹的巧合，还是某种地质运动的共同结果。如果维苏威火山、埃特纳火山和冰岛

---

① 圣卡洛斯（San Carlos）：现名安库德（Ancud），智利湖大区智鲁岛最北端的城市。——译注

② 奥索尔诺火山（Volcano of Osorno）：智利湖大区奥索里诺省与延基韦省交界处的活火山。——译注

③ 科尔科瓦多火山（Corcovado Volcano）：智利湖大区帕莱纳省境内的活火山。——译注

④ 阿空加瓜山（Aconcagua）：美洲第一高峰，海拔6961米，位于智利和阿根廷之间，峰顶位于今天阿根廷的门多萨省境内。阿空加瓜山不是火山，此处喷发的消息应是误传。——译注

⑤ 科西圭纳火山（Coseguina）：尼加拉瓜西部的活火山。——译注

圣卡洛斯

的海克拉火山[①]（从地理上看，这三座火山之间的距离比南美同时喷发的三座火山要近）在同一个晚上喷发了，就很引人注意；但这里更引人注意的是，喷发的三座火山位于同一条山脉。在这里，不管是整个东海岸的广阔平原，还是西海岸的绵延3200多公里的近期隆起的贝壳层，都显示这种抬升的力量有多么协调一致，多么坚定不移。

菲茨·罗伊船长想要在智鲁岛外侧的海边测定几处方位，因此计划派遣我和金先生骑马去卡斯特罗[②]，然后穿越整个岛去位于西海岸的库考[③]小圣堂（Capella de Cucao）。我们雇了马匹和一位向导，在22日早晨出发。我们没走多远，就遇到了一位妇女和两个男孩，他们和我们同路，所以我们结伴而行。在这条路上，人人都非常友善殷勤，每个人都能享受在南美非常少见的特权：赶路不用带武器。起初，周围有些丘陵和山谷，高低起伏，离卡斯特罗近了，地势就变得平整了。这条道路很奇特，整条路除了很小一部分以外，都是由大段的木头铺成，宽的纵向铺，窄的横向铺。夏天的路况还不坏，但到了冬天，因为下雨，木头会变滑，在路上走就会很困难。那时，路两旁的土地也会变成沼泽，时常泛滥，因此需要有横向的杆子固定住纵向的木头，杆子本身则在两边用钉子固定在地上。钉子会给从马上落下的人带来危险，因为落在钉子上的可能性不小。不过，智鲁岛的马养成的灵活习惯倒是值得注意。要跨过木头已经错位的烂路时，马能从

① 维苏威火山（Vesuvius），位于意大利南部那不勒斯湾海岸的活火山，公元79年的喷发毁灭了庞贝城。埃特纳火山（Etna），位于意大利西西里岛东部的活火山。海克拉火山（Hekla），冰岛南部的活火山。——译注

② 卡斯特罗（Castro）：智鲁岛中部城市，智利湖大区智鲁岛省首府。——译注

③ 库考（Cucao）：智鲁岛中部琼奇区一个村庄，位于西海岸。——译注

一块木头跳到另一块木头，简直像狗一样敏捷而精确。路的两侧是森林，生长着高大的树木，树木的基部有藤条互相缠绕在一起。有时，一大段这样的林荫道出现在视野中，你就能看见整齐一致的奇景：一条白色木块组成的长带，伸向远方，越远越窄，最终或是消失在茂密阴暗的森林中，或是变成之字形，蜿蜒曲折，在陡峭的山丘上消失得无影无踪。

从圣卡洛斯到卡斯特罗，直线距离只有12里格。但是，修这条路一定非常艰难。我听说，在修路之前，曾有不少人在尝试穿越树林时丧了命。第一个成功的是个印第安人，他在相互缠绕的枝条中砍出一条路，花了8天时间，终于到达了圣卡洛斯，西班牙政府为此奖赏给他一块土地。在夏天，许多印第安人在森林里游荡（主要是地势较高的部分，那里树木不十分密集），猎捕这里半野生的牛，这种牛以特定的树叶和有弹性的枝条上的叶子为食。几年前，正是一个这样的猎人，偶然发现了一艘在外海岸遇险搁浅的英国船。船员已经开始断粮，如果没有这个人的帮助，在这样一片几乎不可穿越的树林面前恐怕毫无生还机会。即便如此，还是有一个水手在穿越森林的途中因为疲劳而死了。印第安人进树林时都靠太阳辨别方位，所以连续阴天时他们也无法出门。

这天的天气非常好，许多树上花朵盛开，空气中弥漫着花香，但即便如此，还是无法驱散林中的阴暗潮湿。另外，许多死去的树桩就像骷髅一样立着，使这片原始森林笼罩在庄严的气氛中，而在早已开化的地区就没有这种感觉。日落后不久，我们停下来宿营。我们的女同伴长得相当漂亮，她来自卡斯特罗的一个非常尊贵的家庭。不过，她也是两腿分开跨骑着马，且不穿鞋袜。她和她的兄弟一点都没有高傲的神色，这让我很吃惊。他们自己带了食物，但每次吃饭时都只是坐着看我和金先生吃，直到我们感到难为情，不得不也分给他们。夜晚，天空万里无云，我们躺在床上，欣赏着绝美的风景：无数的星星闪烁着光芒，也照亮了黑暗的森林。

**1月23日**——我们起得很早，在下午2时到达了宁静的卡斯特罗。上次我们来时的那个老总督已经去世，一个智利人取代了他的职位。我们有一封给新总督佩德罗先生（Don Pedro）的介绍信。我们发现佩德罗先生非常热情好客，比这边大陆的大多数人都公正无私。第二天，佩德罗先生为我们准备了几匹精壮的马，并提出陪我们一起走。我们向南出发，大致沿着海边走，路过了一些小村庄。每个村庄里都有个形似谷仓的小圣堂。在贝利皮里，佩德罗先生请当地的长官介绍一位到库考的向导。这位老绅士自愿充当向导，但在一段时间里他怎么也不相信我们两个英国人真的要去库考那样偏僻的地方。这样，我们就有了两个当地最尊贵的人做伴——从贫穷的印第安人对待他们的态度，就可以看出他们的地位。到了琼奇后，我们直接横穿了整个岛屿，沿着错综复杂、蜿蜒曲折的小路前进。我们有时路过壮观的森林，有时路过收拾整齐、种满了土豆和玉米的开阔地区。这个高低起伏的森林地区，部分已经开垦，让我想起了英格兰比较荒凉的地方，也让我大饱了眼福。在库考湖[1]边的比林科[2]，只有一小部分地方经过开垦，居民全都是印第安人。库考湖长近20公里，呈东西方向。由于当地的地形条件，白天有规律地海风轻拂，而到了夜晚就风平浪静。这种现象正和我们在圣卡洛斯听到的一致，相当奇妙，也引发了奇特的夸张说法。

到库考的路状况很坏，我们决定乘平底小船（periagua）前往。贝利皮里的长官威严地命令六个印第安人划船，甚至没有屈尊告诉他们是否有报酬。这艘粗糙的小船样子很奇怪，不过船员看上去更奇怪。我甚至都怀疑，这个世上是否还有比这六个矮子更丑陋的人同在一艘船里的了。但是，他们划船划得很好，情绪也很高涨。最靠船尾的划桨手急促而含混地说着印第安语，还发出奇怪的叫声，就好像一个赶猪人赶猪时的叫声一样。我们出发时有一阵轻微的逆风，不过我们还是在天色还早时就到达了库考小圣堂。湖的两岸都是没有人类活动的森林。印第安人把一头母牛运上了我们乘的小船。把这么大的动物放进小船里看似很难，但印第安人一分钟内就完成了。他们把母牛带到船边，让船向牛的方向倾斜，然后把两支桨的一头放在牛的肚子下面，另一头靠在船舷上，靠着这两根杠杆很快就把这头可怜的牲畜头向下脚朝上地丢进船里，拿绳子绑好。在库考，我们发现了一座无人小屋（神父来这个小圣堂时，就住在这里）。我们在这里生起火，做了晚餐，非常舒适。

库考地区是智鲁岛整个西海岸唯一有人居住的地方，住户是三四十个印第安家庭，分散在6–8公里长的海岸线附近。他们很大程度上与岛上的其他地方隔绝，除了有时候卖点海豹油脂，几乎没有任何商业往来。他们的衣服都是自制的，看上去还不错，食物也充足。但是，他们看上去还是对生活不满，且自卑到我不忍直视的地步。我认为，他们的感受主要来自当地统治者的过分严厉和趾高气扬的态度。我们的同伴虽然对我们很礼貌，但对待印第安人的态度就好像面对一群奴隶而不是自由人。他们要求印第安人提供食物和马匹，却不愿放下身份说明要付多少钱，或者准确地说付不付钱。早晨，这些可怜的印第安人和我们单独在一起时，我们拿出雪茄和马黛茶讨好他们。我们还把一块方糖分给在场的所有人，他们像得到了什么稀罕东西一样品尝着。这些印第安人用一句话结束了抱怨："这只是因为我们是可怜的印第安人，我们什么都不知道。我们自己有个国王时可不是这样。"

第二天早餐后，我们向北骑行了几公里，到了万塔莫角（Punta Huantamo）。这条路

---

① 库考湖（Cucao）：智鲁岛中部琼奇区的两个湖，其间有水道相连。今天分别称为库考湖和维林科湖（Huillinco）。——译注

② 贝利皮里（Vilipilli）：现称贝卢普里（Vilupulli），智鲁岛中部琼奇区一个村庄。琼奇（Chonchi）：琼奇区小镇。比林科（Vilinco）：现称维林科（Huillinco），琼奇区一个村庄。

位于宽阔的沙滩上，尽管已经晴了这么多天，但汹涌的浪花还是拍打不息。当地人说，如果这里起了一阵暴风，远在21海里之外、中间隔着丘陵和森林的卡斯特罗也能听到狂风咆哮的声音。走到目的地有些困难，因为道路情况非常差。在这里，所有位于阴影中的地方都成了泥潭。万塔莫角本身是一座陡峭的岩石山，表面生长着一种植物，我认为很接近凤梨属，当地人叫它“Chepones”。攀登时，我的手划伤了好几处。我们的印第安向导针对这一点，卷起了他的裤腿。看来他认为裤子比自己结实的皮肤还要脆弱。我看着这种情形，觉得十分有趣。这种植物结的果子，形状很像菜蓟，包含多个果皮结构，每一个当中都有甜美的果肉，在这里大受欢迎。在洛氏港，我看见智鲁岛人用这种水果酿酒，当地人称这酒为“奇奇”（chichi）。所以，正如洪堡所说，几乎任何地方，人类都能找到用植物果实制作酒的方法。但是，火地岛的野蛮人却没有进步到掌握这样精巧技能的地步。我相信澳大利亚的野蛮人也一样。

万塔莫角以北的海岸更加崎岖不平，有无数石头，海浪打在上面发出永久不断的咆哮声。我和金先生很想沿海边徒步返回，但即便印第安人也说这不太现实。他们告诉我们，虽然有人直接穿越森林从库考去圣卡洛斯，但从没有人走海边。穿越森林时，印第安人只带烤熟的玉米粒作食物，一天吃两次。

**1月26日**——我们重新登上小船，渡过湖，换马返回。这一周智鲁岛的天气异常的好，整个岛上的居民就利用这个好机会放火开荒。四面八方都能看见盘旋着上升的团团浓烟。虽然居民们在森林各处放火如此积极，但我还没有发现一处能蔓延开的起火点。我们和我们的朋友——贝利皮里的长官共进晚餐，直到天黑后，才到达卡斯特罗。第二天早晨，我们很早就出发了。骑了一段时间的马后，我们来到一座险峻的山丘顶上，眺望广阔的森林（这条路上很少有这样的景色）。森林占据了地平线，其后是科尔科瓦多火山和更北面的一座平顶大火山傲然耸立于天地之间。在这条绵延的山脉中，很少再有别的山峰覆盖着积雪了。我希望，在我告别这里之后，围绕着智鲁岛的安迪斯山脉的壮丽景象还能长留在我脑海。夜晚，我们在无云的天空下宿营，第二天早晨到达了圣卡洛斯。我们到得正是时候：还没入夜就下起了大雨。

**2月4日**——我们今天从智鲁岛起航。在智鲁岛的最后一周，我做了几次短途探索。有一次是去考察一块有大量现存贝类动物的地层。它位于海拔100米高处，贝壳中间长着高大的树木。另一次是骑马去韦丘库库伊角（P. Huechucucuy）。跟我一起去的向导对这里非常熟悉，他可以叫出每个海角、每条小溪与小河的印第安语名字。与火地岛语的情况类似，印第安语似乎奇特地适合给每一个细小的地面特征起名字。我相信离开智鲁岛每个人都很开心，但如果我们能忘掉冬天的阴暗和无休无止的雨水，智鲁岛或许就可以算一个有魅力的岛了。另外，这里穷苦居民的朴实、谦和、彬彬有礼的性格也很吸引人。

我们沿海边向北航行，但由于天气多雾，直到8日夜晚才到达瓦尔迪维亚[①]。9日早晨，我们的船沿河上溯16公里，来到城里。在路上，我们时不时地看到一些小屋以及原始森林中一些开垦了的土地，有时还能遇到乘着独木舟的印第安家庭。瓦尔迪维亚城位于河流的低洼岸边，整座城完全掩映在苹果森林之中，街道都好像成了果园小径。我从没见过哪个地方的苹果树能长得比这个南美洲潮湿地方的苹果树还要茂盛。道路的两旁有许多小树，显然是自然生长出的。在智鲁岛，当地居民建造果园的方法很神奇，非常快捷。几乎每根枝条的下部都会抽出圆锥形带褶皱的棕色小嫩枝，有时泥土意外溅到树上盖住了它，它就长成了根。每年春天，人们选出跟人的大腿差不多粗的树枝，就在这些嫩芽下面一点的地方砍断，砍掉所有分枝，然后插进60厘米深的土中。夏天，从这根树枝上就会长出长长的新枝，有的还挂着果实。我曾看到一根树枝上长出了23个苹果，不过这种情况不很常见。到了秋天，这根树枝就变成了一棵完好的树（我曾亲眼见过），长满了苹果。一个住在瓦尔迪维亚附近的老人用苹果做出了一系列的好东西，以此来阐明他的座右铭“Necesidad es la madre del invencion”（需求是发明之母）。他做了苹果汁和苹果酒之后又从残渣中提取出一种白色、美味的烈酒，又用另一种方法做出了甜美的糖浆，他称之为“蜜”。在这个季节里，他家孩子和猪的食物，似乎几乎全都来自他的果园。

**2月11日**——我与一位向导出发做一次短程的骑马旅行。但是，旅途中我所看到的东西，无论是地理特征还是住民，都少得可怜。在瓦尔迪维亚附近，开垦过的土地不太多。渡过几公里外的一条河流后我们进入了森林，直到抵达夜宿地为止，一共只路过了一个破败的小屋。这里距离智鲁岛240公里，在纬度上虽然相差不大，但森林的面貌却是一番新景象。主要的差别在于各种树木种类的比例不同。这里的常绿树木没有智鲁岛那么多，所以森林的总体色调要更亮一些。与智鲁岛类似的是，这里的地面部分同样纠缠着竹藤。这里还有另一种植物（类似巴西的竹子，高约6米）丛生着，装点着溪流的两岸，相当美观。印第安人正是用这种植物来制作他们的长矛。我们住的房子太脏了，我觉得还不如睡在外面。这类旅程的头一夜总是最不舒服的，因为人还没有适应跳蚤的叮咬和瘙痒。我确定，到了早上醒来的时候，我的腿上恐怕每块硬币大小的皮肤上都有跳蚤咬过的红点。

**12日**——我们继续在未开垦过的森林中骑马前进，偶尔会碰到骑着马的印第安人，或是一队精壮的骡子驮着从南方平原来的智利柏[②]木板和玉米。下午，有一匹马筋疲力

① 瓦尔迪维亚（Valdivia）：智利中部城市，河大区首府，是1960年智利大地震（9.5级，已知最大的地震）中受损最严重的地区。——译注

② 智利柏：原产智利南部及阿根廷的安第斯山脉，南美洲最大的树种。学名*Fitzroya cupressoides*，为纪念“小猎犬”号舰长菲茨·罗伊而定名。——译注

尽了，于是我们在一座山丘的顶上饱览附近开阔平原的景色。被野生的树木包围了这么久，这里的景色真令我心旷神怡。森林里处处都很单调，让人很快就厌倦了。这里的西海岸让我心情愉快地想起了巴塔哥尼亚一望无际的平原，但我也真是个矛盾的人，还是念念不忘森林的寂静有多么庄严。这块平原是这里土地最肥沃、人口最密集的地方，因为这里有个巨大的优势：几乎没有树。离开森林前，我们经过了几块平整的小草坪，其中有树木零落地生长着，好像英国的公园一样。在高低起伏的森林中，较平坦的地方常常树也较少，这种情况让我总是感到惊奇。考虑到马已经很疲劳了，我们决定在库迪科（Cudico）修道院停留。我有一封给这里的修士的介绍信。库迪科位于森林和平原之间，有很多小屋和大片的玉米及土豆田，几乎全是属于印第安人的。这些归属于瓦尔迪维亚的印第安部落，“已经皈依天主教”（reducidos y cristianos）了。再往北，到了阿劳科和帝国镇[①]，那里的印第安人还很不开化，也不信教，但他们和西班牙人有频繁的交流。神父说，皈依天主教的印第安人不太喜欢来做弥撒，不过在其他方面他们还是显示出对宗教的尊敬。最困难的是让他们遵守结婚仪式的规定。不开化的印第安人会娶很多妻子，只要能养活，有的酋长甚至有十多个妻子。走进他的屋子，有几处单独的火堆，他可能就有几个妻子。妻子们轮流与酋长生活，每人一星期，不过每个妻子都要给丈夫织外套、做家务。做酋长的妻子，对印第安妇女来说是求之不得的荣耀。

这些部落的男人都穿羊毛粗纺的外套，瓦尔迪维亚以南的穿短裤，以北的穿衬裙，就像高乔人的“奇利帕”[②]。他们都用鲜红的束发带扎起长发，但头上不盖任何东西。这些印第安人身材高大匀称，颧骨突出，整体上来看很像他们所属的美洲种族，不过我觉得他们的容貌与我之前所见过的部落都有些区别。他们一般表情严肃，甚至不苟言笑，个性鲜明，可以说是诚实坦率，也可以说是凶狠坚定。他们那黑色的长发、严肃而多皱纹的脸庞以及暗黑的肤色，让我想起了老詹姆斯一世的画像。在路上，我们遇到的印第安人都不像智鲁岛上随处可见的那样谦逊有礼。有的人一见面就对我们说“mari-mari”（早上好），但大多数似乎不愿意表现出任何好意。这种自恃的个性很可能来自他们与西班牙人的长期战争。整个美洲的所有部落中，只有他们能多次获胜。

夜晚，我与神父愉快地交谈。他非常殷勤好客，从圣地亚哥来到这里，在身边布置了一些让生活舒适的物品。他受过一点点教育，苦涩地抱怨着这里社交的缺乏。他既没有宗教的狂热，又没有事业或追求，那这个人的一生怎能不虚度！第二天，我们返回时，遇到了7个看上去很野蛮的印第安人，其中有几个是酋长，刚从智利政府那里领来一

① 阿劳科（Arauco）：智利中南部比奥比奥大区阿劳科省的城市。帝国镇（Imperial）：智利南部阿劳卡尼亚大区考廷省的一个废弃城镇和印第安定居点。城镇于1599年毁于战火，后于1882年在原址重建卡拉韦（Calahue），同年又在附近建立新帝国镇（Nueva Imperial）。——译注

② 奇利帕（Chilipa）：高乔人所穿的外裤。——译注

小笔年薪，这是为了嘉奖他们长期以来的忠诚。他们面容英俊，骑马排成一列，面色阴沉。领头的一个老酋长，在我看来比其他人喝的酒要多，因为他极其严肃，满脸怒气。就在遇到他们之前，两个印第安人成了我的旅伴。他们是从远处的教会来，因为一场官司要到瓦尔迪维亚去。其中一个是和善的老人，不过脸上满是皱纹，没有胡须，看上去更像是老妇人而不像老汉。我频繁地递雪茄给他们两人，他们总是收下。我敢说他们也很感激，但就是不愿说出感谢。如果是智鲁岛的印第安人，他就会脱帽说："愿天主保佑你！"这段旅途很累人，不仅因为路况不佳，也因为有很多大树倒在地上，要么跳过去，要么只能绕开。我们在路上过了夜，第二天早晨到了瓦尔迪维亚，于是我回到了船上。

几天后，我和一群军官跨过海湾，在涅夫拉①堡垒附近登陆。堡垒破破烂烂的，炮架也生锈了。威克姆先生②对要塞指挥官说，只要开一炮，这炮架肯定就粉碎了。可怜的指挥官想要找回点面子，严肃地说："不，先生，我肯定它能撑住两炮！"西班牙人的本意一定是要建造一个坚不可摧的要塞。院子里堆着小山一样的干了的砂浆，硬度能和堆在下面的岩石相提并论。这些砂浆来自智利，花了7000西班牙银圆。革命爆发了，这些砂浆也就用不上了，现在成了一座纪念碑，代表着西班牙逝去的荣光。

我想要去2.5公里以外的一间房子，但向导说走直线会遇到一片森林，几乎不可能穿过去。他推荐我走牛踩出的小路，说这是最近的路。尽管如此，这条路我还是走了超过三个小时！这个向导平时以寻找走失的牛为生，一定非常熟悉这里的森林，但不久以前还是在森林里迷了路，整整两天没有吃任何东西。这件事很好地说明，这片森林有多难通行。我常想到一个问题：一棵树倒了，残骸要多久才会消失？这个人向我指出了一棵树的残骸，是14年前一群忠于西班牙王室的逃难者砍倒的。以此为标准，我认为，一根四五十厘米粗的树干要30年才会烂成一堆腐殖质。

**2月20日**——这是瓦尔迪维亚历史上值得纪念的一天，因为这里发生了一次最剧烈的大地震，当地年龄最大的老人都没有经历过。当时我恰好在海岸边的林间躺着休息，这时地震突然来临了，持续了两分钟，不过感觉上时间要久得多。地面的摇动非常明显。我和一些伙伴认为震动是从东面传过来的，但别人认为是西南面，这说明有时候要确定震动的方向有多难！这时保持站立并不难，但我晃得有些头晕。这感觉有点像身处浪间摇晃的船中，更像一个人在薄冰上滑行，冰面被他的体重压得弯曲的感觉。

一次大地震，足以摧毁我们最古老的联想：大地，这个坚固可靠的象征，就在我们的脚下像水面上的薄片一样动起来了。仅仅一瞬间，我的脑中就产生了奇怪的不安全感，平

① 涅夫拉（Niebla）：瓦尔迪维亚附近一个海边小镇，位于瓦尔迪维亚河口北侧。其名称在西班牙语中意为"雾"。——译注

② 约翰·克莱门茨·威克姆（John Clements Wickham，1798-1864）：苏格兰探险家、海军军官，当时为"小猎犬"号的大副，后升任舰长。——译注

时几小时的沉思都不会如此。在树林间，我只感觉到一阵风吹过，大地在颤抖，但是没看到其他现象。菲茨·罗伊船长和一些船员这时在城里，那里的景象就惊人得多：木制的房子虽然没有倒，但摇晃得很厉害，发出吱吱嘎嘎的响声；人们极度恐慌地从房子里冲了出来。伴随着地震带来的这些效果，给所有目击者和感觉到它的人都营造出了极端恐惧的气氛。在森林里，地震虽然非常有趣，却怎么也算不上吓人。潮水也有了奇特的改变。地震发生时正是低潮位。一个当时在海边的老妇人告诉我，水面上升得非常快，很快就到了高潮位。但没有大浪；接下来又同样快速地回到了原来的高度。从打湿的沙子的位置也能证明这一点。几年前在智鲁岛的一次小地震也出现过这一现象，引发了很多无谓的恐慌。夜晚，有很多余震，让港口的海流变得无比复杂，有的余震还很强。

3月4日——我们的船驶入了康塞普西翁[①]的港口。当我们的船逆风进入锚地时，我在基里基纳岛[②]登了陆。当地的农庄主人迅速骑马赶来，告诉我20日大地震的可怕消息："在康塞普西翁和塔尔卡瓦诺[③]（康塞普西翁的港口），没有一间房子还是立着的。有70个村子被摧毁了。一阵巨浪几乎卷走了塔尔卡瓦诺的所有废墟。"对于后者，我很快看到了大量证据：整个海岸上满地都是木料和家具，就好像千百艘船的残骸集中在了一起。除了大量的桌椅和书架，还有小屋的屋顶，几乎整个被海浪带到了这里。塔尔卡瓦诺的仓库也倒了，大包大包的棉花、马黛茶叶等等值钱的商品都散落在海滩上。我绕整个岛走了一圈，发现无数碎石上面还附着海生物，看来它们一定是直到最近还在深水中，却因为地震而被冲上了岸。其中有一块石头有近2米长，90厘米宽，60厘米厚。

岛上所留下的地震恐怖威力的印记，就如海滩所展示的巨浪的威力一样。许多地方的地面裂开了南北走向的裂缝，或许是由于这个狭窄的小岛平行而陡峭的两侧下沉而造成的。悬崖边，有的裂缝达近一米宽。许多巨大的石块已经崩落到沙滩上，居民们说，一旦下雨，就会发生更大的滑坡。构成这个岛的基础是坚硬的原始板岩，地震对它的影响更加奇特：有些狭窄的山脊表面好像被炸药炸过一样粉碎了，新鲜裂缝和离开原位的泥土都明白地表示着这一点。这种现象肯定只限于表面，否则整个智利都不会有一块坚硬的岩石了，但这种现象不是不可能发生的，因为物体的振动对其表面的影响和对内部的影响是不同的。或许是因为同一原因，地震对深处的矿井中所造成的伤害远没有人们想的那么大。我相信，这次地震让基里基纳岛的面积减小了不少，甚至减少的面积比海水和天气日常的冲刷侵蚀整整一个世纪还要多。

第二天，我在塔尔卡瓦诺登陆，随后骑马去了康塞普西翁。这两个城镇的景象是我

① 康塞普西翁（Concepcion）：智利中部城市，比奥比奥大区首府，是2010年智利大地震中受灾最严重的地区之一。——译注

② 基里基纳岛（Quiriquina Island）：康塞普西翁湾口的岛屿，位于塔尔卡瓦诺以北11公里。——译注

③ 塔尔卡瓦诺（Talcahuano）：智利中部比奥比奥大区康塞普西翁省的港口城市。2010年智利大地震中同样遭受海啸冲击。——译注

见到过最糟糕，也是最有趣的。对一个之前就熟悉这里的人来说，印象可能要更深刻，因为各种断壁残垣交错在一起，整体看起来实在不像能住人的地方，让人几乎无法想象地震之前这里是什么样。地震发生在上午11时半。如果是发生在半夜，那死亡的人就要多得多（这个地区就有好几千居民），而不会是现在这样的不到100人。人们一感到震动就立刻跑出家门，这就救了他们的命。在康塞普西翁，每一间或一排房屋都是单独的一堆或一列废墟，而在塔尔卡瓦诺，由于巨浪的关系，能辨认出来的就只剩下一层砖瓦和木头，偶尔还有一面墙的一部分还立着。在这种情况下，康塞普西翁虽然没有摧毁得这么彻底，但看上去却更可怕、更别致——如果可以这么说的话。第一次震动来得非常突然。基里基纳岛的那位农庄主人说，当时他和他骑的马都摔倒了，滚作一团，他才意识到地震来了。刚站起来，他又被掀翻在地。他还告诉我，有几头站在陡峭山坡上的母牛直接掉进了海里。巨浪吞噬了许多头牛。在海角附近的一个珊瑚岛上，有70头牛掉到海里淹死了。一般认为，这是智利历史上有记录以来最严重的一次地震，但是由于破坏严重的地震之间通常相隔久远，所以很难确认这一点。更大的地震恐怕也很难造成更大的损失了，因为现在全城都已成了废墟。地震后发生了无数余震，这12天内有记录的余震就达300多次。

看过康塞普西翁的情形后，我无法理解为什么绝大多数居民都毫发无伤，因为许多房子都向外倒去，在街道中间堆起了小山一样的砖头和垃圾。英国领事劳斯先生（Henry William Rouse）说，地震时他正在吃早餐。第一次震动时他就开始往外跑。他刚刚跑到院子中间，房子的一面墙就轰隆隆倒了下来。他定了定神，知道如果能跑到这面墙的废墟上就安全了。震动太强烈，他无法站立，就手脚并用地爬过去。他才爬上这废墟堆，另一面墙也倒了，梁就砸在他面前。倒下的房屋掀起的烟尘遮天蔽日，让他睁不开眼，嘴里也塞满了灰尘，但他还是跑到了街上。震动一次接一次，间隔只有几分钟，没有人敢接近废墟堆，没有人知道他的亲朋好友是否正因无人救助而死去。那些抢救出了一点财产的人不得不看着自己的东西，因为小偷正四处潜行。地面每震动一下，小偷就一手捶胸大叫“饶恕我吧（misericordia）”，另一手从废墟中偷拿东西。茅草房顶坍塌在火堆上，顿时整个着了火。成百上千的人知道自己的家毁了，绝大多数人连当天的食物都没法准备。

单是地震，就足以摧毁任何一个国家的繁荣。今天，在英国的地下，巨大的力量正在沉睡，但在历史上的一些地质年代，这股力量一定曾非常活跃。如果现在这股力量又如从前一般活跃起来，那么整个国家将会发生多么彻底的改变！到那时候，我们高大的住房、人口稠密的城市、规模巨大的工厂和美丽的公私建筑物，将会变成什么样？如果这个新时期的灾害最开始是一场发生于夜晚的致命的大地震，那么这场大屠杀该是多么可怕啊！英国会一下子破产，一切文件、记录和账目都会丢失，政府收不到税，无法保持自己的权威，暴力和劫掠之手无法控制。每个大城市都会发生饥荒，紧接着就是瘟疫和死亡。

地震后不久，五六公里外出现了一波巨浪，从海湾中心冲向陆地。起初看上去还算平静，但是到了岸边，巨浪以雷霆万钧之势冲了上来，撕裂了房屋和树木。在海角处，它分解成一长串可怕的白色碎浪，浪高比平时的最高潮位还要高出7米。这股巨浪的力量一定非常惊人：在城堡处一门大炮连同炮架总重大约有4吨，居然一起向内陆方向移动了四米半；废墟中留下了一艘二桅纵帆船，位置距离海边180米；第一个巨浪过后又接着两个大浪，它们退去时卷走了大量漂浮物；在海湾的一个地方，一艘船先被冲到岸上很高的干燥地方，接着又被海水卷走了，接下来又被冲到岸上，然后又一次被海水卷走；另一个地方，有两艘大船，原本下锚的地方很近，它们在巨浪的冲击下胡乱打转，最后锚链互相绕了三周，虽然它们下锚的地方水深有11米，但也被冲到岸上停了几分钟。巨浪的速度一定不太快，因为塔尔卡瓦诺的居民还有时间跑到城镇背后的小山上；有几个水手还架着小船向大海划去，成功地在巨浪没有分散成拍岸浪之前通过了浪头；有个老婆婆带着四五岁的小男孩跑进一条小船，但没有人划，结果船被海浪卷起撞上了一只铁锚，断成了两截，老婆婆淹死了，不过小男孩抓住船的残骸坚持了几个小时，最后获救了。废墟中还留着不少咸水池，小孩子用旧桌椅当船，玩得挺开心，和家长的悲伤形成了鲜明的对比。不过总体上来说，大家的精神状况要比预想中的活跃、振奋得多，这一点非常有趣。事实上，由于每个人的损失都很大，没有哪个人比别人更悲惨，也没有哪个人发现朋友变得冷淡——本来，这是失去财产后最让人伤心的事。劳斯先生站出来保护了一大群人，他们在第一周都住在一个花园中的苹果树下。一开始他们好像野餐一样兴奋，但后来下了大雨，他们无处躲雨，因此感到很不舒适。

在菲茨·罗伊船长准确而详细的记录中，地震时在海湾中观测到了两次爆炸，一次看上去像是一根烟柱，另一次像巨大的鲸鱼喷出的水柱。海水看上去到处都在沸腾，“天昏地暗，空气中弥漫着刺鼻的硫磺味”。后几种现象，在1822年的智利大地震①时，在瓦尔帕莱索湾②也出现了。我认为，这是因为海底淤泥中满是腐殖质，地震搅动淤泥，造成了这种现象。我注意到，在卡亚俄湾③，风平浪静的一天，一艘船的锚链拖到海底，船的航迹上就会泛起一长串气泡。塔尔卡瓦诺的下层人认为，地震是几个印第安老妇人

① 1822年智利大地震：1822年11月19日发生于瓦尔帕莱索，震级为8.5级。——译注

② 瓦尔帕莱索湾（Bay of Valparaíso）：邻近智利中部瓦尔帕莱索的海湾。瓦尔帕莱索，智利中部城市，瓦尔帕莱索大区首府，国会所在地，重要的港口城市。地震多发，1906年大地震中严重受损。——译注

③ 卡亚俄湾（Bay of Callao）：邻近秘鲁中部卡亚俄的海湾。卡亚俄，秘鲁中部城市，卡亚俄大区首府，接近首都利马，属于利马都市圈的一部分。秘鲁最大的港口城市。——译注

引发的：她们在两年前由于受到冒犯，关闭了安图科火山[①]的火山口。这种愚蠢的看法也有值得注意之处，这表示他们的经历让他们发现火山活动的平静和大地的震动之间有关。他们由于不能认识到其中的因果关系，所以需要提出巫术来解释，结论也就是关上了火山口。这一次，按菲茨·罗伊船长所说，有证据表明安图科火山没有受到影响，因此他们的这种想法就更奇怪了。

康塞普西翁是个典型的西班牙式城镇，街道互相都呈直角，一组街道走向是西南偏西，另一组是西北偏北。第一组的街道，墙壁损坏得比第二组轻，另外大量的砖块堆都倒向东北方。这两种情况都表明，震源地在西南方，那个方向上也听见了地下的噪音。显然，当震动来自西南方时，西南—东北走向的墙指向震源的方向，要比西北—东南走向的墙更不容易倒，后者恐怕一瞬间就整个倾斜然后倒下了。这是因为震动来自西南方，地震波在通过地基时，会向西北和东南延伸。我们可以用以下的方法来模拟一下：把几本书地放在地毯上，然后按照米切尔（Michell）的方法，模拟地震的震动。可以发现，书本倒下的快慢，与放置方向和波动方向的符合程度直接相关，即方向越一致就倒得越快。地面上的裂缝虽然走向不完全一致，但大都是东南—西北向，也就是与地震波的方向和地面主要的褶皱方向吻合。这些事实都清晰地表示，震源位于西南方。正好位于西南方的圣玛丽亚岛[②]，其抬高的高度是海岸上的其他部分的三倍，这也就更引人注意了。

当地的教堂是个典型，体现了不同走向的墙对地震的不同抵抗力。东北面的一边，完全成了一大堆废墟，其中门框和大量木材还直立着，看上去仿佛漂在河中。有些有棱角的砖块非常大，这些砖块像高山脚下的岩石一样滚到了平整的广场上。两侧的墙（西南—东北走向）虽然破损得很厉害，但是没有倒塌，不过厚重的扶壁（和这两堵墙垂直，也就是与倒塌的墙平行）却有好几处砸倒在地上，仿佛被凿子切断一般。一些位于墙顶的方形装饰物，在地震中移动到了对角线方向。发生在其他地方的地震中，也有类似的情况，比如瓦尔帕莱索、卡拉布里亚[③]等，还包括一些古希腊的庙宇[④]。这种旋转移位，初看是因为正下方发生了旋转，但这种可能性非常低。这会不会是因为每块石头在震动中都会倾向于按照震波的走向移动到一定位置，类似于在纸上放一些大头针，然后摇晃纸所出现的情况？总体上说，拱形的门窗要比建筑物的其他部分都稳固得多。尽管

---

① 安图科火山（Volcano of Antuco）：智利中部比奥比奥大区安图科境内的活火山。安图科，比奥比奥大区东部的城市，毗邻阿根廷，在康塞普西翁以东。——译注

② 圣玛丽亚岛（Isla Santa Maria）：智利比奥比奥大区的一个岛屿，位于康塞普西翁西南，科洛内尔以西29公里。——译注

③ 卡拉布里亚（Calabria）：意大利的一个大区，位于亚平宁半岛南端“靴尖”的位置。——译注

④ 弗朗索瓦·阿拉戈（François Arago，法国数学家、物理学家、天文学家，第一个观察到泊松亮斑），载《法国科学院学报》，1839年，337页。另见约翰·迈尔斯（John Miers，英国植物学家）《智利》（*Chile*）第1卷392页；查尔斯·赖尔《地质学原理》第2卷第15章。

如此，一个可怜的瘸腿老人在遇到小震动时总是爬到某个拱门下方，这次却被压得粉身碎骨了。

我没有尝试仔细地描述康塞普西翁的外观，因为我觉得根本不可能描述出我的复杂感受。舰上几个军官比我早到康塞普西翁，但他们用再生动的语言也无法勾勒出全城的凄凉景象的轮廓。人们花了如此之多的时间和劳力所建造起来的东西，就在一分钟之内化为乌有，目睹这样的现实，真让人既悲痛又羞愧！但看到常常需要漫长时光的积累才能出现的现象，就在眨眼间成为现实，这份惊讶，让对当地居民的同情几乎烟消云散了。就我看来，自我们离开英国以来，这是最吸引人的一个场景。

几乎每次大地震中，附近的海水都会受到很大的扰动。总体上说，这扰动有两种，在康塞普西翁也是如此：首先，紧接着地震的发生，海水缓慢地上涨，然后又缓慢退去；然后，过一点时间，海水迅速从岸边退落，然后就是巨浪势不可挡地冲来。第一种运动似乎是因为地震对固体和液体的影响不同，使得海陆的相对高度出现微小变化；第二种现象要重要得多。在大多数地震中，特别是美洲西海岸的地震中，首先海水一定会大规模地退落。有的作者尝试用海水高度保持不动而陆地抬升来解释，但是只要接近岸边的海水，就算海岸比较陡峭也会同样退落；另外，莱尔先生提出，海水的类似运动也能在远离震中的岛屿上观察到，比如这次地震中的胡安·费尔南德斯群岛[①]，以及著名的里斯本大地震[②]中的马德拉岛[③]。我猜测（不过这猜想本身就很含糊），波浪无论是怎样生成的，一开始都会把水从岸边拉走，然后才冲上岸。蒸汽船的螺旋桨所掀起的小波浪中，我也能观察到这样的现象。值得注意的是，塔尔卡瓦诺和卡亚俄（在利马附近）都面对广阔的浅水海湾，因此每次地震掀起的巨浪都能对它们造成严重的损失。但是，瓦尔帕莱索沿岸的水非常深，因此虽然时常遭遇大地震，却从没有被巨浪淹没过。由于巨浪并非紧接着地震而来，有时甚至在震后半小时才出现，而遥远的海岛也会受到和震中附近的海岸一样的影响，所以巨浪应该首先在离岸较远的海面上形成。由于这种现象普遍发生，所以原因一定也是普遍适用的。我推测，巨浪最初形成的地点，应该是更接近海岸，在经历了大地运动的水与深海中受扰动更轻的水汇合的地方，而浪的大小，则由随海底一起摇动的浅水区域的面积所决定。

这次地震最引人注意的影响，是陆地的永久抬升。现在很可能还无法正确解释陆地抬升就是引起地震的原因。毫无疑问，康塞普西翁湾周围的陆地抬升了60–90厘米。需要

---

① 胡安·费尔南德斯岛（Juan Fernández Island）：位于东南太平洋，在瓦尔帕莱索以西约600公里胡安·费尔南德斯群岛的主岛，得名于发现者、西班牙探险家胡安·费尔南德斯。现名鲁宾逊·克鲁索岛。——译注

② 里斯本大地震：1755年11月1日发生于里斯本西南海上的大地震，地震引发海啸和大火，死亡人数可能达到10万人。——译注

③ 马德拉岛（Madeira）：东北大西洋上的群岛及其主岛，属于葡萄牙，在里斯本西南约1000公里。——译注

注意的是，巨浪已经抹去了过去潮汐在倾斜的沙滩上所留下的痕迹，所以我对这种说法的证据，只有当地居民一致的证言。他们说，一块多石的浅滩，原本位于水下，现在露出了水面。在圣玛丽亚岛（约50公里远处），抬升的幅度更大。在岛上的一处，菲茨·罗伊船长发现一片已经腐烂的贻贝还附着在岩石上，位于高潮位以上3米处。当地居民从前常在低潮位时潜水捞这种贝类。更令人惊叹的是，这里是大地震多发地区，陆地上散落着大量的贝壳，有的甚至位于高达180米的地方，而当地最高点的高度也不过300米。在瓦尔帕莱索，正如我之前所提到的，类似的贝壳曾在400米高的地方发现。这样巨大的抬升肯定是由大量微小的抬升叠加而成的，比如伴随或造成了这次地震的抬升就是其中之一，而整个过程一定非常缓慢，而且在这片海岸的一些部分正在发生。

胡安·费尔南德斯岛位于西北方[①]580公里处，在20日的地震中震动得非常厉害，树干互相撞击，近海处有火山喷发。这些现象很值得注意，因为在1751年的大地震中，距康塞普西翁距离相当的所有地方，就属这里受害最严重，这表示两地之间有某些地下的联系。智鲁岛在康塞普西翁以南大约550公里，摇晃得比两地之间的瓦尔迪维亚更为激烈，可瓦尔迪维亚的比亚里卡火山[②]却并没有受到影响，而智鲁岛正对着的山上却有两座火山在地震时同时喷发了。这两座火山和附近的几座火山喷发持续了很长一段时间，10个月后又受到了康塞普西翁另一次地震的影响。2月20日，有几个人正在其中一座的山脚附近砍伐树木，他们没有感觉到震动，尽管周围的所有地方当时都在摇晃。这里，火山的喷发减轻了地震的影响，甚至代替了地震，而按照康塞普西翁下层居民的说法，如果安图科火山没有被巫术封住的话，康塞普西翁也会发生减轻震动甚至代替地震的情况。两年零九个月后，瓦尔迪维亚和智鲁岛遭遇了比2月20日更大的地震[③]，潮恩斯群岛中的一个岛永久地抬升了超过2.5米。为了更直观地说明这一系列事件的尺度，我们（像冰川的情况一样）假设这发生在欧洲相应距离的地方：从北海到地中海，整块大陆受到强烈的震动，英国的东海岸的一大部分以及一些外海的岛屿永久地抬升，荷兰海岸的一连串火山同时喷发，爱尔兰北端附近有一座海底火山也开始喷发，最后，奥弗涅、康塔尔和蒙多尔[④]的古老火山口都喷出烟柱，进入长时间的活动状态。两年零九个月后，从法国中部直到英吉利海峡又受到大地震的巨大破坏，地中海当中一个岛永久地抬升。

20日当天喷发的火山可以连成两条相互垂直的线，一条长1160公里，另一条长640公

① 原文为东北，应为笔误。——译注

② 比亚里卡火山（Volcano of Villarrica）：智利南部河大区与阿劳卡尼亚大区交界处的火山，在瓦尔迪维亚东北方，是智利最活跃的火山之一。——译注

③ 1837年11月7日，在瓦尔迪维亚附近发生的大地震。——译注

④ 奥弗涅（Auvergne）、康塔尔（Cantal）、蒙多尔（Mont d'Or）：法国中部奥弗涅大区的地名，境内分别有火山脉（Chaîne des Puys）、康塔尔复合火山（Cantal stratovolcano）和多姆山（Puy de Dôme），都是久不喷发的火山。——译注

里。因此，可以推断，地下很可能有个这样范围的岩浆湖，面积接近黑海的两倍。在这一系列现象中，我们可以看到，陆地抬升和火山喷发之间存在着复杂的密切关系，因此可以得出结论：让大陆一点一点不停升高的力量与让火山物质不断从各处喷出的力量是相同的。根据许多理由，我相信，这条海岸线上频繁的地震是由于地层的撕裂和熔岩的注入，而地层的撕裂，其原因是地层抬升时内部的张力。这种撕裂和注入的过程如果不断反复（我们知道，地震总是在同样的地区类似地发生），就会形成一列山丘。抬升量相当于陆地的3倍的圣玛丽亚岛也正在经历这一过程。我相信，一座坚实的山的中轴的结构与火山相比，区别只在于山的中轴有熔岩则反复注入，而火山的熔岩则反复挤出。另外，像安第斯山脉这样规模巨大的山脉，其中覆盖在熔岩之上的地层，边缘横跨许多相邻的等高线。我认为，要解释这样的结构，只能认为山脉的中轴当中被反复注入熔岩，而两次注入的间隔足够长，使得上面的楔形部分能够冷却坚实。因为这些地层现在的走向高度倾斜、垂直，有的地方甚至转而斜向外，山脉陡峭的中轴在巨大的压力下被压实。如果是一次性形成的，其内部肯定会外溢，在每一个高度上都会有无数的岩浆流喷涌而出[①]。

① 要完整地描述20日的地震所伴随的火山活动，要从中归纳出结论，我必须提到《皇家地质学会学报》（*Geological Transactions*）的第五卷。

智利圣地亚哥的隐桥

# 第十五章

# 穿越安第斯山脉

瓦尔帕莱索——波蒂略通道——骡子的智能——山中急流——矿藏是如何发现的——安第斯山脉逐步抬升的证据——雪对岩石的影响——两条主要山脉的地质特征、不同来源和抬升——大下沉——红雪——风——雪柱——干燥清洁的空气——静电——潘帕斯——安第斯山脉两侧的动物学——蝗虫——巨大的甲虫——门多萨——乌斯帕亚塔通道——在生长中被掩埋硅化的树木——印加桥——路途的艰险被夸大了——峰顶——储藏塔——瓦尔帕莱索

**1835年3月7日**——我们在康塞普西翁停留了三天，随后开航驶往瓦尔帕莱索。由于海上刮北风，天黑前我们才驶达康塞普西翁港口的出口。由于我们的船很接近陆地，空中又起了雾，所以我们只好抛了锚。这时候，侧面出现了一艘美国的大捕鲸船，距离我们还很近。我们听到那美国船长叫骂着要船员安静，好让他听碎浪的声音。菲茨·罗伊船长向他清晰地高喊，要他就地下锚。这个可怜的人一定以为是岸上的人向他喊话，他的船上立刻传来了一阵喧哗，每个人都在大喊大叫。“快下锚！松锚链！下帆！”这真是我听过最好笑的事。就算船上全是船长，没有船员，下命令的声音也不会比这次更嘈杂。后来，我们又听到大副结巴着说话，我想大概是所有人都在帮他下命令。

11日，我们到达了瓦尔帕莱索，两天后我出发穿越安第斯山脉。我先到了圣地亚哥①，在那里，考尔德克勒先生②殷勤地帮助我做着必要的准备。在智利的这个部分，有两条穿越安第斯山脉去门多萨③的路。其中比较常用的是北面的道路，即：阿空加瓜或者乌斯帕亚塔山口（Uspallata）；另一条是波蒂略（Portillo），靠南侧，路程更短，但海拔更高，也更危险。

**3月18日**——我们出发走波蒂略路。离开圣地亚哥，我们穿越了城市所在的烧荒烧出的平原，下午走到迈波河（Maypu）。这是智利的一条主要河流，河谷在这里通入安第斯山脉的第一条山麓，两侧都是贫瘠的高山。虽然河谷不宽，但其中的土地非常肥沃。河谷中有无数小屋，小屋周围种满了葡萄、苹果、油桃和桃子，树上挂满了颜色鲜艳的成熟果实，几乎要把树枝压断。晚上，我们到了边境关卡，工作人员检查了我们的行李。安第斯山脉比海水更好地保护着智利的国境：只有很少几条山谷通向安第斯山脉中央，而山脉的其他地方，即使驮着货物的牲畜也无法通行。关卡的工作人员很有礼貌，或许有部分原因是共和国总统颁发给我的护照，不过，我要对每个智利人自然流露的友善态度表达由衷的赞赏。从这方面看，其他国家同样阶层的人的行为，与此就形成了巨大的反差。有一件轶事让我很高兴：我们在门多萨附近遇见了一位非常矮胖的黑人女士，她跨骑在一头骡子上。她的脖子上长了一颗巨大的瘤子，一时间吸引了我们的眼球，不过我的两个同伴几乎立刻脱帽，向她表达歉意。脱帽是这个国家流行的致敬礼节。在欧洲，无论贵贱，有哪个人会对低等人种的可怜病人表达这样的善意呢？

晚上，我们在一个村舍过夜。我们的旅行方式是愉快而自由的。我们在有人居住的地方买了点柴火，租了一块牧场给牲口吃草，然后在牧场角落里和它们一起宿营。我们带着一口铁锅，自己做饭，在万里无云的天空下吃晚餐，无忧无虑。我的伙伴是之前在

---

① 圣地亚哥（Santiago）：智利首都，在瓦尔帕莱索东面。——译注

② 亚历山大·考尔德克勒（Alexander Caldcleugh，1858年去世）：英国商人、植物收集家、作家，定居圣地亚哥。——译注

③ 门多萨（Mendoza）：阿根廷西部省份，及其首府，门多萨省与智利圣地亚哥地区接壤。——译注

智利时就陪伴我的马里亚诺·冈萨雷斯（Mariano Gonzales）和一个赶骡运货的人，他带着10头骡子和一头“领头母马”。这头母马是个很重要的角色：她年老而稳重，脖子上挂着一只小铃铛，不管她走到哪，骡子们都会像听话的小孩一样跟着。这些骡子对领头母马的喜爱能解决很多问题。如果几队骡子被带到同一片草地上吃草，第二天赶骡人只要把领头母马带离一段距离，摇响她脖子上的铃铛就行。就算有两三百头骡子在一起，每一头都能立刻辨认出自己的领头母马的铃声，跑到她身旁。老骡子几乎不可能走丢，因为就算强行把它扣留几个小时，它也能像狗一样用鼻子找到同伴，或者不如说是找到领头的母马，因为照赶骡人的话说，所有骡子都喜爱领头母马。不过，这种感情并不是对个体的感情。我相信不管哪只骡子，只要戴上铃铛，都能领好头。平地上，骡队中每头骡子都驮着重达190公斤（超过29英石）的货物，但走山路时货物要轻45公斤。这种牲畜长着如此瘦弱的腿，看上去没有成比例的肌肉块，却能承担如此巨大的重量！对我来说，骡子是常让我意外的动物。一种杂交动物居然比父母双方更聪明、更倔强、更合群，记忆力和肌肉耐力更好，寿命也更长，在这里人力胜过了自然。在我们的10头骡子当中，我们计划6头用来轮流骑坐，4头用来轮流运货。我们为防备暴风雪，带了很多食物，因为对于穿越波蒂略山口来说，时间已经相当晚了。

3月19日——这一天，我们骑着骡子到达了山谷中最后一间房子，当然也是海拔最高的一间。居民越来越稀少，不过只要有水灌溉的地方，土地就非常肥沃。安第斯山脉中每一条主要山谷都有一个特点，即在两侧的边缘部分都有大量的沙子和圆石，大致分了层，通常都相当厚。这些边缘部分明显地先在山谷两侧延伸，然后连成一片。智利北部山谷的底部没有河流，就是被这种岩层均匀地填满的。

智利人

道路一般都建在这些边缘地带，因为它的表面平整，上升的坡度也较小，而且也适宜灌溉，所以成为了耕地。这种地面最高可以达到2100–2700米，被各处无规则地散布着的碎石堆所覆盖。在山谷的低处或山口，这种地面紧连着安第斯山脉主脉脚下的内陆高原（表面同样是圆石）。我在之前的一章描述过这种高原，它是智利的典型风貌，它显然是以前在海洋侵蚀时形成的，这种侵蚀过程现在正在更南面的海岸发生。在南美洲的地质学特征中，我最感兴趣的就是这种大致分层的圆石层了。就成分来看，它与山谷的急流在流速减慢时沉积下来的物质完全一致，例如当它流入湖泊或狭长海湾时，但是这里的急流非但不常沉积物质，反而在所有主山谷和支流山谷中持续地冲刷着岩石和冲积地层，带走其中的物质。这里我没法给出原因，不过我确定，这种圆石地层是在安第斯山脉逐渐抬升的过程中积累起来的，当时这些急流不停地把其中携带的岩石风化物沉积在狭长海湾的滩头，先是沉积在山谷的上游，随着大地逐渐抬升，沉积的位置也越来越趋向下游。我毫不怀疑这是正确的。如果这确实是正确的，那么这条又长又崎岖的安第斯山脉就不可能是突然升起的——这直到不久前还是地质学界普遍认可的结论，现在大部分地质学家仍持此观点。我认为它是缓慢地整体抬升的，与近期大西洋和太平洋的海岸抬升的情况类似。关于安第斯山脉结构的大量事实，从这种观点看就可以简单地解释了。

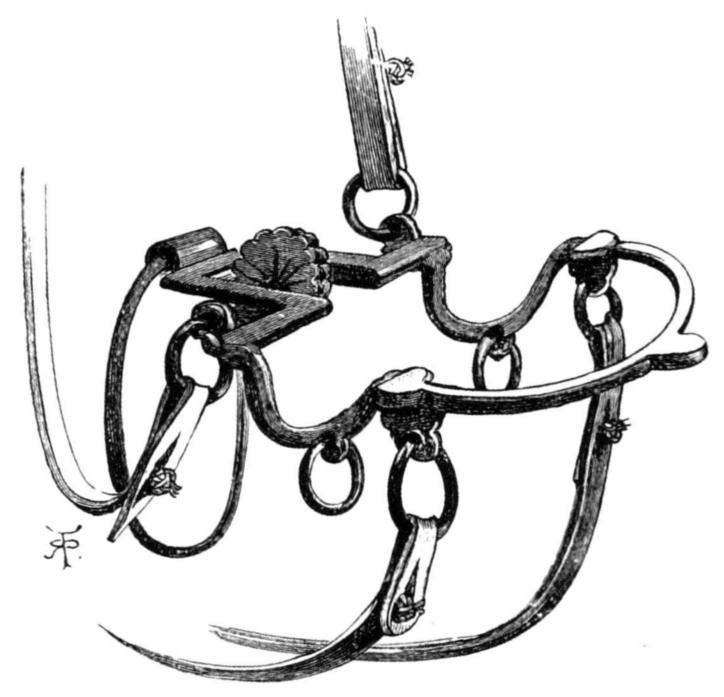

南美马嚼子

山谷中的河流实际上更应该称为山中急流。河床的坡度非常大，河水颜色像淤泥一般。迈波河水冲过巨大的圆形碎石时所发出的咆哮声，和大海的声音相似。在急流的嘈杂当中，石块互相撞击的声音，即便在远处也能分辨清楚。这种撞击声日日夜夜连绵不绝，在河流的每一段都能听见。这种声音像是雄辩地告诉地质学家，千万颗石头不停地互相撞击，发出同样的闷响，正朝同一个方向疾奔而去。时间不停流逝，无法回头，这些石头也是如此，只有大海才是它们的归宿。它们撞击出的每一个音符，都是朝着命运的终点迈出的一步。

有的现象，其原因不断重复，使得这种重复自身就传达了一种信息。不过，这种信息并不明确，甚至不比野蛮人指着头发时所表达的意思明确。一个人除非经过缓慢的过程，否则他是无法理解这种信息的。每当我看到积累到几千英尺厚的淤泥、沙粒或圆石层时，我都想要说，这种积累的原因——现在的河流和沙滩，不可能造成含有如此大量物质的沉积层。但是，当我听着这种河流中的撞击声，联想到已经从地面上消失不见的种种动物，想到在这整个过程中这些石头都日以继夜地撞击着奔向它们的归宿地时，我就不禁陷入沉思：有哪座高山、哪片大陆，能够承受这样的过程呢？

这部分山谷，其两侧的山峰向1000升至2000米或2500米高，轮廓圆滑，裸露的侧面相当陡峭。山石呈现单调的紫色，分层很明确。这种景色就算称不上美丽，但也足够雄伟壮观了。这一天，我们碰上了好几群牛，人们正赶着牛从更高处的山谷中下来。这就是冬天即将到来的信号，因此我们加快了脚步，不再以适宜地质考察的慢节奏前进了。我们过夜的房子位于一座山脚下，这座山顶上是圣佩德罗-诺拉斯科①矿区。F. 黑德爵士（Sir Francis Bond Head）对在这类极端地区发现矿藏的方法赞叹不已，比如这里，圣佩德罗-诺拉斯科峰光秃秃的峰顶。首先，这个地区的金属矿床总体上要比周围的地层坚硬。在山体的逐渐冲刷过程中，金属矿床逐渐露出地面。其次，在智利，几乎每个工人都对矿石有所了解，特别是智利北部的人。在科金博②和科皮亚波③这样的重要矿业省份，柴火非常少见，人们需要翻山越岭地搜寻，于是就这样发现了所有最好的矿藏。查纳西约④银矿自发现几年以来，已经出产了价值数10万英镑的银。它是这样发现的：一个人捡起一块石头扔向他驮货的驴子。他觉得这块石头很重，捡回来一看，发现它是纯银制成的。矿床就在不远处发现了，形状像个金属楔子。矿工会随身带着撬棍，总是在星期天到山上游荡。在这里，智利的南部，赶牛进入安第斯山脉的人以及常去任何长着一点牧

① 圣佩德罗·诺拉斯科（Saint Pedro Nolasko，1189–1256）：天主教圣徒，出生于法国，活跃于西班牙。——译注

② 科金博（Coquimbo）：智利中北部港口城市，科金博大区首府。1840年前后因金矿和铜矿而得到发展。——译注

③ 科皮亚波（Copiapó）：智利北部城市，阿塔卡马大区首府。查纳西约等银矿发现后，成为智利银矿狂热的中心之一。2010年智利矿难发生在科皮亚波附近。——译注

④ 查纳西约（Chañarcillo）：科皮亚波附近一个矿业小镇，1832年5月16日于此处发现银矿。——译注

草的深谷的人，常常会发现矿床。

20日——我们沿着山谷向上行进，植被越来越稀少，只看到少数高山植物的美丽花朵，鸟兽昆虫几乎看不到了。在高耸的峰顶上覆盖着少块积雪，各自相隔甚远；山谷中填满了非常厚的冲积层。安第斯山脉中与我所熟悉的其他山脉不同、让我最震撼的景象是：第一，是山谷两侧平整的边缘地带，有时甚至伸展到山谷中的狭长平原；第二，斑岩构成的陡峭裸露的山峰以及巨大而连绵不绝像墙壁一般的火成岩，色调都明亮耀眼，或红或紫；第三，层理清晰的地层，在几乎垂直的地方形成了奇特的锥形山峰，而在较平缓的地区却构成了山脉外围的雄伟群山；最后，大量颜色明亮宜人的岩石风化物，在山的基部堆成细而高的光滑锥形堆，有时高达600多米。

无论是在火地岛还是安第斯山脉，我总是能观察到，凡每年大部分时间都覆盖在积雪之下的岩石，都很容易奇怪地破碎成小块有棱角的碎石。斯科斯比[①]曾在斯匹次卑尔根岛[②]观察到同样的现象。在我看来，这种现象相当神秘，因为这些有积雪保护的部分，一定比其他部分更少经历温度的剧烈变化。有时我想，缓慢渗透的雪水[③]冲刷着表面的泥土和碎石，这样的冲刷程度可能比雨水的冲刷要小，那么积雪之下的岩石碎裂得更快可能就是假象。不管原因如何，安第斯山脉中碎裂的岩石的数量相当大。有时，在春季，会有大量这种碎石从坡上滑下，盖住山谷中的雪堆，形成了天然的冰屋。我们就骑马路过了一个冰屋，它的高度比永久积雪线还要低得多。

快要入夜时，我们到达了一片奇特的盆状平原，称为耶索谷（Valle del Yeso）。地上覆盖着少许干牧草，一群牛在周围布满石头的荒地当中啃食，令人赏心悦目。这里有一个非常厚的石膏层，我估计厚度至少有600米。石膏呈白色，有的部分相当纯净，耶索谷正是因此而得名[④]。在这里过夜的还有一群人，他们用骡子把石膏运走，用于酿酒。21日早晨，我们早早地出发，继续沿着河道前进，这里的河道已经变得非常小了。接着我们到达了一座山岭脚下，就是这座山岭把河道分开，使河水分别流入了太平洋和大西洋。之前的路很好走，虽然不断上升，但坡度和缓，到了这里，路已经变得陡峭曲折，消失在这条分开了智利和门多萨两个共和国[⑤]的山岭当中。

在这里，我会简单地描述一下组成安第斯山脉的几条平行山脉的地质学特征。在

① 斯科斯比《北极地区》（*Arctic Regions*）第一卷，第122页。威廉·斯科斯比（William Scoresby，1789—1857），英国北极探险家、科学家和教士。——译注

② 斯匹次卑尔根岛（Spitsbergen）：挪威斯瓦尔巴群岛的主岛，位于北纬78度45分。——译注

③ 我听说，在什罗普郡（Shropshire，英格兰西部邻接威尔士的一个郡），塞文河因为长时间的降雨而泛滥时，要比威尔士的雪山融雪时的河水浑浊得多。多尔比尼（第一卷，第184页）解释南美河流的各种颜色时说，蓝色清澈的河水，都来自安第斯山脉中的融雪。

④ yeso在西班牙语中意为石膏。——译注

⑤ 原文如此。门多萨此时已是阿根廷的一部分，“共和国”之称有误。——译注

这些山脉中，有两条比其他的更高：靠近智利一侧的，是佩乌克内斯山脊（Peuquenes ridge），道路越过山脊的地点，海拔4030米；门多萨一侧是波蒂略山脊（Portillo ridge），道路越过处海拔4360米。佩乌克内斯山脊及更靠西的一些山脉中较低的一些地层，是一两千米厚的斑岩堆，这些斑岩原本是海底的熔岩，与有棱角或圆滑的斑岩碎块一起从海底火山口喷出。在中央部分，覆盖在斑岩层之上的，是非常厚的红砂岩、砾岩和石灰质粘板岩，与巨大的石膏层相邻并侵入其中。靠上部的地层中较常见贝壳，这些贝壳在欧洲属于下白垩纪。当年在海底爬行的贝类，现在却待在海拔4300米的高山上，这故事虽然古老，却丝毫不失其精彩。更下层的地层，在罕见的白色钠花岗岩的作用下，经过断裂、烘烤和结晶，几乎融合在一起了。

另一条山脊——波蒂略山脊，结构却完全不同。它的山体主要由红色钾质花岗岩构成，形成一个个裸露的尖顶。在山脉西侧低处，砂岩覆盖在钾质花岗岩之上，却因为来自下层的热量而形成了石英岩。石英岩层以上，是一两千米厚的砾岩层，砾岩层又被下方的红色花岗岩顶起，以45°角向佩乌克内斯一线倾斜。这种砾岩中，有一部分岩石来自佩乌克内斯山脊，携带着贝壳化石，这一发现让我震惊不已；另一部分是类似波蒂略山脊的红色钾质花岗岩。所以我们必须得出这样的结论：不管是佩乌克内斯山脊还是波蒂略山脊，在砾岩层形成的时期，它们都已经部分地抬升，开始经受风化了，不过因为砾岩层被波蒂略山脊的花岗岩层顶起，倾斜角度达到45°角（同时其下的砂岩受到花岗岩层的加热），所以我们可以确定，已经部分形成的波蒂略山脊，更主要的注入和抬升过程是在砾岩层的积累之后，比起佩乌克内斯山脊的抬升更要晚得多。因此，波蒂略山脊虽然身为安第斯山脉这一段的最高点，却比略矮的佩乌克内斯山脊要年轻。波蒂略山脊东侧基部有一条倾斜的火山岩流，从其中可以看出，波蒂略山脊的抬升时间还要更迟。追根溯源，红色花岗岩似乎在很久以前就已注入到白色花岗岩和云母板岩当中了。在安第斯山脉的大部分地区，或许是全部，每条山脉都是经反复的抬升和注入过程而形成的，而各条平行山脉的年龄各不相同。这些大山虽然雄伟，但相比其他山脉更年轻，而它们所受到的侵蚀作用却大得令人惊讶。只有这样解释，才能满足这样大的侵蚀作用所需要的年代。

最后，形成更早的佩乌克内斯山脊中的贝壳，如前所述，从中生代[①]至今提升了4300米的高度，在欧洲，我们一般不认为这一年代是非常古老的。不过，由于这些贝壳生活在较深的海水当中，所以今天安第斯山脉所在的位置当时一定曾下沉了一千米以上——在智利北部达到近两千米，这样才能让如此之厚的海底地层堆积在贝壳生活的地层上方。与此相同的情况发生在巴塔哥尼亚，之前提到过，不过年代要近得多。巴塔哥尼亚

① 中生代：旧称第二纪，分为三叠纪、侏罗纪、白垩纪，距今2.51亿年至6500万年，是爬行动物占优势的地质时代。——译注

的第三纪贝壳生活的时代以来，地面一定曾下降了数百米，接着又抬升了。日复一日的证据让地质学家不得不相信，没有什么东西比地壳更不稳定了，就算天上吹的风也比地壳更稳定。

最后再说一点地质学问题：虽然波蒂略山脊要比佩乌克内斯山脊高，但两条山脊之间的山谷河流中还是有一些穿过了波蒂略山脊。同样的事实也更大规模地发生在安第斯山脉玻利维亚段，河流穿过了更高更陡峭的东部山脉。类似的情况在世界上其他地方也有发现。如果波蒂略山脊是后来才逐步抬升的，那么这是可以解释的：最初，在山脊间的位置会出现一系列小岛，接下来随着山脉的抬升，潮水会不断冲刷山间的通道，使得通道变宽变深。今天，即便是火地岛周围最人迹罕至的水道，连接纵向海峡的横向水道中的水流也非常强劲，小船在其中就算上了帆，也会不停打转。

大约中午时分，我们开始了攀登佩乌克内斯山脊的漫长旅程，随后第一次感到有些呼吸困难。骡子每走50码都要停下来休息几秒，然后这些驯服的可怜牲畜又自愿上路。由于空气稀薄而造成的呼吸困难，智利人称之为“puna”（普纳）。关于这种现象的原因，有的说法很荒唐。有的人说“这里的水里都有普纳”，也有人说“有雪的地方就有普纳”——后者无疑是对的。我唯一的不适感就是从头到胸都有些发紧，感觉就像离开温暖的房间到冰天雪地里快速跑步一样。不过这里甚至还有点心理作用：当我在最高的山岭上发现贝壳化石时，我非常兴奋，完全忘了呼吸困难这回事。当然，走路非常耗费体力，呼吸也变得更深、更困难了。据说，在波托西[①]（海拔约4000米），有些外来的人整整一年都没有完全习惯那里的空气，所有居民都推荐用洋葱来对付呼吸困难。在欧洲，胸部不适时有时也用洋葱来治疗，所以它可能真的有用——不过对我来说，没有什么比贝壳化石的疗效更好了！

大约走到半程时，我们遇到一大队人，他们有70头驮着货物的骡子。听着赶骡人狂野的叫喊声，看着骡子排成一长列下山，让人兴趣盎然。这里只有黑色的群山映衬着他们，因此骡子的身形显得非常渺小。接近峰顶时，风一如往常，非常猛烈，寒冷刺骨。无论上山还是下山时，我们都不得不经过大片的永久积雪区域，这里很快就会有一层新雪盖在上面了。我们到达山顶，回头眺望，风景无比壮丽。大气澄清透明，天空蔚蓝，山谷深邃，经年风化的碎石胡乱地堆积着，色调明亮的岩石与宁静的雪山形成了鲜明对比。这一切合在一起，成了一幅超越想象的美景。除了几只在高峰周围盘旋的安第斯兀鹫以外，没有什么植物或鸟类能把我的注意力从这片没有生命的世界中移开。我很高兴能够独处：其情境如同看一场暴风雨或倾听一支完整的交响乐团演奏一曲《弥赛亚》。

我在几处雪地发现了一种原球藻（学名*Protococcus nivalis*），俗称“红雪”，北极

① 波托西（Potosi）：玻利维亚南部城市，波托西省首府，海拔4090米，是世界上海拔最高的城市之一。——译注

探险家经常能见到它。我之所以注意到它，是因为骡子的脚印染成了淡红色，看上去好像蹄子有点出血。我一开始以为这是周围山上的红色斑岩碎屑被风吹了下来，因为用放大镜观察雪的结晶，会发现这种微型植物聚在一起，看上去像粗糙的颗粒。只有雪迅速融化的地方或是意外崩塌的地方，雪地才会染成红色。我取了一点雪在纸上摩擦，就在纸上留下了玫瑰红色与一点点砖红色混合的淡淡痕迹。后来我从纸上刮下来一些，发现它是由藏在无色的囊里的小球体组成的，每一个直径约0.0025厘米。

如前所述，佩乌克内斯山脊顶上风势强劲，寒冷刺骨，据说①这股风不断地从西面吹来，也就是从太平洋一侧吹来的。由于观察主要是在夏天进行，这种风一定是上升后返回的气流。位于北纬28°、海拔较低的特内里费峰②，那里的气流也类似，在高空逆向返回。在智利北部和秘鲁沿岸，信风③几乎成了南风，这起初让人意外，但是由于安第斯山脉呈南北走向，像一堵巨墙一样完全挡住了低空气流，所以信风不得不转而向北，沿着山脉走向进入赤道地区，失去了一部分因地球自转而形成的由西向东的动力。在安第斯山脉东侧的门多萨，气候倾向于长期无风，虽然经常呈现阵雨的天象，却很少成真。我们可以想象，从东边来的风受到山脉的阻挡会停滞下来，移动也会不规则。

越过佩乌克内斯山脊，我们走了一段下坡路，来到两条主山脉之间的一片多山的地区，并准备在这里过夜。我们已经在门多萨共和国境内了。这里海拔很可能不低于3300米，植被很稀少。我们用一种矮小植物的根充当燃料，但是火力很差，寒风凛冽。我已经相当疲劳了，尽快铺了床，躺下睡觉。大约半夜时，我发现天上突然布满了乌云，于是叫醒了那个赶骡人，问他是不是天气会变坏。但他说，只要没有电闪雷鸣，就没有暴风雪的危险。对每个在这两条山脉之间赶上坏天气的人来说，危险近在眼前，要躲藏却难于登天。一个山洞只能充当避难所。考尔德克拉夫先生曾在同月同日通过山口，他因为一阵暴雪在那里耽误了许多时间。这里不像乌斯帕亚塔通道，还没有建起储藏塔，即避难的小屋，所以在秋天很少有人会走波蒂略。我在这里注意到，在安第斯山脉的主脉之间从不下雨，夏天天空晴朗无云，冬天则只有暴风雪。

在我们过夜的地方，由于大气压较低，和海拔更低的地方相比，水的沸点更低，与帕潘氏热压蒸煮器④的情况正好相反。因此，土豆就算在沸水里煮上几个小时，也一点都不变软。锅子整晚都放在火堆上，第二天早上再次煮沸，土豆还是没有熟。我发现这一

① 吉利斯博士（Dr. John Gillies，苏格兰植物学家、海军外科医生），《自然科学与地理学期刊》（*Journal of Natural and Geographical Science*）1830年8月号。这位作者给出了道路的高度。

② 特内里费峰（Peak of Tenerife）：特内里费岛上的山峰，可能是岛上最高峰泰德峰（Peak of Teide），是一座活火山。特内里费岛，加那利群岛中的一个岛，属于西班牙，位于非洲摩洛哥和西撒哈拉以西。——译注

③ 信风（trade-wind）：又称贸易风，在低空从副热带高压带吹向赤道低压带。在南半球，吹的是东南信风。——译注

④ 帕潘氏热压蒸煮器（Papin's digester）：通过加压提供高压蒸汽环境，用来加热的器具，是现在的高压釜和高压锅的先驱，也启发了活塞式蒸汽机的发明。1643年由法国物理学家、数学家德尼·帕潘（Denis Papin）发明。——译注

点，是因为偷听两个同伴讨论这件事，他们得出的简单结论是“这只该死的锅子（实际上是新的）不愿意煮熟土豆”。

3月22日——我们吃了一顿没有土豆的早餐后，穿越整个中间地带，来到波蒂略山脊脚下。在盛夏，牛群都到这里吃草，不过现在它们早就离开了。即便数量更多的原驼也早已下山了，它们清楚地知道，如果遇到了暴风雪，自己就会被困住。在这里，雄伟的图蓬加托山[①]分外清晰，整座山都覆盖着不间断的积雪，其中有一抹蓝色，毫无疑问是冰川——在这里，冰川相当罕见。我们像以前攀登佩乌克内斯山脊时一样，从这里开始了一段漫长而艰难的攀登。这里的道路两侧都有隆起的锥形红色花岗岩裸露山峰，山谷中是几块宽广的永久积雪区域。这些冻结的雪堆在融化过程中，有些变成了雪塔或雪柱[②]，高耸而互相靠近，让驮着货的骡子难以通过。一匹冻住了的死马就粘在其中一根雪柱上，好像放在雕像基座上一样，两条后腿竖直地翘向空中。我认为，这匹马一定是在积雪时头朝下地掉进了一个洞里，后来周围的雪融化了，才成了现在的样子。

当我们快要爬到波蒂略山顶时，一团夹杂着微小针状冰晶的云降下来包围了我们。这种情况持续了一整天，让我们什么都看不清，这太不幸了。这条道路通过最高峰时要经过一段狭窄的裂缝，好像门厅一般，“波蒂略”之名也是因此而来。在这里，如果天气晴好，能够望见一直延伸到大西洋的广阔平原。我们接着下山，一直走到植被分布的上界，发现了一个适合过夜的地点，这里有几块巨大的破碎岩石遮蔽。在这里，我们遇见了几个路人，他们焦急地向我们打听道路的状况。天黑后不久，云突然一下子散开，效果如同魔法一般。四周雄伟的群山在月光照耀下似乎近在眼前，仿佛我们身处大峡谷的底部。有一天拂晓时，我也见到过同样动人的景象。云一散，天气就开始严重地结冰，不过没有风，所以我们睡得很舒服。

在这个高度，由于大气透明纯净，星星和月亮看上去更为明亮，非同寻常。有些旅行家发现，在崇山峻岭中，人很难判断高度差和距离远近，他们一般都认为这是缺少参照物的原因。我认为，与此同等重要的原因还有空气的透明度让人混淆不同距离的物体以及稍微用力就会产生异常疲劳的新奇感觉，这样我们的习惯就与感官获得的证据对立起来了。我确信，这里空气的极端洁净，让视野内的所有景物都带上了特殊的性质，一切物体都好像跑到了同一个平面上，像是一幅全景绘画。空气如此透明的原因，我认为

---

① 图蓬加托山（Tupungato）：海拔6570米，位于智利圣地亚哥首都大区和阿根廷门多萨省交界处，南美洲最高的山峰之一。——译注

② 斯科斯比观察斯匹次卑尔根群岛附近的冰山以后很久，冻结的雪的结构才由杰克逊上校（Colonel Julian Jackson，英国军官、地理学家）（《皇家地理学会学报》第五卷第12页）在涅瓦河仔细研究。赖尔先生（《地质学原理》第4卷第360页）比较了产生柱状结构的裂缝和在几乎所有岩石上都会出现、不过在不分层的岩石中较常见的节理。按我的观察，在冰冻的雪中，柱状结构是由于“变质”作用产生的，而不是沉积作用。

是到处都同样干燥。这种干燥可以从很多方面看出来：木质物品都收缩了（我的地质锤很快出了问题，让我发现了这一点）；每一件食物都变得非常硬，比如面包和糖；路边动物腐烂的皮和部分肉还保存得很好。另外，这里异常容易产生静电，一定也是这个原因。我的法兰绒背心在黑暗中摩擦时就好像涂上了一层白磷一样；狗背上的每根毛都噼啪作响；即便亚麻制的床单和皮质的马鞍带，手一摸都会冒出闪光。

**3月23日**——安第斯山脉东侧的下山路要短得多，也陡峭得多。换句话说，从平原上挺拔而起的山要比智利高山区的山险峻得多。我们的脚下伸展着一片平坦而明亮的白色云海，遮住了同样平坦的潘帕斯草原。很快，我们就走进了云海当中，这一天都没能从其中走出来。大约中午时，我们在一个叫做洛斯阿雷纳勒斯（Los Arenales）的地方发现了供牲畜食用的牧草和可以作柴火的灌木丛，于是我们就停下来在此过夜。这里接近灌木分布的上界，我猜测海拔在2100–2500米。

让我感到十分惊奇的是，东侧山谷中的植被与智利一侧的植被大为不同，然而这两个地方的气候和土壤种类基本相同，经度差距也非常小。同样差别巨大的是四足动物，而鸟类和昆虫的差别就要小一些。我首先举老鼠为例子，我在大西洋一侧找到了13个物种，在太平洋一侧找到了5个物种，其中没有一种是相同的。我们必须排除经常或偶然翻过安第斯山脉的物种以及一些分布范围向南远到麦哲伦海峡的鸟类。这一事实与安第斯山脉的地质学历史天衣无缝，因为自现代动物物种出现起，安第斯山脉一直就是高耸入云的屏障，因此安第斯山脉两侧动物的区别，理应不比大洋两岸生物的区别更小，除非我们假设同一物种能在两个不同地点出现。当然，我们必须排除有能力越过屏障的物种，无论这屏障是岩石还是海水[①]。

在这里，大量动植物都与巴塔哥尼亚的物种完全相同，或者至少有极密切的关系。刺豚鼠、毛丝鼠、三种犰狳、美洲鸵鸟、几种山鹑和其他鸟类，它们没有一种能在智利看到，却都是巴塔哥尼亚沙漠平原上的典型动物。类似地，这里也有许多（在一个不是植物学家的人看来）相同的矮小多刺灌木、枯黄的草和矮小的植物。即便缓慢爬行的黑甲虫也与巴塔哥尼亚的很像。我认为，经过仔细地观察，有些物种是完全相同的。在圣克鲁斯河逆流而上时，我们不得不放弃进入群山当中，这让我时常感到遗憾。我总是有个愿望，想要见识那里地貌的巨大变化，但我现在觉得，要达到这个目的，只有沿着巴塔哥尼亚平原进入山区了。

**3月24日**——清晨，我爬上了山谷一侧的一座山，极目远眺潘帕斯草原。这个视角我之前一直很期待，但事实让我失望了：第一眼看去，就好像远望大海一样，不过在北

① 赖尔先生首先提出了在地质变动影响下动物地理分布的优秀法则，这只不过是这些法则的具体例子。当然，整个推论过程都建立在物种不发生改变的基础上，否则所有区别都可以用一段时间以来的改变来解释。

侧很快能分辨出一些不规则的地方。最动人的地貌是河流，它们在朝阳的照耀下像银带一样闪着光芒，直到消失在远方。中午，我们沿着山谷向下走，到了一个小屋。这里驻扎着一位军官和三名士兵，检查护照。这些人当中，有一个是土生土长的潘帕斯印第安人，他的职责与猎犬相同，就是搜寻任何想要步行或骑马偷越国境的人。几年前，有个路过的人在附近的群山中绕了个大圈想要逃避检查，但这个印第安人偶然路过他留下的痕迹，在干燥而多岩石的山中追踪了整整一天，最终在一条深谷中找到了他的猎物。在这里，我们听说，之前我在高处赞叹过的白云已经化成了倾盆大雨。从这里开始，山谷逐渐变宽，周围的山和身后那些雄伟的高山比起来就好像水流冲刷过的小山丘。接下来，出现了一片铺满圆石的略微倾斜的原野，上面生长着矮树和灌木。这一片岩石风化物虽然看起来较窄，但实际上在它与广阔的潘帕斯草原融为一体之前一定有将近16公里的宽度。我们路过了这里唯一的房子：查夸尤农庄（Estancia of Chaquaio）。太阳下山时，我们找到了第一个温暖舒适的角落，就在这里宿营了。

3月25日——看着一轮红日在平整如海面的地平线上升起，我想起了布宜诺斯艾利斯附近的草原。晚上降了许多露水，这种情况我们在安第斯山脉从没有碰上过。道路继续向东延伸，经过一片低洼的沼泽后，到了干燥的平地，转而向北，前方就是门多萨。这段路程很长，用时两天。第一天，我们走了14里格，到达埃斯塔卡多（Estacado）；第二天走了17里格，到了门多萨附近的卢汉[①]。全程我们都走在平整的沙漠上，一共只见到了两三座房子。阳光非常强烈，一路上没有任何趣味。这片荒漠中几乎没有水，整个第二天我们只找到了一个小水池。只有小股的水流从山上流下，而且很快就被干燥而渗水的土壤吸收了。正是这个原因，让我们虽然距离安第斯山脉的外沿只有16-24公里，却找不到一条溪流。许多地方，地面上结了一层盐和矿物质的壳，上面生长着布兰卡港附近常见的喜盐植物。这里的地貌，与巴塔哥尼亚地区东部海岸，从麦哲伦海峡直到科罗拉多河的区域相似，同样的地貌似乎沿着科罗拉多河[②]一直向内陆延伸，直到圣路易斯[③]一带，甚至更北面。这条弯曲地带的东面，是相对更潮湿、也更绿的布宜诺斯艾利斯平原。门多萨和巴塔哥尼亚的贫瘠平原覆盖着圆石，这些圆石在海水的冲刷下变得光滑，积聚在这里，而潘帕斯草原则是由拉普拉塔河古代河口的淤泥堆积而成的，上面覆盖着蓟、车轴草等各种野草。

经过了两天令人厌倦的旅行，突然看到卢汉河边和村庄周围成行的杨树、柳树，令人精神为之一振。我们到达这里之前，发现南方出现了深红棕色的云块。我们最初以为

① 卢汉（Luján）：门多萨省一个区及其首府，位于门多萨市南方、大门多萨都市圈内，是知名的葡萄酒产地。——译注

② 这里应指德萨瓜德罗河（Desaguadero River），发源于拉里奥哈省，流经门多萨省、圣路易斯省、拉潘帕省，在拉潘帕省境内汇入科罗拉多河。——译注

③ 圣路易斯（San Luis）：阿根廷中部省份及其首府，在门多萨省以东，以德萨瓜德罗河为界。——译注

那个方向起了大火，这是升起的浓烟，但很快发现那是一大群蝗虫。它们正向北飞，又有轻风助推，很快以每小时20公里左右的速度赶上了我们。看上去，蝗虫群的主体占据了从离地几米到近千米的空间。“翅膀振动的声音就像无数战马拉着战车冲向战场的声音”，或者用我的话说，就像强风吹过帆索发出的声音。透过蝗虫群的前卫看天空，就好像一幅网线铜版雕刻，但是主体部分就完全不透光。不过，蝗虫群并不是非常密集，我用手杖前后挥舞时它们还能躲开。蝗虫群落地时，数目比地上的叶子数还要多，地面顿时由绿转红。蝗虫群重新起飞时，蝗虫就朝各个方向飞来飞去。这里，蝗虫是常见的害虫，这个秋天已经有好几群规模较小的蝗虫从南方飞来了。世界各地的蝗虫都在荒漠里繁殖，这里也不例外。可怜的农民们点火、大喊和挥舞树枝，想要驱散蝗虫，但一切都是徒劳。这种蝗虫与在东方肆虐的飞蝗[①]（Gryllus migratorius）很相似，可能是同一个物种。

我们度过了卢汉河。这是一条相当大的河，不过它流向海岸方向的河道还完全不清楚，甚至不清楚它是不是在流经原野的途中蒸发断流了。我们在卢汉村过夜。这个村庄周围环绕着菜园，是门多萨省最靠南的耕地，位于省府以南5里格处。夜晚，我遭遇了一种猎蝽（Benchuca）的攻击（足够称为攻击了）。这是猎蝽属（Reduvius）一个物种，生活在潘帕斯草原的大型黑色昆虫。当这种没有翅膀、长约2.5厘米的小虫子在人身上爬行时，让人感觉非常恶心。这种虫子在吸血前很扁平，但吸饱了血后，就变得圆滚滚的，很容易压死。我在伊基克[②]抓住过一只（它也生存在智利和秘鲁），那一只就非常干瘪。我把它放在桌上，即使周围有很多人，只要向它伸出一只手指，它就会立刻伸出口器，冲向手指，企图吸血。它造成的伤口不会疼痛。观察它吸血时的身体变化很有趣。在不到10分钟的时间里，它就从扁得像块煎饼变成了一个球体。这只猎蝽虫从一个军官身上享受了一顿盛宴，使它整整四个月都保持着圆滚滚的体形，不过它吸血才过两周就想要再次吸血了。

**3月27日**——我们继续骑骡前往门多萨。一路上，土地都经过精巧的开垦，与智利的土地相似。这个区域因出产水果而知名，生长最旺盛的就是葡萄园和果园里的无花果、桃子和橄榄。我们买了一个有人头两倍大的西瓜，非常清凉可口，每个人花了半便士，又用3便士买了半手推车的桃子。在门多萨省，耕地和围成果园的面积都很小，除了我们经过的卢汉和省会之间有一些，其他地方就没有多少了。这里的土地与智利的类似，完全依赖于人工灌溉。这块贫瘠的荒漠能变得如此丰饶，真是令人赞叹！

① 飞蝗现学名*Locusta Migratoria*。——译注

② 伊基克（Iquique）：智利北方港口城市，塔拉帕卡大区首府。“小猎犬”号于两个半月之后，即1835年6月12日到达伊基克。——译注

第二天，我们还是在门多萨逗留。这几年，门多萨的经济遭遇了大幅衰退。居民们说："这里适合居住，但很不适合致富。"底层人民就像潘帕斯草原的高乔人一样懒惰而鲁莽，就连服装、马具和生活习惯都非常接近。在我看来，这个城市有着无聊和凄凉的一面。无论是当地人引以为豪的林荫道还是风景，都无法和圣地亚哥相比，不过对于从布宜诺斯艾利斯过来、刚刚穿越单调乏味的潘帕斯草原的人来说，花园和果园也能带来惊喜。黑德爵士谈到这里的居民时说："他们吃过饭，天气又很热，于是睡觉去了——他们还有更高的追求吗？"我相当同意：门多萨人的幸福生活，正是吃饭、睡觉、无所事事。

3月29日——今天，我们踏上了经乌斯帕亚塔山口回智利的旅程，山口位于门多萨以北。我们在贫瘠的荒漠中走了漫长的15里格。有些土地寸草不生，不过其他地方都生长着无数矮小的仙人掌，其上布满令人畏惧的尖刺，当地人称之为"小狮子"。另外，还有一些小灌木。虽然这片平原海拔约900米，但是阳光炽烈，天气炎热，再加上掀起的微尘云，这段旅途很让人不适。白天，我们的路线基本上和安第斯山脉平行，不过也逐渐接近山脉。日落前，我们进入了一条宽阔的山谷，或者不如说是海湾状的平地，一头连接平原，另一头迅速收窄到一条深谷中，稍微往上一点就是一座名叫比亚维森西奥（Villa Vicencio）的屋子。我们已经骑行了一整天，滴水未进，人和骡子都非常口渴，所以我们都急着寻找山谷中有没有溪流。溪流用一种奇特的方式现身了：在平地，河道是干枯的，向上游走去，河道开始潮湿起来，随后出现了一个个小水潭，接着小水潭连成了片，到了比亚维森西奥，就出现了一条流水潺潺的小溪。

30日——这座孤独的小屋有着比亚维森西奥[①]（意为维森西奥别墅）这么个响亮的名字，每个穿越安第斯山脉的旅行者都曾提到过它。接下来两天，我在这里以及附近的一些矿区停留。这附近的地质学特点很引人注意。乌斯帕亚塔山脉与安第斯山脉主脉之间隔着一片狭长的平原，形如盆地，与智利的一些盆地相似，但更高，海拔约1800米。乌斯帕亚塔山脉与雄伟的波蒂略山脊相比，相对安第斯山脉主脉的地理位置基本相同，但来源却天差地别。乌斯帕亚塔山脉中含有多种海底熔岩形成的岩石，与火山形成的砂岩和其他沉积岩层交替出现，从整体上看，很类似太平洋沿岸的某些第三纪地层。出于这种类似，我期待能在这里发现硅化木[②]——那是第三纪地层的主要特征。结果让我无比满足：在山脉中部，海拔约2100米处，我在一片裸露的山坡上发现了一些雪白的柱状突出物，这就是成为化石的树木。有11棵树硅化了，30–40棵变成了粗糙结晶的白色方解石。这些树是突然截断的，直立的树桩高出地面两三米。每棵树干的周长为0.9–1.5米。每棵树

① 比亚维森西奥：意为"维森西奥别墅"。现在那里有一所度假酒店。——译注

② 硅化木：树木经过长期的硅化过程而形成的化石。——译注

之间有一定间距，不过构成了一个整体。罗伯特·布朗先生[①]替我检测了这些化石。他表示这些树木属于冷杉族[②]，又带有南洋杉科（Araucaria family）的特征，还在某些特殊的点上和红豆杉相近。这些树木埋藏在火山砂岩层当中，一定是从这一层的底部开始生长的；砂岩继续积累，在树干周围形成了薄薄的一层，岩石上还保留着树皮的形状。

要理解这种景象背后所隐藏的精彩故事，就需要一点点地质学经验。不过，我还是要承认，我最初看到时非常震惊，几乎无法相信证据就是这么明白清晰。我看到，在这个地点，曾有一群挺拔的树木，在大西洋岸边摇曳着树枝——当时大西洋（现在已经后退了1120公里）靠近安第斯山脉脚下。我看到，这些树木在之前升到海平面以上的火山土壤中萌发生长，后来这片干燥的土地又连同直立的树木一起沉入海洋深处。在深海中，原本干燥的地面上覆盖了沉积岩层，然后又覆盖了大量的海底熔岩流，厚达300米以上，随后，熔岩流和海底沉积岩交替堆积，先后达五次之多。能容纳如此大量岩石的海洋一定非常深，但接下来，地下的力量又作用于它们自身，所以当年的海床今天在我眼中已经成了一系列超过2100米高的山脉的一部分。但是，那些对抗的力量并没有停止作用，而是不断风化侵蚀着陆地的表面，极厚的地层被众多宽阔的山谷割裂，现在成了硅柱的树木也暴露在表面，从成了岩石的火山土壤中突出来了——正是在这里，它们曾带着满树绿叶和嫩芽，昂起高傲的树冠。这种变化非常巨大，非常难以理解，但相对整个安第斯山脉的历史来说也只是最近的一小段，而安第斯山脉自己与欧洲和美洲许多含有化石的地层相比，又是不折不扣的小字辈了。

**4月1日**——我们越过了乌斯帕亚塔山脉，在一个关卡过夜，这里是整个高原上唯一有人住的地方。离开群山前不久，我见到了一幅绝妙的景色：红色、紫色、绿色和完全白色的沉积岩，色彩缤纷的沉积岩中夹杂着黑色的火山岩，还有从深棕色到淡紫色的各色斑岩块分割其间，成了各种杂乱的色块。这是我第一次见到这样的情景，这确实很像地质学家们所描述的地球内部的美丽剖面。

第二天，我们横过平原，沿着流经卢汉的同一条高山大河前进。这是一条湍急的河流，无法横渡，水量要比下游更大。这个情况有点像比亚维森西奥的那条小溪。第三天晚上，我们来到了巴卡斯河（Rio de las Vacas）。一般认为，巴卡斯河是安第斯山脉中最难渡过的一条河。这些河流的特点都是流速快、河道短，河水来自融雪，因此在一天中的不同时间段其水流量的差别非常大。晚上，河水浑浊，充满了河床；到了清晨，河水就变清澈了，流速也慢得多。巴卡斯河也是如此，所以我们在早晨毫不费力地过了河。

这里的景色与波蒂略山脊相比，非常乏味。除了平底的山谷两侧高耸的裸露崖壁以

① 罗伯特·布朗（Robert Brown，1773–1858）：苏格兰植物学家、古植物学家，是布朗运动的发现者。——译注

② 族：植物分类学上的一个单位，位于亚科和属之间。冷杉族属于松柏目松科，与红豆杉、南洋杉同属一目。——译注

外，看不到什么东西。山谷中的道路通往最高的峰顶。山谷和两侧多岩石的高山都很贫瘠，前两个夜晚我们的骡子都没有吃东西，因为除了一点点富含树脂的低矮灌木，几乎什么植物都没有。这一天我们路过了安第斯山脉中据说最难走的几段路，不过它们的险恶程度显然是被夸大了不少。之前我听说，如果我想要步行通过的话就会头晕眼花。还有，就是下骡的地方都没有，但是，我一路上从没看到有什么地方，人没法转身往回走或没法从任意一边下骡的。其中一段险路称为“拉斯阿尼马斯”（Las Animas，意为“灵魂”），我从那里经过整整一天以后，才发现那里才是所谓可怕的险路。无疑，确实有些路段，如果骡子绊倒了骑手就会摔得粉身碎骨，但这种可能性太小了。我敢说，在春天，有些山路由于要穿过新落下来的碎石堆，路况会很差，不过从我看到的情况来说，危险性也非常小。然而，对于驮货物的骡子来说，情况就相当不同了，因为货物向两侧凸出得比较远，有时候会互相碰撞或者撞到岩石，让骡子失去平衡，摔下悬崖。过河时，驮货物的骡子也会遇到很大的麻烦。在这个季节，问题不大，但到了夏天，就很危险了。黑德爵士描述过已经过了深渊的人和正在过深渊的人的不同表情，我也可以想象。我没听说过有人溺死的消息，但驮货物的骡子溺死就是常事了。赶骡人说，应该先给骡子指出最好的路线，然后让它们自己走；要是驮货物的骡子选择不好走的路线，常常被冲走。

**4月4日**——从巴卡斯河到蓬特-德尔印加（Puente del Inca），我们走了半天。由于这里有骡子想要的牧草和我想要的地质学研究材料，所以我们就在这里宿营过夜了。当一个人听说有一座天然桥时，他就会想象在陡峭的深谷中有一块棱角分明的巨石横跨深谷两岸，或者一个中空的巨大拱形结构，好像洞穴的拱顶。印加桥与此都不同，它由成层的圆石壳构成，圆石由附近温泉的沉积物结块形成，看上去就好像水流在一侧掏出一条通道，留下一个悬空的岩架，岩架又和对面悬崖上落下来的泥土和石子结合在一起。确实，在一侧，明显可以看到有一条歪斜的接缝，这样的接缝理应存在于这种结构中。这座印加桥，一点都配不上它的名称所代表的伟大帝王称号。

**5日**——今天，我们骑行了很长时间，越过山脊的中央，从印加桥到了奥霍-德阿瓜（Ojos del Agua），智利一侧海拔最低的储藏塔（casucha）就在附近。这些储藏塔是小小的圆形尖塔，外侧有台阶通到地板，地板比外面的地面高出几英尺，以防雪堆。储藏塔一共有8座。在西班牙政府统治时期，冬天时可在里面存放着食物和木炭，每个信使都有总钥匙打得开。现在，这些储藏塔只能充当洞穴，或更确切地说是地窖。它们坐落于一些小山丘山上，与周围荒凉的景色倒也相配。一条蜿蜒曲折的山路通往坎布雷山（Cumbre），这里是一个分水岭。上山的路非常陡峭，令人困乏。根据彭特兰先生[①]的

---

① 约瑟夫·巴克利·彭特兰（Joseph Barclay Pentland，1797-1873）：爱尔兰地理学家、自然科学家、旅行家，对玻利维亚的安第斯山脉有深入研究。——译注

测量，这座山的海拔高度是3796米。虽然这条道路没有经过任何永久积雪区，可两侧都看得到有积雪的地方。顶上的风非常冷，我也不能不再三停下脚步几分钟，以欣赏天空的光彩与大气的澄清洁净。这里的风景非常雄伟壮丽：西边有纵横交错的群山，群山之间为幽深的峡谷所分开。到了这个季节，安第斯山脉上通常已经下过一些雪，甚至有些年份已经大雪封山了。不过我们非常幸运，天空连日连夜地晴朗无云，只有几小团蒸汽飘浮在最高的峰顶之上。当远处的群山消失在地平线以下时，这些空中的小岛却还看得

乌斯帕亚塔通道印加桥

见，标明着安第斯山脉的位置。

4月6日——早晨，我们发现有贼光顾，偷走了一头骡子，还带走了领头母马的铃铛。因此，我们沿着山谷只向下走了三四公里，第二天就一直等在那里，希望能够找回那头骡子。赶骡人说，它应该是被藏在哪条深谷当中了。这里的景色呈现出智利的特点：山坡的低处，散布着浅色的常绿皂皮树（Quillay）以及形似枝形吊灯的大仙人掌，这比东侧光秃秃的山谷更值得人们去赞美，不过我觉得这种赞美没有某些旅行者说的那么夸张。我认为，他们的兴奋主要是因为想到离开了寒冷的高山，接下来能点一堆暖和的篝火，吃顿美味的晚餐了。当然，我也完全沉浸在这样的感受之中了。

8日——我们下山离开了阿空加瓜山谷，晚上到达了比亚圣罗莎①附近的一座小屋。这里富饶的平原令人赏心悦目：秋天来了，许多果树都落了叶，工人们有的忙着在屋顶晒干无花果和桃子，有的正在葡萄园里摘葡萄。这真是一幅美妙的场景！但这一夜，我想起了英国肃穆的秋天。10日，我们到达了圣地亚哥，考尔德克勒先生盛情款待了我。我的这段旅途只用时24天，也是我迄今为止最享受的24天。几天后，我回到了瓦尔帕莱索，住在科菲尔德先生②家中。

① 比亚圣罗莎（Villa de Santa Rosa）：洛斯安第斯（Los Andes）的旧称，位于智利瓦尔帕莱索大区，位于乌斯帕亚塔通道与圣地亚哥之间。——译注

② 理查德·亨利·科菲尔德（Richard Henry Corfield，1804-1897）：住在瓦尔帕莱索的英国商人，达尔文的好友、中学学长。——译注

利马与圣洛伦索

# 第十六章

# 北智利与秘鲁

前往科金博的沿海道路——矿工承载的重荷——科金博——地震——阶梯状台地——不存在最近形成的沉积物——与第三纪同时代的形成物——攀登河谷之旅——前往瓜斯科的道路——荒原——科皮亚波河谷——下雨与地震——恐水症——“荒山”——印第安人遗址——可能之气候变化——因地震而拱起的河床——凛冽的狂风——小山传来的声音——伊基克——盐类冲积层——硝酸钠——利马——对人不健康的地区——卡亚俄遗址（被地震震倒）——最近的沉积——圣洛伦索上的高层贝壳，分解作用——嵌有贝壳和陶器碎片的平原——印第安族人的古物

**4月27日**——我启程前往科金博（Coquimbo），再从那里穿过瓜斯科（Guasco）前往科皮亚波（Copiapó）。菲茨·罗伊船长友好地答应在科皮亚波接我上“小猎犬”号。沿着海岸线往北直线距离仅有680公里，但我的行进方式致其变成了漫漫长路。我带了四匹马和两头骡同行，骡子用来交替运行李。这六只动物总共仅花费了25英镑，我在科皮亚波又以23英镑把它们转售出去了。我们像之前那样独自行走，自己煮饭，在露天睡觉。骑马前往比尼亚德尔马（Viño del Mar）的路上，我最后一次眺望瓦尔帕莱索的景色，与之告别，对它的如画美景赞叹不已。为了研究地质学，我没走大路，绕了远道去基约塔的钟山（Bell of Quillota）脚下。经过一处含有丰富黄金的冲积区，我们来到利马切（Limache）附近，在这里宿营。淘金养活了分散在每条小溪旁的许多住茅棚的居民。然而，跟所有收入不稳定的人一样，他们不知节俭，因此一贫如洗。

**28日**——晌午时分，我们抵达钟山山脚处一间农舍。这里的居民都完全拥有自己的房地产，这在智利倒不常见。他们靠菜园和一小块田野上的农作物为生，但是日子还是过得拮据。这里的人严重缺乏本钱，青麦还在地里的时候人们就被迫把它卖掉，这样才能给来年添置些日常用品。因此，这里虽是小麦产区，但麦价却比经销商所在的瓦尔帕莱索那里的更高。次日，我们走回主道前往科金博。晚上稀稀落落地下了场阵雨。9月11日和12日的那场大雨把我像囚犯一样困在考克内斯温泉了。自那以后，这是第一次降雨，中间隔了七个半月。不过，今年智利的降雨比往常来得晚。现在，远处的安第斯山脉都盖上了一层厚厚的积雪，形成了一道美丽的风景线。

**5月2日**——我们仍旧沿着海岸边的道路走，距离大海不远。在智利中部常见的那几种树木和灌木丛，在这里数量锐减，取而代之的是一些高大的植物，外貌很像丝兰。这个地区地面异常崎岖不平，不过范围较小。小平原或盆地上冒出一些突兀的小岩峰。参差不齐的海岸线和近海的底部遍布无数碎浪石，要是转变成陆地，也会是一样的地形。毫无疑问，我们骑马经过的部分陆地就是这样转变过来的。

**3日**——从基利马里（QuiLimari）到孔恰利（Conchalee）。乡野间的土地越走越贫瘠。各个山谷几乎没有充分的水用来灌溉，中部的土地光秃秃的，连山羊也养不活。春日，有了冬雨滋润后，一层薄薄的牧草迅速冒出地面，牛群被人们赶下安第斯山脉吃上一小回青草。看到草和其他植物的种子似乎有种习得的习性，能自我适应海岸线不同方位的降雨量，真是一件奇妙的事！科皮亚波极北的阵雨对植物产生的作用是瓜斯科的双倍，是这里的三四倍。瓦尔帕莱索冬日干燥，严重伤害牧草，但在瓜斯科，同样的干旱情况下植物却会长得非常茂盛。继续往北，雨量似乎就没有严格根据纬度递减了。瓦尔帕莱索以北仅108公里处的孔恰利，5月底才有望见着雨水，而在瓦尔帕莱索，一般4月初就有降雨了。年降雨量与开始下雨的季节的延迟程度成比例，开始下雨的季节越迟，降雨量越少。

4日——沿海大道的风景毫无乐趣可言，我们转入内陆前往伊亚佩尔（Illapel）的矿区和山谷。这个山谷跟智利其他地方一样，平坦宽阔、土地肥沃，两边不是分层的圆卵石组成的悬崖，就是光秃秃、乱石横生的群山。在最高的那条灌溉沟渠直线以上，一切犹如马路一样呈现褐色，其下却长着一大片紫花苜宿——一种车轴草，呈现铜绿色般的亮色。我们前往另一个矿区洛斯奥尔诺斯（Los Hornos），那里的主山被钻满了洞，跟蚁窝似的。智利的矿工在生活习性上是种特殊的族类。他们一起在极其荒凉的地方生活数周，不过下到村里过节的时候就极其奢华。有时候他们得到一大笔收入后就会像拿到奖金的海员似的试试自己可以多快挥霍完。他们饮酒无度，买大量衣服，几天后就身无分文地回到贫寒的住所，干着比力畜还要辛苦的工作。他们的轻率习性和海员一样，显然是因为大家都是以同样的生活方式过日子。他们的日常食物有人供给，因此花钱不谨慎。此外，诱惑与屈服于诱惑同时对他们产生影响。相反，在英国的康沃尔郡（Cornwall）和其他一些地方，遵循着出售部分矿脉的体制，那里的矿工被迫为自己思考、行动，因此是一群极其睿智、品行端正的人。

智利矿工的衣着极其独特，非常美观。他们身穿一件非常长、有点深色的厚毛呢衬衫，围了一条皮革围裙，腰部束了条颜色鲜艳的腰带。裤子很宽，鲜红色的小布帽戴在头上恰到好处。我们遇上一群衣着齐整的矿工抬着死去的伙伴去下葬。他们快步小跑前进，四个人抬一具尸体。四个人尽力跑完约180米，由提前骑马赶到前面的另外四个人接替。他们以这种方式前进，靠狂喊声来相互打气。整幅画面形成极其奇异的葬礼。

我们以之字形的路线向北走，有时候会歇一天脚调查地质。这个地方人口稀少，道路隐蔽，总是很难找到路。12日，我待在一个矿山里。那里的矿石不是特别的好，但是资源丰富，应该可以卖三四万西班牙银元（即6000–8000英镑），可却已经被一个英国协会以一盎司黄金（合3英镑8先令）的价钱买下了。这里的矿石是黄铜矿。正如我所言，在英国人到来之前，人们认为这些矿石不含一颗铜粒。成堆富含金属小铜粒的矿渣几乎如上述例子一样，被人以暴利的方式买下。虽然有了这些优势，但矿业协会还是弄巧成拙，亏了一大笔钱。众多理事和股东愚昧无知、头脑发热：有时候一年要支付1000英镑却取悦智利当局；购买各种精装地质学书籍；派遣工人去寻找还没在智利发现过的特有金属，比如锡；与矿工签订合同，为没有奶牛地区的矿工提供牛奶；购买派不上用场的机械装置；还有上百件类似的安排事宜。这些都见证了我们的荒谬，至今仍是当地人口中的笑柄。而毫无疑问的是，如果把资本投在矿井上，一定能带来巨额回报，当然只要有可靠的经理人、务实的矿工和分析专家便可成事。

黑德船长记述了真正力畜一样的矿工（apire）从矿井最深处运上来的惊人负载量。

我以前认为他夸大其辞了，因此有机会试称一下挑选出来的一袋矿石。我深感兴奋。直接站在那堆货物上方的时候，我费了九牛二虎之力才把它从地上抬起来，称量结果为89公斤。矿工要背着它从垂直高度73米深的矿井里爬上来——部分路径经过倾斜的通道，不过大部分都是经过锯齿状的木柱，木柱以之字形路线放置在通道上。根据规定，除非矿井有180米深，否则矿工就不允许停下来歇口气。平均每袋矿石一般超过90公斤重。有人向我保证说，测试的时候，从矿井最深处搬上来的载重达到过136公斤（22.5英石）！现在矿工们一天要运12次常规载重量——即从73米深处运起1088公斤，间歇的时候就敲碎和拾捡矿石。

除非这些矿工遭遇意外，否则都是身体健康、神色愉悦。他们身上的肌肉长得并不发达，一个星期几乎吃不上一顿肉，能吃得上的只有硬牛肉干。尽管我知道他们都是心甘情愿做这些苦力活的，但是看到他们走出矿井口时的情形还是让人觉得很反感。他们弯着身体前行，双臂斜靠着梯子，双腿弯曲，肌肉抖动不止，脸上冒出来的汗水流到胸口上，鼻孔扩张，嘴角被强力拉开，呼气起来吃力至极。每次呼吸的时候都会发出“哼——哎”的叫声，以一阵从胸腔深处发出、但如同横笛的音调般刺耳的声音收尾。矿工们步履蹒跚来到矿石堆后，他们倒空“大背筐”，在两三秒钟内平复好呼吸，擦拭一下额头上的汗水后好像又充满了精力，再次快速走下矿井去了。在我看来，这样的劳动量是习惯成自然的绝妙例子。除此之外，一个人是不可能忍受这么大的辛劳的。

晚上，我和矿山负责人谈到分布在整个国家的外国人人数时，他告诉我说，虽然他现在还是个年轻人，不过他还记得，当他还是个在科金博上学的小孩的时候，学校放了一天假，让他们去欢迎一艘英国舰船的船长，船长是受命前来与市长对话的。他相信无论什么都不能诱导这些学生去接近那个英国人，包括他自己在内，因为他们有了一个根深蒂固的观念，认为和这样的人接触后，会被传染异端的思想、感染疾病、发生灾祸。至今他们依然讲述着海盗的歹毒行为，尤其是有个海盗把圣母玛丽亚的画像也抢走了，一年后为了圣约瑟夫的画像他又回来了，说是要是圣母失去了丈夫该有多可怜！我在科金博吃晚餐的时候还听到一个老妇人感慨：记得她还是个小姑娘的时候，有两次一听到有人喊“英国人”，众人就带着一切能带走的值钱的东西躲到山里去，而她活到现在却和一个英国人共处一室就餐，实在是不可思议！

14日——我们抵达科金博，在那里逗留了几天。镇子上格外宁静，此外再无引人注目之处。据说这里住着6000-8000人。17日，早上下了今年的首场毛毛细雨，长达5小时。住在空气比较湿润的海岸边，种植玉米的农民充分利用这场雨来犁地。第二场雨过后他们就要播种，要是能下第三场阵雨，春日就能五谷丰登。看着这种微不足道的水分怎么发挥作用，真是一件趣事。12个小时后土地看起来又跟先前一样干，可是隔了10天

智利，科金博

后，所有的小山都会微微地呈现绿意。到处稀疏地长着像头发似的绿草，茎长2.5厘米。而在阵雨之前，每块地还跟马路一样寸草不生。

晚上，我和菲茨·罗伊船长到爱德华兹（Edwards）先生家吃晚饭，每个到访过科金博的人都知道爱德华兹是个热情好客的英国侨民。这时，突然发生了剧烈的地震。我先听到地震发生前的一阵隆隆声，可是由于女士们尖叫连连，仆人四处奔跑，几位先生冲到门外，在这些吵闹声中我无法辨别出地动的情形。事后，有些妇女吓哭了，一位先生说他今晚不可能再合得上眼了，否则也只会梦见房屋倒塌。这个人的父亲不久前在塔尔卡瓦诺的地震中失去了所有的财产，而1822年在瓦尔帕莱索他自己也差点被掉下来的屋顶砸中。他提到那时发生了一件奇特的巧合事：那时候他正在打牌，这时，他们中的一个德国人起了身，说他不会在这种地方大门紧闭地坐在房间里了，因为之前有次关着门时差点命丧科皮亚波。他接着开了门。门一开，他立刻喊道："它又来了！"著名的地震就开始了。整群人于是躲过了一劫。地震的危险不在于没时间开门，而在于门有可能会被倾倒的墙卡住。

在本地人和老居民中，就算他们当中有的人是出了名的头脑理智，但遇上地震时也一样感到害怕，这没什么大惊小怪的。不过，我认为这种过度的惊慌，部分原因是缺乏一种驾驭恐惧的习惯，因为他们并不因这种情感而感到羞愧。事实上，本地的人不喜欢见到人们无动于衷。我听说过发生一场强震的时候，两个在野外睡觉的英国人知道情况不危险，就没起身。本地人愤慨地叫道："看看那些异教徒，他们连床都不起啊！"

我花了几天时间勘察由小圆石组成的阶梯式台地。第一个注意到这种台地的是B·霍尔（Hall）船长。莱尔先生认为，台地是陆地逐渐上升期间由海水作用造成的。这种解释肯定是正确的，因为我在这些台地上发现了许多现有物种的贝壳。五层狭窄、略微陡峭而且形状似流苏的台地一段接一段直立而起。由小圆石形成的台地最完整。它们直面海湾，向河谷两侧伸展。在科金博北面的瓜斯科，这种现象更为壮观，即便是那里的居民也为之感到惊讶。那里的台地更宽阔，可以称之为平原，有些地方的台地可达六层，但是一般情况只有五层，从距离海岸60公里远向河谷直立而起。这些阶梯状台地或边缘地跟圣克鲁斯（S. Cruz）河谷的地形很接近，也与沿巴塔哥尼亚整条海岸线的大规模台地很相似，只不过前者的规模要小一些。毫无疑问，它们都是在大陆逐渐上升的漫长间歇期间在大海的侵蚀作用下形成的。

很多现存物种的贝壳不仅存在于科金博的台地表面（76米高），而且镶嵌在疏松的钙质岩里，有些地方厚度可达6–9米厚，但是范围很小。这些现代地层的下方是古代第三纪地层，含有大量已灭绝的贝壳。虽然，我已对太平洋数百公里的海岸线进行了勘察，连大西洋沿岸也没放过，但是除了这里以及通往瓜斯科的路往北一点的地方以外，再也没见到有地层规则地含有现存物种的海生贝类。这一事实对我来说很值得注意。对任何地区缺失了某一特定时期的化石沉积层的情况，地质学家的解释通常是，当时那里是干燥的陆地。不过，这一解释在这里不适用。根据散布在地表的贝类和镶嵌在松散的泥土或植物性土壤里的贝类可知，大陆东西两岸长达数千英里的海岸直到近期为止都是浸没在水下的。毫无疑问，只能从这一事实中得出解释：整个大陆的南部，很长时间里都在缓慢地抬升，因此沉积在海边浅水中的一切物质都会很快被抬升到地面上，承受海滩上常见的缓慢侵蚀作用，只有在较浅的水域才能有更多海洋生物源源不绝，而在这些水域要积累任何厚度可观的地层显然是不可能的。要见识海滩侵蚀作用的巨大力量，我们只要看看今天巴塔哥尼亚海岸的峭壁以及同一海岸上层层叠叠、海拔不一的断崖或古老海崖，就能明白了。

科金博地下古老的第三纪结构似乎跟智利海岸线的好几处沉积物（其中主要在纳维达）和巴塔哥尼亚的结构是同一年代的。在纳维达和巴塔哥尼亚，都有证据证明，自从埋在其中的贝类物种（E·福布斯教授给出了一份列表）出现至今，地面下沉了数米，接着又是抬升。人们自然会问，虽然在大陆的任何一边没有保存由近代形成的广大含化石的沉积结构，也没有保存介于近代与远古第三纪的中间期地层，然而在远古的第三纪时期，包含动物化石遗体的沉积物质还是沉淀和保存在从南到北的海岸线的不同地点，遍布太平洋海岸线1770公里的范围、大西洋海岸线至少2170公里长的空间，以及在横跨大陆最大宽度达到1130公里东西海岸的地方。这是为什么呢？我相信想要解释不难，也许在世界上其他地方所观察到的相似事实同样适用。考虑到无数事实证明海水拥有强大的侵蚀作用，如果沉积层最初不是极广极厚的话，在抬升过程中就不可能经受得住在海滩上的严峻考验，从而长时间大量地保存下来。较浅的海底之上就算再适宜大多数生物的生存，如果下面的地层不沉到足够的深度来承受一切的话，也就不可能累积起足够广而深的沉积层。尽管两地相距1600公里之遥，南巴塔哥尼亚和智利似乎同时发生过这种现象。因此，通常在广大面积的区域里，倘若沉陷现象持续不断、差不多同时发生（如我从勘察大洋里的珊瑚礁所坚信的；或者，放眼南美洲，下沉运动与那些上升运动共存：在现有贝类同一时期内，秘鲁、智利、火地岛、巴塔哥尼亚和拉普拉塔地区的海岸已经上升）那么我们就可知同一时期，在彼此相隔遥远的地方，环境有利于范围大、厚度高的化石堆积的构成。因此，这样的沉积层很可能能够抵抗海岸线持续不断的磨损和撕裂而与世长存。

**5月21日**——我和何塞·爱德华兹先生一起出发前往阿克罗斯（Arqueros）的银矿，再从那里沿科金博河谷向上游前进。走过一处山区后，我们在夜幕降临的时候抵达爱德华兹先生的矿山。我很享受在这里休息的夜晚，这在英国是享受不到的，这里没有跳蚤的骚扰！科金博的屋子里到处都是跳蚤，可是它们不会栖居在这个900-1200米高的地方，因为能把这些烦人的跳蚤消灭掉的不大可能是因为稍稍降了温，必定有其他原因。这个银矿虽然之前年均产银重达900千克，但是现状却不妙。据说“有铜矿者将来会盈利，有银矿者可能会盈利，但是有金矿者必亏。”此话不然！在智利，所有巨富都是靠开采贵金属矿山发财致富的。不久前，一个英国医生带着一处银矿的利润分成从科金博归国，这份巨款总计约2.4万英镑。毫无疑问，精心经营的铜矿必定稳赚不赔，别的都属一场赌博，或者是手持彩票博运气。因为矿主没有任何好办法防止偷窃，所以时常损失大量贵重的矿石。我听说有一位先生跟另一位打赌，说自己有一位手下会当面行窃：矿石运出矿井之前要先打碎，把废石扔到一边。两个干这活的矿工会装得像是意外，同时把两块碎片扔掉，并开玩笑地叫道：“看看哪颗滚得更远。”站在一旁的矿主用一根雪茄跟朋友打赌。矿工通过这种方式注意到石头在垃圾堆中所处的位置，到晚上就捡起来带到主人那，向他展示了这块富含银子的矿石，说：“这就是你赌赢了一根雪茄的那块滚得远远的石头。”

5月23日——我们下山走进科金博下游土地肥沃的河谷，沿着河谷直抵何塞先生亲戚的牧场。我们在那里逗留了两天。接着，我骑马走了一天的远路去看所谓石化的贝壳和豆子，后来证实不过是石英小卵石。我们路经几个小村庄，开垦后的河谷非常漂亮，整个画面极其壮丽。这里靠近安第斯山脉的主脊，周围的山峰巍峨磅礴。在北智利各地，安第斯山脉附近，高处的果树比起其他较低地区的果树更丰富、产量更高。这个地区的无花果和葡萄树以其品质优良而闻名，而且种植面积宽。这个谷地也许是基约塔（Quillota）以北最富饶的地方了。我估计，包括科金博在内，这条河谷有2.5万个居民。次日，我回到牧场，与何塞先生一起出发前往科金博。

6月2日——我们沿着海岸边的路前往瓜斯科河谷，据说这条路没有另一条那么荒凉。第一天，我们骑马来到一间孤零零的房子，房子名叫“芳草地”，那里有牧草供我们的马匹享用。先前提到的阵雨是两周前下的，范围只到去瓜斯科的半路，因此我们旅程一开始看到的淡绿色不久就完全消失了。即便是在最亮绿之地，也没有其他地区春日里的鲜嫩草地和花蕾朵朵。走过这些荒地，让人觉得像是被困在荒凉的院子里的囚犯渴望见到一些绿色、闻到一丝湿润的空气。

6月3日——从“芳草地”前往卡里萨尔（Carizal）。前半天我们穿过山地里乱石横生的荒漠，后来到了茫茫沙地的平原，地上到处散落着破碎的海生贝类壳。这里几乎没什么水，仅有的一点水也只是盐水。从海岸线到安第斯山脉，整个地区荒无人烟。我只看到一种动物的痕迹，数量很多，这就是彩虹蜗牛（Bulimus）的壳，在干旱的地方数量特别集中。春天的时候，一种卑微的小植物发出几片新叶子，蜗牛就靠吃这些叶子生存。因为只有一大清早地面沾了些露珠的时候才见得着这些蜗牛，所以瓜斯科人认为它们是露珠孕育出来的。我在其他地方也观察到，干旱贫瘠、土壤含钙的地区，非常适宜陆生贝类的生长。在卡里萨尔，有几间村舍，有点略咸的饮水，还有少许耕地——但是，我们几经辛苦才给马买到一些玉米和麦秆。

4日——从卡里萨尔到绍塞（Sauce）。我们继续走过被原驼群所占据的荒原，还跨过查涅拉尔（Chañeral）山谷，虽然那里是瓜斯科和科金博之间最肥沃的一块地，面积却很狭窄，出产的牧草微乎其微，因此没法给我们的马买点牧草。我们在绍塞遇到一位彬彬有礼的老先生，他负责监管一个炼铜炉。为了给予我们特殊帮助，他允许我高价买下一捆肮脏的干草。可怜的马儿，跋涉了一天，却只能以此做为晚餐。现在，智利四处都没什么正常运转的熔炉。由于非常缺乏木柴，加上智利人的金属还原手法不纯熟，因此把矿石用船运往英国的斯旺西（Swansea）更加有利可图。第二天我们穿过几座山，来到瓜斯科河谷里的弗雷里纳（Freyrina）。每往北走一天，植被就变得愈发贫乏，即便是形如烛台的粗大仙人掌，在这里也被一种截然不同、体积更小的物种所取代。在冬季的月份里，在北智利和秘鲁，太平洋上空齐齐整整的云层低低地悬挂在天空。我们从山上看到这片洁白明亮的汽海景色惊人。这片汽海伸进山谷，使这里的岛屿和海岬变得跟潮恩斯群岛和火地岛的海洋一样。

我们在弗雷里纳待了两天。瓜斯科河谷有四个小镇，河口有个港，满目荒凉，附近没有任何河水。上游5里格处是弗雷里纳，这是一个狭长而散乱的带状村庄，村里有刷得雪白的体面房子。再往上10里格就是巴列纳尔（Ballenar），更上游处是一个果园村庄，名为瓜斯科—阿尔托（Guasco Alto），以果干著称。在晴朗的日子里眺望河谷上游的景色非常美好：笔直的通道直达远处雪白的安第斯山脉，两边都有无数条交叉的线条混杂在美丽的雾霭中。平行的众多阶梯状台地使前景显得尤为突出，中间夹着一条绿色河谷，上面长满了柳树丛，与两侧光秃秃的山岭形成鲜明的对比。过去13个月这里没有下过一滴雨，这足以让人相信这里非常贫瘠。居民们听说科金博下雨了，十分妒忌。从天象来看，这里也有望蒙受上苍眷顾。两周之后，他们的愿望果然实现了。那时候我在科皮亚波，那里的人听说瓜斯科雨量充沛，也同样表示嫉妒。在极度干旱了两三年而且期间可能只下过一阵阵雨后，一般就会迎来雨年。雨年所带来的灾害更胜于干旱。河水暴涨，适用于耕作的仅存狭地盖满沙石。洪水还会损坏用于灌溉的沟渠。三年前的严重破坏，就是这样造成的。

**6月8日**——我们继续骑马前往巴列纳尔。巴列纳尔之名取自爱尔兰的巴列纳赫（Ballenagh）——奥希金斯（O' Higgins）家族的诞生地。在西班牙统治时代，这个家族的人曾担任过智利总统和将军。巴列纳尔两边满布石头的山岭都被云层所遮盖，阶梯状的平原令山谷看起来像极了巴塔哥尼亚的圣克鲁斯河谷。在巴列纳尔待了一天后，我在10日启程前往科皮亚波山谷的上游。我们骑了一整天的马，穿过一片乏味的地方。反复用荒凉贫瘠这几个形容词，我都厌倦了。不过，这些词虽常用，但也是相对而言的。我经常用这些词来形容巴塔哥尼亚，那里荆棘遍地、杂草丛生，不过它跟北智利比起来肯定算是富饶多产。这里嘛，只要仔细观察，在180米见方的区域内也能找到不少灌木、仙人掌和地衣。埋在土壤里休眠的种子正等待第一场冬雨让自己萌芽。在秘鲁，出现了真正的大片荒漠。我们在晚上抵达一个山谷，那里小溪的河床潮湿。沿着溪流而上，我们找到还算干净的水。小溪夜间蒸发和吸收得没那么快，比白天向下游多流了一里格。这里有大量柴枝可以生火，对于我们来说，这是临时露营的好地方，可那些可怜的牲畜，连一口吃的都没有。

**6月11日**——我们马不停蹄，骑了12个小时，来到一个旧熔炉处。那里有饮水和柴火，可我们的马关在一个旧院子里，再次没东西吃。沿途都是起伏的山，由于裸露的山峦呈不同的颜色，远处的景色多了几分趣味。看到太阳一直照着这块如此无用之地，实在有点可惜：如此明媚的阳光应该照耀着绿油油的田野和美丽的花园才是。次日，我们抵达科皮亚波山谷。我为此由衷地感到高兴，因为这趟旅程频频引人心生焦虑：我们吃晚饭的时候，听到马别无缓解饥饿的办法，只好啃咬拴住它们的那根柱子，心里真不是滋味。可是，它们看起来精神抖擞，没人看得出他们已有55个小时都未曾进食了。

我有一封给宾利（Bingley）先生的介绍信。他在波特雷罗塞科（Potrero Seco）农庄亲切地接待了我。这个农庄长30–50公里，但很狭窄，总体而言只有两块田地那么宽，河两边各一块。农庄的某些地方很窄，也就是说那片地无法灌溉，所以和周围乱石横生的荒地一样毫无价值。整个山谷沿线耕地数量很少，主要原因不是地面不平坦，也不是因为不适合灌溉，而是水量太少。今年的河水特别充沛：河谷上游的地方河水可到马的肚皮，河谷约有14米宽，水流湍急；下游水流越来越小，常常会大量流失，曾有30年的时间没有一滴水流入大海。居民们非常高兴地看着安第斯山脉上的暴风雪，因为雪下得多来年水才多。对于地势较低的地区，融雪要比降雨重要得多。两三年下一回的雨有莫大好处，因为雨后牛群和骡子有时上山可以找到一些牧草。可是，要是安第斯山上没有积雪，整个山谷就会一片荒凉惨淡。据历史记载，这里发生过三次大旱灾，几乎所有的居民都被迫迁移到了南方。今年河水充沛，每个人想多频繁就能多频繁地灌溉土地，不过近年来时常需要派兵看管水阀，确保每个农庄每周只取适当的水量。据说山谷里有1.2万居民，但是一年产出来的农产品只够吃三个月，其余的供给品来自瓦尔帕莱索及南部。在发现著名的查纳西约（Chanuncillo）银矿前，科皮亚波的衰退速度很快，可现在又是一副欣欣向荣的景象，这个完全被地震推倒了的城镇已重新建立起来了。

科皮亚波山谷成为荒漠中一条仅有的绿丝带，走向非常偏南，因此从安第斯山脉中的源头算起也有相当长的距离。我们可以把瓜斯科和科皮亚波的两个山谷视为狭长绿岛，只不过把它们与智利其余地方分开来的不是海水，而是岩石荒漠。向北，还有一处非常贫乏的山谷叫帕波索（Paposo），约有两百居民，再往北就是真正的阿塔卡马（Atacama）荒漠了——一处比暗流涌动的海洋更恐怖的屏障。在波特雷罗塞科待了两天后，我上了山，带着介绍信来到贝尼托·克鲁斯先生（Don Benito Cruz）的住所。我发现他是个极其热情好客的人，事实上南美洲每个地方的人都十分热情好客，叫人盛情难却。第二天我雇了一些驴子，从霍尔克拉（Jolquera）峡谷骑到安第斯山脉中部去。第二天晚上，天气似乎在预示即将有暴雪或暴雨来袭，躺在床上的时候我们感觉到微弱的地震。

地震和天气之间的联系常常饱受争议。在我看来，这个世人知之甚少的问题能让人产生极大的兴趣。洪堡在《个人记事》（*Personal Narrative*）中提到[①]，任何长期居住在新安达卢西亚（Andalusia）（西班牙最南端富饶肥沃的河谷）或低地秘鲁（亚马逊林区）的人想要否认两种现象之间有一定联系都很难，而在书上的另一章里，他似乎认为这种联系是人们幻想出来的。据说在瓜亚基尔（Guayaquil），干旱季节阵雨瓢泼，地震必定会接踵而至。在北智利，下雨的次数极少，甚至预示下雨的天气也很少，因此这种意外巧合的可能性很小，所以这里的居民坚信大气状况和地动山摇有某种联系。令我非常震惊的是，当我跟科皮亚波的一些人提到科金博有强震的时候，他们立刻叫道："多幸运啊！今年那里会牧草繁茂了。"在他们心里，地震预示着雨之将至，如同雨水预示着牧草肥沃。当然，地震那天确实下阵雨，而正如我所述的，下雨后10天的时间就让地面冒出一层薄薄的野草。还有几次，在雨比地震还要稀奇的时节，地震后就下了雨：在瓦尔帕莱索，在1822年11月和1829年的地震之后就接着下了雨；还有就是在塔克纳，是1833年9月的时候。在某种程度上熟悉这里的气候的人都会知道，在这些季节下雨的可能性有多低，除了与一般天气进程联系甚微的某些规律所导致的例外。例如，在科西圭纳火山喷发时，一年中最不可能下雨的时候却大雨如注，而且对美洲中部来说属于"相当史无前例"，不过要理解大量水蒸气和火山灰积云可能会破坏大气平衡并不难。洪堡将此观点推广到未伴随火山爆发的地震情况，但是这种从地面逃逸出来的气态液体数量很少，我无法相信它能产生这么惊人的作用。最初由P·斯克罗普先生提出的观点似乎更加可信，即当气压计读数较低和有望下雨的时候，一大片地区的气压下降，人们就能确定准确的日子，这一天地下应力的张力已经达到了极限，就可导致爆裂，最后震动。然而，用来解释无火山爆发伴随状态下发生地震后在干旱的季节会数日倾盆大雨，这个想法能达到什么程度呢？这实在值得怀疑。不过，这些例子似乎显示了大气和地下区域有某种更加密切的联系。

我们在此处峡谷没发现什么有趣的事情，随后就按原路返回贝尼托先生的住处。我在那里逗留了两天，采集贝壳和树木化石。卧倒在地、外貌高大挺拔的硅化树干镶嵌在砾岩层中，数量繁多。我测量了一根周长4.5米的。这块巨大的圆柱体里，木质部分的每个原子都已被移走、被硅质完美地取代，但每根导管和每个气孔都保存完好，实在令人惊奇不已！这些树生长于下白垩纪，都属于冷杉族。听到居民们在讨论我所采集的化石贝壳的性质，其用词和一个世纪前的欧洲人几乎相同——即它们是否"由大自然生出来

---

① 第四卷，第11页以及第二卷，第217页。关于瓜亚基尔的记述见《西利曼杂志》（*Silliman's Journ*），第二十四卷，第384页。哈密尔顿（Hamilton）先生关于塔克纳（Tacna）的记述见《英国科学促进会学报》（*Trans. of British Association*），1840年。关于科西圭纳（Coseguina）的记述见《皇家学会自然科学学报》（*Phil. Trans*），卡尔德克勒（Caldcleugh）先生，1835年。本人于上一版收集了一些参考资料，记述关于气压计读数突然下降和地震以及地震和流星之间的巧合事件。

的”，我被逗得不可开交。我在这个地区的勘察总的来说引得智利人惊讶连连，以至于他们花了很长时间才相信我不是在搜寻矿山。有时候，这令人感到困扰：我发现解释我的职业最快捷的方式就是问他们自己怎么不对地震和火山感到好奇呢？——为什么有些泉水是热的，而另一些却是冷的？——为什么在智利有群山，而在拉普拉塔省连一座山头也没有？这些简单的问题一下子就令大多数人感到困惑，噤口不语。然而，（像在英格兰落后了一个世纪的某些人一样）部分人认为这些调查毫无用处、是对神不敬不恭的行为。他们认为，只要相信上帝造就了群山，就足以说明一切了。

最近政府下达了一条命令，所有的流浪狗都必须得杀死，因此我们看到了很多死在路边的狗。许多狗最近都发疯了，几个人被狗咬到结果丧了命。好几次山谷里流行恐水症（狂犬病）。值得注意的是，某些偏僻的地方一次又一次发生了这种离奇而可怕的疾病。据说，英格兰的某些村庄同样也比其他地方更容易遭受这种灾难。乌纳努埃（Unanùe）医生叙述道，恐水症最先是1803年在南美洲发现的。这种说法得到了阿萨拉和乌略亚的确认，因为他们在那时还对恐水症闻所未闻。乌纳努埃医生说，该症爆发于美洲中部，后来慢慢向南蔓延，1807年的时候传染到阿雷基帕（Arequipa），据说那里有些人没被咬到但也感染了，还有几个黑人因吃了死于恐水症的牛而发病。在伊萨（Ica），有42个人因此病而痛苦离世。

一般人被咬后12–90天就会病情发作。真正发病的那些病人，肯定会在随后5天内丧命。1808年后，很长一段时间没有发现病例了。调查的时候，我没听说过范迪门地（Van Diemen’s Land）或澳大利亚有恐水症。伯切尔（Burchell）说，他在好望角五年期间没听说有患有此病的。韦伯斯特（Webster）声称在亚速尔群岛（Azores）从没爆发过恐水症，在毛里求斯（Mauritius）和圣赫勒拿岛（St. Helena）亦如此。[①]也许可以通过考虑病源远方的气候情况来获得有关这一怪病的信息，因为被咬过的狗不可能被带到这些相隔遥远的地方。

夜间一个陌生人来到贝尼托先生的屋子，请求在此借宿一晚。他说自己在山上游荡了17天，迷了路。他从瓜斯科出发，已经习惯了在安第斯山脉里行走，没想到在去科皮亚波的路上会遇上困难，不久就走进了迷宫般的群山，找不到出路了。他的一些骡子掉下了悬崖，而他也处境危急。主要困难是不知道在地势较低的地区哪里可以找到饮水，因此才被迫沿着中间山脉的边缘行走。

我们沿河谷返回下游，22日到达科皮亚波镇。山谷腰部以下很宽阔，形成一个跟

① 笔记（Observa）。关于利马气候，第67页。——阿萨拉《游记》，第一卷，第381页。——乌略亚《航海记》，第二卷，第28页。——伯切尔《游记》，第二卷，第524页。——韦伯斯特《记亚速尔群岛》，第124页。——《一个官员的法国岛屿之旅》（*Voyage à l’Isle de France par un Officier du Roi*），第一卷，第248页。——关于圣赫勒拿岛的描述，第123页。

基约塔一样的翠绿草原。小镇占了很大一片地，每个房子有一个果园。但是，这个地方令人不舒适，因为民宅装修得粗糙。每个人似乎都一心一意想着赚钱，然后尽快搬到别处去居住。所有居民都或多或少跟矿井有直接关联，矿井和矿石成了交谈的唯一话题。因为从小镇到港口有18里格的距离，而陆路运费很昂贵，所以各种日用品都非常贵。这里的肉价几乎跟英格兰那里的一样贵，一只鸡要花费五到六先令。柴火（或准确地说柴枝）是用驴子从两到三天路程远的安第斯山脉驮过来的，而牲畜吃的草要一先令一天。这些价钱对于南美洲来说是惊人的昂贵。

**6月26日**——我雇了一位向导和八匹骡子带我去安第斯山脉，采用的路线与我上次出行的不同。由于这片地区完全是荒漠，所以我们就带了一箱混有一半大麦的碎干草。从城镇向上行走二里格，有一个宽阔的山谷称作“德斯坡布拉多”，意为荒无人烟，是从我们之前走过的山谷分支出来的。尽管这是面积最大的一个山谷，还有一条山路通过安第斯山脉，可是天气非常干燥，只有可能多雨的冬天才会下几天雨。两侧的群山上满是碎石，少有深谷，主谷的底部填满了小圆石，畅通无阻、有如平地。这片小圆石河床上未曾有任何急流，因为要是有急流的话，肯定会像南部的山谷那样形成一条两面以悬崖为界的通道。我肯定，这个山谷以及游人提到过的那些秘鲁的山谷是因为陆地缓慢上升的过程中在海浪的作用下才形成我们现在所看到的状况。在“德斯坡布拉多”连着一条峡谷（在其他任何山脉可称为大峡谷）的地方，我观察到小圆石河床虽然只有一些沙子和石子，却比支流要高。单单一条溪水，只要一小时，就能给自己开出一条路，可是岁月流逝，却没有任何水流流过这条分支山谷。看到排水机关（如果可以用这个词的话）几乎都很完美却毫无起作用的迹象，甚是离奇。每个人必定会注意到，退潮后留下的泥泞浅滩就好像一个微型的有山有谷的地区；在这里我们可以看到海水不断消退、大陆不断抬升所形成的岩石原形，而非潮水涨落所形成的岩石原形。要是泥泞的河岸边能下场阵雨，变干了之后，地表原有的小沟壑就会变得更深。对岩石和泥土组成的地表——这片大陆，一个世纪接一个世纪的雨水就是这样起着作用的。

天黑之后，我们骑着骡子继续前进，直到山谷的一侧，那里有口小井，名叫“苦水”。井水有如其名，除了味咸之外，还又臭又苦，让人生厌。因此，我们无法勉强自己用这种水冲茶水或马黛茶。我猜测，科皮亚波河距离这里至少有40-50公里，整个空地没有一滴水，即便标准再严格，这个地方也是名副其实的荒漠。不过，我们半路经过蓬塔戈尔达（Punta Gorda）附近的印第安人遗址。我还注意到“德斯坡布拉多”分出来的某些山谷前面有两堆放得有点开的石堆指向着这些小山谷的谷口。我的同伴对它们一无所知，只是以“谁知道？”冷淡地回答我的询问。

我在安第斯山脉几个地方都看到印第安人的遗址。我所见过的最完整的遗址当属乌斯帕亚塔通道（Uspallata Pass）的塔比约斯遗址。方方正正的小屋在那里分成几组挤成一堆，由只有约1米高的交叉石板构成的一些门厅依然屹立不倒。乌略亚谈论过古秘鲁人的房门都很低。完整的情况下，这些房子肯定可以容纳很多人。根据传统，这些房子是印加人翻越山脉时歇脚的地方。其他很多地方也发现有印第安人居住的遗迹，但那些地方似乎都不是仅仅用作休息之所的，而且遗迹周围的土地完全不适宜耕种。我所见到的任何一处遗迹，例如塔比约斯附近、印加桥、波蒂略通道都是如此。在阿空加瓜山附近的哈胡埃尔（Jajuel）峡谷里没有一条道路，但我听说那里的高处也有房屋遗址，而且那里极其严寒、寸草不生。起初我把这些建筑物想象为避难处，大概是西班牙人最初抵达的时候由印第安人搭建用来避难的，但后来我倾向于推测可能是气候有点小变化而遗弃的。

在智利北部，安第斯山脉范围内，据说古老的印第安房子数目奇多。挖掘遗址的时候，一段段羊毛织物、贵金属乐器、玉米穗都很常见。我还得到了一个玛瑙制的箭头，外形跟火地岛人现在所用的箭头完全一样。我虽然知道现在秘鲁的印第安人常常在地势高耸而荒凉的地方居住。然而在科皮亚波，有些一生往来于安第斯山的人确切地跟我说，很多建筑物居于高处，几乎达到永久积雪线，那些地方没有通道，土地不长一丝一毫植物，更惊人的是没有水。尽管如此，这片地区的人（虽然被这种情形弄得困惑不已）认为，从房屋的外形来判断，印第安人定然是用这些房子作为住宅。在蓬塔戈尔达的这座山谷里，有一片印第安人遗址，由七八个正方形小屋子所组成，跟塔比约斯的那些房子外形相仿，不过主要是用泥土建造的。据乌略亚所言，现在的居民无论是当地的还是秘鲁的，都模仿不了这种建筑物的耐久性。房屋位于最引人注目、最无所防御的地点，就建在广阔平坦的峡谷底部。三四里格以外才有水，而且水量极少，水质不佳。土壤全然是贫瘠的，我想找些依附在岩石上的地衣，也一无所获。到了现在，即便有了力畜这一优势，一个矿山除非是资源非常丰富，否则在这里也难以盈利。可是，之前印第安人竟然把这里选作安身居所！要是现在每年可以下两三场阵雨，而不是像目前那样只下一场，多年过后，这处山涧就可能有条小溪；随后，经过灌溉（之前印第安人已充分掌握了），土地就容易生产充足的农作物供养几户人家了。

我有令人信服的证据证明，自现存贝类开始的时代，南美洲这一带陆地抬升了120-150米，有的地方抬升了300-400米，更深的内陆可能上升得更高了。这里的气候特别干旱的性质，显然是由于安第斯山脉的高度造成的。我们几乎可以确定，在大陆的海拔最近升高之前，大气不可能像现在这样完全没有水分。由于海拔上升是个循序渐进的过程，所以气候变化亦如此。了解到气候变化是从这些建筑物有人居住时开始的，这些遗址肯定已很古老了，但我不认为在智利这种气候之下想要保存它们会有什么难度。根据此想法我们还必须承认（而且这可能比较难）人类在南美洲居住了很长时间，因为，由陆地上升而带来的气候变化影响肯定也是非常缓慢的过程。在瓦尔帕莱索，过去220年内升高距离为略少于6米；在印第安人居住时期，利马的海滩肯定抬升了25–27米。但是，这种轻微的海拔升高对于带来水分的大气流的影响很小。然而，伦德（Lund）博士在巴西的洞穴里发现了人类的骨骼，其外观促使他相信，印第安族人已经在南美洲生存了很长一段时间了。

在利马的时候，我与一位土木工程师吉尔（Gill）先生就此话题①进行交流，吉尔先生去过内陆很多地方。他跟我说，有时候关于气候变化的推测会在头脑中一闪而过。印第安人先前建造了大规模的水渠，但由于疏于管理以及地下运动已受损。而因为有了这些古老的水渠，所以大面积不能耕种的土地上布满了印第安遗迹。这里我要提一下，秘鲁人确实在石山上开凿了隧道，引流灌溉用水。吉尔先生告诉我说，他受雇专门勘察一处隧道。他发现那条隧道又低又窄、弯弯曲曲、宽度不一，但是相当长。在没用铁器或火药的情况下，人类可以开展这样的工程，不是非常神奇吗？吉尔先生还跟我提到一件就我所知最为特殊、津津有味的事情。他讲到地下的扰动改变了一个地区的排水系统。从卡斯马（Casma）到瓦拉斯（Huaraz）（距离利马并不远），他见过一个到处是遗址和古代耕作痕迹的平原（不过现在是一片荒瘠）。平原附近是一大条干涸了的河道，以前灌溉用水就是从那里输送的。河道表面显示前几年还有河水流过此地；在某些地方，层层沙石扩散开来；别的地方坚固的石头被冲刷成宽阔的河道，有一个地方的河道约有35米宽、2.5米深。显然，沿着河道上行的人总会登上一个或陡峭或平缓的斜坡。因此，当吉尔先生沿着这条古河往上游走，却发现自己突然在下山的时候，非常震惊。他猜测这个往下的斜坡垂直向下高度约有12或15米。这里我们就有了明确的证据，表明一道隆起的山脊通过了旧河道的正中。从那刻起河道变成了拱形，河水必然往回流，形成了一条新河道。而且从那一刻起，临近的平原必然失去了灌溉沃土的河流，因而变成了一片荒漠。

**6月27日**——我们一早启程，正午抵达佩波特（Paypote）峡谷，那里有一条小溪、一些植被，甚至还长了几棵角豆树（一种含羞草）。由于四周有柴火，可见这里以前建了个熔炉。我们发现有一个孤单的男子在负责看管，他唯一的工作就是狩猎原驼。夜间天气极速变冷，但是由于有一大堆木材生火，我们把自己保得暖暖的。

**6月28日**——我们继续缓慢登山。山谷现在已变成了一条深谷。白天，我们看到几匹原驼，还有原驼的近亲——小羊驼的足迹。后者在习性方面非常适合高山生长，它们极

①坦普尔（Temple），在他穿越高地秘鲁，即今天的玻利维亚（Bolivia）时，从波多西（Potosi）到奥鲁罗（Oruro）的旅途中说道：“我见过很多印第安人的村庄或住宅的遗址，连山顶上也有，证明现在的荒芜之地以前曾经有人居住。”他也同样描述了其他地方，但是我不确定这里一片荒凉是因为无人居住所造成的，还是因为陆地状况的改变。

少出现在比永久雪线低得多的地方，因此流连的地方比原驼的更高更荒瘠。

在其他动物中，我看到最多的是一种小狐狸。我猜这种狐狸靠捕食老鼠和其他小啮齿动物为生，只要有一丁点植物，啮齿动物就能在荒漠地区大量繁殖。在巴塔哥尼亚，甚至是除了露珠以外，连一滴淡水也没有的盐水湖边都能挤满这些小动物。老鼠似乎是仅次于蜥蜴可以靠最小和最干的那部分土地生存的动物——即便是身处汪洋大海中的小岛上。

这里四面八方的景色显得无比荒芜，而蔚蓝无云的天空使得这里的荒芜更加明显。这样的景色在某一刻会显得很壮丽，但是这种感觉无法持续，之后就会觉得索然寡味。我们在“前线”（又称水域分割线）山脚下露营。然而，山岭东边的河流没有流入大西洋，而是流入一处高地，高地的中间有个很大的盐沼或盐水湖；——于是形成了或许3000米处高的小里海（Caspian Sea）。我们露宿的地方有一大片雪地，不过并非是终年不化的。在这种高山地区，风向遵循着常规的法则：白天，一股清新的微风从山下往山上吹；夜间，在太阳下山一到两个小时后，来自寒冷地区的空气如同穿过漏斗般从上往下吹，今晚刮起了狂风，温度肯定大大低于零度，因为一个容器里装的水一下就变成冰块了。似乎没有衣服能抵挡这种寒风。我饱受风寒，无法入眠，早上起床的时候身体非常迟钝、僵硬。

在安第斯山脉更南处，有人在暴风雪中送了性命，而在这里，有时候人们却因其他事故而丧命。我的向导还是个14岁的小男孩的时候，在5月份的时候跟一伙人穿越安第斯山脉。当他们走到山脉中部的时候，狂风忽起，人们几乎无法紧抓骡背，地面乱石飞滚。白天万里无云，一丁点降雪也没有，不过气温很低。温度计应该没比零度低多少度，但是他们的衣服不够保暖，冷风对他们的影响肯定跟风速成正比。狂风刮了一天多，人们身体开始乏力，骡子也不愿意往前走。向导的兄弟想要往回走，却送了命；两年后找到他的遗体，躺在路旁的骡子身边，手里还握着缰绳。那伙人中有两个人没了手指和脚趾；在200头骡子和30头母牛中，只有14头骡子生还。多年前，据推测有一大伙人也是在类似的事故中丧了命，但是他们的尸体至今都没有找到。我想，无云的天空、极低的气温，加上狂暴的大风，这些因素合在一起，无论在世界上什么地方都足以称为异象了。

**6月29日**——我们满心欢喜地下了山，回到前晚借宿之处，从那里向“苦水”走近。7月1日，抵达科皮亚波山谷。体验过干旱荒瘠的“德斯坡布拉多”那毫无味道的空气后，清新的车轴草味道令人心旷神怡。在镇上的时候，我听数位居民说附近有座山，他们管它叫“埃尔布拉玛多”（El Bramador）——意思是咆哮者或吼叫者。我那时候没有充分注意他们说的话，但是就我的理解，那座山满是沙子。只有当人们登山的时候，使沙子产生移动，才会制造出声音。根据西岑和埃伦伯格在著作中详细记录的同样情况[①]，在红海附近的西奈山（Mount Sinai），许多游人所听到的声音是出于同一种起因。和我交谈的一个人自已也曾听到过那种声音。他描述说这种声音非常惊人。他还清楚地讲述，虽然他不知道起因为何，可是一定有沙子滚下斜坡才有这声音。一匹马在干燥粗糙的沙子上走过，就会发出一种由于沙粒摩擦造成的特别的喳喳声，我在巴西的海岸也数次见到这种情况。

三天后，我听说“小猎犬”号抵达离城镇18里格远的海港了。山谷底部没什么耕地，广阔的地上长着一片低劣、瘦长的草，就连驴子也不吃。植物贫乏是因为有大量含盐物质渗透在土壤中。海港位于一处荒瘠的平原的底部，附近聚集了几间简陋的小茅屋。现在，由于河里有足够的水可以抵达大海，居民们只要走上2公里半就能获得淡水，大感便利。海滩上有大堆的商品，这个小地方充满了活力。晚上，我满怀感激地向我的同伴马里亚诺·冈萨雷斯（Mariano Gonzales）道别，他陪我走过了智利很多里格的地方。第二天，“小猎犬”号启航前往伊基克。

**7月12日**——我们在秘鲁海岸线上南纬20°12′的伊基克港口抛锚。镇里的居民约有1000人，小镇坐落在一片小沙原上。这片小沙原在一道高600米的大岩壁脚下，这道岩壁在这里形成了海岸。整个小镇完全是一片荒漠。好几年才下一回小阵雨，因此峡谷里填满了碎石，山腰被一堆堆高达300米的细白沙堆所覆盖。在一年的这个季节，厚厚的云层从海上延伸过来，却很少能升到海岸的岩墙以上。这里的景象极其阴沉：小港口停着没几艘船，一小群破败的房屋，似乎与其他的景色相比很不相称。

居民的生活过得像船上的人那样——每样生活必需品都来自远方：饮水从这里以北60公里的皮萨瓜（Pisagua）用小船运来，每80升一桶以9雷亚尔（4先令6便士）的价钱出售——我花了3个便士买了一酒瓶的水。同样，包括柴火，当然还有每样食品都是进口的。这个地方养不了什么动物。次日早上，我很艰难地以4英镑的价钱租了两匹骡子和一个向导，带我去硝酸钠工场。这些工场现在是伊基克人养家糊口的依靠。这里的硝酸盐首次出口是在1830年，一年要运送价值10万英镑的盐到法国和英国去。硝酸钠主要用来做肥料和生产硝酸。由于它易溶解，因此不能用于制造火药。以前在这附近有两座非常丰富的银矿，但是现在的产量已经很低了。

我们的船抵达近海时引起了一些小担忧。秘鲁此时处于无政府状态，各个党派都要求人们进贡，贫穷的小镇伊基克的人想到倒霉的时刻即将来临，就忧心忡忡。人们还有内忧。不久以前，有三个法国木匠在同一个晚上强行闯入两座教堂，盗走了所有圣餐具。不过，后来其中一个小偷坦白了一切，圣餐具得以物归原主。这几个犯人被送往阿

①《爱丁堡自然科学杂志》（*Edinburgh Phil. Journ. Jan.*），1830年1月，第74页；以及1830年4月，第258页。还有多布尼《火山》，第438页；以及《皇家亚洲学会学报》（*Bengal Journ*），第七卷，第324页。

雷基帕——这个省的首府，距离这里有200里格。那里的政府认为要惩罚这么有用、能做出各种家具的工匠很可惜，所以就释放了他们。而在这里，教堂又一次被强行闯入，不过这次盗贼没有归还圣餐具。居民们感到盛怒，并宣称除了异教徒没人敢这么“吃住万能的上帝”，开始严刑拷打一些英国人，打算随后将他们枪毙。最后当地政府出面干涉，才平息了这场风波。

13日——早晨，我启程前往14里格远处的硝酸钠工场。从一条之字形沙路登上陡峭的海岸山峰，不久之后映入眼帘的是关塔哈亚（Guantajaya）和圣罗莎（St. Rosa）的矿山。这两座小村庄非常靠近矿山口，位于山上，看起来比伊基克的小镇更不自然、更荒凉。我们骑了一整天的马，穿过了一处地势起伏不定的不毛之地，日落后还没走到硝石工场。路上有很多疲倦而死的力畜的骨头和干皮毛。除了贪食死尸的秃鹫以外，我既没有看到过鸟、四足动物、爬行动物，也没有看到过任何昆虫。沿着海岸的群山海拔约600米高。在这个季节一般云层高悬，岩石缝隙里长了一点点仙人掌；松散的沙上有零星的地衣，独自盖在地表，无所依附。这种植物属于石蕊属，和石蕊有点相似。有的地方地衣很多，远远看去，沙子都呈现淡黄色。在更深的内陆，骑行14里格的整个过程中，我只见到另一种植物，是一种颜色很浅的黄色地衣，长在死去的骡子的骨头上。这是我第一次见到真正意义上的荒漠，但这并未给我留下什么深刻的印象。不过我想，这是因为从瓦尔帕莱索向北穿过科金博抵达科皮亚波的行程中，我已渐渐习惯了这样的风景。这里的地表上覆盖着一层厚壳，由食盐和分层的含盐冲积层组成，似乎是地面缓慢抬升、露出水面的过程中沉积下来的。地貌很显眼，盐是白色的，非常坚硬和紧凑，结成经水侵蚀的小圆块，突出于凝结在一起的沙地中，与大量石膏混在一起。地表很像大雪过后、最后一点脏雪融化前的地面。整片原野上都覆盖着一层可溶物质，说明这里的气候在很长的一段时期一定非常干燥。

晚上，我睡在一个硝石矿矿主家。这里和海岸沿线一样是不毛之地，不过挖井能够取到水，只是有些苦味和咸味。这家人的水井深30米。由于甚少下雨，井水显然不是来自降雨；就算来自降雨，因为四周都结满了各种含盐物质，那么井水一定会像海水那么咸。因此我们必然得出结论，井水是由远在数里格外的安第斯山脉渗透而来的。在安第斯山脉的方向有几个小村庄，那里的居民的饮水更充足，可以灌溉一些土地、种点草。用来搬运硝石的骡子和公驴就以这些草为生。这里的人出售硝酸钠的船边交货价是每10公斤约3先令，其主要费用是花在从矿区到海岸的搬运费上。硝石矿由一层60-90厘米的硬层组成，成分主要是硝酸钠，混有少量硫酸钠和大量食盐。矿层位置接近地表，沿着大盆地或高原边缘长达240公里。观其轮廓，很显然，这里过去是一个湖泊，而根据盐层中含有碘盐可以推断，这里过去更可能是一处内陆海湾。这片高原要高出太平洋海面1000米。

19日——我们在秘鲁首都利马的卡亚俄湾的海港抛锚。我们在这里待了六周，但是由于这里政局混乱，所以没怎么勘查这片地区。在我们到访此地的整个过程中，气候远没有一般情况下那么让人愉悦。天空一直悬着低沉的云层，因此，头16天我只看了一眼利马后面的安第斯山脉。这些山看起来是一层叠一层的破云而出，气势恢宏。秘鲁的低处从不下雨，这种说法几乎成了句谚语。不过这种说法并不完全正确，因为我们来访期间每一天都烟雾蒙蒙，足以让街道满是泥泞，让路人沾湿衣服，人们欣然称之为秘鲁露水。能肯定的是降水量不大，因为屋子只盖了由硬土做的屋顶，而防波堤上面堆满了一船船的麦子，一搁就是数周，从不遮盖任何东西。

要说我喜欢在秘鲁见到的九牛一毛的景色，实在说不出口。不过，据说这里夏季气候宜人。一年四季，当地居民和外来人都饱受疟疾之苦。这种疾病在整个秘鲁的海岸都很常见，但是内陆却没有。由瘴气而引起的疾病来袭素来非常神秘。从原野的外观很难定论一个地区到底是否有利健康。要是让一个人在热带地区选一处有利健康的地方，他可能就会选择这里。卡亚俄外围地区的平原零星地长了粗糙的草，有的地方还有一个个污浊的水池，虽然面积很小。瘴气很有可能就来自于水池，因为阿里卡（Arica）镇以前也处于同样的环境，在把部分小水池排干水以后，健康状况就大有改善了。瘴气并非只出现在气候炎热、草木葱郁的地方。巴西很多地区（即便是布满沼泽、草木繁盛的地方）就比秘鲁这块贫瘠的海岸健康得多。像智鲁岛那样的温带茂密森林，似乎丝毫不影响大气的健康状况。

佛得角的圣地亚哥岛为人们提供了另一个显著的例证。人们以为这是一个很健康的地方，但事实却相反。我之前描述过那里的平原有多贫瘠，雨季后几个星期也只能长出薄薄一层植被，并且很快就枯萎变干。这期间空气似乎变得充满毒气，本地人和外来人经常发高烧。另一方面，在太平洋的加拉帕戈斯群岛有一种类似的土壤，植物的生长周期也类似，却非常健康。洪堡观察到“在炎热干燥的地区，例如像韦拉克鲁斯（Vera Cruz）和卡塔赫纳（Carthagena）两地，如果有很小的沼泽，其周围又有干燥的沙土，使周围的气温升高，那么，这种沼泽就最危险。”[①]不过，秘鲁海岸的气温不至于非常炎热，也许因此间歇性发烧也不是最致命的。在疾病肆虐的所有地区，最大的风险是在岸边睡觉。究竟是因为睡觉期间的身体状况呢？还是那时候瘴气更盛呢？似乎可以肯定的是，待在船上的人即便船停泊的地点离岸边不远，一般也没岸边的人那么容易发烧。另一方面，我听过一个惊人的案例：距离非洲海岸数百公里外的战舰上的船员发烧了，而

① 《关于新西班牙王国的政治论文》（*Political Essay on the Kingdom of New Spain*），第四卷，第199页。

同一时间塞拉利昂（Sierra Leone）可怕的死亡期[①]也拉开了帷幕。

自从宣布独立以后，南美洲没有一处地方像秘鲁这样饱受无政府状态之苦。我们访问期间，四个军阀争相竞逐最高权力：要是其中一个在某个期间变得非常强大，另外三个就会联手对抗。但是，获得胜利没多久之后他们又开始针锋相对。有一天正好是独立纪念日，举行了大礼弥撒，总统参与圣礼。在唱感恩赞美诗期间，大批人打的不是秘鲁国旗，而是展开了一面黑色骷髅旗。想想，要有怎样一个好斗的政府才会在这样的场合见到这种景象！这一乱局发生的时间对我很不利，因为我不能到离城很远的地方去考察。那个形成海港的荒岛圣洛伦索岛，几乎是我们唯一可以安全行走的地方，其高处约300米高，在这个季节（冬季）直达云层的下端；山峰上长满了丰富的隐花植物及少量开花植物。利马附近的山丘比这里略高，地面长满青苔和一片片漂亮的黄百合，叫作秘鲁黄水仙（Amancaes）。这表明这里与伊基克高度相同，但湿度更大。往利马北面走，气候越来越潮湿，直到来到几乎位于赤道的瓜亚基尔坡地我们才见到玉树葱茏。从秘鲁的贫瘠海岸到肥沃的土地，据说其突然转变的地点大致与瓜亚基尔以南两度的布兰科角相当。

卡亚俄是一个外貌邋遢、建设不全的港口城市。这里的人和利马的居民一样，完全体现了欧洲人、黑人和印第安人的混血人种的特点。这里的居民似乎都是些醉醺醺的堕落酒徒。几乎在每个热带城镇都能察觉到空气中充满恶臭，但在这里特别强烈。在科克兰勋爵的长期围攻下，坚守不陷的要塞气势宏伟。不过我们在这里逗留期间，总统卖掉了要塞里的黄铜炮，还要继续拆毁其他部分。他所给出的理由是，他没有一个信得过的军官能担此重任。他这样想也是情有可原的，因为他就是做这个要塞的司令官时掀起反旗登上总统宝座的。我们离开南美洲以后，他照常例付出了代价，被打败，被俘虏，被枪毙。

利马建于山谷中的一个平原上，山谷是在海水逐渐消退的过程中形成的。利马距离卡亚俄11公里，比它高出150米，但是坡度非常缓和，两地间的道路几乎是完全水平的，以至于到了利马的人很难相信他已经爬升了哪怕超过30米的高度。洪堡曾经评述过这一奇特的错觉。陡峭而贫瘠的小山在平原里如同岛屿般立起，被笔直的土墙分成大片大片的绿地。除了几棵柳树以及偶尔出现的香蕉树、橙树丛以外，这些绿地里几乎不长树木。利马城现在日渐凋敝：街道几乎没铺过沥青；四面八方都堆满垃圾，如家禽般温顺的黑头美洲鹫在垃圾中挑食腐肉。房子一般都有楼层，由于地震的关系，一般都由涂上灰泥的木板制成，不过有几户人家的旧房子非常大，可以和任何地方的套房相提并论。

---

① 《马德拉斯医学季刊》（*Madras Medical Quart. Journ.*）1839，第340页也记录了一件类似的有趣案例。弗格森（Ferguson）博士在他的绝妙论文里［见《爱丁堡皇家学会学报》（*Edinburgh Royal Trans.*）第九卷］清楚地展示了变干的过程中所生成的毒气；因此干燥炎热的地区通常更不健康。

王者之城利马从前必定是个辉煌的小镇。即便是当前，数量众多的教堂也给这里增添了独特、抢眼的韵味，近距离观看的时候令人兴趣盎然。

一天，我和几个商人去近郊狩猎。猎得之物少得可怜，不过我趁此机会有幸观看了一处古印第安村落的遗址。村中有座坟墓像是天然形成的小山。眼前残垣断壁、灌溉溪流加上坟堆，在平原上七零八落，人们定能借此清楚了解古代人的生活状况以及人口数量。细察他们的陶器、羊毛衣物、由最坚硬的岩石凿成的灵巧器具、铜器、宝石做的装饰品、宫殿以及水道系统，你不得不敬佩他们在文明方面的先进性。这些坟堆称作华卡斯（Huacas），确实非常庞大，尽管有些地方看起来像是天然的山丘加工定型而成的。

还有另一处饶有趣味、截然不同的遗址，即卡亚俄废墟。它是被1746年的强震以及随后的海啸所摧毁的，所遭受的破坏肯定比塔尔卡瓦诺（Talcahuano）那里的还要严重。无数小圆石几乎把墙基都掩埋了，大团大团的砖块环绕四周，如同潮退后的鹅卵石一般。前面已经描述过，在这次令人难忘的地震中，陆地下沉了，不过我没有发现任何证据。然而，这也不是不可能的，因为自从老城建立起，海岸的样貌肯定发生了不少变化。废墟位于一条狭长的卵石带上，任何一个头脑清醒的人都不会把房子建在这种地方。自从我们这次航行以来，在对新旧地图进行对比后，楚迪（Tschudi）先生得出结论说，利马南北面的海岸肯定是沉陷了的。

在圣洛伦索岛上有很多与近期海拔升高相符的证据，当然这并未违背后来地面略微下沉的看法。这座岛屿对着卡亚俄湾的那一面在海水侵蚀下形成三层模糊的台地，较低的那个台地铺了一层1600米长的沉积物层，几乎全部由18种贝类构成，这些贝类现在还生活在相邻的海中。这片贝壳层高26米。许多贝类已受到严重侵蚀，比起智利海岸150–180米高处的沉积层外观更古老、也腐蚀得更严重。这些贝类与大量食盐、一些硫酸钙（两者可能是海拔逐渐升高的过程中浪花中的水蒸发而得的）与硫酸钠以及氯化钙混合在一起，位于底层碎砂石上，覆盖着数十厘米厚的泥沙。这层台地最上方的贝壳已经变成了小碎片剥落下来，成了细微的粉末。更上一层台地的50米高处以及还要高出不少的地方，我都发现了一层外表完全一样的含盐粉末，所处的相对位置也一样。我确信上层物质和26米高岩脊处的一样，原本是一层贝类，不过现在连一点有机结构的痕迹都没有了。T·雷克斯（Reeks）先生帮我分析了这些粉末：它们是由硫酸钙、硫酸钠、氯化钙和氯化钠组成的，还有微量碳酸钙。我们知道岩石里存留的食盐和碳酸钙搁置在一起，经过很长的时间会部分互相分解，不过溶液中含少量的物质不会发生分解。下层的半分解贝类是由许多食盐和上部盐层分解的一些含盐物质一起组成的。由于这些贝类以惊人的方式受到侵蚀、变得腐烂，我非常怀疑当中发生了复分解反应。不过所得到的含盐物质应该是碳酸钠和氯化钙，后者确实有，但是却没有前者。因此，我认为碳酸钠通过某种现在还无法解释的方式转变成了硫酸钠。显然盐层在任何偶尔雨量充沛的地区都无法保存；另一方面，这种微妙的环境虽然看起来非常适合永久保存裸露在外的贝类，但反而可能间接造成了贝壳被侵蚀和腐烂，因为食盐层没有被水冲走。

在这个26米高的台地上，我非常有趣地发现，在贝类和许多海水冲上来的垃圾中嵌有一些棉线、辫状灯芯草以及玉米茎的头。我把这些残存物质与从华卡斯（古秘鲁坟墓）带出来的同种遗物作比较，发现它们外形一样。靠近贝亚维斯塔（Bellavista）、面对圣洛伦索的大陆那边有一处宽广平坦的平原，高约30米。平原的下部分由沙层和不纯的黏土层交替组成，同时混有一些石子。地表以下一两米，由红色的土壤组成，含有一些稀稀疏疏的海生贝类和无数粗糙的红陶器的小碎片，有些地方的数量更加丰富。起初，我倾向于从地表土层的宽度和光滑度来判断，它必定是在海里沉积而得的，但后来我在某个地点发现这些土层处于人造的圆石层之上了。因此，似乎更可能是在陆地高度较低的时期这里有一处平原，它和现在卡亚俄附近的平原非常相似，为小圆石海滩保护着，海拔不高。我想，印第安人就是在底层是红黏土的平原上制造陶器；而且在发生强烈地震的时候，海水涌上海滩，把平原暂时变成湖，一切正如1713年和1746年在卡亚俄附近所发生的一样。那么，海水就会沉积包含陶器碎片的泥土以及来自海水的贝类。陶器是从窑炉里做出来的，在某些地方的数量较其他地方更丰富。这种含有古老陶器的土层，和圣洛伦索嵌有棉线和其他遗物的较低的台地上的贝类层处于同一高度，因此我们有把握下定论：在印第安人生活期间海拔有所增高，正如之前所暗示的，高了26米以

华卡斯，秘鲁陶器

上，但自从古地图刻制以来，有些抬升的高度因为海岸的降低而损失了。在瓦尔帕莱索，虽然我们到访的前200年里增高的高度不可能超过6米，不过自1817年以来又抬升了3米多，部分难以觉察，部分是因为1822年的大地震。从遗物埋藏至今，地面就抬升了26米，这表示印第安人在这里的历史非常悠久，因为，在巴塔哥尼亚的海岸抬升同样的高度前，长颈驼（Macrauchenia）仍然存在。不过，巴塔哥尼亚海岸距离安第斯山脉有点远，那里的抬升速度可能比这里的慢。自无数大型四足动物埋葬在布兰卡港起，海拔只上升了几分米，而且根据广为接受的观点，这些已灭绝的动物还在世的时候人类还没出现。不过，巴塔哥尼亚海岸上升有可能和安第斯山脉无关，但是和乌拉圭河东岸地区一系列古老的火山岩有关，所以肯定会比秘鲁海岸上升的速度慢。然而，这一切只是粗略的推测；因为，有谁会声称在上升运动过程中不可能有几个下沉期？我们已经知道，沿巴塔哥尼亚整个海岸线向上升高的过程中肯定有很多长时间的停滞期。

加拉帕戈斯陆龟，平塔岛亚种

# 第十七章

# 加拉帕戈斯群岛

火山群——火山口数量——无叶灌木丛——查尔斯岛的殖民地——詹姆斯岛——火山口里的盐湖——岛群的博物学——奇异雀类的鸟类学——爬行动物——巨龟习性——以海草为食的钝鼻蜥——陆栖蜥蜴的挖洞习性、草食性——群岛上爬行动物的重要性——鱼类、贝类、昆虫——植物学——美洲式生物结构——不同岛屿上物种或种类的差异——鸟类的温顺习性——害怕人类的习得性本能

**9月15日**——加拉帕戈斯群岛（意为巨龟之岛）由10个大岛组成，其中五个面积比较大。它们位于赤道，距离美洲西海岸800–1000公里，均由火山岩形成；少数带有特殊光泽且由于高温作用而变了形的花岗岩碎块，但不能算是例外。部分较大岛屿顶部的火山口面积巨大，海拔高达900–1200米。火山口的侧面布满数不胜数的小孔。我毫不犹豫地断言，整个群岛上至少有2000个火山口。火山口由火山岩或火山渣构成，有的由像砂岩般有层理的凝灰岩组成。由凝灰岩组成的火山口大部分是由不含熔岩的火山泥喷发而形成的，十分整齐对称。值得注意的是，我所勘察的28个凝灰岩火山口中，每一个的南面不是低于其他面，就是已经崩塌而不见。由于这些火山口显然是在海底的时候就已经形成了，加上信风所带来的海浪和广阔的太平洋起伏的海面合力作用于所有岛屿的南海岸，因此也就可以轻易解释了松软的凝灰岩构成的火山口为何损坏得如此一致。

考虑到这些岛屿直接位于赤道之下，但这里的气候一点都没有酷热难耐，似乎是因为南极洋流带来了海水，使群岛周边海水的温度特别低。一年里，除了一个极短的雨季外，这里很少下雨，雨季的降雨也无规律可循，可是云层却一般是悬在低空。因此，虽

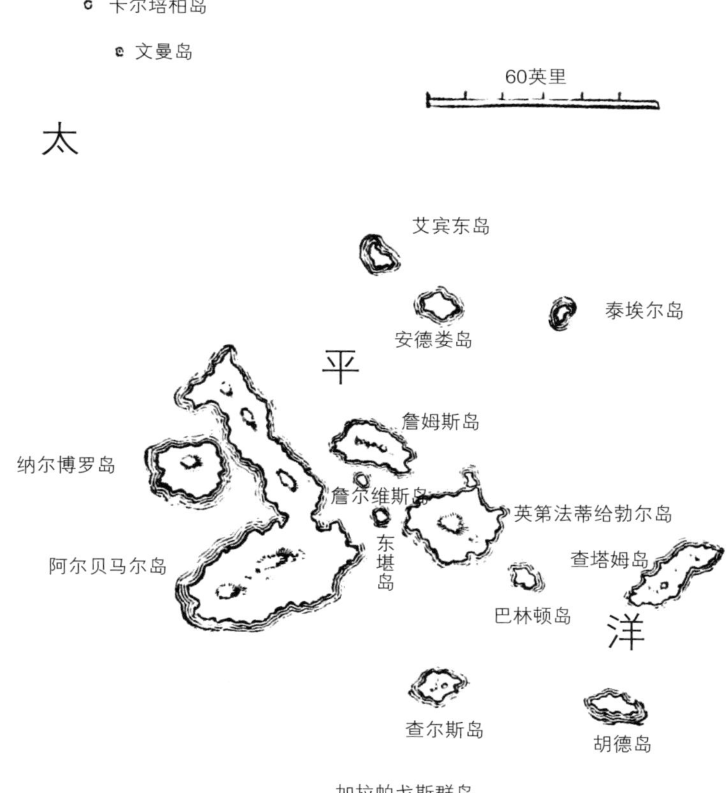


加拉帕戈斯群岛

然群岛地势较低的部分是不毛之地，但300米及以上的高地气候湿润，植被相当茂盛。尤其是向风面，它最先迎接大气中的水分，并且凝结水分。

17日早晨，我们登上了查塔姆岛（Chatham Island）。和其他岛一样，这里外形呈平淡的圆轮廓，到处是以前的火山口残留而成的小丘，凹凸不平。第一印象就难以引人心动。一片凹凸的黑玄武岩直插波涛汹涌的海面，大裂缝四面交错，周围长满饱受烈日烤灼的矮小灌木丛，生命迹象寥寥可数。在正午烈日的烘烤下，旱热的地表令空气潮湿闷热，感觉跟火炉散发出来的一样，我们甚至会觉得灌木丛也在散发异味。尽管我勤勤勉勉想采集尽可能多的植物，但是所得之物寥寥无几。这些模样可怜的野草看起来不像是赤道的植物，更像是北极的植物。短距离内，灌木看上去跟冬日里光秃秃的无叶树木一般。过一会儿我才发现，不仅几乎每种植物都长满了叶子，而且大部分都开了花。最普遍的灌木是一种大戟科（Euphorbiaceæ）植物，而唯一能庇荫的树木则是金合欢树和形状怪异的大仙人掌。大雨季节过后，据说群岛部分地方会短暂变绿。由火山形成的费尔南多·迪诺罗尼亚岛在很多方面都处在极其相似的条件下，而且在植物方面也是我所见过的唯一一个和加拉帕戈斯群岛完全相同的地方。

“小猎犬”号绕查塔姆岛航行一周，在几个海湾处停泊。一个晚上，我在这个岛的海岸上过夜，那里有很多黑色的截顶圆锥体火山。在一个小山丘顶上，我数出了60个截顶圆锥体火山，每个火山顶上都有一个火山口，或多或少是完整的。大部分截顶圆锥体火山只是由一圈红色火山灰烬或熔渣结合在一起其高度在熔岩平原上不超过15到30米——它们没有一座是近期的活火山。岛上这部分的整个表面像筛子一样弥漫着地下蒸汽。当熔岩还是软的时候，大气泡就吹得到处都是，而在其他地方，这样形成的洞穴顶部塌陷，留下了带着陡峭侧面的圆坑。众多火山口样貌整齐，令这个地方看似人工造成的，这让我联想到英国的斯塔福德郡（Staffordshire）那里无数的大型铸铁厂。这天，天气非常炎热，攀越高低不平的地面和错综复杂的灌木丛令人疲乏不堪。然而，奇异的壮丽景色让我苦尽甘来。沿途我遇到两只巨龟，至少有90公斤重：一只正在吃仙人掌片，当我靠近它的时候，它盯着我慢慢走开；另一只长嘶一声，把头缩进去。这些被黑色火山岩、无叶灌木和大仙人掌团团围住的巨型爬行动物，被我想象成一些约8000年以前发生的大洪水之前的古老动物。有些颜色暗沉的鸟看到我，也像看到巨龟一样，不当一回事。

**23日**——“小猎犬”号前往查尔斯岛。很早以来，这个群岛就有人来访，先是海盗，再是捕鲸人，不过直到六年前这里才建起第一个小殖民地，约有两三百个居民，几乎有各色人种，是从首都为基多的厄瓜多尔共和国流放至此的一些政治犯。殖民地在内陆7公里，海拔约300米。第一段路，我们经过了不长叶子的灌木，这跟查塔姆岛情况一样。沿路往上走，树林越来越绿。我们一翻过岛上的山脊，南方便袭来一阵微风，葱绿繁盛的植物让我们眼前一亮。这片地势较高的地区长满了粗糙的野草和蕨类，但是没有树蕨。哪儿都看不到棕榈科植物。更怪异的是，此地以北560公里的椰子岛（Cocos Island）却就是因椰子而得名的。这里的房子分散在一处栽种了红薯和香蕉的平地上，零零散散的。长时间习惯于秘鲁和北智利干热的土地后，我们见到黑土的喜悦之情实在是难以言表。虽然这里的居民叫苦叫穷，却不费什么劲就能维生。树丛中有很多野猪和野山羊，但是主要的动物性食物还是陆龟。当然，陆龟的数量在这座岛上已大大减少了，可是人们依然只要打猎两天，猎物就够一周食用了。据说，先前有艘船带走了700只陆龟；几年前，那艘船的护卫舰一天之内就在海滩捕捉了超过200只陆龟。

**9月29日**——我们绕过阿尔比马尔岛（Albemarle Island）的西南端航行，次日，由于无风，我们的船停在该岛和纳伯勒岛（Narborough Island）之间，几乎不能前进。这两座岛都覆盖着大量裸露的黑色火山岩。这些火山岩有的像锅边缘上沸腾了的沥青般流经火山口的边缘，有的从侧面的小孔突然迸发出来，熔岩流在海岸边绵延数公里。现已知道，这两座岛上发生过火山爆发：我们在阿尔比马尔岛看到一个大火山口顶萦绕着一小缕烟。夜间，我们在阿尔比马尔岛的班克湾（Bank's Cove）抛锚。次日，我出去散步。在“小猎犬”号抛锚的地方、破损的凝灰岩火山口的南面，有另一个非常对称的椭圆形火山口，长轴不到1600米，深约150米。火山口底部有一个浅湖，湖的中央有小火山口形成的小岛。白天酷热难耐，湖水清澈湛蓝。我赶紧顺着满是灰烬的斜面而下，被尘土呛到后急忙尝尝湖水——然而，令我伤心的是，我发现它跟海水一样咸。

海岸边的岩石上栖息着大量黑色大蜥蜴，长0.9–1.2米。在各个山头上，有一种丑陋的黄棕色蜥蜴也很普遍。我们见过很多这种黄棕色蜥蜴，有的笨拙地跑动，有的慢慢移到洞穴里去。我稍后将详述这种爬行动物的习性。阿尔比马尔岛整个北部格外荒凉贫瘠。

**10月8日**——我们抵达詹姆斯岛。这座岛和查尔斯岛一样，是很久以前以斯图亚特王朝的国王的名字来命名的。我和比诺埃（Bynoe）先生、我们的仆人带了食物和一个帐篷在这里待了一个星期，而“小猎犬”号去寻找饮用水。在这里，我们见到一伙西班牙人，他们从查尔斯岛被派到这里来晒干鱼和腌制龟肉。他们在内陆约10公里、高约600米处搭了个茅屋，里面住了两个捕捉陆龟的人，而其他人在海岸边上捕鱼。我拜访了这伙人两回，在那里睡了一宿。在其他岛屿上，岛的低处到处是一些几乎没有叶子的灌木，可是这里低处的树长得比其他地方的都高，有几棵直径达60厘米，有些甚至达到1米。岛的上半部有云雾的滋润，因而草木青翠葱郁。地面非常潮湿，长了一大片粗糙莎草，很多小秧鸡就靠此为生。在这高处停留时，我们完全靠陆龟肉为食：把龟的胸甲连肉一起烤熟（像高乔人烤带皮肉那样）非常美味；幼小的陆龟能熬靓汤。但是，我觉得用其他方法烹调龟肉就索然无味。

一天，我们随着一伙西班牙人坐捕鲸船前往一个盐湖。登陆以后，我们几经艰辛走过一处凹凸地。那是新形成的火山岩，几乎包围着一个凝灰岩火山口，底部就是盐湖。湖水只有8到10厘米深，下面是一层完全结晶了的白盐。湖的形状非常圆，周边有一环亮绿色的多肉植物。火山口的峭壁上覆盖着林木，整片景色如诗如画、离奇古怪。几年前，一艘猎捕海豹的船上的水手在这个宁静的地方杀害了他的船长，我们看到该船长的头骨还躺在灌木丛中。

我们在这里待了一星期，大部分时间都是晴空无云，而要是有一个小时不吹信风，就会炎热难耐。帐篷里的温度计在两天里有几个小时达到了34℃，可在风吹日晒的野外只有29℃。这里的沙子是灼热的，把温度计放在一片棕色沙土里，立马达到了58℃。由于温度计上没有更高的刻度，我不知道读数还会升高多少。黑色的沙子感觉更热，所以即便穿着厚靴，人要是走在上面，也会感到很不适。

这些岛屿的博物学特征格外奇异，非常值得关注。大多数生物是别处所没有的本土生物，甚至不同岛屿上所栖息的动物也有不同之处，不过都和美洲那边的生物有着显著的关系——尽管它们被一片宽约800-950公里的广阔大洋所隔开。这座群岛本身就是一个小世界，确切地说，是一个依附美洲的卫星地，从那里获得了一些离群动物，也获得了那里的特征。鉴于这些岛屿面积小，我们为原产生物的数量之多以及他们的分布范围之局限而感到震惊。每个山峰都冠有火山口，大多数熔岩流的边界依然很清晰，由此我们相信在地质学上的某一近期这里还是一片完整的大洋。因此，我们似乎在时间和空间上都更接近于出现一个伟大的事实——地球上首次出现的新物种，这一神秘中的神秘！

在陆生哺乳动物中，只有一种可视为原产动物，即一种老鼠（加拉帕戈斯稻鼠，Mus Galapagoensis），而据我断定，这种动物仅限于群岛最东边的查塔姆岛。沃特豪斯先生告诉我说，这种鼠属于美洲特有的鼠科的一个分支。在詹姆斯岛，有一种大鼠跟沃特豪斯先生所命名和描述的普通物种非常不同。但是，由于是属于鼠科的旧世界分支，而且过去150多年来，这座岛常有访客，我没法不怀疑这种大鼠只是受限于全新奇特的气候、食物和土壤而产生的一种变种。尽管在毫无事实依据的情况下，人们无权做出推断，但是还是要牢记查塔姆岛上的老鼠可能是一种从美洲引入的物种，因为在潘帕斯草原一个极其偏僻的地点，我见过一只当地老鼠住在一间新建小屋的屋顶上。所以，它很可能是用船只运送过来的。理查德森（Richardson）博士在北美洲也观察到同类事实。

我收集到26种陆鸟，其中有一种雀类，类似云雀，喜好生活在沼泽地内，来自北美洲（长刺歌雀，*Dolichonyx oryzivorus*）。它在那里的分布远至北纬54°。除此之外，其他都是群岛上所特有的，别处找不到。剩下的25种鸟类，首先有一种鹰，结构上奇异地介乎鵟（Buzzard）和美洲食腐兀鹫类之间，在各种习性上（甚至是鸣叫声）都和后者非常相似。其二，有两种猫头鹰，相当于欧洲的短耳鸮和白色仓鸮。其三是一种鵟鵟、三种霸鹟（其中两种属于朱红霸鹟属（Pyrocephalus），某些鸟类学家会把其中一种或两种都分为其他物种的变种）以及一种鸽子——跟美洲的物种类似，却又不是同样的物种。其四是一种燕子，虽然它与南北美洲的紫崖燕（Progne purpurea）的区别只在于颜色更暗、体型更小更纤细，可古尔德先生还是认为它们不是同一个物种。其五，有三种嘲鸫物种——是典型的美洲物种。剩余的陆鸟形成了一组非常特别的雀类，喙的构造、短尾、体型以及羽毛相仿：共有13个物种，古尔德先生将其分成4个亚群。所有的这些物种都是这座群岛上所特有的，除了后来从鲍艾岛（即豪环礁，属于土阿莫土群岛）引进的卡托尼斯（Cactornis）亚群的一种物种例外。在卡托尼斯亚群中，有两个物种常在巨大仙人掌的花上来回跳动，但是其他所有物种都混在一起成群生活，在地势较低、干旱而贫瘠的地面觅食。全部或者大部分雄鸟是乌黑色的，雌鸟（可能有一两种例外）是棕色的。

最奇怪的现象是，不同地雀属（Geospiza）物种的喙的大小呈完美渐变的过程，从锡嘴雀（hawfinch）到苍头燕雀（chaffinch），各种大小的都有，甚至（假如古尔德先生把莺雀亚群归入主群是正确的话）还有和莺喙一样大小的。地雀属最大的喙可见图1，最小的见图3，但是两者之间并非只有一个物种的喙（见图2），有不少于6种物种的喙大小成递进式分级。图4是莺雀亚群的喙。卡托尼斯亚群的喙和椋鸟有点像。第四个亚群——树雀亚群（Camarhynchus）喙的形状略像鹦鹉。看到一群非常相近的鸟类在结构上有这样

1.大嘴地雀；2.勇敢地雀；3.小嘴地雀；4.莺雀

加拉帕戈斯群岛上的雀类

的渐变性和多样性，你可以想象，在这座群岛上原始的少量鸟类中，一个物种因各种不同目的而发生了不同变异！同样也可以想象，一只原本是鵟的鸟在此被迫担负起了美洲大陆的食腐兀鹫的职务！

说到涉禽和水鸟，我只收集到11种，其中只有三种［包括一种在潮湿的峰顶发现的秧鸡（rail）］是新物种。鉴于海鸥生性爱游荡，我惊讶地发现居住在这座群岛上的海鸥却是种独有的物种，但是它跟南美洲南部的一种鸟是近缘动物。陆鸟的特有性要比涉禽和蹼足鸟明显得多，在26个物种中有25个是这里特有的，这也与后者在世界上分布更广的事实相一致。接下来，我们会看到一条适用于水生生物的规律，即在地球上的任何地方，无论咸水生物还是淡水生物，其独有的特征都没有同一纲的陆生生物那么明显。最明显地体现这一点的是贝类；在这个群岛上，昆虫也体现了这一规律，不过没有贝类那么明显。

这里有两种涉水禽比起从其他地方引进的同类物种要小得多。燕子也小得多，虽然它和其他地方的同类是不是同一个物种还有待确定。两种猫头鹰、两种朱红霸鹟以及鸽子也比亲缘关系最近、相似但不同类的鸟小。另一方面，海鸥却要比类似物种大一些。两种猫头鹰、燕子以及全部三种嘲鸫、全身羽毛部分颜色不同的鸽子、红脚鹬（Totanus）与海鸥都比同类鸟颜色微暗；其中，嘲鸫和红脚鹬是同属物种中颜色最暗的。除了有一种鹪鹩胸部是嫩黄色的，还有一种霸鹟的一撮毛和胸部是鲜红色的，其他的鸟颜色都不鲜艳，与赤道地区的一般情况相反。因此，有可能造成某些种类的迁移鸟比较小的起因同样导致大部分独有的加拉帕戈斯物种也很小，颜色普遍微暗。这里的所有植物看起来都萎靡、瘦弱，而且我连一朵漂亮的花朵也没见到。昆虫也同样个子小、颜色暗。正如沃特豪斯先生所告诉我的，这里的东西的整体面貌令他难以想象这一切均来自赤道。①这里的鸟类、植物以及昆虫都拥有荒漠的特质，颜色没比巴塔哥尼亚南部的那些动物鲜艳多少。因此，我们可以断定，一般热带生物的艳丽颜色不是跟这些地区的酷热或日照有关，而是因为其他原因，可能与更有利于生命的生存环境有关。

现在我们要讲讲爬行动物目了，爬行动物赋予了这些岛屿的动物学最显著的特征。它们的物种数量虽然不多，但是每一种的个体数目都多如牛毛。有一种属于南美洲特有属的小蜥蜴，两种（可能存在更多）钝鼻蜥属（Amblyrhynchus）物种——一个限于加拉帕戈斯群岛的属。有种数量难以计数的蛇。比布龙（Bibron）先生告诉过我，这类蛇和智利的栖林蛇（Psammophis Temminckii）是完全相同的。②说到海龟，我相信肯定不

---

① 研究进展显示，原以为仅限于这些岛屿的部分鸟类在美洲大陆上也有出现。杰出鸟类学家斯克莱特（Sclater）先生告诉我仓鸮（Strix punctatissima）和朱红霸鹟（Pyrocephalus nanus）的情况便是如此，短耳鸮（Otus galapagoensis）和加拉帕戈斯哀鸽（Zenaida galapagoensis）的情况亦可能如此。因此，特有鸟类的数目降到了23或21种。斯克莱特先生认为，一两种这种地方性形式应当归为变种而非一种物种，我一直认为有可能存在这种情况。

② 据冈瑟（Günther）博士所言（《动物学会学报》，1859年1月24日），此物种属独有物种，据悉不在其他地区栖息。

止一个物种。陆龟有两到三个物种，我稍后会详述。这里没有蟾蜍或青蛙。想到高处温和湿润的树林似乎非常适合它们生活，我对这里的情形感到很惊讶。这令我想起了博里·圣文森特（Bory St. Vincent）说过的话，[①]即在大洋的任何一座火山岛上都没发现蛙科、蟾蜍科动物。根据各种不同的著作所做的记述，我可以确定，在太平洋甚至桑威奇（Sandwich）群岛（即夏威夷群岛）的主岛上似乎亦如此。但毛里求斯（Mauritius）显然例外，在那里，我见到数量丰富的马斯卡林蛙（Rana Mascariensis），据说这类青蛙现在居住在塞舌尔群岛、马达加斯加以及留尼汪岛。然而，另一方面，迪·布瓦（Du Bois）在1669年的《航行记》中说道，在留尼汪岛，除了陆龟以外没有别的爬行动物；法国总督也断言，在1768年以前有人尝试把蛙引进到毛里求斯，却以失败而告终——我猜原来的目的是食用，因此这种蛙是否属于群岛上的原产动物呢？相当值得怀疑。相较于蜥蜴聚集在大多数小岛上这个例子，这些海岛上缺乏蛙科动物就更引人注目了。难道是因为比起青蛙黏糊糊的卵来，蜥蜴蛋有钙质壳保护，能随海水流动而分布？

首先，我会描述之前多次提及的陆龟的习性（加拉帕戈斯象龟，Testudo nigra；以前叫作印度象龟，Indica）。我认为，整个群岛上的每座岛屿都有这类动物，而且肯定数量繁多。它们喜欢在地势高的湿地出没，同样也会栖息在地势比较低而干燥的地区。我先前已经通过一天所能捕到的数量来展示它们的数不胜数。有的龟长得很大。一个殖民地副总督英国人劳森（Lawson）先生告诉我们，他见过大到要七、八个人才能从地上抬起来的龟；有的龟可以提供多达90公斤的龟肉。雄性老龟是最大的，雌龟少有能长成这么大的，从尾巴长度就可以轻易分清雌雄龟了。住在岛上没有水或其他地势低的干旱地区的陆龟主要靠肉质仙人掌为食。它们经常在地势较高的潮湿地区吃各种树的叶子、一种又酸又苦的莓果（加拉帕戈斯番石榴，guayavita），还有挂在树干上的浅绿色丝状青苔（Usnera plicata）。

陆龟非常喜欢水，会喝很多水，也喜欢在淤泥中打滚。较大的岛屿上自身有泉水，泉水一般在岛的中部，位置相当高。因此，常在地势较低的地方出没的陆龟，在口渴的时候就不得不跋涉一大段距离。因此，从泉水到海岸的每个方向都有龟踩踏得结实而宽阔的小路，而西班牙人就顺着这些小路而上，最先发现了水源的位置。我登上查塔姆岛的时候，实在无法想象有什么动物可以这样有条不紊地沿着精挑细选的路径爬行？在泉水附近，可以看到一幅奇特的情景：有很多巨龟，有一批伸长了脖子迫切地往上爬，另一批喝足了水正在返程的路上。陆龟抵达泉水的时候全然不顾任何旁观者，把头埋到水

---

① 《非洲四岛之旅》（*Voyage aux Quatres Iles d'Afrique*），有关夏威夷群岛内容见《泰尔曼与贝内特航记》（*Tyerman and Bennett's Journa*），第一卷，第434。有关毛里求斯见《一位军官的游记》（*Voyage par un Officier*）等，第一部，第170页。加那利群岛（Canary islands）上没有蛙（Webb et Berthelot Hist. Nat. des Iles Canaries）。我在佛得角的圣地亚哥也没见到蛙，圣赫勒拿岛也没有。

里，没到眼睛以上，贪婪地大口吞饮，一分钟可以喝十口。居民们说每一只龟会在水边停留三四天，然后再回到地势较低的地方，但是到访的频率不一。这些动物可能是根据赖以生存的食物的性质来调节喝水的次数。不过，毫无疑问的是，这些岛上的陆龟即使没有别的水，只靠一年中少数几天的雨水也能生存。

我认为蛙的膀胱肯定起到了贮存生存所必需的水分的作用：似乎陆龟也是这样。在光顾泉水后的一段时间内，它们的膀胱就会胀满水，据说以后体积会慢慢变小，水会变得不纯净了。当地居民在地势低的地区口渴难耐的情况下会充分利用这种情况来杀死龟，如果膀胱是满的，就喝里面的水。我看到一只被杀的龟流出来的液体清澈透明，只是尝起来有点苦。然而，当地居民永远是先喝陆龟心包膜里的水，他们说那里的水质最佳。

当陆龟有意要到任何一个地点去的时候就会日夜赶路，比预期中抵达旅程终点的时间要早得多。当地居民观察做了标记的每只龟，认为它们两三天的行程可达13公里。我观察的一只巨龟以每分钟5.5米的速度前进，也就是一小时330米，或一天6公里——算上一点中途吃东西的时间。在交配季节，雄龟和雌龟在一起的时候，雄龟会发出嘶哑的咆哮声或吼叫声，据说在90米以外都能听到。雌龟从不发声，而雄龟也只有在这个时候才这么做。所以，当人们听到这种声音的时候，就知道雄龟、雌龟在一起了。它们在这个时候（10月）产蛋。雌龟会把蛋一起放在沙地上，用沙盖起来，但是地面是成片岩石的时候，它就会不加选择地把蛋下在任何一个洞里。比诺埃先生在一条裂沟中找到七枚蛋；蛋是白色的，呈圆形。我测量了一颗蛋，周长有20厘米，比母鸡下的蛋还要大。小陆龟一孵出来就成群沦为食腐鵟的猎物。老龟一般死于事故，例如从悬崖上摔下来。反正，几个居民告诉我，他们从未见过死因不明的老龟。

居民们认为这类动物必定是完全失聪的，肯定听不到走在它们后面不远处的人讲的话。当我超越一只这种安静踱步的庞然大物时，我看到它在我经过的瞬间突然把头和腿缩进龟壳，发出长长的嘶声，掉在地上发出重重的响声，像是被击毙了，真是太逗了！我经常爬到它们的背上，敲击几下龟壳比较靠后的地方，它们就会站起来走开，但我发现自己要保持平衡很难。人们常吃龟肉，不管是新鲜的还是腌制的。龟的脂肪能熬出非常清的油。抓到一只龟的时候，人们会在它接近尾部的皮肤上开条缝，以窥探身体内部，看看背甲下的脂肪厚不厚。要是不够厚，就把龟放生，但据说经过这种怪手术后，龟很快就能康复。想要捕捉这些陆龟，学着像捕捉海龟那样把它们翻过身来是不够的，因为陆龟经常能够再次站起来。

毫无疑问，陆龟是加拉帕戈斯的一种原产动物，因为在所有或几乎所有岛屿上都能见到它，就连没有水、比较小的岛上也有。如果它是引进物种的话，就极少会出现在人迹罕至的岛屿上。此外，以前海盗所发现的陆龟数目比现在还要多。伍德（Wood）和罗

钝鼻蜥

杰斯（Rogers）在1708年还说过，西班牙人认为这种龟在其他任何地方都找不到。类似的龟在世界上分布很广，可令人怀疑的是，其他地方的龟是不是也是原产动物呢。毛里求斯有些陆龟骨头常和渡渡鸟的骨头混在一起，一般认为是属于这种龟的。倘若当真如此，那毛里求斯的陆龟毫无疑问就是那里土生土长的动物了，可是比布龙先生跟我说，他相信那种陆龟是个独立物种，就和现在生活在毛里求斯的龟一样。

钝鼻蜥属是一个值得注意的蜥蜴属，只生存在这个群岛。它有两个种，总体外形相似，一种是陆生，一种是水生。水生（钝鼻蜥）由贝尔先生第一个描述。他从它短而宽的头部以及长度相同、强而有力的爪子，就充分预料到它的生活习性非常特别，而且和关系最近的美洲鬣蜥（Iguana）截然不同。这种动物在整个岛群的所有岛屿上都非常普遍，只住在岩石多的海滩，但不会跑到离岸边9米远的内陆，至少我从没发现过。这是种相貌丑陋的生物，颜色是肮脏的黑色，动作迟钝缓慢。成年个体一般长约90厘米，但有的甚至达到1.2米长；个子大的重9公斤，在阿尔比马尔岛上的似乎比其他地方的更大。钝鼻蜥的尾巴两侧扁平，四只脚都有部分蹼。偶尔可以看到钝鼻蜥在距离海岸边近百米远的海里四处游动。科尔内特（Collnett）船长在他的《航海记》中说道：“它们成群结队到海里捕鱼，在岩石上晒太阳，可称作微型短吻鳄。”但是，它们肯定不是以鱼为生的。在水里的时候，这种蜥蜴只要靠弯曲身体和扁平的尾巴就可以轻松迅速地游泳——腿脚保持不动，在两侧瘫着。船上一个海员曾在一只钝鼻蜥身上绑上重物，扔进海里，想要淹死它，但是一个小时后，他拉上线的时候，钝鼻蜥还是活力十足。它们的四肢和强而有力的爪子，惊人地适合爬过海岸边随处可见、乱石横生且有裂缝的火山岩团。这种情况下，可以时不时看到黑色的岩石上这种丑陋的爬行动物六七只成群，离飞溅的浪花1米多高，四肢展开在晒太阳。

我剖开了几只钝鼻蜥的胃，发现里面装满了嚼碎的海草（石莼，Ulvae），海草是亮绿色或淡红色的，成薄薄的叶状扩散开来。我不记得在潮汐冲刷的岩石上看到过有任何数量的海草，而且我也有理由相信这种海草生长在距离海岸不远的海底。倘若确实如此，那么这种动物偶尔入海的目的就可以解释得清了。它的胃里什么都没有，就只有海草。然而，比诺埃先生在其中一只的胃里发现了蟹的一块残块，但是这可能是意外进入胃中的，因为我同样见过毛虫混在青苔中间，却出现在了陆龟的胃里。跟其他食草动物一样，它们的肠子很大。根据这类蜥蜴的食性以及它们的尾巴和脚的构造，加上看到它主动潜入海中的现实情况，定然可以证明它的水生习性，但是也有一种异常现象，就是它们受到惊吓的时候并不会钻入水中。把这些蜥蜴引到悬在海面上的一小处地方，这样就可以在它们跳入大海之前抓住它们的尾巴。它们似乎没有咬人的概念，只是惊吓过度的时候会从每只鼻孔里喷出一滴液体。我好几次把一只蜥蜴尽可能远地抛到退潮后留下的深水池，它都一定会径直返回我站的那个地方来。它以优雅、迅速的动作游近海底，偶尔在凹凸不平的海底用脚协助自己。在水面下接近水边的时候，它就尝试把自己藏匿在海草丛中或钻到岩石缝隙里。一旦认为脱离危险了，它就爬到干燥的岩石上去，以最快的速度拖着脚走开了。我有好几次把一只钝鼻蜥引到同一个地方抓住，虽然它有完美的潜水和游泳能力，却没什么可以引诱它入水。每当我把它扔进水里，它就用前面所说过的方式回来。也许这种怪异、看似愚蠢的习性是因为它在陆地上没有天敌，却在海中常沦为鲨群的食物。因此，可能是一种固定、遗传的天性驱使它认为陆地是安全的地方，不管出现什么紧急情况，都以陆地为避难所。

考察期间（10月），我所见到的幼体钝鼻蜥寥寥无几，而且我认为没有一岁以下的。从这种状况看来，可能是交配季节还没开始。我问了几个居民是否知道钝鼻蜥都在哪里下蛋？他们回答说，虽然很熟悉陆生蜥蜴的蛋，但是对钝鼻蜥的繁殖过程却一无所知——鉴于这类蜥蜴很普遍，这一事实真是有点特别。

现在我们要转向陆栖物种（加拉帕戈斯陆鬣蜥，A. Demarlii）——尾巴圆圆的，脚趾没有蹼。这类蜥蜴不像在所有其他岛屿上所发现的物种，它仅限于在群岛中央，即阿尔比马尔岛、詹姆斯岛、巴林顿岛和因迪法蒂格布尔岛（Indefatigable）。向南，在查尔斯岛、胡德岛（Hood）和查塔姆岛，以及向北，在陶尔希岛（Towers）、宾德卢岛（Bindloes）和阿宾登岛（Abingdon），我都没见过或听说过。貌似这类物种是在群岛的中心创造出来的，只从中心扩散到一定的距离。这类蜥蜴有的居住在岛屿上地势高、潮湿的地方，但是在靠近海岸、地势较低的荒地上数量更多。我只能给出一个强有力的证据来证明它们的数量极其繁多，那就是当我们停留在詹姆斯岛的时候，我们找了好长一段时间都找不到没有蜥蜴洞的地方可以供我们搭唯一的一顶帐篷。这类蜥蜴跟海生的近缘物种一样，外貌丑陋，腹部橙黄色，背部棕红色。由于它们的面角位置很低，所以整张脸看起来很蠢。它们的大小可能比海生物种小，但是有几只体重有4–6公斤。它们动作懒散，有点缓慢，在没有受到惊吓时就慢慢爬行，尾巴和腹部都在地上拖着 。它们经常停下来，打盹一两分钟，在干热的地上闭上眼睛，蹬直后腿。

它们栖息在洞穴中。洞穴有时在火山岩碎片中，但更普遍的是在柔软的、像沙石一样的凝灰岩的平地上。洞穴似乎不深，它们可以从一个小角度进洞。所以，人们走过挤满蜥蜴窝的地方时泥土常常会坍塌，令疲倦的行人尤为恼怒。在挖洞的时候，这类动物用身体两侧交替着挖掘。一只前腿挖一会儿土，然后向后腿抛过去，后腿的位置正好适当，能将土堆在洞口之外。一侧累了，另一侧就接过任务，轮流执行。我观察了一只很久，直到它的半个身体都被埋住了；接着我走上前去拉它的尾巴，这令它大为吃惊，迅速掉过头来看发生了什么事，然后盯着我的脸，像是在说："你干嘛拽我的尾巴？"

它们白天觅食，在离洞口不远处游荡；要是被吓到了，就以一种非常笨拙的步法冲到洞里去。它们除了跑下山时以外，动作不快，显然是因为四肢长在身体的两侧的缘故。它们并不胆怯：仔细观察任何一只，都是卷起尾巴，用前腿撑起身子，快速点着头，装得一副凶狠的样子，但事实上它们根本不凶，要是有人在地上跺一脚，它们的尾巴就会塌下，尽可能快地蹭着地走开。我经常观察到一种小个子的食蝇蜥，它们看任何东西的时候，都会用完全一样的方式点头，但是我根本不懂这是出于何种目的。要是用棍子把这类蜥蜴举起来折磨，它就会重重地咬住棍子。不过，我抓过许多只蜥蜴的尾巴，它们从不尝试咬我。要是把两只蜥蜴一同放在地上，它们就会打斗起来，互相撕咬着直到流血。

大部分蜥蜴栖息在地势较低的地区，几乎一整年尝不到一滴水。不过，它们吃了大量肉质仙人掌，这些仙人掌的枝偶尔会被风吹倒在地。好几次，有两三只蜥蜴聚在一起的时候，我就扔一片仙人掌过去；看到它们尝试抓住用嘴叼走，好像是吃骨头的饿狗那样，实在太有趣了。它们吃起来从容不迫，但是不咀嚼食物。小鸟也知道这类动物不会害它们。我见过一只喙较厚的雀，在啄食一片仙人掌的一端（在地势较低地区的所有动物都喜欢吃仙人掌），而蜥蜴吃另一端。之后小鸟就泰然自若地跳到这只爬行动物的背上去了。

我剖开过好几只蜥蜴的胃，发现里面满是植物纤维和各种树木（尤其是金合欢树）的叶子。在地势较高的地区，它们主要是靠加拉帕戈斯番石榴酸涩的莓果为食。在番石榴树下，我见过这些蜥蜴和陆龟在一起进食。为了得到金合欢树叶，它们爬上矮小嶙峋的树。经常可以见到一对蜥蜴坐在离地几米的树干上静静地吃叶子，这种现象见怪不怪了。这种蜥蜴煮熟后，肉质呈白色，深受口味挑剔的人的喜欢。洪堡注意到，在南美洲热带地区，所有栖息在干旱地区的蜥蜴都被人们视作餐桌上的珍馐美味。居民们说，那些栖息在地势较高的潮湿地区的蜥蜴要喝水，但是其他的蜥蜴不会像陆龟那样从较低的贫瘠地区爬上去找水源。我们考察的时候，雌性蜥蜴体内有无数大而细长的蛋，它们把这些蛋产在洞穴中，居民们则寻找蜥蜴蛋当食物。

正如我上面所说，这两种钝鼻蜥属物种在基本构造和许多生活习性方面相一致。两者行动起来都不快，因此具备蜥蜴属（Lacerta）和美洲鬣蜥属的典型特征。它们都是食草动物，尽管两者所食用的植物非常不同。贝尔先生根据口鼻部的短小程度来给这种属命名。事实上，它们的口吻形状几乎可以和陆龟的相提并论，我想这是它们为了适应食草的胃口。看到一种特征显著的动物属在世界上某一限定范围内既有水生物种又有陆栖物种，实在趣味十足。至今为止，水生物种是最值得注意的，因为它是以海洋植物为食的仅存蜥蜴。正如我起初所观察到的，在这个群岛上，爬行动物的物种数目远远没有个体数目值得注意。想到被上千只陆龟踩得分明的小路、数量众多的海龟、加拉帕戈斯陆鬣蜥集聚地以及在每座岛的海岸岩石上晒太阳的成群钝鼻蜥，我们必须承认，世界上没有别的地方的爬行动物会以如此非同凡响的方式来取代食草哺乳类动物了。地质学家一听说这样的情形，脑海中可能会回想到第二纪，那时候聚集在陆地上和大海中的有些蜥蜴是食草性的、有些是食肉性的，它们的大小现在只有鲸可以比拟。因此，值得观察的是，这个群岛没有潮湿的气候和茂盛的植被，但也算不上是不毛之地，而对于赤道地区的气候而言应该是非常温和的。

关于这里的动物学研究，我做一个最后的总结：我从这里所获得的15种海鱼都是新物种。它们属于12个属，都分布广泛，除了锯鲂鮄属（Prionotus）例外，这个属有4个已知种生活在美洲东海岸。我所采集的16种陆生贝壳（以及两种明显的变种），除了在塔希提岛找到的一种蜗牛属生物（Helix）外，其余全部都是这个群岛上所独有的。一种淡水贝类——田螺（Paludina）在塔希提岛和范迪门地很普遍。在我们的航程以前，卡明（Cuming）先生在这里获得马蹄螺属（Trochus）、蝾螺属（Turbo）、单齿螺属（Monodonta）和织纹螺属（Nassa）（其中不包括几种未具体检查的物种）的90种海生贝类。他很热心地告知我下列有趣的结果：90种贝类中，不少于47种在其他地方从未发现过——考虑到海生贝类一般分布广泛，这是多么惊人的事实！在世界上其他地方发现的43种贝类中，25种生活在美洲西海岸，其中8种可以辨识为变种；剩下的18种（包括一种变种）由卡明先生在低地群岛发现，其中某些还是在菲律宾发现的。在这里能发现太平洋中部岛屿的贝类的事实，实在不容忽略，因为据人们所知，在大洋的岛屿和美洲西海岸中没有一种海生贝类是同时常见的。西海岸边从北到南的广阔海域，把截然不同的两种贝类领域分开了，可是在加拉帕戈斯群岛上却有这么一个过渡地区创造了很多新型贝类，还有些物种迁移到这两大片贝类领域中。美洲区域也往这里送来了代表性物种，因为有一种单心贝类属（Monoceros）的加拉帕戈斯物种，这个属只有在美洲西海岸才能找得到；还有透孔螺属（Fissurella）和核螺属（Cancellaria）的加拉帕戈斯物种，这两个属常见于美洲西海岸，但是在太平洋中央的岛屿上却没有（这是卡明先生告诉我的）。另一方面，还有皱螺属（Oniscia）和圆柱螺属（Stylifer）的加拉帕戈斯物种，这两个属在西印度群岛和中国、印度海域上常见，但是在美洲西海岸和太平洋中央却没有。在和卡明和海因兹（Hinds）两位先生的2000种美洲东西海岸贝类相比较后，我发现其中只有一种是两个海域共有的，即紫荔枝螺（Purpura patula）。它们栖息在西印度群岛、巴拿马海岸以及加拉帕戈斯。因此，在这个半球有三大贝类海域，尽管彼此非常接近，却截然不同，从北到南由陆地到海洋的广阔空间把它们隔开了。

采集昆虫时，我几经波折。除了火地岛外，我从未见过如此缺乏昆虫的地区，甚至在地势较高、潮湿的地区所得的昆虫也是微乎其微，只有些最常见、平凡的种类——一些小型双翅目（Diptera）和膜翅目（Hymenoptera）昆虫。正如先前所谈及的，这些昆虫在热带地区的昆虫中间显得个子小、颜色暗沉。我采集了25种甲虫（除了任何有船只到达的地方都会引进的皮蠹属（Dermestes）和赤足蟞（Corynetes）例外）。其中两种属于地甲科（Harpalidæ），两种属于水龟甲科（Hydrophilidæ），9种属于异跗类的三个科（Heteromera），剩下的12种属于很多不同的科。我认为昆虫（植物也是）数量微乎其微，普遍属于很多不同的科。沃特豪斯先生出版了一份关于这座群岛上的昆虫的报告，[①]感激他为我提供了上述细节。他告诉了我有几种新属，至于那些不新的属，一两个来自美洲，其余的随处可见。除了一种食木的奸狡长蠹（Apate）和一两种来自美洲大陆的水生甲虫外，所有物种似乎都是新的。

这片岛群的植物学和动物学一样的有趣。J·胡克（Hooker）博士不久将在《伦敦林奈学会学报》（*Linnean Transactions*）上发布有关该植物群的全部报告，我非常感激他提供了下列详细资料。关于开花植物，据目前所知有185个物种，另有40种隐花物种，共225个物种，我有幸将其中193种带回国了。开花植物中有100种是新物种，而且可能是仅限于这座群岛上。胡克博士认为对于局限性较低的植物中，至少有10种在查尔斯岛耕地附近所发现的是引进的。考虑到这座岛距离大陆只有800–960公里远，而且（根据柯奈特，第58页所言）浮木、竹子、藤条以及棕榈果经常被冲刷上东南海岸，我认为，如果没有更多的美洲物种自然引入，那就实在是叫人意外了。我认为，185种（或除引进植物以外有175种）开花植物中有100种是新物种，这个比例足以让加拉帕戈斯群岛成为了一个独立的植物领域，但是这里的植物群远远没有圣赫勒拿岛的那么独特，胡克博士告诉我，它也不如胡安·费尔南德斯群岛（Juan Fernandez）的植物群独特。有些植物科最能体现加拉帕戈斯植物群的特色；——这里有21种菊科（Compositæ）物种，其中20种是这座群岛上所特有的；共属于12个属，其中不少于10个属仅限于这座群岛！胡克博士告诉我，这个植物群毫无疑问具有美洲西部特色，因为他没发现它们和太平洋植物群有任何

① 《博物志纪事与杂志》（*Ann. and Mag. of Nat. Hist.*），第十六卷，第19页。

近似。因此，如果我们把显然是从太平洋中部岛屿迁移过来的那18种海生贝类、一种淡水贝类和一种陆生贝类以及雀群中一种来自太平洋的物种排除在外，那么我们就可以看出，尽管这个群岛屹立于太平洋上，但它在动物学上却是美洲的一部分。

倘若这种特征仅仅是由美洲迁移过来的生物而产生，那就没什么值得注意的地方了。但是，我们知道了绝大部分陆生动物以及过半数的开花植物都是这里的特有生物。非常令人惊奇的是，身边围绕着的新的鸟类，新的爬行动物，新的贝类、昆虫和植物以及它们结构上的无数细节，甚至鸟类鸣叫的声调和羽毛，无不让巴塔哥尼亚的温带平原，或者不如说北智利干热的沙漠，生动地浮现在我眼前。这么一块小地方，在最近的地质期必定是为海洋所覆盖，其地质由玄武岩熔浆所形成，因此在地理特征方面跟美洲大陆并不相同，所处气候独特——我要补充的是，为什么本地特有的动植物在种类和数目上都和大陆上的动植物有不同程度的联系，而且相互作用的方式不同呢？——为什么它们是以美洲的组织模式创造出来的呢？有可能比起加拉帕戈斯群岛与美洲海岸在自然方面的相似程度来，佛得角群岛在各种地理条件方面与加拉帕戈斯群岛更为接近，然而这两座群岛上的原产动植物却截然不同！佛得角群岛上的特有动植物让人联想到非洲，而加拉帕戈斯群岛上的动植物却烙下了美洲的印记。

到现在为止，我还没有说到群岛上的博物学最显著的特点，那就是各个岛上都很大程度地栖息着不同类的生物。副总督劳森先生称，不同岛上的陆龟各自不同，而且他可以确切地辨别哪只龟来自哪个岛，因此我才会开始关注这一真相。有段时间，我没有充分关注这一说法，而且把其中两个岛上的标本有一部分混在一起了。我做梦都从未想到，一群相距约80–96公里，而且大多彼此相望、完全由同一种岩石形成、处于相同气候下、耸立的高度几乎相等的岛屿，竟然被不同的生物占领着！但是，我们很快就会知道情况确实如此。大多数航海者的宿命就是，刚刚发现某地最具趣味之处，就匆匆地离开了，而我应该感谢命运，因为我已获得了充分的材料去证实生物分布的显著事实。

正如我所说过的，这里的居民说他们能辨认出来自其他岛上的陆龟。这些龟不仅大小不同，而且其他特征也不同。波特（Porter）船长描述了[①]来自查尔斯岛和最近的岛屿——即胡德岛——的陆龟：胡德岛的陆龟前部的壳较厚，翻转过来像西班牙马鞍，而来自詹姆斯岛的龟更圆更黑，烹调后味道更佳。然而，比布龙先生告诉我说，他见过来自加拉帕戈斯群岛的两种龟。他认为是不同的物种，可是他不知道它们各来自哪座岛。我从三座岛上带回来的标本都是幼龟。也许因为如此，我和格雷（Gray）先生都找不出它们有任何差异。我说过，阿尔比马尔岛上的钝鼻蜥比其他任何地方的大，而比布龙先生也告诉我说，他见过这个属的两种不同的水生物种。因此，不同岛屿可能有具有自己代

① 《美国“埃塞克斯”号航海记》（*Voyage in the U.S. ship Essex*），第一卷，第215页。

表性的钝鼻蜥属和陆龟的种或变种。我是在比较我和船上的几拨人射杀的嘲鸫的众多标本时，才首次彻底注意到这方面情况的。让我震惊的是，我发现来自查尔斯岛的所有标本均属于同一物种（查尔斯嘲鸫，Mimus trifasciatus），而来自阿尔比马尔岛的所有标本都属于加岛嘲鸫（Mimus parvulus），来自詹姆斯岛和查塔姆岛（两者之间有其他的岛屿作为连接链）的所有标本都属于圣岛嘲鸫（M. melanotis）。后两个物种是非常接近的近缘动物，有些鸟类学家会把它们视为只是显著不同的变种，但是查尔斯嘲鸫是非常不同的种类。不幸的是，大多数雀科的标本都混在一起了。但是，我有充分的理由怀疑，有些地雀属物种仅限于特定的岛屿。如果不同的岛屿上有它自己代表性的地雀，那就可以解释在这个小群岛上这个亚群的物种数目特别多的现象了，而且由于数目繁多，它们的喙的大小就有了分级式系列。卡托尼斯雀亚群的两个物种和红树林树雀亚群的两个物种是在群岛上得到的。还有四位标本采集家在詹姆斯岛上射得的这两个亚群的众多标本，分属这两个亚群的各一个物种。然而，在查尔斯岛和查塔姆岛所射得的众多标本（由于这两个岛的标本混在一起了）都属于另外两种物种。因此，你大概可以确定这些岛屿上有这两种亚群的代表性物种了。陆生贝壳则显然不适用这一分布规律。在我所采集到的少量昆虫中，沃特豪斯先生说，凡是标明栖居地的昆虫，没有一只是这两个岛所共有的。

如果我们现在再回到植物群，就会发现不同岛屿上的原产植物非常不一样。我根据好朋友J·胡克博士的权威著作得出了下列结论。预先说明，我不加选择地采集了不同岛屿上的一切开花植物，并幸运地把采集品都分开了。但是，不应过分相信这些比例性结论，因为其他博物学家带回国的标本并不多，虽然在某些方面确认这些结论，但也明白无误地显示，这个群岛的植物学研究仍需进一步努力。另外，豆科植物的情况也还只有大致的了解——

| 岛名 | 物种总数目 | 在世界上其他地方发现的物种数目 | 仅限于加拉帕戈斯群岛的物种数目 | 仅限于这座岛上的数目 | 仅限于加拉帕戈斯群岛但是在不止一座岛上发现的物种数目 |
|---|---|---|---|---|---|
| 詹姆斯岛 | 71 | 33 | 38 | 30 | 8 |
| 阿尔比马尔岛 | 46 | 18 | 26 | 22 | 4 |
| 查塔姆岛 | 32 | 16 | 16 | 12 | 4 |
| 查尔斯岛 | 68 | 39<br>（或29，如果把可能是引进的植物减掉的话） | 29 | 21 | 8 |

因此，我们了解到了这一非常惊人的事实，即在詹姆斯岛的38种加拉帕戈斯植物，也就是世界上其他地方找不到的植物中，有30种是这座岛上所独有的；在阿尔比马尔岛，26种加拉帕戈斯植物中有22种是这座岛上独有的。那就是说，目前只知道有4种生长在群岛上的其他岛屿。查塔姆岛和查尔斯岛的植物状况如上表所示。通过几个例证，这一事实可能会更惊人：木雏菊属（Scalesia）——一个引人注意的灌木属，属于菊科，仅限于该群岛——有6个物种：一种来自查塔姆岛，一种来自阿尔比马尔岛，一种来自查尔斯岛，两种来自詹姆斯岛，第六种来自后三座岛之一，但不确定是哪座。这六个物种无一是长在两座岛上的。还有就是大戟属（Euphorbia），一个平凡、分布广泛的植物属，在这里有8个物种，其中7种是群岛上所独有的，而无一分布在两座岛的。铁苋菜属（Acalypha）和丰花草属（Borreria）都是平凡的属，各有6种和7种物种，但没有一种分布在两座岛，除了一种丰花草确实分布在两座岛以外。菊科的物种具有独特的地方性，胡克博士还为我提供了其他几种不同岛屿上的不同物种的惊人例子。他说，这一法则不仅适用于这一群岛特有的各个属，也适用于世界上其他地方的物种。类似地，我们能看到，不同的岛有各自不同的特有物种，无论是普通的陆龟属，还是分布广泛的美洲鸟——嘲鸫属，以及加拉帕戈斯雀的两个亚群都是如此。加拉帕戈斯的钝鼻蜥属也基本可以肯定是这样。

在这个群岛中，假设一座岛上有一种嘲鸫，另一座岛上有鸟类的另一个完全不同的属，——要是一座岛上有自己的蜥蜴类的一个属，另一座岛上有其他不同的属或什么都没有——或者假设不同岛屿上分布的不是同一植物属的代表性物种，而是完全不同的属，那么这个群岛上动植物的分布就远没有现在这么令人惊奇了。事实上，一定程度上确实是这样。举个例子，詹姆斯岛有一种高大的产莓果的树，而查尔斯岛上则没有相应的物种。可是现在的情况是，几个岛屿有自己的陆龟、嘲鸫、雀以及无数植物的物种，这些物种具有相同的一般习性，占据着类似的地点，并且在这个群岛的自然经济中起到相同的作用，这令我感到惊奇不已。或许各岛的代表性物种在将来会证实只是差别明显的变种，至少陆龟和部分鸟类可能是如此。可是这对于研究自然的博物学家来说，同样饶有趣味。我说过大多数岛屿都互相在视野范围内。详细讲解的话，查尔斯岛距离查塔姆岛最近的地方80公里，距离阿尔比马尔岛最近的地方53公里。查塔姆岛距离詹姆斯岛最近的地方97公里，但是它们之间还有两个岛，我没有登上过。詹姆斯岛距离阿尔比马尔岛最近的地方只有16公里，但是这两个岛采集样本的地点相距50公里。我必须重申，不管是土壤性质还是陆地的高度、气候或者相关生物的一般特性以及这些要素间的相互作用，在每座不同的岛屿上差异都不会很大。若是在气候上有合理差异，那一定是发生在向风的岛群（即查尔斯岛和查塔姆岛）和背风的岛群之间。但是，在群岛的这两部分岛屿上的生物并似乎没有相应的差异。

我能对不同岛屿上生物的显著区别进行的唯一解释是，考虑海水运载生物的因素，强大的洋流向西和西北偏西方向流动，肯定会将南方和北方的岛屿分开，而在北方的岛屿之间可以观察到有一股强劲的西北洋流，必然有效地将詹姆斯岛和阿尔比马尔岛分隔开。由于这座群岛不刮大风，鸟、昆虫和较轻的种子都不会被吹到不同的岛屿上。最后，岛屿之间海水很深，它们又显然是新近（地质学意义）形成的火山岛，所以历史上非常不可能曾经互相连通。考虑到各岛上栖息的动物的地理分布，这一点可能要比其他任何因素都重要得多。回顾此处所给出的事实情况，人们会为在这些又小又贫瘠、乱石横生的荒岛上所展示的创造性力量（如果可以这样表达的话）的整体效果而感到震惊，并对这股创造性力量在相近的地点起了相似但不同的作用而更感到震撼。我说过，加拉帕戈斯群岛也可以称作是美洲的一片卫星地，但是更准确的应该称为卫星群，在自然环境方面相似，生物方面不同，相互紧密关联，而且都和美洲大陆的生物明显相关，但是程度上比群岛间要浅得多了。

我要叙述一些极度温顺的鸟类，来为这些群岛上的博物学描述做总结。

这里的所有陆栖动物——即嘲鸫、雀类、鹪鹩、霸鹟、鸽子和食腐鵟——的性情都普遍温顺。它们经常走到与人相距非常近的地方，用一根小树枝就可以把它们打死，有时候用一顶帽子就能罩住它们，我自己就试过。在这里，用枪打鸟过于小题大做了。我曾用枪管把一只鹰从树枝上扫了下去。有一天，我躺在地上，手里拿着一个由龟壳制的大水罐，这时一只嘲鸫飞落到水罐的边上安静地喝着水，我把水罐连同它一起举起来，它还是停在水罐边。我经常尝试抓住这些鸟的腿，而且差点就能成功。以前，这些鸟类似乎比现在更加温顺。考利（Cowley）（1684年）说："斑鸠生性温顺，它们经常落在我们的帽子或手臂上，这样我们就可以活捉它们；直到我们有些同伴向它们开枪，它们才怕人，从此以后就变得胆怯了。"丹皮尔（Dampier）同年也说到，早晨出行的人可以在这里杀五六十只鸽子。现在的鸟类虽然也非常温顺，却不落在人的手臂上，也不会大批被杀。令人惊奇的是，过去150年来，海盗和捕鲸人频繁登岛，而水手们在树林里徘徊寻找陆龟的时候，总是以残忍地杀死这些小鸟为乐事，但它们并没有因此而变得更具野性。

这些鸟虽然现在更频繁受到伤害，却没有变野化的倾向：在已经殖民了六年的查尔斯岛上，我见过一个小男孩坐在井边，手里拿着一根小树枝，用来打死过来喝水的鸽子和雀鸟。他已经打死了一小堆鸟准备当美餐。他说他常等在井边打鸟。群岛上的鸟似乎不知道人类是比陆龟或钝鼻蜥属还要危险的动物，因此忽视了人类，就像在英国，喜鹊之类怕人的鸟并不害怕田间吃草的牛马一样。

福克兰群岛上的鸟是同样情况的第二个例子。佩尔内蒂（Pernety）、莱松和其他航海家都评述过克洛雀（Opetiorhynchus）惊人的顺服性情。然而，这种特性并非这种鸟所独有：兀鹫、沙锥、斑肋草雁和白草雁、鸫、鹀，甚至一些真正的鹰，都或多或少不怕人。由于那里有狐狸、鹰和猫头鹰出没，但鸟类还是很温从顺服，由此我们可以推断，加拉帕戈斯群岛上缺乏凶猛动物并非是鸟类温顺的理由。福克兰群岛的斑肋草雁在外围小岛上小心翼翼地筑巢，这表示它们意识到了狐狸的威胁，但是却没有因此而对人类表现出野性。这些鸟类（尤其是水鸟）的温顺和火地岛上的同类形成了鲜明的对比，火地岛上的水鸟过去数年饱受未开化居民残害。在福克兰群岛，猎人有时一天内猎杀的斑肋草雁多得无法一次搬走，而在火地岛要猎杀斑肋草雁，那跟在英格兰想要射杀普通的野雁一样难。

在佩尔内蒂（1763年）的时代，所有的鸟似乎都比现在的鸟温顺得多。他叙述道，克洛雀差不多会停在他手指上，他用一根棍子半个小时内就可以打死10只。那时候的鸟肯定跟加拉帕戈斯现在的鸟差不多温顺。加拉帕戈斯鸟的戒备能力似乎比福克兰群岛上的鸟学得慢，福克兰群岛上的鸟有相当多的经验，因为，除了时常有船只到访外，那些岛屿在整个期间不时有移民到访。即便是在以前，当所有的鸟类都非常温顺的时候，按照佩尔内蒂的说法，去猎杀黑颈天鹅也是不可能办得到的事，这种候鸟或许是在异国学会了聪明。

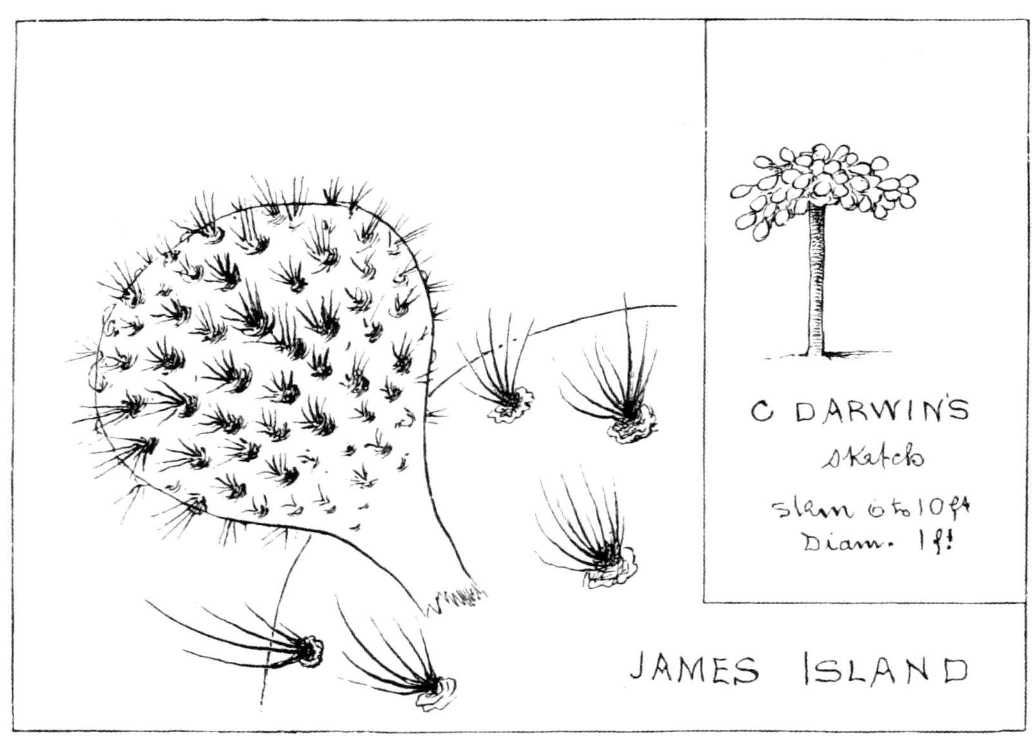


加拉帕戈斯仙人掌

我还要补充的是，根据杜·博瓦的说法，在1571–1572年间，留尼汪岛的所有鸟类，除了火鹤和雁以外，都非常温顺，用手就可以抓住，或者用一根棍子就能成群猎杀。还有就是，卡迈克尔（Carmichael）陈述道，在大西洋的特里斯坦—达库尼亚群岛（Tristan d'Acunha）[①]只有两种陆鸟——一种鸫和一种鹀——“性情温顺，用网兜就可以逮住。”我想，我可以从这几个证据得出以下结论：其一，由于人类原因而产生的鸟类野性是一种直接反抗人类的特殊本能，并不取决于由其他危险来源所引起的一般程度的戒备；其二，这一本能不是鸟的个体在短时间或甚至受到迫害的时候习得的，而是在接连几代过程中变成遗传的。对于家养动物，我们已习惯看见它们会获得新的心理习性或心理本能，但是在自然状况下的动物必定更难发现习得的知识可以遗传的例子。关于鸟类对人所表现出来的野性，除了是一种遗传性习惯以外，再无其他方法可作解释。相对而言，无论哪一年，在英国受到人类伤害的幼鸟都要少得多。然而，几乎所有鸟类甚至是雏鸟，都害怕人类；另一方面，在加拉帕戈斯和福克兰群岛，被人类追捕、伤害过的鸟却还没有学会对自身有利的怕人习性。从这些证据我们可以推断，在土生土长的动物适应陌生者的诡计或力量前引入一种新的食肉动物，会对一个地区带来何种毁灭性灾难。

① 《伦敦林奈学会学报》（*Linn. Trans*），第七卷，第496页。我所见过的就这方面最异常的事实是，在北美洲北极部分小鸟的野性（如理查德森《美洲英国殖民地北部的动物学》（*Richardson Fauna Bor*）第二卷，第332页所述），据说它们从不会被猎杀。这一情况十分怪异，因为有人断言在美国过冬时同一物种的有些个体非常温顺。如理查德森博士所充分评论的，联想到鸟类藏匿巢穴时不同程度的胆怯和谨慎，就完全无法解释了。奇怪的是，普遍不驯的英国林鸽经常在房屋隔壁的灌木丛养育后代！

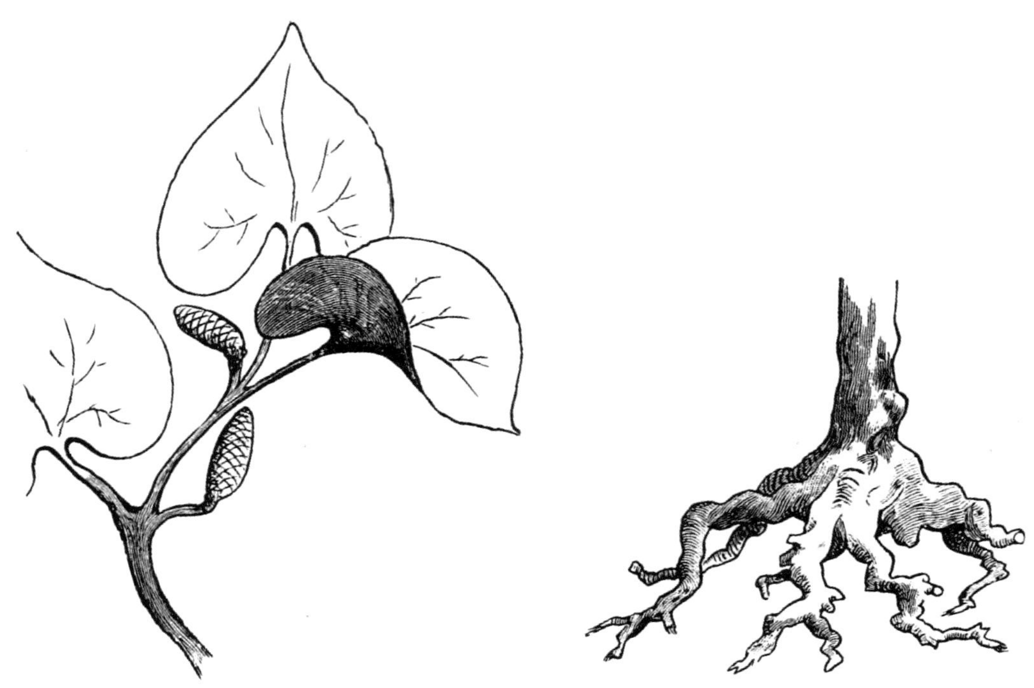

塔希提岛的醉胡椒

# 第十八章

## 塔希提与新西兰

穿越低地群岛——塔希提——面貌——山上的植被——眺望埃梅奥岛——步行进入内陆——深谷——一连串的瀑布——野生的有用植物的数量——当地人的节制——道德状况——召开议会——新西兰——群岛湾——希帕——前往怀马蒂——传教士定居点——英国杂草现已野化——怀奥米奥——一个新西兰妇女的葬礼——前往澳大利亚

**10月20日**——加拉帕戈斯群岛的考察结束了，我们转向塔希提，开始了5100公里的漫长航程。过了几天，我们离开了阴沉多云的海区，在冬天，这样的海区从南美洲海岸一直延伸到很远。接下来，我们沐浴在晴朗的天气中，在稳定的信风帮助下，每天能够轻松地行驶240–260公里。这里更靠近太平洋中部，温度比美洲海岸要高一些。放置在船尾舱室里的温度计，日夜的读数就介于26.5℃–28.5℃之间，非常舒适。不过，如果温度再高一两度，就热得有些难受了。我们经过了低地群岛[①]，也称危险群岛（Dangerous Archipelago），见到了几个非常奇特的珊瑚环礁，只高出海平面一点点，称为礁湖群岛（Lagoon Islands）。岛上的长沙滩白得光彩夺目，边上是一长条的绿色植物带。向两侧看去，这条带子逐渐变窄，慢慢消失在地平线以下。到桅杆顶上可以看见，珊瑚环中间是一大片平滑的水面。这种中空的矮小珊瑚岛和周围广阔的大海比起来，显得极度渺小。这片广阔的大海被人误称为太平洋，实际上并不太平，强力的海浪日以继夜地冲击着这些小小的入侵者，却不能将它们摧毁，这真让人惊奇！

**11月15日**——黎明时分，塔希提岛出现在我们的视野中，这是每个南太平洋的航海者都永远铭记的最美岛屿。远远看去，这个岛并不吸引人。我们还看不见岛上低处的繁茂植物，而云层散开之后，岛中心那些最荒凉、最险峻的山峰就映入眼帘。我们在马塔瓦伊湾[②]下了锚，很快就有许多当地的小船围了上来。今天对我们来说是星期天，但在塔希提是星期一。如果反过来的话，也就不会有一条小船来迎接我们了，因为这里的人都严守戒律，在安息日不会去划船。吃过饭后，我们下船登陆，享受这个新世界带给我们的愉快的第一印象：这里是充满魅力的塔希提！许多男女和小孩集中在维纳斯角迎接我们，脸上洋溢着笑容。他们隆重地带领我们去当地传教士威尔逊先生（Mr. Wilson）的家。我们在半路上遇到了他，他盛情接待了我们。我们在他家坐了一会，然后出门走了一圈，到晚上又回到他家。

塔希提岛上适合耕种的土地很少，基本上只有山脚的一块冲积土壤。这块地受到环绕全岛的珊瑚礁保护，不会受海浪的冲击。珊瑚礁内部是一片平静的水面，像一个湖一样，当地人的独木舟可以在里面安全行驶，船也能停泊其中。低地一直延伸到布满珊瑚的沙滩上，这里种植着热带最美的物产：在香蕉树、橘子树、椰子树和面包树之间，整理出来的土地种植着薯蓣[③]、红薯、甘蔗和菠萝，甚至这里的灌木也是一种从外地输入的水果树：番石榴，但由于生长得太多，已经和杂草一样有害了。在巴西，我常折服于

① 低地群岛（Low Archipelago）：土阿莫土群岛（Tuamotu Islands）的别称。土阿莫土群岛属于法属波利尼西亚，是世界上最大的珊瑚礁群。——译注

② 马塔瓦伊湾（Matavai Bay）：塔希提岛北端维纳斯角西侧的海湾，欧洲航海家前来塔希提时最初总是选择这里停泊。——译注

③ 薯蓣：薯蓣科薯蓣属的植物，通称山药。——译注

香蕉树、棕榈树和柑橘树互相映衬的美，而在这里，我们有着面包树，树叶巨大光亮，如五指般分开，引人注目。还有一些小树林，树枝好像英国的栎树一样茂盛，向外伸展着，还挂着饱满而富有营养的果实，看了就让人喜爱。虽然事物的用处常常与看到它的愉快程度关系不大，但对这些美丽的果树来说，它们的高产毫无疑问占了喜爱之情的一大部分。树荫下凉爽的蜿蜒小径通向几间散布的房屋，每一个居民都愉快而殷勤地接待我们。

在塔希提，最让我愉快的就是这里的居民了。他们表情温和，让人一时忘了他们是野蛮人；从他们的智能来看，也正在开化的过程中。这里的普通人在工作时上半身大部分裸露着，这样就体现出了他们身材上的优势。他们身材高大，肩膀宽阔，体格健美，比例匀称。人们常说，不需要怎么习惯，深色皮肤在欧洲人看来就比他们自己的白皮肤更舒服更自然。一个白人在塔希提人旁边洗澡，看上去就像是一株经过园丁的手艺漂白了的植物，和大自然当中一株生机勃勃的深绿色植物形成了对比。大部分塔希提人都文身，花纹贴合着身体的曲线，看上去非常美观。有一种常见的纹路，看上去像是棕榈树的树冠，不过细节上会有些变化。这种纹路从背部的中线开始，漂亮地向两侧弯曲。我觉得，有了这样的装饰，人的身体看上去就像一棵华贵的树干上缠绕着柔嫩的攀缘植物一样，或许我这比喻有点不切实际了。

许多老人的脚上画着一些小图案，就好像袜子一样。不过，这种流行风潮一定程度上已经过时，被新的潮流所替代了。在这里，虽然潮流不会永恒不变，但每个人都会追随自己年轻时的潮流。所以，老人身上就永远打上了时代的印记，不会接受年轻人的风潮。女人也和男人一样文身，但大多都文在手指上。现在有种不得体的潮流为岛上绝大多数人所接受：剃去头顶上的头发，形成圆形的秃顶，只留下外侧的一圈。传教士们试图劝说人们改变这一习惯，但潮流就是潮流，这就够了，不管是在塔希提，还是在巴黎。我个人对女性的外表比较失望，和男性比起来，她们在每个方面都比不上。女性常戴一朵白色或鲜红色的花在头后或双耳上穿的小洞上，这种习惯看上去很美观。她们还戴一种椰子树叶做成的花冠，用来给眼睛遮阴。看上去，女性比男性还更热衷于装扮的式样。

几乎所有本地人都懂一点英语，也就是说他们知道日常事物的名称。再加上手势，他们就能和我们勉强进行交谈了。晚上我们回船上时，发现了一幅很美丽的景象。许多孩子正在沙滩上玩耍，有的点起火堆，照亮了宁静的海面和周围的树木，其他孩子围成几个圈，唱着塔希提语的歌谣。我们停下脚步，坐在沙滩上，加入了这场联欢会。歌谣是即兴的，我认为和我们的到来有关：一个小女孩先唱一句，其他孩子轮流接上，组成了悦耳的联唱。整个场景让我们真切地感到，我们正坐在这南太平洋声名远播的小岛的海滩上。

17日——今天在航海日志上记为17日星期二，而不是16日星期一，因为我们一直追着太阳向西航行[①]。早餐前，我们的船边就围满了大队的小船。当我们允许本地人登船时，我估计至少上来了200人。虽然有这么多人，但秩序良好，一点也没有惹麻烦。我们一致认为，不管从哪个国家选出这么多人来，恐怕都很难像他们表现得这么好。每个人都带了点东西来卖，贝壳是主要的交易物品。塔希提人现在完全理解货币的价值，比起旧衣服之类的东西，他们更喜欢得到金钱。不过，他们分辨不清英国和西班牙的各种面额的硬币，也觉得小银币拿在手里不太保险，总是想要换成西班牙大银元。不久前，有个酋长出价800银元（相当于约160英镑）买一艘较大的船，另外他们常出50–100银元买捕鲸小艇或马匹。

早餐后，我上了岸，登上最近的山坡，到了七八百米高处。外围的群山是圆锥形，光滑但陡峭，由古老的火山岩构成，许多深谷把火山岩分割开，从岛屿中央的崎岖地带一直延伸到海岸边。我路过一片有人居住的狭窄肥沃土地，沿一条光滑而陡峭、位于两条深谷之间的山岭向上攀登。这里的植被很特殊，几乎全是低矮的蕨类植物，到了高处，还混着一些粗草。这种植被情况与威尔士的丘陵没有太大的区别。在岸边热带果园的附近出现这样的植被，非常令人吃惊。我到达最高的山顶上时又出现了树木。在植被比较茂盛的三个区域中，最低处因为地势平坦，所以水分充足，也因此非常肥沃。因为那里只比海平面高一点点，所以来自更高的地方的水分流失得很慢。中间的区域与顶上不同，接触不到潮湿多云的空气，因此最为贫瘠。顶上部分的树木非常漂亮，树蕨代替了海岸上的椰子树。虽然如此，这里的树林还是远远没有巴西的森林那样壮丽。一个大洲范围内的数量无穷的物产，当然不要期望都出现在一个小岛上。

我从到达的最高点可以遥望远处的埃梅奥岛[②]的美丽景色，这个岛与塔希提处于同一位国王的统治之下。在它那崎岖而高耸的山顶上，大块大块的白云堆积在一起，在蓝天中形成了一个云岛，正如埃梅奥是蓝色大洋中的岛一样。埃梅奥岛周围有一圈几乎完整的珊瑚环礁，只有一个狭窄的出入口。在这个距离上，能看见一条虽狭窄但轮廓清晰的白线，这就是海浪冲击珊瑚礁墙所产生的界线。高山从光滑如镜的礁湖中间拔地而起，就包围在这条白线之内；白线外侧，则是波涛起伏的深色海洋。这样的景色美得惊人，看上去就像一幅带外框的图画：拍岸的浪是外框，平静的礁湖是边缘的画纸，岛就是画本身。夜晚我下山时，遇到一个之前我曾给过些小礼物的人。他给我带了些新烤的香蕉、一只菠萝和一些椰子。在烈日下走了那么久，没有什么东西比青椰子汁的味道更好的了。这里出产非常多的菠萝，当地人吃菠萝，就像我们英国人吃萝卜一样浪费。菠

① 事实上他们还没有越过近50年后（1884年）所设立的国际日期变更线。——译注

② 埃梅奥岛（island of Eimeo）：即塔希提岛西侧的莫雷阿岛（Moorea Island），在塔希提以西17公里。——译注

埃梅奥岛和堡礁

萝的味道非常好，或许比在英国种植的还要好，我认为这对一种水果来说，是最高的赞美。上船前，我请威尔逊先生当翻译，告诉这位友好的塔希提人，我希望由他和另一个人陪我去山里作短途旅行。

18日——早晨，我早早地上了岸，带着一袋粮食，还有两条绒毯，给我和仆人用。这些东西系在一根长杆的两端，由我的两个塔希提同伴交替挑着走。塔希提人早已习惯了这样运东西，每边放上20多公斤重的物品，可以走一整天。我告诉两个向导，让他们自己准备衣食，不过他们说山里食物充足，而衣服嘛，有自己的皮肤就足够了。我们走的是提亚奥鲁谷[①]，谷中流淌着一条河流，从维纳斯角入海。这是塔希提岛上一条主要的河流，发源于岛中央最高的山峰脚下，这座山峰海拔高达约2100米。整个岛上大部分都是山地，要到达岛的内部，只能走山谷。我们走的路一开始在河两边的森林中间，从林荫道中能瞥见岛中央的高山，路旁时不时有棵摇曳的椰子树，风景优美如画。很快山谷开始变窄，两边越来越高，也越来越陡。走了三四个小时，我们发现山谷的宽度几乎就是河床的宽度了。两侧是近乎垂直的峭壁，不过由于火山岩地层的柔软特性，每块突出的岩石上都生长着树木和速生植物。悬崖肯定有上千米高，整条峡谷是我迄今见过的最壮观的峡谷。上午，山谷中的空气凉爽潮湿，但到了中午，太阳直照在谷底，立刻闷热起来。我们找到一块条状火山岩的下方，在一块突出岩石的阴影中吃午饭。两位向导早已抓了一盘小鱼和淡水虾。他们带着用圆环张开的渔网，在水深有漩涡的地方潜到水下，像水獭一样睁大一双眼睛，追随着鱼群游到洞口或角落把它们抓住。

塔希提人在水中，就像两栖动物一样灵活。埃利斯[②]记录下的一则轶事，展现了塔希提人在水中是如何行动自如的。1817年，一匹进献给波马雷国王[③]的马在运上岸时，吊索突然断裂，马掉进了水中。一群当地人立刻从船上跳下水，但他们高声叫着，徒劳地想要救马，却差点让马淹死。但是，马一跑到岸边，所有人掉头就跑，躲避着这匹“运人的猪”——他们是这么称呼马的。

往高处走一点，河流分成了三股水流。我们没法沿偏北的两条走，因为从峰顶到这里的河道途中有一连串的瀑布，从陡峭的最高峰峰顶倾泻下来。第三条虽然看上去也没法通行，但我们还是找到了一条很特别的路，能沿着它前进。两侧的悬崖非常陡峭，不过正如成层的岩石通常会出现的，崖壁上突出小块的岩石架上面密密地覆盖着野蕉、百合等各种热带的茂盛植物。两个塔希提人就在这些岩石架间攀爬，寻找水果，结果发现了一条能够登上整个悬崖的道路。离开河谷后，开始的一段路很危险，因为需要经过

① 提亚奥鲁谷（Tia-auru）：现名图奥拉谷（Vallée de Tuaura），位于维纳斯角以南。——译注

② 威廉·埃利斯（William Ellis，1794-1872）：英国传教士、作家，曾在波利尼西亚传教。——译注

③ 波马雷国王（Pomare）：波马雷二世（1774-1821），塔希提第一个统一王朝波马雷王朝第二任国王。——译注

塔希提岛的法塔华瀑布

塔希提岛的法塔华瀑布

一段陡峭斜坡，由裸露的岩石构成，我们需要用随身携带的绳索帮助。我难以想象，一个人是怎么发现这个可怕的地点作为登山的必经之路的？！接下来，我们小心地在一段岩石架上通行，随后又遇上了其中一股溪流。这段岩石架组成了一块平地，上方就是一条美丽的瀑布，有几十米高；下方又是一条瀑布，瀑布的水流就倾泻入下方山谷中的河流中。从这个隐秘的阴凉地出发，我们绕了个圈，避过头上的瀑布，就像之前一样，沿着突出的岩架前进，岩架上覆盖的植物之下暗藏着危机。从一个岩架去另一个岩架的路上，出现了一面垂直的岩墙。一个健壮有活力的塔希提人把一根树干靠在岩墙上，爬上树干，攀着裂缝爬上了岩墙顶端。他把绳子的一头系在突出的石头上，放下另一头，先把行李和狗吊上，然后我们自己也爬了上去。在那棵死树靠着的岩石架处，其下面的悬崖深度有近200米。如果不是悬挂着的蕨类和百合挡住了深渊的一部分的话，我恐怕已经头晕了，也就怎么都不肯向上爬了。我们继续登山，有时走在岩架上，有时走在刀刃状的山脊上，两侧都是万丈深渊。在安第斯山脉我见过雄伟得多的山，但从没有如此险峻的。我们沿着这条下游是一系列瀑布的溪流前进。到了晚上，在溪边找了一小块平地，我们就在这里宿营。山谷的两侧都生长着大片大片的山香蕉，挂满了成熟的果实。许多山香蕉树有6–8米高，树干周长1米左右。两个塔希提人用树皮做绳子，用竹竿做椽，用巨大的香蕉树叶做屋顶，几分钟就为我们搭起了精美的房屋，并用干枯的树叶做柔软的床铺。

他们接着生了火，开始做晚餐。他们生火时，用一根钝头木棍插进另一根木棍的槽缝里反复摩擦，好像要把槽挖深一样，直到缝里的木屑燃烧起来。一种特殊的白色轻质的木材（黄槿，学名*Hibiscus tiliaceus*）常用来取火，另外用来挑东西的扁担、小船的浮动支架，都是用同一种木材制作的。他们几秒钟就生起了火，但一个像我这样不懂得技巧的人就要费大力气了。不过，我最终成功地点燃了木屑，这让我很骄傲。潘帕斯草原的高乔人，用的是另一种取火方法：拿一根大约半米长、有弹性的树枝，一端顶在胸前，削尖的另一端插进木材上的一个洞内，然后好像木匠用中心钻头一样快速旋转弯曲的部分。塔希提人用一小堆树枝架成火堆，在火堆上压了大约20块板球大小的石头。大约10分钟后，树枝燃尽了，石头也烤热了。他们之前就用树叶包好了小块的牛肉、鱼肉、成熟或没有成熟的香蕉和野生海芋①（wild arum）的尖部；现在，就把炙热的石头排成两层，把这些绿色的包裹放在两层石头之间，整个盖上泥土，不让烟和蒸汽跑出来。大约15分钟后，食物都烤熟了，非常好吃。我们把这些美味的绿色包裹放在一大片香蕉叶上，用椰子壳装了溪中的清水，就这样享受我们简单的晚餐。

① 野生海芋：学名斑叶疆南星（*Arum Maculatum*），属于天南星科疆南星属，块根熟后可食，富含淀粉，但生时有毒。——译注

看着周围的植物，我不得不大加赞赏。无论哪边都是大片大片的香蕉树林，果实虽然可以拿来做各种食物，但在这里只能堆在地上慢慢腐烂。我们面前是一大片野甘蔗丛，一条小溪遮蔽在醉胡椒（Aya）深绿色多结节的茎之下。醉胡椒旧时因强大的麻醉作用而闻名，我曾嚼过一片，感觉味道辛辣难闻。这味道恐怕能让任何人立刻宣布它是有毒的。在传教士的努力下，醉胡椒现在只生长在深谷当中，对人们无害了。旁边还有野生海芋，它的根部烘烤后味道很好，嫩叶胜过菠菜。这里还有野薯蓣以及另一种百合科植物，称为“Ti”[①]。后者在这里长得很茂盛，根柔软，呈棕色，形状和大小看上去都像一大段木头。这就是我们的甜点，它和糖浆一样甜，风味可口。另外，这里还有好多种野生水果和有用的蔬菜。小溪流的水很清，水里有鳗和螯虾。每当我把这里与未经开垦的温带地区相比较，我都对这里大加赞赏。有人说，就算再野蛮的人类，就算他的逻辑能力尚未完全开发，他都是热带的骄子。在这里，这句话展现了它的力量。

在夜色中，我沿着溪流向上游漫步，走在香蕉树的阴影中。很快我就走到了终点，面前是一片近百米高的瀑布，上方又是另一片瀑布。我提到这条小溪上的所有瀑布，是为了大致说明这里的坡度。水落下的这个小凹陷处，似乎没有一丝风，水雾打湿香蕉树巨大的树叶，树叶薄薄的边缘还是完整的，而不像一般情况那样成了千百条细条。我们所在的位置几乎悬在山坡上，向四周看去，能够望见附近的深谷，还有中央高山的山峰。这些山峰高耸在天顶以下60°的范围内，遮住了夜空的一半。在这里，看着最高的山峰逐渐吞没在黑夜的阴影中，这真是一幅壮丽的景色。

我们躺下睡觉前，年纪较长的塔希提人跪倒在地，紧闭双眼，用当地语言背诵了一长段祷告词。他就像个基督教徒一样祈祷着，崇敬之意恰到好处，不怕人嘲笑，也不夸示自己的虔诚。吃饭时，这两位塔希提人在简短的祷告之前根本就不动手。有的旅行家认为塔希提人只当传教士注视着自己的时候才祈祷，看来他们应该和我们一起在山坡上过这一夜才是。天亮前，下了场大雨，不过香蕉树叶做成的房顶让我们没有被淋湿。

**11月19日**——天亮时，我的两个朋友在晨祷后用和前一天晚上同样的方法做了早餐。他们自己吃得非常多，实际上我从没见过食量能接近他们的人。我认为，他们有如此巨大的食量，是因为他们的食谱中含有大量蔬菜和水果，而一定量的蔬菜水果所含的营养成分相对较少。后来我发现，这时我无意间让他们违反了他们自己的一条法律：我带了一瓶酒，劝他们也喝。他们不好拒绝，不过才喝了一点，他们就把手指放在嘴前，说了一个词：“传教士”。大约两年前，虽然醉胡椒已经成功禁用，但由于饮酒而喝醉的情况时常发生。几个好人发现这样会毁掉自己的国家，传教士于是说服了这几个人，让他们加入了“禁酒会”。或是因为贤明，或是羞愧，所有酋长和女王最后都加入了禁

① 朱蕉（学名*Cordyline fruticosa*），现分入天门冬目龙舌兰科朱蕉属。——译注

酒会。这样，立刻就通过了一条法律，不能把酒带入岛上，任何买卖酒的人都要罚款。为保持公正，所有当时手中还留存的酒在法律生效前还允许出售。不过，到了法律生效时进行了一次大搜查，连传教士的家都不能免除，找到的一切“醉胡椒汁”（塔希提人这样称呼一切蒸馏酒）都倒在地上。当有人提到南北美洲的原住民在饮酒上非常不知节制时，我想，每个心存善意的塔希提人都要深深地感谢传教士。圣赫勒拿岛当还在东印度公司治下时，烈酒由于曾经危害巨大，是禁止进口到岛上的，但葡萄酒从好望角供应。但是，令人震惊和不快的是，在塔希提人以其自由意志禁止烈酒的同一年，圣赫勒拿岛却允许了烈酒的进口。

塔希提人

早餐后，我们继续前进。因为我的目的只是看一下塔希提岛的内部景象，所以我们走另一条路返回，这条路通向低处的主谷。我们沿着山谷侧面的山坡走，路径错综复杂，绕了不少路。在不太险峻的地方，我们在密集的野香蕉林间穿行。两位塔希提人裸露着上身，身上文着刺青，头上装饰着花朵，在野香蕉林光线昏暗的阴影中仿佛一幅居住在原始地区的人的优美图画。我们沿着山脊下山。路非常窄，有相当长的部分就像梯子一样陡峭，不过全都有植被覆盖。每走一步，下脚时都必须要非常注意身体的平衡，所以我走得很累。站在刀口一样狭窄的山脊上，遥望着周围的峭壁和深谷，这里可供落脚的地方又是如此狭小，因此感觉就像身处热气球中一样。这样的情景我无法不惊讶。下山过程中，我们只用了一次绳索，那是在我们进入主谷时。今晚我们过夜的地方，就是我们前一天吃饭时的同一块突出的岩石下方。晚上天气很好，但由于山谷又深又窄，所以非常暗。

在目睹这里之前，我总觉得埃利斯提到的两件事实难以理解：首先，在过去的血腥战斗之后，战败方的幸存者撤退到了山里，几个人就能抵抗一大群人的进攻。显然，在之前提到的塔希提人靠放老树的悬崖上，六个人守在上面，就足够击退上千人。其次，在基督教传入岛上后，有些野蛮人都住到山里去了。他们的居住地点，更开化的居民都一无所知。

**11月20日**——清晨，我们早早地出发了，中午时，到达了马塔瓦伊湾。在路上，我们遇见了一群健壮不凡的人，他们是去摘野香蕉的。我发现“小猎犬”号因为缺乏淡水，已经转移到了帕帕瓦（Papawa）港，我立刻徒步前往。帕帕瓦是个很美丽的地方，珊瑚礁围着海湾，海面像湖水一样平静。一块耕地紧靠着水边，上面生长着美丽的植物，还点缀着几间小屋。

我到达这些岛屿之前，曾读过不同的叙述，因此我很期待通过自己的观察来形成对当地人道德水准的判断——尽管这一判断肯定是很不完美的。第一印象总是很大程度上取决于先入为主的观念。我的观念来自埃利斯的《波利尼西亚研究》（*Polynesian Researches*），这是本出色而有趣的书，但作者看待一切都带着赞赏的观点；还有来自比奇①的《旅行记》和科策比②的《旅行记》，后者强烈反对整个传教制度。一个人只要对这三本著作进行比较，就能形成对塔希提现状的较为准确的概念。我从后两位作者那里得到一个印象，认为塔希提人现在成了个阴暗的民族，生活在对传教士的恐惧之中，这是完全错误的。关于恐惧，我找不到任何迹象，除非恐惧和尊敬是用同一个词来表达的。塔希提人非但没有普遍不满，甚至在整个欧洲都很难找到一群人露出幸福表情的人数达到这里的一半。两位作者还痛骂当地对吹奏乐器和舞蹈的禁令，认为这是错误而愚蠢的；对当地人遵守安息日更胜过长老会风格的习惯，也是同样的看法。在这些问题上，我不会提供任何意见来反对那些在这里住了很多年的人，因为我在岛上只待了几天。

总体上来说，我认为塔希提岛上居民的道德状况和宗教信仰是很值得赞扬的。这里有许多人攻击传教士、传教制度和它的作用，他们比科策比还要尖酸刻薄。这些批评者从来不把塔希提的现状与20年前的情况作比较，甚至不与今天的欧洲作比较，而是与《福音书》中的理想社会作比较。连十二使徒都没有做到的事情，他们却要求传教士去做到。由于当地人无法达到这样高的标准，他们就对传教士做到了的事不加赞扬，而是只有责备。他们忘了或者根本不想记起，用活人祭祀就是偶像崇拜的祭司威力——这是一个在世界上绝无仅有的堕落体系，杀婴就是这个体系的后果，以及血腥的战争，胜者连战败一方的女人和小孩都不放过，这一切现在都已经废除了；欺骗、放纵和淫乱的行为，自从基督教的进入也已经大幅度减少了。如果一个批评者不幸在未知的海岸遇难，

① 弗雷德里克·威廉·比奇（Frederick William Beechey，1796–1856）：英国海军军官、地理学家、极地探险家。——译注

② 奥托·冯·科策比（Otto von Kotzebue，1787–1846）：波罗的海德裔航海家，为俄国工作。——译注

他一定会衷心地希望，传教士的工作已经进展到了这里。

就道德问题来说，人们常诟病这里的女性。但是，在严厉指责她们之前，最好考虑一下库克船长[1]和班克斯先生[2]所描述的情景，他们所描写的是现在居民的母亲或祖母的行为。批评最严厉的人还应该想想，欧洲女性的道德状况整体上有多少依赖于母亲对女儿从小开始的教育？个体上又有多少依赖于宗教的戒律？但是，和这些批评者争论是没有意义的。我相信，他们即便失望地发现这里的放荡情形没有当年那样明显了，也不会认可他们自己不愿遵守的道德或者他们自己看轻甚至鄙视的宗教。

**22日，星期日**——帕皮提港[3]是女王[4]的居住地。这里也可以看作是塔希提的首都，它还是政府所在地以及最重要的港口。今天，菲茨·罗伊舰长率领一群人到那里去做礼拜，先用塔希提语，后用英语。塔希提的首席传教士普里查德先生[5]主持了礼拜。教堂很大，是轻质木结构，里面满是干净整洁的人，男女老少都有。我对他们精神的集中度有些失望，不过我相信是我的标准太高了。礼拜的一切步骤，看上去都和英国的乡村教堂中没有什么差别。圣诗无疑很悦耳，但讲道用的语言虽然流利，声音却不太好听：常出现一些重复的词，比如“塔塔—塔，马塔—马伊（tata ta, mata mai）”，听起来单调乏味。用英语做过礼拜过后，我们步行回到马塔瓦伊。这是一次愉快的步行，有时走在海滩上，有时走在漂亮的树林的阴影下。

大约两年前，一艘悬挂英国国旗的小考察船遭到了低地群岛居民的劫掠，当时低地群岛在塔希提女王统治下。有人认为，以女王名义颁布的几条不够审慎的法律是鼓动他们打劫的原因。英国政府要求塔希提进行赔偿，塔希提政府同意了。双方约定，塔希提于今年9月1日之前付给英国接近3000西班牙银元。在利马的舰队司令命令菲茨·罗伊舰长前来查明这笔钱的问题，如果还没有支付，则要求塔希提立刻支付。因此，菲茨·罗伊舰长申请与波马雷女王会面。因为女王以前受到过法国人对她的恶劣对待而知名[6]，为此就召开议会来讨论这个问题，所有主要酋长和女王本人都出席。关于会议的内容，菲茨·罗伊舰长已有了很有趣的记述，所以我不再多费笔墨。事实上，这笔钱还没有付。或许对方的理由有些含混不清，不过另一方面，我们也惊叹于每一个人所表现出的良好品质、论证能力、克制、直率以及迅速达成的协议。我相信，在我们离开会场时，每个人对塔希提人的印象又与我们刚登岛时大有不同。酋长和居民决定大家捐款来凑足赔偿金。菲

---

① 詹姆斯·库克（James Cook，1728–1779）：英国著名航海家、探险家，多次探索南太平洋。——译注

② 约瑟夫·班克斯（Joseph Banks，1743–1820）：英国博物学家、探险家，曾参与库克船长的第一次航海探险。——译注

③ 帕皮提（Papetee）：塔希提岛西北部的港口城市，现在是法属波利尼西亚的首府。——译注

④ 女王：指塔希提女王波马雷四世（1813–1877），波马雷二世之女。——译注

⑤ 乔治·普里查德（George Pritchard，1796–1883）：英国传教士、外交家，历任英国驻塔希提、萨摩亚领事。——译注

⑥ 1842年，法国强行将塔希提列为保护国，随后开战，法国战胜，波马雷四世沦为傀儡。——译注

茨·罗伊舰长提出，不应用他们的私人财产来补偿远方的岛民的过错，然而他们说他们感谢舰长的体谅，但毕竟波马雷是他们的女王，他们愿意帮助她渡过难关。这条决议迅速得到执行。第二天早晨，捐款就开始了，为这忠诚和善良的一幕画上了圆满的句号。

重要讨论结束之后，几位酋长抓住机会询问了菲茨·罗伊舰长许多巧妙的问题，关于国际惯例和法律，包括如何对待外国船只和人员。在有些问题上，他们一做出决定就在口头上宣布为法律。塔希提的这次议会持续了几个小时。会议结束后，菲茨·罗伊舰长邀请波马雷女王访问“小猎犬”号。

11月25日——晚上，我们派4艘小船前去迎接女王。船上挂满了旗帜，船员们在帆桁上列队迎接。大部分酋长陪同女王前来，每个人都举止得体，没有索要任何东西，看上去也对菲茨·罗伊舰长准备的礼物很满意。女王体格硕大，举止笨拙，在她身上看不出任何美丽、优雅或端庄的表现。在她身上只有一点符合王族的特征，即不管发生什么，她都面无表情，甚至有些阴沉。最受欢迎的是舰上发射的焰火。每一发焰火爆炸时，整片黑暗的海滩上都会传来一声深长的“哦”。水手唱的歌也让人们称赞不已。女王评论道，其中一首最喧闹的歌一定不是圣歌！女王等人直到半夜才离开舰上，回到陆地。

26日——夜里，乘着陆地吹来的和风，我们开始了前往新西兰的航程。日落时，我们最后一次观赏了塔希提的山景——塔希提，是个让每个旅行者交口称赞的岛屿。

12月19日——夜里，我们远远地望见了新西兰。到现在，我们可以认为，我们基本上穿越了太平洋。必须在这片大洋上航行过，才能理解它的广阔无边。即便连续几星期都在高速航行，出现在身边的也只有一成不变、深不见底的蓝色大洋。即便在群岛区域内，每个岛也不过是个小斑点，相距也很远。我们看惯了小比例尺的地图，图上小点、分界线和地名密密麻麻地排列在一起，让我们无法正确估计太平洋上的陆地相对于辽阔的海洋来说有多微不足道。我们也这样经过了对跖点①所在的经线。现在我们走过的每一里格都让我们兴奋地认为，我们离英国又近了一点。这些对跖点唤起了一个人童年时的怀疑和惊奇。就在不久前，我还把这个无形的屏障当作我们踏上回家道路的一个确定的点，但现在我们到了这里，一切想象都变得虚无缥缈，有如一个影子，令人无法触及。一场持续数天的暴风让我们有时间规划回家之旅，我们都无比期待回家的一天。

12月21日——清晨，我们驶进群岛湾②，但因为无风，在湾口附近停留了几个小时，直到中午才进入锚地。这里是丘陵地带，外观柔和，许多狭长海湾把陆地分成小块。远远看去，地面上似乎覆盖着粗糙的牧草，实际上是蕨类植物。更遥远的山丘上，以及部分山谷中，是相当茂盛的树林。这里的风景整体色调是不太亮的绿色，与智利的

---

① 对跖点：指从地球上某一点向地心作射线，经过地心后与地球表面的交点，即相对点。——译注

② 群岛湾（Bay of Islands）：新西兰北岛北地大区的一个海湾，湾中有许多小岛。——译注

康塞普西翁略往南有些类似。海湾边有几处小村庄，村中散布着整洁的方形房子，接近水边。三艘捕鲸船正停泊在锚地，小船在海岸间不停地来回穿行，但除此之外，这里整体上都非常寂静。只有一艘小船来到我们的船边。这一情况，再加上整体的景象，与我们在塔希所提遇到的热烈喧闹的欢迎形成了鲜明、却不那么让人愉快的对比。

下午，我们上岸前往较大的一片房屋，不过这片房屋也很难称作一个村庄。这里称作帕希亚[1]，是传教士的住所，除了仆人和劳工以外，没有别的本地居民。在群岛湾附近，英国人及其家属的总数大约有两三百。这里所有的房子都是英国人的财产，大多数粉刷过，看上去十分整洁。本地人的房子太小太不起眼，远看很难发现。在帕希亚，让我们愉快的是，屋前的花园里有英国的花卉，比如几种蔷薇、忍冬、茉莉、紫罗兰和满篱笆的野蔷薇。

**12月22日**——早晨，我出门散步，但很快就发现这里很不适合行走。所有的山坡上都密集地生长着高大的蕨类植物，其间还有一种类似柏树的灌木，基本上没有一点开荒过或耕种过的土地。我试着从海滩上走，但无论哪边都被咸水湾和深溪水挡住了去路。在群岛湾，不同地方的居民间的交通联系，基本上完全依赖船只（与智鲁岛相同）。我惊讶地发现，我登上的每一座山丘，以前都或多或少地挖过防御工事。山顶挖成连续的阶梯状，常有深沟围绕。后来我发现，内陆最高的丘陵上也有类似的人工建造物的痕迹。当地把这称为“帕（Pa）”，库克船长也曾以“希帕（Hippah）”之名提到它，区别就是前缀的冠词。

从里面的贝壳堆和深坑看来，这种“帕”以前经常使用。我听说深坑是用来储存红薯，作为储备粮食的。这些山丘上没有水源，因此防御者无法抵御长期围攻，而只能抵抗短时间的劫掠，这时连续的阶梯地形可以就提供不错的掩护了。火器的引入，根本上改变了战争的形态。现在山顶的暴露位置不仅无用，反而危险。因此，现在的“帕”大多造在平地上。它由双层栅栏组成，柱子粗壮高大，排列成之字形，所有区域都能掩护到。栅栏之内堆起土墙，防守方可以在土墙后安全地休息或开枪。有时，在地面高度上会有小拱门穿越这面胸墙，防守方可以从中爬到栅栏处，侦察敌人的动向。告诉我这些的W. 威廉姆斯牧师[2]还补充道，他曾注意到一处“帕”当中有横壁位于内侧，保护土墙的侧面。威廉姆斯曾经问过酋长，这些横壁有什么用处？他得到的回答是，如果有几个人中枪了，旁边的战友也不会发现同伴的尸体，这样可以避免士气低落。

新西兰人认为，“帕”是非常完美的防御手段，因为进攻方绝不会这样纪律严明，

---

① 帕希亚（Pahia）：现名派希亚（Paihia），群岛湾口的旅游小镇，是英国传教士最早到达新西兰的地点。——译注

② 威廉·威廉姆斯（William Williams，1800–1878）：英国传教士，后任奥特亚罗瓦、新西兰及波利尼西亚圣公会主教。——译注

可以集体冲击一段栅栏，将它砍倒后侵入内部。一个部落进入战场时，酋长无法指挥一队人去这边、另一队人去那边，而是每个人各自用喜欢的方式作战。这样，任何一个人想要单独攻击有火器防守的栅栏，基本上一定会被打死。我想，在全世界的任何地方，都找不到像新西兰人这样好战的民族了。按照库克船长所说，他们第一次看见船时所采取的行动就很好地说明了这一点：他们向巨大新奇的船扔出石块，喊着："上岸吧，我们会把你们全部杀了，然后吃掉！"他们显然非同寻常地勇猛。这种好战精神体现在他们的许多习俗当中，即便最细小的动作也是如此。如果你开玩笑地拍打一个新西兰人，他一定会还以一记重击。我看见舰上一位军官就曾遭到了如此对待。

现在，在文明化进程中，除了南部一些部落以外，战争要少得多了。我听说过一则轶事，发生不久以前的南方，很有代表性。一位传教士发现一个酋长和他的部落正在备战——他们把火枪擦得锃亮，准备好了弹药。传教士费尽口舌向他们陈述战争有多么无用以及战争的理由有多么微不足道。酋长大大地动摇了，开始怀疑自己的决定了，但后来他发现自己的一桶火药有些变质，看来保存不了太久了。于是，这桶火药就成了需要立刻开战无可辩驳的理由：他无法想象要浪费这么多的火药，于是事情就这么定了。传教士们告诉我，那个曾去过英国的酋长宏吉·希卡[①]的一生中，好战永远是他任何行动的动机之一。他是部落的一个主要酋长。他的部落常受泰晤士河[②]畔的一个部落的压迫。他们部落的男人庄严宣誓，等到他们的男孩长大了、有了力量，永远不能忘记这些仇恨，不能原谅敌人。宏吉·希卡跑去英国的主要动机，应该就是为了完成这一誓言，而到了英国后，这就成了他的唯一目的。他只看重能够变成武器的礼物，也只对制造武器有关的事物感兴趣。在悉尼，出于神奇的巧合，他在马斯登先生[③]家里遇到了那个泰晤士河畔的敌对部落的酋长。在那里，他们互相很礼貌，但宏吉·希卡对那个酋长说，等回到新西兰，他会一刻不停地发起进攻。那个酋长接受了挑战。宏吉·希卡回到部落，把这威胁实现到了极致。泰晤士河畔的部落完全被打倒，接受挑战的酋长本人被杀。宏吉·希卡虽然怀有如此深刻的仇恨，但别人还描述他为一个友好善良的人。

晚上，我和菲茨·罗伊舰长、传教士贝克先生[④]一起前往科罗拉里卡[⑤]。我们在村落

① 宏吉·希卡（Hongi Hika，1780–1828）：毛利人纳普吉部落（Ngapugi）酋长，是最早大规模使用火枪作战的毛利酋长之一。原文作Shongi。——译注

② 泰晤士河（Thames River）：现名怀霍河（Waihou River），新西兰北岛北部的河流。库克船长将其命名为泰晤士河。——译注

③ 塞缪尔·马斯登（Samuel Marsden，1764–1838）：英国人，圣公会牧师，传教士，据说是首先将基督教带到新西兰的人，最初的传教点在纳普吉部落领土内。——译注

④ 查尔斯·贝克（Charles Baker，1803–1875）：英国传教士，最早熟练掌握毛利语的欧洲人之一。——译注

⑤ 科罗拉里卡（Kororareka）：即今天的拉塞尔（Russell），新西兰北岛北地大区小镇，是欧洲人在新西兰最早的永久定居点。——译注

间穿行，遇到了许多人，有男女成年人和小孩，并和他们交谈。看到新西兰人，我不由自主地把他们和同一人种的塔希提人相比。不过，比较的结果是，新西兰人要差得多。或许新西兰人精力更充沛，但其他各方面与塔希提人的差距都相当大。只要看一下他们的表情，就可以确信，这里的人是野蛮的，而塔希提人是文明的。在新西兰，找不到一个人能拥有塔希提老酋长乌塔梅（Utamme）那样的面容和神情。无疑，新西兰人奇特的文身方式更使得他们的表情令人不快。他们脸上的花纹复杂而对称，覆盖了整张脸，让初次看见的人感到迷惑。另外，文身切得很深，很可能破坏了表层的肌肉，让他们的表情更僵硬呆板。不过，除此以外，他们的双眼中闪着狡诈和残暴的光芒。新西兰人身材高大粗壮，但与塔希提的工人比起来，远没有他们那么优美。

他们的身体和房屋都污秽不堪，令人反感，似乎他们从来就不知道洗澡或洗衣服这回事。我见过一个酋长穿着一件黑衬衫，满是污迹。我问他衣服怎么会这么脏，他惊讶地回答道："你看不出这是旧衣服吗？"有些人有衬衫，但最普遍的衣着是一两块大毡子，通常是黑色，很脏，披在肩上，非常不方便，看上去也很别扭。有些主要酋长有几套不错的英式服装，但只在重要场合才穿。

**12月23日**——在一个离群岛湾约24公里，位于东西海岸中间叫作怀马蒂[①]的地方，传教士购买了一些土地，作农业用途。之前我被介绍给W. 威廉姆斯牧师，我一提出，他就邀请我到这里来见他。当地的英国居民布什比先生[②]请我坐他的船沿小溪走，这样我走的路程可以缩短，路上还能看见壮观的瀑布。他还为我找了个向导。他请附近一位酋长给我推荐一个仆人，酋长却自告奋勇，不过这位酋长对金钱非常没有概念，最初他问我会给他多少英镑，但后来两个西班牙银元就让他满意了。我给他一个很小的包裹让他拿，他就认为一定要带个奴隶来干这活。现在这种骄傲感正在消退，不过要是在过去，一个酋长宁死也不肯背最轻的包裹，他们认为这是耻辱。我的向导轻巧灵活，精力充沛，披着一块肮脏的毯子，脸上满是刺青。他曾是个杰出的战士。他似乎与布什比先生很友好，但他们又时常激烈地吵架。布什比先生说，只要小小讽刺一句，就能让最激动的当地人冷静下来。有一次，这位酋长去见布什比先生时，高声威吓道："一个伟大的酋长，一个伟大的人，我的一个朋友来拜访我了。你必须给他准备好东西吃，还要些好礼物……"布什比先生等他说完了，冷冷地回了一句："还有什么事要让你的奴隶为你去操办吗？"这酋长立刻带着非常滑稽的表情停止了夸口。

不久以前，布什比先生遭遇了一次非常严重的攻击。一个酋长带领一群人想要在

① 怀马蒂（Waimate），即北怀马蒂（Waimate North），新西兰北岛北地大区的定居点，有传教所设立于此。不是南岛的怀马蒂（Waimate）镇。——译注

② 詹姆斯·布什比（James Busby，1801–1871）：新西兰第一个英国常驻公使，第一个法学家，一般认为他还是澳大利亚葡萄酒业之父。——译注

半夜里破门抢劫，发现难以成功，就用火枪好一阵射击。布什比先生受了轻伤，但终于赶走了他们。很快，领头抢劫的人的身份就清楚了，酋长们召开会议讨论这次事件。由于这次进攻发生在半夜，布什比夫人还因病躺在房子里，新西兰人认为这次事件非常恶劣：这种情况，事关他们的名誉，无论如何也要考虑对病人加以保护。酋长们决定没收侵略者的土地献给英国国王。不过，整个审判和处罚一位酋长的诉讼程序完全没有先例可循。另外，这个侵略者还在他同一等级的酋长间丧失了地位。英国人认为，这是比没收土地造成更大影响的惩罚。

船正要离岸，突然有个酋长上了船，他只是想沿着河来回游览以作消遣。我从没看过比这人更可怕、更野蛮的表情了。我立刻想起来我在什么地方见过他这种类似的脸：原来是雷茨希[①]为席勒[②]的作品——叙事诗《弗里多林》所做的绘画中看到过，其中有两个人将罗伯特推进红热的炼铁炉里去，他就像那个把手臂放在罗伯特胸口的人。这里，相貌道出了真相。这个酋长曾是个臭名昭著的杀人犯，还是个十足的懦夫。船靠岸后，布什比先生陪着我走了几百米，而这个白发老混蛋一个人躺在船里，对布什比先生喊道："你别去太久，我可不耐烦等你。"如此的厚颜无耻，我不得不佩服。

于是我们开始了步行。道路被踩踏得很平整，路两旁长着高大的蕨类植物。这里漫山遍野全是这种植物。走了几公里，我们来到一个小村庄，几座小屋聚在一起，还有几片土豆田。土豆的引入，给这个岛带来的好处最不可缺少。现在，岛上土豆的消费量要远远高于其他本地蔬菜。新西兰得天独厚，本地人永远不可能因为饥荒而死。岛上满是高大的蕨类，它的根虽然不太可口，但含有大量营养。只要有了这个，再加上每一片海滩上都随处可见的贝类，一个人无论什么情况下都能活下去。这些村庄里有一个个引人注意的平台。这些平台用四根柱子支撑，离地3米多，上面保存着田里收获的东西，以防任何意外。

走近其中一间小屋，我发现那里的人正在进行摩擦鼻子的仪式，或者应该说是压鼻仪式。这让我觉得很有趣。我们最初走近时，女人们用非常悲哀的声音说了什么，然后蹲下来，仰起脸。我的同伴依次站在她们身前，让鼻梁相碰成直角，然后开始压。这仪式的时间比我们亲切握手的时间还要长。我们握手的时候力量有轻重之分，压鼻子时也是。在仪式过程中，他们发出舒适的哼声，很像两头猪身体互相摩擦时发出的声音。我注意到，奴隶与他所遇到的任何人都会做压鼻子的仪式，不管是不是在他的主人——酋长面前。虽然在这些野蛮人当中，酋长掌握着奴隶的生杀大权，但他们之间却没有任何

---

① 莫里茨·雷茨希（Moritz Retzsch，1779-1857）：德国画家，曾为多部名家著作绘画。——译注

② 弗里德里希·席勒（Friedrich Schiller，1759-1805）：德国著名诗人、哲学家、历史学家、剧作家，"狂飙突进运动"代表人物之一。——译注

礼节。伯切尔先生也说，在南部非洲野蛮的巴查平人[1]当中也有类似的情况。在文明程度达到某种水平之后，不同社会阶层之间会迅速出现复杂的规范，例如在塔希提，之前所有人在国王面前都必须裸露上半身，直到腰部。

在场的所有人完成压鼻子的仪式以后，我们坐在其中一座小屋前，围成一个圈，休息了半个小时。这些小屋的形状和大小几乎都相同，都非常脏。小屋的形状好像一端打开的牛棚，但向里面走一点就有一道隔墙把里面隔成昏暗的小套间，隔墙上有个方形的孔。居民把他们的全部财产都放在这里，天冷时就睡在里面。不过，他们吃饭和消磨时间都是在前面的开放部分。我的向导抽完烟斗后，我们再次上路。这条道路仍旧穿过高低起伏、覆盖着蕨类植物的原野，和之前一样。在右手边出现了一条蜿蜒曲折的河，河两岸有树，山坡上也四处散布着小树丛。整体看来，虽然主色调是绿色，但还是给人以荒凉的感觉。视野内有如此之多的蕨类植物，让人以为这里很贫瘠，不过这是错觉，因为任何能让蕨类植物密集地长到齐胸高度的土地拿来耕种的话，就能变得很高产。有的居民认为，这片广阔的原野原本是森林，但被大火烧完了。据说，在最裸露的地方挖土时，经常能发现从贝壳杉上流下来的大块树脂。当地人有足够的动机去放火清理土地，因为蕨类这种主要食物来源只能在经过清理的空旷地面上才能旺盛地生长。这里的植被有一个特点，即几乎完全看不见草，或许也是因为这里最初曾是森林的缘故吧?

这里的土壤来自火山。我们已经路过了多处火山渣岩，周围的几座山丘上火山口清晰可辨。虽然风景算不上优美，只是偶尔有些地方还算不错，我还是挺享受这段旅程的。如果我的同伴，也就是那位酋长没有这么健谈的话，我大概会更享受吧。关于他们的语言，我只懂三个词："好"、"坏"和"是"。我就用这三个词回应他所有的话，而他说了什么，我一概听不懂。不过这三个词效果似乎也不错：他觉得我是个很好的倾听者，是个合得来的人，因而他就一直说个不停。

我们终于到达了怀马蒂。经过了好几公里无人的荒凉原野，眼前突然出现了英式的农场，田地中作物旺盛地生长着，就好像来自魔法师的魔杖一般，让我感觉非常愉快。威廉姆斯先生不在家。我在戴维斯先生家受到了热烈的欢迎。和他的家人喝过茶后，我们在农场中漫步。在怀马蒂，有三所大房子住着三位传教士绅士：威廉姆斯先生、戴维斯先生和克拉克先生[2]。大房子的附近是本地劳工居住的小屋。在附近的一片山坡上，大麦和小麦已经结满了穗，另一片田里长着土豆和车轴草。我简直没法完全描述出我看到的一切：有大片的果菜园种植着各式各样的英国蔬菜水果以及许多适宜更温暖气候的，

① 巴查平人（Bachapin）：南部非洲原住民北索托人（Northern Sotho）的一个部落，居住在南部非洲的高地草原地带。——译注

② 理查德·戴维斯（Richard Davis，1790–1863）、乔治·克拉克（George Clarke，1798–1875）：均为英国传教士，怀马蒂传教所和农场的创始人之一。——译注

比如：芦笋、菜豆、黄瓜、大黄、苹果、梨、无花果、桃子、杏、葡萄、橄榄、醋栗、茶藨子、啤酒花、用作篱笆的荆豆、夏栎树，还有各种各样的花。农田周围，建造着马厩、带扇车的打谷房和铁匠铺，地面上放着犁铧等农具。院子中央，像每个英国农场一样，猪和家禽舒适地卧在一起。几百米外有条小溪，溪上筑了坝，拦成一个池塘，池塘上有一架巨大而坚固的水力磨坊。

五年前，这里除了蕨类以外还什么都没有，因此这一切都非常让人吃惊。此外，本地的工人在传教士的教导下，也对这一转变做出了贡献——传教士的教导，就是魔法师手中的魔杖。房子造了起来，窗户镶上了框，人们犁了地，还种了树，这一切都是新西兰人做的。在磨坊里，我看到一个新西兰人全身都沾上了面粉，变得雪白，就像英国的磨坊工人一样。看着这一切，我不得不叹服。在这里，不仅让我清晰地回想起了英国，而且到了晚上，从家里传出来的声响、长着稻子的田地、远处种着树的高低起伏的原野更让人产生身在英国的错觉：不是因为看到英国人产生的影响，心中浮起自豪感，而是想到这个国家的光明前景，不由得充满期待。

农场的几个年轻雇工是传教士赎买的奴隶。他们穿着衬衫、夹克和长裤，仪容整洁。从下面一则小趣闻来判断，我相信他们是诚实的：一个年轻工人走在田间，遇见了戴维斯先生，交给他一把小刀、一把手钻，说他是在路上捡到的，不知道失主是谁。这些年轻人显得愉快而和善。在晚上，我看见一群工人在打板球。我听说传教士生活上都很清苦，但看到打球的有一个正是传教士的一个儿子，我被逗乐了。一种更清晰、更令人满意的转变发生在房子里充当仆人的年轻女性身上。她们外表干净、整洁、健康，就像英国的挤奶女工一样，与科罗拉里卡肮脏的小屋里的女性形成无比鲜明的对比。传教士的妻子劝她们不要文身，但从南方来了个著名的刺青师后，她们说："我们就在嘴唇上刺几条，要不等到老了，嘴唇都会皱缩到一起，那样太丑了。"现在，文身没有以前那么多了，但是由于文身还是酋长和奴隶间身份差别的一种标志，我想这一习惯还会持续很长时间。传教士们告诉我，即便在他们看来，没有刺青的朴素面孔看起来很低微，不像新西兰上等人，可见新思想有多么容易变成习惯啊！

夜深时，我去威廉姆斯先生的房子里过夜。我发现那里有许多小孩聚集在这里过圣诞。他们围坐在桌边喝茶。这是我见过最愉快的孩子们了，更不用说，这是在一片食人、谋杀和各种残暴的犯罪盛行的土地当中！在这个小圈子中，每一张脸上都展现出真诚和愉快的神情，教会里的成年人也都感受到了这一点。

12月24日——早晨，牧师用本地语言向全家人读祷文。早餐后，我在果菜园和农场间漫步。今天是赶集的日子，周围村落的本地人带来他们的土豆、硬粒玉米或猪，来交换毯子和烟叶。有时在传教士的劝说下，也会换些肥皂。戴维斯先生的长子也在这个交易市场经商，他也有自己的农场。传教士的子女在年轻时就来到岛上，比父辈更好地掌握当地的语言，也能更好地叫本地人做事。

快到中午时，威廉姆斯先生和戴维斯先生带我步行去附近的一片树林，去看著名的贝壳杉。这里的贝壳杉长得非常高大。我测量了其中一棵，发现近地面的树干周长达到9.5米；附近有一棵树周长10米，不过我没有看到。据说有的树周长能超过12米。这些树的圆柱形光滑树干很引人注意，一直到18米高、有的甚至到27米高处粗细都完全一致，也不长一根侧枝。树冠与树干相比，小得不成比例。树叶与树枝相比也非常小。这里的树林中几乎全都是贝壳杉，有些最高的树由于上下粗细一致，看起来就像挺立着的巨大木柱。贝壳杉木是岛上最重要的物产。另外，树皮上还流出大量树脂，卖到美洲的价格是每磅1便士，不过用途当时还不清楚。在新西兰，有的树林一定极度难以穿行。马修斯（Matthews）先生告诉我，有片森林只有55公里宽，分开了两个住人的地区，但直到最近，这两个地区才第一次连通。他和另一个传教士每人带了约50个人开辟道路，花了超过两周时间才成功！森林里很少见到鸟类。至于动物，有个很不同寻常的事实：这个长达1100公里、许多地方宽达145公里的大岛，有各种不同的自然环境，气候适宜，还有自海拔4300米以下的各种高度，但除了一种小老鼠以外，居然没有任何当地的兽类。在这里，巨大的巨恐鸟属（Dinornis）有几个种，似乎取代了四足哺乳动物的地位，就像现在的加拉帕戈斯群岛上的爬行动物的情况一样。据说，褐家鼠（Norway rat）在引进到这里仅仅两年之后，就完全消灭了北岛北端的当地物种。我在许多地方发现了几种杂草。我认为与褐家鼠类似，都是我的同胞带来的。有一种韭葱已经随处可见，将会带来很大的麻烦，它是随一艘法国船当作好东西带进来的。还有一种钝叶酸模[①]（common dock），分布得也很广，英国人当年把它的种子当作烟草种子卖给这里的人，恐怕这将永远成为英国人流氓行径的一个例证了。

在这次愉快的散步结束后，我们回到屋里，我与威廉姆斯先生一起吃午饭。饭后，他借给我一匹马，我骑着马回到了群岛湾。我与传教士们分别时，带着对他们的绅士、实用和正直的精神的高度敬佩，感谢了他们热情的招待。我想，要找出一群人能比他们做得更好，恐怕是很难了。

**圣诞节**——再过几天，我们就离开英国整整四年了。我们第一个圣诞节是在普利茅斯度过的；第二个是在合恩角附近的圣马丁湾（St. Martin’s Cove）度过的；第三个在巴塔哥尼亚的盼望港（Port Desire）；第四个在特雷斯蒙特斯（Tres Montes）半岛一个荒凉的港口的锚地；这里是第五个了，下一个，我相信上帝会保佑我们回到英国度过。我们参加了在帕希亚进行的礼拜，讲道一部分用英语，另一部分用本地语言。在新西兰，我们

① 钝叶酸模：学名*Rumex obtusifolius*。——译注

没有听说最近发生过食人事件，不过斯托克斯（Stokes）先生在锚地附近的一个小岛上发现，一个火堆旁边撒满了烧焦的人骨，不过这些宴会的遗迹可能已经留在那里几年了。这里居民的道德状态，很可能在未来会大幅提升。布什比先生提到了一则令人愉快的轶事，至少可以证明已皈依基督教的人的诚实。他有个年轻仆人，惯于向其他仆人读祷辞，这个仆人离开了他。几个星期后，布什比先生偶然路过一个外围建筑，发现他的那个仆人正在火光下艰难地向其他人读着圣经，读完以后，他们都跪下来祈祷。在祈祷当中，他们提到了布什比先生和他的家人，还有每个教区各自的传教士的名字。

12月26日——布什比先生提出，带我和沙利文（Sulivan）先生坐他的船逆流而上几公里去卡瓦卡瓦[①]，后来又提出步行去怀奥米奥[②]（Waiomio）村，那里有些奇特的岩石。我们沿一条狭长海湾前进，享受着划船的乐趣，穿过了优美的风景区。我们到了一个村子，再往前走，船就无法通行了。在这里，一位酋长和一群土人自愿陪我们走到六公里半以外的怀奥米奥。这位酋长不久前因为他的一个妻子与一名奴隶通奸而把他们绞死了，因此声名狼藉。一个传教士对此向他提出抗议时，他却很惊讶，说他认为这正是英国人的方式。在王后审判案[③]的时候，老酋长宏吉·希卡正好在英国，他表达了对整个诉讼程序的强烈反对。他说，他有五个妻子，他宁可把她们统统砍头，也不愿她们中任何一个让他如此心烦。离开这个村子，没走多远，我们穿过了位于山坡上的另一个村子。在这里有个还不信基督教的酋长，他的女儿五天前去世了。他把她去世时所在的小屋完全烧毁，遗体用两只小船装起来，直立在地面上，围上一圈篱笆，篱笆上有他们信仰的神的木像，整个涂成红色，远远看去，很引人注目。他还把女儿的长衣绑在这棺材上，把她的头发剃去，放在棺材脚边。酋长家的亲戚割破自己的手臂、身体和脸上的肉，浑身血块，老年女性看上去最肮脏，最令人作呕。第二天，舰上几个军官又到了这里，发现这些女性还在一边嚎哭一边割伤自己。

我们继续前进，很快到达了怀奥米奥。这里有几块奇怪的石灰岩，看上去像城堡的遗迹。这些岩石长久以来都是坟场，因此当地人认为这里非常神圣，不会接近。不过，有一个年轻人大喊一声“让我们勇敢点”，跑在前头，然而他还没跑出100米，大家又改变了主意，突然停了下来。不过，他们还是冷漠地允许我们察看这里。在怀奥米奥村，我们休息了几个小时，当地人和布什比先生就一些土地的出让权进行了长谈。有个老人看上去很了解村里的系谱。他用一根根短棍插在地上，代表这土地一代代的所有者。离开时，村民给了我们一小篮烤红薯。我们遵循当地习俗，带着红薯，准备路上吃。我注

① 卡瓦卡瓦（Kawakawa）：新西兰北岛北地大区的一个小镇，在派希亚附近。——译注

② 怀奥米奥（Waiomio）：位于卡瓦卡瓦以南数公里，现在是旅游胜地，以卡维提洞穴（Kawiti Caves）知名。卡维提洞穴得名于宏吉·希卡手下的著名酋长卡维提。——译注

③ 王后审判案：1820年，英王乔治四世指控妻子卡罗琳与仆人通奸，后以指控不成立而告终。——译注

意到，在烧饭的女性中间，还有一个男性奴隶。在这样一个好战的民族中，一个男性做一般认为是最低贱的女性干的活，这一定是个耻辱。这里，奴隶不允许上战场，但这恐怕不是什么刁难。我曾听说，有个可怜的奴隶在战斗中跑到对方那里去了。他碰上了两个人，立刻被他们抓住了。不过这两个人无法决定他归谁所有，最后都拿着石斧站在他上方，似乎谁要带走他，都只能带走尸体。这个可怜的人吓得半死。最后，一个酋长的妻子伸出援手，他才得救。后来，我们愉快地走回船，不过直到夜里很晚才到达。

**12月30日**——下午，我们从群岛湾出海，航向悉尼。我相信我们所有人都很庆幸能离开新西兰。这里不是什么让人愉快的地方，本地人当中缺乏塔希提人那种富有魅力的单纯，大多数英国人也都是社会上完全无用的人。这里的风景本身也不吸引人。我只能想到一个闪光点，就是怀马蒂，那里住着一群基督徒。

新西兰的“希帕”

1835年的悉尼

# 第十九章

## 澳大利亚

悉尼——到巴瑟斯特远足——树林的面貌——一队土著人——土著的渐渐绝迹——和健康的人往来引起的传染病——蓝山——大海湾样的山谷奇观——它们的起源和结构——在巴瑟斯特，下等人的一般礼节——社会状况——范迪门地——霍巴特镇——所有土著被驱逐——惠灵顿山——乔治国王海峡——此地的荒凉景色——秃山，树枝的钙质浇铸物——一队土著人——离开澳大利亚

1836年1月12日——清晨，一缕清风把我们带到了杰克逊港口的入口。我们看到的不是一个充满生机、到处点缀着漂亮房子的地方，而是让我们想起了巴塔哥尼亚海岸的一道垂直泛黄的悬崖。一座用白石头砌成的孤零零的灯塔，告诉我们正在靠近一个很大的、人口稠密的城市。进入港口，呈现在眼前的是宽敞漂亮的沙石海滩，成水平分层的砂岩形成了一道峭壁。这个近似平坦的地方覆盖着稀疏、矮小的树木，显示出这里土壤的贫瘠。再往内陆深处走，这里的情况有了很大的改善：漂亮的别墅和精致的小村舍沿着沙滩到处分布着。远处的石屋有两三层楼高，河岸边矗立着一些风车，提示着我们这里已是澳大利亚首都的附近。

最后我们在悉尼湾抛了锚。我们发现有很多大船挤满了这条河流，周围有许多仓库。晚上，我到小镇里走了一趟，对这里的所有景色非常赞赏，满意而归。这是不列颠民族的强大力量的最强有力的证明。这里原本是一个希望不大的地区，经过几十年的发展，它所产生的变化比同样时间内在南美产生的变化要大很多倍。我的第一感觉就是庆幸自己生来是个英国人。后来我又到小镇里看到了更多的情况，也许我的钦佩之情少了一些，但它依然是一个很不错的小镇。这里的街道很规整，宽阔、干净、井井有序；房子的大小适中，商店布置得很好。也许它还有信心与从伦敦延伸出去的大郊区以及与英国其他的一些大城镇做个对比，但即使是伦敦和伯明翰的近郊也没有出现过这么迅猛的发展。刚刚完工的大房子和其他建筑物的数量多得令人惊讶，然而，每个人都抱怨房屋租金高昂，要得到一套房子很困难。我们从南美洲来就知道，那里的小镇上每个人的财产都是公开的，如果不能立刻知道哪架马车是谁的，那才真的是让人奇怪的事呢。

我雇了一个人和两匹马带我去巴瑟斯特。这是一个相距192公里的内陆小村子，处于一个很大的田园地区的中心。我希望通过这种方法，能够对这个地方的外观有个大致的看法。1月16日早晨，我开始了本次的远足。我们的第一段行程是到帕拉玛塔，这是一个小乡镇，其重要性仅次于悉尼。这里的路况非常棒，是按照麦克亚当碎石铺路法的原理修建的，因此为了铺路，这些玄武岩都是从上十公里远的地方运过来的。从各个方面看，这里都和英国极为相似，也许这里的酒馆更多一些。至于那帮戴镣铐的人，也就是在这里犯下了罪行的一伙犯人，则与英国的犯人完全不同：他们是在囚禁中工作的，而且是在荷枪实弹的哨兵的看管之下工作。我认为，是因为政府通过拥有的权力强迫囚犯劳动，很快开通了遍及全国的好路，才是这个殖民地早期繁荣的一个主要原因。晚上，我住在鸸鹋渡口的一个非常舒适的客栈里。这里距离悉尼56公里，靠近蓝山的山坡。这条路是人员往来最频繁的路，路的两旁是这个殖民地的移民居住时间最久的地方。因为这里的农夫还没有成功地种上树篱，所以这里的整片土地都围着高高的栏杆。这儿有许多结实的房子和不错的村舍散散落落地分布着，尽管大量可观的地方都被人开垦了，但绝大部分地方还保持着最初发现时的样子。

在新南威尔士州的大部分地方，植物的极度单调是这里的风景最突出的特征。这里到处是空阔的林地，有部分地方是贫瘠的牧场，上面很少长有青草。这些树几乎都是一个物种，大部分的树叶都垂直向上，而不像欧洲的树叶几乎都呈水平位置。这里的树叶很稀少，呈一种特别的淡绿色，没有一点光泽。尽管这里的树林很明亮，没有阴影，在夏日灼热的阳光下不能为旅客带来一丝舒适，但它们对农夫而言却非常重要，因为它们能使野草在周围长起来，否则就长不出草来了。这些树叶不会周期性地掉落，这个特性与整个南半球的植物具有共同的一面，也就是说，南美、澳大利亚与好望角在这一方面具有相似性。这个半球及热带地区的居民因此有可能失去一个世界上最壮丽的景象，它们在我们看来已经很普通了——那就是那些没有一片叶子的树木突然之间长满了嫩叶。然而他们可能会说，我们要付出好几个月的时光，因为大地上只长着一些光秃秃的枝丫。这一点太对了，但我们的感官从春天的绿意盎然中获得了最热切的享受，而那些生活在热带地区的人，在长达一年的时间里，眼睛看腻了阳光四溢的气候中的华丽作物，他们是永远体会不到这一点的。这里除了蓝橡胶树之外，大量的树木都长得不粗大，但它们长得又高又直，相互之间离得很远。有一种桉树的树皮每年都要脱落，有时死去的树皮像长布条一样在风中摇荡，给人一种荒凉而杂乱的感觉。从各个方面来看，澳大利亚的森林与瓦尔迪维亚或智鲁岛的森林都完全不一样。对此，我想不出更完整的对比了。

日落时分，一队20多人的土著黑人从我们身边经过，他们按照自己的传统习俗，每个人手上都拿着一束长矛和其他武器。我们给了领头的年轻人一个先令，他们很轻易就停下了，为我投掷长矛取乐。他们都只穿了部分衣服，有几个人还能说一点英语。他们的表情很快乐、很满足，似乎根本不像平常所见的那些十分卑劣的家伙。他们的技艺很值得称赞。他们把一顶帽子放在27米远的地方，就像利箭离弓一样快速投掷一根长矛就可以把帽子刺穿。在跟踪动物或敌人方面，他们显示出了最惊人的机敏。我听到过几种与他们有关的言论，都是说明他们相当机敏的。但他们不愿意耕地、建房子及待在一个固定的地方，甚至把一群羊给他们饲养，他们都嫌麻烦。总体而言，在我看来，他们在文明程度上只是比火地岛人略高了一些。

人们会非常好奇地看到，在文明人的中间有一群对人无害的土著人到处游荡，不知道晚上他们会到哪里住宿，如何在丛林里打猎获得生计。而白种人要深入到内地去旅行，他得穿过属于好几个部落的地区。这些部落尽管周围都是白人，但他们还是保留了自己古代的特点。他们有时还相互之间发生战争。在最近发生的一次交战中，有两队人马非常奇怪地把巴瑟斯特村中心选做了他们的战场。这对战败的一方是有利的，因为逃亡的战士可以到兵营里去避难。

澳洲的土著人口正在急速地下降。在我的整个行程中，除了由英国人养大的几个男孩外，我只看到过一队土著人。土著人口的下降，毫无疑问有一部分原因是烈酒的引进，其次是欧洲人携带的疾病（即使是比较轻微的疾病，例如麻疹[①]，都证明具有毁灭性），还有野生动物的逐渐灭绝。据说，由于受他们流浪生活的影响，他们的孩子总是在很小的婴儿期就死亡了，而且随着他们获取食物困难的增加，他们游荡的习性也肯定会增加，因而尽管不是明显由于饥荒而死亡，他们的人口也突然就会下降得特别快啊。相比之下，如果发生在文明国家里，他们的父辈尽管由于劳累而伤及自己，但不会造成他的后代的毁灭。

除了以上这几个明显的灾难性原因外，好像还有几个更神秘的中间因素总是在起作用。凡是欧洲人足迹所到之处，死亡似乎就追随着土著人。我们把眼光放宽到南北美洲、波利尼西亚、好望角及澳大利亚，则我们发现其结果是一样的。不仅仅是白种人一个人种扮演着毁灭者的角色，在部分东印度群岛中的马来西亚血统的波利尼西亚人就驱逐了黑皮肤的本地人。各种不同的人种间的相互争斗似乎就跟不同种类的动物间相互争斗一样——强者总是消灭弱者。我曾经在新西兰忧伤地听到一位身强力壮的土著人对我说，他们知道这片土地会葬送在他们的孩子一辈身上。每个人都听说过，在一个漂亮而兴盛的塔希提岛上，自从库克船长航行到此以后，这里的人口就神秘地减少了——尽管我们还期望他们的人口会增加，因为他们以前盛行杀婴达到了特别普遍的程度，但现在已经停止了，放荡的行为也大大地减少了，相互屠杀的战争也很少发生了。

牧师J．威廉斯在他的非常有趣的著作中说[②]，土著人与欧洲人之间的第一次交往“总是伴随着热病、痢疾及其他疾病的传入。这些疾病夺走了很多人的生命”。他接着肯定地说道：“这肯定是事实，无可辩驳，在我所居住的那些岛屿中，大多数横行肆虐的疾病都是从船上带来的；[③]这个事实非常奇怪，因为船上的船员中并没有出现生病的

① 引人注目的是，同一种疾病在不同的季节会发生改变。在圣赫勒拿小岛上猩红热的传入像瘟疫一样令人害怕；而在有些国家，外国人与本地人就像不同的动物一样受到某些传染病的不同感染。根据洪堡在墨西哥的观察，这种情况在智利就有事例。（《论新西班牙》第四卷）。

② 《传教生涯记》，第282页。

③ 比齐船长（第一卷，第四章）指出，皮特克恩岛的居民坚定地相信，每当有船舶到来后，他们就会患皮肤病和其他的疾病。比齐船长把此归因于他们到访时的饮食变化。麦卡洛克博士（《西部岛屿》，第二卷，第32页）说：“有人声称，陌生人来到圣基尔达岛时，按照通常的说法，所有的当地居民都患上了伤寒。”麦卡洛克博士认为，尽管以前常有证实，但整个事件还是很荒唐的。但是他补充道：“当地居民给我们提出的问题，得到了他们一致的认同。”在《温哥华航行记》中，类似的情况也出现在奥大赫地岛。迪芬巴赫博士在解释该文的笔记中指出，大家普遍相信查塔姆群岛和部分新西兰地区的居民的相同事实。但这种信念在没有良好的基础时能在北半球、澳大利亚、新西兰、太平洋变成普遍的信念则不可能。洪堡在《论西班牙国王》第四卷中说，在巴拿马和卡亚俄发生的大瘟疫，是智利来的船舶“留下的痕迹”，因为从温带来的人首先经历了热带的致命传染。我要补充的是，我听说在什罗普郡，从船上引进的绵羊尽管它们本身健康状况良好，但如果与其他的羊放在同一个羊栏里，则经常在羊群中引起疾病。

情况，但却输入了毁灭性的疾病。”这种情况一点都不像它初看的那样令人惊奇，因为在已经记录的很多起恶性热病爆发的例子中，尽管这些人是热病的传染源，但他们自己并没有受感染。在乔治三世统治早期，一个关在地牢的犯人被四个警察押上马车带到地方法官前，尽管这个犯人本身并没有生病，但这四个警察却死于伤寒病，不过这种传染病没有扩散到别的人群。从这些事实可以看出，好像有恶臭的一群人被关在一起一段时间，当别人吸入这股恶臭时就会中毒。如果这些人是不同的种族，中毒就可能更深。这种情况的出现似乎令人难以理解，但比起下述情况来，就一点都不奇怪了。这就是：一个刚死不久的人的尸体还没开始腐烂，很可能就具有了这样的一种毒性，甚至只是在解剖尸体后将使用过的解剖刀在活人身上刺一个小孔，就会让这个人送命。

**1月17日**——今天清早，我们乘轮渡横过了内皮恩河。这条河尽管在渡河点又宽又深，但整条河的流水量却很少。经过河对岸的一片低地，我们到达了蓝山的山坡。上山的路并不陡峭，这条路是在砂岩峭壁上精心开凿出来的。山顶上有个几乎水平的平原向前延伸，向西逐渐往上抬升，最终达到了900多米的高度。从“蓝山”这个响当当的名字以及从它们的绝对海拔高度来看，我期望着看到一条轮廓突出的山脉横贯全境。但事实却与之相反，我的面前只是一块倾斜的平原，缓缓地下降到海岸边的低地。从第一道斜坡望过去，伸展到东面的林地非常引人注目，其周围的树木又粗又高，但在砂岩高坡上，其景色却变得极其单调，道路的两边长着矮小的常绿桉树科树木；除了两三个小酒吧外，这里没有别的房子，也没有开垦过的土地。这条道路尤显荒凉，沿途最常见的东西就是堆满了牛车的一捆捆羊毛。

中午，我们在一家名叫“挡风板”的小客栈里给马喂食。这里的海拔高度是780米。离这里约2.5公里远的地方有一个景点特别值得一看。沿着一条小河谷及其流水往下走，路边的树林中令人意想不到地出现了一个巨大的“海湾”，其深度大约有450米。往前走过几米远，站在悬崖边上我们可以看到下面是一个长满了浓密森林的宏大“河湾”或“海湾”，因为我也不知道还有什么名字称呼它比较适宜。我们所站的地方就好像是位于海湾的顶上，一排悬崖朝两边分开，就好像在轮廓分明的海岸边显示出一个接一个的岬角。这些悬崖是由一层层横向的带白色的砂岩组成的，而且绝对是直上直下。在很多地方，如果一个人站在悬崖边丢一颗石头下去，就能看到石头会落到深不可测的悬崖下面的树上。这排悬崖连绵不断。据说要到达这条小溪所形成的瀑布的脚下，我们得绕行26公里。离这里8公里远的地方还有一排悬崖伸出来，这样就把整个山谷完全包围起来了，因此用“海湾”这个名字来称呼这个巨大的圆形剧场一样的洼地是非常合适的了。如果我们想象有个蜿蜒曲折的海港，其深深的海水被悬崖一样的海岸所包围，再把海水放干了，其沙质的底部长满了茂盛的树林，我们就能得到这里展示的地貌和构造了。这种景观对我而言太新奇、太壮观了。

晚上，我们到达了布莱克希思。这里的砂岩高原海拔高度有1020米，跟之前我们看到过的一样，这里也覆盖着一种低矮的植物。从路上偶尔还能瞥见上面所描绘过的同样特征的深谷，但由于它又深又陡峭，很难看到山谷的底部。布莱克希思是一个很舒适的客栈，由一个老兵所经营，它让我想起了北威尔士的那些小客栈。

**1月18日**——今天清早，我步行约5公里去游览格维茨利普。这里与“挡木板”客栈附近的景色具有相似的特性，但也许更加宏伟。由于天色太早，山谷中充满了淡蓝色的雾霭，尽管它破坏了一般的视觉效果，但却给我们脚下伸展的丛林增加了更明显的深度。最为显著的是，这些河谷长久以来对那些野心勃勃的殖民主义者企图进入内地增加了不可逾越的障碍。这些巨大的狭长的“海湾”向上端伸展，常常从主河谷分开来，然后插入砂岩平台；另一方面，砂岩平台常常把岬角伸进河谷，然后在那里留下了巨大的、几乎隔绝的大岩块。如果要进入这些河谷，就要绕过32公里；另外一些河谷，最近才有勘探员进去过，而殖民主义者还没有能力到里面放过牛群。它们最突出的特征是，尽管它们的顶端有近十公里宽，但到了谷口就收缩到了难以过身的程度。总勘测长T·米切尔爵士[①]曾经在格罗斯河与内皮恩河交汇的大峡谷处想攀登上去，最初靠步行，然后在大块易落的砂岩之间爬行，历尽千辛万苦都没有成功。然而我看到在格罗斯河谷的上端形成了一个宽近十公里的平坦的大盆地，四周是悬崖绝壁，我想，任何一处悬崖的最高处都不低于海拔900米。如果沿着一条部分是自然生成、部分是这里的地主修筑的小道，把牛群赶入伏尔冈河谷，它们就逃不出去了，因为这个河谷的四面八方都被垂直的峭壁所包围，在下游13公里的地方，它就从平均不到一公里宽收缩到不能过人或者过兽的裂缝了。T·米切尔爵士指出，考克斯河及其所有的支流所形成的大河谷，在与内皮恩河交汇处收缩成一个宽近200米、深300米的大峡谷。其他类似的例子还有很多。

看到这些河谷两岸相互对应的水平地层以及巨大的圆形剧场一样的洼地，我们的第一印象是，它们跟别的河谷一样是被水流的作用掏空的，但是当我们仔细想到眼前有数不清的石头，它们应该从峡谷或裂缝中冲走，因此我们就会问，它们是不是由于地表下沉而形成的。但是考虑到河谷分支的不规则形状以及从平台伸到河谷的狭长的岬角，我们又不得不放弃这种想法。要是把这些深坑归因于现代的河流冲积则未免荒谬可笑，而且也不可能是从崖顶落下来的排水进入河谷的顶部，它们会进入海湾一样的洼地的一侧，就像我在“挡风板”客栈附近观察到的一样。有一些当地居民告诉我，他们从来没有看到过海湾一样的洼地具有向左右两边伸出的地岬，并对它们与海岸的轮廓这么

① 《澳大利亚游》第一卷，第154页。对于T. 米切尔爵士在有关新南威尔士大峡谷的主题上与我进行的几次私人沟通，我要表达忠心的谢意。

相似而惊讶不已。事实确实是这样，而且在现在的新南威尔士海岸，有很多分枝的良港一般都由一条狭窄的海口与大海相连，这些狭窄的海口从砂岩质的海岸峭壁上破开一个口子，宽度在0.4–1.6公里之间，尽管它们的规模缩小了，但却与内地的大峡谷形状相似。这里很快又会产生一个重大难题了，哪就是为什么大海会在宽阔的平台上冲刷出一片四周下陷的大洼地，而且只留下峡谷的开口，通过这些峡谷口，把大量的粉末状的物质全部移走呢？对此，我能想到的唯一答案是，观察那些现在正在形成的最不规则的一些海岸，例如西印度群岛的部分海岸和红海的海岸，同时这些海岸也是极其陡峭的，因此我导出了这样的假设：这些海岸是由强烈的洋流在不规则的海底把沉积物堆积起来而形成的。在有的情况下，海水并没有把这些沉积物分散成均匀的层带，而是围绕着海底的岩石和岛屿堆积起来。这一点在仔细研究过西印度群岛的航海图之后，就很难产生怀疑了，而且海浪有力量形成又高又陡峭的悬崖，即使在那些四周被陆地包围的海港里也是这样，这些我在南美的很多地方都注意到了。为了把这些想法运用到新南威尔士的砂岩平台，我想，那些地层是由强烈的洋流作用和外海的波动，在不规则的海底堆积而成的；而那些遗留下来的像河谷一样没有填满的空间，当陆地慢慢上升的时候，它们陡峭的斜坡边缘就被冲刷成悬崖绝壁；那些冲刷下来的砂岩，要么是在海水退潮时冲破狭窄的峡口被海水带走，要么是在随后的冲积作用下被带走了。

我们在离开布莱克希思后不久，就沿着维多利亚山的一条小道走下了砂岩平台。为了筑好这条小道要凿去大量的石头。这条小道的设计和建造方法都可以与英格兰的任何一条道路相媲美。我们现在进入了一个由大理石构成的、比砂岩平台低近300米的地方。随着岩石的变化，这里的植物也得到了改善。这里的树木更茂盛，间距也更远些；树木之间的草地也更绿、更丰富了。在哈桑堡，我离开大路，绕了一个小弯去了一个叫瓦拉旺的农场，悉尼的农场主人写了一封介绍信让我带给这里的负责人。布朗先生非常热心地让我在这里再住一天，我非常高兴地接受了。这个地方是殖民地当局一个典型的大农场，或者更准确地说是养羊场。由于这里的一些河谷好似沼泽一样湿软，能长出更粗壮的牧草，因此牛群和马群就比通常要多得多。房子附近有两三块平地被开垦出来种上了谷物，几个庄稼汉正在收割谷子，但这里栽种的小麦却不多，只够这个农场的雇工一年的口粮。这里通常有40名被政府指派过来的犯人苦力，但现在要稍多一些。尽管这个农场储备了各种生活必需品，但这里明显缺乏一种慰藉，而且这里不会住一个妇女。晴天的落日照射在任何景物上都会给人一种幸福的满足感，但在这里，在这个偏僻的农舍里，哪怕是周围树林中最明亮的色彩也不能使我忘记那40个做苦工的犯人。他们像非洲来的奴隶一样，现在停止了一天的劳作，然而却得不到神圣的同情权。

第二天清早，农场的联合监管员阿彻先生非常热心地带我去猎捕袋鼠。我们骑着马连续走了大半天，但是打猎的成绩很糟糕，不但没有看见一只袋鼠，甚至连只野狗都没看见。我们的猎犬追着一只小袋鼠进了树洞，我们就把它拉了出来。这是一种跟兔子一样大的动物，但是它的外形跟袋鼠一个样。几年前这里还有很多的野生动物，但现在鸸鹋都被赶到很远的地方去了，袋鼠也变得稀少了。这两种动物都被英国猎犬毁灭得非常厉害了。虽然这些动物完全灭绝可能还要过很长时间，但它们灭绝的命运却已经注定了。那些澳洲土著人总是非常渴望从农场去借狗来用——这些移民们就以借出猎狗供他们使用、宰杀动物时送些下水、有时也送些牛奶作为平安友好的礼物，他们就可以向内地推进得越来越远了。这些没有头脑的土著人被这些小恩小惠蒙蔽了双眼，对白人的到来非常高兴。看来白人是注定要把这个地方传承给自己的子孙后代了。

虽然我们打猎的运气不好，但我们享受了骑马的乐趣。这些林地非常空旷，我们骑在马背上能从里面奔驰而过。林地里有几条平底的河谷横贯而过，这里只长了一些青草，但没有树木，如此景色就像一个公园一样。在这整个地区，我很少看到哪个地方没有火烧的痕迹，不管它们是以前的，还是最近的——只不过是那些树桩是深黑色还是浅黑色的问题，而这一点却成了游客眼里单调厌烦的色彩中最大的变化。这些树林中没有太多的鸟，但我看到了一大群白美冠鹦鹉在谷地里觅食，还有几只非常漂亮的鹦鹉。跟我们的寒鸦很类似的乌鸦也很常见，还有一种鸟有点像喜鹊。傍晚时分，我在一串池塘旁散步。在这种干旱的地方，它们就代表了河道。我的运气很好，看到了几只著名的鸭嘴兽。它们在水面上潜水、嬉戏，但它们只露出了身体的一小部分，很容易被人误认为是水鼠（麝香鼠）。布朗先生用猎枪打到了一只鸭嘴兽。它当然是很不寻常的一种动物了。我把它填制成标本后，它的头和喙就没有新鲜的好看了，因为它们变得又硬又收缩了[①]。

**1月20日**——我们一整天骑马前往巴瑟斯特。在进入大路前，我们沿着唯一的一条小道穿过森林。这个地方除了少量的垦地人住的小棚屋外，显得非常荒凉。我们这天经历了一场非洲热风一样的澳大利亚热风，它们是从炎热的内地沙漠中刮过来的。天空中到处都是尘土飞扬，而刮过来的风好像是从火炉上经过的一样。我后来听说室外温度达到了48.3℃，而封闭的室内温度也达到了35.5℃。下午，我们看到了起伏的巴瑟斯特平原。这些起伏而又近乎平坦的平原，却因为没有一棵树而成了这个地方最显著的特色。在这些平原上只生长着一些稀疏、棕色的牧草。我们骑马数公里，经过了这里的乡下，然后到达了巴瑟斯特镇。这个小镇坐落于一个非常宽阔的山谷中间，或者也可以说是在一个狭窄的平原中间。我在悉尼时，有人告诉我，不要仅仅从路边的景象得到的判断就对澳

① 我在这里非常有趣地发现有蚁蛉或其他昆虫的圆锥形陷阱洞：最初，一只苍蝇落在暗伏机关的斜坡上，很快就消失不见了；然后又来了一只不加警惕的大蚂蚁，它奋力挣扎着逃脱了猛烈的沙流。柯比和思朋斯在《昆虫学》第一卷第425页描述，这些奇特的小沙流是由蚁蛉的尾巴弹射出来的，以飞快地对准预期的受害者。但是这只蚂蚁的命运比苍蝇好多了，它逃过了隐藏在圆锥形洞底的鬼门关。这种澳大利亚蚁蛉的陷阱只有欧洲蚁蛉陷阱的约一半大小。

大利亚形成一种很坏的看法，也不要从巴瑟斯特得出一种很好的看法，但对于巴瑟斯特这方面的判断，我一点都不会觉得有偏见的危险。由于本身的条件所在，这里的天气非常干旱，这一带的面貌也没有给人很好的印象，尽管我知道两三个月之前这里的情况还要无可比拟地糟得多。巴瑟斯特快速兴旺繁荣的秘密就在于它那棕色的牧草，这些草在陌生人的眼里是如此的令人讨厌，但却是这里养羊的上好草料。巴瑟斯特镇坐落于麦夸里河岸两边，海拔高度约660米。麦夸里河是一条内陆河，流进面积广大而无人知晓的地区。有一条分水岭把内陆河流与海岸河流分开来，其海拔高度约900米，呈由北向南的走向，离海边约130公里至160公里之间。麦夸里河从地图上看起来是一条很大的河，也是分水岭这边排水量最大的一条河，不过让我吃惊的是，我发现它只不过是一连串的池塘而已，相互之间被几乎干旱的区域隔开了。一般情况下它只是一条小溪在流淌，有时候也会水位高涨、洪水泛滥。由于整个区域缺乏供水，其更远的内陆地区就更加缺水了。

**1月22日**——我开始着手返程了，就沿着一条叫作洛克耶的新路往前走。这个地区多丘陵，景色优美。我骑马走了一整天的路，而我指望借宿的房子离路边还很远，且不容易找到。跟其他多次相似的情况一样，我这一次又遇到了下层人士的平常而善意的礼貌。要是你考虑到他们的身份、他们以前是干什么的，你绝对预料不到他们这么有礼貌。我晚上住宿的那个农场是两个年轻人开的，他们最近才出来过移民生活。这里几乎什么享受都没有，但他们不在乎这一点。他们看到了未来的繁荣，并相信财富的到来为期不远了。

第二天，我们经过的大片地方都冒着火焰，一股股的浓烟横扫过道路。中午前，我们进入了之前的那条路，然后登上了维多利亚山。晚上，我们借宿在“挡风板”客栈，天黑之前又到圆形洼地前散了次步。在前往悉尼的途中，我与金船长在登海维德度过了一个愉快的晚上，然后就结束了我在新南威尔士州的殖民地之旅。

在我到这里之前，有三件事是我最感兴趣的。它们是：上层社会的状况、囚犯的状态以及诱使人们移民到这里来的吸引力。当然，一个人只做这么短的一次探访是提不出什么有价值的看法的，但是不形成观点跟形成正确的判断一样难。总的来说，我听到的情况比我看到的情况要多。从我所了解的情况来看，我对这个社会的状况是很失望的。整个社会在每个方面都敌对地分成不同的派别。这其中包括那些生活地位最好的人，他们有很多人过着公开的肆意挥霍的生活，而正派的人是不与他们往来的。那些富有的刑满释放犯的孩子与自由移民的孩子们之间也有诸多猜忌，因为前者很不高兴地把正直的人视为对他们利益的干涉者。不管是富人还是穷人，所有人都热衷于发财。在上层社会，羊毛及养羊是他们不断谈论的话题。有很多严重的不利条件影响了家庭的慰藉，最主要的也许就是周围都是囚犯仆人。要是一个仆人前一天由于犯了微小的错误被你指了出来并受到抽打，现在却还要服侍你，那是一种多么恶心的感觉啊！而女仆人的情况当然就更坏了，因为孩子们都学会了最无耻的话，如果他们的思想还没有同样无耻就是运气了。

另一方面，如果一个人带来资金，就可以毫不费力地获得比英格兰多三倍的利润。如果小心经营，他肯定会变成富翁。这里的生活奢侈品也很丰富，但比英格兰要贵一点点，而大部分食品都要便宜。这里的气候也很好，对健康也很有利，但对我而言，由于这个国家令人厌恶的一面，这点吸引力也就失去了。移民来的人有一个很大的好处，就是当他们的儿子还小的时候就能派上用场。当这些孩子长到16–20岁时，他们经常被派到很远的农场去负责。但是这样他们要付出的代价是，他们的孩子要跟那些囚犯仆人整个混在一起。我不知道这种社会风气有什么特点，但是这种风气缺乏理智的追求，最终很难逃脱堕落的命运。我的想法是：没有什么特别迫切的需求，我是不会移民到这里来的。

不了解上面的事实，就可能对这个殖民地的快速发展和未来的前景产生困惑。这里的两种主要出口品是羊毛和鲸脂，但这两种产品都很有限。这个国家很不适合内河运输，因此，如果要用陆路的马车来做长途运输的话，剪羊毛和养羊挣来的钱还够不上运输费用。这里的牧草到处都很稀疏，因而移民们已经向更深远的内地推进，而越到内地，土地变得越贫瘠。由于干旱，这里的农业永远做不到大规模的发展，因此在我看来，澳大利亚最终还得靠其在南半球的商业中心立足，也许将来还要靠制造业。澳大利亚有煤，手上就有了移动电源。由于其可以居住的地区都分布在沿海地带，而它的居民又都是英国血统的移民，它肯定会成为一个海洋国家的。我以前在想，澳大利亚会跟北美一样崛起为一个强大的国家，但我现在看来，这种未来的壮丽远景很成问题了。

至于囚犯的状况，相比其他的问题，我仍然很少有判断的机会。第一个问题是，他们现在的状况是不是还是一种惩罚？没有人会坚持认为这是一种严厉的惩罚。然而，我想只要它继续对国内的犯罪分子产生恐惧，就不会有多大的效果。犯人们的物质需求在一定限度内可以得到满足，他们未来的自由前景和安心的生活就不再遥远，而且在良好的表现后也肯定能做到。经过一定比例的服刑年限，如果一个犯人表现良好，就给他发一张“释放证”，而只要一个人不再有嫌疑和重新犯罪，就可以让他在某些区域内自由行动了。然而，尽管如此，即使对以前的监禁和不幸不去理会，我相信在过去的服刑岁月里，他们是过得很不满意、很不开心的。一位智者告诉我，犯人们除了色欲，不知道别的娱乐，但在这方面，他们是得不到满足的。政府在释放犯人时要收取大量的贿赂，加上对流放边远地区的恐惧，破坏了犯人之间的相互信任，这样就防止了他们再次犯罪。至于羞耻感，他们对这种感觉似乎还不知道，我就亲眼见证过一些奇怪的情形。

尽管这是一个很稀奇的事实，却有很多人告诉我，犯人的性格完全是懦弱的。有很多人变得对世事绝望，对生命都极为漠不关心，而一项需要头脑冷静和胆大心细的计划，他们是很少能完成的。整个事例中最坏的情况是：尽管存在着法律改造这种说法，而且相对而言他们很少再犯法律上所规定的罪行了，但是要进行道德上的任何改造似乎是根本不可能的了。一位很博识的人告诉我说，一个人要想进步，就不能和另一个服过刑的仆人生活在一起，否则他就会过着难以忍受、受困扰的生活。而且无论是这里还是在英格兰，污秽的运囚船和监狱都使人难以忘记。总而言之，把这里当作惩罚犯人的地方，是很难达到目的的；作为一种真正的改造制度，大概也和其他各项计划一样，已经遭到了失败；但是作为一种把犯人改造得表面诚实的手段——把北半球最无用的流氓变成地球另一端的积极的公民，并因此而创立一个辉煌的新国度、一个伟大的文明中心——在这方面，它已成功地达到了史无前例的地步。

**1月30日**——“小猎犬”号驶往范迪门地的霍巴特镇。2月5日，在经过六天（前三天是晴好天气，后三天天气寒冷且多狂风）的航行后，我们进入了风暴湾的入口。这里的恶劣天气正好与这个讨厌的名字相符合。这个海湾还不如说是一个河口，因为德文特河的流水就流入了这个海湾的顶端。在河口附近有一些伸展出来的玄武岩平台，但它们高出了地面而形成了山峰，山上覆盖着明子林。山体下面围绕着海湾的边缘部分被人开垦成了田地，上面栽种着一块块明黄色的谷子和暗绿色的土豆，长势极为茂盛。深夜，

霍巴特镇与惠灵顿山

我们在塔斯马尼亚首府靠海岸边的一个舒适的小港湾里抛了锚。这个地方给人的第一印象远不如悉尼，悉尼还可以叫作城市，而这里只能叫一个镇。它坐落于惠灵顿山的山脚下。这座山海拔930米高，但缺少美丽的风景，不过，从它山上发源的河流为人们提供了很好的饮用水。围绕着小海湾建有几座不错的仓库，海湾的一边还有一个小堡垒。因为这里是西班牙的移民地，所以他们对防御工事极为关注，但英国殖民者对这种防御办法十分轻视。将霍巴特镇与悉尼进行比较，最让我吃惊的是这里的高大房屋比较少，不管是建好了的、还是在建的。从1835年的人口统计来看，霍巴特镇有13826名居民，而塔斯马尼亚的整个人口是36505人。

所有的土著人都被迁移到了巴斯海峡的一个岛屿上去了，以便范迪门地享受到没有土著人口的好处。这种残忍的措施看来是不可避免的，这也是阻止黑人一连串的抢劫、放火、杀人等可怕行为的唯一办法，这样做迟早会使他们最终毁灭的。毫无疑问的是，我觉得这一连串的罪恶后果都是由于我们英国人的丑恶行为所导致的。30年只是一个很短的时期，但是当地一个岛上的土著人就一个不剩地消失了——而这个岛几乎与爱尔兰岛一样大。我国政府与范迪门地之间就这一问题所进行的信函往来是非常有趣的。尽管近几年来每隔一段时间就要发生一次小规模的战斗，有很多土著人被枪杀及投到监狱里去了，但他们对我们无可抗拒的威力似乎一点都没有受到震动。直到1830年，整个岛屿实行戒严，宣布全民统一起来，尽最大努力协助抓捕每个土著人。我们采取的这项计划与在印度实行的大围猎计划几乎是一样的。一条横贯全岛的包围圈形成了，它的意图是把这些土著人赶进塔斯曼半岛的一个“死胡同”。但这个图谋失败了。这些土著人把自己的狗都包起来，在一个夜晚偷偷地越过了封锁线。这一点都不让人吃惊，因为你想，他们平时追踪野兽就是靠的这种老练的灵敏和惯用的方法。有人向我保证，他们能在几乎没什么遮蔽的地面隐藏起来，如果不是亲眼所见，真有点不能使人相信：他们暗黑色的身体很容易被误认为是四下里到处散布的黑色树桩。有人告诉我，他们在一队英国人和一个土著人之间做了一个实验：这个土著人在光天化日之下站在一个光秃秃的山坡上，如果这些英国人闭上眼睛不到一分钟他就会蹲下，然后他们就再也分不清哪个是他、哪个是他周围的树桩了。但我们再回头说说围猎计划。这些土著人明白了这种战争状态，他们感到非常害怕，因为他们马上觉察到了白人的强大力量和众多的人数。不久之后，从两个部落来了13个土著人，他们深感没有防卫条件就绝望地投降了。随后，一个积极、和善的人，他就是罗宾逊先生，毫无畏惧地去拜访了那些充满敌意的土著人。在他的英勇努力下，所有的土著人都被劝诱投降了。他们随后迁移到了一个岛上，由政府给他们提供衣服和食品。斯特席列斯基伯爵说道[①]：“他们被驱逐的1835年当年，土

① 《新南威尔士与范迪门地之自然记录》，第354页。

著人的人口总数为210人，但到了1842年，也就是隔了七年之后，他们合在一起就只有54人了；而在内陆地区的新南威尔士，在没有受白人干扰前，每个家庭都是儿孙成群。另外，弗林德斯岛在八年期间只增加了14人！”

“小猎犬”号在这里逗留了十天。这段时间我做了几次非常愉快的小旅行，主要的目标是考察邻近地区的地质构造。其中主要的兴趣点有以下一些：首先是那些属于泥盆纪或石炭纪时期的高度石化的地层；其次，是为了证明地面的一次最新小隆起；最后，在一块孤单的黄色石灰石或钙华表层中含有大量的树叶痕迹，而且还含有现在已不存在的陆生贝壳。这个小采石场很可能包含有范迪门地在过去某个时期保留下来的唯一的植物记录。

这里的气候比新南威尔士湿润得多，因此这里的土地也就更加富饶。这里的农作物长得非常茂盛，耕地非常好看，果园里栽种着大量茂盛的蔬菜和果树。一些位于偏僻处的农舍显示出非常动人的景象。这里的植物总的来说跟澳大利亚很相似，也许比那里的还要绿一些、让人更愉悦一些；树木间的牧草也要丰富得多。一天，我到市镇对面的海边做了一次长距离的散步。我是坐汽轮过去的，这里有两艘汽轮来回摆渡。有一艘船的机器全部是这个殖民地制造的，这个殖民地从创立时起至今还只有33年！还有一天我登上了惠灵顿山。我还带了一个向导，因为我第一次尝试时由于树木太浓密了而遭到过失败。但我们的向导是一个十足的傻瓜蛋，把我们带到了山峰的潮湿的南边，那边的植物无比茂盛，由于山上有无数的烂树干，我们上山花费的力气几乎跟爬火地岛或智鲁岛的某座山同样巨大。经过差不多五个半小时的艰难攀登，我们终于爬到了山顶。山上很多地方的桉树都长成了很大一棵，它们一道构成了一片壮丽的树林。在有些最潮湿的幽深峡谷里，树蕨茂盛得令人意想不到。我看到过一棵树蕨从树顶到根部至少有6米高，树干周长正好有1.8米长。它们的叶子形成了一朵朵非常优美的太阳伞，产生出幽暗的阴影，就像是薄暮时的情景。山顶又宽又平，由巨大的有尖角的裸露绿岩所组成。此山的海拔高度有930米。当日阳光灿烂，神清气明，极目远望，美景尽收；北边是崇山峻岭，其高度与我们脚下的山峰相当，轮廓也和这座山相同，平淡无奇；南面是断断续续的陆地和水面，形成了很多错综复杂的海湾，清晰地映射在我们眼前。我们在山顶上逗留了几个小时后，发现了一条更佳的下山路，但经过了一天的辛苦奔波，直到晚上8点钟才到达“小猎犬”号船上。

**2月7日**——“小猎犬”号从塔斯马尼亚出发，于3月6日到达了乔治王湾，这个海湾紧靠澳大利亚的西南角。我们在那里逗留了八天，我们之前的航程中还没有经历过这么沉闷、无趣的时光。这个地方从一处山丘上看过去是一个长满树木的平原，到处是一些圆形的山丘，有一些山是光秃秃的花岗岩山。有一天，我们一行人出去，希望去看猎捕袋鼠，在乡下走了好几公里的路。我们看到，这里到处都是沙土，土质非常贫瘠，上面长的要么是一些稀疏粗糙的植物，有低矮的灌木和瘦长的野草，要么是一些发育不良的树木。这里的景色很像蓝山砂岩质的高平台那样的景色，但这里的木麻黄（一种有点像苏格兰冷杉的树）数量要多得多，而桉树却要少很多。在开阔地带长着很多的草树——这是一种外形像棕榈树的植物，但它的顶上没有宏大的冠叶，引以为豪的只是一簇非常粗糙的、像草一样的叶子。从远处望去，是一片鲜艳的绿色灌木和其他植物，似乎表明这里很肥沃。但是只要走过去一看就足以把这种错觉打消了，跟我有一样想法的人就再也不想到这种毫无魅力的地方来散步了。

有一天我陪菲茨·罗伊船长到鲍尔德角去，这个地方已经被很多航海者提起过了。一些人认为他们看到了珊瑚，另一些人认为他们看到了石化树，而且还直立在它们原来生长的位置。按我们的观点，这里的地层是由风吹过来的细砂堆积而成的，这些细砂由微小的贝壳和珊瑚圆形颗粒所组成。在此期间，树木的枝和根，连同很多陆生贝壳混合在了一起，整个物质通过含碳酸钙的浸透而变得坚固起来，但随着树木的腐烂留下了中空的圆柱筒，圆柱筒里面又填满了坚硬的假钟乳石，风雨再把较柔软的部分剥走，结果那些树枝和树根的坚硬浇铸物就突出了地表，以一种奇怪的误导人的形式，让人把它们看起来以为是死去的灌木丛的树桩。

一个叫作白美冠鹦鹉族的土著人大部落碰巧也来拜访这里的移民。这些人和乔治王湾的土著部落一样，都是由于受到了几盆大米和食糖的诱惑而被劝说来举行一场“克罗别里”的，也就是一场盛大舞会。天色一黑下来，就点起了几堆小火，男人们便开始打扮起来，在身上画一些白点和白线。一切准备妥当后，大堆的篝火就开始熊熊燃烧起来，妇女和孩子就聚集在篝火周围当观众。白美冠鹦鹉部落与乔治王部落分成两个不同的队伍，跳起舞来相互呼应。他们排成横队或纵队在开阔的地上跑动跳舞，随着队列的行进在地上用力跺脚。他们沉重的脚步声伴随着一种哼哼声，并敲打着棍棒和长矛，还做着各种各样的动作，例如伸展着手臂、扭动着身体。在我们看来，这是一种非常粗俗、原始的动作，没有任何意义，但我们看到那些黑人妇女和孩子非常高兴地观看着。也许这些舞蹈最初代表的动作是战争和胜利。有一种舞叫作鸸鹋舞，每个人都伸展着手臂，弯成这种鸟的脖子模样。还有一种舞，由一个人模仿成一只袋鼠在树林中吃草的动作，而另一个人爬过来假装要用矛来刺他。当两个部落混在一起跳舞的时候，地面随着他们沉重的脚步而抖动了，空中回响着他们狂野的呐喊。每个人似乎都兴高采烈，通过熊熊的火光我们可以看到，这群几乎赤裸的人，个个动作惊人的协调，展示了最低等的野蛮人在节日中的完美演出。在火地岛，我们已经看到过，在这些未开化的人生活中有很多奇异的景象，但我想，他们没有一个土著人像这样兴高采烈，像这样自在洒脱的。舞会结束后，他们所有的人在地上围成一个大圈，然后大家高兴地分享食糖和煮熟的米饭。

在度过了几天乏味的阴天后，3月14日，我们高兴地驶离乔治王湾前往基林岛。再见啦，澳大利亚！你是一个正在崛起的孩子，毫无疑问在将来的某天你会成为南半球的伟大女王，但你贪多求大、野心勃勃，却赢不来足够的尊重。我离开了你的海岸，没有悲伤，也没有遗憾。

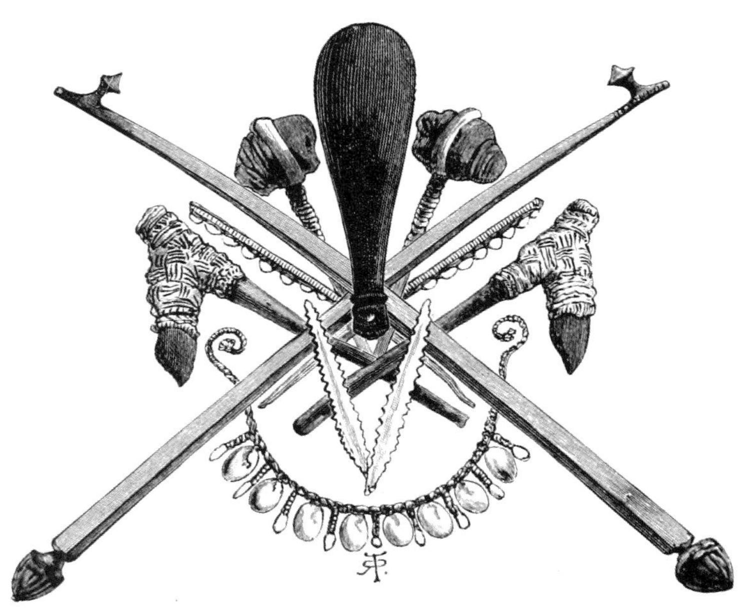

澳大利亚人的成套武器与投枪

基林岛环礁内景

# 第二十章

# 基林岛——珊瑚岛的构造

基林岛——奇特的外貌——贫乏的植物群——种子的传播——鸟类与昆虫——泉水的涨落——死珊瑚场——树根带过来的石块——大螃蟹——刺人的珊瑚——吃珊瑚的鱼——珊瑚岛的构造——潟湖岛或环礁岛——造礁珊瑚在海水中生存的深度——低珊瑚岛散布的大片区域——珊瑚岛基础的下沉——堡礁——岸礁——岸礁到堡礁及环礁的转变——海平面变化的依据——堡礁的缺口——马尔代夫环礁及其特殊构造——死礁及沉没礁——沉降带和上升带——火山的分布——下沉的缓慢及沉降带数量的广泛

4月1日—— 我们已看得到基林岛了。基林岛也叫科科斯群岛（即椰子岛），它位于印度洋，离苏门答腊岛约960公里。这是一个与我们所经过的附近低群岛很类似的岛屿，它是由珊瑚构造的潟湖岛（或环礁岛）。当我们的船到达海峡的入口时，一个英国居民莱斯克先生驾了一条小船来接我们。这个地方的居民的历史，我尽可能用简短的话作如下的介绍：大约九年前，一个名誉扫地的黑尔先生，从东印度群岛带来了很多马来奴隶，现在包括孩子在内总共有100多人了。此后不久，以前曾经乘商船来过这些岛屿的罗斯船长，这次从英国来到这里，并带来了他的家眷和移民的物品；和他一起来的还有莱斯克先生，莱斯克以前在他的船上做大副。这些马来奴隶不久就从黑尔先生定居的小岛上逃跑了，并加入了罗斯船长的队伍。黑尔先生最终只得离开了这个地方。

这些马来人现在名义上是处于自由的状态，至少从他们个人的待遇来看的确是这样，但在其他多数情况下，他们还被视为奴隶。由于他们对自己的状况不满，由于他们不停地从一岛迁到另一个岛，或许还由于管理不善，总之情况不是很好。这个岛上除了猪以外，没有其他的家养四足动物，而主要的植物产品就是椰子果。这个地方的全部财富就依赖椰子树。这个地方的唯一出口品就是椰子油和椰子本身，而椰子被输往新加坡和毛里求斯后，他们主要是把椰子磨碎用来做咖喱粉。跟鸡鸭等家禽靠椰子饲养一样，这里的猪几乎全靠椰子来养肥。甚至一种体型硕大的陆生螃蟹，大自然也赋予它一种工具用来打开椰子，并以这种最有用的产品为食。

潟湖岛的环形礁从一长串的线形小岛上耸立起来。在北方，或下风的方位，有一个开口，船舶就可以通过这个开口进入里面抛锚。一进入这里，就能看到它的景色非常奇特、非常漂亮，当然它的美丽完全依赖于四周的灿烂色彩。潟湖岛的水又浅、又清澈、又宁静，静水的下面大部分是洁白的细沙，在阳光的直射下，泛着最耀眼的绿光。这一大片闪亮的区域宽约五六公里，或者被来自幽深的大洋的水波所形成的一线雪白的碎浪花所分开，或者被狭长岛屿上的穹窿蓝天所分开，岛上到处都是平顶的椰子树。潟湖岛上的活珊瑚带把翠绿色的湖水染得更深、更翠，好像天空中四处飘荡的白云映衬着蔚蓝的天空一样，让人赏心悦目。

第二天早上，停好船舶后，我在方向岛登了岸。这条狭长的干燥岛屿只有几百米宽。在潟湖的那边有一片白色的钙质沙滩，在这种湿热的气候下阳光辐射逼人。在海岸的外面，一片坚固宽敞的珊瑚岩抵挡住外海涌来的汹涌浪涛。除了附近的潟湖有一些沙子外，这座岛整个是由圆形的珊瑚碎片组成的。在这种松散、干燥、多石的土壤中，只有热带地区的气候才能出产如此茂盛的植物。在一些更小的岛屿中，椰子树苗与成熟的椰子树混合成一片树林，彼此相得益彰，显出无比优美的姿态。一条闪烁着白光的沙滩构成了一幅人间仙境。

我要对这些岛屿的博物情况做个概略的描述。由于这里物种稀少，它更具一种奇妙的趣味。初看起来，这里的椰子树构成了整个森林，但其实还有其他五六种树木。有一种树能够长得很大，但材质特别软，没什么用处；还有一种树是极好的造船材料。除了这些树木以外，其他植物的数量都相当有限，只能算做一些无价值的杂草。我相信，在我收集的标本中，包含了几乎最完整的植物种类，这里共有20个物种，但没有计算苔藓、地衣以及真菌。在这个数目中，还得加上两种树，一种是不开花的，而另一种我只听说过。后一种树是这个种类中的唯一一棵，长在海滩边，毫无疑问，这颗唯一的种子是海浪推过来的。有一种桃实椰子也只生长在其中的一个小岛上。在上面的归类中，我没有把甘蔗、香蕉、一些其他蔬菜、水果树以及从别的地方引进的草类加进去。因为这些岛屿完全是由珊瑚构成的，所以它们在以前的某个时期肯定只是被海水所冲刷的堡礁，而所有的陆生生物肯定是由海浪传播来的。因此，这些植物完全具有到贫瘠的土地上来避难的特征。亨斯洛教授告诉我，在这20个物种中，有19个物种属于不同的属，而19个属中至少有16个科！[①]

霍尔曼[②]在他的《旅行记》中引用了A. S. 基廷先生的一段话。基廷在这些岛上住了12个月。他知道，各种各样的种子和其他物体都是被海浪冲上岸的。“从苏门答腊和爪哇来的种子及植物被海浪冲上了岛屿的迎风面。其中，我们发现的有：苏门答腊和马六甲半岛土生土长的基米利树；有一看形状和大小便知的巴尔西椰子树；有达达斯树，马来人把它们与胡椒藤栽种在一起，胡椒藤就靠它那茎干上的棘刺缠绕在达达斯的树干上；有肥皂树；有蓖麻油树；有西米椰子树；还有连马来人都不认识的各种各样的植物种子都在岛上安了家。这些种子应该都是由西南季风带到新荷兰海岸的，然后再由东南信风带到这些岛屿上来。这里还发现有大量的爪哇柚木和黄桑，此外，还有巨大的新荷兰的红雪松、白雪松，以及蓝橡胶树，都生长得十分茂盛。所有的硬种子，例如匍匐（攀缘）植物的种子，仍然保持着发芽的力量；但是柔软的种子，其中如倒捻子树的种子，在途中就烂掉了。还有捕鱼的独木舟，显然是从爪哇来的，有时也被冲上了岸。”因此，能够发现这么多的种子从很多不同的地方飘过浩瀚的大海来到这里，的确是一件很有趣的事情。亨斯洛教授告诉我，他认为，我从这些岛上带回去的几乎所有的植物都是东印度群岛上的普通海滨物种。但是从风和洋流的方向来看，似乎不太可能直接来到这里。根据基廷先生的多种可能的猜测，如果这些种子最初被带到新荷兰海岸，然后再与那里的物种一起漂过来，那么这些种子在发芽前肯定已经旅行了2880–3860公里了。

---

① 这些植物已在1838年版的《自然历史编年史》第一卷第337页中做了描述。

② 霍尔曼的《旅行记》，第四卷，第378页。

沙米索[①]在描述位于西太平洋的拉达克群岛时说："大海给这些岛屿带来了种子和很多树木的水果，其中大多数是这里以前没有生长过的，而大部分到这里来的植物似乎并没有失去生长能力。"他还说，有些炎热而干燥地区的棕榈和竹子以及北方的冷杉树干也被冲上了海岸，这些冷杉肯定是从很远的地方漂过来的。这些事实确实非常有趣。无可怀疑的是，如果这些种子最初漂到岸上，那么就有陆生鸟类把它们衔起，而且有一种比松散的珊瑚岩更适合的土壤，那么，这些极其荒凉的潟湖岛就会比现在拥有丰富得多的植物了。

这里的陆生动物比植物更加少得可怜了。有一些小岛上栖居着家鼠，它们是一艘从毛里求斯来的船带来的，这艘船在这里沉没了。沃特豪斯先生认为这些家鼠与英国的家鼠同属一个种，但这里的家鼠个子要小些，毛发要光亮些。这里没有真正的陆生鸟类，因为有一种沙锥鸟和一种秧鸡尽管完全生活在干草里，但还是属于涉水鸟目。据说这个目的鸟类出现在太平洋的好几个地势较低的小岛屿上。在阿森松岛，那里也没有陆生鸟类，有人在山顶附近打到了一只紫水鸡，很显然，它是一只孤独的流浪鸟。按照卡迈克尔的说法，在特里斯坦·达昆纳群岛上只有两种陆生鸟，还有一种骨顶鸡。从这些事实看来，我相信这些涉水鸟跟随着无数的蹼足物种，是这个荒凉的小岛上的第一批移民。我还要补充一点，在我观察到的这些鸟类中，凡是在遥远的海洋里，不属于大洋种类的鸟，总是属于这个涉水鸟目，因此它们很自然地就成了任何一小块遥远土地上的最早移民。

至于爬行动物，我只看到过一种小蜥蜴。而昆虫方面，我千方百计地收集了每个种类的昆虫。除开蜘蛛，因为它们数量太多，还有13种昆虫，其中只有一种甲虫。[②]在松散的干珊瑚石下面，一种小蚂蚁成千上万地聚集在一起，它们是唯一真正数量众多的昆虫。尽管这些岛上的物产很稀少，但如果把目光转向周围的海水里，那里的有机生命实际上多得无穷无尽。沙米索已经记述过拉达克群岛中的一个潟湖岛上的博物种类，非常引人注目的是，它上面的生物在数量与种类上都与基林岛的生物极其相似。上面有一种蜥蜴和两种涉水鸟，即，沙锥鸟和杓鹬。至于植物，那里有19个种类，包括一种蕨类植物。虽然拉达克群岛离这里非常遥远，而且它是在另一个大洋里，但是那里的一些植物却和长在这里的植物是相同的。

长条形的陆地形成了线条一样的小岛。它们的高度刚好是海浪就能够把珊瑚碎片冲去的高度，而海风也能把含钙质的沙子堆起来。小岛外侧的坚固珊瑚岩平台，由于它相当宽，能够抵挡海浪最初的猛烈冲击，否则，海水会在一天之内就把这些小岛及其所有

① 科茨布的《第一次航海记》，第三卷，第155页。

② 13种昆虫属于下列的目——在鞘翅目中，有叩头虫；在直翅目中，有蟋蟀和蠊属；半翅目有一种；同翅目有两种；在脉翅目中，有草蛉；在膜翅目中，有两种蚂蚁；在鳞翅目中，有一种夜鸣虫，一种甘薯羽蛾；在双翅目中，有两个种类。

的动植物一扫而光。这里的海洋与陆地似乎在相互争霸：尽管陆地已经获得了根基，但水中的各种居民也认为它们至少具有相同的生存权利。这里到处都能看到不止一种寄居蟹，[①]它们的背上背着从邻近沙滩上偷来的贝壳。头顶上有大量的塘鹅、军舰鸟和燕鸥在树上栖息；树林里到处是鸟巢，空气中充斥着鸟粪臭，这里可以称得上是海上贫民窟了。塘鹅们立在简陋的巢穴中，笨头笨脑地、带着怒意地盯着我们。白顶黑燕鸥，从它们的名字就能看出是一种傻乎乎的小动物。但也有一种很可爱的鸟，它是一种娇小雪白的燕鸥，就在一个人的头顶上一二米高的地方平稳滑翔，瞪着黑色的大眼睛好奇地打量着你的表情。只需一点小小的想象力就能幻想出，它这么轻巧的身体里肯定有某个漫游的精灵附体了吧。

**4月3日，星期天**——在做完祷告后，我陪菲茨·罗伊船长到一个移民定居点去，这个定居点离这里有好几公里，是一个密布着高大椰子树的小岛屿。罗斯船长和莱斯克先生就住在一间大仓库一样的房子里，其两端是敞开的，只是悬挂着树皮编织的小席子。马来人的房子都是沿着潟湖的岸边而建。整个小岛都显得相当荒凉，因为这里没有一座植物园可以显示出打理及开垦的迹象。这里的土著人来自东印度群岛的不同岛屿，但他们都讲着同一种语言。我们看到有婆罗洲人、西里伯斯人、爪哇人和苏门答腊人。他们在肤色上很像塔希提人，但在外貌特征上没有大的区别。不过有一些妇女很像中国人的特征。我对她们的一般神情和说话的声音都很喜欢。他们看来都很贫穷，房子里没什么家具，但从他们的小孩胖乎乎的样子来看，又可以证实这里的椰子和海龟为他们提供了不错的营养。

这个岛上有一些井水，过往的船只都来取水。初看起来井里的淡水与潮汐一起涨落很使人惊奇，甚至还有人想象这里的沙子具有过滤海水的功能。这些能涨落的水井在西印度群岛的一些地势较低的岛屿中很普遍。那些压紧了的沙子或有渗透力的珊瑚岩好像海绵一样渗透了盐水，但是落到地表的雨水肯定会下降到周围海水的同一水平，而且肯定会在那里聚集起来，转换出相同量的咸水。随着大海绵一样的珊瑚岩的下部咸水跟着潮汐一起涨落，地表的淡水也会跟着一起涨落。如果这种珊瑚岩足够密实以防止机械性的混合物，这样淡水就会得以保存。但如果这个地方由松散的、有裂缝的大珊瑚岩所组成，在这样的地方挖个井，那么这里的井水就会像我看到的一样是咸的。

晚饭后，我们在这里观看了一场新奇的、由马来妇女表演的半迷信的演出。一个木制的大勺子穿上衣服，被人抬到一个死人的坟前。她们装模作样地在一轮满月下受到了神灵的感应，就要跳来舞去。在做好了适当的准备后，由两个妇女抬着的木勺抽动起

---

① 这些寄居蟹的两个大螯往回抽的时候非常完美地适应贝壳的鳃盖，完美得就像这些壳本来就属于这种软体动物似的。我确信，以我的观察，我发现某些种类的寄居蟹总是使用某些种类的贝壳。

来，她们就在周围的孩子和女人的歌声中跳了好一会舞。这是一个最愚蠢的场景，但莱斯克先生坚持说很多马来人相信这种神灵活动。这种舞要在月亮升起时才会跳，因此，我们在夜晚的微风下透过椰子树摇曳的枝叶，观赏月亮清澈的圆盘静静地闪烁，也是值得的。这些热带的景色本身就让人心旷神怡，它们与故乡的良宵美景相比简直不相上下，那种景色在我们每个人的心里均留下了最美好的情感。

第二天，我亲自去观察这些岛屿最为有趣、然而却又是简单的构造和起源。这里的水不寻常地平静，我从外侧的死珊瑚岩平台涉水一直走到有活珊瑚堆的地方，大海的波涛在这里翻滚冲击。在一些沟壑和凹穴里，有非常漂亮的绿色的鱼及其他颜色的鱼，很多植虫类生物，它们的形态和色彩也堪称绝妙。热带的大海中如此兴盛地生存着无数的有机生物，到处都是对生命的铺张浪费，我认为要对大自然表示原谅。但我得承认，我认为有些博物学家用华美的辞藻把海底洞穴描述得美轮美奂，未免过于用词夸张了。

4月6日——我跟菲茨·罗伊船长到潟湖末端的一个岛上去。这里的海峡特别复杂，蜿蜒曲折地穿过一片片的珊瑚地，其中长满了精美的、长着枝条的珊瑚。我们看到有几只海龟和两条捕捉海龟的小船。这里的海水非常清澈、非常浅，尽管有只海龟起初很快就潜入了水中，不见了踪影，但追捕的人驾着一条扬帆的小船或独木舟跟在后面，用不了多久就会追上它。这时原来站在船头待命的一个人，就扎入水中，爬到海龟的背上，然后用双手抓住脖子后面的龟壳，海龟就这样驮着他，直到精疲力尽，然后手到擒来。看到两条小船来来回回的追逐海龟，船上的人再从船头跃入水中，以图抓住猎物，这种捕猎方法真是让人觉得有趣。莫尔斯比船长告诉我，在同一个大洋的查戈斯群岛，当地的土著人用一种很恐怖的方法揭取活海龟的背壳。“用烧红的木炭盖在龟背上，背壳就会向上翻，然后用一把刀强行把背壳割下来，在它还没冷却之前用木板夹平。经过这种野蛮的过程，海龟忍受着痛苦重新回到当初的自然环境，经过一段时间之后，还会长出一副新甲壳来。但是它的新甲壳太薄弱了，起不到什么防护作用，这只海龟总会显得衰弱多病。”

我们穿过一个狭长的小岛，到达了潟湖顶端，这才发现迎风海岸那里形成的巨大拍岸浪花。我很难解释它的成因，但这潟湖群岛外海岸的风景真是非常壮观。其实这里的屏障式海滩非常单调，边缘区长着绿色灌木和高大的椰子树，坚硬的死珊瑚礁平台上到处散布着大量松散的碎片，汹涌的排浪环绕两侧。大海把海水抛向宽阔的珊瑚礁上，好像一个不可战胜的、威力无边的敌人；然而我们看到了抵抗——甚至是胜利，而这种抵抗正是来自看上去最软弱、最无能的方法。并不是大海饶恕了珊瑚岩；海滩上堆积的由珊瑚礁顶剥离的大块碎片，扎根其间艰难生长的椰子树，这一切都直接体现了海浪无情的威力。但是，征服与抵抗都同样不会停歇。轻柔而持续不断的信风沿着同一个方向刮过宽阔的海面，形成长长的大浪冲击岸边，产生了威力无穷的碎浪花，它们产生的力量几乎等于一次温带大风暴所发生的力量，而且它的狂暴永不停止。的确很难相信一座小岛能逃离惊涛骇浪的魔掌，尽管它是由由最坚硬的岩石构成，就算是斑岩、花岗岩或石英岩，恐怕最终也会被这种不可战胜的力量所征服和摧毁。然而这些低矮的、毫不起眼的珊瑚岛却站稳了脚跟，取得了胜利——因为这里有另一种力量作为大海的对手，参加了这场竞争。有机体势力把碳酸钙原子从泛着白沫的碎浪花中一个一个分开了，然后再把它们结合成对称的结构。让飓风把成千上万块巨大的碎片撕得粉碎吧！和这些难以数计的“建筑师”日以继夜、成年累月所积累的劳动相比，它们又算得了什么呢？因此，我们看到一种柔软的胶状水螅体生物，通过生命法则的作用，战胜了海浪的巨大机械力量，而这种力量既不是人类的技能所能抵挡的，也不是大自然的无生命工程能够持续抵挡的。

我们直到深夜才回到船上，因为我们在潟湖里待了很长时间，研究珊瑚田和巨大的查马贝壳。如果一个人把手伸进查马贝壳，只要这种动物还是活的，你就不能把手抽出来了。在潟湖的顶端附近，我非常奇怪地发现，有一片宽阔地区，面积超过2.5平方公里，上面覆盖着精美的枝状珊瑚林，然而，尽管它们是直立的，但已全部死亡并腐烂了。开始，我摸不着头脑，不明所以；后来我想出来了，它是由于相当奇特的综合原因造成的。而我们首先要指出的是，珊瑚是不能在阳光的直射下暴露在空气中生存的，哪怕是很短的时间都不行。因此，它们生长的最高限度取决于春潮时的最低水位。这一点从旧的航海图中就可以看出，这座长岛迎风的一面以前曾被几条宽阔的海峡分成了几个小岛。这个事实同样从这里的树木还没长大就能说明原因。过去的珊瑚礁的情况是，一阵强风就能把海水刮过障碍、抛进潟湖，并会提升潟湖的水位。现在的情况则相反了，因为潟湖里的水不但没有从外面的洋流中补充增加，而且它本身还因为风力作用却把水刮到外面去了。因此，可以观察到，靠近潟湖顶端的潮汐在强风期间并没有上升到风平浪静时的高度。毫无疑问的是，尽管不同的水平位置相差得很小，但我相信正是这个原因造成了珊瑚林的死亡。这些珊瑚林在以前外侧的珊瑚礁非常开阔的水域条件下，已经向上长到了最高限度。

在基林岛以北几公里的地方还有一个小环礁，其间的潟湖已差不多被珊瑚泥填满了。罗斯船长发现，在外海滩的砾岩中嵌入了一个相当圆的绿岩碎片，它比一个人的脑袋还要大。罗斯船长和跟他一起来的人都觉得非常惊奇，就把它当作珍稀宝物带回去藏了起来。这块石头所在地的周围物体都是钙质的，当然让人迷惑不解了。这个岛以前几乎没人来拜访过，也不可能在这里发生过沉船。因为缺少更好的解释，我得出结论：它肯定是夹杂在一棵大树的树根中带来的——不过，考虑到离最近的岛都相距遥远的距离，一块石头要夹在树根中，这棵树再被冲到海里，漂过很远的距离，再安全地冲上海岸，这块石头最终被人发现嵌入砾岩中，这么多的偶然合在一起，我几乎都不敢想象了，这种运输方式很明显太不可能了。真正著名的博物学家沙米索和科泽布说过一件事，我觉得非常有趣。他说，在太平洋中有一群潟湖岛叫拉达克群岛，岛上的居民到海滩上去寻找被海水抛上来的树根，以期获得石头来磨工具。很明显，这样的情况发生过好多次，因为这里颁布过法令，这种石头属于酋长，如果有人企图偷走石头就会受到惩罚。考虑到在这样辽阔的汪洋大海中这种小岛的偏僻位置——它们除了靠近珊瑚礁，离其他任何陆地的距离都很遥远，岛上的居民就像最勇敢的航海家，证明了任何附着在树根上的石头都很有价值——如果考虑到大海中的洋流非常缓慢，还会发生石头运输的情况，真是让人不可思议！石头很可能经常是以这种方式运输的，如果它们不是被运送到珊瑚岛上，而是其他任何物质结构的岛上，很可能就不会引起人们的注意了，而它们的来源至少从来也不会引起人们的猜想了。而且，那些树木，特别是承载着石头的树木漂浮在水面下，这种现象很可能长期没有被人发现。在火地岛的海峡中，有大量的漂浮树木被海水抛到了岸上，但我们极少遇到过一棵漂在水面的树木。对于那些偶尔发现的、镶嵌在颗粒细微的沉积物中的石头，这些事实有可能解开那些孤立的石头之谜，不管它们是有尖角的还是圆形的。

还有一天，我游览了西岛，这里的植物可能比别的岛屿都要茂盛得多。这里生长的椰子树一般都隔得比较开，不过这里的小椰子树都是在高大的父辈下面茁壮成长，而大椰子树那又长又弯的叶片形成了最荫凉的凉棚。只有那些亲身体验过的人才会知道，坐在这样一个阴凉的地方，饮着清凉而甘美的椰子汁，是一件多么惬意的事。在这个小岛上还有一大片像海湾一样的空地，它由最精细的白沙所形成，上面非常平坦，只有在潮汐的高水位时才会淹没。一些小海湾从这个大海湾伸进周围的树林里。看到这样一片闪闪发光的白沙映射到水中，四周的椰子树伸展着高大而摇曳的树干，它们合在一起形成了一道奇特而美丽的景色。

我前面已经提到过有一种靠椰子果为生的螃蟹，这在干燥的陆地上随处可见，而且它们能长到很大的个头，与椰子蟹的亲缘很相近，或者就是椰子蟹的同一个物种。它的一对前腿最终变成了强壮而笨重的大螯，而最后面的一对爪子则变得更瘦弱狭长。我们最初都认为一只螃蟹是不可能打开一颗外壳坚硬的椰子果的，但莱斯克先生向我保证，他已经多次看到过这种情况了。这种蟹总是从椰子下面的三个眼洞处开始撕开椰子壳，一根纤维接一根纤维地撕，撕完之后，它就开始用笨重的大螯来锤打其中的一个眼洞，直到打开为止。然后它转过身来，靠着臀部和那对狭长的小螯的帮助，它就能掏取椰子里面的白色多胚乳的物质了。像这种在大自然的体系中，这两个物种彼此明显相距非常遥远，但是螃蟹与椰子树却会在构造上如此互相适应，我想，这是我以前从来没听说过的最奇妙的生物本能的例子了。这种椰子蟹具有白天活动的习性，但据说，它每个晚上都要到海水中光顾一次。无疑，它的目的是为了把鳃湿润一下。椰子蟹的幼蟹同样是卵生的，此后要在岸上生活一段时间。这些蟹在树根下挖洞，它们就栖居于很深的地洞中。它们还在洞中积累了数量惊人的椰子壳纤维，以作为它们的睡床。马来人有时利用这一点，把这些纤维收集拢来做缆绳。这些蟹肉非常好吃，而且在那些大蟹的尾部下面有一种油脂，如果把它熔化，就能产生多达一夸脱的满瓶清澈油脂。有一些作家指出，椰子蟹会爬到椰子树的上面去偷椰子吃，我对这种可能性非常怀疑，但如果是爬露兜树[①]的话，这项任务就容易多了。莱斯克先生曾经告诉我，栖居在这些岛屿上的椰子蟹只会吃落在地下的椰子果。

莫尔斯比船长对我说，这种蟹只栖居在查戈斯群岛和塞舌尔群岛上，但邻近的马尔代夫群岛上就没有。这种蟹以前在毛里求斯有很多，但现在只能在一些小岛上发现它们了。在太平洋上，这个物种或者是与它有近亲习性的物种[②]，据说只在社会群岛北面的一个单独珊瑚岛上栖居。为了显示它的一对前螯的神奇力量，我要提到一件事，那就是莫尔斯比船长曾经把一只椰子蟹关在一个装过饼干的结实的锡罐里，盖子用铁丝封住，但这只蟹把锡罐的边缘反卷过来并逃跑了。为了反卷边缘，它实实在在地在锡罐上打出了很多小孔！

我发现两种千足虫属的珊瑚具有螫人的能力时大大地吃了一惊。当我把这种活珊瑚带出水面，它们那石头一样的分枝或叶片具有粗糙的感觉，并不黏滑，但却具有一种很强烈的难闻的气味。这种螫人的能力似乎随着不同的种类而各不相同：如果拿一枝珊瑚放在脸上或手臂上等柔软的皮肤处按压或摩擦，只要过几秒钟，通常就会产生一种刺痛感，不过这种痛感只会持续几分钟。但是有一天，我只拿了一枝珊瑚在脸上接触了一下，立即就疼痛起来，而且跟平常一样，过了几秒钟疼痛就加剧起来；这种刺痛保持了好几分钟，过了半个小时还能感觉到隐痛。这种感觉就像是被荨麻刺了一样让人难受，但更像是由僧帽水母所引起的刺痛感。手臂柔软的皮肤上产生了一些小红点，就好像长出了水脓疱一样，但其实不会的。M. 科伊先生也提到过这种千足虫属的珊瑚。我也听说过在西印度群岛也有这种螫人的珊瑚。很多海洋动物似乎都具有这种螫人的能力——除了僧帽水母，还有很多海蜇。佛得角群岛的海兔属或海参也有这种能力。在《星盘号航行记》里，作者讲到有一种海葵以及一种柔韧的近似桧叶螅的珊瑚也都具有这种攻击或防御的能力。在东印度海，据说有人发现过一种螫人的海藻。

有两种鹦嘴鱼属的鱼类在这里很常见，它们专以珊瑚为食。这两种鱼的颜色都呈极

① 参看《动物学会记录汇编》，1832年，第17页。

② 泰尔曼与贝内特的《航行记》等，第二卷，第33页。

漂亮的蓝绿色，一种总是生活在潟湖中，另一种生活在外面的碎浪花中。莱斯克先生向我们证实说，他经常看到这种鱼群在珊瑚枝的顶端用强壮的骨质嘴啃食珊瑚。我解剖过几条鱼的肠子，发现里面胀满了黄色的钙质沙泥。阿伦博士告诉我，那种黏滑的、令人作呕的管海参（和我们的海星类似）主要也是以珊瑚为食，但中国人却热衷于吃这种海参。它们身体里的骨质器官似乎很好地适应了这种生存方式。这些管海参、鱼类、无数的挖洞贝壳，还有蠕虫，在每块死珊瑚岩上钻孔，它们在产生潟湖水底和沙滩上那些精细的白泥方面肯定起了非常有效的中介作用。这种白泥打湿的时候很像捣碎的粉笔，埃伦伯格教授发现有一部分白泥中含有部分硅质外壳的纤毛虫。

**4月12日**——早上，我们离开了潟湖岛前往法兰西岛。能够游览这些岛屿，我真的很高兴。这种构造的岛肯定是这个世界上奇特景观中的佼佼者了。我们在离开海岸还只有约2000米的时候，菲茨・罗伊船长就发现了一条2160米长的绳子还够不着海底，因此可知这个岛是由高耸的海底山脉形成的，它的四周甚至比那些最险峻的火山锥还要陡峭。它那碟形的山顶横跨有16公里。它那每一颗微粒，从最小的粒子到最大的石头碎片，堆成了这座大石山，尽管比起很多别的潟湖岛来说它还是小的，但它却带有有机物构造的痕迹。每当有游客告诉我们，金字塔和其他的遗迹是如何高大时我们就非常吃惊，可是，如果与这些由不同的软体动物堆积起来的石山相比，那些最伟大的建筑也显得无足轻重了！这是一项奇迹，最初不会打动我们的眼睛，但是经过深思之后，就能打动我们理智的双眼。

我现在要对三大类的珊瑚礁，即环礁、堡礁、岸礁做一个简要的叙述，并对它们的形成说明我的观点[①]。几乎每一个横跨过太平洋的航海家都对潟湖岛表达出无限的惊奇，

惠森迪岛

① 这些观点最先是在1837年5月《地质学会》上读到的，随后在单行本《珊瑚礁的构造与分布》上得到了进一步的完善。

我后面就要用印度名称来称呼环礁，并试图做出几种解释。甚至早在1605年，法国人皮拉尔·德·拉瓦尔就曾感慨地说："看到每个环礁周围环绕着一个巨大的石垅，这真是一个奇迹，它绝不是人类的杰作可以比拟的。"这里附有一幅太平洋降灵岛的草图，拷贝于比奇船长令人钦佩的《航海记》。这幅图对环礁的独特外貌表明了一种粗浅的概念——这是规模最小的一个环礁，它由很多狭长的小岛联结在一起，成为一个圆环。潟湖之外是浩瀚的大海、暴怒的碎浪。它与潟湖之内的地势低平、绿水荡漾形成了鲜明的对比。如果不是亲眼所见，很难想象出还有这样的绝妙景致。

早期的航海者幻想，那些建造珊瑚礁的动物本能地给它们造出了一个大圆环，以躲在环内受到保护，但是这点与事实相距甚远，因为大量暴露在外海岸的珊瑚礁不能在潟湖内生存，而内湖则生长着另外几种枝条娇嫩的珊瑚。况且，按照这种观点，很多不同种属的物种要联合起来才能达到共同的目的。而对于这样的联合，在整个自然界中还没有发现过一个例子。有一种广为接受的理论，就是环礁是建立在海底火山口之上的，但是当我们考虑到其中一些环礁的形状、大小、数量和相似性、及与其他环礁的相对位置时，这个似是而非的观点就失去了根基。例如，苏瓦迪瓦环礁的直径是70公里，最窄处为54公里；利姆斯基环礁的直径最宽是86公里，最窄是32公里，而且还有一个奇特的弯曲的边缘；鲍环礁有48公里长，平均宽度只有10公里；门契柯夫环礁由三个环礁联合而成或者说系在了一起。而且这个理论对印度洋中的马尔代夫北部的环礁也完全不适用（其中有一个环礁长140公里，宽16-32公里），因为它们不像普通的环礁那样由狭长的礁岩围绕着，而是由无数单个的小环礁围绕着；其他的小环礁则从潟湖一样的空地中央突了出来。第三种，也是更好的一种理论，由沙米索提出。他认为，暴露在大海外侧的珊瑚生长得更加茂盛，毫无疑问事实也是这样的：外侧边缘在一般的基础上要比其他部分先生长出来，这样就能解释环形或杯形结构形成的原因了。但我们很快就能注意到，这个理论和火山口理论一样有一个很重要的因素被忽视了，那就是这种不能在很深的水下生活的造礁珊瑚，那么它们的庞大结构是以什么为基础的呢？

菲茨·罗伊船长在基林群岛环礁的陡峭外侧仔细地做过无数次水深测量。他发现，在18米以内预先涂在铅块底部的油脂在拉出水面时总是印有活珊瑚的痕迹，但是非常干净，就像是落在了一块草垫上一样，而随着水深的增加，印上的痕迹数量就减少了，但是附着的沙粒数量却越来越多，直到最终明显说明海底是由平坦的沙层所构成的。我们还以草皮做相似的推理：土地越贫瘠，草叶越细小，直到最后，土壤太贫瘠了，上面长不出任何的草木了。从已经被很多人证明了的观察来看，我们可以很有把握地推断出，珊瑚造礁的最大深度约36-48米。在太平洋和印度洋的广袤海域里，每个单独的岛屿都是由珊瑚构成的，它们只升到海浪能够抛进珊瑚碎片的高度，以及风力能够堆积沙子的高度。例如，拉达克群岛环礁群是一个不规则的四边形，长832公里，宽384公里；低地群岛是椭圆形的，长径1344公里，短径672公里。在这两个群岛之间还有别的小群岛和单独的低岛屿，在大洋中形成一条长6400多公里的线状海域，在这些岛屿中没有一个岛会升到超过特定的高度。同样，在印度洋中，有一片长2400公里的海域，包括三个群岛，其中每个岛屿都是低岛，都由珊瑚构造。从造礁珊瑚不能在很深的水中生存的事实可以绝对肯定：在这些广大的海域中，无论是哪里的环礁，它的最初的基础肯定存在于水面下36–48米的深度。最难以置信的是，那些宽阔的、高耸的、独立的、岸边陡峭的沉积物成群出现，排列成长度数百里格的列队，却能在太平洋和印度洋的中央和最深处沉积下来，而且离任何大陆都十分遥远，那里的海水又十分清澈。同样难以置信的是，上升的浮力竟能在上述广大的海域里把无数的大岩石堆举起到海面下36米–48米的高度，而且没有哪一个高点超出海平面；在整个地球的表面。我们能不能找到一座单独的山脉，哪怕只有数百公里长，它们的山峰只升出限定高度的一两米高，而没有一个顶点超过这个范围呢？再者，如果造礁珊瑚所生长的基础不是由沉积物所形成的，如果它们没有被海水浮力托举到所需要的平面，它们肯定要下沉到这个高度。如此一来，这个难题马上就解决了。因为一座山接一座山，一个岛接一个岛，慢慢地下沉到水下，最新的基础就会不断地出现，供珊瑚生长。这里不可能提供所有必要的细节了，但我敢大胆地反对[①]任何人用任何其他方法所提出的解释，以说明我解释的情形是完全可能的，即无数的岛屿分布在浩瀚的大海里——所有的岛屿都是低矮的——所有的岛屿又都是由珊瑚构成的，它们绝对需要一个水面以下限定深度的基础。

在解释构成环礁的珊瑚礁如何获得它们奇特的结构之前，我们要转向第二大种类的珊瑚礁，也就是堡礁 。这些堡礁要么从大陆或大岛前面的岸边以一条直线伸展出来，要么环绕着一些小岛。这两种情况都是由一条宽阔的而且相当深的海沟与陆地分开，类似于环礁里的潟湖。让人觉得异常的是，人们对环形的堡礁却很少引起注意，然而它们的结构真的让人叹为奇观。下面所附的草图显示了部分堡礁在环绕着太平洋的博拉博拉岛，这是从一个中央高峰上看到的。在这个例子中，整行珊瑚礁都已变成了陆地，但是通常都有一条大浪花所形成的雪白的线条，只有一些长着椰子树的孤独的小低岛东一个西一个地立在那里，这条白线把黑暗起伏的海水与潟湖—海沟的淡绿色水面分开了。这条海沟里的平静海水通常总是冲刷着低处的冲积土壤的边缘，这里位于荒凉、高耸、中央高山的山脚下生长着热带最美丽的植物。

环绕的堡礁大小各不相同，从直径5公里到直径不小于70公里；其中有一个对着新喀

① 莱尔先生非同寻常地在他的《地质学原理》第一版就推断道，在太平洋中陆地的沉降量肯定超过了上升的量，因为相对于形成陆地的媒介物，即珊瑚的生长和火山的活动，陆地的面积是很小的。

博拉博拉堡礁

里多尼亚岛，再环绕到它两端的堡礁有640公里长。每个堡礁包含着一两个或几个高度不一的岩石岛；其中有个堡礁里面有多达12个各自分开的小岛。堡礁与包围着的陆地相隔或多或少的距离。在社会群岛里这种相隔的距离一般在一两公里到五六公里，但是在霍戈柳岛，堡礁与它所包围的岛屿之间的距离，在南边是32公里，而在相对的北边则是22公里。潟湖–海沟的深度也各自大不相同，其平均深度为18–54米，但是在瓦尼沟螺岛，各处的深度至少都有100米。堡礁里侧的坡度要么缓缓地下降到潟湖沟里，要么成一道垂直的墙，有时它在水下有60–90米深，而堡礁外侧就像环礁一样升起，从深海处突然挺拔而出。还有什么东西比这种结构更奇特的吗？我们看到有一个岛，可以把它比作海中高耸的山顶上的一个城堡，由一面珊瑚岩构成的大城墙保护着。这种城墙的外侧总是陡峭的，它的内侧有时也是这样；它的顶端宽敞平坦，到处都有狭窄通道的裂口，最大的船只也可以开进这些又宽又深的环绕壕沟。

至于实际的珊瑚礁，在堡礁与环礁之间，它们在一般的大小、轮廓、组群，甚至在最微小的构造细节方面都没有丝毫区别。地理学家巴尔比曾经很好地指出过：一个环形的岛就是一块陆地从潟湖中高耸而出的环礁，如果把这块陆地从其中移走，那么剩下来的就是完整的环礁了。

但是，是什么造成这些珊瑚礁离它们所包围的岛屿相隔这么远而又高耸出水面的呢？这并不是因为这些珊瑚不能靠近陆地生长，而是因为在潟湖—海沟的里侧岸边，如果没有被冲积土壤所包围，就会经常为活珊瑚礁所包围。我们马上就会看到有另一大类的珊瑚礁，由于它们紧密地与大陆和岛屿的海岸相联系，所以我把它们叫作岸礁了。同样，由于珊瑚不能在很深的海水中生存，这些造礁珊瑚是以什么为基础来建造环形的结构呢？这显然又是一个很大的难题，就跟环礁的情形相类似，但一般都被人们忽视了。

看看下面的剖面图就会理解得更清楚了。这几个剖面图都是通过瓦尼沟螺岛、甘比尔岛和毛拉岛的堡礁，依照南北线的剖面绘制出来的。图上的垂直距离和水平距离，都是按照1厘米代表2534米的相同比例画出来的。

应该注意到，从这些岛屿的任何方向画出的剖面图或是从别的环形岛得来的剖面图，它们的一般外形都是相同的。现在考虑到造礁珊瑚不能在36-54米以下的水中生存，而我们所采用的比例尺又太小了，右边的铅垂线就表示一个360米的深度，那么这些堡礁究竟是以什么为基础的呢？我们是不是要假设每个岛屿都被衣领一样的海底暗礁所包围，或者被一片巨大的沉积物海岸所包围，而它在珊瑚礁的末端突然又中断了？如果在这些岛屿没有受到珊瑚礁的保护之前海水已深深地侵蚀到岛屿里面就会留下一片环绕在水下的浅礁，那么现在的海岸就会一直以高大的悬崖作为边界了，但这种情况极少存在。况且，按照这种说法，就不能解释为什么珊瑚在暗礁最外层的边缘处会像一堵墙一样生长起来，还常常留下一片宽阔的水域在里面。这片水域非常之深，珊瑚都不能生长。日积月累的沉积物所形成的宽阔海岸围绕着这些岛屿，一般来说海岸越宽则其包括的岛屿越小，但如果考虑到它们所暴露的位置是在海洋的中心及最深的地方，那么这种情况就是极不可能的了。在新喀里多尼亚岛的事例中，该岛的堡礁从北端向外伸展出240公里，而在西海岸也以同样方向的直线向前伸展。人们几乎不可能相信，一个沉积海岸会笔直地在一个高耸的岛屿前沉积下来，并且又距离位于外海中的岛屿的边界竟如此遥远！最后，如果我们看一看其他大洋中的同样高度及同样地理结构的岛屿，但不是被珊

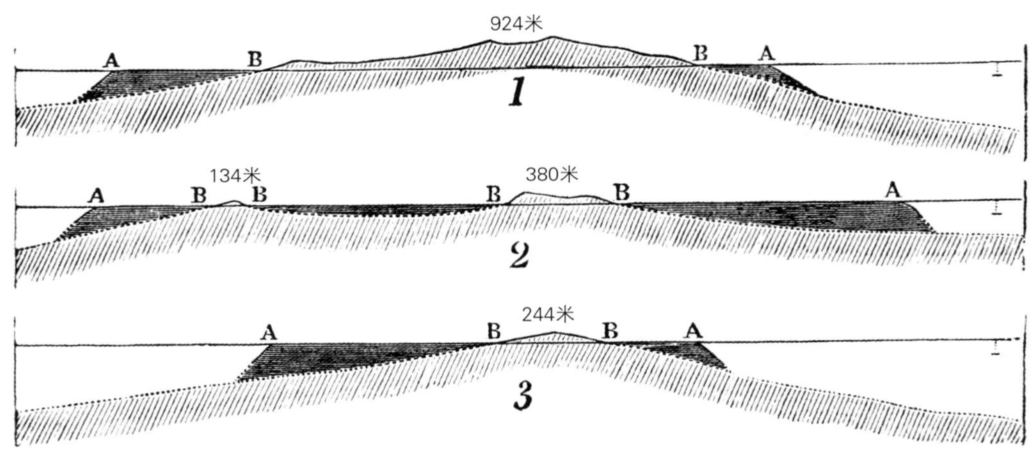


1.瓦尼沟螺岛；2.甘比尔岛；3.毛拉岛

水平阴景线表示堡礁与潟湖海道。海平面（A-A）以上的斜影线表示陆地的真正形状；海平面以下的斜影线表示陆地在水面下的可能延长部分。

堡礁剖面图

瑚礁包围的岛屿，除非离海岸非常近，否则我们是找不到只有54米的周围水深的。因为与大部分被珊瑚礁所围绕或者没有围绕的海岛一样，陆地通常既能从大海中突兀耸立，也会陡峭地扎入水中。那么，我再重复提出这个问题：这些堡礁究竟是以什么为基础的呢？为什么它们会耸立在离它们所包围的陆地那么远的地方，而中间又隔着一条又宽又深的像壕沟一样的海沟呢？我们很快就会看到，这些难题很容易就能从我们面前消失。

我们现在再讲第三种珊瑚礁——岸礁，这只需要做一个简短的说明就够了。当陆地的斜坡突然降到水下，这些珊瑚礁只有几米宽的距离沿着海岸形成一条长带或窄边，而当陆地的斜坡缓慢地伸入到水下，珊瑚礁就会扩展得更远，有时甚至离陆地有一两公里远，但在这种情况下，我们测量珊瑚礁外侧的水深就会看到：海底陆地的延伸部分是慢慢地倾斜的。事实上，岸礁只伸展到离岸边这段距离为止。在这段距离里，它们生长的基础要在36–54米的必要水深内。至于实际的珊瑚礁，岸礁与形成堡礁或环礁的珊瑚礁之间并没有本质的区别，但是，一般而言岸礁要狭窄一些，而且在它上面很少能形成小岛。从珊瑚在礁岛的外侧生长得更茂盛来看，而且从礁岛内侧的冲积物有毒害性效果来看，珊瑚礁的外侧边缘就成了最高的部位，而且在岸礁与陆地之间一般均会一条一两米深的浅浅的沙沟。当海岸沉积物积累到接近海面时，就像西印度群岛的部分地方一样，它们有时会在边缘围上一层珊瑚，因此在某种程度上就像潟湖岛或环礁一样了。同样，当岸礁围绕着那些海岸坡度缓慢的岛屿时，它在某种程度上又像是堡礁了。

如果一种有关珊瑚礁的形成理论不能包含三大类珊瑚礁的情况，则不能视为满意。我们已经知道，我们不得不相信那些广大的、散布着低矮岛屿的区域曾经下沉，而且没有一个岛屿上升的高度会超过风力和海水抛洒东西到岛上的高度，然而这些由动物构成的岛屿需要一个支撑的基础，而这个基础又不能处于太深的水下。让我们以一个被岸礁

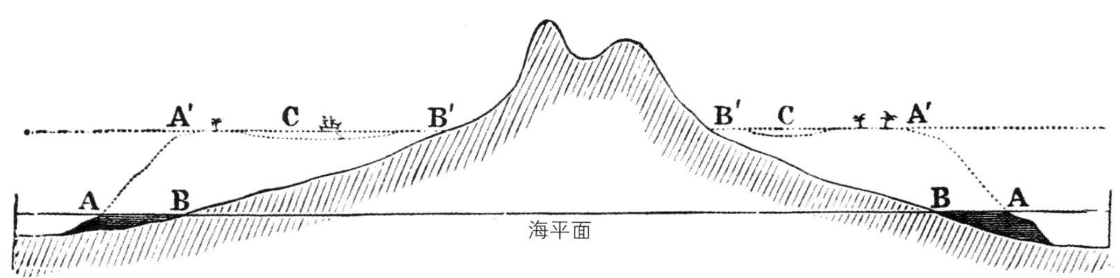


AA，海平面以上的岸礁的外侧边缘。BB，有岸礁的岛的海滩。

A′A′，珊瑚礁在陆地下沉期间向上生长的外侧边缘，现在已变成一个中间有小岛的堡礁了。

B′B′，现在是环形岛的海岸了。CC，潟湖海沟。

注：在这张图与下张图里，陆地的下沉情形只不过是用海平面的近似上升情形来代表的。

珊瑚礁剖面图

环绕的岛屿做例子，它们的结构不能太复杂。假设这个带有岸礁的岛缓慢下沉（如上图所示，连续不断的线条代表岸礁）。现在，随着这个岛的下沉，不管它一次下沉一二米，还是不知不觉地下沉，我们都可以根据大家所熟知的珊瑚生长的有利条件有把握地推断，那些处于珊瑚礁边缘被拍岸浪冲刷的生命体很快就会长到水面上来。而海水会一点一点地侵蚀海岸，这个岛就会变得越来越低、越来越小，而岸礁内侧边缘与海滩的空间就会相应地变得更宽。下图所示就是这种情况下珊瑚礁与其岛屿的剖面图。虚线表示，经过上百米的下沉后所处的状况。假设珊瑚岛已经在珊瑚礁上形成了，一艘船停泊在潟湖沟里。这条海沟就会根据陆地下沉的速度、累积的沉积物量、精美的珊瑚枝在那里的生长速度来决定是深还是浅。在这种情况下，它的剖面图在各方面都很像一个环绕的岛屿的剖面图：实际上，它就是真实的太平洋上的博拉博拉岛的剖面图（按比例尺0.517英寸代表1英里）。我们现在立刻就能明白为什么环绕的堡礁会离它所面对的海岸那么远了。我们还能理解到，一条垂直线从新珊瑚礁的外侧边缘到旧岸礁下的坚硬岩石基础，这条线段的长度所超出的这种活珊瑚所能生存的水深下限，就是陆地下沉的长度——随着整个基础的下沉，这些小建筑师就在别的珊瑚及其坚硬碎片的基础上建起了巨大的城墙一样的礁体。因此，原先似乎很难的一个难点就消失了。

如果我们不以岛屿为例，而是以一个环绕着珊瑚礁的大陆海岸为例，并想象它也下沉，形成了一个巨大的直堡礁，就像澳大利亚或新喀里多尼亚一样有一个又宽又深的海沟把陆地分开，那么这样就会明显地得到这个结论了。

让我们以新的环形堡礁为例！它的剖面图现在以实线来表示。如我前面所说，这是一个博拉博拉岛的实际剖面图，我们假定它还在下沉。随着堡礁的缓慢下沉，它上面

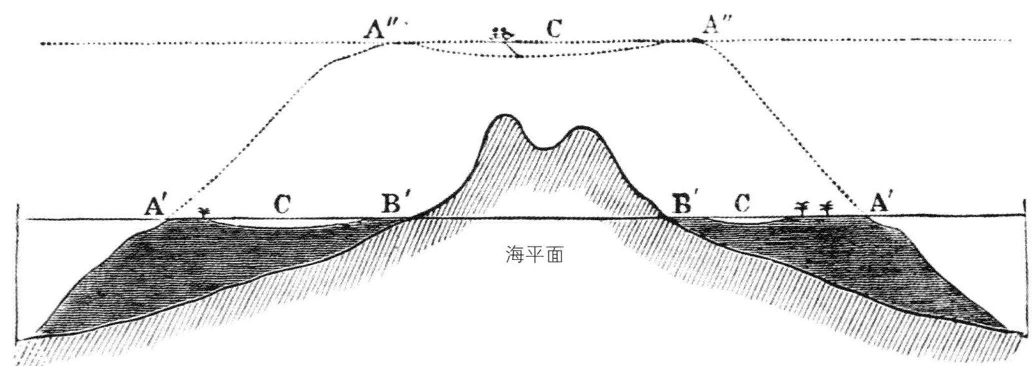


A′ A′ 是海平面以上的堡礁的外侧边缘，有一些小岛在它中间。B′ B′ 是被珊瑚礁所包围的岛的海岸。CC，潟湖海沟。A″ A″ 是珊瑚礁的外侧边缘，现在它变成了一个环礁。C′ 是新的环礁的潟湖。

注意：从实际的从例来看，这个图里的潟湖海沟的深度要夸大很多。

珊瑚礁剖面图

的珊瑚将会继续向上茂盛地生长，但是随着岛屿的下沉，海水就会一寸一寸地漫过海岸——各个分开的山峰首先就会在一个巨大的珊瑚礁里形成各自分开的岛屿——最终，最后一个最高的峰顶也消失了。这种情况只要一发生，一个完整的环礁就形成了：我已经说过，只要把一个环形的堡礁中的高出海面的陆地移去，剩下的就是环礁了，而这块陆地也已经被移去了。我们现在就能弄清楚环礁是怎么形成的了，它从环绕着的堡礁突显出来，与它们在常见的大小、形态、集结成群的方式、以单行或双行的排列上都很相似，因为环礁的这种剖面图可以被称作下沉的岛屿原先所耸立在那里的粗略轮廓图。我们还能进一步明白它是怎样升起来的，太平洋和印度洋的环礁就是这样一排排地朝着这两个大洋里的高大岛屿和长海岸线的常见的普遍方向平行地延伸着。因此，我敢肯定地说，有关大陆下沉时珊瑚向上生长的理论[①]，就能把那些奇妙构造的所有突出特征、那些长久以来引起航海家们强烈兴趣的潟湖岛或环礁以及同样奇妙的堡礁，不管它环绕的是小岛还是沿大陆海岸绵延成百上千公里，都能很容易解释清楚了。

有人可能会问，我能否提供堡礁或环礁下降的任何直接证据？可是必须要想到，要查明隐藏在水下的运动趋势是多么的困难！尽管如此，在基林岛的环礁中，我观察到在潟湖的四面八方都有被海水冲刷的老椰子树在往下降。有一个地方，当地居民插进去的一个棚屋的桩基，7年前还在最高水位上，但现在每天都要受到潮汐的冲刷。经过询问，我发现这里最近10年里发生过3次有震感的地震，其中有一次地震非常剧烈。在瓦尼沟螺岛，潟湖沟惊人的深，几乎任何冲积土壤都不能在高耸的山脚下累积起来，而在城墙一样的堡礁上，由堆积的碎片和沙子而形成的小岛屿也极少。这些事实及一些类似的事实都使我相信，这个岛肯定是最近才下沉的，而且珊瑚礁还在向上生长，并且，这里经常发生地震，而且还很剧烈。另一方面，在社会群岛，潟湖沟却几乎被填塞了，因为这些海沟的底层累积了大量的冲积土，而且在有些情况下，长长的小岛已经在堡礁上形成了——所有的事实都说明，这些岛屿不是最近才下沉的——只不过感觉过几次极轻微的地震。在这些珊瑚构造的问题上，陆地和海水似乎在相互争霸，这就使得我们非常难以判定这种变化的原因究竟是潮汐上涨引起的还是陆地轻微下降所引起的。不过，有很多堡礁和环礁受到过这些变化，这一点是肯定的。在有些环礁上，一些小岛屿在最近的一段时期里似乎增加得非常快，而在另一些环礁上，这些小岛屿则部分或完全被冲走了。马尔代夫群岛的有些岛屿的居民还记得一些小岛最初形成的日期。还有一些地方的珊瑚现在在海水冲刷过的暗礁上生长得很旺盛，上面有些埋死人的洞穴证明了那里以前是有人

① 我非常满意地在一位美国博物学家库图伊先生有关南极探险的书里发现了如下一段文字："本人勘察了大量珊瑚岛，并且在拥有海岸和部分环礁的火山岛中驻扎了8个月之后，我得承认，我自己的观察使我更加深深地感到达尔文先生的理论是千真万确的。"不过，做这类探险的博物学家对于珊瑚岛的构造与我的某些观点并不相同。

博拉博拉岛

居住的地方。我们很难相信外海的潮汐流会发生经常的变化，倒是有当地人记录到在一些环礁上发生过地震，在别的环礁上还观察到有巨大的裂缝。这些充足的证据证明了海底地区曾经发生过变化和扰动。

很明显，根据我们的理论，那些仅仅被珊瑚礁包围的海岸是不会发生明显可觉察的下沉的，因此由于它们的上面有珊瑚在生长，它们肯定会保持稳定的状态或向上升高。现在事实显著地说明了，由于上升的有机物遗体的出现，被珊瑚环绕的岛屿已经得到了升高，因此，这也间接地支持了我们的理论。当我惊讶地发现，M·科伊先生和盖马德先生所做的描述并不能解释一般的珊瑚礁，而只能解释岸礁时，我印象特别深刻。当我后来通过一个特别的机会发现，这些杰出的博物学家考察过的那几个岛屿在最近的地质年代里已经上升了，这就印证了他们的观点，我也就不再感到惊讶了。

我们不但能用下沉理论来解释堡礁和环礁在结构中的重大特征，以说明它们在形态、大小和其他特征方面都具有相似性，而且还能用下沉理论对它们在很多结构上的细节和特殊情形加以简单的解释——由于珊瑚必须在一定的水深下找到生长的基础，所以我们的理论在这个问题上就不得不予以承认了。我只给出几个例子加以说明。以堡礁为例，人们很久以来就惊讶地谈论道，那些穿过珊瑚礁的水道正好与礁内陆地上的山谷相对，甚至有时候珊瑚礁被一条比实际的水道还要宽很多、深很多的潟湖沟与陆地分开时也是这样。因此，似乎非常少量的海水或被海水带下来的沉积物简直不可能伤害到礁石上的珊瑚。现在，每个岸礁中的珊瑚礁上都在最小的小溪前由一条狭窄通道形成了一个缺口，即使在一年中的大部分时间里小溪是干旱的，但偶尔冲刷下来的泥沙、碎石也会把沉积处的这些珊瑚毁灭掉。结果，当一座环绕着珊瑚的岛屿下沉时，尽管大多数的狭窄通道有可能被向外生长和向上生长的珊瑚封闭起来，然而任何一个没有被封闭的通道由于潟湖沟里面的沉积物和脏水向外流出，那肯定会有几个出口一直在开启着，仍然会继续对着那些溪谷的上部，而谷口上原本的基础岸礁上也有着一个裂口。

我们现在很容易就能明白，一座只以一面朝向堡礁的岛屿，或者一面朝向堡礁，一端或两端由堡礁所环绕的岛屿，在经过长期持续的下沉之后，要么会变成一个单独的城墙一样的珊瑚礁，要么就变成了一个带有直立的、向上伸展尖刺的环礁，要么就变成了由直礁联系在一起的两三个环礁——所有这些例外情况实际上也会发生。由于这些造礁珊瑚需要食物，它们同时又是别的动物的猎物，也会被沉积物毁灭，且不能附着于疏松的海底，而且很容易被冲刷到不能生长的深水处，那么对于部分不完整的环礁和堡礁，我们就不必大惊小怪了。新喀里多尼亚的大堡礁在很多地方就是不完整、不连续的，因此经过长期的下沉后，这座大珊瑚礁就不会产生像马尔代夫群岛那样的有着640公里长的大环礁，而是成了一个链状或环礁群岛，在尺寸大小上与马尔代夫群岛几乎一样。况且，在一个相对的两端有裂口的环礁中，洋流和潮汐就有可能径直通过这些缺口。因此，那些珊瑚，尤其是在陆地持续下降过程中的珊瑚，就决不可能把裂口的边缘再次联结起来。如果它们不能联结，则随着整个地层的向下沉降，一个环礁就会分成两个或多个环礁。在马尔代夫群岛中，有很多截然不同的、相互位置非常关联的环礁群，它们被很深的，甚至是深不见底的海沟所分开了。（例如，罗斯环礁与阿里环礁之间的海沟深270米，而南、北尼兰多环礁之间的海沟深度为360米）在观察了它们在地图上的位置后，你就不得不相信，它们以前的相互关系还会更密切。而在同一个群岛中，马洛斯马多环礁被一条分岔的海沟所分开，其水深在180–240米之间。在这种情况下，就很难说明，是应该严格地把它叫作三个分离的环礁，还是该算做一个没有完全分开的大环礁。

对于珊瑚礁的情况我不再做详细的叙述，但我必须指出，我们可以根据珊瑚向上、向外生长的事实来简单说明马尔代夫北部环礁的奇妙结构（要考虑到它们破碎的边缘能让海水自由出入）。这些珊瑚最初要么生长在潟湖里各个分开的小礁岩上，就像发生在普通环礁上的那样；要么生长在线状的珊瑚礁边缘的破损面上，就像每个普通形状的环礁边界一样。我忍不住再次要提到这些复杂结构的奇特性——一片巨大的、多沙的、通常成凹形的圆盘，从深不可测的大洋底部突兀升起，其中央是一片广阔的地区，边缘是对称的椭圆形的珊瑚岩盆地，刚刚露出海面，有时上面覆盖着植物，而每个圆盘中都含有一湖清水！

还有一个问题要详细说明一下：在两个相邻的群岛中，一个群岛里的珊瑚生长得很茂盛，而另一个却没有，而以前所列举的很多条件肯定会影响它们的

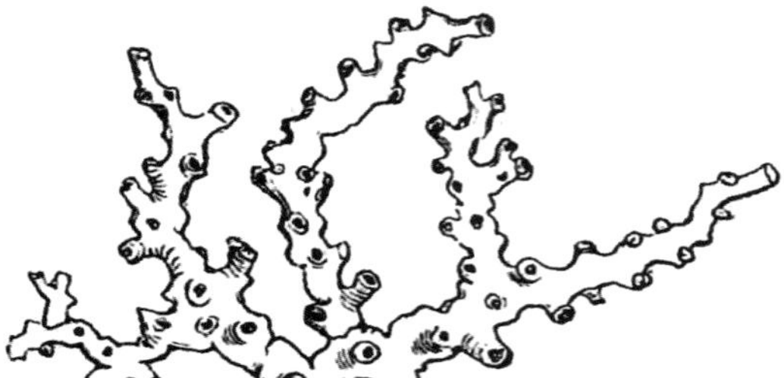

珊瑚

生存。如果受到土壤、空气、水质的影响后，造礁珊瑚还能在任何地点或地区继续永久存活下去。这个事实就无法解释了。因为根据我们的理论，包括环礁和堡礁的地区都在下沉，在这些地区里，我们偶尔也会发现有死亡和淹没的珊瑚礁。在所有的珊瑚礁中，由于潟湖或潟湖海沟向下风处冲刷沉积物，这一面对珊瑚的长期持续的繁盛生长最为不利了，因此在下风处常能见到死亡的部分珊瑚礁，而这部分死亡的珊瑚礁尽管还保持着城墙一样的形状，可现在却已有好几处下沉到水下几米深的地方了。在查戈斯群岛，由于某些原因，可能是由于陆地下降得太快，现在珊瑚礁的生长环境远不如从前了——有一个环礁的15公里长的部分边缘礁已经死亡、下沉了；第二个环礁只有一些很小的活珊瑚生长到了水面上；第三、四个环礁已完全死亡，沉到水下了；第五个环礁只留下了一点残骸，它的构架几乎已经消失了。非常引人注目的是，在所有这些事例中，死亡的珊瑚礁和部分活珊瑚礁几乎处在相同的深度，也就是水面下11–15米的地方，好像它们是以等速运动在往下沉降一样。莫尔斯比船长（我非常感激他给了我很多价值无量的资料）所称的“半沉没的环礁”是一个规模很大的环礁，也就是说它的长径有166公里，短径有130公里，在很多方面都非常奇特。因为按照我们的理论，新的环礁一般会在每个新的沉降区上产生，但可能会有人提出两个重大的反对意见，也就是：首先，环礁会在数量上无限地增加；其次，如果不能证明环礁偶尔也会受到毁灭，那么在旧的沉降区中每个单独的环礁就会在厚度上无限地增长。这样，我们就要追溯这些巨大的珊瑚岩环的历史了，从它们最初的起源，经过它们生存期间的正常变化和意外事件，直到它们的死亡及最终消失。

在我的著作《珊瑚礁的构造》中，有我绘制的一张图。我把所有的环礁都绘成深蓝色，把堡礁绘成浅蓝色，而把岸礁绘成红色。岸礁是在陆地固定不动的时候形成的，或者像我们经常所看到的，当珊瑚礁缓慢上升时它就在上升的有机残骸物上形成了。另一方面，环礁与堡礁是在相反的下沉运动过程中形成的，这个运动过程一定是非常缓慢的，而且在环礁的形成过程中下沉的区域是如此之广，以致浩瀚的大海把每座山顶都埋没了。在这张图里，我们会看到那些标有浅蓝色和深蓝色的珊瑚礁是以相同的运动次序产生的，一般都清楚地紧靠在一起。我们还会看到，标上两种蓝色的区域伸展得很宽，而且它们各自位于红色海岸的延长线上。由以上两种情形，我们会很自然地推断出这个理论，即：珊瑚礁的性质是由地球运动的性质支配的。值得注意的是，单独的红、蓝圆圈相互靠拢的例子决不止一个，我还能举出这里发生过出水平振动的例子，因为在这些事例中，红圈或标明岸礁的圆圈组成了环礁。根据我们的理论，它们最初是在下沉的过程中形成的，但是后来又升了上去。另一方面，有些用浅蓝色标明的环绕的岛屿是由珊瑚岩构成的，它们肯定是在下降运动发生前就已上升到了现在的高度，在此期间，现存的堡礁就向上生长。

生物理论家们非常吃惊地注意到，尽管环礁在浩瀚的海洋里是最普通的珊瑚礁结构，但在有些海洋里却没有一点环礁，例如在西印度群岛中就是这样。我们现在马上就能知道这个原因，因为那里没有发生过下沉，环礁就形成不起来；至于西印度群岛和部分东印度群岛，这些地带都已知在近期上升了。图上标明红色和蓝色的大部分区域都是狭长形的。在这两种颜色之间都有一定程度的大致交替出现，就好像一个地方向上升起与另一个地方向下沉降形成了平衡。考虑到最近在岸礁的边缘和没有珊瑚礁的一些其他地方（例如，在南美）都有地面上升的依据，我们就能得出结论：大陆地区的大多数地方是上升的——从珊瑚礁的性质来看，浩瀚的大洋的中心地带是下降的地带。东印度群岛是世界上土地最破碎的地方，其大部分地方都是上升的，但有一条狭长的沉降区围绕和贯穿过这个群岛，很可能这些狭长的地区不是朝着一个方向的，而是朝多个方向的。

我还在同一幅图的有限空间里用朱红色的点标明了所有著名的活火山。让人非常惊奇的是，在标有浅蓝色和深蓝色的每片广大的下降区域里都没有活火山。同样让人惊奇的是，主要的火山脉与标有红色的地区是重合在一起的，于是我们得出结论：这些地区要么是长期保持稳定的地区，要么是更常见的近期上升的地区。尽管有少数红点与标有蓝色的单个圆环相距不太远，但是在离群岛甚至小环礁群几百、上千公里的范围内都没有一座活火山。因此，一件引人注目的事实就是：友谊群岛是由一群向上的、部分受到损毁的环礁所组成的，历史以来人们就知道它有两座、也许有更多座活火山。另一方面，尽管位于太平洋中的大多数由堡礁环绕的岛屿是由火山爆发而形成的，常常还能看到残余的火山口，但没有人知道它们过去曾经爆发过。因此，在这些情况下就会出现，在火山爆发以后，依据那里的上升运动或下沉运动所处的优势，它就在同一个地点熄灭了。无数的事实证明，只要哪里有活火山，上升的有机残留物就普遍存在，但是在不能证明下降地区就没有火山或没有活火山之前我们就说火山的分布取决于地表的上升或下降这种推论，其本身有着冒险的成分。但我现在认为，我们可以放心地承认这种重要的推论了。

最后，我们再来看一看这幅图，并且回想一下有关有机体残留物上升的叙述。我们感到非常惊奇的是，在地质学上不太遥远的时期里发生的向上或向下的变化，其区域是如此的广大！它还会告诉我们，上升和下降运动几乎遵循着相同的规律。在整个散布着环礁的区域里，没有一个高地的峰顶会高于海平面，地质的下沉肯定是非常广泛的，而且这种下沉不管是持续的，还是周期性的，珊瑚都有足够长的时间再次把它们的生物建筑带到水面上来，当然，这个过程必然是极其缓慢的。这个结论也许是从研究珊瑚礁的形成而推理出来的最重要的一个结论——而且很难想象有谁能用别的方法推理出这个结论。尽管这样，我也不能忽视以前存在高耸的大群岛的可能性，虽然那里现在只有一些珊瑚岩圆环在打破浩瀚大海的一望无际的单调景色了，这样还能对大洋中相隔遥远的地势较高的岛上的生物分布提供一些线索。造礁珊瑚真正建筑和保存了海底上下振动的绝妙纪念碑。我们从每个堡礁上就能得出证明，它是这里陆地下沉的依据，而每座环礁也是已经消失的岛屿的纪念碑。因此，我们就像一个活了一万年的地质学家，保留着过去的地质变化记录，洞察这个大星球的某些玄机，体会着沧海桑田所带来的变化。

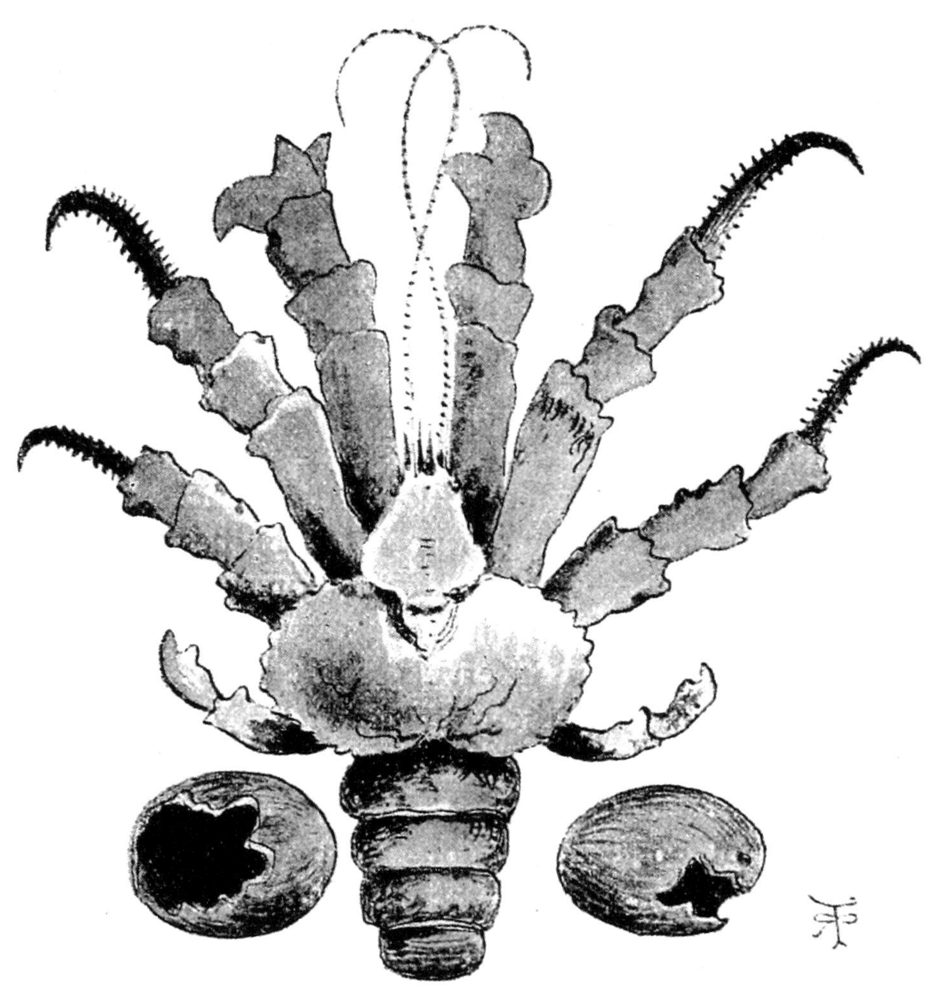

基林岛上的椰子蟹

毛里求斯的圣路易斯港

# 第二十一章

## 从毛里求斯到英格兰

毛里求斯的美丽景色——巨大的火山口形的环形山脉——印度人——圣赫勒拿——植物变化史——陆生贝类灭绝的原因——阿森松岛——外来家鼠的变异——火山弹——纤毛虫的地层——巴西的巴伊亚市——热带的壮丽景色——伯南布哥（累西腓）——奇异的珊瑚礁——奴隶制——返回英格兰——对我们这次航行的回顾

**4月29日**——早上，我们经过了毛里求斯的北端，也就是法兰西岛。这个岛的景色非常漂亮，对此，人们有很多有名的描述，今日亲见，名不虚传。在庞普勒穆斯的斜坡平原上，点缀着一些房子，大片亮绿色的甘蔗田把这里染成了一片绿色，这里就是法兰西岛的前景。随着我们走近，这种绿色的光辉从近距离看更加醒目了。走近岛的中央，只见森林茂密的山峦从高度开垦过的平原上高耸而起，山的顶峰就像通常所见的古代火山岩一样，带着最尖锐的参差不齐的山尖。大片大片的白云在山顶上积聚缭绕，好像就是为了取悦来访者的双眼。整座岛屿，连同它的斜坡边界和中央的高山，装扮出非常优雅的气息。如果我要用一句话来表达它，那就是这里的景色给人带来了非常和谐的视觉享受。

第二天，我花了很大一部分时间到镇上去散步，拜访不同的人群。这个镇的规模相当大，据说有2万名居民，镇上的街道也非常干净、整齐。尽管这个岛在英国政府的统治下有很多年了，但这个地方的一般特征却非常法国化：英国人要对他们的仆人说法语；这里的商店也全是法国人开的；事实上，我认为法国的加来或布伦市反而更英国化一些。这里有一个非常小的剧院，表演的戏剧非常棒。我们还非常惊奇地看到这里有几家很大的书店，书架上装满了书——音乐与书籍证明我们已经来到了文明的旧世界，因为澳大利亚和美洲是真正的新世界。

在路易斯港，各种不同种族的人在街上往来行走，展示了非常有趣的一幕。被终身流放到这里来的印度囚犯现在大约有800人，他们被雇佣到各个公共事业部门工作。在看到这些人之前，我还不知道这些印度人的外貌看起来是如此的高贵。他们的肤色非常黑，有许多上了年纪的老人长着雪白的大胡子，这些特征加上他们似火的激情，使他们的外貌更显仪表堂堂。他们中大多数人都是因为谋杀和最恶劣的罪行而被流放到这里的，另一些人则是因为未必算得上的道德过错而被判处了流放，例如，因为迷信的动机而没有遵守英国法律。这些人一般都很安静，品行也端正，从他们的外在行为、他们的纯洁心地、他们对自己奇怪的宗教礼仪的虔诚遵守，都不能以同样的眼光把他们与新南威尔士的可悲罪犯相提并论。

**5月1日**——星期日。我沿着静静的海岸散步，到了该镇的北部。这部分平原完全没有开垦过，它是由一片黑色的火山岩构成的，上面覆盖着粗硬的野草和灌木，而灌木主要是含羞草。这里的景色特征可以说是介于加拉帕戈斯群岛与塔希提岛之间的景色，但我这样说只能对极少数的人传达出一个明确的概念。这是一个令人非常愉悦的地方，但没有塔希提岛那样的妩媚，也没有巴西那样的壮观。第二天，我去攀登拇指山。这座山之所以叫拇指山，是因为它在紧靠该镇的后面，像一只拇指一样向上伸展出840米高。这座岛的中心是一个大台地，台地的周围是古老的、破碎的玄武岩山脉，其地层向下浸入到了海中。中央的台地是由相对近期的火山岩流形成的，成椭圆形，其短轴的地理长度为21公里。其外部相接的山脉形成了一种叫作高海拔火山口的结构，有人认为这种结构不像普通的火山口，而是由巨大的、突然的上升而造成的。这个观点不可避免地引起我的反对。另一方面，我简直不能相信，在这个事例和其他的事例中，这些边缘的火山口一样的山脉只不过是巨大的火山底部的剩余物，其山顶要么被掀掉了，要么被吞噬到了地下的深渊里了。

我们从高处可以欣赏到整座岛屿的优美景色。这边的乡间得到了很好的开垦，土地划成了一块块的田地，其上到处散布着农舍。不过有人向我肯定地说，在整个岛屿中，只有不到一半的土地开垦出来了。如果事情真是这样，那考虑到现在的大批量蔗糖出口，这个岛在将来人口稠密时，就将会具有极大的价值。自从英国占领它以来，还只经过了25年，据说这里的蔗糖出口就增长了75倍。这个岛能够繁荣的一个很大因素，在于它的良好的道路状况。相邻的波旁岛现在还在法国政府的控制之下，那里的道路与几年前这里的道路一样，还是惨不忍睹。尽管这里的法国居民肯定从这个岛的财富增长中获得了巨大的收益，但英国政府却很不得人心。

**5月3日**——晚上，因测量巴拿马地峡而闻名的总测量师劳埃德上尉邀请我和斯托克斯先生到他的乡间别墅去做客。我们在这个宜人的地方住了两天。此地位于威廉平原边缘处，离港口约10公里远。它的地势高出海平面240米，空气凉爽、清新，四周都可以尽情地散步。附近还有一条巨大的深达150米的幽深峡谷，穿过从中央平台流过来的略微倾斜的火山熔岩流。

**5月5日**——劳埃德上尉把我们带到黑河。这条河位于南边近10公里的地方，我可以在这里察看一些上升的珊瑚岩。我们穿过赏心悦目的花园和长势良好的甘蔗地，这些甘蔗就长在大块的火山熔岩中间。道路的两边栽种着含羞草树篱，而很多房屋的附近是一行行的芒果树。高耸的山头与耕种的农田映入到我们的眼睑，它们合在一起形成了一幅特别优美的风景画。我们不断地惊呼"要是在这种安静的地方度过一生，该是一件多么惬意的事啊"！劳埃德上尉饲养了一头大象，它陪我们走了半程。我们骑上大象享受了一次真正印度风味的旅途。最让我吃惊的是，大象走起路来没有一点响声。这头大象是岛上目前唯一的一只，不过，据说还会有另外的大象送过来。

**5月9日**——我们从路易斯港起航前往好望角，于7月8日抵达圣赫勒拿岛。这座岛常被人描绘成一个阴森可怕的地方，它就像一座巨大的黑色城堡，从汪洋大海中突兀而出。好像为了完善大自然的防御力量，在城镇的附近，怪石嶙峋的每条沟壑间都布满了小堡垒和大炮。这座小镇依着一条平坦而狭窄的山谷而建，镇上的房屋布局得体，其间点缀着少量的绿树。当我们驶近、停好船舶，一道醒目的景色映入眼帘：一座高耸的小山顶上坐落着一个不规则的城堡，周围是一些散布的冷杉，无所畏惧地向天空伸去。

圣赫勒拿岛

第二天，我在离拿破仑墓[1]一箭之远的地方找到了住所，这里位于岛的正中心。从这里出发，我可以向任意一个方向做短途旅行。在接下来的四天里我一直住在这里，从早到晚在岛上到处漫步，考察它的地质史。我住宿的地方海拔高度在600米左右，天气寒冷刺骨，不断地下着阵雨，整个景色时不时地笼罩在一片浓雾之中。

在海岸附近，粗糙的火山熔岩完全是裸露的——在中央和地势较高的地方，由火山熔岩分解而成的长石岩已经变成了含黏土的土壤，那些还没有覆盖植物的地方显露出很多明亮色彩的宽带。在这个季节，这里的土地不断地受到阵雨的滋润而产生出一片奇异的亮绿色的牧草，随着地势越来越低，这种色彩慢慢地消退，最终完全消失了。在南纬16°，地势稍高的海拔450米的地方，我们非常惊奇地看到有一种植物具有明显的英国特色。这里的山头上，一些形状不规则的林场中种植着苏格兰冷杉，而斜坡上则浓密地覆盖着金雀花灌木丛，其明黄色的花朵挂满了枝头。小河的两岸有常见的垂柳，树篱则是由黑莓种植而成的，上面结满了有名的果子。当我们考虑到这个岛上目前所发现的植物种类有746种，其中只有52种是本地土生土长的物种，其余的都是外来的物种，这其中大部分是从英格兰来的物种时，我们就知道这些植物为何具有英

① 有关这一主题的生花妙笔喷涌而出之后，甚至提到这座坟墓都很危险了。一个现代旅行者，用十二行诗将这座可怜的小岛赋予了以下的称号——坟墓、墓穴、金字塔、公墓、土冢、茔窟、石棺、光塔、陵墓！

格兰特色了。这里的很多从英国来的植物似乎都比在英格兰本土还要生长得茂盛，还有一些从地理位置相对的南半球澳大利亚来的植物也生长得非常良好。有很多进口的物种肯定毁灭了一些本地的物种，只有在最高、最陡峭的山脊上，土生土长的植物群现在还占据着优势。

这里的大量村舍和白色小屋都保持着英国的特色，或者更确切地说，保持着威尔士的特色；一些房屋深藏在山谷的底部，另一些则从高耸的山头上探出身来。有些景色，例如，在W·多夫顿爵士的屋旁，有一座叫作洛特的山峰挺拔陡峭，远远望去，上面覆盖了阴暗的冷杉，其整个景色衬以南部海岸被水侵蚀的红色山峦，显得极为俊秀动人。从高处俯视这座岛，首先引人注目的就是这里的道路和堡垒数量非常之多——如果你忘记了这座岛具有监狱的性质，它花在公共工程方面的劳力似乎与其规模或价值相比就不成比例了。这里平坦的或者说有用的土地非常少，人们似乎要对这里这么少的土地却要养活多达近5000居民而吃惊不已了。我相信，这里的底层人群或者说被解放了的奴隶是极其困苦的——他们总是抱怨说找不到工作。由于东印度公司已经放弃了这座岛，从事公共服务的人口数就减少了，加之很多富人不断地移民出去，这里的穷困状况可能还会增加。这里工薪阶层的主要食品是米饭加少量的咸肉，因为这些食品没有一样是本岛出产的，但必须得用钱去购买，那点低微的薪水对穷人的影响就要大得多。现在，既然这里的人们已有幸获得了自由，我相信他们会完全珍视这种权力，他们的人口数就有可能会迅速增加。如果真是这样，这个小小的圣赫勒拿岛会变成什么样子呢?

我的向导是一个上了年纪的老人，年轻时放过羊，对岩石间的沟沟壑壑非常熟悉。他是一个多代杂婚所生的人种，尽管他的肤色是黑的，却没有黑白混血儿那种不友善的外貌。他是一个非常礼貌、和善的老人，似乎大多数下层人群的性格特征都是这样。当我听到一个头发几近花白、穿着体面的人在说起他做奴隶时期的事情时竟然神情漠然，就不禁有点奇怪了。我带着这个伙伴每天要走很远的路，他则带上我们的食品和一斛饮用水，这点非常必要，因为河谷下游的水都是咸的。

在这个岛的上部和中部的绿色植物圈以下原始生态的河谷非常荒凉，无人居住。但这里对地质学家来说，却是个有着强烈兴趣的好地方，它显示了不断的地质变化和复杂的地层扰动。以我的观点来看，圣赫勒拿岛是从远古以来就已存在的一个岛，不过这个岛上升的一些模糊证据现在还是存在的。我认为这个岛的中部和最高的峰顶形成了大火山口的边缘，而其南半部则被海浪完全冲走了。而且，这里还有一个黑色的玄武岩外壁，它像毛里求斯的海岸山脉一样，不过它们比岛中央的火山岩流还要古老。在这座岛的较高处有数目相当可观的贝壳，长久以来，人们认为它们是一种海洋物种，被人发现镶嵌在泥土里了。现在证实是脂象甲属的一个物种，或者说是陆生贝类的一种特殊形态。[①]我还这里发现了其他六个物种，又在另一个地点发现了八个物种。引人注目的是，我们所发现的这些物种，没有一个现在还是存在的。它们的灭绝很可能是由于森林的整个毁灭而引起的，结果造成它们失去了食物和庇护的地方，这种情况发生在上个世纪的早期。

有关这个岛的长林和死林两个平原的上升的历史变迁，比特森将军在对这个岛的描述中已经给出了说明，这真是一件稀奇的事。他说，这两个平原以前都覆盖着森林，因此被称作大森林。直到1716年这里还有很多树，但是到了1724年，那些老树大部分都倒下了；当山羊和野猪忍受着痛苦到处徘徊时，所有的小树也被摧残致死了。从官方的记录中可以看出，让人意想不到的是，经过若干年后这些树木被一种狗根草取代了，这些草遍及了这座岛的整个表面。[②]比特森将军补充道，现在这个平原“覆盖着一层长势良好的草皮，已经成了这座岛上最优良的牧草了”。以前这个岛覆盖着森林的表面积估计不少于800公顷，现在几乎找不到一棵树了。他还说，1709年，在桑迪湾还有大量的死树，可现在这个地方已完全变成了一片不毛之地，要不是比特森将军的描述极好地证明了这件事，我简直不能相信那里曾经生长过树木。事实上，这些山羊和野猪把那些正在生长的小树都摧毁了，而在此期间，那些老树尽管免遭它们的攻击，却也老死消失了。山羊是1502年引进到这里的，86年后，到了卡文迪什时代，大家都已知道，山羊的数量已多得不可胜数了。此后一百多年，到了1731年，当这场灾害已经彻底无可挽回的时候政府签署了一项命令，所有到处乱撞的牲畜都得消灭。因此，我们非常有趣地发现，从1501年这些动物引进到圣赫勒拿岛，只不过经历了220年的时间，整个岛屿就发生了改变。这些山羊是1502年引进的，到了1724年，据说“那些老树几乎都倒下了”。一点都不用怀疑的是，这场植物界的大变化，不仅影响了陆生贝类，造成8个物种的灭绝，也同样造成了大量昆虫的灭绝。

圣赫勒拿岛位于大西洋的中心地带，离任何大陆都如此遥远，它拥有的一群奇特植物吸引了我们强烈的好奇心。那8种陆生贝类（尽管现在已经灭绝了）和一种现在还存世的异色瓢虫是这个岛上的特殊物种，其他任何地方都没有发现过。但卡明先生告诉我，有一种英国大蜗牛在这里很常见，它们的卵无疑是随着某些外来的植物一同引进到这里的。卡明先生在海边收集了16种海贝，其中有7种海贝就他所知为这个岛所独有。鸟类和

① 要引起注意的是，我在一个地点发现的所有的贝壳标本，与另一个地点得到的标本是明显不同物种。

② 比特森的《圣赫勒拿岛》，简介章，第4页。

昆虫[①]就如我们所预期的一样数量非常少。事实上，我认为所有的鸟类都是近些年才引进来的。这里的鹧鸪和野鸡的数量相当多，但这个岛上的人太英国化了，并没有严格遵守狩猎的法规。有人告诉了我一个即使在英国都没有听说过的不公平的法令：这里的穷人以前经常烧毁岸边岩石间的树木，以便从灰烬中提取苏打，但是政府颁布了一项专横的法令禁止这项活动，而给出的理由是鹧鸪会没有地方筑巢！

我在散步的时候，不止一次从一块长满野草的平原走过，它的四周是深深的山谷，长林即位于此处。从不远的地方望过去，这里就像是一个受人尊敬的绅士的乡村别墅。前面是一些开垦过的田地，远处是一座叫作旗杆山的色彩斑斓的光滑石山，还有一块崎岖不平的方形黑色大石块，叫作仓库岩。整体来看，这里的景色十分荒凉，了无兴趣。我在散步时唯一感到不方便的就是遭受了疾风的袭击。有一天，我注意到了一个新奇的现象：我站在这个平原的边缘上，它的尽头是一处约300米深的大悬崖，我看到在距离迎风几米远的地方，一些燕鸥在与一阵强风搏斗着，而我站着的地方的空气却十分平静。我走近悬崖的边缘，气流似乎从崖面转而向上吹去，我伸出手臂，立刻感受到了风力的强劲——一道无形的屏障，只有近两米的宽度，却完全把平静的空气与强烈的疾风隔离开了。

我非常喜欢在圣赫勒拿岛的岩石间和山脉中到处漫游，并于14日早上依依不舍地下山返回了镇上。中午之前，我登上了“小猎犬”号，我们的船又开航了。

7月19日，我们到达了阿森松岛。凡是见过火山岛的干旱气候的人，马上就能描绘出阿森松岛的外貌。他们能想象出那是一座光滑的、亮红色的圆锥形山头，山顶一般都截短了，从黑色的、崎岖不平的火山岩平面上独自突兀而起。岛中的一座主要的山堆看起来像是那些小圆锥山头的父亲一样。这座山叫格林希尔山（Green Hill）。这个名字的来

---

① 在这些少量的昆虫中，我惊讶地发现了一种小型的蜉金龟和一种二疣犀甲，在动物的粪便下，这两种昆虫数量都很多。该岛被人发现时，也许除了一种老鼠外肯定是没有四脚动物的——因此，这就变成一个要弄清楚的难点了：这些以粪便为食的昆虫是不是偶尔引进来的，或者，如果这些昆虫是土生土长的，它们以前又是以什么为食呢？在普拉塔河岸，牛马数不胜数，肥沃的草原有粪便的滋养，但要找到如此多的以粪便为食的甲虫却是白搭，而在欧洲这些甲虫却数量太多了。在这种情形下，我只观察到一种二疣犀甲（欧洲的这种昆虫一般以腐烂的植物质为食）和两种彩虹蜣螂是常见的。在智鲁岛山脉的另一侧，另一种彩虹蜣螂却多得不得了，它还把牲畜的粪便制成大泥球埋在地下。有理由相信，这个属的彩虹蜣螂在牲畜没有引进之前就充当人类的清洁工了。在欧洲，这些以粪便为食的甲虫供养着别的生物和较大型的动物，它们的数量非常庞大，种类肯定超过一百多种。考虑到这一点，而且注意到拉普拉塔平原上大量此类食物消失了，我就想，我看到了一个事例：人类把当地诸多动物相互关联的食物链给扰乱了。而在范迪门地，我发现了四种粪蜣螂、两种蜉金龟、还有牛粪下数量很多的第三个属，而牛这种动物还只引进了33年。此前，只有袋鼠和一些别的小型动物是仅有的四脚动物，它们的粪便特性与人类引进的这些动物的粪便特性大不一样。在英国，更多的以粪便为食的甲虫的胃口都要受到限制，也就是说，它们毫不依赖四足动物谋生。因此，发生在范迪门地的这种习性的改变是极其异乎寻常的。我要对F·W·霍普牧师谨致衷心的感谢，我衷心的希望他能允许我称他为昆虫学导师，因为是他为我提供了上述昆虫的名字。

源是：每年到了这个时候，刚好能从锚泊处看到一抹最微弱的绿色。狂野、汹涌的大海不断地冲击着海岸边黑色的岩石，给这里的景色更添了一份荒凉。

岛上的定居点就在海滩旁。它是由几栋住房和兵营杂乱地拼凑在一起而构成的，不过白色砂石砌成的房子倒是非常结实。这里只有一些海军士兵驻扎在此，另外还有一些从运奴船上释放的黑人，他们由政府提供薪水和粮食。这个岛上没有一个普通居民。很多海军士兵对他们的处境非常满意。他们认为，无论怎样，在岸上服役21年要比在船上好得多。对于这种选择，如果我是海军士兵，我也会打心眼里同意。

第二天早上，我登上了海拔852米的格林希尔山，并从那里横跨该岛到达了迎风的一端。这里有一条修建得很好的马路从海岸定居点通往中部山峰附近的住房、花园以及田间。路旁有里程碑，同时还有储水箱，唇燥口干的过路人能从这里饮到甘甜的泉水。岛上的每件设施都得到了类似的处理，特别是在泉水的管理方面，这样就不会损失一滴水了。事实上，整个岛上的管理都可以跟大型轮船的井井有条相提并论了。我不由得对他们通过积极的、有组织的劳动所创造出意想不到的成果而感到钦佩，同时，又对他们把钱浪费在如此无关紧要的地方而感到遗憾。莱生先生曾经公正地说道，英国人想把阿森松岛变成一个富饶的地方，而其他国家的人只会把它当作大洋中的一个堡垒。

该岛的海岸附近寸草不生，往岛里面走偶尔能见到绿色的蓖麻油植物，还能遇到少量蚱蜢——这片不毛之地的真正伙伴。在岛中地势抬起的地表上点缀着一些野草，而整个岛屿看起来很像威尔士山脉中最荒凉的地区。但尽管这里的牧草稀少，却有大约600只绵羊，有很多山羊，还有少量的奶牛和马匹，它们都长得膘肥体壮。至于本地的动物，陆生蟹与老鼠成群结队，数量极多。这些老鼠是不是土生土长的还很值得怀疑，沃特豪斯先生记述过，这里有两个种类的老鼠：一种有黑色毛发，皮肤光滑漂亮，生活在长满野草的山顶；另一种是棕色的，皮肤不太光滑，毛发很长，栖居在海岸边靠居民点的附近。这两种老鼠都比正常的黑色家鼠要小30%，而且它们与家鼠在颜色和皮毛特征上都不相同，但在其他基本方面就没什么不同了。我毫不怀疑这些老鼠（就像普通的老鼠，已经野化了）是从外地输入进来的，而且像加拉帕戈斯群岛上的物种一样，由于它们面临着新的环境，从而产生了不同的变化。因此，岛中山顶上的老鼠变种就与海岸边的老鼠变种不一样。这里没有本地的鸟类，不过有一种从佛得角群岛引进的珍珠鸡倒是数量众多，而普通的家鸡也同样野化了。有些猫本来是放到外面来捕杀老鼠的，现在已迅速繁殖，成了一大灾害了。这座岛上整个没有一棵树。从这方面和其他方面来看，它比圣赫勒拿岛要差远了。

我有一次到该岛西南的最顶端做了一次短途考察。这天天气晴朗、闷热，我看着这座岛，不是因为它的美景而微笑，而是被它毫无遮掩的丑陋惊呆了。岛上的火山熔岩上覆盖着小山丘，其崎岖不平所达到的程度即使用地质学的眼光来看也不容易解释清楚。山丘之间的地方隐藏着一层层的浮石、火山灰和火山凝灰岩。起初我们从海上经过岛的这端时，我想不出整个平原上点缀的白斑点是什么，我现在才发现它们是海鸟，正在毫无戒备地睡大觉，即使在中午的时光，一个人都能走过去把它们抓住。这些鸟是我一整天里看到的唯一生物了。在海滩上，尽管微风轻拂，但巨大的海浪在不断地冲击着杂乱的火山岩。

这座岛的地质在很多方面都非常有趣。在好几个地方，我注意到有一种火山弹，也就是大块的火山熔岩，当它还是液体的时候就被喷射到了空中，随后凝结成了球形或梨形的火山石。它们不但在外部形态上，而且在很多情况下其内部结构也显示了非常奇异的特性，说明它们在空中飞行的过程中是旋转的。如果把一个火山弹打开，其内部结构就会如上图所示，非常准确地表示了出来。其中心部分呈粗大的蜂窝状，越向外侧，小孔的尺寸就会越小；外面是一层约八九毫米厚的壳，由密实的石头构成，这一层的外面还覆盖着一层孔径很细的蜂窝状火山熔岩外壳。我认为，可以毫不怀疑地说，首先，外层硬壳很快就冷却了下来，变成了我们所看到的模样；其次，包裹在硬壳里的呈液体状的火山熔岩被火山弹的旋转所产生的离心力压向已经冷却的外壳，这样就产生了坚硬的石头外壳；最后，由于火山弹靠中心的部位压力减轻，离心力使得灼热的蒸汽把小孔扩大了，因此就形成了中心部位粗大的蜂窝状物质。

一座由大量老火山岩构成的山头被人误认为是一个火山口。引人注目的是，它有宽

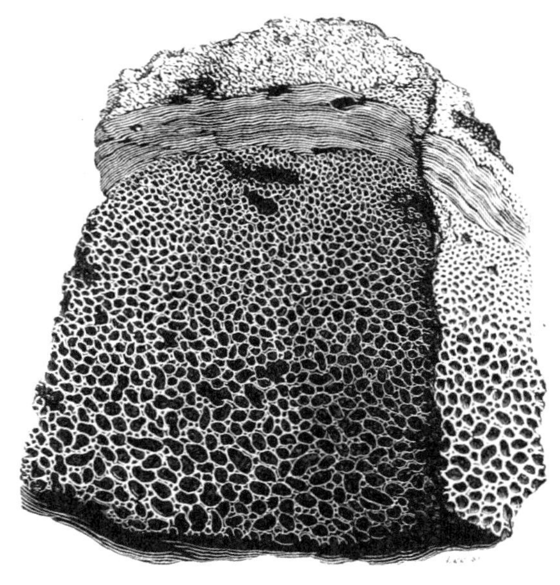

火山弹的蜂窝状构造

敞的、略微下陷的凹口，环形的山顶已经填满了一层层的火山灰和熔岩渣。这些碟形的灰层从边缘处裸露了出来，形成了五颜六色的精美的圆环，给山顶造成了一种最奇幻的画面。其中有个圆环又白又宽，就像一个跑马的圆形跑道，因此这座山叫作魔鬼骑术学校。我从粉红色的凝灰岩层中挑了几块样品带回去，埃伦伯格教授发现，它们几乎全部由有机物构成。这真是一个让人意想不到的事实！他发现，这些岩石中含有一些硅质外壳的淡水纤毛虫，还有不下于25种不同种类的植物硅质组织，其中主要是草类的组织。因为里面没有含碳的物质，埃伦伯格认为这些有机体已经通过火山焰，以我们现在所看到的状态喷发了出来。这些岩层的外貌促使我相信，它们以前曾沉积在水下，尽管这里的气候极其干燥，我也不得不推想，有可能在火山喷发期间下了场暴雨，在火山灰落下的地方形成了一个临时的湖泊。但我现在又怀疑，这个湖不是一个临时的湖。无论怎样，我们都确信，在某个远古时期，阿森松岛的气候与物产与现在的气候和物产有很大的不同。我们在地球表面的哪个地点，在经过仔细的探究后不能发现由它控制的过去、现在及未来的无限循环的变化迹象呢？

为了完成全世界的精密计时测量，我们离开了阿森松岛，向巴西海岸的巴伊亚驶去。我们于8月1日到达那里，并逗留了四天，在此期间，我进行了好几次长距离步行。我非常高兴地发现，我对热带风景的欣赏一点儿都没有因为缺少新奇感而有所下降。这里的风景要素是如此的简单，它们值得提出来进行证明：最精致的自然美取决于最微小的细节。

这个地方是一个海拔约90米的平原，它的各个地方都被侵蚀成平底的河谷了。这种结构在花岗岩土地上是不寻常的，但在所有更柔软的地质结构中却是非常普遍的，平原通常就是这种构造。这里的整个平原表面都覆盖着各种各样的高大树木，其间散布着一块块开垦过的农田，农田附近是房屋、修道院和高耸的教堂。必须要记住的是，在热带地区，自然界的狂野生机即使在接近大城市时也不会丧失，因为自然生长的树篱和山坡上的野生植物要比人工栽培的植物具有更加生动的效果。因此，只有少量明红色的土壤斑点与广泛存在的绿色植被形成了强烈的对比。从平原的边缘看过去，远远地能看到大海的景色，或者可以看到海岸上长着低矮树木的大海湾，海面上数不清的小船和独木舟展示着它们的点点白帆。除了这些景点，其他的风景就极其有限了。沿着平坦的道路两旁，只能瞥见下面长满树木的河谷。我要补充说明的一点是，这里的房子，尤其是宗教建筑，都是以奇特的、极其怪异的建筑风格建成的。它们都用石灰水粉刷了墙壁，因此，当中午的灿烂阳光照射到墙上时，与地平线上的淡蓝色天空形成了对比，它们看起来更像是幻影而不是真正的建筑了。

这些就是这里的风景的基本要素，但要试图说明它们的一般效果却是做不到的。

很有学问的博物学家常用大量的物体名称来描述这些热带景物，并标明每个物体的一些典型特征。这种描述对一个博学的旅行家来说有可能传递了某些明确的思想，但有谁能在一个干燥标本集里看到一种植物后就能想象出它们在原产地的土壤中生长的模样？有谁能在温室中看到精选的植物后就把其中的一些植物放大到森林那样大的规模，而把另一些植物设想成拥挤的密林？又有谁在观察了昆虫学家的陈列室里迷人的蝴蝶和奇异的知了标本后就会把这些无生命的物体联系到知了的无休无止的刺耳歌唱和蝴蝶懒洋洋的振翅飞翔？并且还与热带的寂静无声、骄阳似火的中午景象同时发生？当太阳高悬头顶时，我们就会看到这样的景色：芒果树浓密壮观的树叶所形成的最暗的树影遮住了地面，而高处的树枝由于阳光普照显示出了最耀眼的绿色。在温带，情况就不一样了——那里的植物没有这么浓密，也没有这么丰富，由于阳光斜照，染上了一层红、紫或明黄的色彩，给那里的景色增添了最美丽的色彩。

当我静静地沿着林荫道散步、欣赏着接连不断的景色时，我期望着找出一些恰当的词句来表达我的思想。我找到了一个又一个华丽的辞藻来把我内心经历的愉悦感传达给没有到过热带地区的人，但总觉得那太没有说服力了。我曾经说过，温室里的植物不能准确表达出整个植物界的概念，但我必须再次引用一次。大地就是一个由大自然自身创造出来的野生的、杂乱无章的、生机勃勃的巨大温室，但是被人类占据了，他们再饰以华丽的房屋和整齐的花园。每一个大自然的崇拜者心中都有一个渴望，如果有可能的话，去欣赏另一个星球的风景，那该有多好啊！然而对每一个生活在欧洲的人来说，我们可以实实在在地指出，只要离他的本土几个经纬度的地方，另一个世界的壮丽景色就会向他敞开大门。我最后一次在这里散步时，一次又一次地停下来，凝视着这些美景，极力把每一个印象永久地定格在我的头脑中，但我那时也知道迟早会记不住的。那些橘子树、椰子树、棕榈树、芒果树、树蕨、香蕉等等各种树的模样将会各自清晰地保留在我的头脑中，但万千种美景合在一起而形成的一幅完美景象肯定会在记忆中慢慢消退——但它们就像孩子们听说过的童话故事一样，都会给我们留下一幅充满模糊不清的、最美丽的画卷。

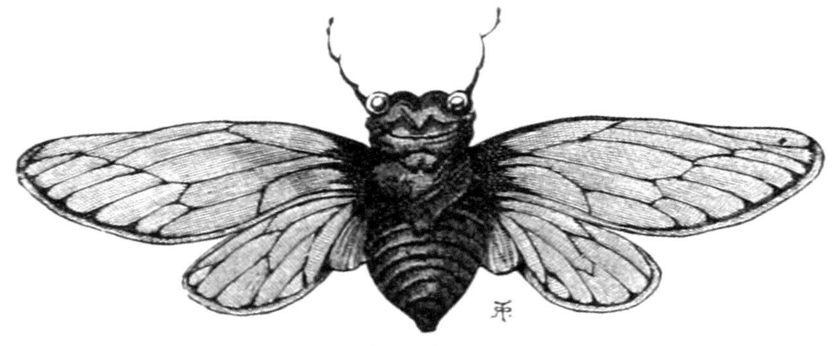

蝉，同翅目

**8月6日**——下午，我们打算径直前往佛得角群岛，于是向大海驶去。但一场不利的大风耽搁了我们的行程，于是我们于8月12日驶进了伯南布哥（即累西腓）——这是巴西海岸边的一个大城市，位于南纬8°。我们在珊瑚礁外抛了锚，但不久一个引航员来到我们船上，把我们引进了内海港口，这样我们就停泊在紧靠城市的地方了。

伯南布哥坐落于狭长、低矮的沙岸上，沙洲的咸水海沟把它分成了各自独立的几部分。该市的三个部分由两座建在木桩上的长桥连接在一起。这座城市到处都令人厌恶，街道狭窄、路面不平、肮脏不堪，房子又高又阴暗。这个季节的大雨似乎没完没了，而周围地区几乎没比海平面高出多少，因而洪水泛滥。我想做几次长距离步行的所有企图都落空了。

伯南布哥所处的那个平坦的沼泽地，由半圈半径几公里的低矮的小山围绕，或者更确切地说，是由海拔高度约60米的陆地边缘围绕着。古城奥林达就坐落于这个地区的另一端。有一天，我坐上一条独木舟，沿着一条水沟到奥林达去游览。由于这座古城的地理位置适宜，我发觉它比伯南布哥要悦目得多、清洁得多。这里我必须指出来，在我们将近五年的航行中，我第一次遭遇了一个不礼貌的行为：为了观赏乡村风景，我们要通过别人家的花园到一个没有开垦过的山上去。有两家人各自愠怒地拒绝了我们的要求。经过艰苦的口舌，我们获得了第三家人的同意。我觉得这件事发生在巴西的土地上要感到高兴，因为我对他们也没有好感——这个地方也是保持奴隶制的地方，因此在道德上就更加低下。如果是西班牙人，一想到拒绝我们这样一个请求，或对陌生人的态度如此粗鲁，他们就会感到羞耻。我们往返于奥林达的水沟两边长着红树，它们就像是一个缩小了的森林，从肥沃的泥岸上伸展着枝叶。这些亮绿色的灌木总是使我想起教堂墓地的茂盛野草：这两种植物都是靠腐败的气味来滋养的，不过，前一种说的是过去的死亡，而后一种常常是即将到来的死亡。

我在伯南布哥邻近看到的最奇异的物体就是形成港口的礁石了。我怀疑在世界上的其他任何地方是否还有这种有如人工建筑的自然构造了[①]。这条礁石沿着一条绝对的直线绵延近10公里长，与海岸相隔不远成平行线。它的宽度介于27–54米之间不等，表面光滑平坦，由层次模糊不清的坚硬砂岩所构成。在潮汐高水位时，海浪就拍打着淹没了它，而低水位时就露出了干燥的顶端，因此会让人误以为是独眼巨人族[②]中的工匠竖立起来的防波堤。在这个海岸边，洋流总是不断地在陆地前把疏松的沙子冲积成长长的沙嘴和沙堆，伯南布哥城的一部分就是矗立沙洲上的。以前就有一条这种性质的长沙嘴，由于含

① 我在《伦敦与爱丁堡哲学杂志》（1841年）第19卷，第257页中对此水坝进行过详细的描述。

② 独眼巨人库克罗普斯，是前额正中只有一只眼睛的巨人族，群居在库克罗普斯岛上（Cyclopes）的洞里，以岛上的野生物和他们豢养的羊群为食。他们是神的仆人，为各神祇工作。

碳酸物质的渗入而变得坚硬起来，后来慢慢地抬升起来，外部疏松的部分在此过程中由于海水的作用被冲走了，而中心坚硬的部分就像我们现在所看到的那样保留了下来。虽然大西洋的海浪夹带着沉积物昼夜不停地向这块石壁的外部边缘撞击，但即使是最年长的引航员都没有听说过它的外表有任何变化的传说。这种耐久性是礁石历史上最奇异的事实了——这是由于它有一层一二十厘米厚的坚硬的钙质外壳，而这层钙质外壳是由小介龙虫生死相继的外壳、加上藤壶和珊瑚藻共同形成的。这些珊瑚藻是一种坚硬的、组织非常简单的海洋植物，在保护碎浪花后面和里面的珊瑚礁的上层表面时起着同样非常重要的作用，而真正的珊瑚在礁体向外生长时因为暴露在阳光和空气中而死亡了。这些微小的有机生物，特别是介龙虫对伯南布哥的人民做出了很大的贡献，因为如果没有它们的保护作用，这些砂岩上的沙坝很早就不可避免地被冲走了，而如果没有沙坝，也就没有这个海港了。

8月19日，我们终于离开了巴西海岸。感谢上帝，我再也不会拜访一个保持奴隶制度的国家了。直到今天，只要我听到远处有一声惨叫声，它都会让我的感情回到痛苦的记

归去来兮

忆中。有一次我路过伯南布哥附近的一所房子，听到了最悲惨的呻吟声，因此忍不住怀疑有个可怜的奴隶在遭到毒打，但我知道，我就像一个小孩一样无能为力，甚至连抗议都没有用。我怀疑这些呻吟声来自一个受拷打的奴隶，是因为有人告诉过我，另外一次也发生了这样的事。在里约热内卢附近，我住在一个老太太的对门，她一直准备了一些螺丝用来钉女奴隶的手指。我有次借住在一户人家里，那家有一个年轻的黑白混血儿仆人，他每天时时都要受到辱骂、毒打和迫害，即使最低等的动物，其精神都会崩溃的。我曾经看到一个小男孩，年约六七岁，因为递给我一杯不很干净的水而被主人用马鞭在他的光头上狠敲了三下（我还来不及干涉）；我看到他的父亲只因为主人瞥了一眼就吓得发抖。后面这些残忍的行为是我在西班牙殖民地上亲眼看到的，但一直有人说这里的奴隶受到的对待要比葡萄牙、英国或其他欧洲国家好多了。我在里约热内卢时看到一个身强力壮的黑人眼见拍到自己脸上的巴掌却不敢避开。我有次见到一个仁慈的人，正要把一个住在一起很长时间的大家庭里的男女老幼永远拆散。我简直不愿再提真实听到的很多使人痛心的暴行——如果我不是遇到有些人，他们在看到黑奴生性乐观，就盲目地说奴隶制是一种可以忍受的罪恶时，我也不愿提及上面那些使人厌恶的细节。这些人一般都到上层阶级的家庭里去拜访过。这些家庭的家奴一般都受到了较好的对待，而他们并没有像我一样与下层阶级的人生活在一起。他们这样的调查者常常询问奴隶们的生活状况，但他们忘了，如果奴隶不防着他的回答很有可能会传到主人的耳朵里，那他就真正是个傻瓜了。

有人争辩说，利已主义会防止过度的残忍。好像利已主义保护了我们的家畜，因为家畜远不像下等的奴隶那样会触发残暴的主人的盛怒。著名的洪堡很久以来就带着高尚的感情，用显著的典型例证反驳了这种论调。常常有人试图通过把奴隶的生活状态与我们国家更穷的同胞进行对比，从而为奴隶制进行辩解：如果我们的穷人的悲惨生活不是由于自然规律造成的，而是由我们的制度造成的，那我们的罪过就大了，但我却不明白了，这与奴隶制有何相干？用同样的理由也可以为任何地方用螺丝来钉手指的行为进行辩护，并说别的地方的人还在遭受着某些可怕的疾病。那些对待奴隶主很温和的人却用冷漠的心来对待奴隶，他们从来没有设身处地为奴隶想一想——甚至连一丝改善的希望都没有，该是一件多么可悲的景象啊！想象一下，如果你自己的头上一直悬着这样的危险，你的妻子和小孩（即使是奴隶，人的天性也要求他这样呼唤）被人拖走并像牲畜一样被人卖掉，谁出的价钱高就卖给谁，你会怎样？正是那些声称爱邻如已、信仰上帝、祈祷上帝的旨意会在人间实现的人，却干着这些勾当并为之辩护！一想到我们英国人和我们的美国后裔自吹自擂如何自由，却一直到现在还在干着虐奴的罪恶，就让人热血沸腾，心脏颤抖！不过自责中略感安慰的是，我们至少比别的无论哪个国家都做出了更大的牺牲，以补偿我们的罪过。

8月的最后一天，我们第二次在佛得角群岛的普拉亚港停泊。我们再从那里继续驶往亚述尔群岛，并在那里逗留了六天。10月2日，我们向英格兰的海岸靠近。在法尔茅斯，我离开了“小猎犬”号。我在这艘不错的小船上生活了将近五年。

我们的航程结束了，我要对我们环球航行期间的利与弊、痛苦与快乐做一个简短的回顾。如果有人在进行长途航行前征询我的忠告，我的答复是：这取决于他对某项专门知识是否有特别的兴趣，并通过这种方法使他的知识得到增长。毫无疑问，能看到异国他乡和各色人种是一件极其满足的事，但得到快乐的同时并不足以补偿所受的罪过。当有某种水果就要收获，我们就会产生良好的感受，无论路途多远，时间多久，我们都有必要期待着这场收获。

航行时必须经历的诸多损失也是很显然的，例如：失去了与老朋友的相伴、看不到引起亲密回忆的故乡。然而这些损失也会在长期渴望回家所产生的无尽的快乐中部分得到了偿还。就如诗人所说，如果生活是一场梦，我确信在这次航行中，正是这些最美妙的梦境助我度过了漫漫长夜。其他的损失，尽管最初体会不到，但经过一段时间后就会深有感触，它们是：房间狭小、缺少安静、没有休息、疲于奔命；物质享受贫乏，失去了与家人的交往，甚至失去了音乐和其他能想到的快乐。提到这些微小的事实就是为了证明：除了发生意外事故，一个人的航海生活就此结束，还有这么多的真正痛苦。在短短的60年里，远距离航海的装备已发生了惊人的变化。即使在库克时代，一个人离家远航也要经受非常严重的物质匮乏。现在有了游艇，可以做环球航行，尽享生活。除了船舶和航海设施的巨大改善，现在整个美洲西海岸都是开放的，而澳大利亚也成了新兴大陆的中心区域。比起库克时代，现在一个人如果在太平洋遭遇船难，情况是多么不同啊！自从他航海以来，现在半个地球都加入到文明世界中来了。

如果一个人晕船相当厉害，那就要让他十分重视这件事。从我的经验来看，这不是一件无关紧要的毛病，要一个星期才能治好。另一方面，如果他沉迷于海军战术，他的这种爱好肯定会得到完全的满足。但是请你一定要记住这点：相比于在港口的日子，在一次长途航行中，有很大一部分时间是花在海上的。而对于无边无际的大海，又有什么是值得夸耀的呢？就像阿拉伯人所说的，它是个乏味的荒原，是水中沙漠。毫无疑问，也有令人愉悦的景象。一个月夜，天色清明，暗色的海水闪闪发光，信风轻拂，白帆点点，水波不兴，水面光滑如镜，除帆片偶有拍打外，一切静寂无声。如果能看到风起云涌、狂风怒吼，或飓风横扫、浪涛如山，也是一件乐事。但我得承认，真正威力十足的暴风比我的想象还要宏伟、还要可怕。而从岸上看去，树木摇曳、群鸟狂舞、暗影闪电、暴雨如注，一切都在宣示着大自然的各种力量在相互争斗，这种美景真是无可比拟。海上，信天翁和小海燕在振翅飞翔，好像暴风雨才是它们最适宜的活动领域。海水升上去又落下来，好似在完成它的日常工作，只剩下船舶和它上面的船员似乎成了大自然狂暴的对象。在一个荒凉的、受风雨侵蚀的海岸上景色确实与众不同，但这种感觉更添恐惧还不是狂喜。

现在让我们来看看过去时光中的快乐一面。这种快乐来自于我们游览各个不同的国家时所见到的风景和总的面貌，它确实是我们快乐的始终如一的最高源泉。欧洲很多地方的如画美景有可能超出了我们所见过的任何地方的风景，但对比不同国家的风景特点却能增加我们的乐趣，这在一定程度上比起只是欣赏它的美有很大的不同。它主要取决于对每一个单个景色的认知能力。我强烈地相信，以音乐为例，如果一个人具有相当的鉴赏力，又理解每个音调的话，他就会更加完美地欣赏整曲音乐。因此，如果有谁能仔细鉴赏一个美景的各个细节，他就能完全理解整体的综合效果了。所以，一个旅行家应该是一个植物学家，因为在所有的景色中植物是最主要的装饰品。大堆裸露的岩块即使以最野性的形态出现，它们有时会展现出雄壮的景象，但很快就会变得单调乏味。如果把它们涂上明亮的色彩，就像智利北部所出现的情况一样，它们就会变得奇异无比；如果再为它们披上一层植被，即使还算不上美景，但也肯定会更漂亮了。

当我说过，我们看到过的一些欧洲地方的景色可能比其他任何地方的都要好时，我是把自成一派的热带地区排除在外的。这两个种类是不能在一起进行比较的，而热带地区的壮观景色我经常做过详细的描述。因为先入为主的思想决定了印象的力量，我可以补充说明一下，我的印象来自于洪堡的《个人叙事》中的生动描写。这本书的功绩远超我所读过的任何一本书。不过，带着这些高度凝练的思想，我在第一次和最后一次登上巴西的海岸时，一点都没有失望的感情。

在我的脑海中，对我印象最深的景色莫过于尚未被人类开发的庄严的原始森林了。不管是生命力占统治地位的巴西森林，还是死亡与腐朽占优势的火地岛丛林，都是这样。这两者就像神殿一样充满了各种各样的自然之神的产物——在这些荒无人烟的地方，没有人会无动于衷，没有人不会感觉除了自己的呼吸之外还有许多更重要的东西。回想起过去的时光，我感觉巴塔哥尼亚平原经常从我的眼前晃过，但这些平原常被人称为最讨厌、最无用的平原。它们只能用一些带否定特征的词来描述：没有居民，没有水源，没有树木，没有高山，这里只生长着一些低矮的植物。那么，为什么这些干旱、荒芜的景象竟会如此牢固地占据在我的记忆里呢？对我来说这种情形一点都不特殊。为什么更平坦、更苍翠、更肥沃的潘帕斯高原对人类的贡献更大，却没有产生相同的印象？

我简直无法分析这些情感，但有一部分原因肯定是巴塔哥尼亚平原给我的想象力打开了自由的空间。巴塔哥尼亚平原无边无际，人们很难通过，因此对它茫然无知。它们给人的印象就是，像现在这种状况一样，它们已经存在了很久很久了，而且它们还会在将来无止境地存在下去。就像古人所猜想的，如果地球是平的，周围是无法越过的无边的水域或无法容忍的炙热的沙漠，那么，在人类的有限知识里，谁不会带着深深的、茫然的感觉去看看地球最后的边界呢?

最后，在自然界的景色中，从高耸的山峰上看到的景色尽管在某种程度上当然算不上漂亮，但却让人记忆深刻。当我们从科迪勒拉山的最高峰向下俯视，内心充满了周围山峰的雄伟壮观，就不会去在意那些微小的细节了。

至于个别事物，也许没有什么比第一次在当地看到野蛮人而让人真正惊讶的了——他们还处在人类最低级、最野蛮的状态。这时，我们的头脑迅速回想到几个世纪之前，然后发问，难道我们的祖先就是这样的人类？——这些人的每个手势和表情比起家畜来还让我们难以理解：他们没有动物那样的天生本能，也没有可以吹嘘的人类的理智，甚至没有由理性而产生的技能。我认为要描绘野蛮人与文明人之间的区别是不可能的。这不过是野生动物与驯养动物之间的区别：在看到一个野蛮人时，有一部分兴趣跟一个人渴望看到荒漠中的狮子、在丛林中撕咬猎物的老虎或在非洲的人烟稀少的平原上漫步的犀牛是一样的。

我们见过的其他最引人注目的景象，大致可以排列如下：南十字星、麦哲伦星云以及南半球的其他星座；水龙卷；冰川，悬挂于海边突出的峭壁之上的蓝色冰流；由造礁珊瑚所建造的潟湖岛；活火山；具有排山倒海效果的剧烈地震。我对最后的这些现象具有特别的兴趣，因为它们与地球的地质结构有着密切的联系。当然，对于地震来说，它对每个人肯定都是印象最深刻的事件。我们从小就认为地球是个坚固的东西，现在它居然像一层薄薄的硬壳一样在我们脚下摆动起来；当我们看到人类的劳动成果瞬间就被推翻，我们感到人类所吹嘘的力量真是毫无意义。

据说喜欢追逐猎物是人生来就有的爱好——这是一种本能的情感的遗留物。如果真是这样，我确信，以天为盖地为庐的露天生活乐趣也同样是这种情感的一部分；这是未开化的人回到他野蛮、原始的习性。我常常回想起我们乘船巡游，还有我的陆上旅程，每当经过人迹罕至的地方就特别的高兴，这是在文明的地方不能产生的。我一点都不怀疑，每个旅行者都会记得，当他第一次呼吸到国外的空气，到达文明人很少去的地方或从没有人涉足的地方时所经历的强烈的幸福感。

在我们的长途航行中，还有其他几种比较合理的快乐的源泉。世界地图不再是一张白纸，它变成了充满丰富多彩、图案生动的一本画册。每个地方都表现出合适的尺寸

——大陆不要看成了岛屿，而岛屿不要仅仅看作斑点，实际上，它们比欧洲的很多国家都要大。非洲或南北美洲都有很好听的名字，也很容易发音，但如果不沿着它们的少部分海岸航行几周，你就不会完全相信，在我们这个巨大的世界里，这些名字所包含的地区到底有多大。

看到现在的状况，不能不高度期待几乎整个半球的未来进步。由于基督教传入到了南海的各个岛屿，其长足的进步将会在历史的记录中占据应有的位置。更加突出的是，我们记得只不过在60年前，库克先生杰出的判断力是毫无争议的，但他也预见不到变化的前景，然而这些变化现在已被大不列颠民族的博爱精神实现了。

在地球的同一个地区里，澳大利亚正在兴起，或可以说它事实上已经崛起了，它已变成了一个伟大的文明中心，在不太遥远的时期里它还会成为统治南半球的女皇。作为一个英国人，看到这些遥远的殖民地所取得的进步不能不感到高度的骄傲和自豪。只要把英国国旗挂起来，好像就能带来一些财富、繁荣与文明。

总之，对我来说，没有比到遥远的异国他乡做长途旅游更能提高一个青年博物学者的学识水平了。它既增强了那种要求与渴望，也部分减轻了那种要求与渴望，就像J·赫歇尔爵士所说的，一个人尽管经历了每种肉体的感受，但还想得到充分的满足。而对于新奇事物的兴奋和成功的机会，就会刺激他增加活力。而且，很多孤立的事实很快就

阿林松岛上的燕鸥群

会变得索然无趣，对比的习惯会让人把孤立的事实进行归纳。另一方面，因为每个旅行者在一个地方只待很短的时间，他的描述一般来说只是一个大概，而不是详细的观察。因此，就像我发现自己所付出的代价一样，总想不断地用不精确的及肤浅的假设来填充知识的宽大缺陷。

我对这次航程深感愉快。我要向每个博物学家们建议，尽管他不必指望有我这样的幸运、有这样的好伙伴，如果有机会做次旅行，但又不能做长距离的航行，则要利用一切机会尽可能做次陆路旅行。他会相信，他是不会遇到困难或危险的，除了极少数的情况，他几乎不会遇到事先预想的太糟糕的事情。从道德的观点来看，旅行的感受会使他学会和善待人的耐心。摆脱自私的思想、养成照顾自己的习惯，并善于利用每次机会。简而言之，他应该具有大多数水手的那种独特品质。旅行还会使他学会不要轻信别人，但同时他还会发现这个世界上还是有那么多真正心地善良的人，这些人以前没有遇到过，将来也可能不再有任何联系，但他们却乐于给他提供最无私的帮助。

# 译后记

达尔文，一个如雷贯耳的名字。记得最早知道达尔文是在湖南洞口二中求学时在《生物学》的课本里见识了这位伟大的生物学家。

世易时移，时光来到了21世纪，我和另外三位译者有幸能翻译这位科学巨匠的著作而备感荣幸与自豪。

这部书由李光玉、孔雀、李嘉兴、周辰亮四人合译而成。具体分工是：李光玉翻译作者自序、插图版序言、第十、十一、十二、十三、十九、二十、二十一章；孔雀翻译第二章；李嘉兴翻译第一、三、九、十六、十七章；周辰亮翻译第四、五、六、七、八、十四、十五、十八章；最后由李光玉统稿、加工。

尽管这部书是以游记的形式呈现给读者的，但其中所涉及的生物学、地质学、人类学等专业术语和名词还是不胜枚举。因此，我们团队力求不漏译、错译一个名词，殚精竭虑、反复核对、数易译稿。同时，我们力求译文浅显易懂，既有趣味性，也不失知识性。考虑到国内读者的需要，原文所用的英制单位，我们在翻译的时候全部用国际标准单位进行了换算，如英里换成了公里、英尺换成了米、英寸换成了厘米、华氏度换成了摄氏度；但有些单位则不做变动，如里格、节（航速）等。书中插图皆以原版为准，仅把英文说明换成了汉语说明，书中有些表格还进行了单位间的换算，可以说已经不是原版的表格了。

最后，我要感谢译言网、感谢中国青年出版社的鼎力支持与精诚合作。同时，我还要感谢孔雀、李嘉兴、周辰亮三位译者的通力合作，没有大家的团结协作，也就没有这部书的及早出版。

李光玉

2014年4月24日于湘潭市雨湖路五景花园

British Possessions colored Red
Author's Route

SOUTH AMERICA.
English Miles
Equator
Tropic of Capricorn
Longitude West from Greenwich
PACIFIC OCEAN
ATLANTIC OCEAN
UNITED STATES OF COLOMBIA
Granadian Confederation
VENEZUELA
GUIANA
Dutch
French
ECUADOR
PERU
BRAZIL
BOLIVIA
PARAGUAY
ARGENTINE REPUBLIC
URUGUAY OR BANDA ORIENTAL
PATAGONIA
CHILI
Caracas
Bogota
Quito
Lima
Chuquisaca
Asuncion
Buenos Ayres
Monte Video
Rio de la Plata
Valparaiso
Santiago
Rio Janeiro
Bahia
Pernambuco
Para
Maranhao
Victoria
S. Paulo
Corrientes
Parana
Bahia Blanca
Port Desire
Port S. Julian
Falkland Is.
Stanley
Str. of Magellan
Tierra del Fuego
C. Horn
Staten I.
South Georgia I.
Juan Fernandez
Masafuera
Valdivia
Chiloe I.
Chonos Archipelago
Callao
Iquique
Coquimbo
Copiapo
Mouth of the Amazons
Amazons
Madeira
Orinoco
Barbadoes
Trinidad
Tobago
Grenada
Panama
G. of Panama
G. of Darien
Cartagena
Guayaquil
Chimborazo
Truxillo
Arequipa
Arica
Potosi
Cochabamba
Cordova
Tucuman
Mendoza
Rosario
Porto Alegre
Maldonado
Montevideo
Concepcion
Mt. Osorno
Port Montt
Carmen
Atlantic

# “小猎犬”号
# 科学考察动物志

查尔斯·达尔文　编校

理查德·欧文（哺乳动物化石）
乔治·罗伯特·沃特豪斯（哺乳动物）
约翰·古尔德（鸟类）
伦纳德·詹宁斯（鱼类）
托马斯·贝尔（爬行动物）

中国青年出版社

# 编者序

达尔文先生主编的这部《“小猎犬”号科学考察动物志》，是于1838年2月至1843年10月完成的，全书分5卷，共19节。

早在1837年，达尔文先生就考虑请政府资助出版一本“小猎犬”号动物学考察成果的书籍。同年5月，他得到了林奈学会的主席萨默塞特公爵以及德比伯爵和威廉·休厄尔教授的支持。8月16日，他拜访英国财政大臣托马斯·斯普林·赖斯，得知财政部委员同意向他提供1000英镑的资金支持。

对于这部巨著来说，这些钱显然是远远不够的，但达尔文为了出版这部著作，愿意和出版商共担其余成本。

随即，在8月16日至11月4日，一张关于本书的征订单公之于众。征订单宣称，将有5位专家分别负责书中的各个部分，他们是：理查德·欧文（哺乳动物化石）、乔治·罗伯特·沃特豪斯（哺乳动物）、约翰·古尔德（鸟类）、伦纳德·詹宁斯（鱼类）和托马斯·贝尔（爬行动物）。

之后，达尔文先生积极地投入到编写工作中。他对于第一部分“哺乳动物化石”和第二部分“哺乳动物”做了地质学描述，还对“哺乳动物”和“鸟类”文字中关于动物习性与分布的内容进行了校订，而“鱼类”和“爬行动物”里很多注释也都是达尔文先生标注的。

到了1838年1月1日，欧文教授公布了这部著作准备出版的消息，但直到2月也没有动静。按照征订单上显示的计划，《“小猎犬”号科学考察动物志》应该是每月出版一本，总页码应有600多页，包括200–250幅版画。但最终的结果是，总页码为632页，插图却只有166幅。

这主要是几位参与编写的专家在编写进度方面出了问题。实际上，贝尔教授花了近5年时间才完成了50页，这就将全部工作推迟了整整18个月。而约翰·古尔德于1838年春天去了澳大利亚，“鸟类”部分余下的文字和勘误是由大英博物馆的乔治·罗伯特·格雷完成的。

虽然历经坎坷，达尔文先生还是为世人留下了这部华丽的著作。可能很多读者并不知道这部作品，但它对达尔文来说、对“进化论”来说是非常重要的。

自“小猎犬”号考察之旅结束后，达尔文便将自己在考察期间收集的标本交给剑桥和伦敦的编目专家。但编目结果却令达尔文很是意外。

在南美发现的史前犰狳化石表明，它与现代犰狳十分相似但并不相同；南美草原上有很多体型巨大的鸵鸟，而南美南部的巴塔哥尼亚地区却只有体型小很多的鸵鸟，它们均与非洲鸵鸟相似却又不相同；从加拉帕戈斯带回的雀类标本显示，它们属于不同的种，而不是达尔文设想的那样——是同种的不同变种……这些都使达尔文困惑不已。

如此的困惑最终使达尔文改变了“世人共知”的“物种不变”的观念，开始萌生了“自然选择原理”的想法——因为“它可以解释很多现象”。

而这些具有划时代意义的伟大“证据”都收录在了这本《“小猎犬”号科学考察动物志》里。故此，本次我们特别将这部著作收录在《“小猎犬”号科学考察记》之后，但书中的文字对于今天的大众读者来说意义不大，故没有译出，只收录了该作品中精彩、华丽的插图。此举旨在提高广大读者对于博物学的兴趣，认识“小猎犬”号科学考察之旅对于科学进步的重大意义，加深对达尔文和“进化论”的理解。

中国青年出版社

科普编辑部

# 哺乳动物化石 卷

理查德·欧文

## LIST OF PLATES

Plate

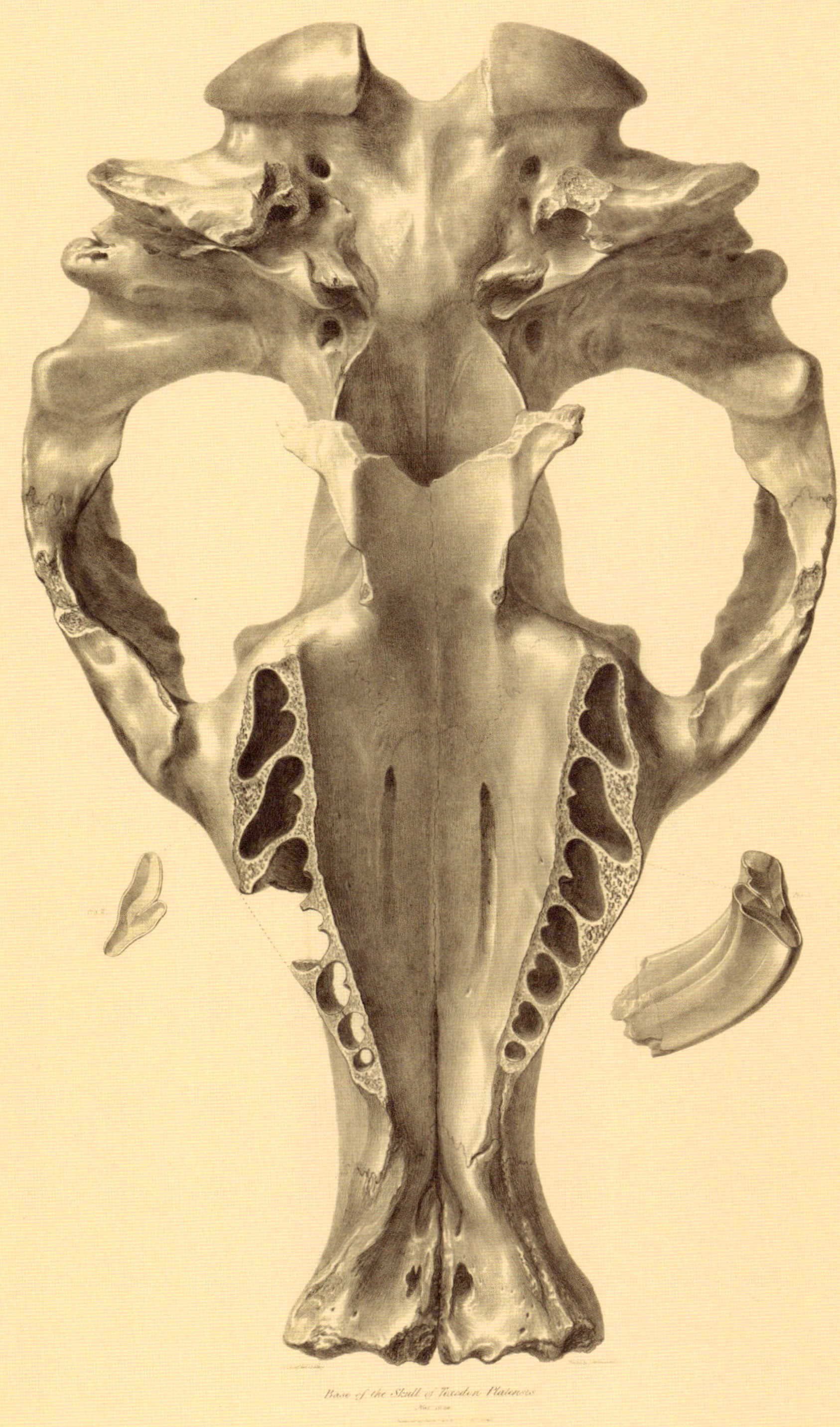

*Base of the Skull of Toxodon Platensis*

Pl. 1

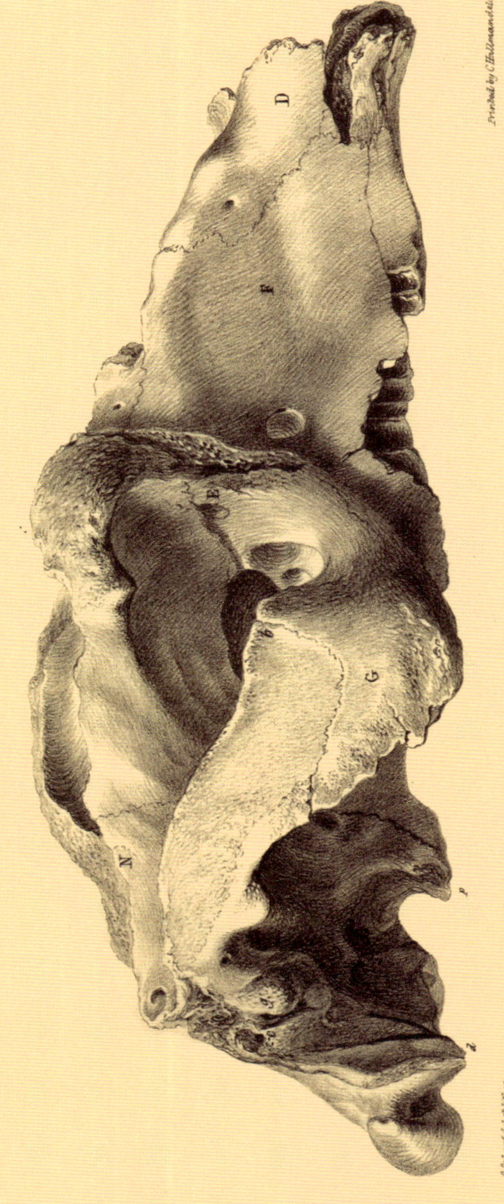

Side View of the Skull of Toxodon

one third the Natural Size

Published by Smith Elder & Co 65 Cornhill London

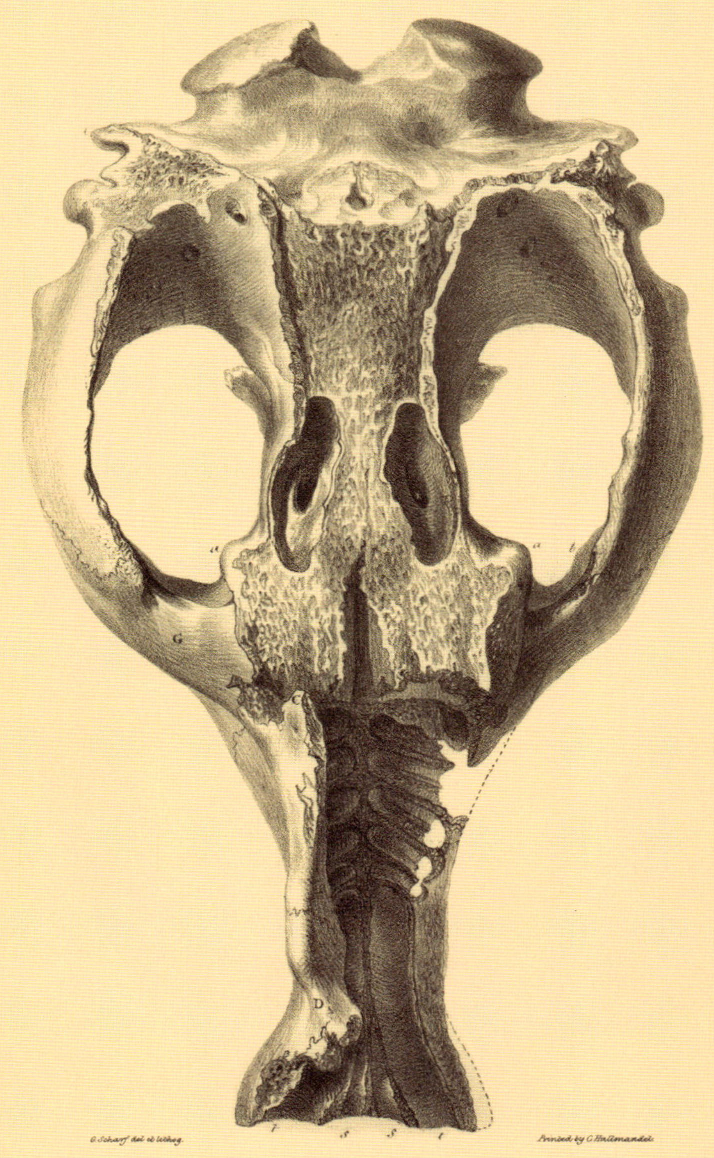

G. Scharf del. et lithog. Printed by C. Hullmandel.

*Top View of the Skull of the Toxodon.*

*One third the Nat. Size.*

Published by Smith, Elder & Co. 65, Cornhill, London.

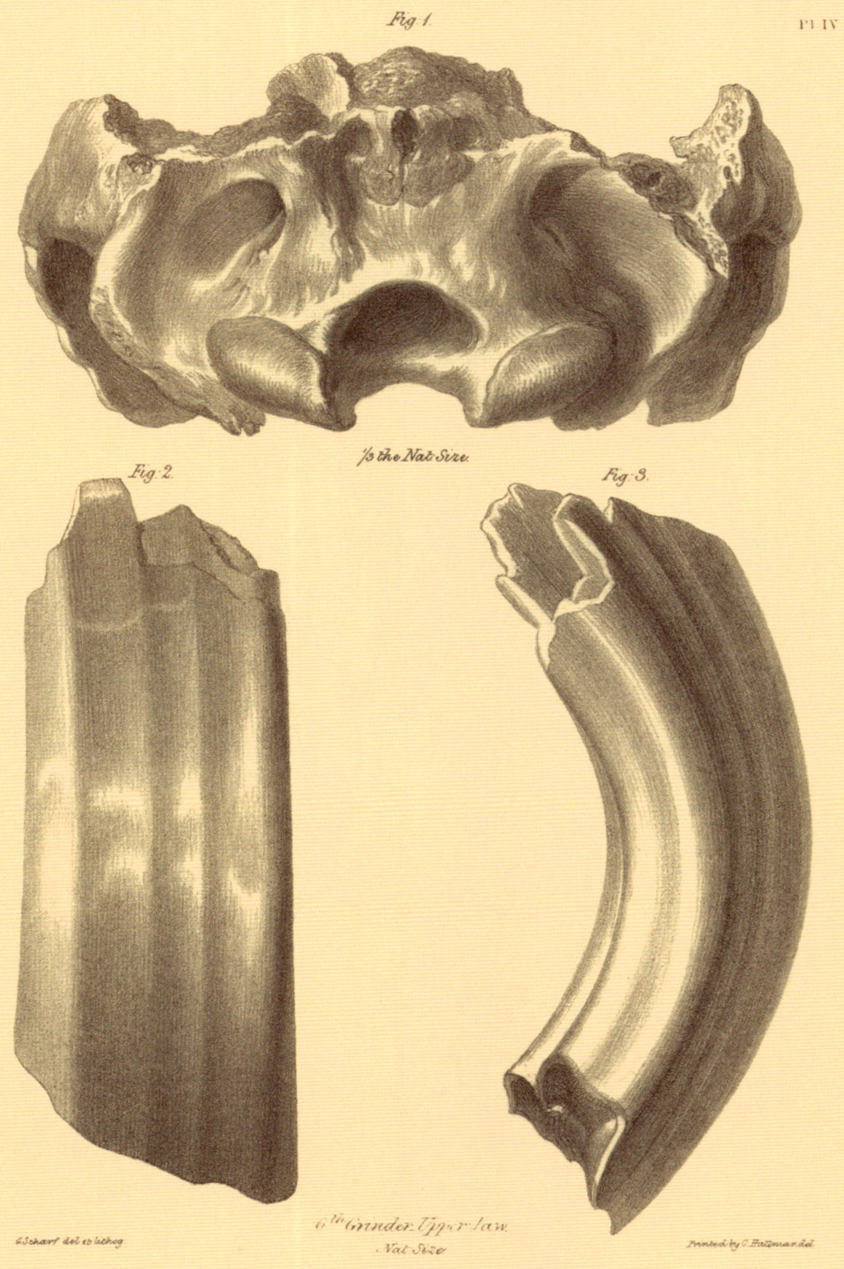
Fig. 1.
Pl. IV
½ the Nat. Size
Fig. 2.
Fig. 3.
G. Scharf del. et lithog.
6th Grinder, Upper Jaw
Nat. Size
Printed by C. Hullmandel
Toxodon Platensis
Published by Smith, Elder & Co. 65, Cornhill London.

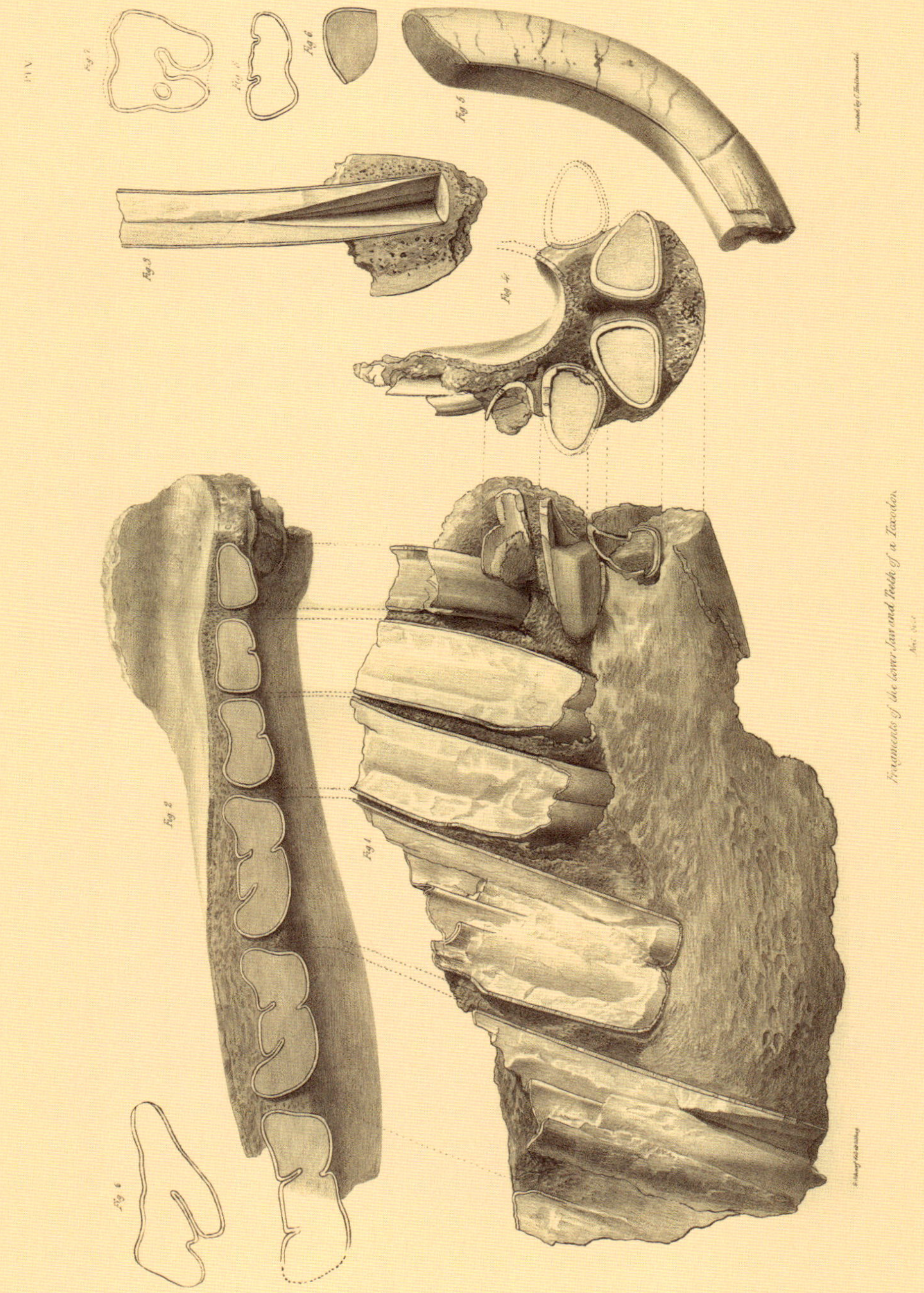
Fragments of the lower Jaw and Teeth of a Toxodon.
Fig 1
Fig 2
Fig 3
Fig 4
Fig 5
Fig 6

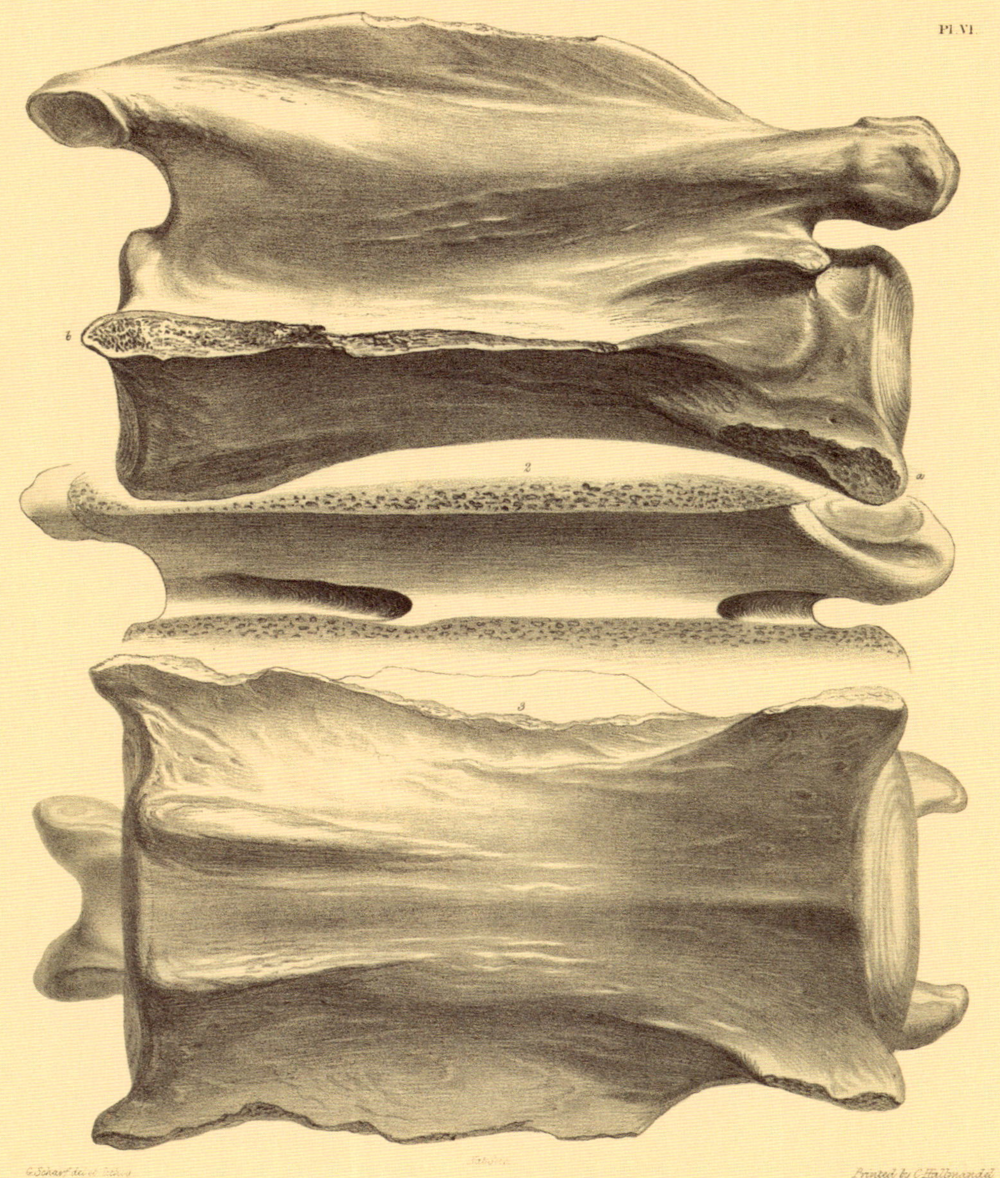


G. Scharf del. et lithog.　　Nat. size　　Printed by C. Hullmandel.

Cervical Vertebræ of Macrauchenia.

Published by Smith, Elder & Co. 65 Cornhill London.

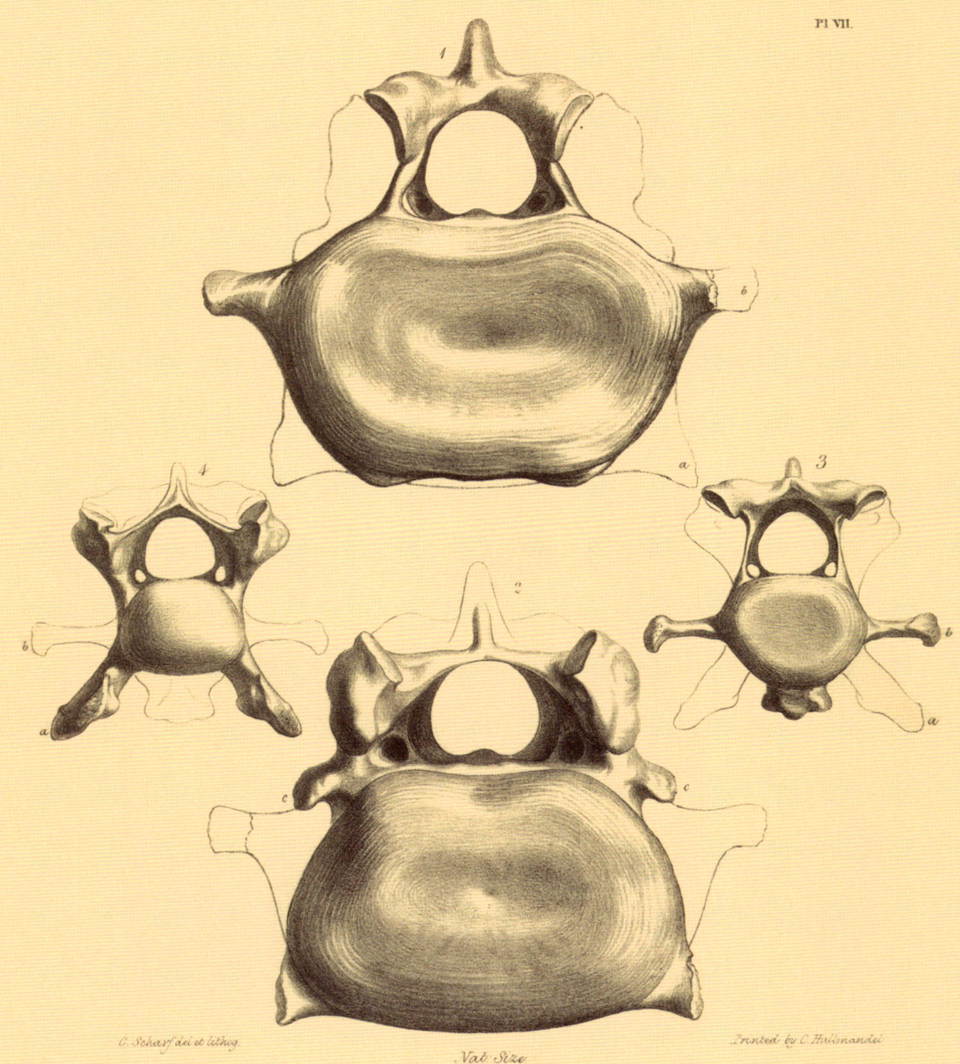


C. Scharf del et lithog.    Printed by C. Hullmandel

Nat. Size

Cervical Vertebræ of
1. 2. Macrauchenia 3.4. Auchenia.

Published by Smith, Elder & C.º 65. Cornhill, London.

Pl. VIII

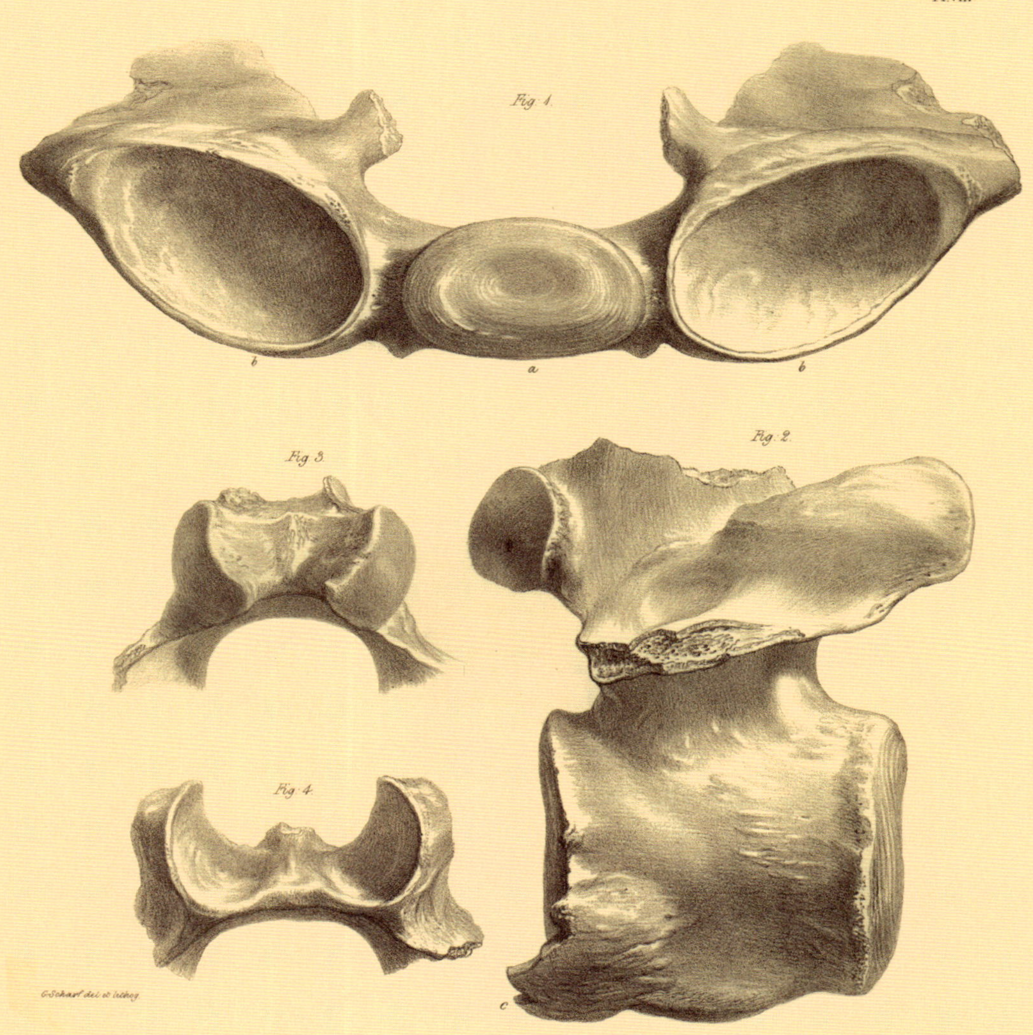


*Lumbar Vertebræ, Macrauchenia.*

*Fig. 1. Posterior View of last lumbar. Fig: 2. 3 & 4. Fourth lumbar Vertebra*

*Nat. Size.*

*Published by Smith, Elder & Co. 65, Cornhill, London.*

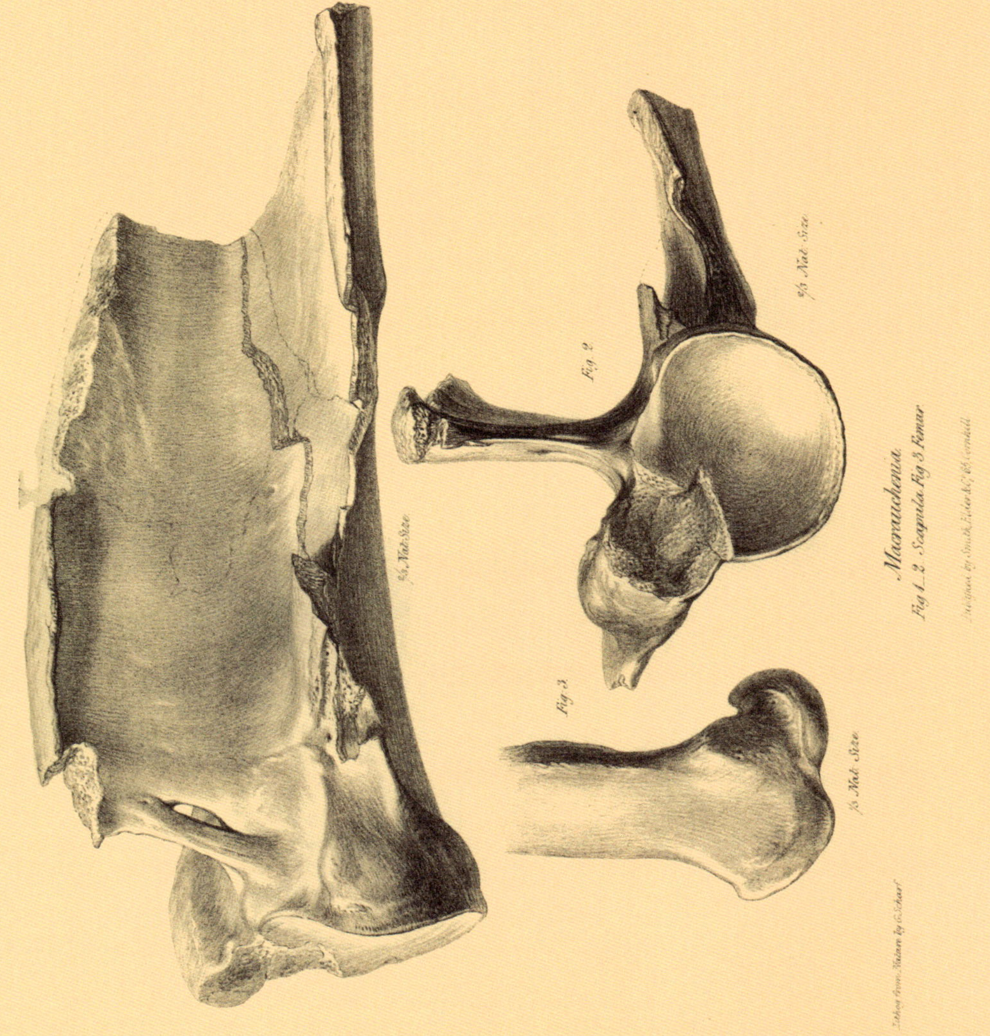
Fig. 2
Fig. 3
Macrauchenia
Fig 1. 2 Scapula Fig 3 Femur

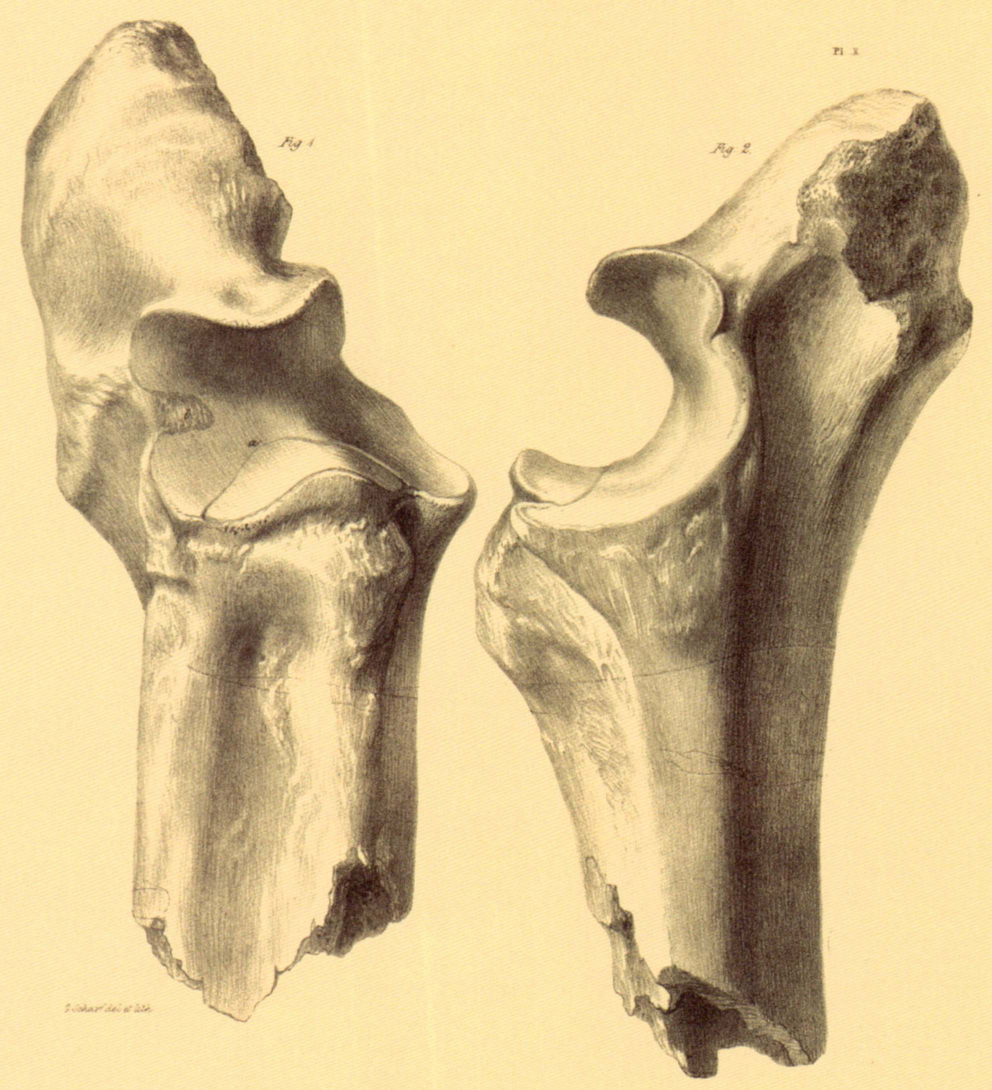


Proximal Extremity of anchylosed Ulna and Radius, Macrauchenia.

⅔ Nat. Size

London Published by Smith Elder & Co. 65, Cornhill

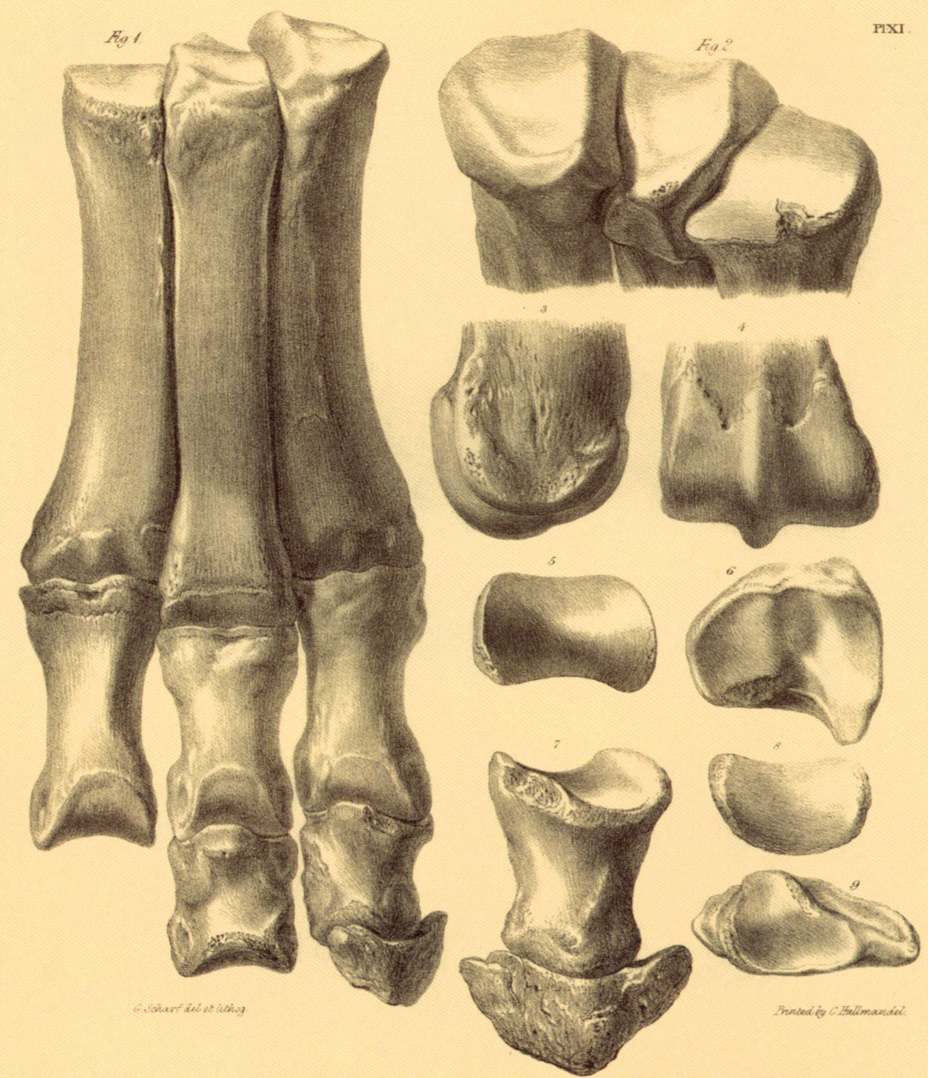


G. Scharf del. et lithog.

Printed by C. Hullmandel.

Bones of the right fore-foot. Macrauchenia.
Fig 1, 2/3. 2 _ 9, Nat. Size.

Published by Smith, Elder & Co. 65, Cornhill.

Pl. XII

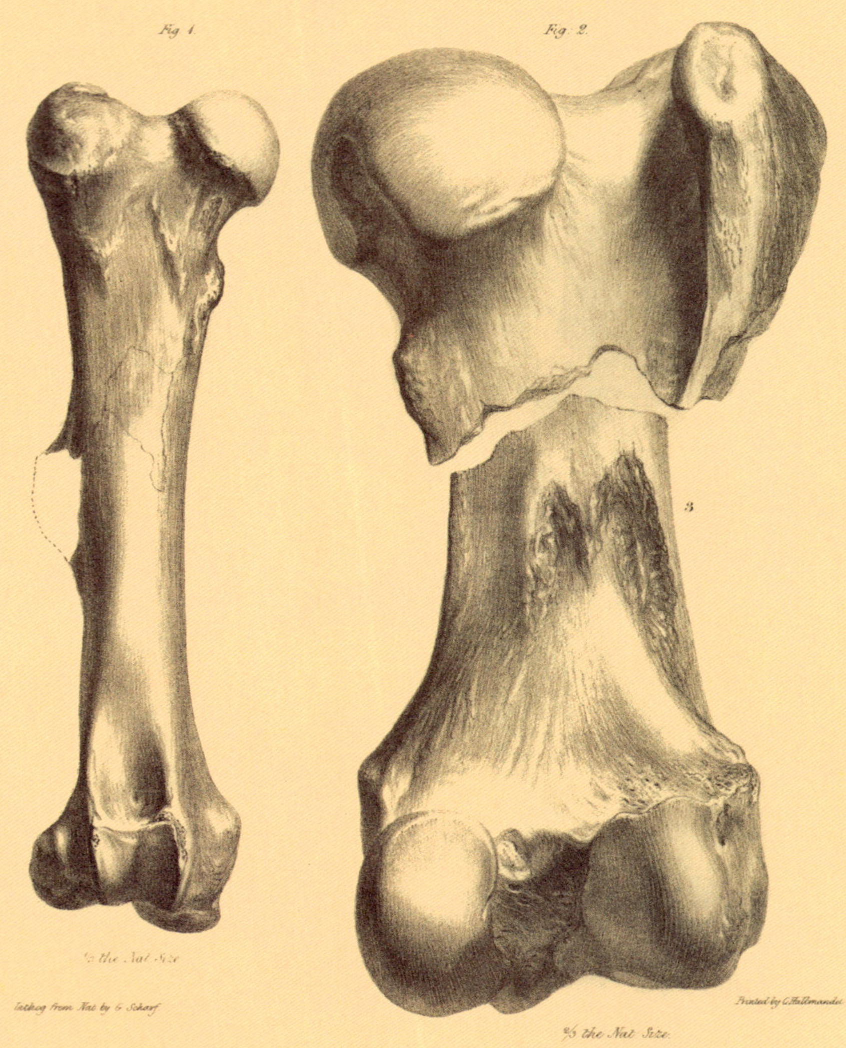


Right Femur Macrauchenia.

Published by Smith, Elder & Co. 65, Cornhill.

Pl. XIII.

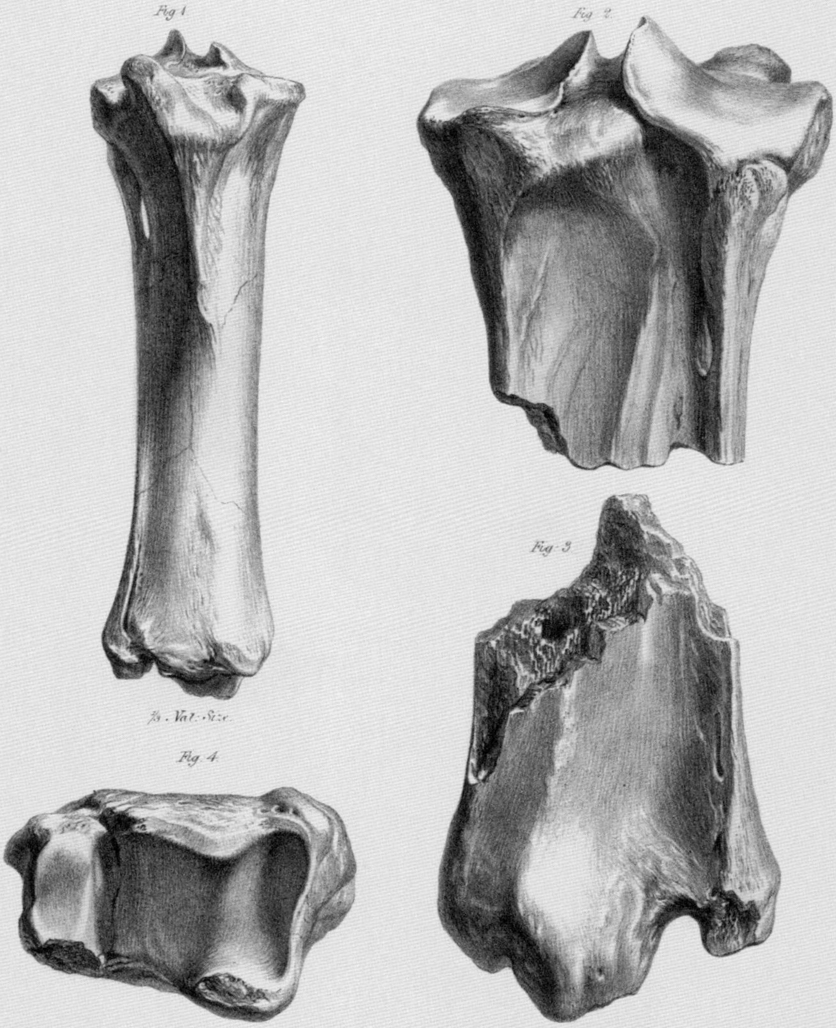

Fig. 1.

Fig. 2.

Fig. 3.

1/3 Nat. Size.

Fig. 4.

Lithog. from Nat. by G. Scharf

Printed by C. Hullmandel

*Macrauchenia*

Right Tibia and Fibula ___ Fig. 2_4. 2/3 Nat. Size.

Published by Smith, Elder & Co. 65, Cornhill.

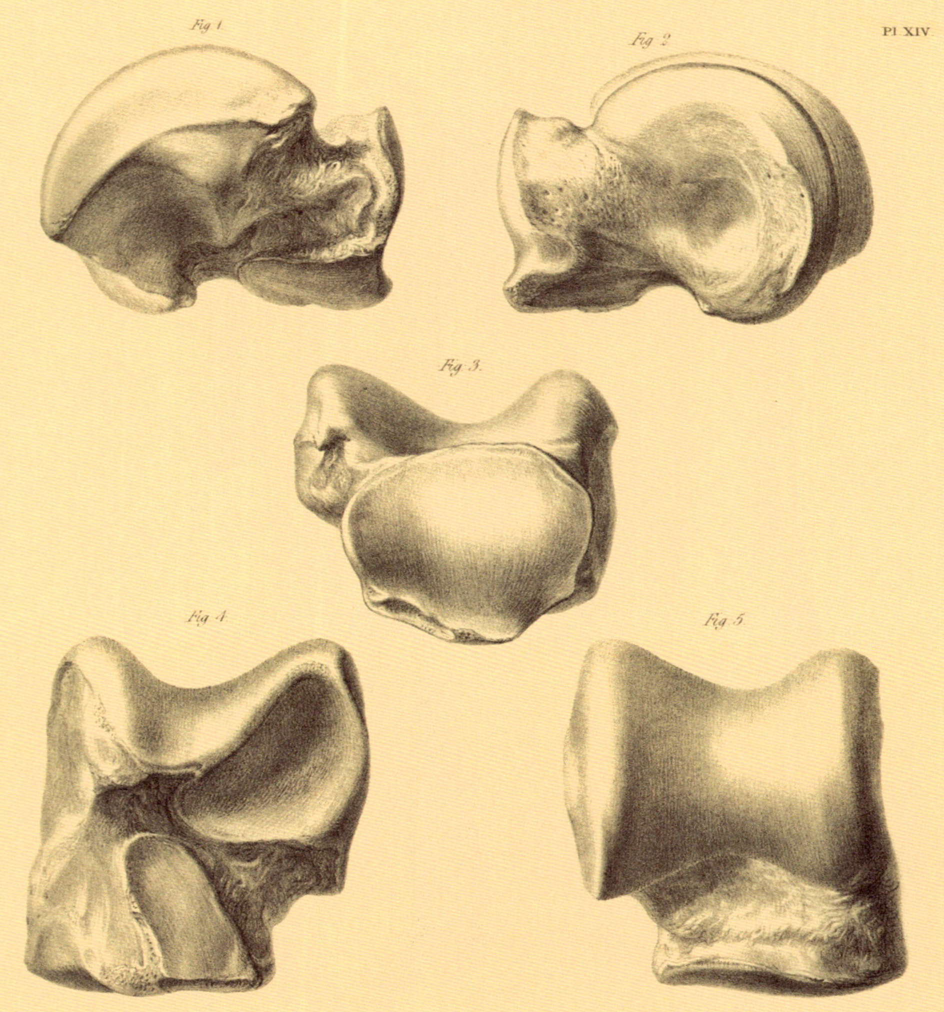


Right Astragalus. Macrauchenia.

Nat. Size.

Published by Smith, Elder & Co. 65 Cornhill.

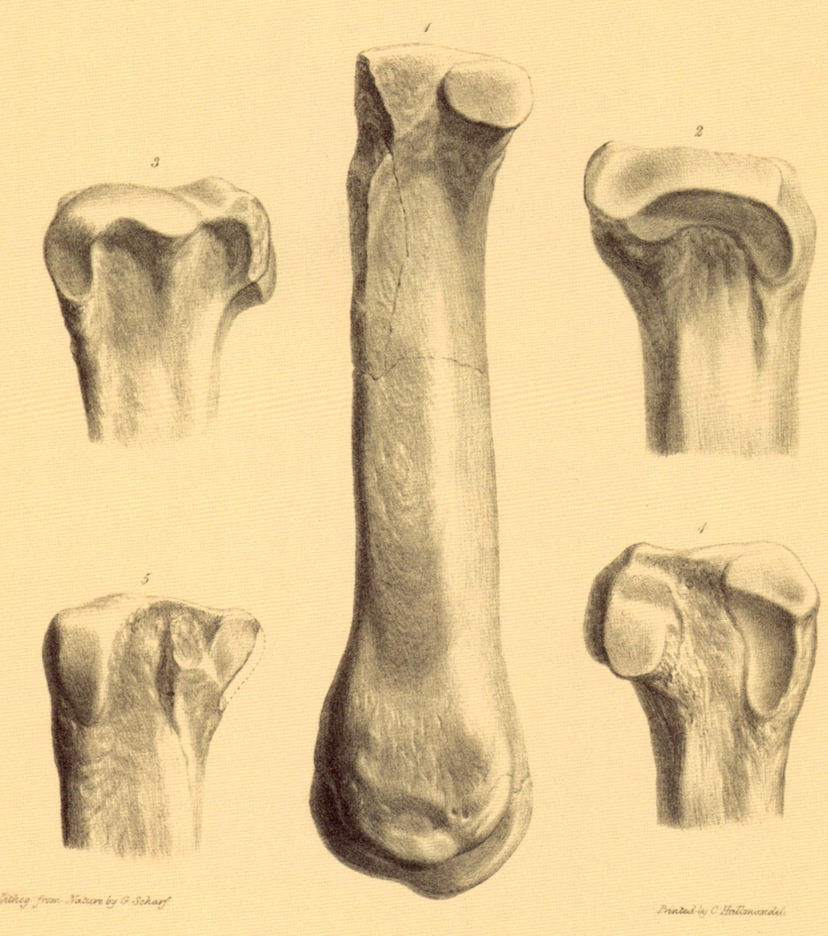


Lithog. from Nature by G. Scharf

Printed by C. Hullmandel.

Macrauchenia.
Fig. 1 Metatarsal. 2_5. Metacarpals. Nat. Size.

Published by Smith, Elder & C.° 65, Cornhill.

Lithog. from Nature by G. Scharf. Printed by C. Hullmandel.

*Fragment of the Cranium of the Glossotherium.*

*½ Nat. Size.*

Pl. XVII

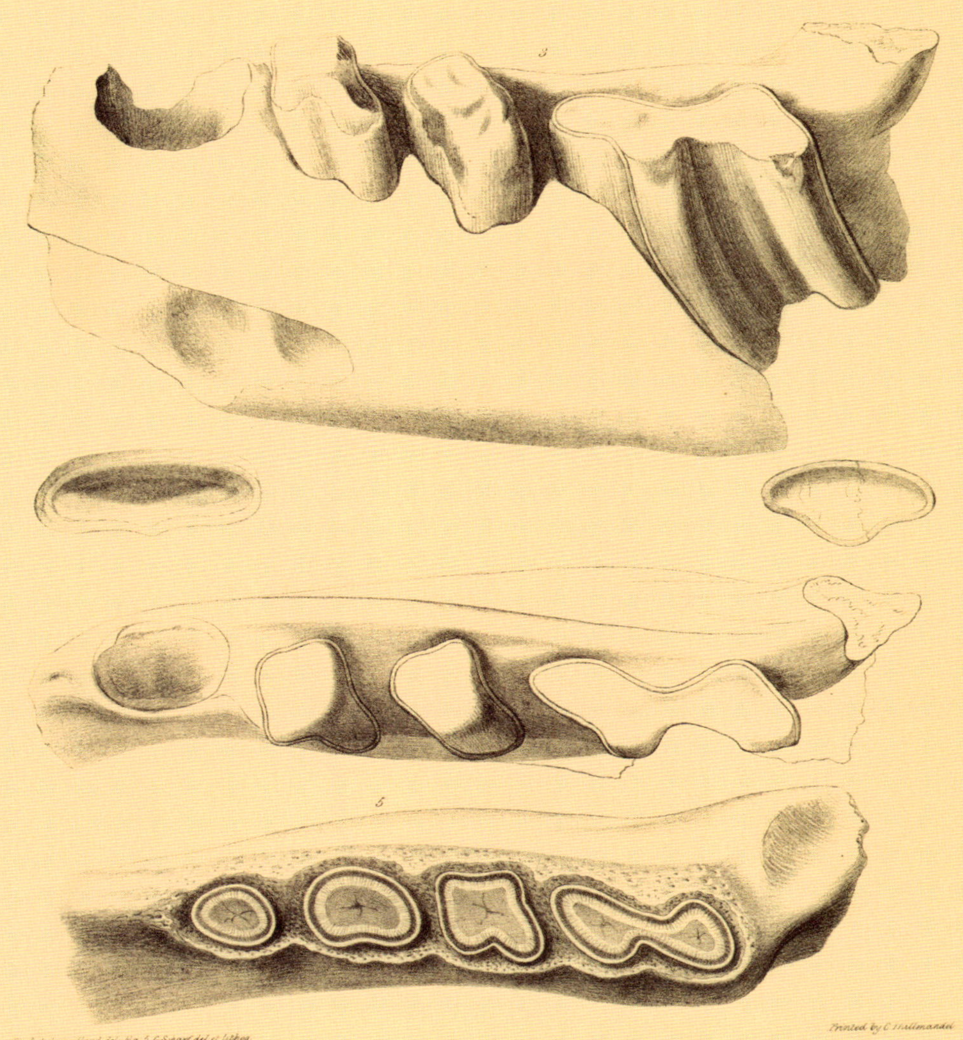


Fig 3.4 J. Dinkel del. Fig 5 G. Scharf del et lithog

Printed by C. Hullmandel

1. Megalonyx Jeffersoni 2. Meg. laqueatus 3.4. Mylodon Harlani 5. Myl. Darwinii

Pl. XVIII.

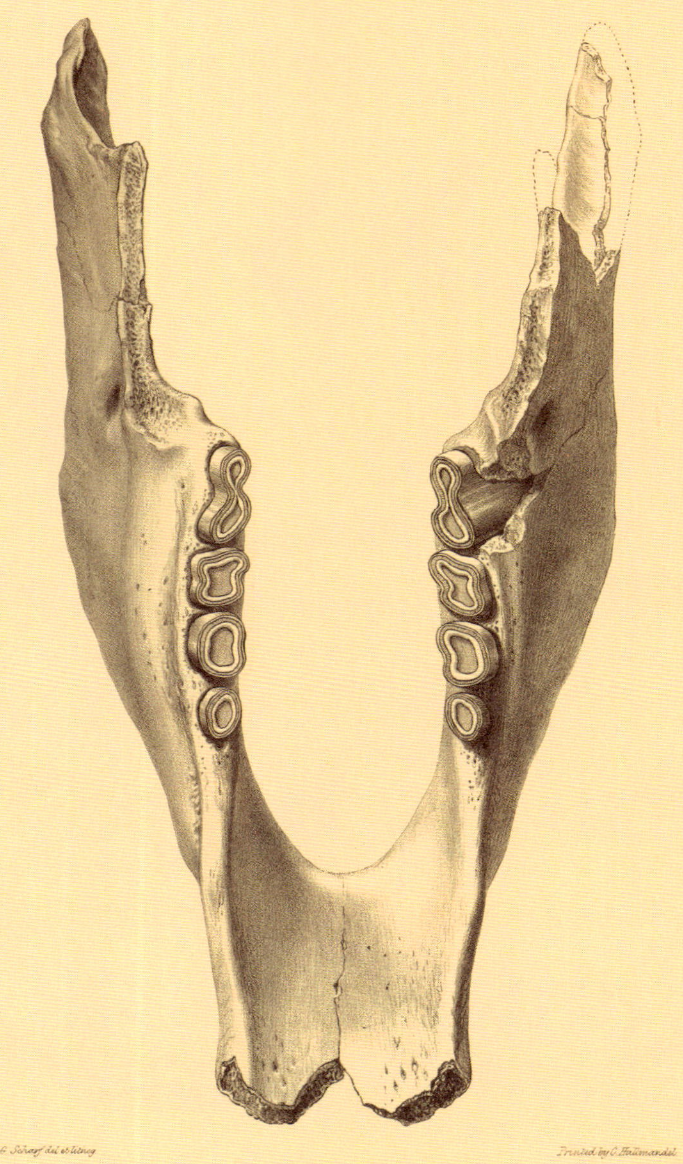

G. Scharf del. et lithog.

Printed by C. Hullmandel.

*Mylodon.* 2/3 Nat. Size.

Published by Smith, Elder & Co. 65 Cornhill, London.

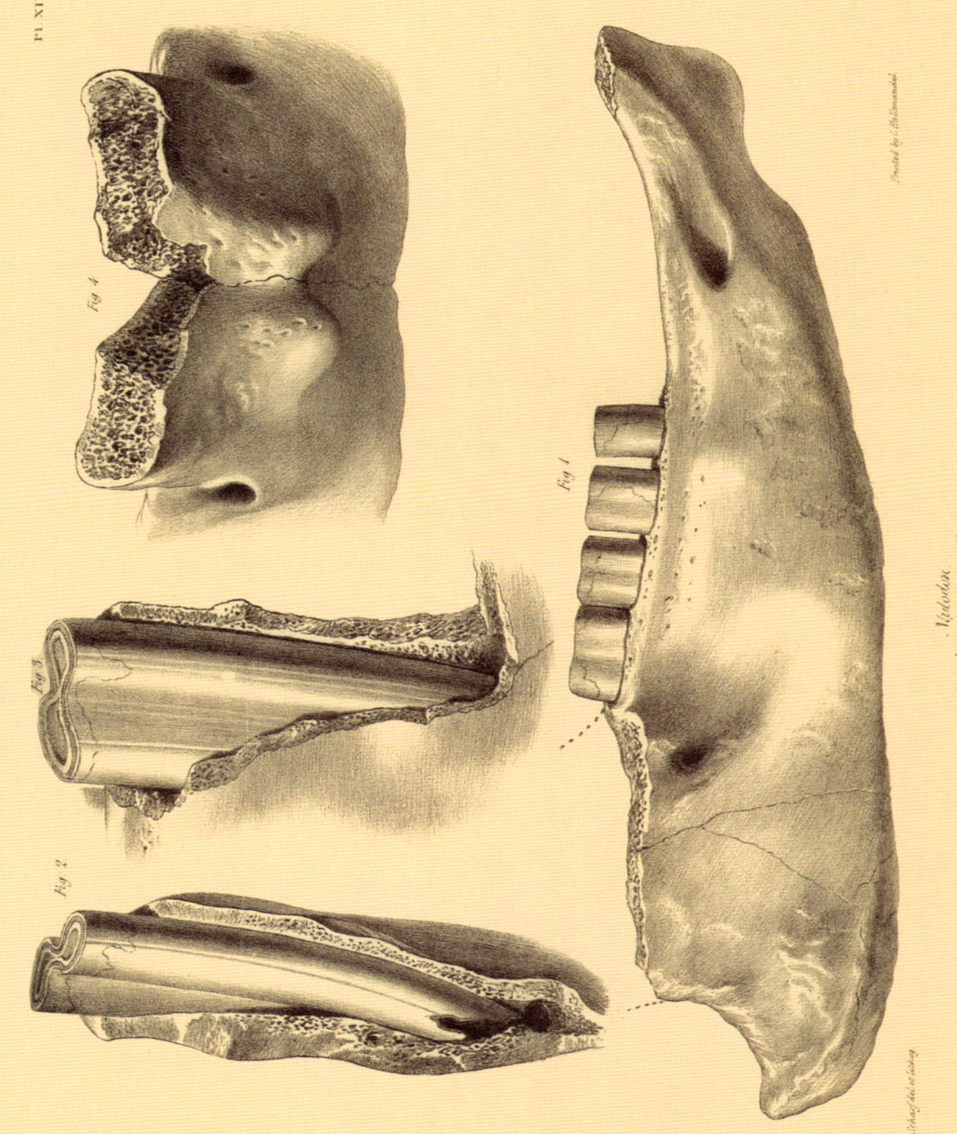
Pl. XIX
Fig 1
Fig 2
Fig 3
Fig 4

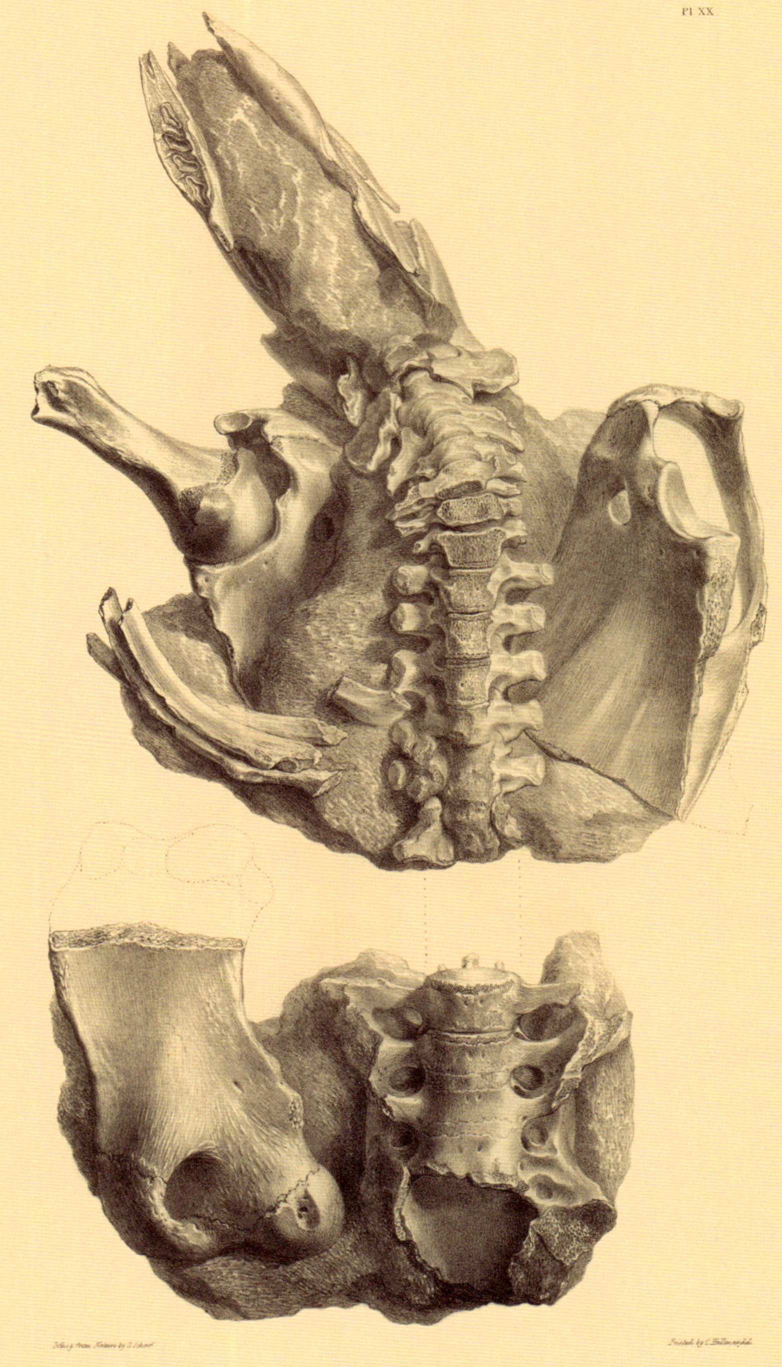

Lithog. from Nature by G. Scharf. Printed by C. Hullmandel.

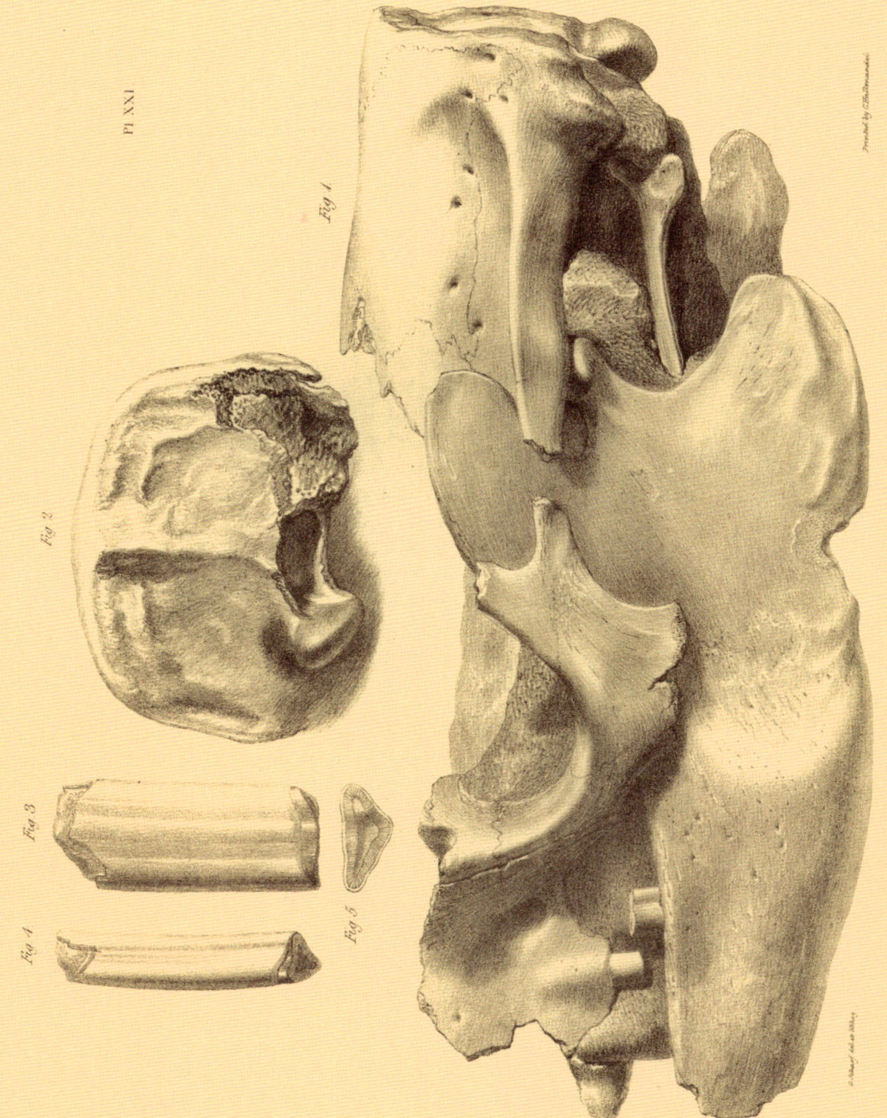
Pl XXI
Fig 1
Fig 2
Fig 3
Fig 4
Fig 5
Scelidotherium

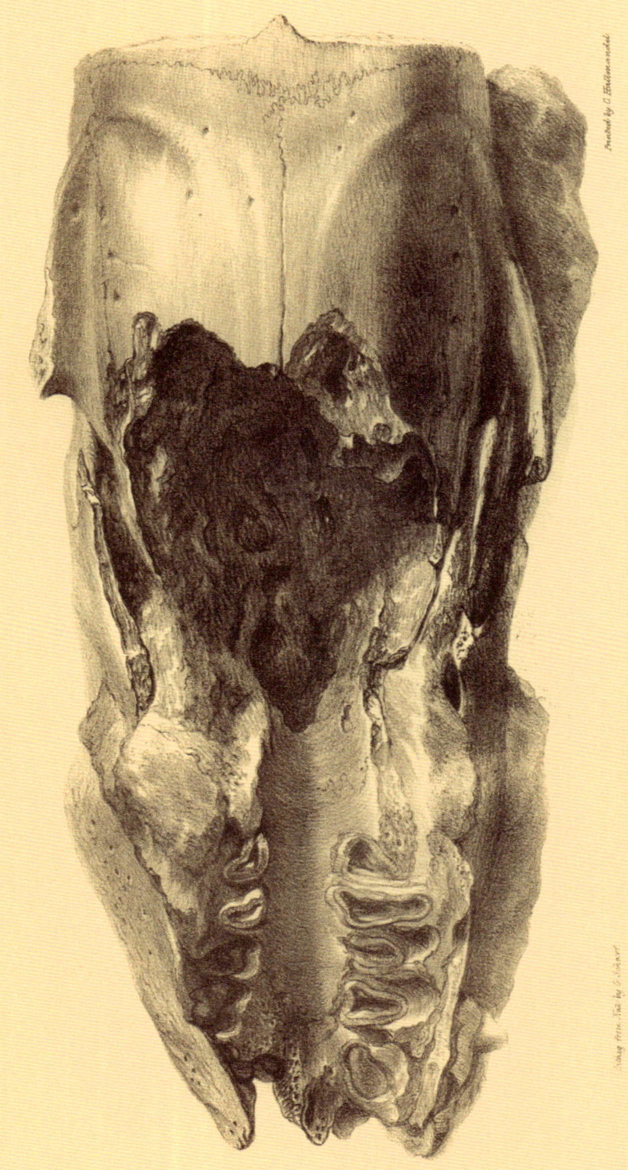

Cranial Cavity and Dentition of Scelidotherium.
Nat. Size.

Published by Smith, Elder & Co. 65, Cornhill.

Pl. XXIV

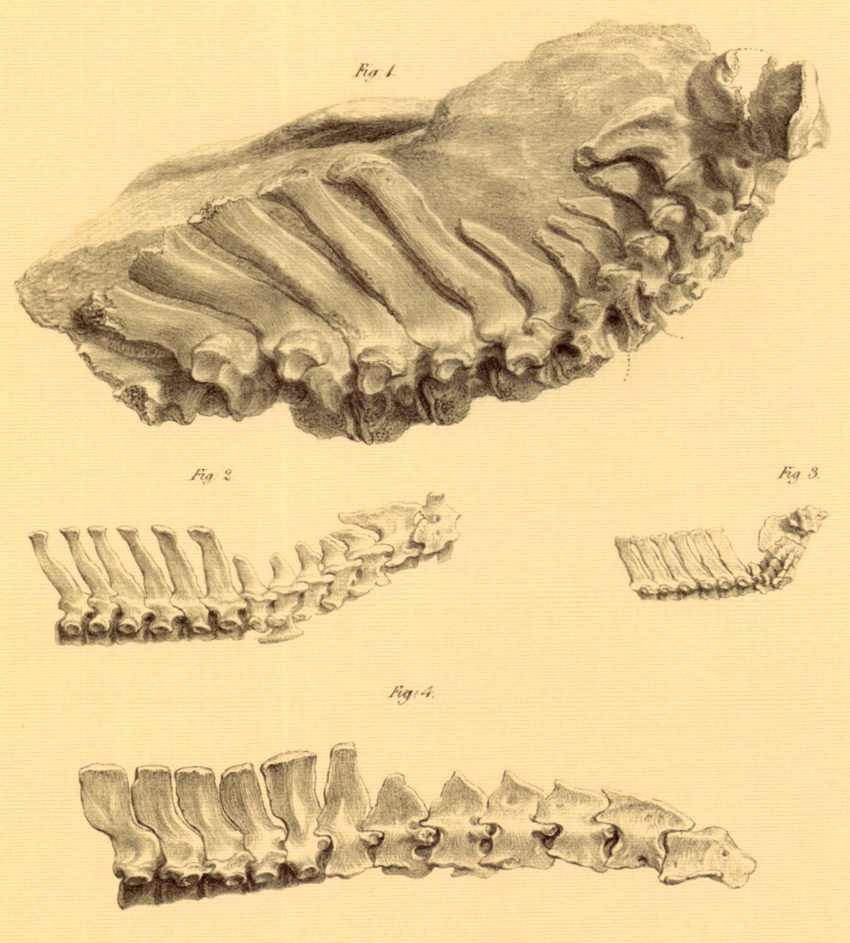


Lithog. from Nat. by G. Scharf.

*Cervical and Anterior dorsal Vertebræ.*

*Fig. 1. Scelidothere. Fig. 2. Orycterope. Fig. 3. Armadillo. Fig. 4. Great Anteater.*

*One third Nat. Size.*

*Published by Smith, Elder & Co. 65, Cornhill.*

Pl. XXV

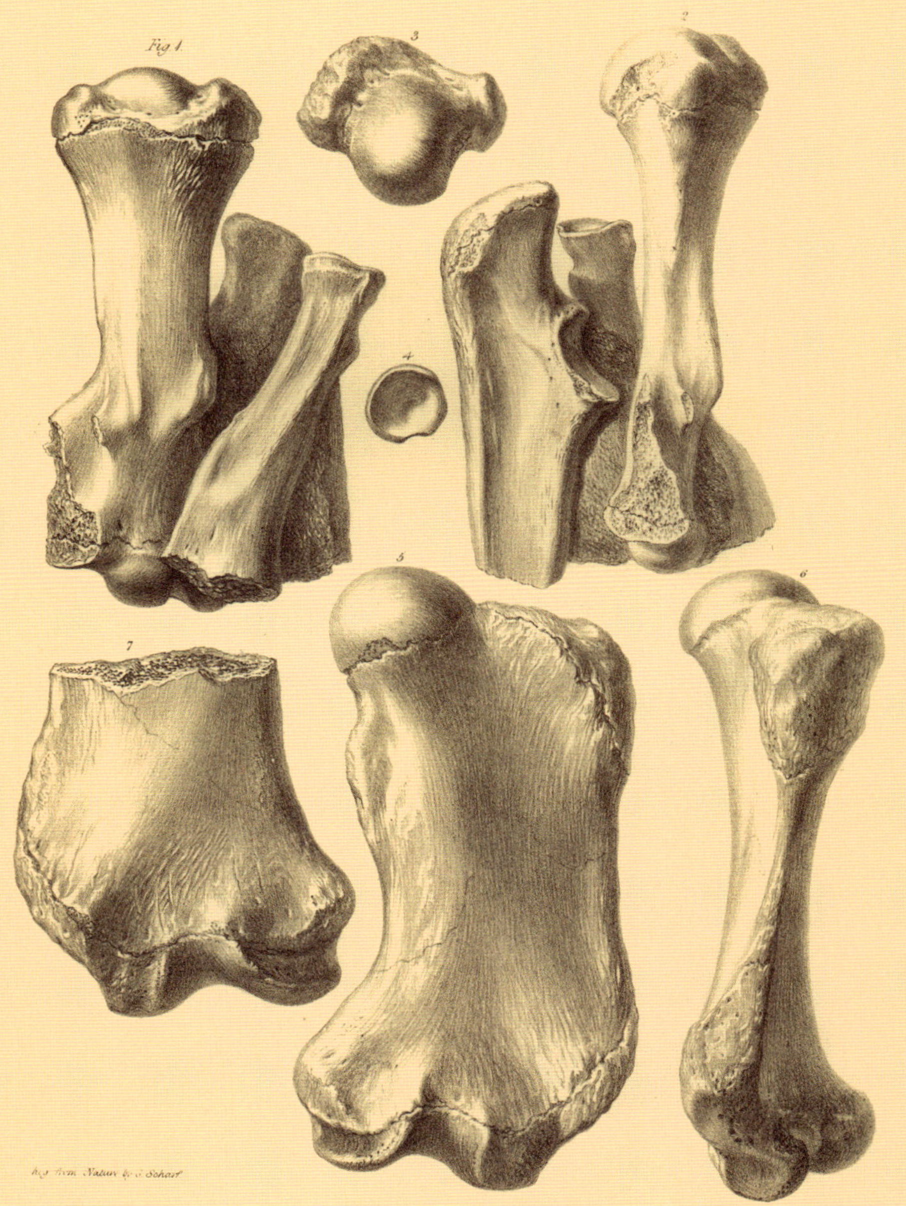


Printed by C. Hullmandel

Scelidotherium. ⅓ Nat. Size.

Published by Smith, Elder & Co. 65 Cornhill

Pl. XXVI.

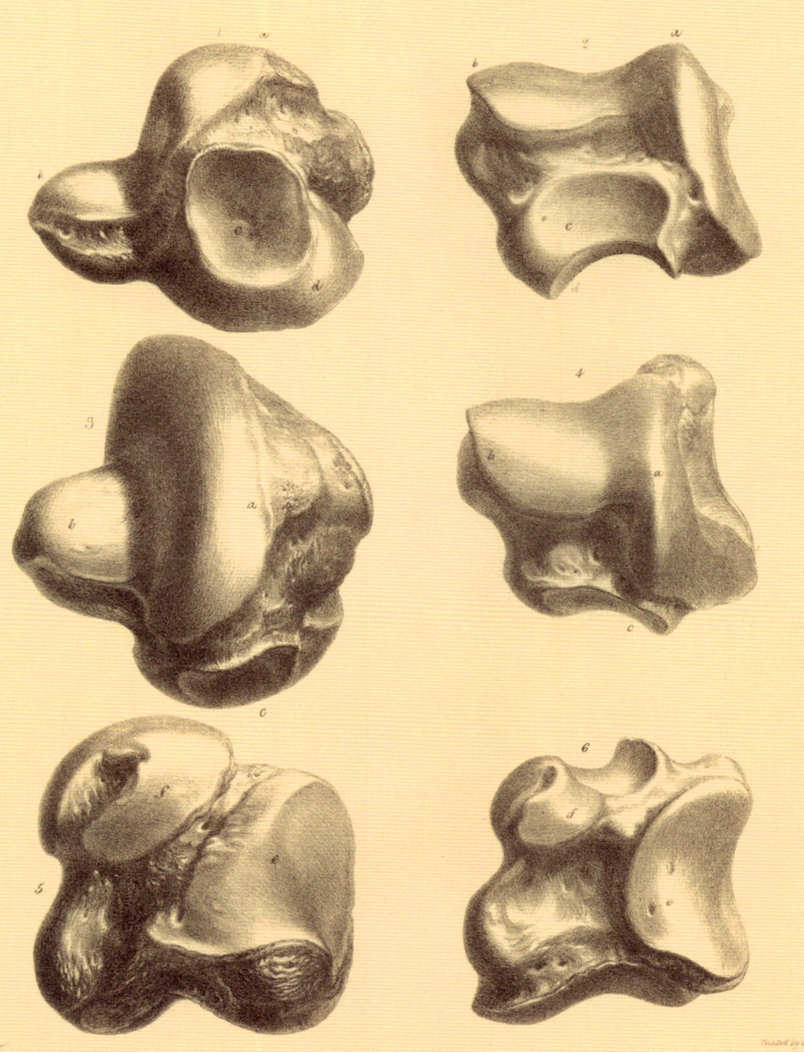

Printed by C. Hullmandel.

*Left Astragalus*

*Fig 1.3.5. Megatherium ⅓ Nat. Size. 2.4.6. Scelidotherium ⅔ Nat. Size*

Published by Smith, Elder & Co. 65 Cornhill.

Pl XXVII

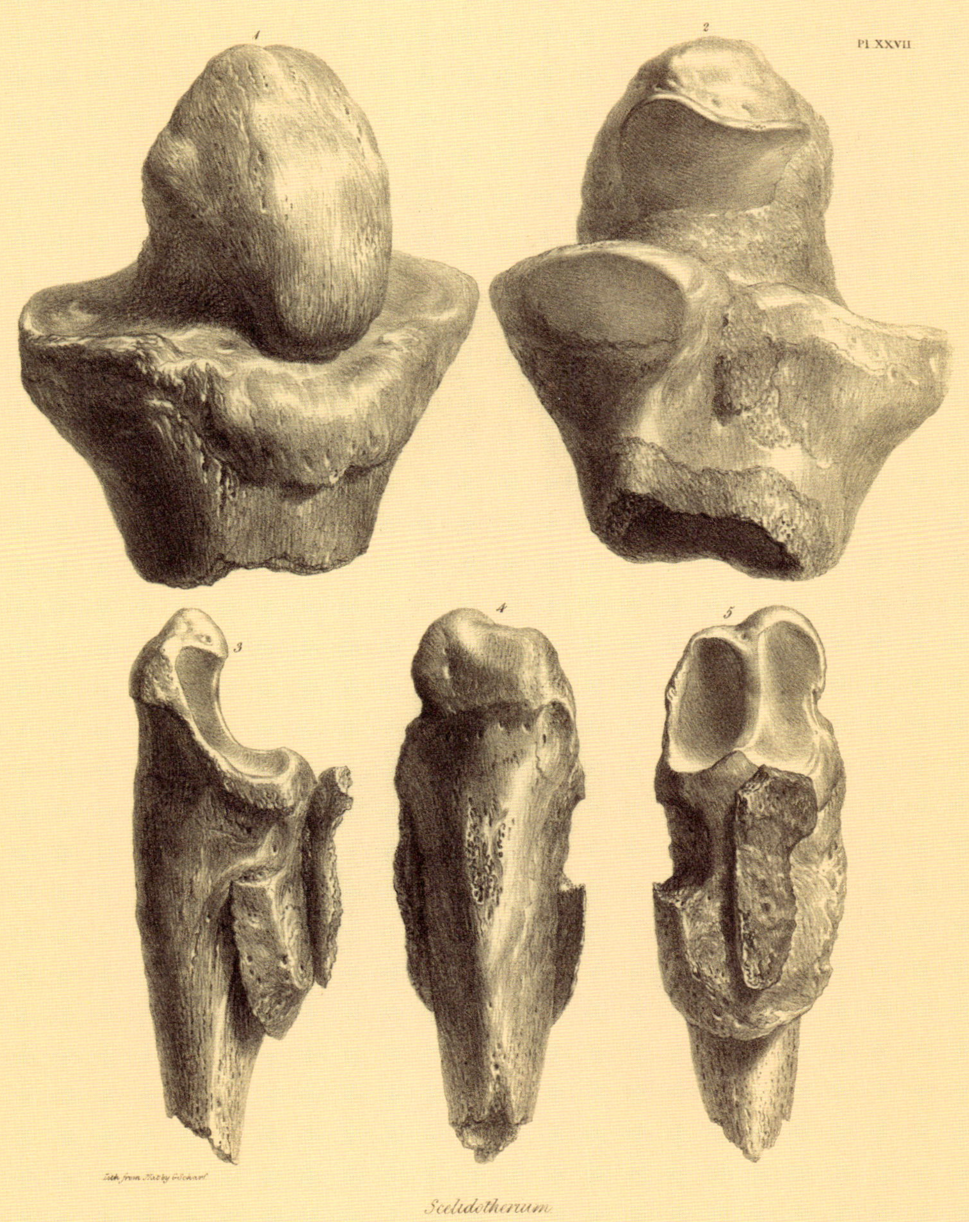


*Scelidotherium*

*Fig 1 2 ⅔ Nat Size  3 4 5 Nat Size*

*Published by Smith Elder & Co 65 Cornhill*

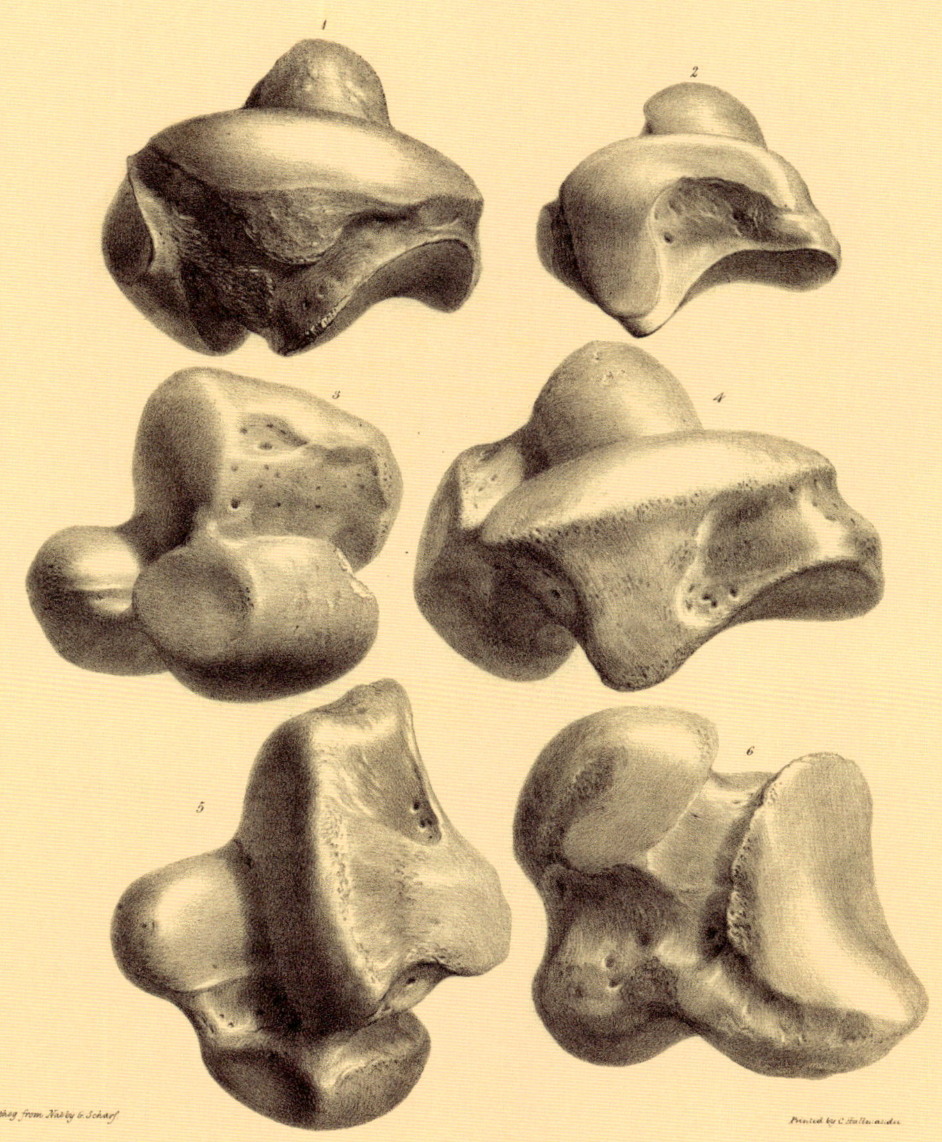


Lithog. from Nat. by G. Scharf.

Printed by C. Hullmandel.

Left Astragalus.

Fig. 1. Megatherium. ⅓ Nat. Size. Fig. 2. Scelidotherium. ⅔ Nat. Size. Fig. 3–6. Mylodon? ⅔ Nat. Size.

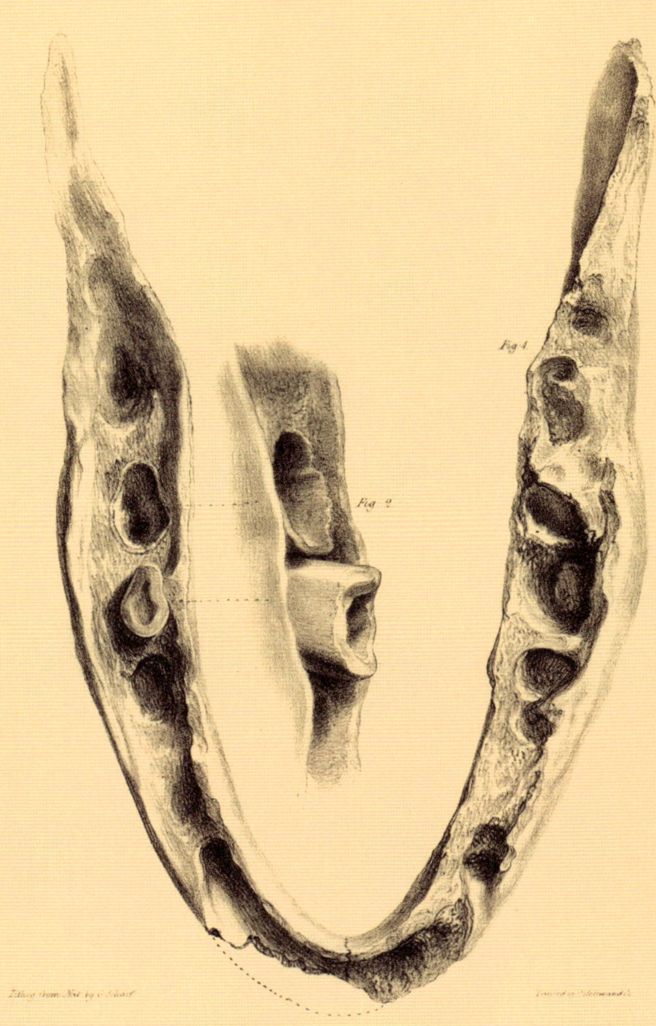


Lower Jaw of Megalonyx.

Fig 1 ⅔ Fig 2 Nat Size

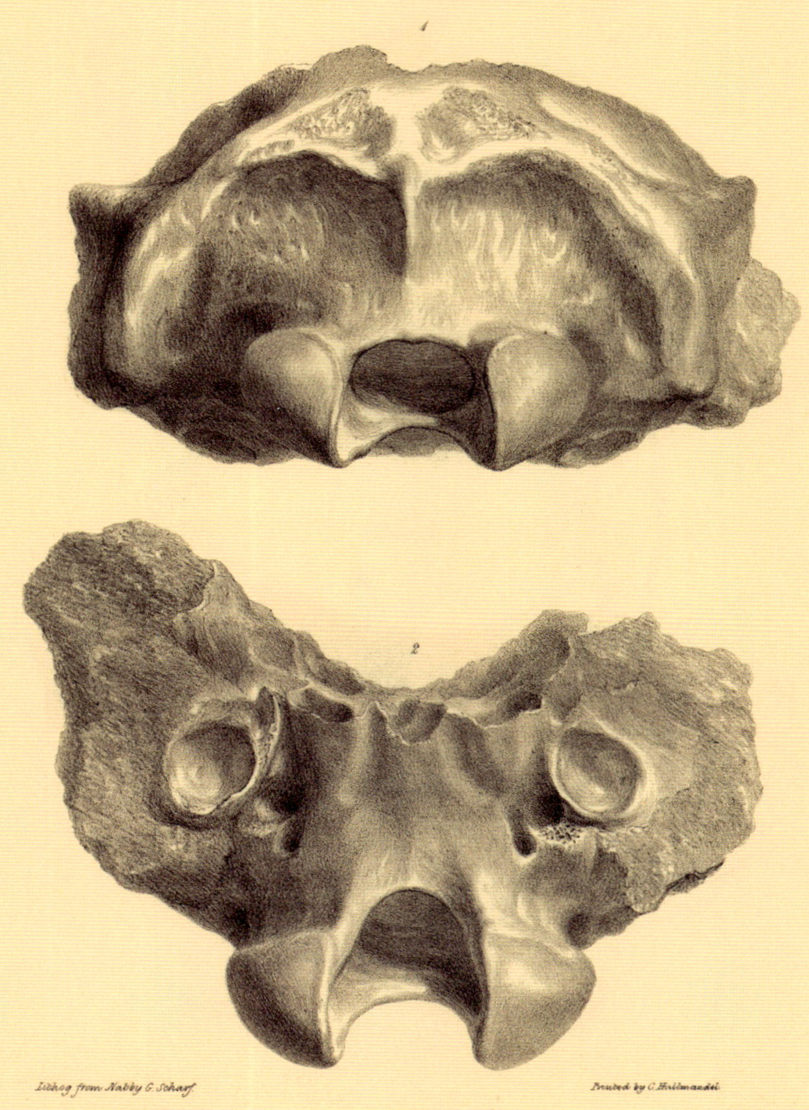


Lithog from Nat. by G. Scharf.　　Printed by C. Hullmandel.

*Megatherium.* ½ Nat. Size

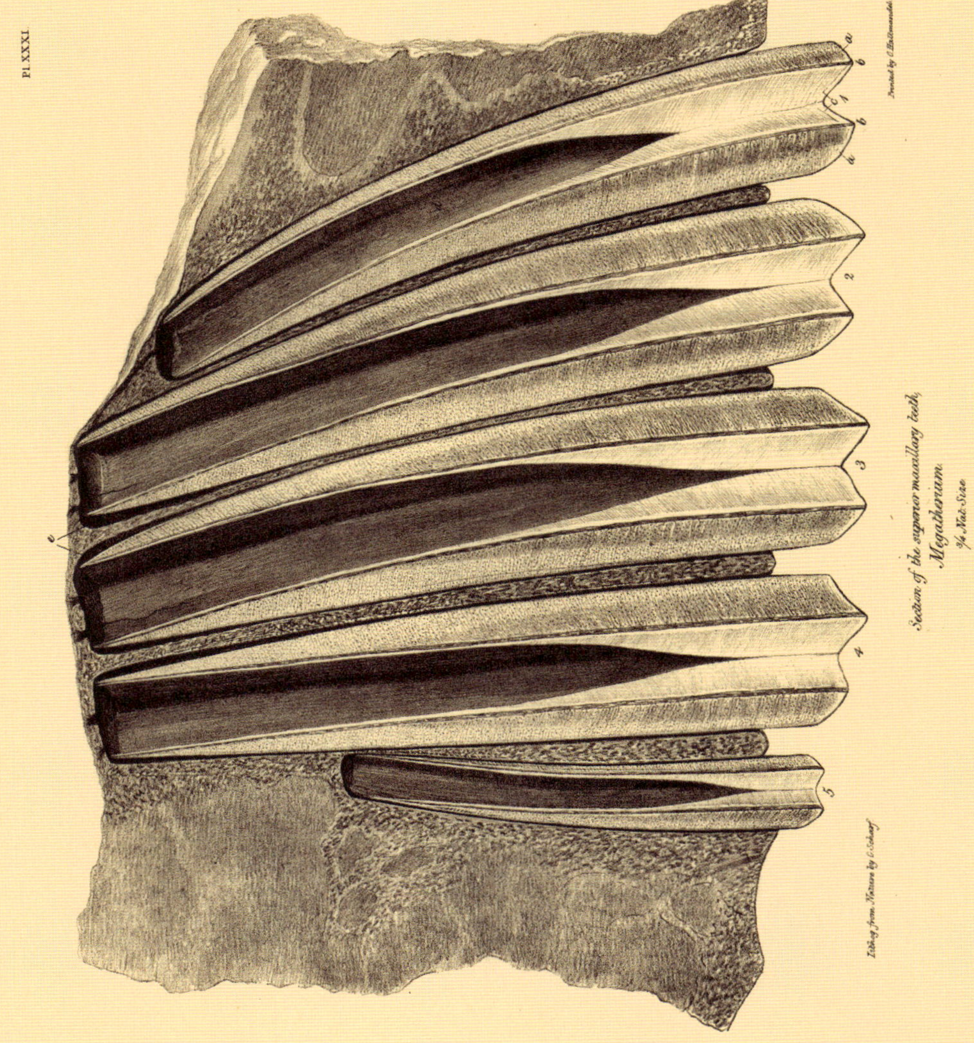
Pl. XXXI.
Section of the superior maxillary teeth,
Megatherium.
3/4 Nat. Size.
Lithog. from Nature by G. Scharf.
Printed by C. Hullmandel.

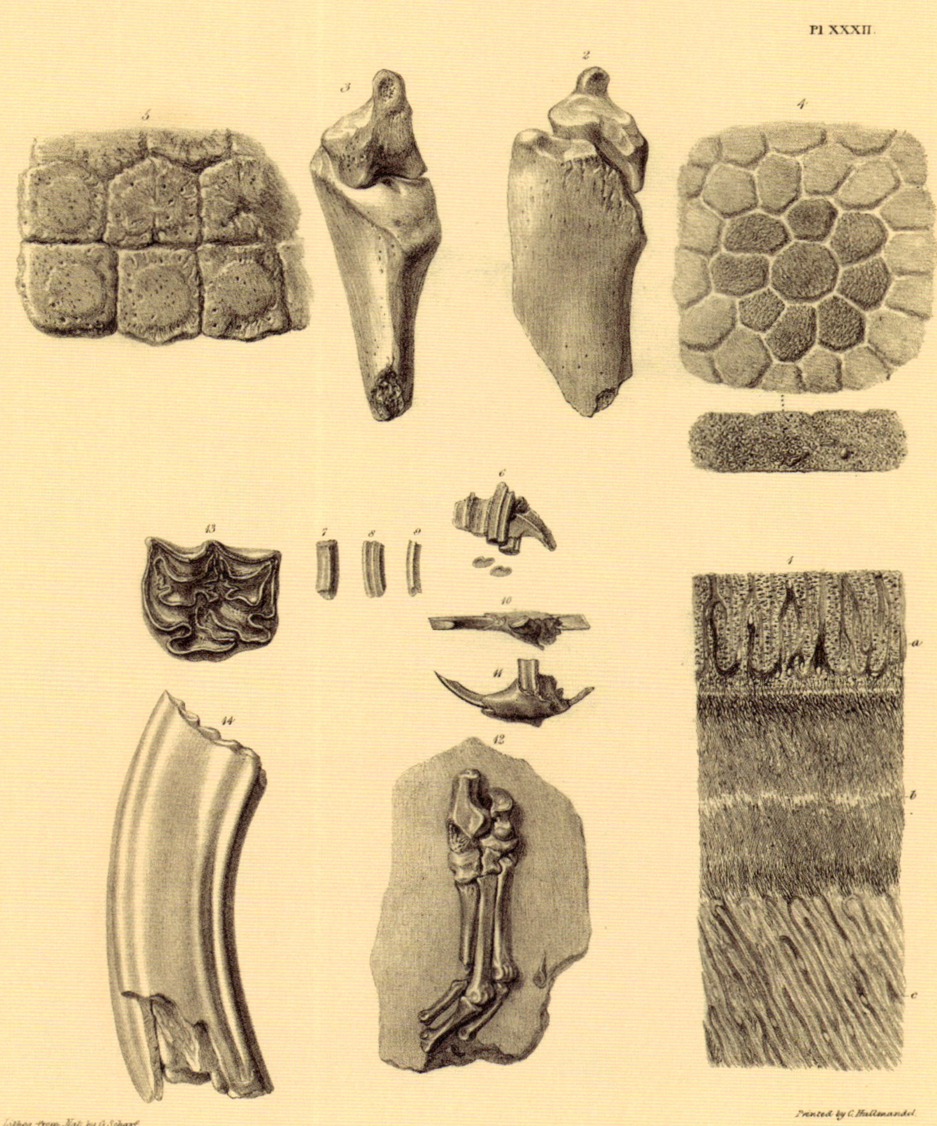


1 *Megatherium.* 2_5 *Hoplophorus.* 6_12 *Ctenomys.* 13_14. *Equus.*

# 哺乳动物 卷

乔治·罗伯特·沃特豪斯

# LIST OF PLATES

Plate



* The palatine foramina are accidentally omitted—see description

Mammalia Pl. 1
Desmodus D'Orbignyi

Mammalia Pl. 2

Phyllostoma Grayi

*Mammalia Pl. 3*

*Vespertilio Chileensis*

Mammalia Pl. 4

*Canis antarcticus.*

Mammalia Pl. 5

Canis Magellanicus.

Mammalia Pl. 6

Canis fulvipes

Canis Azaræ

Mammalia Pl. 8

Felis Yagouaroundi.

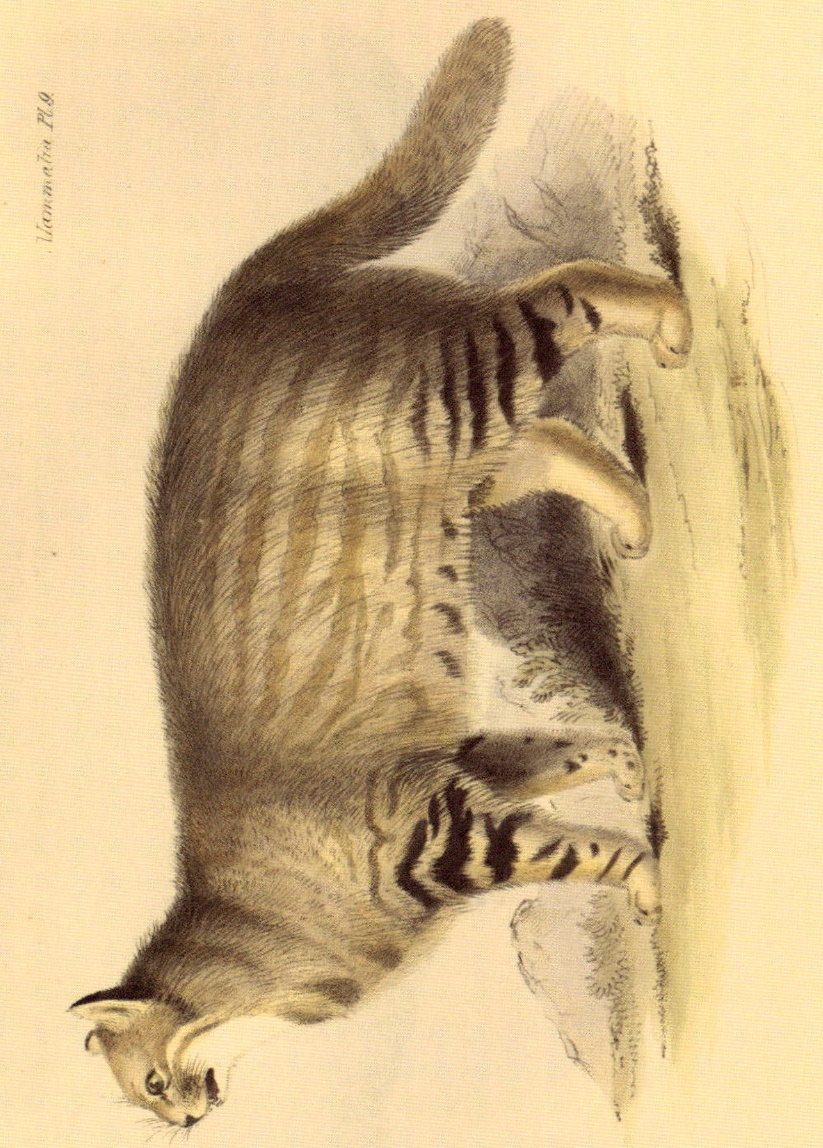


Felis Pajeros

Mammalia. Pl. 10.

Delphinus Fitz-Royi.

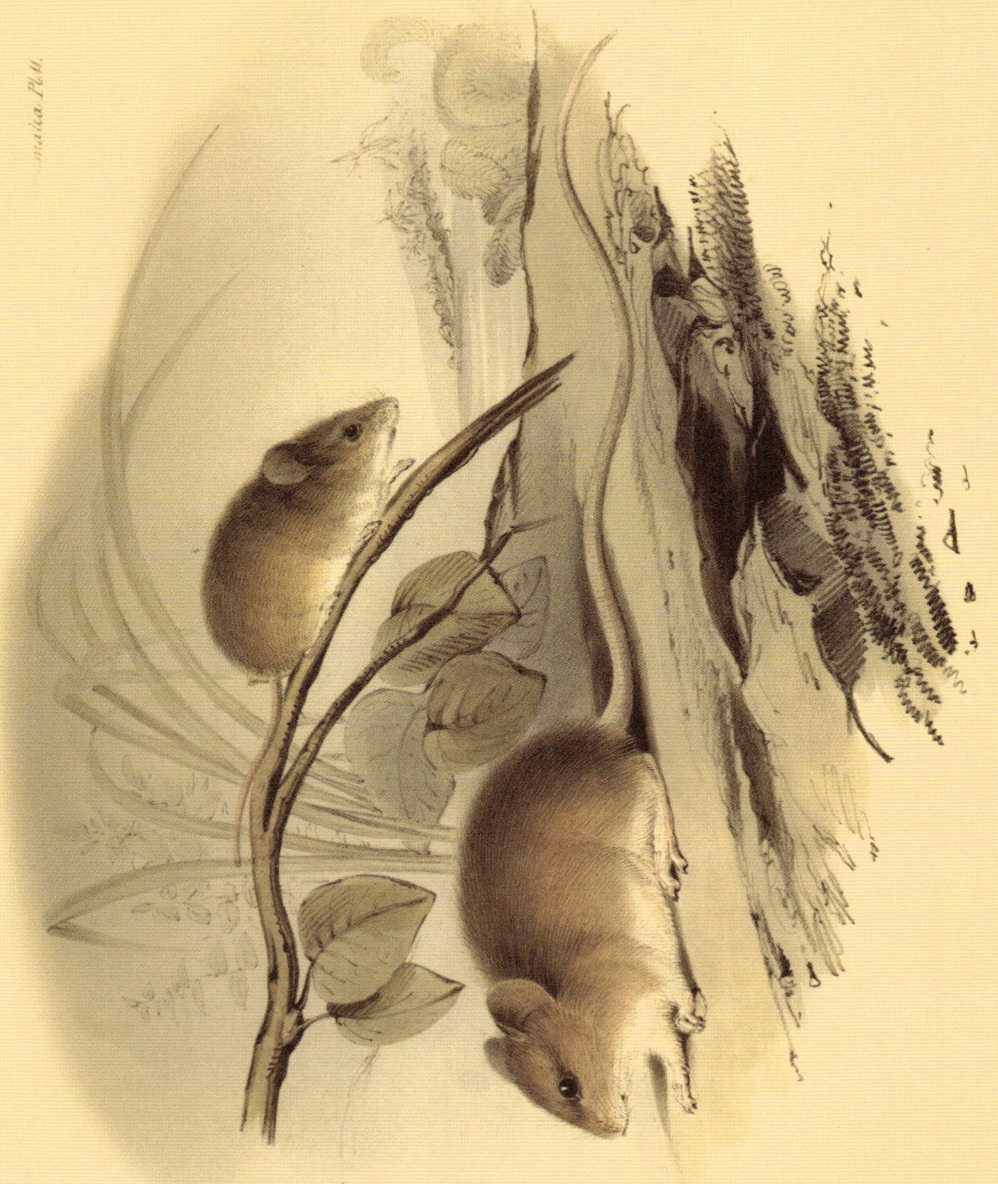
Mus gracilipes
Mus longicaudatus

Mammalia Pl. 12

Mus elegans

Mus bimaculatus

Mammalia Pl. 43
Mus arenicola.
Mus flavescens

Mammalia Pl. 14
Mus Magellanicus
Mus Brachiotis

Mammalia Pl 15.

1 Mus Renggeri
2 ...... obscurus

Mammalia Pl. 10

1

2

Fig 1 Mus xanthorhinus 2 Mus nasutus

Mus tumidus.

*Mammalia Pl. 18*

*Mus Braziliensis*

Mammalia. Pl. 20
Mus micropus.

Mammalia Pl. 21.
Mus griseo-flavus

*Mammalia Pl. 22*

*Mus xanthopygus*

Mammalia Pl. 23
Mus Darwinii

Mammalia. Pl. 24

Mus Galapagoensis

*Mus fuscipes*

Mammalia Pl. 26

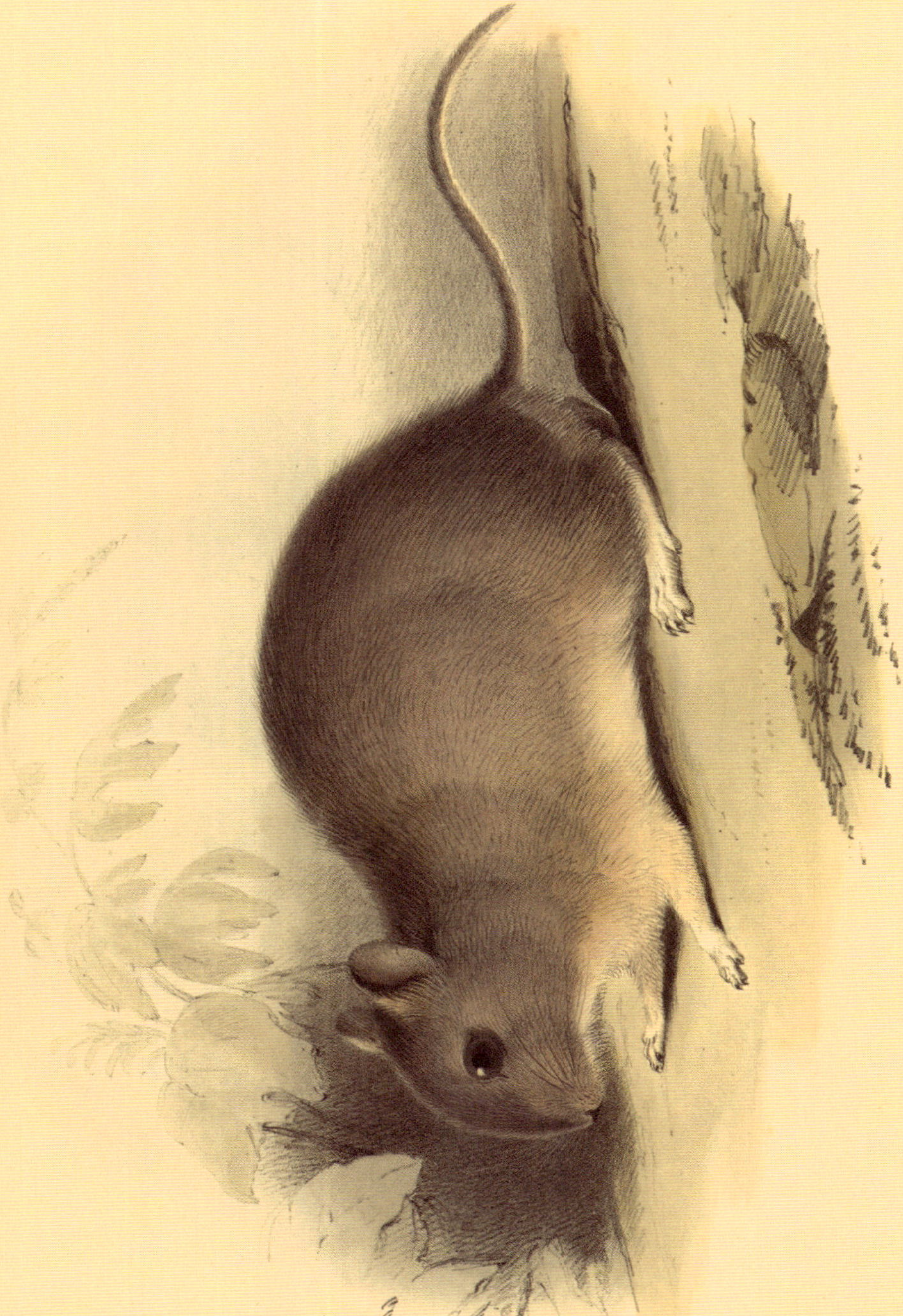

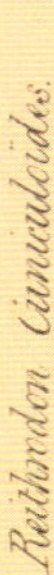

Reithrodon Cuniculoides.

Mammalia Pl 27
Reithrodon Chinchilloides

Mammalia Pl. 28
Abrocoma Bennettii

Mammalia Pl. 29

Abrocoma Cuvieri

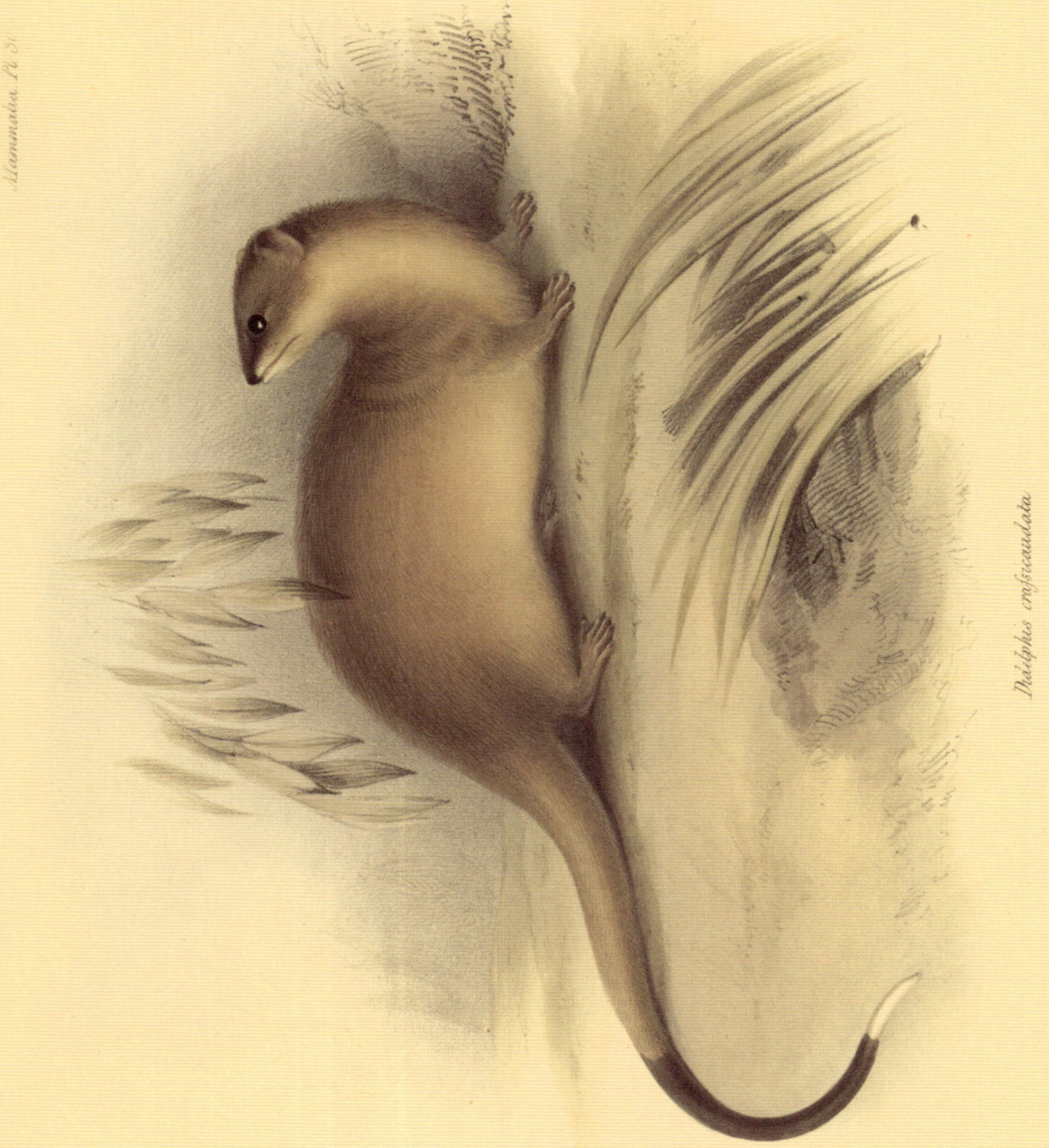
Mammalia Pl. 31
Didelphis crassicaudata

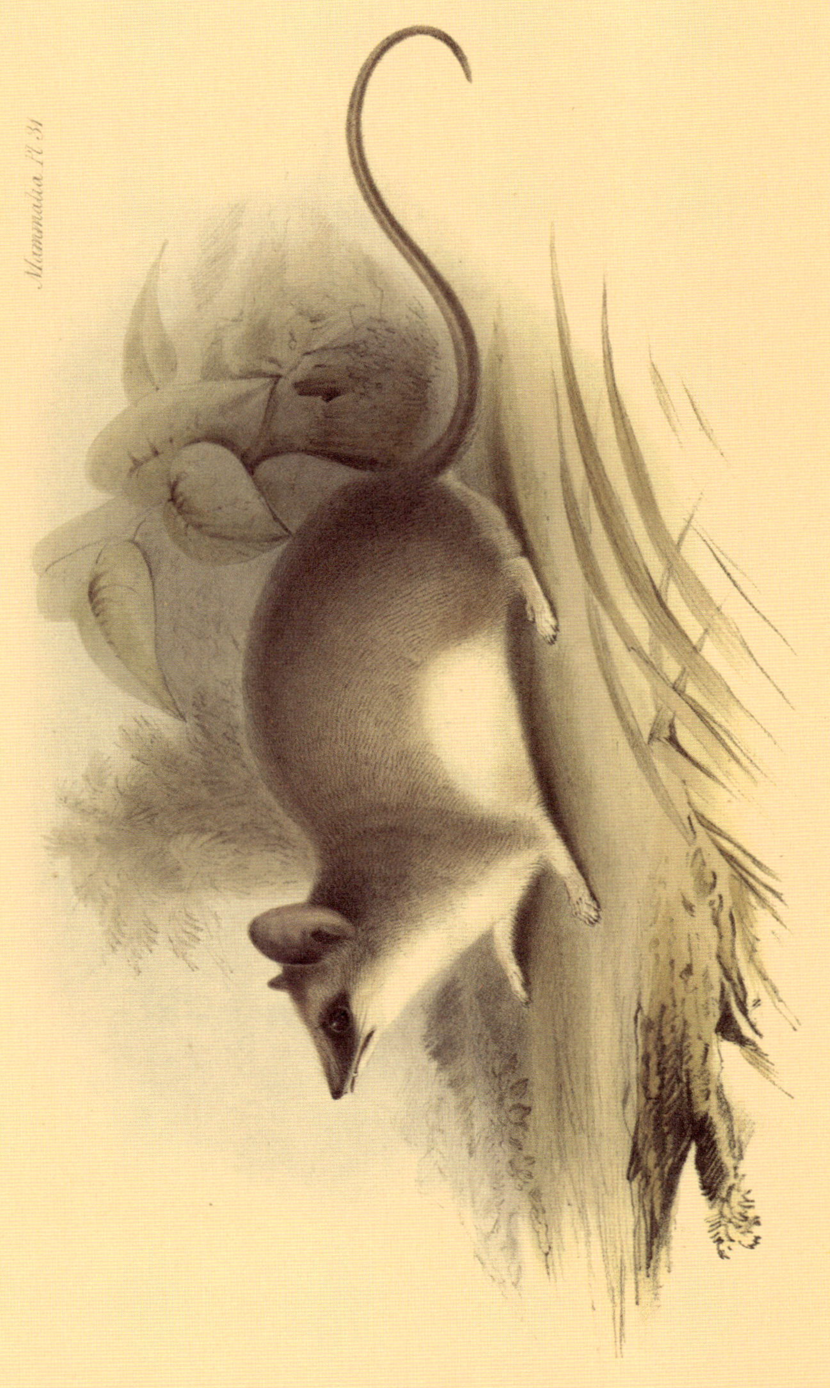


Didelphis elegans

*Didelphis brachyura*

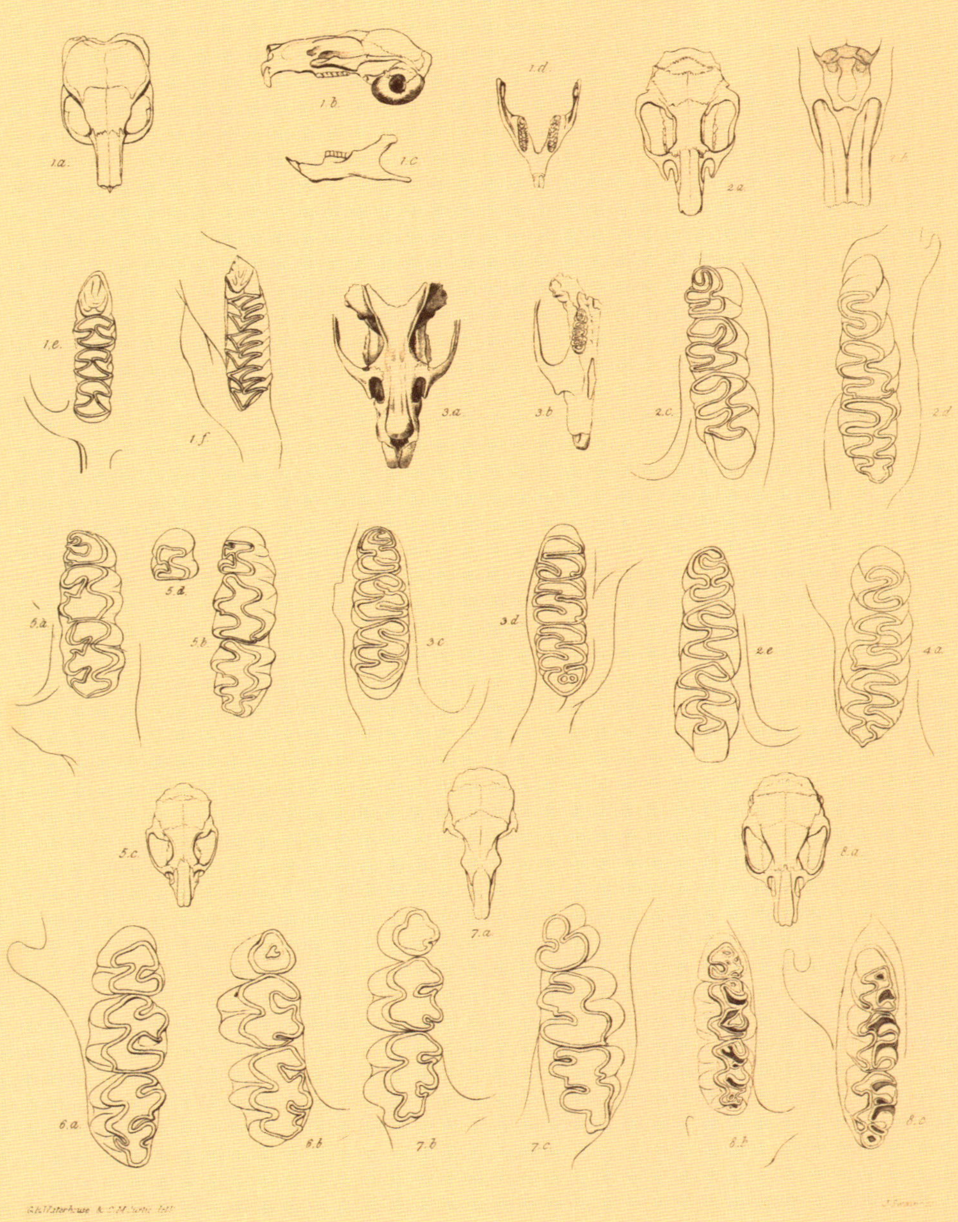
1.a.
1.b.
1.c.
1.d.
2.a.
1.e.
1.f.
3.a.
3.b.
2.c.
2.d.
5.a.
5.d.
5.b.
3.c.
3.d.
2.e.
4.a.
5.c.
8.a.
7.a.
6.a.
6.b.
7.b.
7.c.
8.b.
8.c.

*Mammalia Plate 34.*

G.R. Waterhouse del.

J. Swaine sc.

# 鸟类 卷

约翰·古尔德

# LIST OF PLATES

Plate

*Milvago albogularis*

Birds Pl. 2

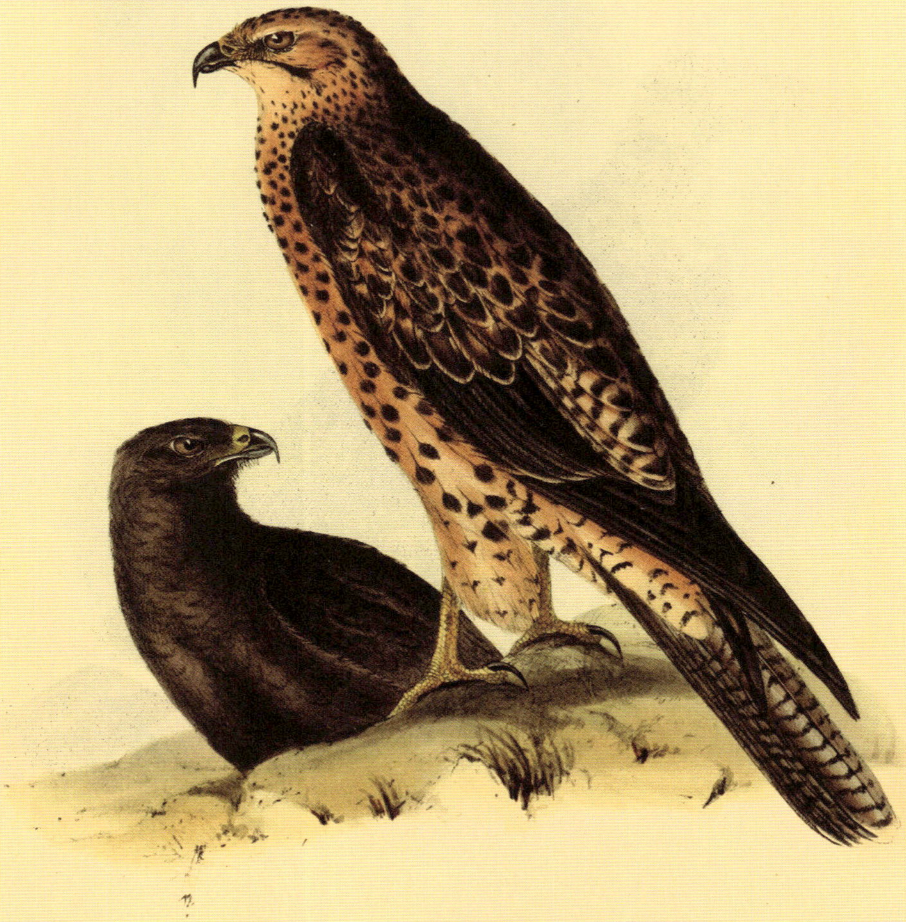

*Craxirex Galapagoensis*

Birds Pl.

*Otus Galapagoensis.*

*Strix punctatissima*

*Progne modestus*

*Pyrocephalus parvirostris*

Birds Pl. 7

*Pyrocephalus nanus*

Birds Pl. 8

*Tyrannula magnir*

*Lichenops erythropterus.*

Birds Pl. 10

Flavicola Azaræ

*Tænioptera variegata*

*Agriornis micropterus*

*Agriornis leucurus*

*Pachyramphus albescens*

*Pachyramphus minimus.*

*Mimus trifasciatus*

*Mimus melanotis.*

*Mimus parvulus*

*Upercerthia dumetaria*

*Opetiorhynchus lanceolatus.*

*Eremobius phœnicurus*

Birds Pl. 22
Synalaxis major

*Synalaxis rufogularis.*

*Synalaxis flavogularis.*

*Limnornis curvirostris*

Birds Pl 26

*Limnornis rectirostris*

Dendrodramus leucosternus

*Sylvicola aureola*

*Ammodramus longicaudatus*

Birds Pl 30.

Ammodramus xanthornus

Pafser Jagoensis

*Chlorospiza melanodera*

Birds. Pl. 30

Chlorospiza Xanthogramma

*Tanagra Darwini*

Pipilo personata

Geospiza magnirostris

*Birds* [illegible]

*Geospiza strenua*

Geospiza fortis

*Geospiza parvula*

*Camarhynchus psittaculus*

*Camarhynchus crassirostris*

*Cactornis scandens*

Cactornis afsimilis

Birds Pl. 44

*Certhidea olivacea*

*Xanthornus flaviceps*

Birds Pl 46

Zenaida Galapagoensis

*Rhea Darwinii*

Birds Pl 48
Zapornia notata

Birds Pl 49

*Zapornia spilonota*

Birds Pl 50

Anser melanopterus

# 鱼类 卷

伦纳德·詹宁斯

# LIST OF PLATES

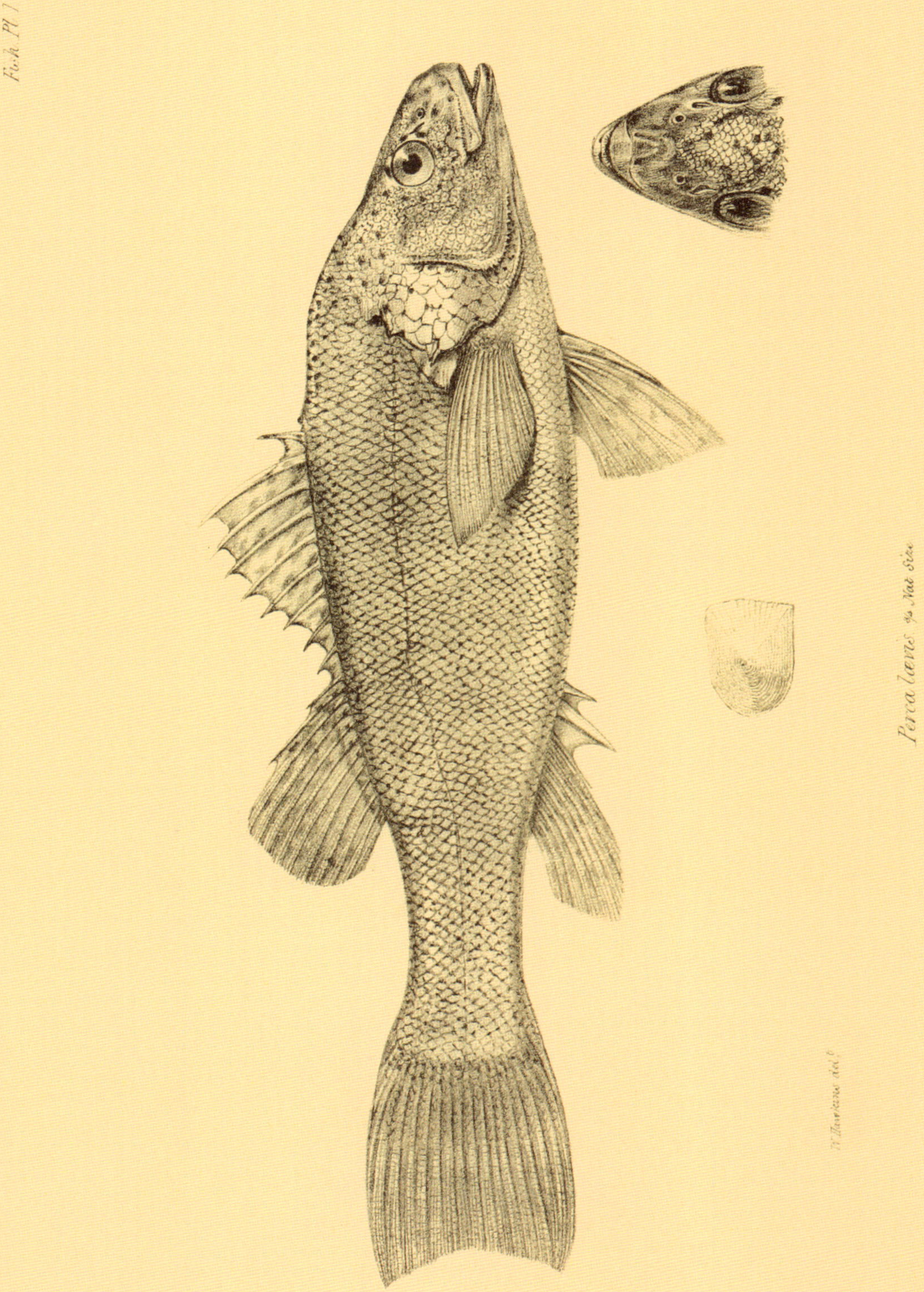
Fish Pl 7
Perca lævis ⅔ Nat Size
W. Hawkins del.

Fish Pl 2

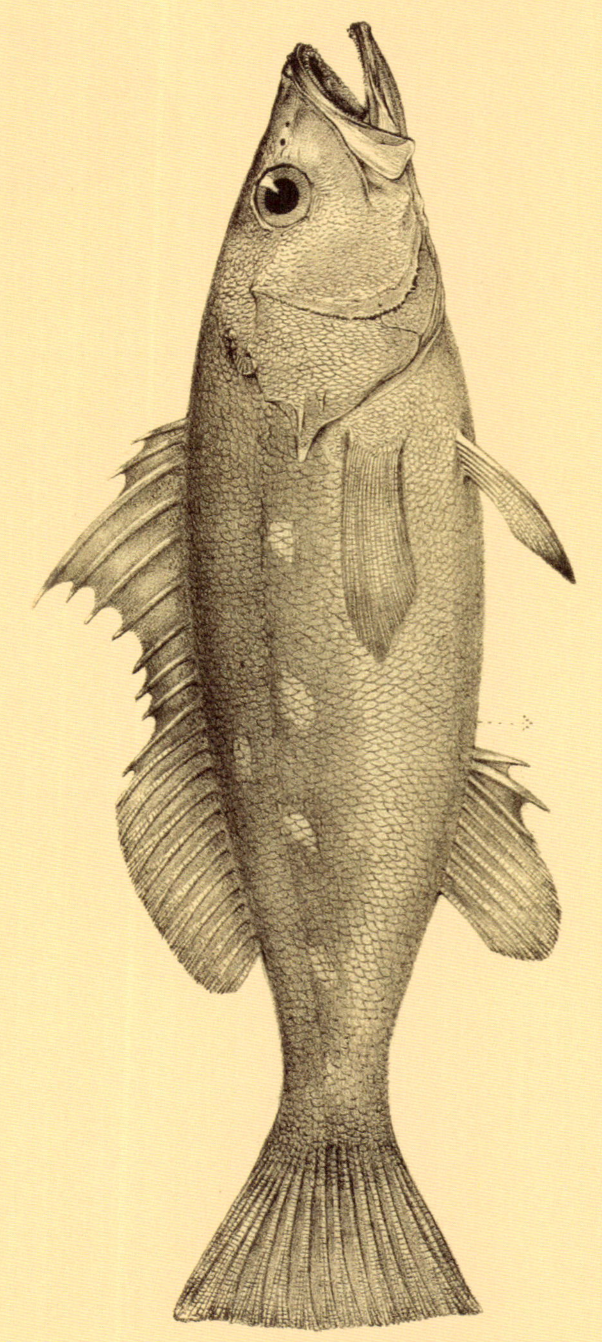

Drawn from Nature on stone by Waterhouse Hawkins

Fish Pl. 3.

Drawn from Nature on stone by Waterhouse Hawkins

Serranus labriformis ½ Nat. Size

Fish. Pl. 4

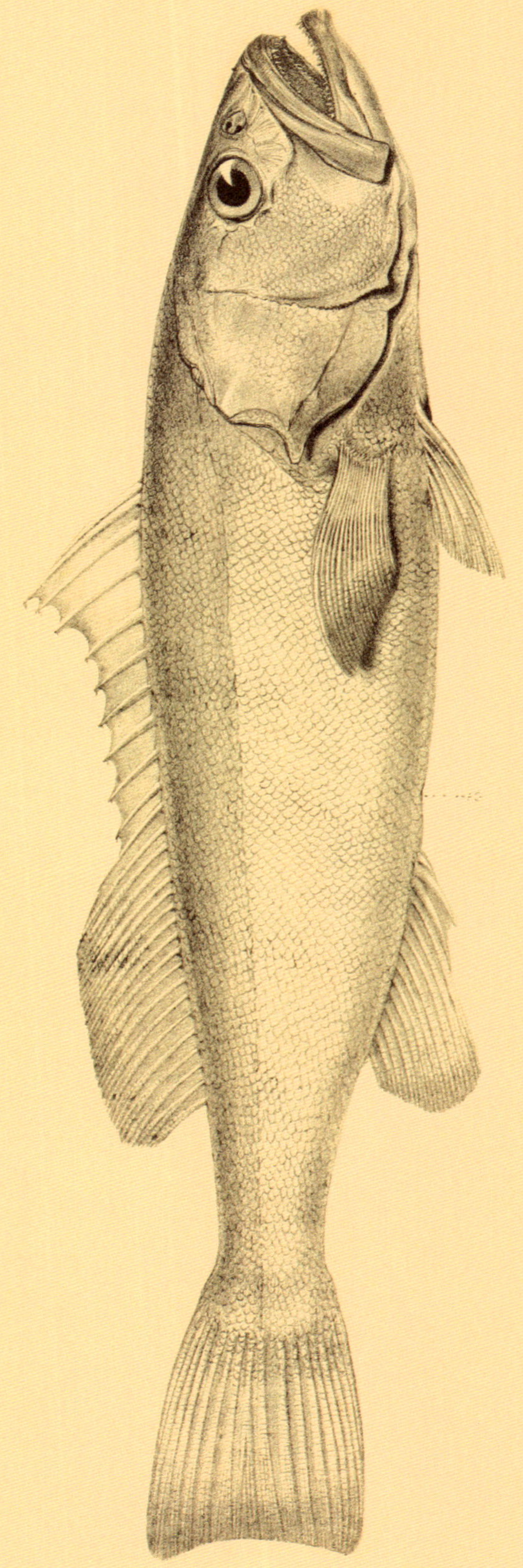

*Serranus olfax*. Nov. Spec.

Fish Pl. 5

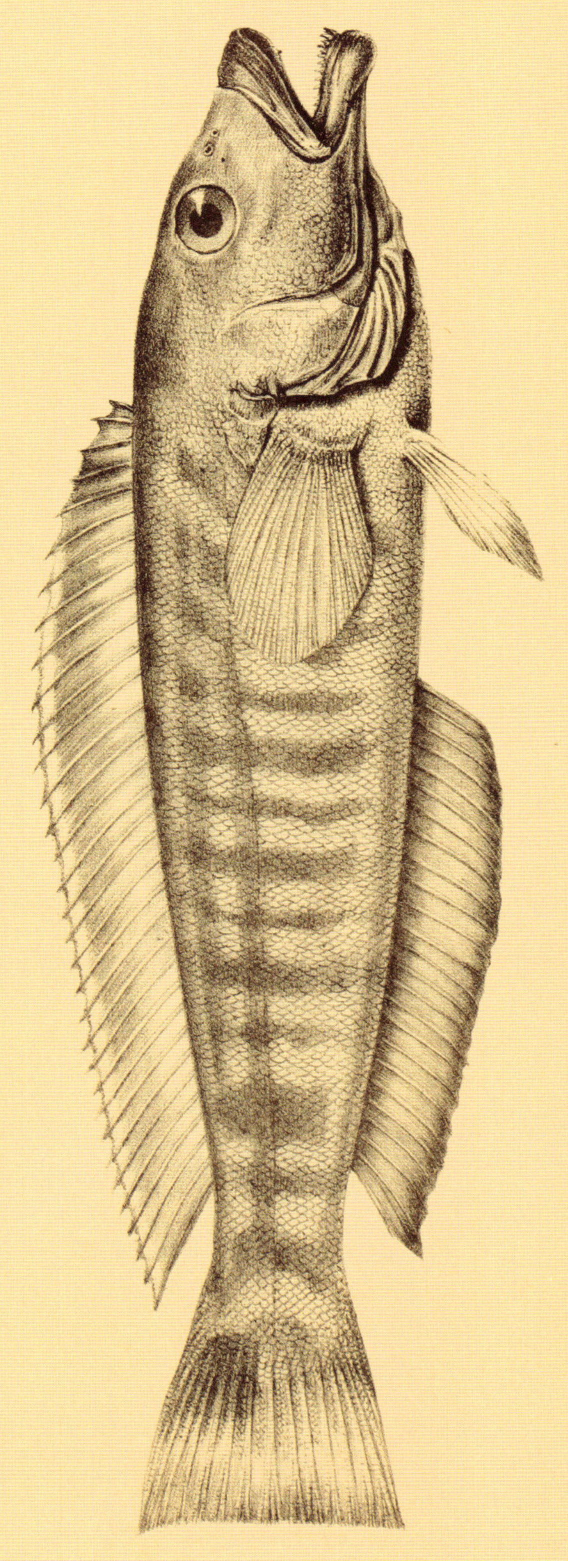

Pinguipes fasciatus ⅔ Nat. Size

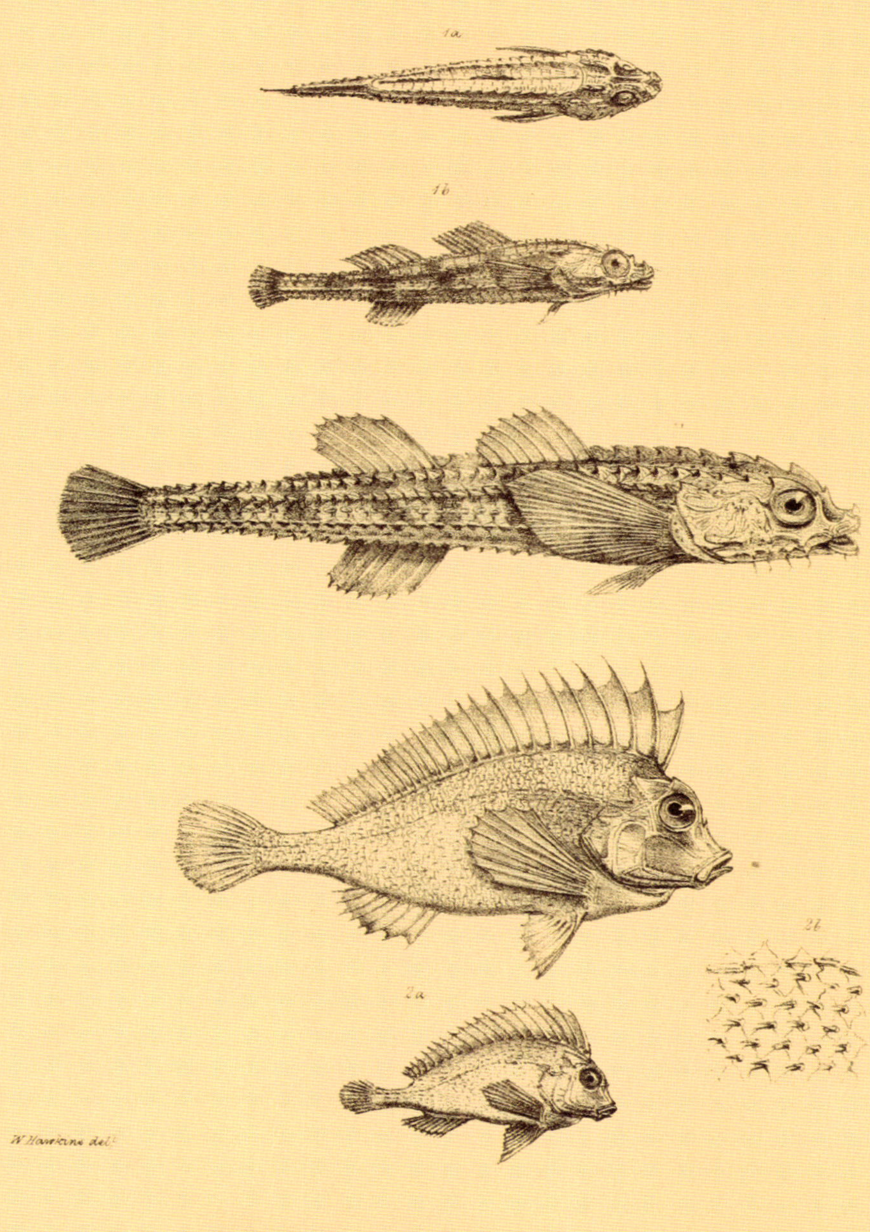


1 *Aspidophorus Chiloensis* Twice Nat. Size
1a. 1b " Nat. Size.
2 *Agriopus hispidus.* Twice Nat. Size.
2a " " Nat. Size
2b " Magnified Scales.

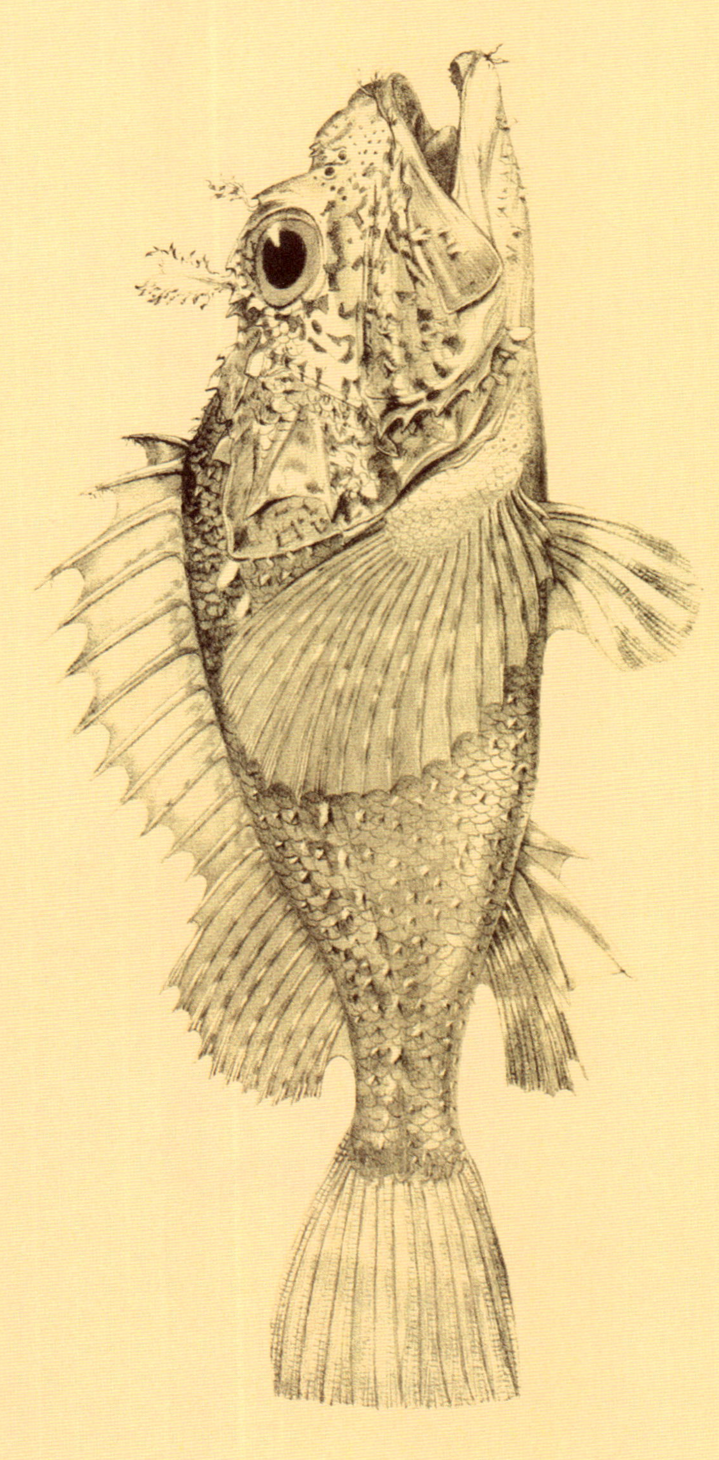

W. Hawkins del.

Fig. 1 *Pronodes fasciatus* } Nat. Size
2 *Stegastes imbricatus* }

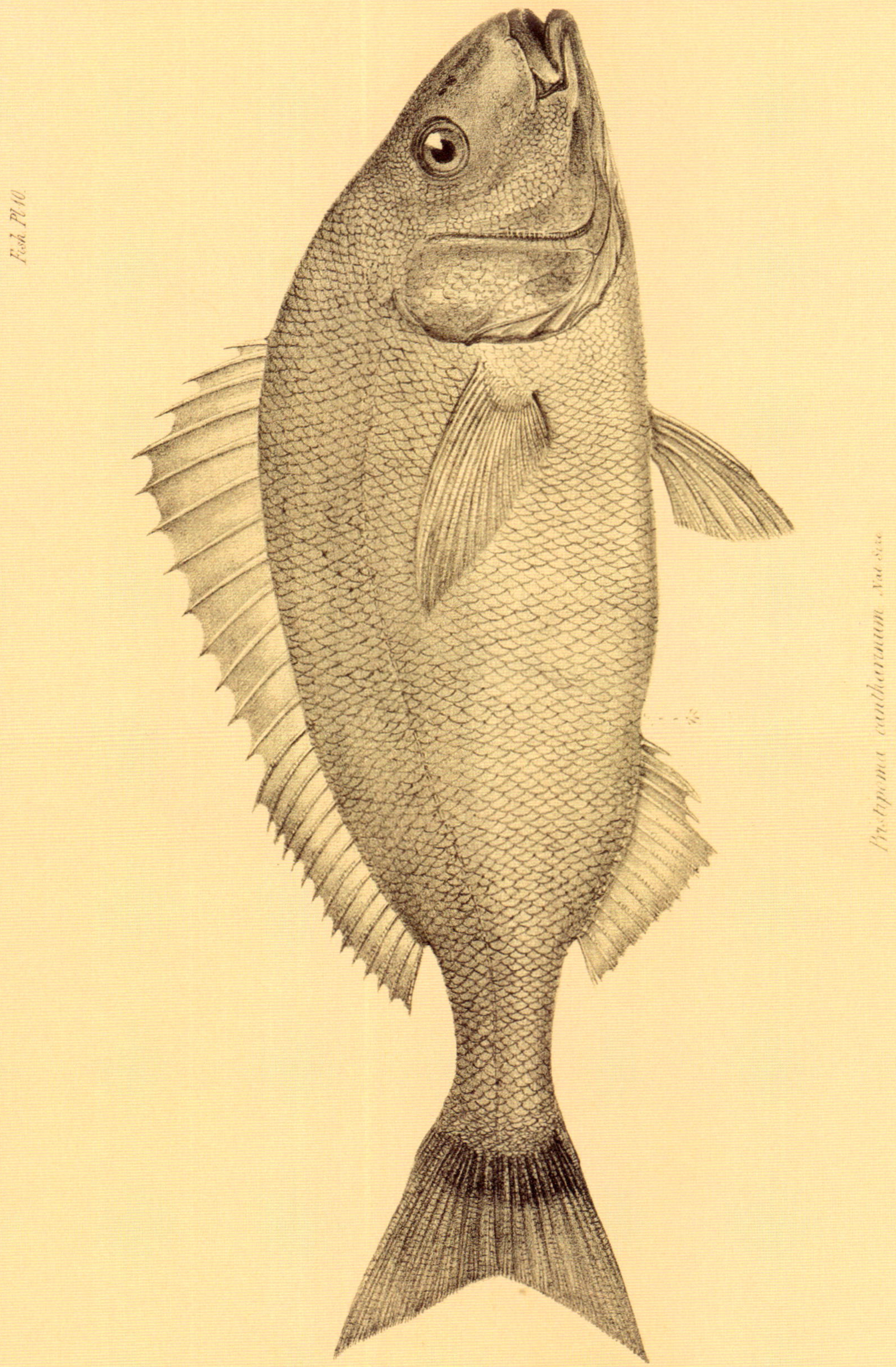
Fish Pl 10.
Pristipoma cantharinum Nat. Size

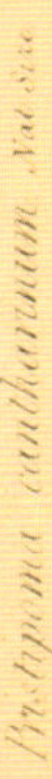

Fish Pl. 11

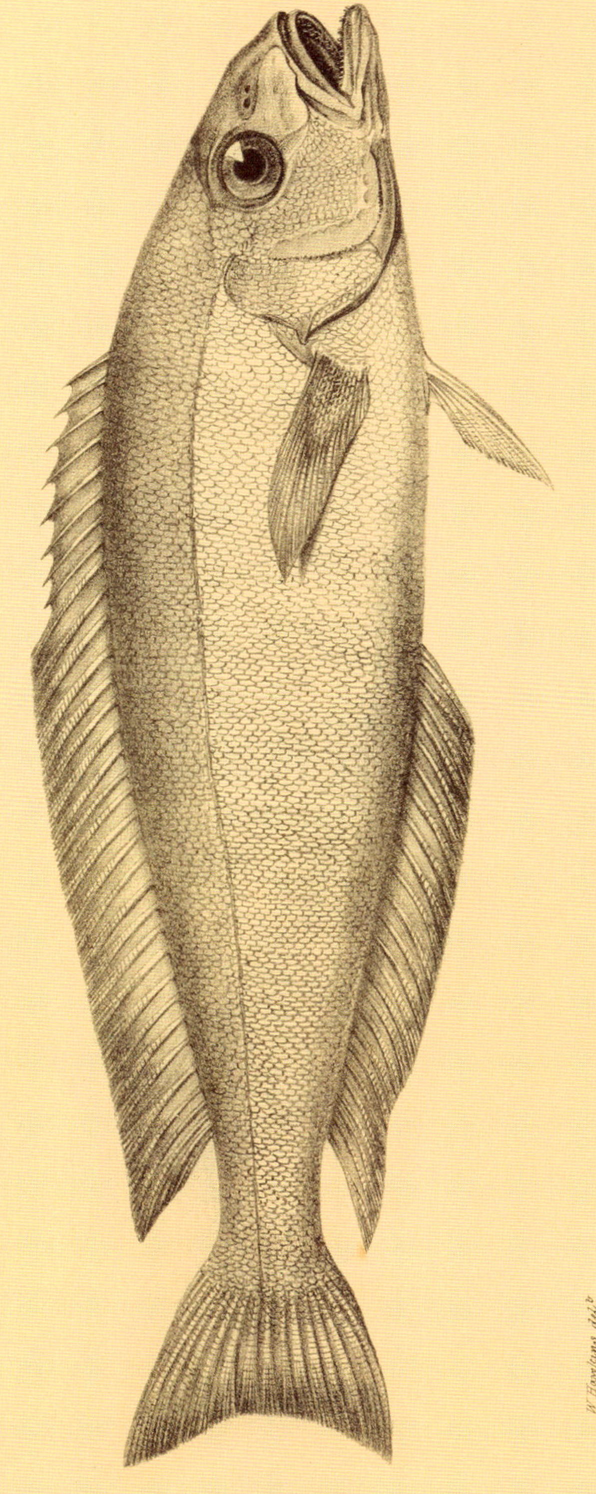

*Latilus princeps* ½ Nat Size

W Hawkins del[t]

Fish. Pl. 12

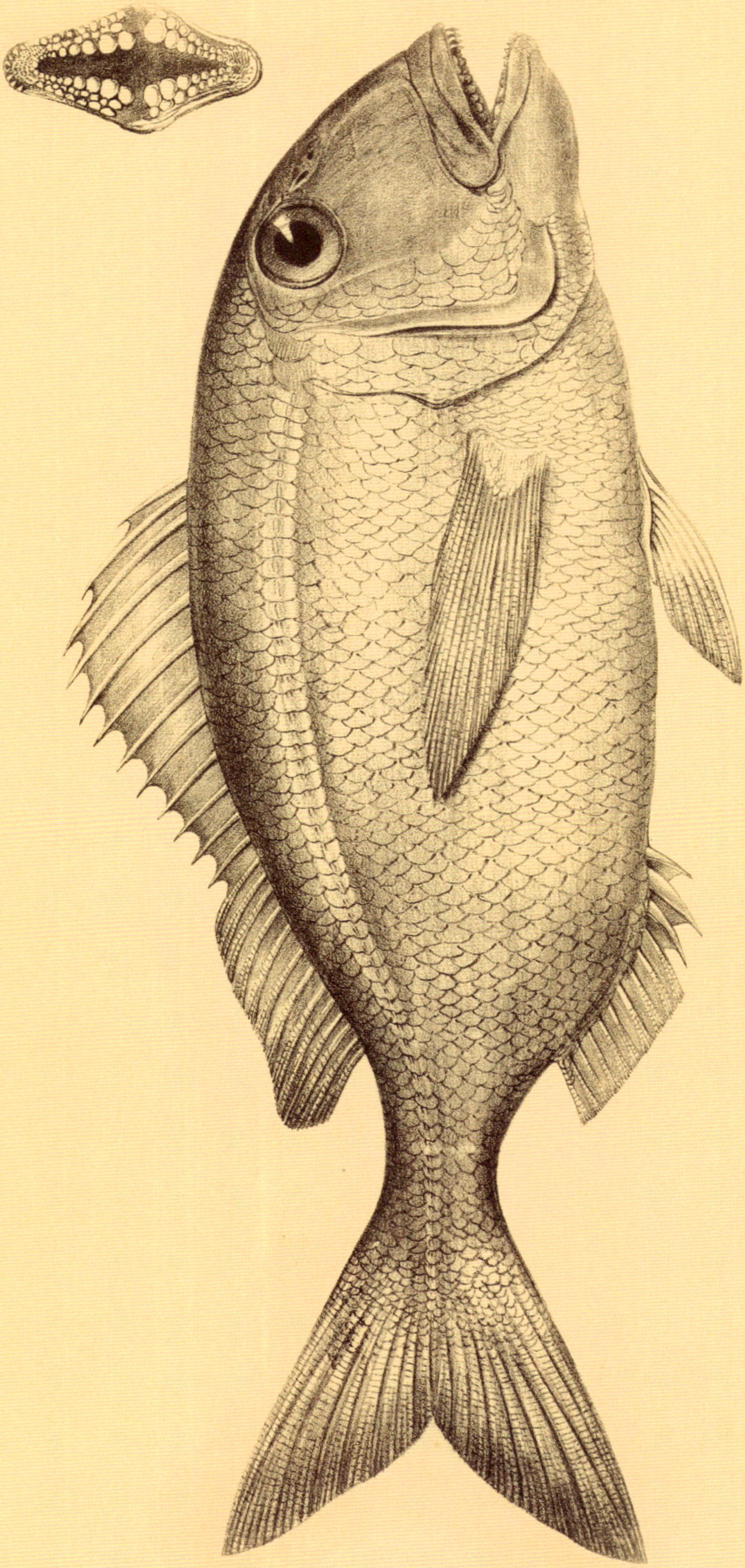

*Chrysophrys taurina* 3/4 Nat. Size

W. Hawkins del.

Fish Pl 13

W Hawkins del.t

Paropsis signata Nat Size

Fish Pl 14

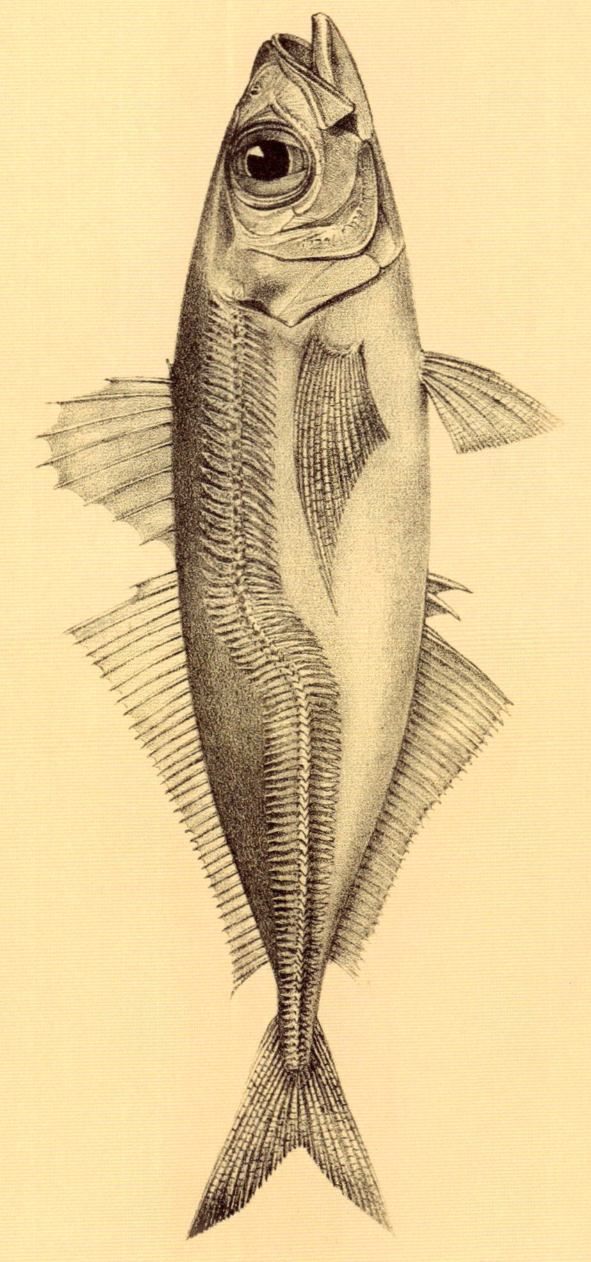

Caranx declivis Nat Size

W Hawkins del

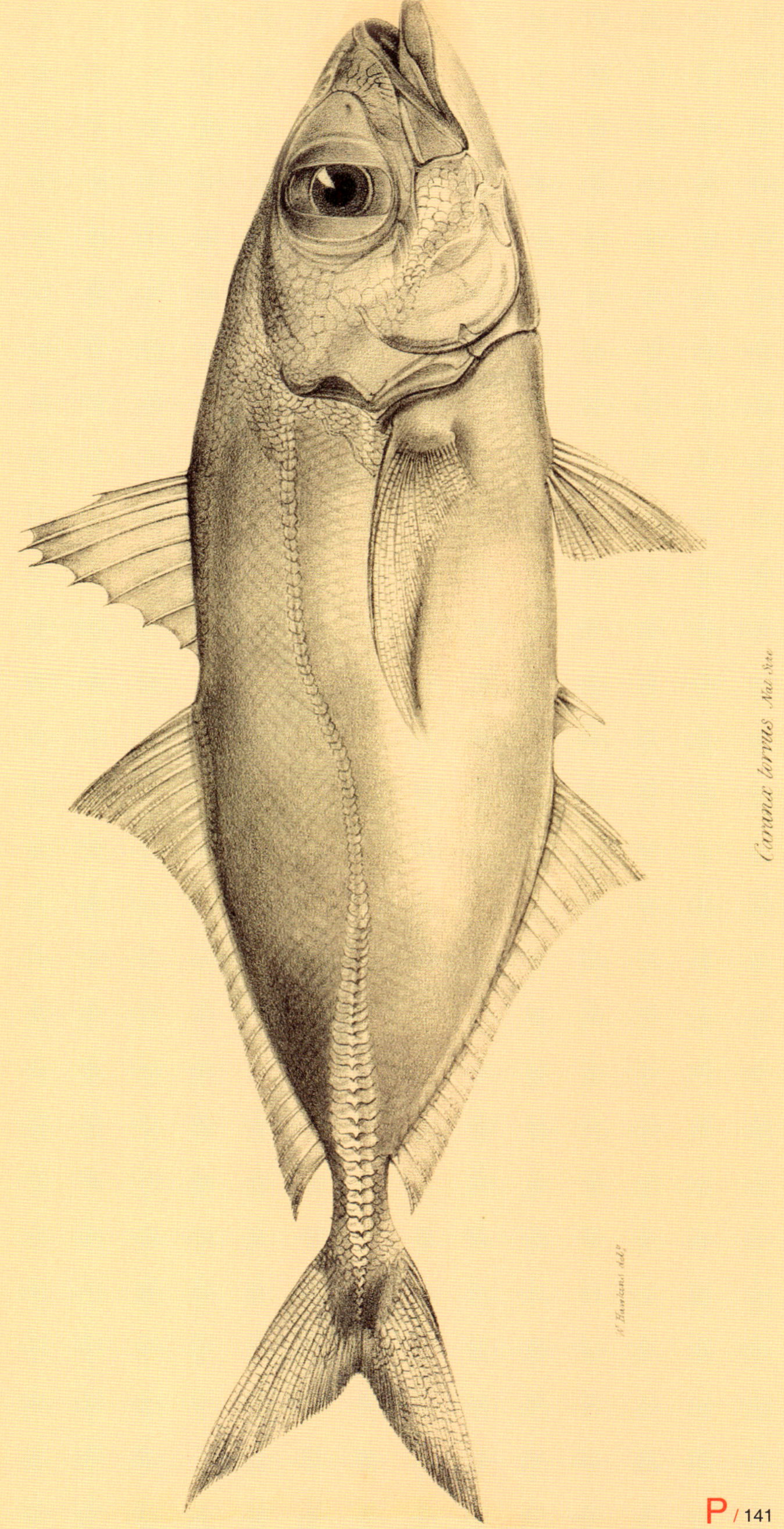

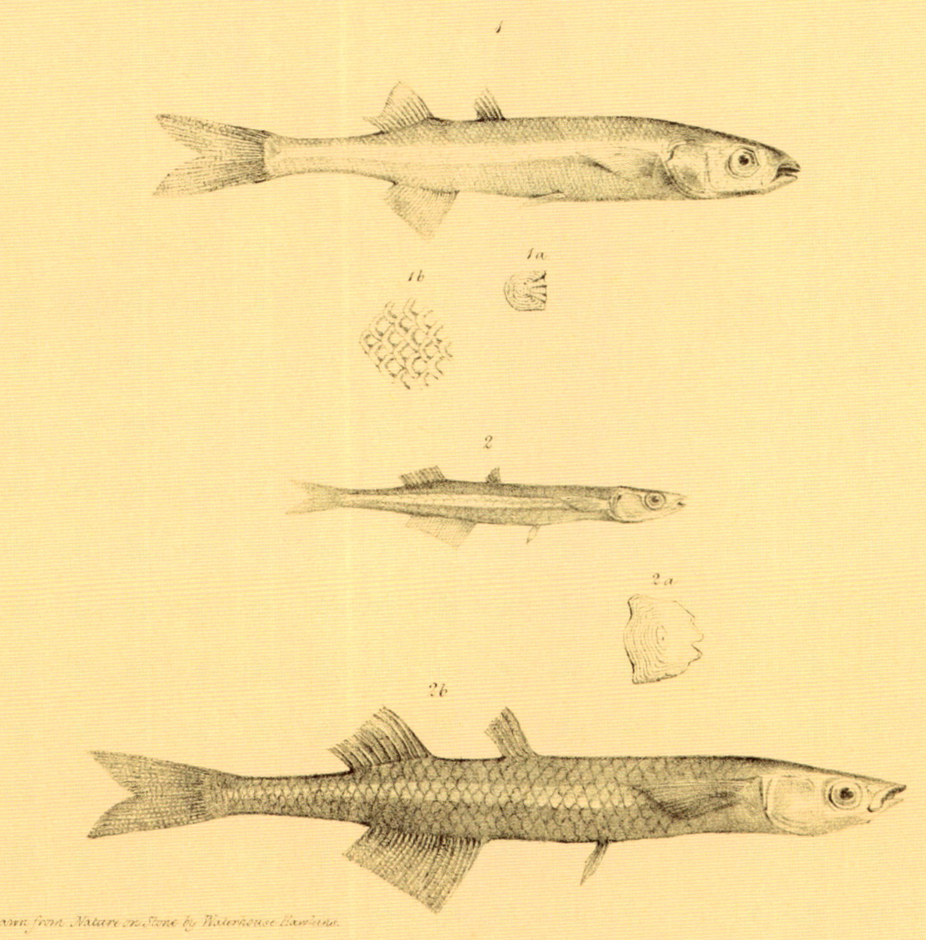


Drawn from Nature on Stone by Waterhouse Hawkins.

| | |
|---|---|
| 1 Atherina Microlepidota. | Nat. Size |
| 1a 1b | magnified Scales |
| 2 Atherina incisa | Nat. Size |
| 2a | magnified Scale |
| 2 b | Twice Nat. Size. |

Fish Pl. 17

1 *Blennechis fasciatus.* Nat. Size.

1a. 〃 〃 Teeth magnified

2. *Blennechis ornatus.* Nat. Size.

3 *Salarias Vomerinus* Nat. Size

Fish Pl. 18.

1

2

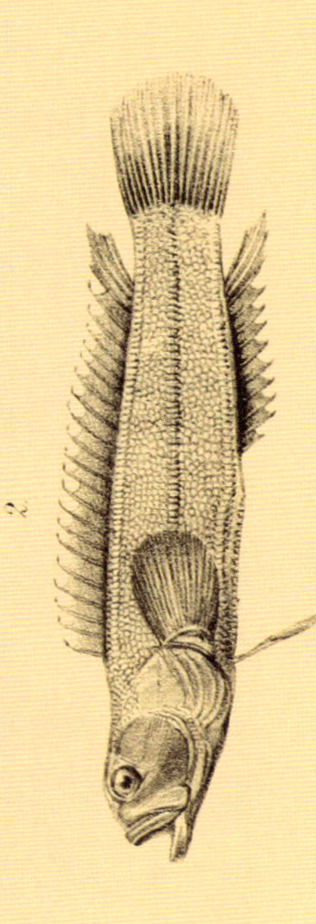

1 Clinus crinitus Nat. Size.

2 Acanthoclinus fuscus Nat. Size.

Waterhouse Hawkins del.

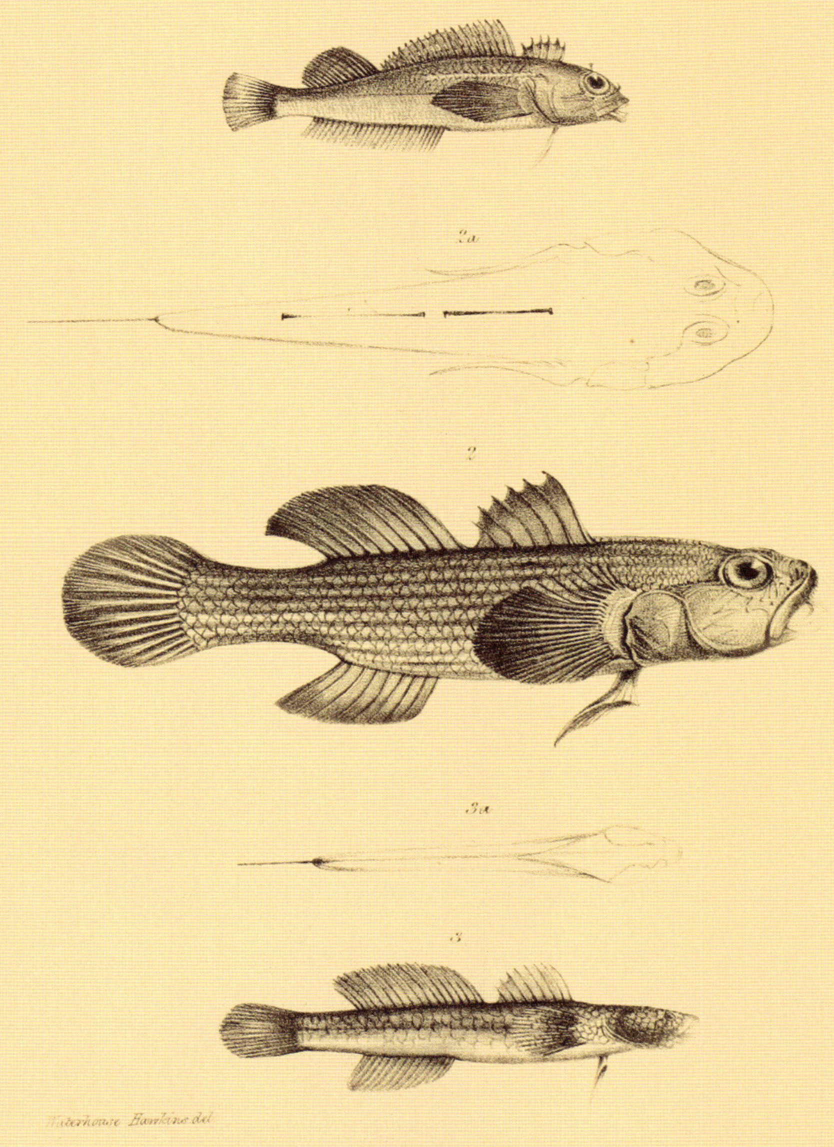


1. Tripterygion Capito.
2. Gobius lineatus.
2a. " " dorsal View
3. Gobius ophicephalus
" " dorsal View

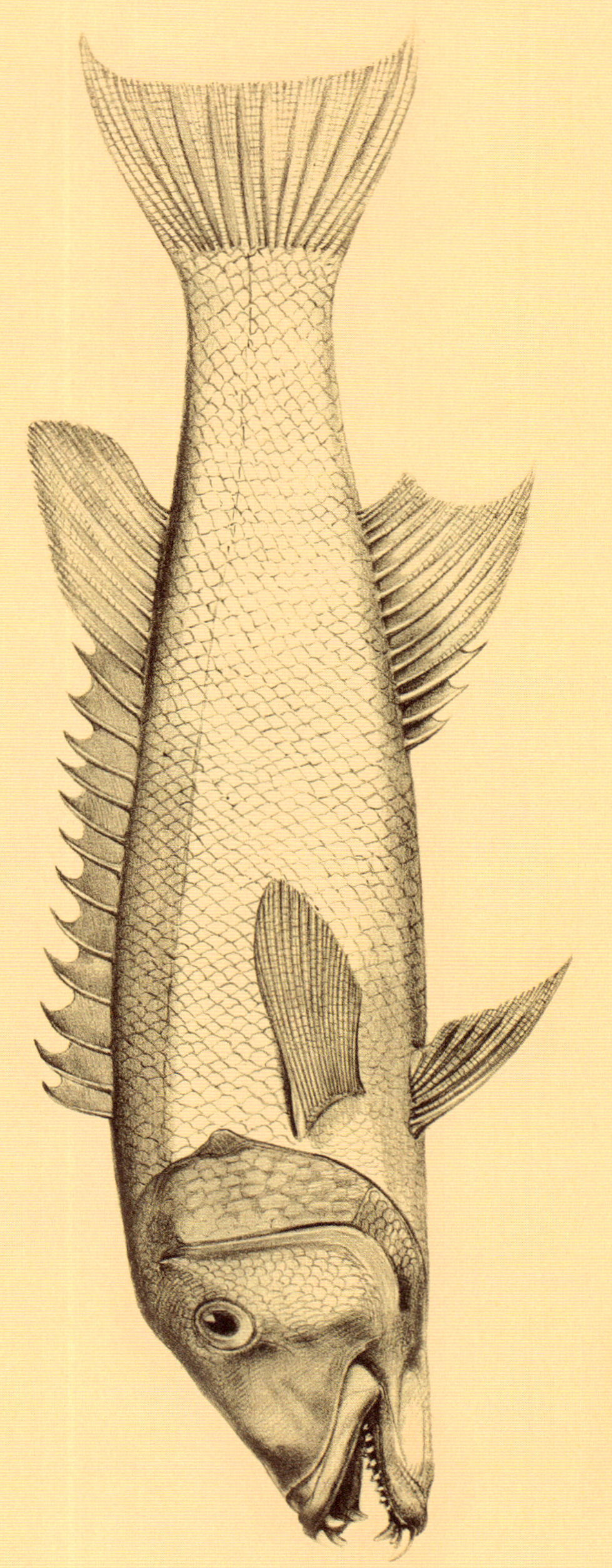

Fish. Pl. 21

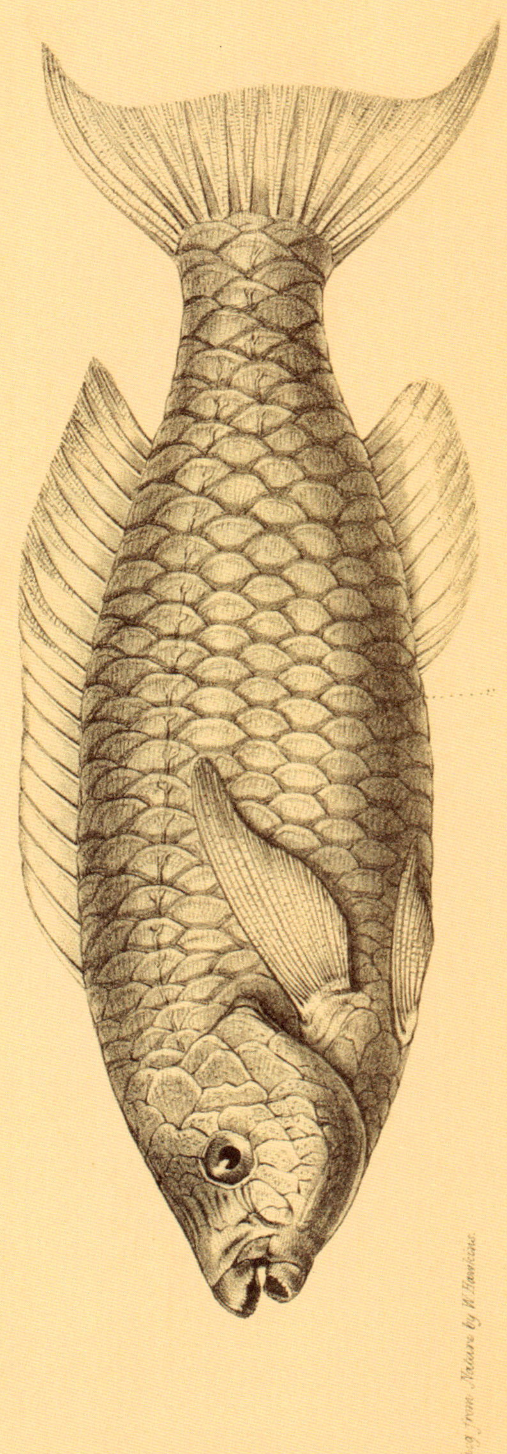

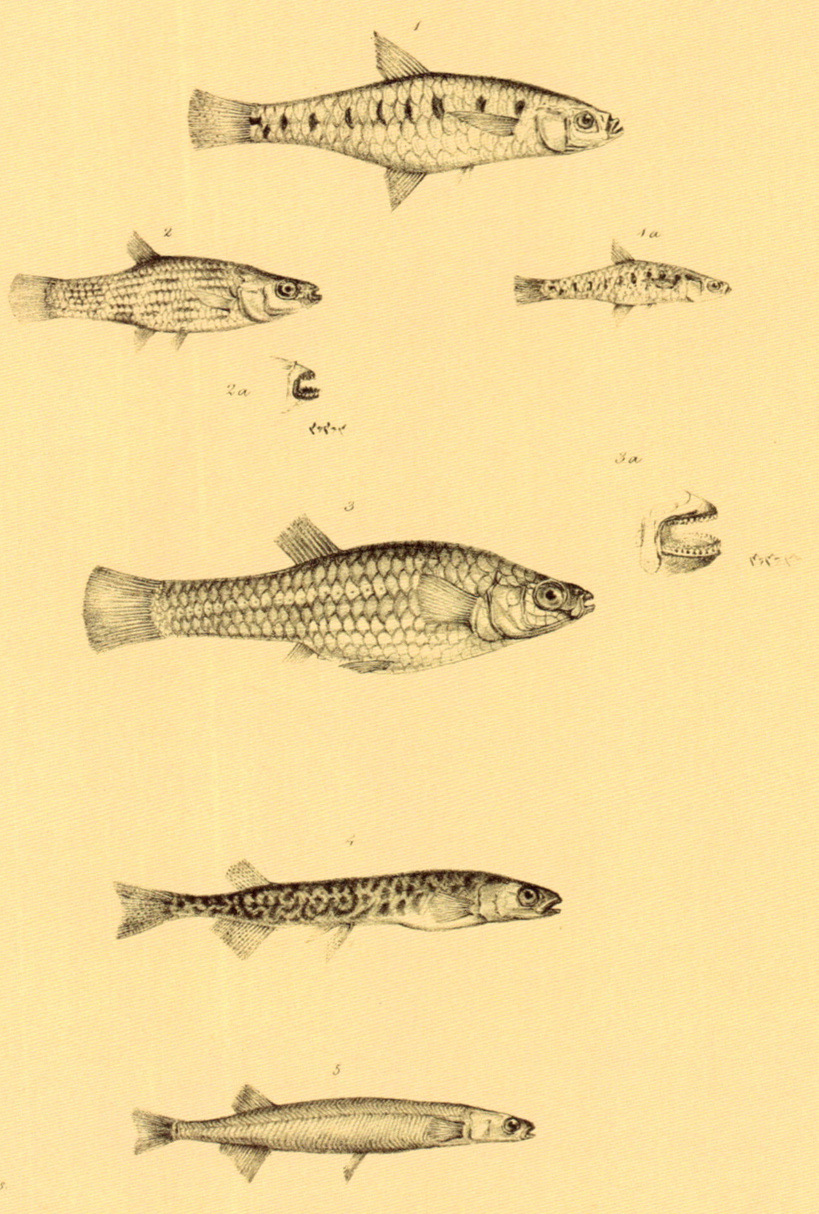


From Nature on Stone by W. Hawkins.

No. 1. Pœcilia decem-maculata ... Magnified View twice Natural Size
1a ... Natural Size
2 Lebias lineata ... Nat. Size
2a. ... Magnified View of Teeth
3 Lebias multidentata ... Nat. Size
3a ... Magnified View of Teeth
4 Mesites maculatus } Nat. Size
5 ... attenuatus }

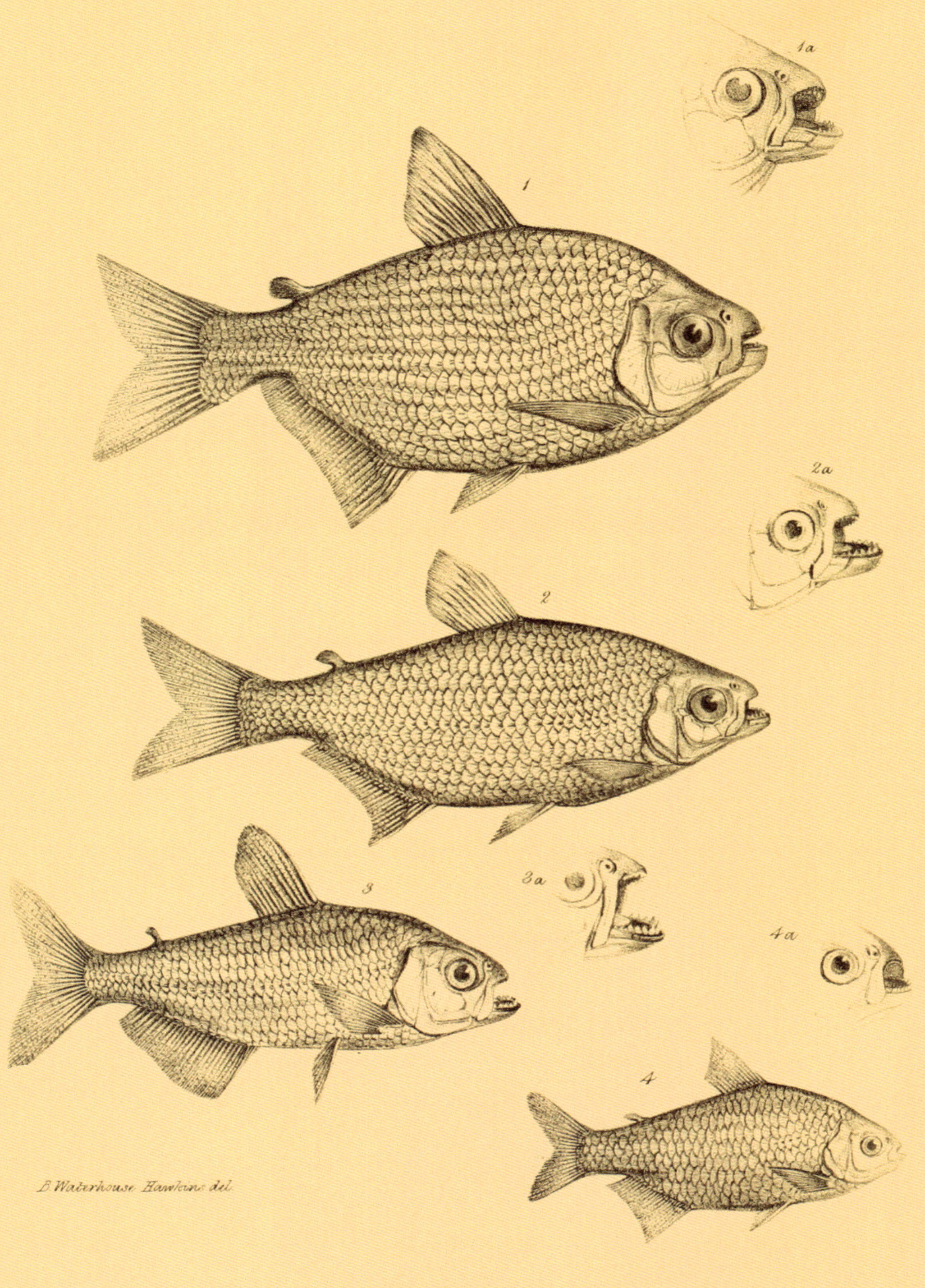


N.º 1. *Tetragonopterus Abramis.*
2. ............................ *rutilus.*
3. ............................ *scabripinnis.*
4. ............................ *interruptus.*

} All Nat. Size.

1a 2a 3a 4a Magnified View of Teeth.

Fish. Pl. 21

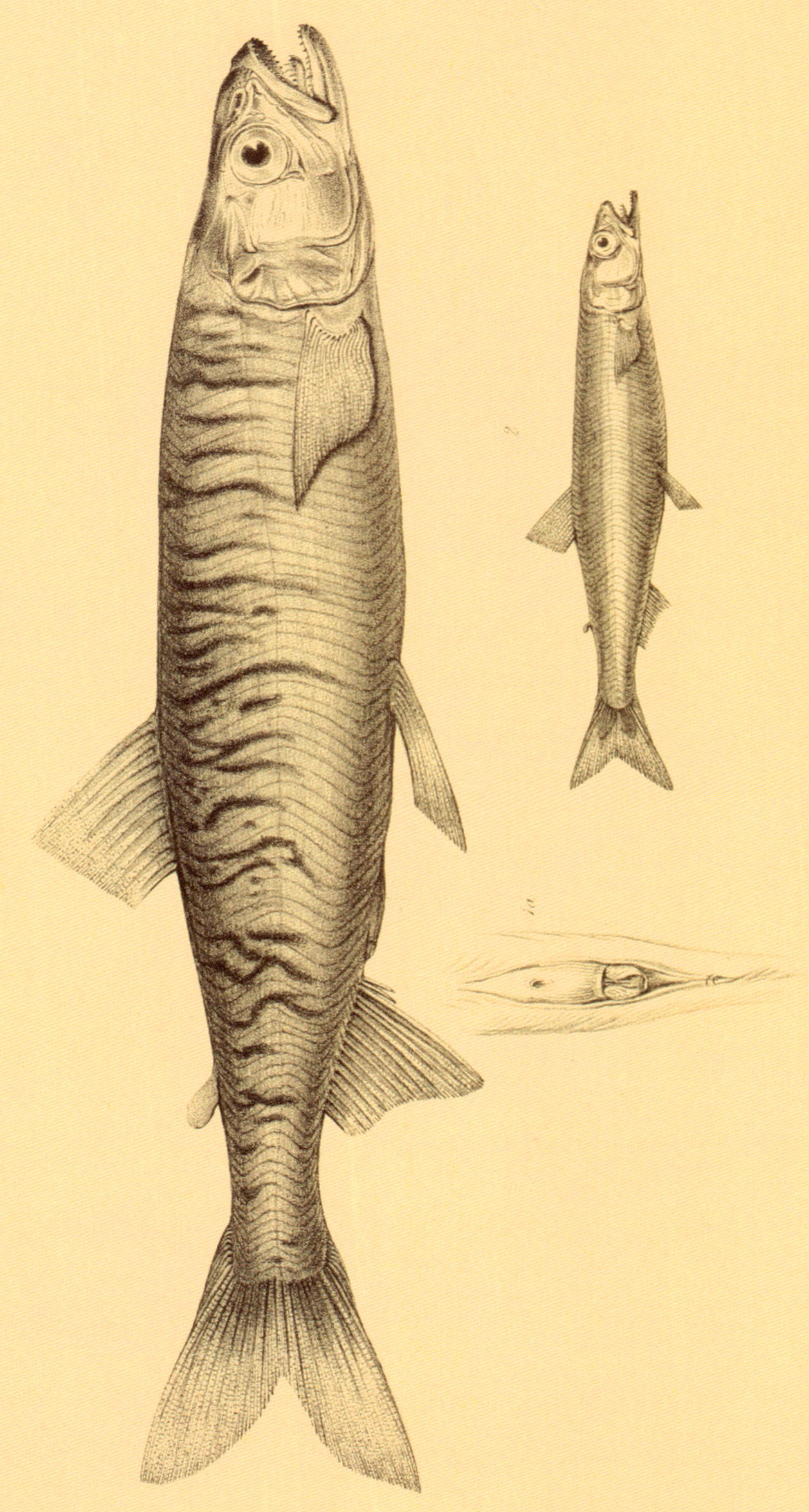


1 Aplochiton Zebra. Nat. Size

1a Magnified View of anal and generative orifices

2 Aplochiton tæniatus. Nat. Size

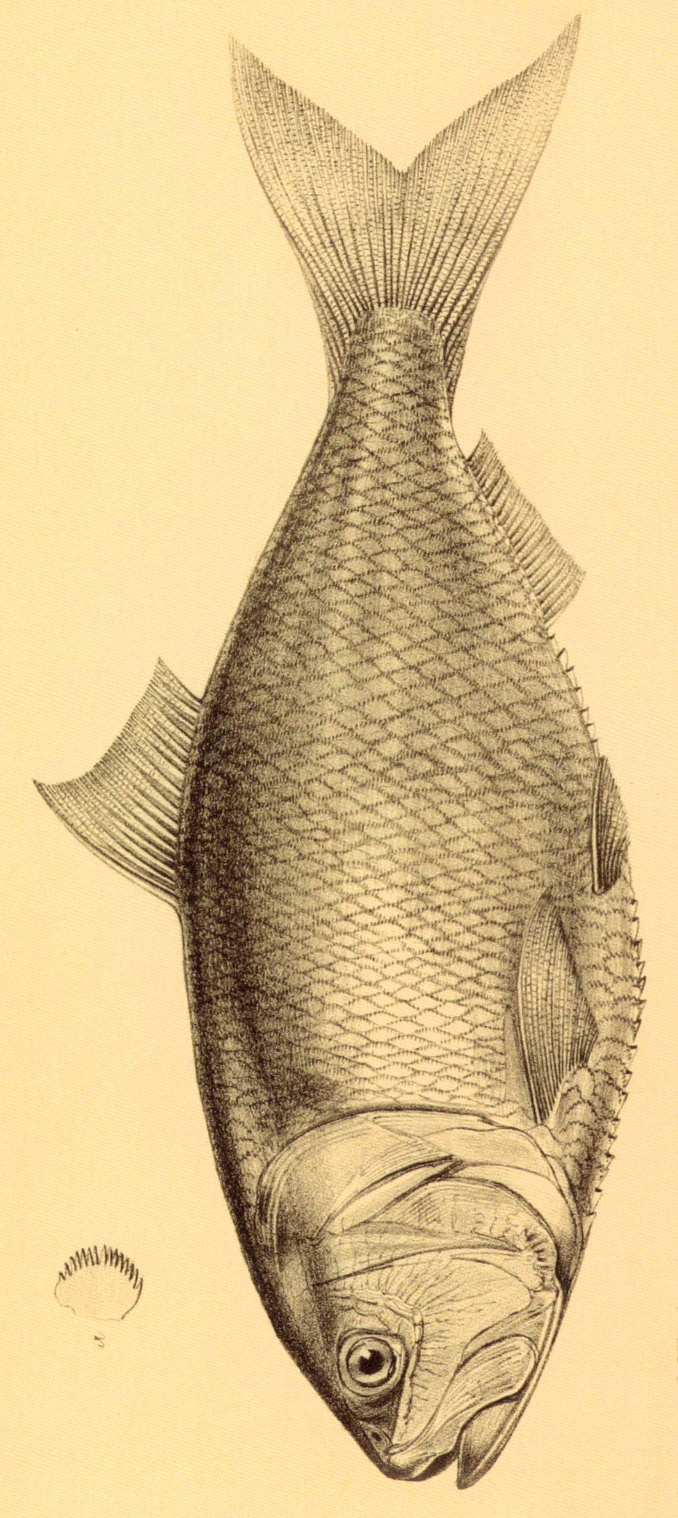

Alosa pectinata

a Magnified Scale from nape

Fish. Pl. 26

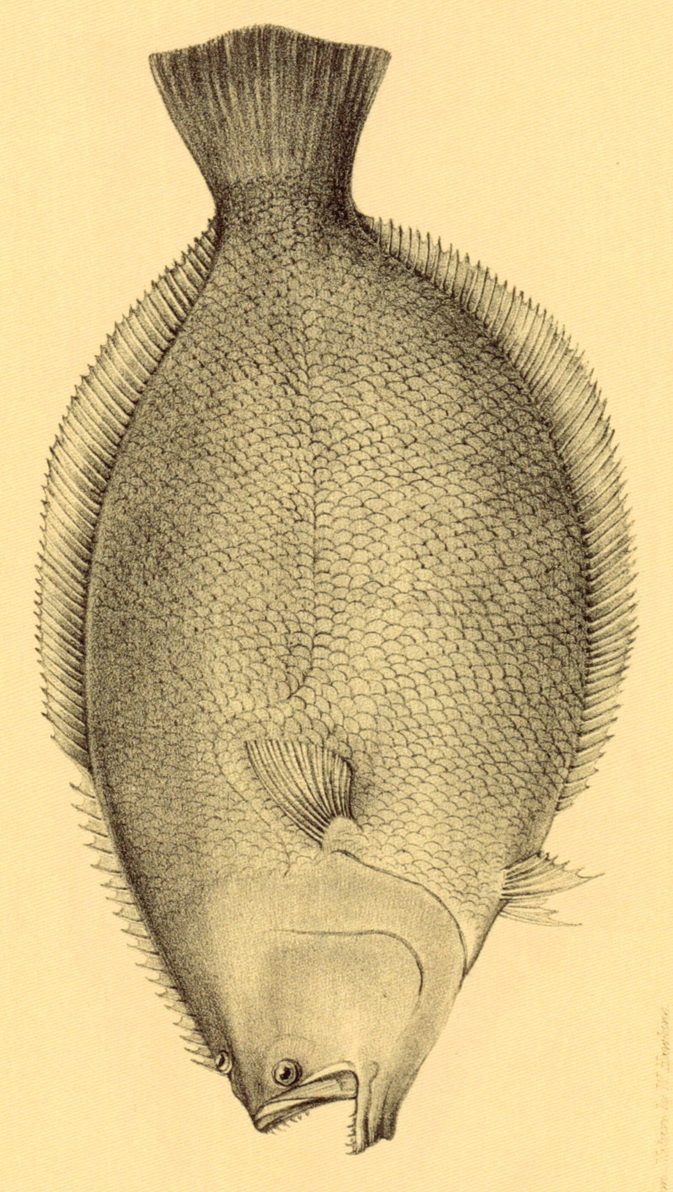

Hippoglossus Kingii.

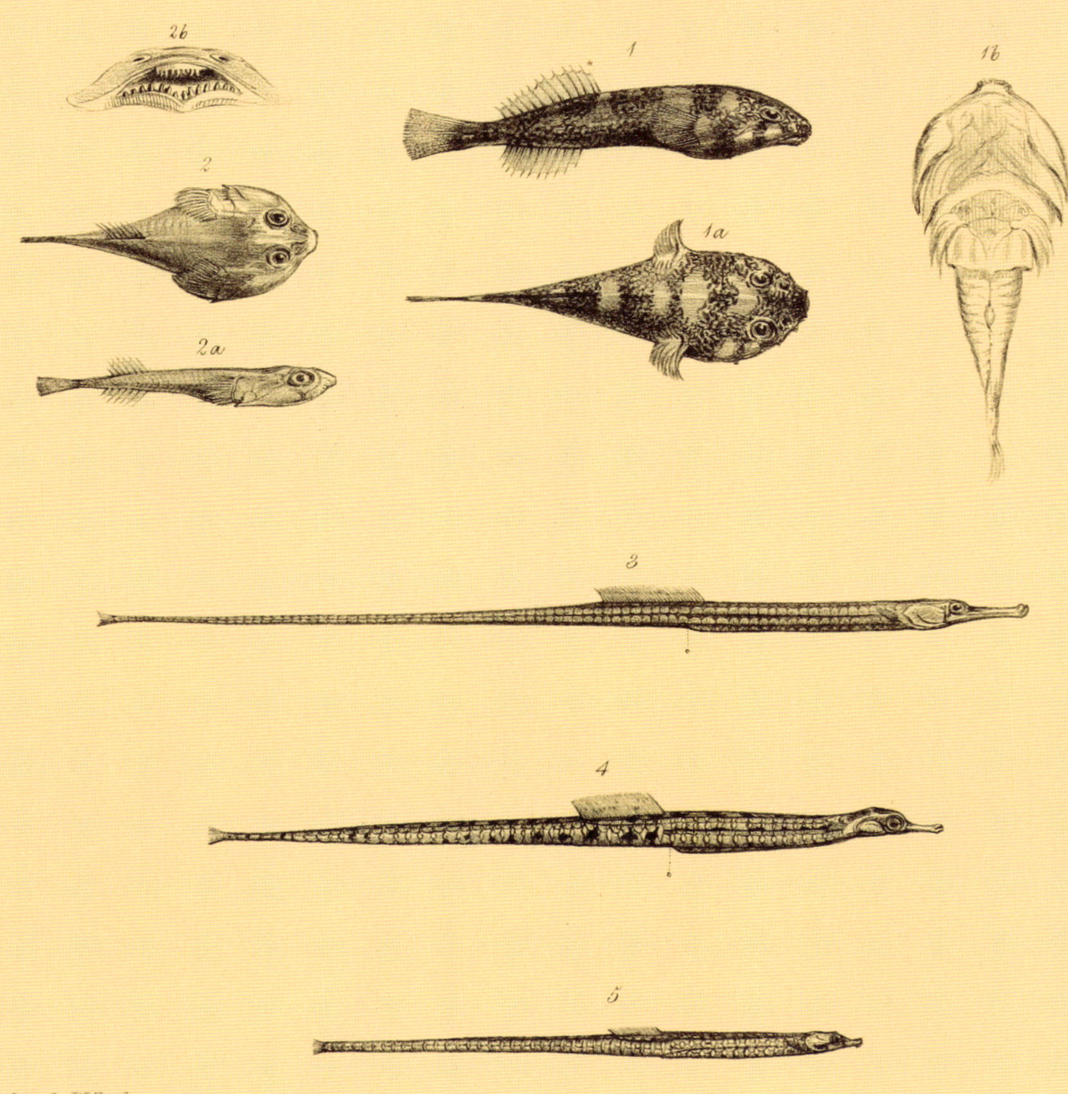


| | | | |
|---|---|---|---|
| 1. Gobiesox marmoratus | | 2. Gobiesox pœcilophthalmos. | 3. Syngnathus acicularis. |
| 1a " | " Dorsal View | 2a " " Lateral View | 4 " conspicillatus. |
| 1b " | " Under Side | 2b " " Magnified View of Teeth | 5 " crinitus. |

All Nat. Size

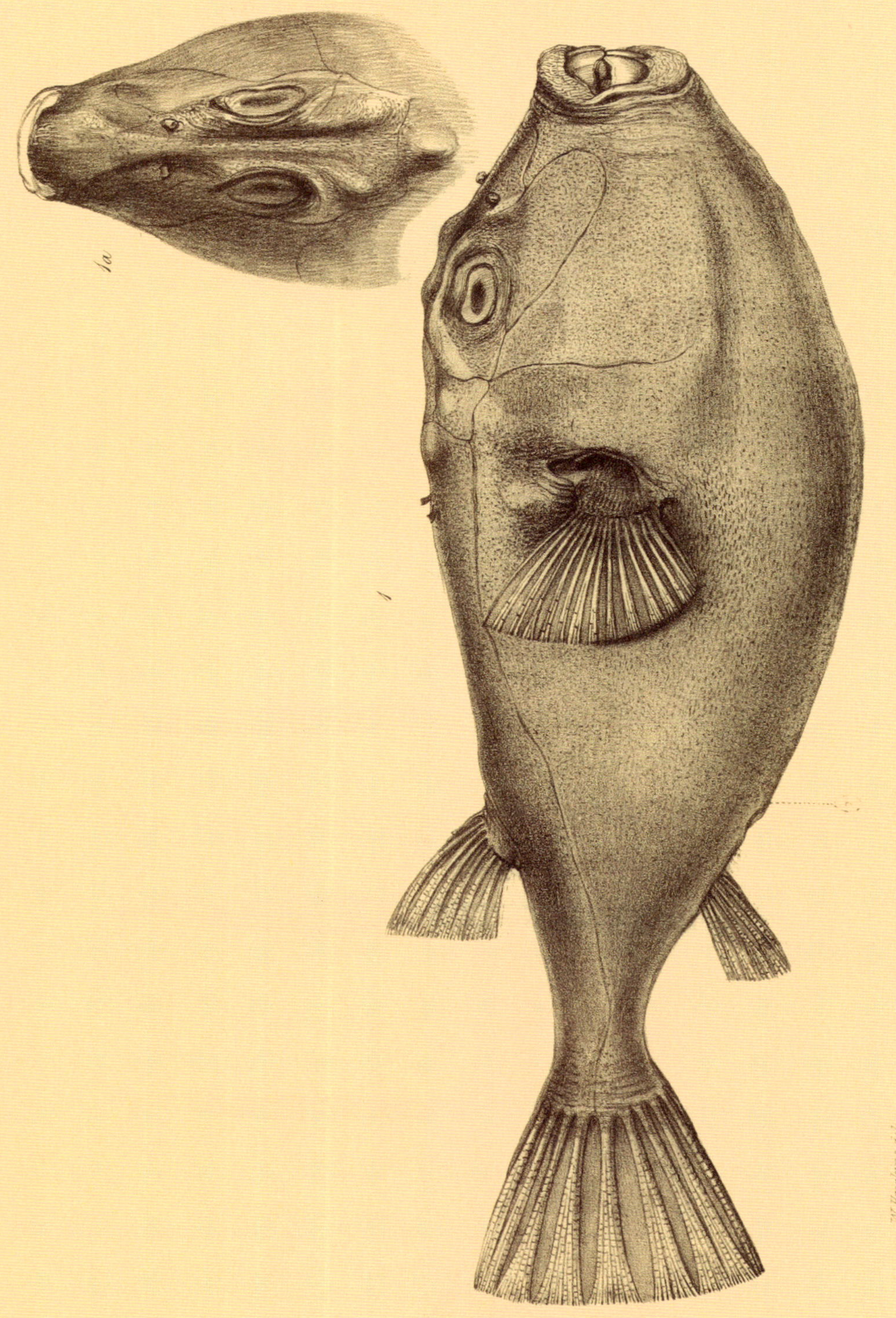
Fish. Pl. 28
1a
1
1. Tetrodon angusticeps
1a ____ Dorsal View
Nat. Size
W. Hawkins del.

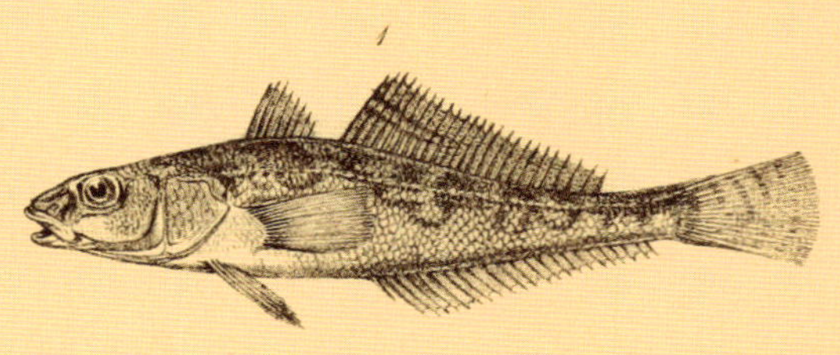


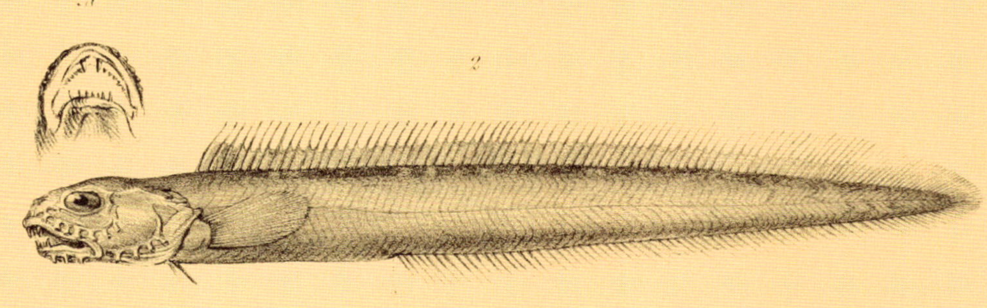


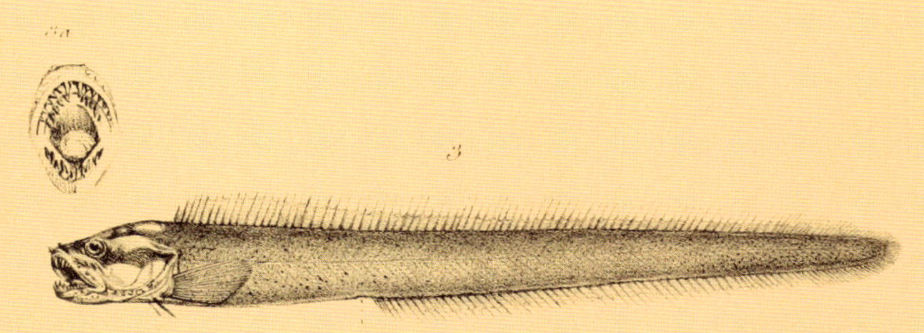


Waterhouse Hawkins del.

1. Aphritis undulatus
2. Iluocœtes fimbriatus
2a „ Magnified View of Teeth
3. Phucocœtes latitans
3a „ Teeth

Nat. Size

# 爬行动物 卷

托马斯·贝尔

# LIST OF PLATES



——

Errata.—In Plate 19. *for* "Hylonia" *read* "Hylorina."
*for* "vanterii" *read* "Vauterii."

Drawn from Nature by B. Waterhouse Hawkins
on Stone in Lithotint C. Hullmandel's Patent

1. Proctotretus Chilensis } Nat. Size
2. ——— gracilis

1a. 1b. } Magnified Views
2a.

Plate 2.

Drawn from Nature by B. Waterhouse Hawkins
on stone in Lithotint C. Hullmandel's Patent

1. 2. *Proctotretus pictus*. Nat. size.

Plate 3.

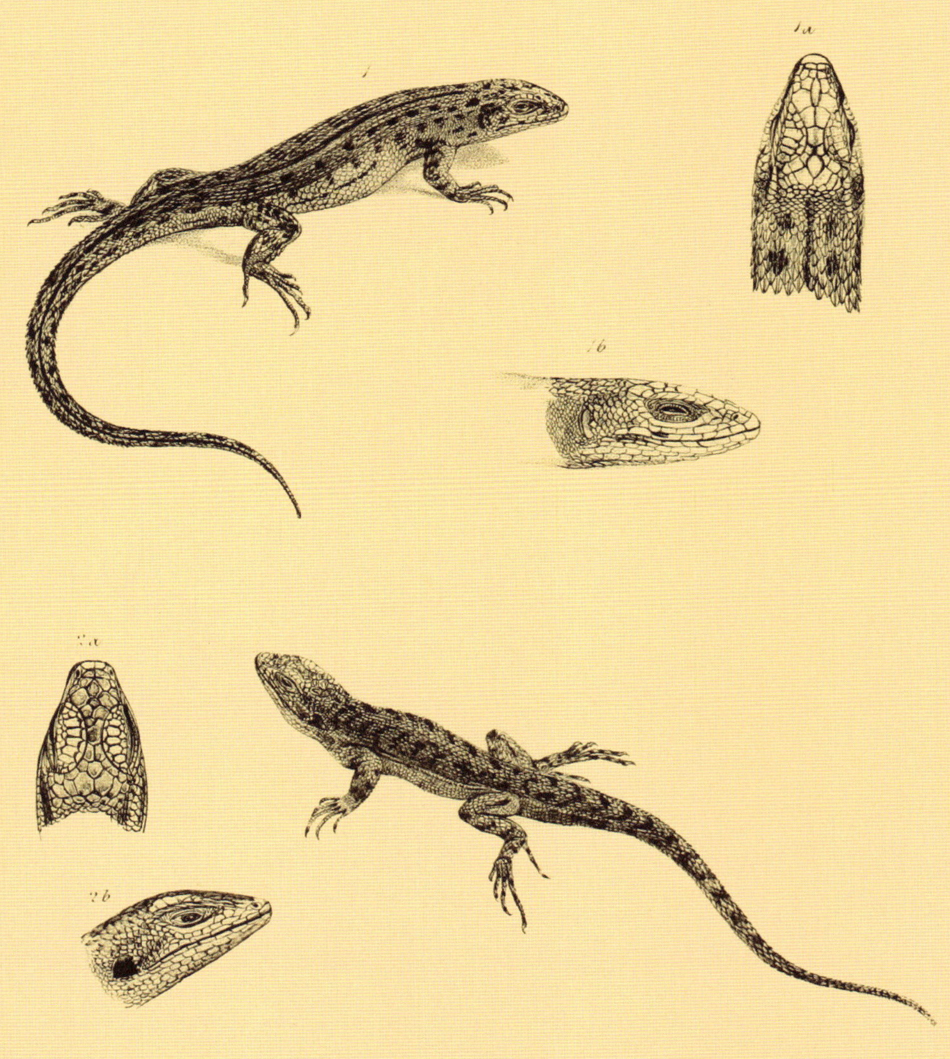

From Nature by B. Waterhouse Hawkins
in Lithotint C Hullmandel's Patent

1. Proctotretus Bibronii
2. ........ tenuis } Nat. Size.

a & b 1 & 2. Magnified Views of Heads.

*Plate 4.*

B. W. Hawkins lithog.

Printed by C. Hullmandel

1. *Proctotretus signifer.*
2. ---------------- *nigromaculatus.*
2a ---------------- *Magnified View.*

Plate 5.

From Nature by B. Waterhouse Hawkins
in Lithotint C. Hullmandel's Patent

1. Proctotretus Fitzingerii
2. ............... Cyanogaster } Nat. Size.

Plate 6.

Drawn from Nature by B. Waterhouse Hawkins
On stone in Lithotint C. Hullmandel's Patent

1, 2 } *Proctotretus Kingii* Nat. Size

a b Magnified View

Plate 7.

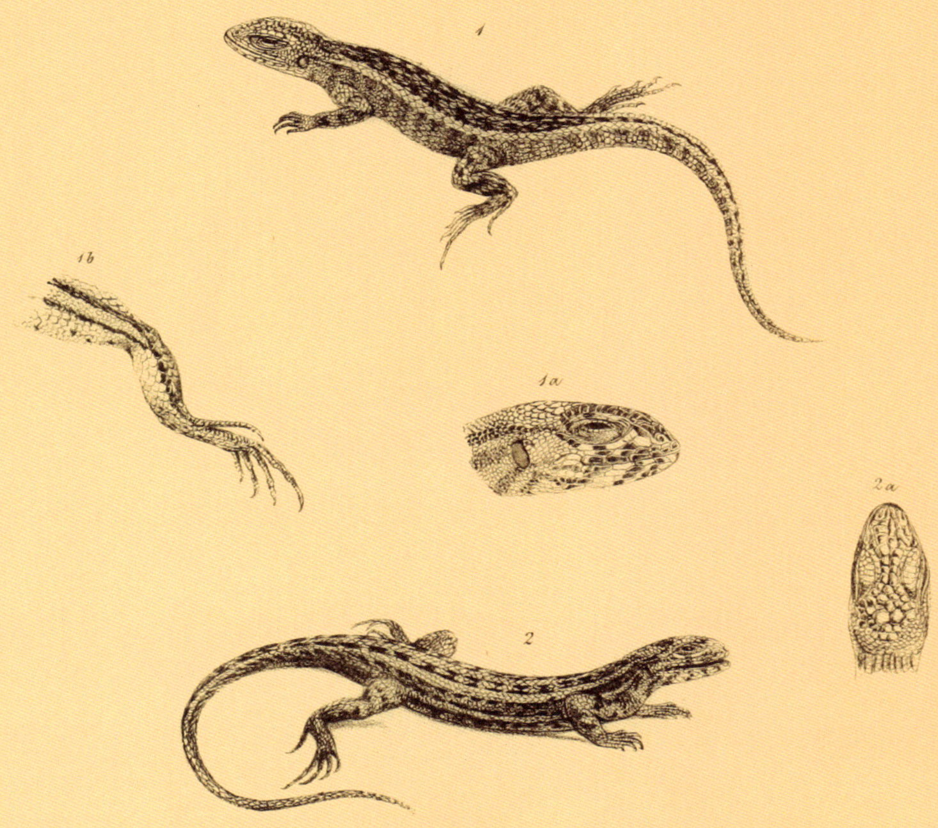


From Nature by B. Waterhouse Hawkins,
in Lithotint C. Hullmandel's Patent

1, 2 } Proctotretus Darwinii. Nat. size.

1 a & b. 2 a. } Magnified Views.

Plate 8.

B. Waterhouse Hawkins lithog.

1. 2. } *Proctotretus Weigmannii.*

1a. 2a. } *Magnified Views.*

Plate 9.

1. Tropidurus multimaculatus } Nat. Size
2. ___________ pectinatus

1a. 1b. } Magnified Views.
2a.

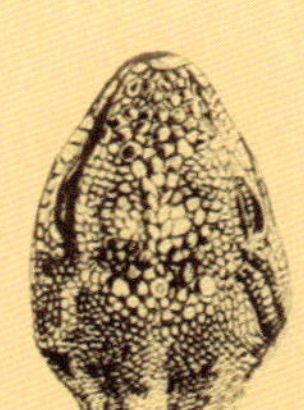

From Nature by B. Waterhouse Hawkins
in Lithotint. C. Hullmandel's Patent.

*Diplolæmus Darwinii.* Nat. Size.

Plate 11

aterhouse Hawkins del.

Printed by C. Hullmandel

*Diplolæmus Bibronii* Nat. Size

Reptiles Plate 12.

Amblyrhynchus Demarlii. Nat. Size.

Reptiles. Plate 43.

1. Gymnodactylus Gaudichaudii.
2. Naultinus Grayii.

1. Leiocephalus Grayii.
2. Centrura flagellifer.

Drawn from Nature on stone by B. Waterhouse Hawkins.
C. Hullmandel Imp.

1 Ameiva longicauda
2 2a 2b Gerrhosaurus sepiformis
3 Cyclodus Casuarinae

Nat. Size.

Reptiles. Plate 16.

1

3    3 a    4

2

Drawn from Nature on Stone by B. Waterhouse Hawkins    C. Hullmandel Imp.

| | | |
|---|---|---|
| 1. | Rana Delalandii. | Nat. Size. |
| 2. | Rana Mascariensis. | |
| 3. 3a. | Limnocharis fuscus. | |
| 4. | Cystignathus Georgianus. | |

Reptiles. Plate 17.

1. Borborocoetes Bibronii
2. Grayii
3. Pleurodema Darwinii.
4. elegans.
5. bufoninum.

1a. Mag. View of Tongue & Gullet

Nat. Size

1. 1a Leiuperus salarius.
2. 2a 2b 2c. Pyxicephalus Americanus.
3. 3a 3b Alsodes monticola
4. 4a Litoria glandulosa.
5. 5a 5b Batrachyla leptopus.

Drawn from Nature on stone by B. Waterhouse Hawkins

C. Hullmandel Imp.

1. 1a. *Hylonia sylvatica.*
2. 2a. *Hyla agrestis.*
3. 3a. *vanterii.*

1. 2. *Rhinoderma Darwinii.*
3. 4. 5. *Phryniscus nigricans.*
6. *Uperodon ornatum.*

Nat. Size